大学数学基础丛书

高等数学
微课版（上册）

主　编　袁学刚　张文正
副主编　董　丽　焦　佳　谢丛波

U0198133

清华大学出版社
北京

内 容 简 介

本教材分为上、下两册。上册内容包括函数、数列及其极限、函数的极限与连续、导数与微分、微分中值定理及导数的应用、不定积分、定积分及其应用、常微分方程。下册内容包括向量代数与空间解析几何、多元函数的微分法及其应用、重积分、曲线积分与曲面积分、无穷级数。每节后都配有思考题、A 类题和 B 类题，习题选配典型多样，难度层次分明。该课程基于学生的初等数学基础，引入高等数学的理念、思想和方法，提高学生学习高等数学的兴趣和应用高等数学知识解决相关问题的能力。特别地，本教材对课程中的各个知识要点和复习题录制了视频，并提供了二维码链接，便于读者有针对性地学习。

本教材可以作为高等学校理科、工科和技术学科等非数学专业的高等数学教材，也可作为相关人员的参考书。

图书在版编目(CIP)数据

高等数学：微课版. 上册/袁学刚，张文正主编. —北京：清华大学出版社，2021.4(2025.2重印)
(大学数学基础丛书)
ISBN 978-7-302-57831-4

Ⅰ. ①高… Ⅱ. ①袁… ②张… Ⅲ. ①高等数学－高等学校－教材 Ⅳ. ①O13

中国版本图书馆 CIP 数据核字(2021)第 057262 号

责任编辑：刘 颖
封面设计：傅瑞学
责任校对：刘玉霞
责任印制：丛怀宇

出版发行：清华大学出版社
  网 址：https://www.tup.com.cn，https://www.wqxuetang.com
  地 址：北京清华大学学研大厦 A 座   邮 编：100084
  社 总 机：010-83470000   邮 购：010-62786544
  投稿与读者服务：010-62776969，c-service@tup.tsinghua.edu.cn
  质量反馈：010-62772015，zhiliang@tup.tsinghua.edu.cn
印 装 者：三河市铭诚印务有限公司
经 销：全国新华书店
开 本：185mm×260mm 印 张：22.25   字 数：539 千字
版 次：2021 年 5 月第 1 版   印 次：2025 年 2 月第 6 次印刷
定 价：66.00 元

产品编号：091128-01

前言 PREFACE

本书的前身是 2017 年出版的《高等数学》(上、下册)。经过几年的教学实践,编写组于 2021 年对原教材进行了全面修订,在内容及表现形式上做了一定的调整。

本书以教育部高等学校大学数学课程教学指导分委员会制定的《工科类本科数学基础课程教学基本要求》为依据,在知识点的覆盖面与"基本要求"相一致的基础上,对课程内容体系进行了整体优化,强化了高等数学与后续专业课程的联系,使之更侧重于培养学生的基础能力和应用能力,以适应培养应用型、复合型本科人才的培养目标。

本书的主要读者对象是高等院校中理工类各专业的学生、复习考研的学生及自学高等数学的人员。学习高等数学的重要意义不仅在于学习数学知识的本身,而且在于培养并提高分析、归纳、推理、判断等方面的能力,更在于服务后续的专业课程。对于大一新生而言,如何在短时间内完成从初等数学到高等数学的全方位跨越刻不容缓;对于任课教师而言,如何引导学生顺利地学习并用好高等数学课程中的各种"规则"势在必行,从而完美解决教与学的相合度问题。与传统教材相比,本书的理念及特色主要体现在以下几方面:

1. 在知识体系的编排上,突出基础的重要地位。对教材的内容进行了适当的优化和调整,使得课程内容的布局更加合理。例如,在传统教材中,函数、数列极限是几乎被忽略的内容,只用很少的篇幅进行介绍,并且在授课时也只是泛泛讲解,这对学生学习高等数学是非常不利的。一方面,函数是微积分的研究对象,数列极限可以较好地帮助读者认识和理解极限的概念,淡化了这些基础内容,不利于学生完成从初等数学到高等数学的思维方式跨越;另一方面,学生从高考结束到进入大学学习,空闲了至少两个月的时间,淡化了这些内容,对学生学习后续的内容影响很大。

2. 在课程内容的编写上,注重知识点的使用方法和技巧。学好高等数学的第一要素是学习并用好"规则",这些"规则"包括:教材内容涵盖的定义、性质、定理、推论及一些重要的结论等。为此,在给出重要的"规则"时,对其进行必要的说明,指出在使用这些"规则"解决相关问题时的误区,列举了一些典型反例;对典型例题进行先分析提示,再引导求解,逐步使学生在学习"规则"时,能够正确理解并合理使用这些"规则",做题时有理可依、有据可查。

3. 在例题、习题的选配方面,注重不同层次和类别。为了满足不同专业、不同层次学生的需求,将例题分为三个层次。第一层次注重的是基本"规则",使学生能够正确合理使用这些"规则"解决一些基本问题;第二层次注重的是方法和技巧,使学生能够灵活运用这些"规则"解决一些相对复杂的问题,培养学生的逻辑推理和计算能力;第三层次注重的是应用,使学生能够综合运用所学的"规则"解决一些较为困难的问题,从而提高学生的数学素质。

将课后习题分为 A 和 B 两类,学生通过学习第一、第二层次的例题便可以解决 A 类题中的内容,而 B 类题的内容相对复杂,求解较为困难,主要是为了满足部分专业和部分考研学生对高等数学的实际需求。

4. 在电子课件的制作方面,注重动画演示过程的精准展现。课程组经过多年的教学实践,设计了课件的框架和规范,进而研制了与教材内容相对应的电子课件。针对目前电子课件资源普遍存在的问题,课程组在知识构架、页面布局、内容衔接、动画演示等方面进行了整体设计。研制的电子课件便于任课教师在备课时根据自身特点和授课对象进行必要的修改和增减。需要说明的是,本课件在研制过程中参考并借鉴了中国矿业大学李安昌教授、曹璎珞教授研制的课件《高等数学》(同济第六版)中的一些理念、方法和内容,在此表示感谢!

5. 在信息手段的利用方面,注重线上线下教与学的有机统一。本书作为高等数学立体化教材的主教材,为了在信息时代充分利用好线上线下的资源,课程组在研制的电子课件基础上,抽选了课程的各个知识要点、典型例题和各章的复习题,精心录制了相关视频,并在教材的相应位置提供了二维码链接,读者可以通过手机或平板电脑等移动端扫描二维码进行学习。这种做法的好处在于,便于学生有针对性地进行预习、学习和复习,符合碎片化、倾向性学习的需求,实现了课前预习、课上听讲、课后复习的一条龙学习模式。特别地,每个视频的最后部分都配备了相应的思考与练习,既有课外习题的延伸讲解,又留有相应的课后练习。

本书在编写和改版过程中,各位参与编写的教师齐心协力,不仅重新修订了各自编写的章节,还对全书的统稿和定稿建言献策,并进行了认真审阅,顺利完成了预期任务。其中,黄永东承担本书的主审工作;袁学刚和张文正负责全书的统稿、改版及定稿;董丽编写四章,焦佳编写三章,张文正编写三章,谢丛波编写一章,楚振艳编写一章,赵巍编写一章。袁学刚、张文正、赵巍、马威和牛大田负责各知识点视频的录制和校对;袁学刚、吕娜、张文正负责本书配套课件的研制和修订。特别地,马威在录制上册第一章的视频(函数部分)过程中,添加了许多函数的应用背景,并进行了生动的配音讲解,为相关视频增色很多。

本书的顺利出版,离不开大连民族大学各级领导的关心和支持,在此表示感谢。几年来,清华大学出版社刘颖编审为本书的出版及修订做了大量的工作,在此表示感谢! 同时,也向那些曾经给本书提过宝贵意见的专家与读者们表示感谢!

编　者

2021 年 2 月 4 日

第1章 函数	1
1.1 基本概念	1
1.1.1 集合、区间、绝对值和邻域	1
1.1.2 函数的定义	4
1.1.3 具有某种特性的函数	5
1.1.4 函数的四则运算、复合函数和反函数	8
习题1.1	10
1.2 初等函数	12
1.2.1 基本初等函数	12
1.2.2 初等函数的定义及其范例	16
习题1.2	18
1.3 函数关系的几种表示方法	19
1.3.1 函数的分段表示	20
1.3.2 函数的隐式表示	21
1.3.3 函数的参数表示	22
1.3.4 函数的极坐标表示	23
习题1.3	26
复习题1	28
第2章 数列及其极限	30
2.1 数列的极限	30
2.1.1 数列	30
2.1.2 收敛数列	32
2.1.3 数列和子数列之间的关系	37
2.1.4 数列中的无穷小量和无穷大量	38
2.1.5 数列极限的基本性质	39
习题2.1	40
2.2 数列极限的运算法则	41
2.2.1 四则运算法则	41

2.2.2 夹逼准则 ……………………………………………………… 44

2.2.3 单调有界原理和一个重要的极限 …………………………… 45

习题 2.2 ………………………………………………………………… 48

复习题 2 …………………………………………………………………… 50

第 3 章 函数的极限与连续 ……………………………………………… 52

3.1 函数的极限 …………………………………………………………… 52

3.1.1 函数极限的定义 …………………………………………… 52

3.1.2 无穷小量和无穷大量 ……………………………………… 59

习题 3.1 ………………………………………………………………… 61

3.2 函数极限的性质和运算法则 ……………………………………… 62

3.2.1 函数极限的基本性质 ……………………………………… 62

3.2.2 函数极限的运算法则 ……………………………………… 64

3.2.3 夹逼准则和两个重要的极限 ……………………………… 67

习题 3.2 ………………………………………………………………… 71

3.3 无穷小量的比较 …………………………………………………… 72

3.3.1 无穷小量的阶 ……………………………………………… 73

3.3.2 等价无穷小的替换原理 …………………………………… 75

习题 3.3 ………………………………………………………………… 77

3.4 连续函数 ……………………………………………………………… 78

3.4.1 连续函数的定义 …………………………………………… 78

3.4.2 函数的间断点 ……………………………………………… 80

习题 3.4 ………………………………………………………………… 82

3.5 连续函数的运算和性质 …………………………………………… 84

3.5.1 连续函数的运算 …………………………………………… 84

3.5.2 初等函数的连续性 ………………………………………… 85

3.5.3 闭区间上连续函数的性质 ………………………………… 86

习题 3.5 ………………………………………………………………… 89

复习题 3 …………………………………………………………………… 90

第 4 章 导数与微分 ……………………………………………………… 93

4.1 基本概念 ……………………………………………………………… 93

4.1.1 两个典型问题 ……………………………………………… 93

4.1.2 导数的定义 ………………………………………………… 95

4.1.3 导数的几何解释 …………………………………………… 99

4.1.4 可导与连续的关系 ………………………………………… 100

习题 4.1 ………………………………………………………………… 102

4.2 导数的运算法则 …………………………………………………… 104

4.2.1 导数的四则运算法则 ……………………………………… 104

4.2.2 反函数的导数 ……………………………………………… 106

4.2.3 复合函数的导数 ·· 108

4.2.4 初等函数的导数 ·· 109

习题 4.2 ··· 110

4.3 高阶导数 ··· 111

4.3.1 高阶导数的定义 ·· 112

4.3.2 高阶导数的运算法则 ··· 114

习题 4.3 ··· 115

4.4 隐函数的导数 ··· 116

4.4.1 由一个方程确定的隐函数的导数 ··································· 116

4.4.2 由参数方程确定的函数的导数 ····································· 119

习题 4.4 ··· 120

4.5 函数的微分 ··· 121

4.5.1 引例 ··· 122

4.5.2 微分的定义 ··· 123

4.5.3 微分的几何解释 ·· 124

4.5.4 微分的运算法则和公式 ·· 125

4.5.5 微分在近似计算中的应用 ·· 127

习题 4.5 ··· 128

复习题 4 ··· 129

第 5 章 微分中值定理及导数的应用 ··· 131

5.1 微分中值定理 ··· 131

5.1.1 罗尔定理 ··· 131

5.1.2 拉格朗日中值定理 ·· 134

5.1.3 柯西中值定理 ·· 137

习题 5.1 ··· 139

5.2 洛必达法则 ··· 140

5.2.1 $\dfrac{0}{0}$ 型未定式的极限 ··· 140

5.2.2 $\dfrac{\infty}{\infty}$ 型未定式的极限 ··· 143

5.2.3 其他未定式的极限 ·· 144

习题 5.2 ··· 147

5.3 泰勒公式 ··· 148

5.3.1 泰勒定理 ··· 148

5.3.2 泰勒公式的应用 ·· 153

习题 5.3 ··· 154

5.4 函数的性态(Ⅰ)——单调性与凸性 ···································· 155

5.4.1 函数的单调性 ·· 155

5.4.2 函数的凸性及其拐点 ·· 159

习题 5.4 ……………………………………………………………… 163

5.5　函数的性态(Ⅱ)——极值与最值 ……………………………… 164
　　5.5.1　函数的极值 …………………………………………… 164
　　5.5.2　最大值与最小值 ……………………………………… 168
　　5.5.3　应用举例 ……………………………………………… 169
　　习题 5.5 ……………………………………………………… 171

5.6　函数图形的描绘 ……………………………………………… 173
　　5.6.1　曲线的渐近线 ………………………………………… 173
　　5.6.2　函数的性态表与作图 ………………………………… 175
　　习题 5.6 ……………………………………………………… 177

5.7　曲率 …………………………………………………………… 178
　　5.7.1　弧微分 ………………………………………………… 178
　　5.7.2　曲率及其计算公式 …………………………………… 179
　　5.7.3　曲率圆与曲率半径 …………………………………… 181
　　习题 5.7 ……………………………………………………… 182

复习题 5 …………………………………………………………… 183

第 6 章　不定积分 ………………………………………………… 186

6.1　基本概念及性质 ……………………………………………… 186
　　6.1.1　原函数 ………………………………………………… 186
　　6.1.2　不定积分的定义 ……………………………………… 187
　　6.1.3　不定积分的几何解释 ………………………………… 188
　　6.1.4　基本积分公式 ………………………………………… 189
　　6.1.5　不定积分的性质 ……………………………………… 189
　　习题 6.1 ……………………………………………………… 192

6.2　换元积分法 …………………………………………………… 193
　　6.2.1　第一类换元积分法 …………………………………… 193
　　6.2.2　第二类换元积分法 …………………………………… 198
　　习题 6.2 ……………………………………………………… 202

6.3　分部积分法 …………………………………………………… 204
　　习题 6.3 ……………………………………………………… 207

6.4　有理函数的积分及其应用 …………………………………… 208
　　6.4.1　有理函数的积分 ……………………………………… 208
　　6.4.2　简单的无理函数的积分 ……………………………… 212
　　6.4.3　三角函数有理式的积分 ……………………………… 212
　　习题 6.4 ……………………………………………………… 214

复习题 6 …………………………………………………………… 215

第 7 章　定积分及其应用 ………………………………………… 218

7.1　定积分的概念 ………………………………………………… 218

7.1.1　引例 ……………………………………………………………… 218

7.1.2　定积分的定义 …………………………………………………… 220

7.1.3　定积分的几何解释 ……………………………………………… 221

习题 7.1 …………………………………………………………………… 223

7.2　定积分的存在条件及其性质 ………………………………………… 223

7.2.1　定积分的存在条件 ……………………………………………… 224

7.2.2　定积分的性质 …………………………………………………… 224

习题 7.2 …………………………………………………………………… 228

7.3　微积分基本公式 ……………………………………………………… 229

7.3.1　积分上限的函数及其导数 ……………………………………… 230

7.3.2　牛顿-莱布尼茨公式 ……………………………………………… 232

习题 7.3 …………………………………………………………………… 234

7.4　换元积分法和分部积分法 …………………………………………… 236

7.4.1　定积分的换元积分法 …………………………………………… 236

7.4.2　定积分的分部积分法 …………………………………………… 240

习题 7.4 …………………………………………………………………… 241

7.5　反常积分 ……………………………………………………………… 243

7.5.1　无穷区间上的反常积分 ………………………………………… 243

7.5.2　无界函数的反常积分 …………………………………………… 245

习题 7.5 …………………………………………………………………… 248

7.6　定积分的应用(Ⅰ)——几何应用 …………………………………… 249

7.6.1　定积分的微元法 ………………………………………………… 249

7.6.2　平面图形的面积 ………………………………………………… 250

7.6.3　旋转体的体积 …………………………………………………… 253

7.6.4　平行截面面积为已知的立体的体积 …………………………… 255

7.6.5　平面曲线的弧长 ………………………………………………… 256

习题 7.6 …………………………………………………………………… 259

7.7　定积分的应用(Ⅱ)——物理应用 …………………………………… 260

7.7.1　质量和质心 ……………………………………………………… 260

7.7.2　外力做功 ………………………………………………………… 261

7.7.3　液体压力 ………………………………………………………… 262

7.7.4　引力 ……………………………………………………………… 263

习题 7.7 …………………………………………………………………… 264

复习题 7 …………………………………………………………………… 265

第 8 章　常微分方程 …………………………………………………………… 267

8.1　微分方程的基本概念 ………………………………………………… 267

8.1.1　引例 ……………………………………………………………… 267

8.1.2　基本概念 ………………………………………………………… 268

习题 8.1 ………………………………………………… 271

8.2 常微分方程的初等积分法（Ⅰ） ……………………… 272

   8.2.1 可分离变量的方程 ………………………………… 272

   8.2.2 一阶线性微分方程 ………………………………… 274

   8.2.3 伯努利方程 ………………………………………… 277

   习题 8.2 ……………………………………………… 278

8.3 常微分方程的初等积分法（Ⅱ） ……………………… 280

   8.3.1 齐次方程 …………………………………………… 280

   8.3.2 可降阶的二阶微分方程 …………………………… 283

   8.3.3 其他类型的常微分方程 …………………………… 286

   习题 8.3 ……………………………………………… 288

8.4 高阶线性微分方程 …………………………………… 289

   8.4.1 二阶线性微分方程解的性质 ……………………… 289

   8.4.2 二阶线性微分方程的通解 ………………………… 290

   习题 8.4 ……………………………………………… 292

8.5 高阶常系数线性微分方程 …………………………… 293

   8.5.1 高阶常系数齐次线性微分方程的解法 …………… 293

   8.5.2 高阶常系数非齐次线性微分方程的解法 ………… 298

   8.5.3 欧拉方程及其解法 ………………………………… 302

   习题 8.5 ……………………………………………… 304

8.6 微分方程的应用举例 ………………………………… 305

复习题 8 …………………………………………………… 311

习题答案及提示 ………………………………………… 313

第 1 章

函　数

Functions

在中学数学中,我们虽然已经学习了函数的概念以及一些简单的函数,但都是基于初等数学的范畴。在以微分学和积分学为核心的高等数学中,各类函数及其变化性态是主要的研究对象。为了更好地学习微积分学的知识,本章将首先介绍与函数相关的一些基本概念和必备知识,然后列出基本初等函数及其特性,最后引入函数的几种常用表示方法以及一些特殊函数。

1.1　基本概念
Basic concepts

在给出函数的定义之前,首先简要地介绍集合、区间、绝对值和邻域等一些基本概念。

1.1.1　集合、区间、绝对值和邻域

1. 集合

由于函数都是定义在某些集合上的,因此讨论函数离不开集合这个概念。一般地,具有某种特定性质的事物汇集的总体称为一个**集合**(set),组成这个集合的事物被称为集合的**元素**(element)。例如:一个班级可以认为是一个集合,班级的每一位同学就是这个集合的元素;直线方程 $y = x + 2$ 上的所有点组成了一个集合。通常情况下,集合用大写字母 $A, B,$ $C, \cdots$ 表示,集合的元素用小写字母 $a, b, c, \cdots$ 表示。

集合与元素之间的关系为:若 a 是集合 A 的元素,则称 a 属于 A,记作 $a \in A$;若 a 不是集合 A 的元素,则称 a 不属于 A,记作 $a \notin A$。

表示集合的方法通常有两种:一种是列举法,即把集合的全体元素一一列举出来,如由元素 $a_1, a_2, \cdots, a_n$ 组成的集合 A 可以表示为 $A = \{a_1, a_2, \cdots, a_n\}$;另一种是描述法,即利用集合的某种特征来描述其元素,如 xOy 平面中单位圆周上点的集合 B 可以表示为 $B = \{(x, y) \mid x^2 + y^2 = 1\}$。

若一个集合的元素个数有限,则称这个集合为**有限集**(finite set),否则称为**无限集**(infinite set)。不含任何元素的集合称为**空集**(empty set),记作 $\varnothing$。

最常遇到的数集有：

全体**自然数**（natural number）的集合，记作 **N**；全体**整数**（integer）的集合，记作 **Z**；全体**有理数**（rational number）的集合，记作 **Q**；全体**实数**（real number）的集合，记作 **R**；全体**复数**（complex number）的集合，记作 **C**。

此外，正整数、正有理数和正实数的集合分别记作 $\mathbf{Z}_+$，$\mathbf{Q}_+$ 和 $\mathbf{R}_+$。**如果没有特殊声明，本书中用到的数都是实数。**

下面给出集合间的关系和运算。

设 A 和 B 是两个集合，若集合 A 的所有元素都属于集合 B，则称 A 是 B 的**子集**（subset），记作 $A \subseteq B$（或 $B \supseteq A$），读作 A 包含于 B（或者 B 包含 A）。若 $A \subseteq B$，且存在元素 $a \in B$ 且 $a \notin A$，则称 A 是 B 的**真子集**（proper subset），记作 $A \subset B$（或者 $B \supset A$）。若 $A \subseteq B$，且 $B \subseteq A$，则称集合 A 和 B **相等**（equality），记作 $A = B$。

规定：空集 $\varnothing$ 是任何集合 A 的子集，即 $\varnothing \subseteq A$。

对于前面给出的各种数集，显然有如下关系成立：

$$\mathbf{N} \subset \mathbf{Z} \subset \mathbf{Q} \subset \mathbf{R} \subset \mathbf{C} \quad \text{和} \quad \mathbf{Z}_+ \subset \mathbf{Q}_+ \subset \mathbf{R}_+ 。$$

给定两个集合 A 和 B，可以定义如下运算：

交集（intersection of sets）　$A \bigcap B = \{x \mid x \in A \text{ 且 } x \in B\}$；

并集（union of sets）　$A \bigcup B = \{x \mid x \in A \text{ 或 } x \in B\}$；

差集（difference of sets）　$A \backslash B = \{x \mid x \in A \text{ 且 } x \notin B\}$；

余集（complementary set）　$B_A^c = A \backslash B$，其中 $B \subset A$。

集合间的各种运算及其结果可以用图 1.1 来表示，其中阴影部分表示运算的结果。

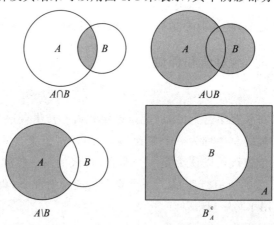

图　1.1

2. 区间

区间（interval）是高等数学课程中经常遇到的一类数集。各种区间的符号、名称、集合表示及在数轴上的图形表示如表 1.1 所示。

表 1.1

符　号	名　称		集合表示	图形表示
(a,b)		开区间	$\{x\mid a<x<b\}$	
$[a,b]$		闭区间	$\{x\mid a\leqslant x\leqslant b\}$	
$(a,b]$	有限区间	半开区间	$\{x\mid a<x\leqslant b\}$	
$[a,b)$		半开区间	$\{x\mid a\leqslant x<b\}$	
$(a,+\infty)$		开区间	$\{x\mid x>a\}$	
$[a,+\infty)$	无限区间	闭区间	$\{x\mid x\geqslant a\}$	
$(-\infty,a)$		开区间	$\{x\mid x<a\}$	
$(-\infty,a]$		闭区间	$\{x\mid x\leqslant a\}$	

关于表中记号的几点说明。

（1）表中的各个区间与集合的记法是严格对应的,不能混淆,特别是**开区间**（**open interval**）和**闭区间**（**closed interval**）的记法。

（2）在**有限区间**（**finite interval**）和**无限区间**（**infinite interval**）中,$a,b\in\mathbf{R}$,且 $a<b$,它们是确定的数。

（3）无限区间中的 $+\infty$ 和 $-\infty$ 分别读作"正无穷"和"负无穷",它们仅仅是一种符号,并不表示数,可以分别想象为沿着数轴的正向和负向无限延伸。详细的定义将在后面章节中给出。特别地,全体实数组成的集合 $\mathbf{R}$ 记作 $\mathbf{R}=(-\infty,+\infty)$。

3. 绝对值

实数 a 的**绝对值**（**absolute value**）记作 $|a|$,它的定义为

$$|a|=\begin{cases}a, & a\geqslant 0,\\ -a, & a<0.\end{cases}$$

该定义表明,实数 a 的绝对值 $|a|$ 是非负的,它的几何意义是数轴上的点到原点的距离。对于任意给定的实数 a,b,c,不难证明如下等式或不等式成立:

(1) $|a-b|\geqslant 0$;　　　　(2) $|a-b|=|b-a|$;　　　　(3) $|a \cdot b|=|a| \cdot |b|$;

(4) $|a+b|\leqslant |a|+|b|$;　　(5) $|a-c|\leqslant |a-b|+|b-c|$(三角不等式);

(6) $|a-b|\geqslant ||a|-|b||$。

4. 邻域

设 $a\in \mathbf{R}$,$\delta >0$,数集 $\{x \mid |x-a|<\delta\}$ 称为以点 a 为中心,δ 为半径的**邻域**（**neighborhood**）,简称 a 的 δ 邻域,记作 $U(a,\delta)$,即

$$U(a,\delta)=\{x \mid |x-a|<\delta\}=(a-\delta,a+\delta)。$$

当不需要注明邻域的半径 δ 时,常把它表示为 $U(a)$,简称点 a 的邻域。

在后面的应用中,有时需要把邻域中心去掉,这时的数集表示为 $\{x \mid 0<|x-a|<\delta\}$,并称为点 a 的去心 δ 邻域,记作 $\mathring{U}(a,\delta)$,即

$$\mathring{U}(a,\delta)=\{x \mid 0<|x-a|<\delta\}=(a-\delta,a)\bigcup(a,a+\delta)=(a-\delta,a+\delta)\backslash\{a\},$$

如图 1.2 所示。同样,当不需要注明去心邻域的半径 δ 时,常将它表示为 $\mathring{U}(a)$,简称 a 的**去心邻域**（**deleted neighborhood**）.将 $(a-\delta,a)$ 和 $(a,a+\delta)$ 分别称为点 a 的**左邻域**（**left neighborhood**）和**右邻域**（**right neighborhood**）。有时点 a 的左邻域和右邻域分别用 $\mathring{U}(a^{-})$ 和 $\mathring{U}(a^{+})$ 表示。

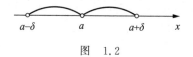

图　1.2

1.1.2　函数的定义

当我们研究某个自然现象的运动规律或分析社会现象的发展过程时,在同一过程中碰到的各种量,常常有几个量同时变化,它们之间存在某种依赖关系,其中一个量的变化常常引起其他量的变化。例如,在考虑距离地面高度为 h 的物体作自由落体运动时,在忽略空气阻力的情况下,物体到达地面所需的时间 t 和高度 h 应满足关系 $t=\sqrt{\dfrac{2h}{g}}$,其中 g 是重力加速度。又如,半径为 r 的球与它的体积 V 应满足的关系为 $V=\dfrac{4}{3}\pi r^{3}$,$r\in [0,+\infty)$,其中 π 是圆周率。再如,一定质量的理想气体的压强 p 和其体积 V 及温度 T 的关系为 $p=\dfrac{RT}{V}$,其中 R 为常数。

由上述例子不难看出,当高度 h、半径 r、体积 V 及温度 T 变化时,落体的时间 t、球体的体积 V 和理想气体的压强 p 都随之而变化,这种依赖关系称为**函数关系**（**functional relationship**）。于是有如下关于函数的定义。

定义 1.1　设 D 是实数集 $\mathbf{R}$ 的一个非空子集。若按照对应法则 f,对 D 中的每一个 x,均有唯一确定的实数 y 与之对应,则称 f 是定义在 D 上的**函数**（**function**）,函数关系记作

$$f: D \rightarrow \mathbf{R}.$$

数集 D 称为函数 f 的**定义域**（**domain**），函数值的集合 $R(f)=\{f(x)\,|\,x\in D\}$ 称为函数 f 的**值域**（**range**），有时 f 的值域也记为 $f(D)$。一般地，定义在集合 D 上的函数记作

$$y=f(x), \quad x\in D.$$

关于定义 1.1 的几点说明。

（1）在函数的定义中出现了两个变量，即 x 和 y，这两个变量的联系是通过函数关系 f 建立起来的。其中 x 是主动变化的，故称为**自变量**（**independent variable**）；y 随着 x 被动地变化，故称为**因变量**（**dependent variable**）。

（2）根据函数的定义，虽然函数都存在定义域，但是在不明确指出函数 $y=f(x)$ 的定义域时，该函数的定义域是使函数有意义的实数 x 的集合 $D=\{x\,|\,f(x)\in \mathbf{R}\}$，即**自然定义域**（**natural domain**）。当不需要指明函数 f 的定义域时，函数又可以简写为"$y=f(x)$"。但对于具有实际意义的函数，它的定义域要受实际意义的约束。例如，自由落体的高度 h 和球体的半径 r 的定义域都应该是区间 $[0,+\infty)$。

（3）由函数的定义可以看到，构成函数的两个基本要素是定义域 D 和对应法则 f。因此，可以把定义域相同并且对应法则相同的两个函数认为是相同的；而把定义域或对应法则不完全一样的两个函数认为是不同的函数。换句话说，两个函数是否相同，与自变量及因变量使用的符号是没有关系的。例如，如下两组函数

$$y=f(x)=x, \quad x\in D=\{x\,|\,x\geqslant 0\} \quad \text{和} \quad y=g(t)=\sqrt{t^2}, \quad t\in D=\{t\,|\,t\geqslant 0\},$$

$$y=f(x)=\sqrt[3]{x^4+x^3} \quad \text{和} \quad y=g(x)=x\sqrt[3]{x+1}$$

是相同的函数。又如，如下两组函数

$$y=f(x)=1 \quad \text{和} \quad y=g(x)=\sec^2 x-\tan^2 x,$$

$$y=f(x)=\ln x^2 \quad \text{和} \quad y=g(x)=2\ln x,$$

因为定义域不同，所以它们是不同的函数。

（4）函数的定义指出：对于每个自变量 $x\in D$，按照对应关系 f，对应唯一一个因变量 $y\in \mathbf{R}$，这样的对应就是所谓的单值对应。反之，一个因变量 $y\in R(f)$ 就不一定只有一个自变量 $x\in D$ 与之对应，例如正弦函数 $y=\sin x$ 就是如此。

（5）在函数的定义中，要求与自变量 x 对应的因变量 y 是唯一确定的，这种函数也称为**单值函数**（**single valued function**）。如果取消唯一这个要求，即对应于 x 的值，可以有两个以上确定的 y 值与之对应，这种函数 $y=f(x)$ 称为**多值函数**（**multivalued function**）。例如，函数 $y=\pm\sqrt{R^2-x^2}$ 是多（双）值函数。**今后如果没有特别声明，所讨论的函数都限于单值函数。**

（6）设有函数 $y=f(x)$，对于给定的 $x\in D$，其对应的函数值为 $y=f(x)$，在平面直角坐标系 xOy 中可以画出点 $(x,f(x))$，当自变量 x 在函数 $y=f(x)$ 的定义域内变动并取遍定义域中所有值时，动点 $(x,f(x))$ 的轨迹，即点集

$$\{(x,f(x))\,|\,x\in D\}$$

称为函数 $y=f(x)$ 的**图形**（**figure**）或图像（**graph**）。

1.1.3　具有某种特性的函数

在讨论一些简单的函数时，它们有时表现出了各自不同的特性。掌握这些特性，在处理

一些相对复杂的函数时是非常有用的。为了更好地刻画这些特性,下面介绍奇函数、偶函数、周期函数、有界函数、单调函数等概念。

1. 奇函数与偶函数

有这样一些函数,它们的定义域是关于原点对称的,并且函数图形也具有对称性,如关于原点对称或关于 y 轴对称,具有这种对称性的函数称为奇函数或偶函数。

定义 1.2　设函数 $y=f(x)$ 的定义域 D 关于原点对称,即对于任意的 $x\in D$,都有 $-x\in D$。若 $f(-x)=-f(x)$,则称函数 $y=f(x)$ 是**奇函数**(**odd function**);若 $f(-x)=f(x)$,则称函数 $y=f(x)$ 是**偶函数**(**even function**)。

若函数 $y=f(x)$ 是奇函数,则对于函数图形上的点 (x_0,y_0),即 $y_0=f(x_0)$,有

$$f(-x_0)=-f(x_0)=-y_0。$$

也就是说,$(-x_0,-y_0)$ 也在函数 $y=f(x)$ 的图形上。由此可知,奇函数的图形关于原点对称,如图 1.3(a)所示。同理可知,偶函数的图形关于 y 轴对称,如图 1.3(b)所示。

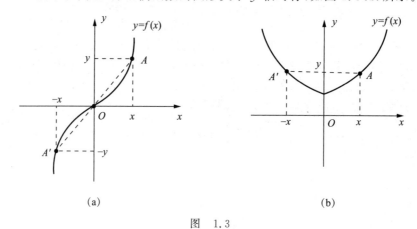

(a)　　　　　　　　　　　　(b)

图　1.3

不难验证,函数 $y=x^4+3x^2+2$,$y=\sqrt{1-x^2}$ 和 $y=\dfrac{\sin x}{x}$ 皆为偶函数;函数 $y=\dfrac{1}{x}$,$y=x^3$ 和 $y=x^2\sin x$ 皆为奇函数。

2. 周期函数

在自变量变化过程中,有些函数经过一定阶段后又重复原来的状态,这样的函数称为具有周期性的函数,如中学物理中做简谐振动的弹簧振子、单摆等。

定义 1.3　设函数 $y=f(x)$ 在数集 D 上有定义。若存在正数 T,对于任意的 $x\in D$,有 $x\pm T\in D$,并且

$$f(x\pm T)=f(x),$$

则称函数 $y=f(x)$ 是**周期函数**(**periodic function**),T 称为该函数的一个**周期**(**period**)。周期函数的图形如图 1.4 所示。

用数学归纳法不难证明,若 T 是函数 $y=f(x)$ 的一个周期,则 $2T,3T,\cdots,nT,\cdots$ 也是它的周期,其中 n 是正整数。因此,周期函数的周期不是唯一的。若函数 $y=f(x)$ 存在一个最小的正周期,通常将这个最小正周期称为该函数的**基本周期**(**fundamental period**),简称为周期。

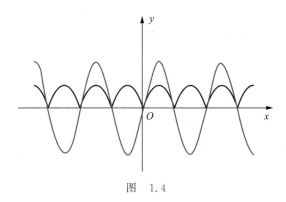

图　1.4

例如，$y=\sin x$，$y=\cos x$ 都是周期为 2π 的周期函数。再如，常值函数 $y=f(x)\equiv 1$ 也是周期函数，任意正的实数都是它的周期。

3. 有界函数

定义 1.4　设函数 $y=f(x)$ 在数集 D 上有定义。若该函数值的集合

$$f(D)=\{f(x)\,|\,x\in D\}$$

有上界，即存在数 K，使得当 $x\in D$ 时，有 $f(x)\leqslant K$，则称函数 $y=f(x)$ 在 D 上有上界，同时把数 K 称为函数 $y=f(x)$ 在 D 上的一个**上界**（upper bound）。类似地，若函数值的集合有下界，即存在数 k，使得当 $x\in D$ 时，有 $f(x)\geqslant k$，则称函数 $y=f(x)$ 在 D 上有下界，同时把数 k 称为函数 $y=f(x)$ 在 D 上的一个**下界**（lower bound）。特别地，若函数 $y=f(x)$ 的函数值集合在 D 上是一个有界集，即存在正数 M，使得当 $x\in D$ 时，有 $|f(x)|\leqslant M$，则称函数 $y=f(x)$ 在 D 上是**有界函数**（bounded function），同时把正数 M 称为函数 $y=f(x)$ 在 D 上的一个**界**（bound）。

仿照定义 1.4，可以类似地给出函数 $y=f(x)$ 在 D 上无上界、无下界、无界的定义。

若函数 $y=f(x)$ 在其定义域上有界，在几何上表示存在正数 M，使得函数 $y=f(x)$ 在 D 上的图形位于直线 $y=-M$ 和 $y=M$ 之间的带状区域中，如图 1.5 所示。

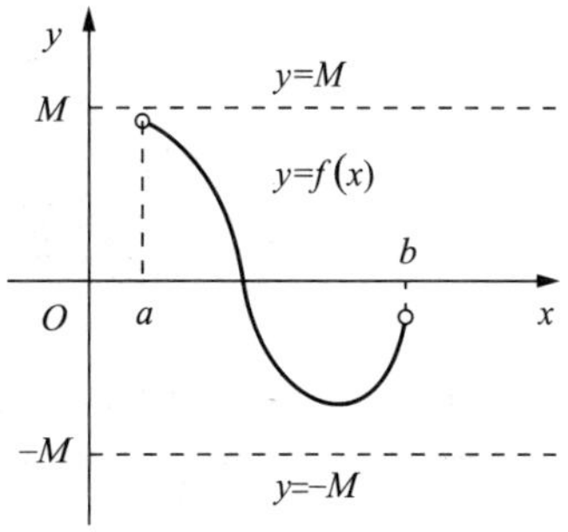

例如，$y=\sin x$，$y=\cos x$ 在其定义域上都是有界函数。函数 $y=\dfrac{1}{x}$，$y=x^2$ 在其定义域上都是无界函数。

例 1.1　函数 $y=f(x)$ 在其定义域 D 上有界的充分必要条件是：它既有上界又有下界。

分析　利用函数有上界、下界和有界的定义。

证　必要性　由于函数 $y=f(x)$ 在其定义域 D 上有界，由定义 1.4 可知，存在正数 M，使得当 $x\in D$ 时，有 $|f(x)|\leqslant M$，此不等式等价于

$$-M\leqslant f(x)\leqslant M, \tag{1.1}$$

因此 $-M,M$ 分别为函数在其定义域 D 上的一个下界和一个上界。

图　1.5

充分性　由于函数 $y=f(x)$ 在其定义域 D 上既有上界又有下界，同样由定义 1.4 可

知，存在 K 和 k，使得当 $x \in D$ 时，有 $k \leqslant f(x) \leqslant K$，取 $M = \max\{|K|, |k|\}$，则同样有 (1.1) 式成立，即函数 $y = f(x)$ 在其定义域 D 上有界。　　　　　　　　　　　　证毕

4. 单调函数

随着自变量的增加，一些函数的函数值也随之增加（或减少），这种函数称为**单调函数**（**monotone function**）。

定义 1.5　设函数 $y = f(x)$ 在数集 D 上有定义，区间 $I \subset D$。若对于 I 上的任意两点，即 $x_1, x_2 \in I$，只要它们满足 $x_1 < x_2$，恒有

$$f(x_1) \leqslant f(x_2),$$

则称函数 $y = f(x)$ 在 I 上**单调递增**（**monotone increasing**）；若恒有

$$f(x_1) \geqslant f(x_2),$$

则称函数 $y = f(x)$ 在 I 上**单调递减**（**monotone decreasing**）。这两类函数统称为**单调函数**。若上述不等式改为

$$f(x_1) < f(x_2) \quad 或 \quad f(x_1) > f(x_2),$$

则称函数 $y = f(x)$ 在 I 上**严格单调递增**或**严格单调递减**，如图 1.6 所示。

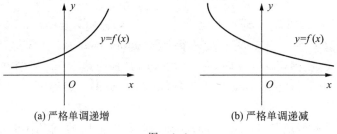

(a) 严格单调递增　　　　　　　　(b) 严格单调递减

图　1.6

例如，函数 $y = x^3$ 在 $(-\infty, +\infty)$ 上是严格递增的。又如，函数 $y = 2x^2 + 1$ 在 $(-\infty, 0]$ 上是严格递减的，在 $[0, +\infty)$ 上是严格递增的，但它在 $(-\infty, +\infty)$ 上不是单调函数。

1.1.4　函数的四则运算、复合函数和反函数

1. 函数的四则运算

由于函数值是一个数，而数与数之间是可以进行四则运算的，所以函数之间同样也有四则运算。

设函数 $y = f(x)$ 和 $y = g(x)$ 的定义域分别为 D_1 和 D_2。若 $D = D_1 \bigcap D_2 \neq \varnothing$，则可以定义这两个函数的和（**sum**）、差（**difference**）、积（**product**）、商（**quotient**）等运算。

和（差）$f \pm g$：$(f \pm g)(x) = f(x) \pm g(x), x \in D$；

积 $f \cdot g$：$(f \cdot g)(x) = f(x) \cdot g(x), x \in D$；

商 $\dfrac{f}{g}$：$\left(\dfrac{f}{g}\right)(x) = \dfrac{f(x)}{g(x)}, x \in D \setminus \{x \mid g(x) = 0\}$。

例 1.2　已知函数 $y = f(x)$ 在对称区间 $(-l, l)$ 上有定义，证明：它在区间 $(-l, l)$ 上一定可以分解为一个奇函数 $g(x)$ 与一个偶函数 $h(x)$ 的和，即

$$f(x) = g(x) + h(x)。$$

分析 解决此问题的方法类似于求解方程组,即求出奇函数 $g(x)$ 与偶函数 $h(x)$ 的表达式即可。

证 设 $g(x)$ 和 $h(x)$ 分别是在对称区间 $(-l,l)$ 上的奇函数和偶函数,即

$$g(-x)=-g(x), \quad h(-x)=h(x)。$$

函数 $f(x)$ 能否表示为 $f(x)=g(x)+h(x)$ 等价于如下的方程组是否有解,即

$$\begin{cases} f(x)=g(x)+h(x), \\ f(-x)=-g(x)+h(x)。 \end{cases}$$

不难求得奇函数 $g(x)$ 与偶函数 $h(x)$ 的表达式分别为

$$g(x)=\frac{1}{2}\big[f(x)-f(-x)\big] \quad \text{和} \quad h(x)=\frac{1}{2}\big[f(x)+f(-x)\big]。$$

因此,$f(x)=g(x)+h(x)$。 证毕

2. 复合函数

在解决一些较为复杂的实际问题时,经常会遇到多个变量的联动变化,即存在两种或两种以上的函数关系嵌套在一起,最终的因变量需要用所谓"中间变量"传递的方法才能表示出来。

例如,设有两个函数 $y=\sin u$,$u=x^2$,由中间变量 u 的传递可以生成新函数

$$y=\sin u=\sin x^2。$$

在这里,y 是 u 的函数,u 又是 x 的函数,于是通过中间变量 u 的传递得到 y 是 x 的函数。但并不是所有函数都能够有这样的传递关系。例如,$y=\arcsin u$,$u=x^2+2$,由于反正弦函数的定义域为 $[-1,1]$,即要求 $-1 \leqslant u \leqslant 1$,而对任意的 $x \in \mathbf{R}$,第二个函数 $u=x^2+2$ 的函数值满足 $u \geqslant 2$,它不在 $y=\arcsin u$ 的定义域中,因此这两个函数不能够通过中间变量 u 传递。为此,需要给出这类新的函数一个严格的定义。

定义 1.6 设函数 $y=f(u)$ 和 $u=g(x)$ 的定义域分别为 U 和 D。若对于任意的 $x \in D$,有 $g(x) \in U$,则函数

$$y=f\big[g(x)\big], \quad x \in D$$

称为由函数 $y=f(u)$ 和函数 $u=g(x)$ 构成的**复合函数**(composite function),记作

$$y=(f \circ g)(x)=f\big[g(x)\big], \quad x \in D,$$

变量 u 称为中间变量。

关于定义 1.6 的几点说明。

(1) 两个函数 $y=f(u)$ 和 $u=g(x)$ 可以构成复合函数的条件是 $g(D) \subset U$,即函数 $u=g(x)$ 在 D 上的值域必须包含在函数 $y=f(u)$ 的定义域 U 内,否则不能构成复合函数。换句话说,不论有多少层函数,内层函数的值域必须包含在外一层函数的定义域内。

(2) 复合函数的概念可以推广到由有限个函数间传递的情形。例如,三个函数

$$y=\sqrt{1-u}, \quad u=\sin^2 v, \quad v=x+2$$

构成的复合函数是

$$y=\sqrt{1-\sin^2(x+2)}, \quad x \in (-\infty,+\infty)。$$

(3) 一般地,我们需要将满足条件的若干个简单的函数组合成复合函数,但有些情况下为了研究某些复杂函数的性质,还要将它们"分解"为若干个简单的函数。例如,函数

$$y = \sin\sqrt[3]{1 + 2\ln x}, \quad x \in (0, +\infty)$$

可以分解为四个简单函数 $y = \sin u, u = \sqrt[3]{v}, v = 1 + 2w, w = \ln x, x \in (0, +\infty)$。

3. 反函数

在高中课程中,我们已经学习了一些简单函数的反函数。例如,对数函数是指数函数的反函数,各个反三角函数是对应的三角函数在**特定区间**的反函数,等等。

在函数的定义中,按照对应关系 f,对任意 $x \in D$,在 **R** 中有唯一一个 y 与之对应,但对任意一个 $y \in f(D)$,不一定有唯一的 $x \in D$,使 $f(x) = y$。例如,正弦函数 $y = \sin x$ 的定义域为 **R**,它在 **R** 上不存在反函数,但是它在区间 $\left[-\dfrac{\pi}{2}, \dfrac{\pi}{2}\right]$ 上存在反函数 $y = \arcsin x$。因此,函数在什么情况下存在反函数,需要给出一个明确的定义。

定义 1.7 设函数 $y = f(x)$ 的定义域为 D,值域为 $f(D)$。若对任意 $y \in f(D)$,有唯一一个 $x \in D$ 与之对应,即 $f(x) = y$,则称函数 $y = f(x)$ 在 D 上存在**反函数**(inverse function),记作

$$x = f^{-1}(y), \quad y \in f(D)。$$

关于定义 1.7 的几点说明。

(1) 反函数的实质在于它所表示的对应规律,用什么字母来表示反函数中的自变量与因变量是无关紧要的。习惯上仍把自变量记作 x,因变量记作 y,则可以将函数 $y = f(x)$ 的反函数 $x = f^{-1}(y)$ 记作 $y = f^{-1}(x)$。例如:

直接函数	求得的反函数	反函数
$y = 2x + 1$	$x = \dfrac{y-1}{2}$	$y = \dfrac{x-1}{2}$
$y = a^x$	$x = \log_a y$	$y = \log_a x$
$y = x^3$	$x = \sqrt[3]{y}$	$y = \sqrt[3]{x}$

(2) 相对于反函数 $y = f^{-1}(x)$,原来的函数 $y = f(x)$ 称为**直接函数**(direct function)。若将反函数 $y = f^{-1}(x)$ 的图形与直接函数 $y = f(x)$ 的图形画在同一坐标平面上,则这两个图形关于直线 $y = x$ 是对称的,如图 1.7 所示。

由函数严格单调的定义不难证明下面的定理成立。

定理 1.1 若函数 $y = f(x)$ 在某区间 X 上严格单调递增(严格单调递减),则函数 $y = f(x)$ 存在反函数,且反函数 $x = f^{-1}(y)$ 在 $f(X)$ 上也严格单调递增(严格单调递减)。

证明从略,留作练习。

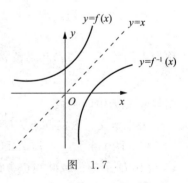

图 1.7

习 题 1.1

思 考 题

1. 两个给定的函数在什么条件下可以认为是相同的。如下两个函数是否相同?

$$f(x)=1, \quad g(x)=\sin^2 x+\cos^2 x。$$

2. 命题"两个偶函数的和是偶函数，两个奇函数的和是奇函数"是否正确？说明理由。

3. 任意几个函数是否可以构成复合函数？若不能，条件是什么？

4. 定理 1.1 中的条件"函数在区间上的严格单调"中的"严格"两字是否可以忽略？说明理由。

Ⓐ 类题

1. 用区间表示下列不等式的解：

(1) $x^2+x \leqslant 6$；　　　　　(2) $|x-2| \leqslant 1$；　　　　　(3) $(x-1)(x+3)>0$。

2. 对于任意给定的实数 a,b，证明：$||a|-|b|| \leqslant |a+b| \leqslant |a|+|b|$。

3. 求下列函数的自然定义域：

(1) $y=\dfrac{1}{x^2-3x+2}$；

(2) $y=\sqrt{\dfrac{x-3}{x+1}}$；

(3) $y=\dfrac{\sqrt{4-x^2}}{x-1}$；

(4) $y=\dfrac{1}{x^2-4x+3}+\sqrt{9-x^2}$。

4. 已知函数 $f(x)=\dfrac{1+x}{1-x}$，计算 $f(-x),f(x+1),f\left(\dfrac{1}{x}\right),f[f(x)]$。

5. 已知函数 $f(x)=2x^2$，计算 $\dfrac{f(x+h)-f(x)}{h}$ 和 $\dfrac{f(x)-f(x-h)}{h}$，其中 $h \neq 0$。

6. 已知函数 $f_1(x)$ 和 $f_2(x)$ 是区间 $[-a,a]$ 上的奇函数，函数 $g_1(x)$ 和 $g_2(x)$ 是区间 $[-a,a]$ 上的偶函数。证明：

(1) 乘积函数 $f_1(x)f_2(x)$ 和 $g_1(x)g_2(x)$ 都是偶函数；

(2) 乘积函数 $f_1(x)g_2(x)$ 和 $g_1(x)f_2(x)$ 都是奇函数。

7. 一个长为 a，宽为 b 的长方形铁皮 $(a \geqslant b)$（单位：m），想要打造成一个无盖的长方体盛水容器，需将其四个角各剪去一个边长相等的小正方形。试分别建立盛水容器的体积 V、表面积 S 与剪去的小正方形边长 x 之间的函数关系，并指出其定义区间。

8. 在半径为 R 的球中内接一个立方体，试建立此立方体的体积 V 与球的半径之间的函数关系，并指出其定义区间。

Ⓑ 类题

1. 已知函数 $y=f(x)$ 的定义域是区间 $(-1,2)$，求 $f(x-1)+f(x+1)$ 的定义域。

2. 已知函数 $f(x)$ 是二次多项式，且 $f(x+2)-f(x)=4x+6$，求 $f(x)$ 的表达式。

3. 已知

(1) $f\left(x-\dfrac{1}{x}\right)=x^2+\dfrac{1}{x^2}+2$；

(2) $f\left(\dfrac{1}{x}\right)=\dfrac{\sqrt{x^2+1}}{x^2}+\dfrac{x^2}{\sqrt{x^2+1}}$。

分别求出 $f(x)$ 的表达式。

4. 已知函数 $f(x)=\dfrac{x^2+2}{x^2+2mx+m+6}$，参数 m 如何取值才能使它的定义域为 **R**?

5. 已知 $f(x)$ 是区间 $[-a,a]$ 上的奇函数，$g(x)$ 是区间 $[-a,a]$ 上的偶函数。证明：$f[f(x)]$ 是区间 $[-a,a]$ 上的奇函数，$g[f(x)]$ 是区间 $[-a,a]$ 上的偶函数。

6. 已知 $f(x)$，$g(x)$ 和 $h(x)$ 在 **R** 上都是单调递增函数，并且满足
$$f(x)\leqslant g(x)\leqslant h(x).$$
证明：$f[f(x)]\leqslant g[g(x)]\leqslant h[h(x)]$。

7. 讨论函数 $y=\sqrt{x+4}-\sqrt{x}$ 在其定义域上是否有界。

8. 叙述无界函数的定义，并证明函数 $y=\dfrac{1}{x^2}$ 在区间 $(0,1)$ 内是无界的。

1.2 初等函数
Elementary functions

1.2.1 基本初等函数

下面给出的六种函数称为基本初等函数。因为这些函数已经在中学数学课程中学习过，这里将只给出它们的形式、简单特性、简图和一些运算公式。

1. 常值函数

常值函数的形式记为 $y=C$，其中 C 为**常数**（constant）。函数的定义域为 $D=\mathbf{R}$。其对应法则是对于任何 $x\in\mathbf{R}$，对应的函数值 y 恒等于常数 C。常值函数的图形为平行于 x 轴的直线，如图 1.8 所示。

2. 幂函数

幂函数（power function）的形式记为 $y=x^{\mu}$（μ 为给定的不为零的实数）。函数的定义域和值域因 μ 的不同而不同，但都在 $(0,+\infty)$ 内有定义，且图形都经过点 $(1,1)$。图 1.9 给出了几个常见的幂函数的图形。

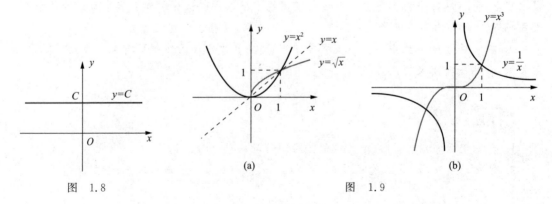

图 1.8   图 1.9

3. 指数函数

指数函数（exponential function）的形式记为 $y=a^x$（$a>0,a\neq1$）。函数的定义域为 $D=$

R,值域为 **R**$_+$。指数函数的图形均在 x 轴上方,且都经过点$(0,1)$。当 $a>1$ 时,$y=a^x$ 单调递增;当 $0<a<1$ 时,$y=a^x$ 单调递减。指数函数的图形如图 1.10 所示。

对于 $a,b,x,y\in$ **R**,且 $a,b>0$,指数函数的运算公式如下:

(1) $a^x a^y=a^{x+y}$;   (2) $\dfrac{a^x}{a^y}=a^{x-y}$;

(3) $(a^x)^y=a^{xy}$;   (4) $(ab)^x=a^x b^x$。

4. 对数函数

对数函数(**logarithmic function**)的形式记为 $y=\log_a x(a>0,a\neq1)$。它是指数函数 $y=a^x$ 的反函数。由直接函数与反函数的关系知,对数函数的定义域为 $D=\{x\,|\,x\in(0,+\infty)\}$,值域为 **R**。对数函数的图形在 y 轴的右方,且都经过点$(1,0)$。当 $a>1$ 时,$y=\log_a x$ 单调递增;当 $0<a<1$ 时,$y=\log_a x$ 单调递减。对数函数的图形如图 1.11 所示。

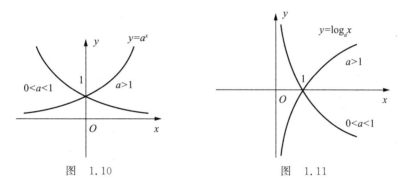

图 1.10   图 1.11

当 $a=$ e 时,$y=\log_e x$ 简记为 $y=\ln x$,其中欧拉数 e$=2.71828\cdots$为无理数。$y=\ln x$ 是常见的对数函数,称为**自然对数函数**。

对于 $a,b,x\in$ **R**,且 $a,b>0$,自然对数函数的运算公式如下:

(1) $\ln(ab)=\ln a+\ln b$;   (2) $\ln\dfrac{a}{b}=\ln a-\ln b$;

(3) $\ln a^x=x\ln a$;   (4) $\log_a b=\dfrac{\ln b}{\ln a}$。

5. 三角函数

三角函数(**trigonometric function**)有如下 6 种,分别为

正弦函数 $y=\sin x$;   余弦函数 $y=\cos x$;

正切函数 $y=\tan x$;   余切函数 $y=\cot x$;

正割函数 $y=\sec x$;   余割函数 $y=\csc x$。

正弦函数 $y=\sin x$ 和余弦函数 $y=\cos x$ 的定义域均为 $D=$ **R**,值域均为 $R=\{y\,|\,y\in[-1,1]\}$,都以 2π 为周期。$\sin x$ 是奇函数,$\cos x$ 是偶函数,它们的图形如图 1.12 所示。

正切函数 $y=\tan x=\dfrac{\sin x}{\cos x}$ 的定义域为 $D=\left\{x\,\middle|\,x\in\textbf{R},\text{且 }x\neq k\pi+\dfrac{\pi}{2}(k\text{ 为整数})\right\}$,余切

函数 $y = \cot x = \dfrac{\cos x}{\sin x}$ 的定义域为 $D = \{x \mid x \in \mathbf{R},$ 且 $x \neq k\pi(k$ 为整数$)\}$。它们都以 π 为周期,且都是奇函数,它们的图形如图 1.13 所示。

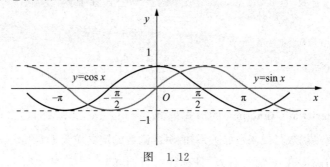

图　1.12

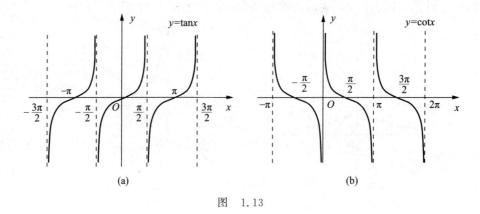

图　1.13

正割函数 $y = \sec x = \dfrac{1}{\cos x}$ 的定义域为 $D = \left\{x \mid x \in \mathbf{R},$ 且 $x \neq k\pi + \dfrac{\pi}{2}(k$ 为整数$)\right\}$,值域为 $R = \{y \mid y \in (-\infty, -1] \cup [1, +\infty)\}$,它是以 2π 为周期的无界函数,如图 1.14(a)所示。

余割函数 $y = \csc x = \dfrac{1}{\sin x}$ 的定义域为 $D = \{x \mid x \in \mathbf{R},$ 且 $x \neq k\pi(k$ 为整数$)\}$,值域为 $R = \{y \mid y \in (-\infty, -1] \cup [1, +\infty)\}$,它是以 2π 为周期的无界函数,如图 1.14(b)所示。

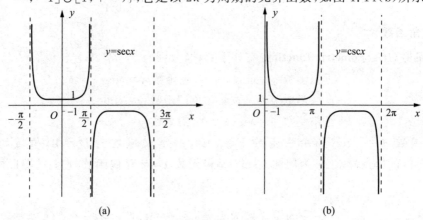

图　1.14

常用的三角函数公式如下。

（1）平方关系

$$\sin^2\alpha+\cos^2\alpha=1;\quad \tan^2\alpha+1=\sec^2\alpha;\quad \cot^2\alpha+1=\csc^2\alpha。$$

（2）和角公式

$$\sin(\alpha\pm\beta)=\sin\alpha\cos\beta\pm\cos\alpha\sin\beta;\quad \cos(\alpha\pm\beta)=\cos\alpha\cos\beta\mp\sin\alpha\sin\beta;$$

$$\tan(\alpha\pm\beta)=\frac{\tan\alpha\pm\tan\beta}{1\mp\tan\alpha\tan\beta}。$$

（3）倍角公式

$$\sin(2\alpha)=2\sin\alpha\cos\alpha;$$

$$\cos(2\alpha)=\cos^2\alpha-\sin^2\alpha=2\cos^2\alpha-1=1-2\sin^2\alpha;$$

$$\tan(2\alpha)=\frac{2\tan\alpha}{1-\tan^2\alpha}。$$

（4）半角公式

$$\sin\frac{\alpha}{2}=\pm\sqrt{\frac{1-\cos\alpha}{2}};\quad \cos\frac{\alpha}{2}=\pm\sqrt{\frac{1+\cos\alpha}{2}};\quad \tan\frac{\alpha}{2}=\pm\sqrt{\frac{1-\cos\alpha}{1+\cos\alpha}}=\frac{\sin\alpha}{1+\cos\alpha}=\frac{1-\cos\alpha}{\sin\alpha}。$$

（5）积化和差公式

$$\sin\alpha\cos\beta=\frac{1}{2}(\sin(\alpha+\beta)+\sin(\alpha-\beta));\quad \cos\alpha\sin\beta=\frac{1}{2}(\sin(\alpha+\beta)-\sin(\alpha-\beta));$$

$$\cos\alpha\cos\beta=\frac{1}{2}(\cos(\alpha+\beta)+\cos(\alpha-\beta));\quad \sin\alpha\sin\beta=\frac{1}{2}(\cos(\alpha-\beta)-\cos(\alpha+\beta))。$$

（6）和差化积公式

$$\sin\alpha+\sin\beta=2\sin\frac{\alpha+\beta}{2}\cos\frac{\alpha-\beta}{2};\quad \sin\alpha-\sin\beta=2\cos\frac{\alpha+\beta}{2}\sin\frac{\alpha-\beta}{2};$$

$$\cos\alpha+\cos\beta=2\cos\frac{\alpha+\beta}{2}\cos\frac{\alpha-\beta}{2};\quad \cos\alpha-\cos\beta=-2\sin\frac{\alpha+\beta}{2}\sin\frac{\alpha-\beta}{2}。$$

6. 反三角函数

反三角函数（inverse trigonometric function）是各三角函数在其特定的单调区间上的反函数。

反正弦函数 $y=\arcsin x$ 是正弦函数 $y=\sin x$ 在区间 $\left[-\frac{\pi}{2},\frac{\pi}{2}\right]$ 上的反函数，其定义域为 $D=\{x\,|\,x\in[-1,1]\}$，值域为 $R=\left\{y\,|\,y\in\left[-\frac{\pi}{2},\frac{\pi}{2}\right]\right\}$，如图 1.15(a)所示。反余弦函数 $y=\arccos x$ 是余弦函数 $y=\cos x$ 在区间$[0,\pi]$上的反函数，其定义域为 $D=\{x\,|\,x\in[-1,1]\}$，值域为 $R=\{y\,|\,y\in[0,\pi]\}$，如图 1.15(b)所示。

反正切函数 $y=\arctan x$ 是正切函数 $y=\tan x$ 在区间 $\left(-\frac{\pi}{2},\frac{\pi}{2}\right)$ 内的反函数，其定义域为 $D=\{x\,|\,x\in\mathbf{R}\}$，值域为 $R=\left\{y\,|\,y\in\left(-\frac{\pi}{2},\frac{\pi}{2}\right)\right\}$，如图 1.16(a)所示。反余切函数 $y=\operatorname{arccot}x$ 是余切函数 $y=\cot x$ 在区间$(0,\pi)$内的反函数，其定义域为 $D=\mathbf{R}$，值域为 $R=\{y\,|\,y\in(0,\pi)\}$，如图 1.16(b)所示。

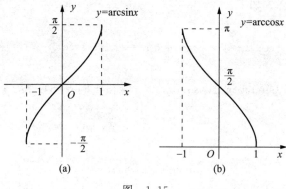

图 1.15

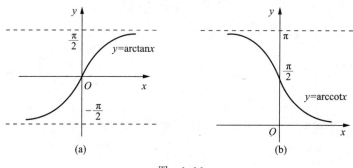

图 1.16

反三角函数有如下的恒等式：

$$\arcsin x + \arccos x = \frac{\pi}{2}; \qquad \arctan x + \operatorname{arccot} x = \frac{\pi}{2}。$$

1.2.2 初等函数的定义及其范例

由基本初等函数经有限次的四则运算和有限次的函数复合运算得到,并且能用一个解析式表示的函数,称为**初等函数**(**elementary function**)。初等函数的定义域是使解析表达式有意义的自变量的取值范围。因此,在讨论初等函数时,若未单独列出其定义范围,通常默认其定义域为自然定义域。本课程中所讨论的函数绝大多数都是初等函数。

例如,$y=3x^2+\sin(4x)$, $y=\ln(x+\sqrt{1+x^2})$, $y=\arctan 2x^3+\sqrt{\lg(x+1)}+\dfrac{\sin x}{x^2+1}$,等等,它们都是初等函数。特别地,将如下的初等函数

$$p(x)=a_0+a_1x+a_2x^2+\cdots+a_nx^n, \quad a_n\neq 0$$

称为**多项式函数**(**polynomial function**)；将两个多项式函数的商

$$R(x)=\frac{a_0+a_1x+a_2x^2+\cdots+a_nx^n}{b_0+b_1x+b_2x^2+\cdots+b_mx^m}$$

称为**有理函数**(**rational function**)。

在一些实际工程应用中,我们经常遇到**双曲函数**(**hyperbolic function**)和它们的反函数。下面对这些函数进行简单介绍。

1. 双曲函数

双曲正弦函数的形式为 $y=\sinh x=\dfrac{e^x-e^{-x}}{2}$。容易验证，它是奇函数，并且在 **R** 上严格单调递增。

双曲余弦函数的形式为 $y=\cosh x=\dfrac{e^x+e^{-x}}{2}$。容易验证，它是偶函数，图形过点$(0,1)$，并且在$(-\infty,0]$上严格单调递减，在$[0,+\infty)$上严格单调递增，如图 1.17(a)所示。在例 8.36 中将会看到，该函数实际上是悬链线模型的特解。

双曲正切函数的形式为 $y=\tanh x=\dfrac{\sinh x}{\cosh x}=\dfrac{e^x-e^{-x}}{e^x+e^{-x}}$。容易验证，它是奇函数，图形夹在两条直线 $y=-1$ 和 $y=1$ 之间，并且在 **R** 上严格单调递增，如图 1.17(b)所示。

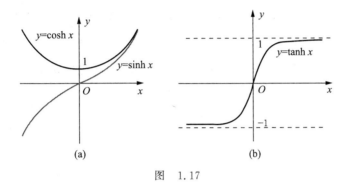

图　1.17

双曲函数与三角函数具有类似的关系。例如，通过直接验证可以得到如下公式：
$$\cosh^2 x-\sinh^2 x=1;$$
$$\sinh(x\pm y)=\sinh x\cosh y\pm\cosh x\sinh y;$$
$$\cosh(x\pm y)=\cosh x\cosh y\pm\sinh x\sinh y;$$
$$\tanh(x+y)=\frac{\tanh x+\tanh y}{1+\tanh x\tanh y}。$$

2. 反双曲函数

反双曲函数可以由对应的双曲函数直接求得。以求反双曲正弦函数为例，由于函数 $y=e^x$ 和 $y=e^{-x}$ 分别在 **R** 上严格单调递增和严格单调递减，所以双曲正弦函数 $y=\sinh x=\dfrac{e^x-e^{-x}}{2}$ 在 **R** 上为严格单调递增的，故存在反函数，称为反双曲正弦函数，记作 $y=\operatorname{arsinh}x$。

由 $y=\sinh x=\dfrac{e^x-e^{-x}}{2}$ 可以解得 $e^x=y+\sqrt{y^2+1}$，于是 $x=\ln(y+\sqrt{y^2+1})$，所以反双曲正弦函数的表示式为
$$\operatorname{arsinh}x=\ln(x+\sqrt{x^2+1}),\quad x\in\mathbf{R}。$$

以此类推，可得出其他反双曲函数的表示式。

反双曲余弦函数　$\operatorname{arcosh}x=\ln(x+\sqrt{x^2-1}),\quad x\geqslant 1;$

反双曲正切函数 $\operatorname{artanh} x = \dfrac{1}{2}\ln\dfrac{1+x}{1-x}$, $x\in(-1,1)$。

非初等函数的种类是多种多样的,我们将在 1.3 节及以后的章节中进行介绍。

思 考 题

1. 已知正弦函数 $y=\sin x$ 在区间 $\left[-\dfrac{\pi}{2},\dfrac{\pi}{2}\right]$ 上存在反函数,在其他区间是否存在反函数? 试举例说明。

2. 双曲余弦函数 $y=\cosh x=\dfrac{\mathrm{e}^x+\mathrm{e}^{-x}}{2}$ 在 **R** 上是否存在反函数? 若不存在,如何限制定义域,才能使其具有反函数?

3. 初等函数可由基本初等函数经过有限次复合组成,这种说法是否正确,说明理由。

Ⓐ 类题

1. 求下列函数的自然定义域:

(1) $y=\dfrac{1}{\ln\ln x}$;

(2) $y=\cot(x-2)$;

(3) $y=\arcsin\dfrac{x+1}{2}+\sqrt{2x+1}$;

(4) $y=\arctan\dfrac{3+x^2}{\sqrt{3-x^2}}$。

2. 证明下列函数是周期函数,并求出它们的最小正周期:

(1) $f(x)=1+\cos(2x)$;

(2) $f(x)=3\cos x\sin x$;

(3) $f(x)=\tan(2+x)$;

(4) $f(x)=\cos^2 x$。

3. 判定下列函数的奇偶性:

(1) $f(x)=4x+\sin x$;

(2) $f(x)=x^2+\sqrt{1-x^2}+1$;

(3) $f(x)=a^{2x-1}-a^{-2x+1}$,其中 $a>0$;

(4) $f(x)=\cos(2x)\tan x$。

4. 求出下列函数在指定区间上的一个上界和一个下界:

(1) $f(x)=3+4x+2x^3$, $x\in[-5,2]$;

(2) $f(x)=2\sin x+1$, $x\in[0,\pi]$;

(3) $f(x)=\dfrac{2}{1+3x^2}$, $x\in(-\infty,+\infty)$;

(4) $f(x)=2x+\arcsin x$, $x\in[0,1]$。

5. 指出下列函数在指定区间上的单调性,并求出它们的反函数:

(1) $y=3x^2+2$, $x\in[0,4]$;

(2) $y=\dfrac{2^x-3}{2^x}$, $x\in(-\infty,+\infty)$;

(3) $y=3+\ln(x+2)$, $x\in[-1,5]$;

(4) $y=2+\cos x$, $x\in[0,\pi]$。

6. 求出下列复合函数 $y=f[\varphi(x)]$ 的定义域和值域:

(1) $y=f(u)=\sin u$, $u=\varphi(x)=\sqrt{1-x^2}$;

(2) $y=f(u)=\ln u$, $u=\arccos x$。

7. 指出下列初等函数由哪些基本初等函数构成：

(1) $y = \sqrt[3]{\arcsin(x^2)}$；

(2) $y = \sin^3 \ln x$；

(3) $y = e^{\tan(x+1)}$；

(4) $y = x^3 \sin\sqrt{\ln x}$。

8. 利用 $y = \sin x$ 的图形，作出下列函数的图形：

(1) $y = |\sin x|$；

(2) $y = \sin|x|$；

(3) $y = 3\sin(2x)$；

(4) $y = 3\sin\dfrac{x}{2}$。

B 类题

1. 指出下列函数中哪些是周期函数，并求出周期函数的最小正周期：

(1) $f(x) = 4\sin(3x) + \cos(3x)$；

(2) $f(x) = \tan(4x) + 3\tan\dfrac{x}{2}$；

(3) $f(x) = \sin(x^2)$；

(4) $f(x) = \ln[3 + \sin(2x)]$。

2. 判定下列函数的奇偶性：

(1) $f(x) = \dfrac{x\cos x}{2x^2 + 3}$；

(2) $f(x) = \sqrt[3]{(1+x)^2} + \sqrt[3]{(1-x)^2}$；

(3) $f(x) = \dfrac{e^x - e^{-x}}{e^x + e^{-x}}$；

(4) $f(x) = \ln(x + \sqrt{1 + x^2})$。

3. 证明：函数 $y = \dfrac{x\sin x}{x^2 + 1}$ 在 **R** 上是有界的。

4. 讨论函数 $y = x\cos x$ 在区间 $[0, +\infty)$ 上是否有界。

5. 证明：函数 $y = \dfrac{ax + b}{cx - a}$ 在其定义域上的反函数就是其本身。

6. 已知函数 $f(x) = \dfrac{x}{\sqrt{1 + x^2}}$，求：

(1) $f[f(x)]$；   (2) $f\{f[f(x)]\}$；   (3) $\underbrace{f\{f[\cdots f}_{n次}(x)]\}$。

7. 利用双曲函数的定义证明下列等式：

(1) $\cosh^2 x - \sinh^2 x = 1$；   (2) $\sinh(x + y) = \sinh x \cosh y + \cosh x \sinh y$；

(3) $\cosh(x - y) = \cosh x \cosh y - \sinh x \sinh y$。

8. 将半径为 r 的铁皮，自中心处剪去中心角为 α 的扇形后，剩余铁皮围成一个无底圆锥，试建立此圆锥的体积 V 与中心角 α 之间的函数关系。

1.3 函数关系的几种表示方法

Some representations of functional relationships

前面列举的函数有一个共同特点，它们的形式均为 $y = f(x)$，即等式的左边只有一个因变量 y，而等式的右边是只含有自变量 x 的一个表达式，称为函数的 **显式表示**（**explicit**

representation）。然而对于有些实际问题,在建立函数关系的过程中,有的无法用一个解析表达式来反映其变化规律,在不同的定义域内需要用不同的表达式表示,有的还需要再引入一个或几个变量,有的甚至需要在其他坐标系中表示。归纳起来,函数的解析(公式)表示方法还有分段表示、隐式表示、参数表示和极坐标表示等。

1.3.1　函数的分段表示

若函数 $f_1(x),f_2(x)$ 分别定义在数集 D_1 和 D_2 上,且 $D_1 \bigcap D_2 = \varnothing$,则函数

$$y = f(x) = \begin{cases} f_1(x), & x \in D_1, \\ f_2(x), & x \in D_2 \end{cases}$$

在数集 $D_1 \bigcup D_2$ 上有定义。这种表示方法称为**函数的分段表示**(**piecewise representation of function**),简称**分段函数**(**piecewise function**)。当然,根据需要,一个函数也可能由多于两个的表达式表示。下面给出高等数学中一些常用的分段函数。

例 1.3　绝对值函数(**absolute function**)

$$y = |x| = \begin{cases} x, & x \geqslant 0, \\ -x, & x < 0。 \end{cases}$$

该函数的图形如图 1.18 所示。

例 1.4　"整数部分"函数(**function of integer part**)

$$y = [x] = n, \quad n \leqslant x < n+1, \quad n \in \mathbf{Z}。$$

该函数表示 y 是不超过 x 的最大整数。它的定义域为 $\mathbf{R}$,值域为 $\mathbf{Z}$,函数图形如图 1.19 所示。显然,$[2.5]=2,[3]=3,[0]=0,[-\pi]=-4$。

例 1.5　符号函数(**symbolic function**)

$$\operatorname{sgn} x = \begin{cases} 1, & x > 0, \\ 0, & x = 0, \\ -1, & x < 0。 \end{cases}$$

该函数的图形如图 1.20 所示。

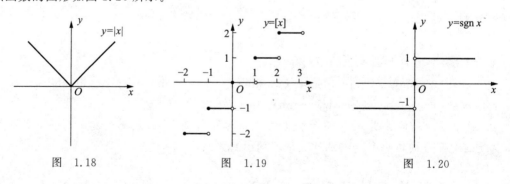

图　1.18　　　　　　图　1.19　　　　　　图　1.20

例 1.6　狄利克雷函数(**Dirichlet function**)

$$D(x) = \begin{cases} 1, & x \text{ 是有理数}, \\ 0, & x \text{ 是无理数}。 \end{cases}$$

容易验证:狄利克雷函数是周期函数,但它没有最小正周期,并且任何有理数都是它的周

期,而任何无理数都不是它的周期;它是有界函数;它是偶函数;它在任何实数区间都不是单调函数。狄利克雷函数的重要应用在于澄清某些似是而非的命题,或说明某些命题或定理中条件是不能变更的,我们将在后面的章节中给出具体应用。

例 1.7 某个商品的零售价格规定为:购买该商品不超过 10kg 时,售价为 5 元/kg;超过 10kg 但不到 50kg 时,超出部分售价为 4.8 元/kg;超过 50kg 时,超出部分的售价为 4.5 元/kg。根据这个定价规则,当顾客购买 $x(x \geqslant 0)$kg 商品时,需要支付的金额 y 与购买量 x 的函数关系可以表示为

$$y = f(x) = \begin{cases} 5x, & 0 \leqslant x \leqslant 10, \\ 50 + 4.8(x - 10), & 10 < x \leqslant 50, \\ 242 + 4.5(x - 50), & x > 50。 \end{cases}$$

关于分段函数的几点说明。

(1) 在例 1.3 中,由于绝对值函数又可以表示为 $y = |x| = \sqrt{x^2}$,所以它是初等函数;但是在例 1.4~例 1.7 中,这些函数不能够用一个解析式表示,因此它们都不是初等函数。

(2) 分段函数是按照定义域的不同子集用不同表达式来表示对应关系的,有些分段函数也可以不分段(即用一个表达式)表示出来,分段只是为了更加明确函数关系而已。例如,$y = \begin{cases} x, & 0 \leqslant x \leqslant 1, \\ 2 - x, & 1 < x \leqslant 2 \end{cases}$ 可以表示为 $y = 1 - \sqrt{(x-1)^2}$,$x \in [0, 2]$,根据定义,它是初等函数。再如,函数 $f(x) = \begin{cases} 1, & x < a, \\ 0, & x > a \end{cases}$ 也可表示成 $f(x) = \dfrac{1}{2}\left(1 - \dfrac{\sqrt{(x-a)^2}}{x-a}\right)$,因此,它也是初等函数。这也是判断分段函数是否是初等函数的一个方法。

1.3.2 函数的隐式表示

与函数的显式表示相对应,所谓的**函数的隐式表示**(**implicit representation of function**)是指通过方程 $F(x, y) = 0$ 来确定自变量 x 与因变量 y 之间的函数关系。

一般地,对于一个固定的 x,作为 y 的方程 $F(x, y) = 0$ 不一定有解,即使方程有解,解也可能不是唯一确定的。例如方程 $e^x + \sin y + 1 = 0$ 无解,而方程 $x^2 + y^2 - 1 = 0$ 的解不唯一。但在一定的条件下,有些方程可以确定自变量 x 与因变量 y 之间的函数关系,我们将在后面的章节中进行具体说明。

例 1.8 天体力学中著名的**开普勒(Kepler)方程**

$$y = x + \varepsilon \sin y,$$

其中 $\varepsilon \in (0, 1)$ 是一个常数。它反映了变量 x 与变量 y 之间的特定关系。我们将在下册第 2 章中看到,变量 y 确实是变量 x 的函数,所以开普勒方程就是这一函数关系的隐式表示形式。

关于函数的隐式表示的几点说明。

(1) 如果通过求解方程 $F(x, y) = 0$ 可以得到 $y = f(x)$ 的表达式,则称这种方法为**隐函数的显式化**(**explicit expression of implicit function**)。

(2) 并不是所有的隐函数都可以显式化,如例 1.8。再如,$e^{xy} - x - y - 1 = 0$,$xy - \sin(x + y) = 0$,等等,它们都可以在某些点的邻域内确定自变量 x 与因变量 y 之间的函数关系,但它们都无法显式化。

1.3.3　函数的参数表示

有些函数,在确定自变量 x 和因变量 y 之间的关系时,为了表示方便,需要引入第三个变量(称为参数)才能间接地建立函数关系。特别地,在用函数表示某些曲线时,由于函数的定义要求自变量 x 和因变量 y 之间不能有一对多的关系,表示出来的函数 $y=f(x)$ 或者表示式较为复杂,难以研究其特性,或者有的曲线无法用函数 $y=f(x)$ 表示。因此,在某些情况下用参数方程表示函数关系,也是一种较为普遍的方法。

一般地,如果参数方程

$$\begin{cases} x=\varphi(t), \\ y=\psi(t), \end{cases} t\in[a,b]$$

可以确定变量 x,y 之间的函数关系,则称此关系为由参数方程所确定的函数,这种方法称为**函数的参数表示**(**parametric representation of function**)。

例 1.9　已知抛射体运动在 $t=0$ 时刻的水平速度和垂直速度分别为 v_1,v_2,在忽略空气阻力的情形下,试建立抛射体在时刻 t 的运动轨迹。

分析　根据中学物理的知识,需要先建立平面直角坐标系。

解　设 x 和 y 分别是抛射体在时刻 t 的横坐标和纵坐标。利用运动合成原理,抛射体的运动轨迹可以表示为

$$\begin{cases} x=v_1 t, \\ y=v_2 t-\dfrac{1}{2}gt^2, \end{cases}$$

其中,g 是重力加速度,t 是运动时间。如果消去参数方程中的 t,可以得到由参数方程所确定的函数 $y=\dfrac{v_2}{v_1}x-\dfrac{g}{2v_1^2}x^2$。

例 1.10　已知半径为 a 的轮子置于平地上,记轮子边缘一点 A 与地面接触。当轮子沿着一个直线方向滚动时,试建立点 A 的运动轨迹的函数关系。

分析　点 A 的运动轨迹为一条平面曲线,应该先建立平面直角坐标系,然后尝试寻求它的函数关系。

解　建立如图 1.21 所示的坐标系。设轮子滚动的初始点 A 位于坐标原点 O,在时刻 t 点 A 的坐标为 $A(x,y)$(即 $P(x,y)$),当轮子滚到点 N 时,线段 $\overline{ON}$ 与弧段 $\overset{\frown}{AN}$(或 $\overset{\frown}{PN}$)的长度相等。

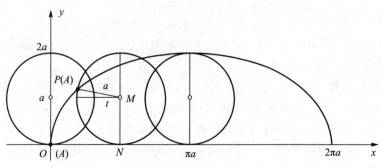

图　1.21

令参数 t 表示轮子转过的角度的弧度,则不难得到

$$\begin{cases} x=a(t-\sin t), \\ y=a(1-\cos t), \end{cases} \quad 0 \leqslant t < \infty \text{。}$$

该函数表示的曲线称为**旋轮线**,又称为**摆线**(**cycloid curve**)。

关于函数的参数表示的几点说明。

(1)不是所有的参数方程都能够确定一组函数关系。例如圆 $x^2+y^2=a^2$ 的参数方程为 $x=a\cos t$,$y=a\sin t$,$0 \leqslant t \leqslant 2\pi$。由于当 $t \in [0,2\pi]$ 时,$x \in (-a,a)$ 对应的 y 不是唯一确定的,根据函数的定义,它们构不成函数关系。但是如果将参数 t 限制在 $[0,\pi]$ 或 $[\pi,2\pi]$ 时,便可以确定变量 x,y 之间的函数关系。

(2)有些函数关系虽然可以确立,但是非常烦琐,用参数形式表示反而会很简单,参见例 1.10。随着学习的深入,还将会有更多类似的情况出现。

1.3.4 函数的极坐标表示

在数学、物理、工程、航海以及人工智能等众多领域,使用极坐标系表示函数或者某些特定曲线非常简单。特别是对于某些类型的曲线,极坐标方程是最简单的表达形式,甚至对于某些曲线来说,只有极坐标方程能够表示。

一般地,极坐标是指在平面内取一个定点 O,称为**极点**(**pole**),引一条射线 Ox,称为**极轴**(**polar axis**),再选定一个长度单位和角度的正方向(通常取逆时针方向),如图 1.22 所示。对于平面内任何一点 M,用 ρ 表示线段 OM 的长度,称为点 M 的**极径**(**polar radius**),有时也用 r 表示,用 θ 表示从 Ox 到 OM 的角度,称为点 M 的**极角**(**polar angle**),有序数对 (ρ,θ) 称为点 M 的**极坐标**(**polar coordinates**),这样建立的坐标系叫做**极坐标系**(**polar coordinate system**)。通常情况下,点 M 的极径坐标单位为 1(长度单位),极角坐标单位为 rad(或°)。

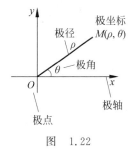

图 1.22

事实上,极坐标系是一个二维坐标系统,不难验证它与直角坐标系具有如下关系:

$$\begin{cases} x=\rho\cos\theta, \\ y=\rho\sin\theta; \end{cases} \qquad \begin{cases} \rho=\sqrt{x^2+y^2}, \\ \theta=\arctan\dfrac{y}{x}\text{。} \end{cases}$$

特别地,当 $x=0,y>0$ 时,$\theta=\dfrac{\pi}{2}$;$y<0$ 时,$\theta=\dfrac{3\pi}{2}$。

例如,圆心在坐标原点、半径为 R 的圆的直角坐标方程、参数方程和极坐标方程分别为

$$x^2+y^2=R^2, \qquad \begin{cases} x=R\cos\theta, \\ y=R\sin\theta, \end{cases} \qquad \rho=R\text{。}$$

再如,圆心在 $(R,0)$、半径为 R 的圆的直角坐标方程、参数方程和极坐标方程分别为

$$(x-R)^2+y^2=R^2, \qquad \begin{cases} x=R+R\cos\theta, \\ y=R\sin\theta, \end{cases} \qquad \rho=2R\cos\theta\text{。}$$

下面列举一些高等数学中经常用到的隐式方程、参数方程、极坐标方程及其图形(图1.23~图1.35)。

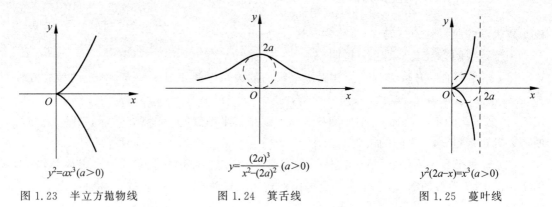

$$y^2=ax^3(a>0)$$

图1.23 半立方抛物线

$$y=\frac{(2a)^3}{x^2-(2a)^2}\ (a>0)$$

图1.24 箕舌线

$$y^2(2a-x)=x^3(a>0)$$

图1.25 蔓叶线

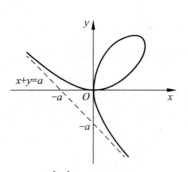

$$x^3+y^3-3axy=0\ (a>0)$$

$$x=\frac{3at}{1+t^3},\ y=\frac{3at^2}{1+t^3}$$

图1.26 笛卡儿叶形线

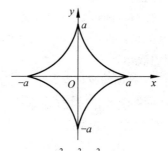

$$x^{\frac{2}{3}}+y^{\frac{2}{3}}=a^{\frac{2}{3}}\ (a>0)$$

$$\begin{cases} x=a\cos^3 t \\ y=a\sin^3 t \end{cases}$$

图1.27 星形线(内摆线的一种)

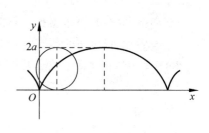

$$\begin{cases} x=a(t-\sin t) \\ y=a(1-\cos t)\ (a>0) \end{cases}$$

图1.28 摆线(参见例1.10)

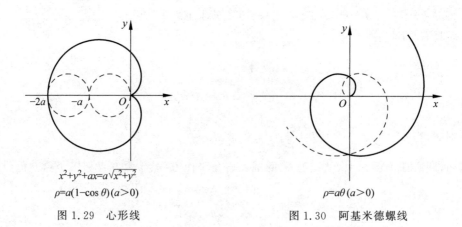

$$x^2+y^2+ax=a\sqrt{x^2+y^2}$$

$$\rho=a(1-\cos\theta)(a>0)$$

图1.29 心形线

$$\rho=a\theta(a>0)$$

图1.30 阿基米德螺线

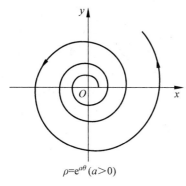

$\rho = e^{a\theta}\,(a>0)$

图 1.31 对数螺线(等角螺线)

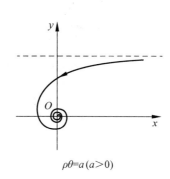

$\rho\theta = a\,(a>0)$

图 1.32 双曲螺线

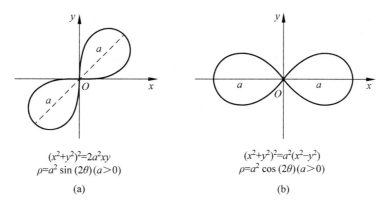

$(x^2+y^2)^2 = 2a^2xy$

$\rho = a^2 \sin(2\theta)\,(a>0)$

(a)

$(x^2+y^2)^2 = a^2(x^2-y^2)$

$\rho = a^2 \cos(2\theta)\,(a>0)$

(b)

图 1.33 伯努利双扭线

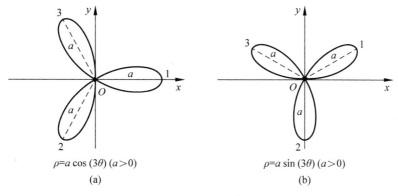

$\rho = a \cos(3\theta)\,(a>0)$

(a)

$\rho = a \sin(3\theta)\,(a>0)$

(b)

图 1.34 三叶玫瑰线

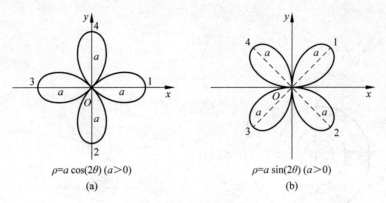

$\rho=a\cos(2\theta)\,(a>0)$
(a)

$\rho=a\sin(2\theta)\,(a>0)$
(b)

图 1.35 四叶玫瑰线

思 考 题

1. 所有的分段函数都不是初等函数,这种说法是否正确,说明理由。

2. 分段函数的定义中,条件 $D_1\bigcap D_2=\varnothing$ 是否可以去掉,说明理由。

3. 对任意给定的方程 $F(x,y)=0$,是否都可以确定变量 x,y 之间的函数关系,若不能,举例说明。

4. 讨论由参数方程可以确定函数关系的条件。

 类题

1. 已知函数 $f(x)=\begin{cases} x^2+x-2, & -\infty<x<2, \\ \ln(x-1), & 2\leqslant x<\pi, \\ \sin(x-\pi), & \pi\leqslant x<+\infty, \end{cases}$ 计算下列函数值:

$f(-1),\quad f(0),\quad f(1),\quad f(2.5),\quad f(3),\quad f(\pi),\quad f\left(\dfrac{3\pi}{2}\right)$。

2. 分别写出图 1.36(a)、(b)所示函数的解析表达式:

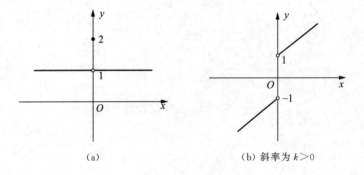

(a)

(b) 斜率为 $k>0$

图 1.36

3. 函数

$$y=\{x\}=x-[x]$$

称为"**非负小数部分**"函数(**function of nonnegative decimal part**),画出它的函数图形,试求出它的定义域和值域,并讨论它的周期性、奇偶性、单调性和有界性。

4. 判断下列函数的奇偶性:

(1) $f(x)=\begin{cases} x^2+3, & x>0, \\ -x^2-3, & x<0; \end{cases}$ (2) $f(x)=\begin{cases} x^2+1, & x\geqslant 0, \\ -x^2+1, & x<0。 \end{cases}$

5. 已知函数 $f(u)=\begin{cases} 2+\ln u, & u>0, \\ 1, & u\leqslant 0 \end{cases}$ 和 $u=\varphi(x)=x^2-1$。求复合函数 $f[\varphi(x)]$。

6. 将隐函数方程 $F(x,y)=x^2+x+y^3-3y^2+3y-3=0$ 化为显函数 $y=f(x)$。

7. 已知椭圆的参数方程为 $\begin{cases} x=a\cos t, \\ y=b\sin t, \end{cases}$ 其中 $a,b>0,t\in[0,2\pi]$。讨论参数 t 满足什么条件时,才能建立变量 x 和 y 之间的函数关系,并将它们表示出来。

8. 已知**利润函数**(**profit function**)定义为**总收益**(**revenue**)减去**总成本**(**cost**),即 $P(x)=R(x)-C(x)$,其中 x 为销售量。某商品的进价为每件 a 元,商场销售该商品的策略定为:当销售 100 件以内,卖出价为每件 b 元;当销售多于 100 件但少于 200 件时,卖出价为原来卖出价格的九折;当销售多于 200 件时,卖出价为原来卖出价格的八折。试建立该商品的销售利润 $P(x)$ 与销售数量 x 之间的函数关系。

Ⓑ 类题

1. 试用分段函数表示函数 $y=|x-2|+|2x+3|$。

2. 已知函数 $f(x)=\begin{cases} 2x+1, & x\geqslant 0, \\ x^2+4, & x<0。 \end{cases}$ 求 $f(x-1)+f(x+1)$。

3. 已知函数 $y=f(u)=\begin{cases} 1, & |u|>1, \\ 0, & |u|=1, \\ -1, & |u|<1 \end{cases}$ 和 $u=g(x)=e^x$。求复合函数 $f[g(x)]$。

4. 已知 $a,b\in\mathbf{R}$。证明:

(1) $\max\{a,b\}=\dfrac{1}{2}(a+b+|a-b|)$; (2) $\min\{a,b\}=\dfrac{1}{2}(a+b-|a-b|)$。

5. 已知 $f(x)$ 和 $g(x)$ 都是定义在 D 上的初等函数。定义如下的最大值和最小值函数:

$$M(x)=\max\{f(x),g(x)\}, \quad m(x)=\min\{f(x),g(x)\}, \quad x\in D。$$

试问 $M(x)$ 和 $m(x)$ 是否为初等函数,并给出证明。

6. 已知函数为 $y=f(x)=\begin{cases} 3x-2, & x\leqslant 1, \\ x^2, & 1<x\leqslant 2, \\ 2^x, & 2<x\leqslant 4。 \end{cases}$ 求它的反函数。

7. 将星形线的参数方程 $\begin{cases} x=a\cos^3 t, \\ y=a\sin^3 t, \end{cases}$ 化为直角坐标方程,并建立变量 x 和 y 在第一、二象限的函数关系。

8．甲、乙两车同时从 A 地出发，分别以不同的速度匀速向 B 地行驶。已知 $v_甲 = 130\text{km/h}$，$v_乙 = 60\text{km/h}$。甲车行驶 3h 后先到达 B 地，停留 1h 后以 120km/h 的速度匀速返回，乙车此时则以 80km/h 的速度匀速行驶，直到甲乙两车相遇。试分别建立甲车与乙车相遇之前，甲车的行驶路程 $s_甲$，乙车的行驶路程 $s_乙$ 与行驶时间 t 的函数关系，并写出行驶时间 t 的取值范围。

1．是非题

（1）函数有界的充分必要条件是它既有上界又有下界。（　　）

（2）每个周期函数都有最小正周期。（　　）

（3）两个偶函数的和是偶函数，两个奇函数的和是奇函数。（　　）

（4）若函数 $y = f(x)$ 在某区间 X 上严格单调递增，则函数 $y = f(x)$ 存在反函数。
（　　）

（5）所有的分段函数都不是初等函数。（　　）

2．填空题

（1）函数 $f(x) = \arcsin\dfrac{x}{2} + \ln(1-x)$ 的定义域为_____。

（2）已知 $f(x) = \dfrac{1+x}{1-x} + \ln x + 2$，则 $f(x) + f\left(\dfrac{1}{x}\right) = $_____，且定义域为_____。

（3）已知函数 $f(\sin x) = \cos(2x) - \sin x$，则 $f(x) = $_____。

（4）已知函数 $f(x)$ 为偶函数，且当 $x > 0$ 时，$f(x) = x^2 + x - 2$，则当 $x < 0$ 时，$f(x) = $_____。

（5）函数 $y = \dfrac{e^x - e^{-x}}{e^x + e^{-x}}$ 的反函数为_____。

3．选择题

（1）下列函数中，相同的函数是（　　）。

A. $y = x$，$y = \sin(\arcsin x)$
B. $y = \sqrt{(x-1)(x-2)}$，$y = \sqrt{x-1} \cdot \sqrt{x-2}$

C. $y = \ln x^2$，$y = 2\ln|x|$
D. $y = \sqrt{1 - \cos^2 x}$，$y = \sin x$

（2）函数 $y = \left(\dfrac{1}{a^x - 1} + \dfrac{1}{2}\right)\sin(3x)$（其中 $a > 0$，$a \neq 1$）为（　　）。

A. 偶函数
B. 奇函数

C. 既是奇函数又是偶函数
D. 非奇非偶函数

（3）函数 $y = \cos\dfrac{\pi x}{1 + x^2}$ 的值域是（　　）。

A. $[-1, 1]$　　　B. $\left[0, \dfrac{1}{2}\right]$　　　C. $[0, 1]$　　　D. $\left[-\dfrac{1}{2}, 0\right]$

（4）在区间 $(0, 4)$ 内，单调递增的函数是（　　）。

A. $f(x) = 1 - x^2$
B. $f(x) = x + \ln x$

C. $f(x) = x - x^2$ 　　　　　　　D. $f(x) = -x + \sin x$

(5) 下面函数中,不是初等函数的是(　　　)。

A. $y = \begin{cases} 2x, & x \geqslant 0, \\ -2x, & x < 0 \end{cases}$ 　　　　　B. $y = \begin{cases} x, & 0 \leqslant x \leqslant 2, \\ 4 - x, & 2 < x \leqslant 4 \end{cases}$

C. $y = \begin{cases} x, & 0 \leqslant x \leqslant 1, \\ e^x, & 1 < x \leqslant 2 \end{cases}$ 　　　　　D. $y = \tan(x + 2)$

4. 已知函数 $f(x)$ 的定义域是 $[0,1]$,求下列函数的定义域:

(1) $f(x^2)$; (2) $f(\sin x)$; (3) $f(x + a)$; (4) $f(x + a) + f(x - a)$ $(a > 0)$。

5. 已知函数 $f(x)$ 是周期为 2 的周期函数,且在区间 $[0,2)$ 内 $f(x) = x^2$。求 $f(x)$ 在区间 $[-2,0)$ 和 $[4,6)$ 内的表达式。

6. 已知函数 $y = f(u) = \begin{cases} 2u + 1, & u < 0, \\ e^u, & u \geqslant 0 \end{cases}$ 和 $u = g(x) = \begin{cases} x^2, & x \leqslant 0, \\ \ln x, & x > 0, \end{cases}$ 求 $f[g(x)]$。

7. 已知函数 $f(x)$ 的定义域关于原点对称,并且满足 $2f(x) + f\left(\dfrac{1}{x}\right) = \dfrac{4}{x}$。证明:$f(x)$ 是奇函数。

8. 已知函数 $f(x) = \dfrac{x^2 + 8}{x^2 + 5}$,证明:$f(x)$ 在 **R** 上有界。

9. 在函数 $f(x) = 3 + \ln x$ 的定义域内,求方程 $f(e^{x^2}) - 4 = 0$ 的根。

10. 已知定义在 **R** 上的函数 $y = f(x)$ 满足 $f(0) \neq 0$,当 $x > 0$ 时,$f(x) > 1$,且对任意 $a, b \in \mathbf{R}$,$f(a + b) = f(a)f(b)$。回答下列问题:

(1) 求 $f(0)$; (2) 证明:对任意 $x \in \mathbf{R}$,有 $f(x) > 0$; (3)证明:$f(x)$ 在 **R** 上是单调递增函数。

11. 设有半径为 R 的圆,其内接正 n 边形的周长记作 $l(n)$,试建立周长 $l(n)$ 与边数 n 的函数关系。

第 2 章

数列及其极限

Sequences and their limits

极限是研究函数变化趋势的基本工具,且极限理论是高等数学中最重要的理论基础之一。随后的诸多概念,如连续、导数、定积分、重积分、曲线积分、曲面积分和无穷级数等,都是基于极限的思想建立起来的。本章中,首先介绍数列及其极限,然后介绍收敛数列的性质;最后介绍数列极限的运算法则、收敛准则及一个重要的极限。

2.1 数列的极限
Limits of sequences

极限的思想来源于求某些实际问题的精确解。例如,我国古代数学家刘徽的割圆术,利用圆内接正多边形来求圆的面积,就是极限在几何上的应用。再如,庄子的截丈问题:一尺之棰,日截其半,万世不竭。其中也深刻体现了极限的思想。

2.1.1 数列

1. 数列的定义

定义 2.1 定义在正整数集 $\mathbf{Z}_+$ 上的函数
$$f: \mathbf{Z}_+ \rightarrow \mathbf{R} \quad 或 \quad f(n), n \in \mathbf{Z}_+$$
称为**数列**(sequence)。具体地说,因上述函数是用正整数由小到大编号的一串实数,即
$$x_1 = f(1), x_2 = f(2), x_3 = f(3), \cdots, x_n = f(n), \cdots,$$
故也称为一个**实数序列**,简称**数列**,有时也称为**数项函数**,记作 $\{x_n\}$,其中 x_n 称为数列的**通项**或**一般项**(general term)。

下面是一些常见的数列:

(1) $\{n\}$: $1, 2, 3, \cdots, n, \cdots$;

(2) $\left\{\dfrac{1}{n}\right\}$: $\dfrac{1}{1}, \dfrac{1}{2}, \dfrac{1}{3}, \cdots, \dfrac{1}{n}, \cdots$;

(3) $\left\{(-1)^{n-1}\dfrac{1}{n}\right\}$: $\dfrac{1}{1}, -\dfrac{1}{2}, \dfrac{1}{3}, -\dfrac{1}{4}, \cdots, (-1)^{n-1}\dfrac{1}{n}, \cdots$;

(4) $\left\{\dfrac{1+(-1)^n}{2}\right\}$: $0, 1, 0, 1, \cdots, \dfrac{1+(-1)^n}{2}, \cdots$;

(5) $\left\{\dfrac{1}{2^n}\right\}: \dfrac{1}{2}, \dfrac{1}{4}, \dfrac{1}{8}, \cdots, \dfrac{1}{2^n}, \cdots;$

(6) $\left\{\dfrac{20+n^2}{3n^2}\right\}: \dfrac{21}{3}, \dfrac{24}{12}, \dfrac{29}{27}, \dfrac{36}{48}, \dfrac{45}{75}, \cdots, \dfrac{20+n^2}{3n^2}, \cdots$。

关于定义 2.1 的几点说明。

(1) 从形式上看,数列和数集的记法有相似之处,两者却有本质上的区别。在每个数集中,各个元素之间不分先后,没有次序关系,重复出现的数值被看成是同一个元素;但是在数列中,每个数都有一个固定的编号,先后顺序是确定的,不允许变化,更不能随意舍去。数列(1)～数列(6)给出了足够的说明。

(2) 我们观察到:当 n 无限增大时(记作 $n \to \infty$),数列(1)中通项的值无限增大;数列(2)中通项的值趋于 0;数列(3)中各项的值在数 0 两边跳跃,但通项的值趋于 0;数列(4)的各项值交互取得 0 与 1 两个数,通项的值不趋于任何值;数列(5)为高中熟悉的等比数列,通项的值趋于 0;数列(6)直观上看不出什么趋势。总之,当 n 无限增大时,一个数列会有什么样的变化趋势将是本节重点研究的对象。

定义 2.2 在数列 $\{x_n\}(n \in \mathbf{Z}_+)$ 中保持原有的次序,自左向右任意选取无穷多项构成一个新的数列,称它为 $\{x_n\}$ 的一个**子数列**(**subsequence**),有时简称为**子列**。

在选出的子列中,记第一项为 x_{n_1},第二项为 x_{n_2},……,第 k 项为 x_{n_k},……,则数列 $\{x_n\}$ 的子列可记为 $\{x_{n_k}\}$,即

$$x_{n_1}, x_{n_2}, \cdots, x_{n_k}, \cdots。$$

注意到,k 表示 x_{n_k} 在子列 $\{x_{n_k}\}$ 中是第 k 项,n_k 表示 x_{n_k} 在原数列 $\{x_n\}$ 中是第 n_k 项。显然,对每一个 k,有 $n_k \geq k$;对任意正整数 h, k,如果 $h \geq k$,则 $n_h \geq n_k$。

显然,数列 $x_1, x_3, x_5, \cdots, x_{2n-1}, \cdots$ 和 $x_1, x_2, x_6, x_{20}, x_{22}, \cdots$ 都是数列 $\{x_n\}(n=1, 2, \cdots)$ 的子数列,而 $x_1, x_2, x_{20}, x_4, x_{22}, \cdots$ 不是 $\{x_n\}$ 的子数列。

2. 具有特殊性质的数列

(1) 有界数列

定义 2.3 设有数列 $\{x_n\}$,若存在 $M \in \mathbf{R}_+$,使对一切 $n=1, 2, \cdots$,有 $|x_n| \leq M$,则称 $\{x_n\}$ 是**有界数列**(**bounded sequence**),否则称它是**无界数列**(**unbounded sequence**)。

对于数列 $\{x_n\}$,若存在 $M \in \mathbf{R}$,使对 $n=1, 2, \cdots$ 有 $x_n \leq M$,则称数列 $\{x_n\}$ 有上界;若存在 $m \in \mathbf{R}$,使对 $n=1, 2, \cdots$ 有 $x_n \geq m$,则称数列 $\{x_n\}$ 有**下界**。显然,数列 $\{x_n\}$ 有界的充要条件是数列 $\{x_n\}$ 既有上界又有下界。

例如,数列 $\left\{\dfrac{1}{n^2}\right\}$ 有界;数列 $\{n^2+1\}$ 有下界而无上界;数列 $\{-n^2\}$ 有上界而无下界;数列 $\{(-1)^n n-1\}$ 既无上界又无下界。

(2) 单调数列

定义 2.4 若一个数列 $\{x_n\}$ 满足条件

$$x_n \leq x_{n+1} \quad (\text{或} x_n \geq x_{n+1}), \quad n=1, 2, \cdots,$$

则称它是**单调递增数列**(或**单调递减数列**),单调递增和单调递减的数列统称为**单调数列**。若进一步满足

$$x_n < x_{n+1} \quad (\text{或 } x_n > x_{n+1}), \quad n=1,2,\cdots,$$

则称它是**严格单调递增数列**(或**严格单调递减数列**)。

2.1.2　收敛数列

由数列定义的说明(2)可知,随着 n 的增大,各个数列的通项都有一定的变化规律:当 n 无限增大时,有的通项 x_n 的值和某个数 a"无限接近";有的 x_n 的值无限地变大,可以超过任意给定的数;有些 x_n 的变化规律不是很明显,有可能和某个数 a"无限接近",只是暂时还未发现,或许根本就不是这种情况。我们关注的是:当 n 无限增大,即 $n \to \infty$ 时,x_n 是否能够无限接近于某个确定的常数? 如果能的话,这个常数等于多少?

为了描述数列 $\{x_n\}$ 与某个常数 a 之间的接近程度,由绝对值的定义可知,这个任务可以用 x_n 和 a 之差的绝对值 $|x_n - a|$ 来描述,即 $|x_n - a|$ 越小,表示 x_n 和 a 越接近。为了找到数列的变化趋势,我们以数列(2)和数列(3)为例,分析这两个数列的变化情况。

对于数列(2),当 $n \to \infty$ 时,通项 $x_n = \dfrac{1}{n}$ 趋近于常数 0。数列 $\{x_n\}$ 和常数 0 的接近程度可用如下的绝对值表达式表示

$$|x_n - 0| = \left| \frac{1}{n} - 0 \right| = \frac{1}{n}。$$

对于数列(3),当 n 分别取奇偶数时,虽然各项的值在数 0 两边跳跃,但是当 $n \to \infty$ 时,通项 $x_n = (-1)^{n-1} \dfrac{1}{n}$ 也会趋近于常数 0。不难验证,数列 $\{x_n\}$ 和常数 0 的接近程度与数列(2)有相同的绝对值表达式。

分析可知,当 n 越来越大时,$\dfrac{1}{n}$ 越来越小,从而数列(2)和数列(3)就越来越接近于 0,即只要 n 足够大,$|x_n - 0| = \dfrac{1}{n}$ 就可以小于任意给定的正数。也就是说,当 $n \to \infty$ 时,两个数列都无限接近于常数 0。

例如,给定一个很小的距离 $\dfrac{1}{1000}$,要使得 $\dfrac{1}{n} < \dfrac{1}{1000}$,只要 $n > 1000$ 即可,即从数列的第 1000 项之后开始,后面的所有项 $x_{1001}, x_{1002}, x_{1003}, \cdots$ 都满足

$$|x_n - 0| = \frac{1}{n} < \frac{1}{1000}。$$

再给定另外一个更小的距离 $\dfrac{1}{10^{10}}$(已经很小了),要使得 $\dfrac{1}{n} < \dfrac{1}{10^{10}}$,只要 $n > 10^{10}$ 即可,即从数列的第 10^{10} 项之后开始,后面的所有项 $x_{10^{10}+1}, x_{10^{10}+2}, x_{10^{10}+3}, \cdots$ 都能满足

$$|x_n - 0| = \frac{1}{n} < \frac{1}{10^{10}}。$$

一般地,不论给定的正数 ε(衡量距离)多么小,总可以找到一个正整数 N(通过求解不等式 $|x_n - 0| < \varepsilon$ 得到),使得对于 $n > N$ 的一切 x_n,都有不等式

$$|x_n - 0| = \frac{1}{n} < \varepsilon$$

成立。这就是当 $n \to \infty$ 时,数列 $\left\{\dfrac{1}{n}\right\}$ 和 $\left\{(-1)^{n-1}\dfrac{1}{n}\right\}$ 无限接近于 0 的变化过程。常数 0 称为这两个数列当 $n \to \infty$ 时的极限。

这样的例子不胜枚举。对于一般的数列,有如下的定义。

定义 2.5 设 $\{x_n\}$ 是一个数列,a 是一个常数。若对于任意给定的正数 ε,总可以找到一个正整数 N,使得当 $n > N$ 时,不等式

$$|x_n - a| < \varepsilon \tag{2.1}$$

恒成立,则称常数 a 为数列 $\{x_n\}$ 当 $n \to \infty$ 时的**极限**(**limit**),记作

$$\lim_{n \to \infty} x_n = a \quad \text{或} \quad x_n \to a \quad (n \to \infty). \tag{2.2}$$

此时,称数列 $\{x_n\}$ 为**收敛数列**(**convergent sequence**),否则称它为**发散数列**(**divergent sequence**)。

关于定义 2.5 的几点说明。

(1) 为了表达方便,引入记号"$\forall$"和"$\exists$"。$\forall$ 表示"对任意给定的"或"对每一个",它是由"for all"中单词"all"的首字母大写"A"沿水平中位线旋转 $180°$ 后所得到的符号;$\exists$ 表示"存在",它是由"exist"这个单词的首字母大写"E"沿铅垂中位线旋转 $180°$ 后所得到的符号。于是,"对于任意给定的正数 ε"可写成"$\forall \varepsilon > 0$","存在正整数 N"可写成"$\exists$ 正整数 N"。这样,数列极限 $\lim\limits_{n \to \infty} x_n = a$ 的定义就可表达为"$\forall \varepsilon > 0$,$\exists$ 正整数 N,当 $n > N$ 时,有 $|x_n - a| < \varepsilon$。"这种表述方式也称为"ε-N"语言。希腊字母 ε(小写,大写为 E)的英文表示为 epsilon,也按此拼写来发音。

(2) 定义中的正数 ε 可以取任意正数,但我们关注的是 x_n 是否无限趋于常数 a,即 x_n 与 a 之间的距离 $|x_n - a|$(也称之为绝对误差)是否想要多近就有多近。因此,除特殊说明外,都假设 $0 < \varepsilon < 1$。

(3) 在收敛数列的定义中,正整数 N 的选取与 ε 密切相关,它可以通过求解不等式(2.1)取得。一般地,ε 越小,N 应该越大;另外,重要的是 N 的存在性,类似于有界函数或有界数列,根据需要,只要求找到一个 N 即可,比 N 更大的值也同样满足不等式(2.1)。因此,如果用求解不等式(2.1)获取 N 的方式比较困难,通常的做法是可以先将 $|x_n - a|$ 放大为比较简单的表达式,然后再进行求解,即可较为容易地找到 N。

(4) 几何解释:由于不等式(2.1)等价于 $a - \varepsilon < x_n < a + \varepsilon$,因此对数列 $\{x_n\}$ 的极限为 a 的几何解释是:任意一个以 a 为中心,以 ε 为半径的邻域 $U(a, \varepsilon)$(也可以写为开区间 $(a - \varepsilon, a + \varepsilon)$),数列 $\{x_n\}$ 中总存在一项 x_N,在此项后面的所有项 $x_{N+1}, x_{N+2}, \cdots$(即除了前 N 项以外),它们在数轴上对应的点,都位于邻域 $U(a, \varepsilon)$(或区间 $(a - \varepsilon, a + \varepsilon)$)之中,至多只能有 N 个点位于此邻域或区间之外,如图 2.1 所示。因为 $\varepsilon > 0$ 可以任意小,所以数列中各项所对应的点 x_n 都无限集聚在点 a 附近。

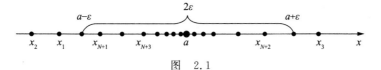

图 2.1

例 2.1　证明下列数列的极限：

(1) $\lim\limits_{n\to\infty}\left[(-1)^{n-1}\dfrac{1}{n}\right]=0$；

(2) $\lim\limits_{n\to\infty}\dfrac{n}{n+1}=1$；

(3) $\lim\limits_{n\to\infty}\dfrac{1}{2^n}=0$；

(4) $\lim\limits_{n\to\infty}\dfrac{20+n^2}{3n^2}=\dfrac{1}{3}$。

分析　利用数列极限的定义证明，即通过先设定 $\varepsilon>0$，然后求解不等式(2.1)，寻求 N 的存在性。

证　(1) $\forall\varepsilon\in(0,1)$，要使

$$\left|(-1)^{n-1}\dfrac{1}{n}-0\right|=\dfrac{1}{n}<\varepsilon,\tag{2.3}$$

只要 $n>\dfrac{1}{\varepsilon}$ 即可。取 $N=\left[\dfrac{1}{\varepsilon}\right]+1$（由于数列的项要求为整数，所以要对 $\dfrac{1}{\varepsilon}$ 取整数部分，并且 N 的重要性在于它的存在性，换作更大的值同样可以），则当 $n>N$ 时，有不等式(2.3)恒成立，即 $\lim\limits_{n\to\infty}\left[(-1)^{n-1}\dfrac{1}{n}\right]=0$。

(2) $\forall\varepsilon\in(0,1)$，要使

$$\left|\dfrac{n}{n+1}-1\right|=\dfrac{1}{n+1}<\varepsilon,\tag{2.4}$$

只要 $n>\dfrac{1}{\varepsilon}-1$。取 $N=\left[\dfrac{1}{\varepsilon}-1\right]+1$（$N$ 重要的是它的存在性，换作更大的值同样可以），则当 $n>N$ 时，不等式(2.4)恒成立，即 $\lim\limits_{n\to\infty}\dfrac{n}{n+1}=1$。

(3) $\forall\varepsilon\in(0,1)$，要使

$$\left|\dfrac{1}{2^n}-0\right|=\dfrac{1}{2^n}<\varepsilon,\tag{2.5}$$

只要 $n>-\dfrac{\ln\varepsilon}{\ln2}$ 即可。取 $N=\left[-\dfrac{\ln\varepsilon}{\ln2}\right]+1$，则当 $n>N$ 时，不等式(2.5)恒成立，即 $\lim\limits_{n\to\infty}\dfrac{1}{2^n}=0$。

(4) $\forall\varepsilon\in(0,1)$，要使

$$\left|\dfrac{20+n^2}{3n^2}-\dfrac{1}{3}\right|=\dfrac{20}{3n^2}<\varepsilon,\tag{2.6}$$

只要 $n>\sqrt{\dfrac{20}{3\varepsilon}}$ 即可。取 $N=\left[\sqrt{\dfrac{20}{3\varepsilon}}\right]+1$，则当 $n>N$ 时，不等式(2.6)恒成立，即

$$\lim\limits_{n\to\infty}\dfrac{20+n^2}{3n^2}=\dfrac{1}{3}。$$

证毕

例 2.2　证明：$\lim\limits_{n\to\infty}\dfrac{1}{n^{\alpha}}=0$，其中 α 是正常数。

证　$\forall\varepsilon\in(0,1)$，要使

$$\left|\dfrac{1}{n^{\alpha}}-0\right|=\dfrac{1}{n^{\alpha}}<\varepsilon,\tag{2.7}$$

只要 $n>\dfrac{1}{\sqrt[\alpha]{\varepsilon}}$ 即可。取 $N=\left[\dfrac{1}{\sqrt[\alpha]{\varepsilon}}\right]+1$，则当 $n>N$ 时，必有不等式(2.7)恒成立，即

$$\lim_{n\to\infty}\frac{1}{n^{\alpha}}=0。\qquad\qquad\text{证毕}$$

例 2.3 已知数列 $\{x_n\}$ 为 $\left\{\dfrac{2n^4}{1+n+n^4}\right\}$，证明：$\lim\limits_{n\to\infty}x_n=2$。

分析 利用数列的极限的定义证明，但是需要先将 $|x_n-a|$ 适当放大，然后再通过求解不等式寻找 N。

证 由于当 $n>1$ 时，有

$$|x_n-2|=\left|\frac{2n^4}{1+n+n^4}-2\right|=\frac{2+2n}{1+n+n^4}<\frac{2+2n}{n^4}=\frac{2}{n^4}+\frac{2}{n^3}<\frac{4}{n^3}<\frac{4}{n}。$$

$\forall\varepsilon\in(0,1)$，要使 $|x_n-2|<\varepsilon$，只需要 $\dfrac{4}{n}<\varepsilon$，即 $n>\dfrac{4}{\varepsilon}$。取 $N=\left[\dfrac{4}{\varepsilon}\right]+1$，则当 $n>N$ 时，必有不等式 $|x_n-2|<\varepsilon$ 恒成立，即

$$\lim_{n\to\infty}x_n=\lim_{n\to\infty}\frac{2n^4}{1+n+n^4}=2。\qquad\qquad\text{证毕}$$

例 2.4 证明：$\lim\limits_{n\to\infty}\sqrt[n]{a}=1$，其中 $a>1$。

分析 此问题较难。直接求解不等式 $|\sqrt[n]{a}-1|<\varepsilon$ 不可行，需要先将 $c_n=\sqrt[n]{a}-1$ 变形，再放大求 N。

证 令 $c_n=\sqrt[n]{a}-1$，则有

$$a=(1+c_n)^n=1+nc_n+\frac{n(n-1)}{2}c_n^2+\cdots+c_n^n>1+nc_n，$$

进一步地，有

$$|c_n|=|\sqrt[n]{a}-1|<\frac{a-1}{n}。$$

因此，$\forall\varepsilon\in(0,1)$，要使 $|\sqrt[n]{a}-1|<\varepsilon$，只需要 $\dfrac{a-1}{n}<\varepsilon$，即 $n>\dfrac{a-1}{\varepsilon}$。取 $N=\left[\dfrac{a-1}{\varepsilon}\right]+1$，则当 $n>N$ 时，必有不等式 $|\sqrt[n]{a}-1|<\varepsilon$ 恒成立，即 $\lim\limits_{n\to\infty}\sqrt[n]{a}=1$。 证毕

例 2.5 证明：$\lim\limits_{n\to\infty}\sqrt[n]{n}=1$。

分析 类似于例 2.4 的方法。

证 当 $n>1$ 时，令 $\sqrt[n]{n}=1+d_n$，则有 $d_n>0$，且

$$n=(1+d_n)^n=1+nd_n+\frac{n(n-1)}{2}d_n^2+\cdots+d_n^n>\frac{n(n-1)}{2}d_n^2，$$

进一步地，有

$$|d_n|=|\sqrt[n]{n}-1|<\sqrt{\frac{2}{n-1}}。$$

因此，$\forall\varepsilon\in(0,1)$，要使 $|\sqrt[n]{n}-1|<\varepsilon$，只需 $\sqrt{\dfrac{2}{n-1}}<\varepsilon$，即 $n>\dfrac{2}{\varepsilon^2}+1$。取 $N=\left[\dfrac{2}{\varepsilon^2}\right]+1$，

则当 $n>N$ 时,必有不等式 $|\sqrt[n]{n}-1|<\varepsilon$ 恒成立,即 $\lim\limits_{n\to\infty}\sqrt[n]{n}=1$。　　　　　　证毕

例 2.6　证明:$\lim\limits_{n\to\infty}\dfrac{n}{a^n}=0$,其中 $a>1$。

分析　利用数列极限的定义和二项式展开的公式。

证　令 $a=1+h$,其中 $h>0$。当 $n>1$ 时,有

$$a^n=(1+h)^n=1+nh+\frac{n(n-1)}{2}h^2+\cdots+h^n>\frac{n(n-1)}{2}h^2。$$

进一步地,有

$$\frac{n}{a^n}<\frac{2}{(n-1)h^2}。$$

因此,$\forall\varepsilon\in(0,1)$,要使 $\dfrac{n}{a^n}<\dfrac{2}{(n-1)h^2}<\varepsilon$,只需要 $n>\dfrac{2}{\varepsilon\cdot h^2}+1$。取 $N=\left[\dfrac{2}{\varepsilon\cdot h^2}\right]+1$,

则当 $n>N$ 时,必有不等式 $\left|\dfrac{n}{a^n}\right|<\varepsilon$ 恒成立,即 $\lim\limits_{n\to\infty}\dfrac{n}{a^n}=0$。　　　　　　证毕

例 2.7　已知 $\lim\limits_{n\to\infty}x_n=a$,证明:$\lim\limits_{n\to\infty}\dfrac{x_1+x_2+\cdots+x_n}{n}=a$。

分析　利用数列极限的定义。

证　由三角不等式可知,

$$\left|\frac{x_1+x_2+\cdots+x_n}{n}-a\right|\leqslant\frac{1}{n}(|x_1-a|+|x_2-a|+\cdots+|x_n-a|)。\tag{2.8}$$

由 $\lim\limits_{n\to\infty}x_n=a$ 可知,$\forall\varepsilon\in(0,1)$,$\exists N_1$,使得当 $n>N_1$ 时,不等式 $|x_n-a|<\dfrac{\varepsilon}{2}$ 成立。

对于固定的 N_1,$|x_1-a|$,$|x_2-a|$,$\cdots$,$|x_{N_1}-a|$ 都是固定的数,所以可以取 $N>N_1$,

使得当 $n>N$ 时,不等式 $\dfrac{1}{n}\sum\limits_{k=1}^{N_1}|x_k-a|<\dfrac{\varepsilon}{2}$ 成立。

因此,当 $n>N$ 时,不等式(2.8)可记为

$$\left|\frac{1}{n}\sum_{k=1}^{n}x_k-a\right|\leqslant\frac{1}{n}\sum_{k=1}^{N_1}|x_k-a|+\frac{1}{n}\sum_{k=N_1+1}^{n}|x_k-a|$$

$$\leqslant\frac{1}{n}\sum_{k=1}^{N_1}|x_k-a|+\frac{n-N_1}{n}\frac{\varepsilon}{2}<\frac{\varepsilon}{2}+\frac{\varepsilon}{2}=\varepsilon,$$

这就证明了 $\lim\limits_{n\to\infty}\dfrac{x_1+x_2+\cdots+x_n}{n}=a$。　　　　　　证毕

这里,$\sum\limits_{i=1}^{n}x_i$ 表示对 x_i 关于 i 从 $1\sim n$ 求和,其中希腊字母 $\sum$(大写,小写为 σ)的英文表示为 sigma,也按此拼写来发音。

利用例 2.7 的结论可以计算如下的极限。

例 2.8　求下列极限:

(1) $\lim\limits_{n\to\infty}\dfrac{1+\dfrac{1}{2}+\cdots+\dfrac{1}{n}}{n}$;　　　　　　(2) $\lim\limits_{n\to\infty}\dfrac{1+\sqrt{2}+\sqrt[3]{3}+\cdots+\sqrt[n]{n}}{n}$。

分析　利用例 2.7 的结论,并根据各自的特点计算。

解　(1) 由于 $\lim\limits_{n\to\infty}\dfrac{1}{n}=0$,所以由例 2.7 可知 $\lim\limits_{n\to\infty}\dfrac{1+\dfrac{1}{2}+\cdots+\dfrac{1}{n}}{n}=0$。

(2) 由于 $\lim\limits_{n\to\infty}\sqrt[n]{n}=1$,所以由例 2.7 可知 $\lim\limits_{n\to\infty}\dfrac{1+\sqrt{2}+\sqrt[3]{3}+\cdots+\sqrt[n]{n}}{n}=1$。

2.1.3　数列和子数列之间的关系

定义 2.2 给出了数列 $\{x_n\}$ 的子数列 $\{x_{n_k}\}$ 的定义。由于在子列 $\{x_{n_k}\}$ 中,x_{n_k} 的下标是 k 而不是 n_k,因此 $\{x_{n_k}\}$ 收敛于 a 的定义是:$\forall\varepsilon>0,\exists K\in\mathbf{Z}_+$,当 $k>K$ 时,有 $|x_{n_k}-a|<\varepsilon$。这时,记作 $\lim\limits_{k\to+\infty}x_{n_k}=a$。

下面给出收敛数列与子数列之间关系的定理。

定理 2.1　$\lim\limits_{n\to\infty}x_n=a$ 的充要条件是:$\{x_n\}$ 的任何子数列 $\{x_{n_k}\}$ 都收敛,且都以 a 为极限。

分析　利用数列和子列的下标的关系。

证　充分性　由于 $\{x_n\}$ 本身也可看成是它的一个子列,故由条件得证。

必要性　由 $\lim\limits_{n\to\infty}x_n=a$ 知,$\forall\varepsilon>0,\exists N\in\mathbf{Z}_+$,当 $n>N$ 时,有

$$|x_n-a|<\varepsilon。$$

$\forall\{x_{n_k}\}$,现取 $K=N$,则当 $k>K=N$ 时,有 $n_k\geqslant k>N$,于是

$$|x_{n_k}-a|<\varepsilon。$$

故有

$$\lim_{k\to+\infty}x_{n_k}=a。\qquad\qquad 证毕$$

由于一个命题成立,其逆否命题也成立。定理 2.1 的逆否命题是:如果在数列 $\{x_n\}$ 中有一个子列发散,或者有两个子列不收敛于同一极限值,则可断言 $\{x_n\}$ 是发散的。因此,定理 2.1 经常用来判别某些数列 $\{x_n\}$ 是发散的。

例 2.9　判别数列 $\left\{\dfrac{1+(-1)^n}{2}\right\}$ 的敛散性(前面列举的数列(4))。

解　在 $\{x_n\}$ 中选取两个子列

$$\{x_{2k-1}\}=\left\{\dfrac{1+(-1)^{2k-1}}{2}\right\},即\{0,0,\cdots\};\qquad \{x_{2k}\}=\left\{\dfrac{1+(-1)^{2k}}{2}\right\},即\{1,1,\cdots\}。$$

显然,第一个子列收敛于 0,而第二个子列收敛于 1,因此数列 $\left\{\dfrac{1+(-1)^n}{2}\right\}$ 是发散的。

例 2.10　判别数列 $\{x_n\}=\left\{\sin\dfrac{n\pi}{8}\right\},n\in\mathbf{N}$ 的收敛性。

解　在 $\{x_n\}$ 中选取两个子列,$n=8k,n=16k+4(k=1,2,\cdots)$,则有

$$\left\{\sin\dfrac{8k\pi}{8},k\in\mathbf{N}\right\},即\left\{\sin\dfrac{8\pi}{8},\sin\dfrac{16\pi}{8},\cdots,\sin\dfrac{8k\pi}{8},\cdots\right\};$$

$$\left\{\sin\dfrac{(16k+4)\pi}{8},k\in\mathbf{N}\right\},即\left\{\sin\dfrac{20\pi}{8},\cdots,\sin\dfrac{(16k+4)\pi}{8},\cdots\right\}。$$

显然,第一个子列收敛于 0,而第二个子列收敛于 1,因此数列 $\left\{\sin\dfrac{n\pi}{8}\right\}$ 发散。

2.1.4　数列中的无穷小量和无穷大量

在所有的收敛数列中,有一类非常重要的数列,当 $n\to\infty$ 时,它们的极限都是零,称这类数列为无穷小量。

定义 2.6　若 $\lim\limits_{n\to\infty}x_n=0$,即 $\forall\varepsilon>0,\exists N\in\mathbf{Z}_+$,使得当 $n>N$ 时,有

$$|x_n|<\varepsilon,$$

则称数列 $\{x_n\}$ 为当 $n\to\infty$ 时的**无穷小量**(**infinitesimal**),或称 $\{x_n\}$ 为无穷小数列。

例如,本节前面列举的数列(2),数列(3)和数列(5)都是当 $n\to\infty$ 时的无穷小量。

关于定义 2.6 的几点说明。

(1) 无穷小量是一个变量,不能理解为一个"非常小的数",因为当 $n\to\infty$ 时,它的极限是零。

(2) 常数列 $0,0,0,\cdots$ 是一个特殊的无穷小量。

例 2.11　证明:若 $0<|q|<1$,则数列 $\{q^n\}$ 是当 $n\to\infty$ 时的无穷小量。

分析　这是中学学过的一个等比数列,利用数列极限的定义证明。

证　$\forall\varepsilon\in(0,1)$,要使

$$|q^n-0|=|q|^n<\varepsilon, \tag{2.9}$$

对上式两端取自然对数,即得 $n>\dfrac{\ln\varepsilon}{\ln|q|}$。为了保证 N 为正整数,取 $N=\left[\dfrac{\ln\varepsilon}{\ln|q|}\right]+1$,则当 $n>N$ 时,必有不等式(2.9)恒成立,即 $\lim\limits_{n\to\infty}q^n=0$。　　　　　　证毕

前面我们重点介绍了当 $n\to\infty$ 时,如何用定义 2.5 证明数列的极限(或者说是数列收敛到某个常数)。但是由最开始列举的数列中的数列(1),即 $\{n\}$,可知,当 n 无限增大时,通项的绝对值也无限增大。这样的例子还有很多,如 $\{n^2\},\{(-1)^n n\},\left\{\dfrac{n^2+n}{n+2}\right\}$,等等。下面给出如下的无穷大量的定义。

定义 2.7　若数列 $\{x_n\}$ 满足:$\forall G>0,\exists N\in\mathbf{Z}_+$,使得当 $n>N$ 时,有

$$|x_n|>G,$$

则称数列 $\{x_n\}$ 是当 $n\to\infty$ 时的**无穷大量**(**infinity**),或称 $\{x_n\}$ 为无穷大数列,记作

$$\lim_{n\to\infty}x_n=\infty。$$

当 $n>N$ 时,有 $x_n>G$(或 $x_n<-G$),则称数列 $\{x_n\}$ 是当 $n\to\infty$ 时的**正无穷大量**(或**负无穷大量**),记作 $\lim\limits_{n\to\infty}x_n=+\infty$($\lim\limits_{n\to\infty}x_n=-\infty$)。

这里仍然采用了数列极限的符号,但是其含义在原来的基础上有了新的扩展,即无穷大量 $\{x_n\}$ 也称为数列 $\{x_n\}$ 的极限是无穷大,更确切地说,数列 $\{x_n\}$ 发散到无穷大。同样,对 $+\infty$ 和 $-\infty$ 也有类似的解释。

例 2.12　证明:数列 $\left\{\dfrac{n^2-3}{2n+1}\right\}$ 是当 $n\to\infty$ 时的无穷大量。

分析　利用无穷大量的定义。

证 不难发现,当 $n>2$ 时,有

$$\left|\frac{n^2-3}{2n+1}\right|>\left|\frac{n^2-3}{2n+4}\right|>\left|\frac{n^2-4}{2n+4}\right|>\frac{n-2}{2}。$$

于是,$\forall G>0$,取 $N=\max\{[2(G+1)],2\}$,使得当 $n>N$ 时,有

$$\left|\frac{n^2-3}{2n+1}\right|>\frac{n-2}{2}>G。$$

因此,数列 $\left\{\dfrac{n^2-3}{2n+1}\right\}$ 是当 $n\to\infty$ 时的无穷大量。 证毕

定理 2.2 已知 $x_n\neq 0$,数列 $\{x_n\}$ 是当 $n\to\infty$ 时的无穷小量的充分必要条件为数列 $\left\{\dfrac{1}{x_n}\right\}$ 是当 $n\to\infty$ 时的无穷大量。

证明留作练习。

2.1.5 数列极限的基本性质

利用数列极限的定义,不难证明下列性质。

定理 2.3(唯一性) 若 $\lim\limits_{n\to\infty}x_n=a$ 且 $\lim\limits_{n\to\infty}x_n=b$,则有 $a=b$,即收敛数列的极限必唯一。

证 由数列极限的定义知,$\forall\varepsilon>0$,$\exists N_1,N_2\in\mathbf{Z}_+$,使得当 $n>N_1$ 时,有

$$|x_n-a|<\varepsilon;$$

当 $n>N_2$ 时,有

$$|x_n-b|<\varepsilon。$$

取 $N=\max\{N_1,N_2\}$,则当 $n>N$ 时有

$$|b-a|\leqslant|x_n-a|+|x_n-b|<2\varepsilon,$$

由 ε 的任意性知,$b=a$。 证毕

定理 2.3 也可以用反证法证明,留作练习。

定理 2.4(有界性) 若数列 $\{x_n\}$ 收敛,则它一定有界。

证 设 $\lim\limits_{n\to\infty}x_n=a$,由数列极限的定义,$\forall\varepsilon\in(0,1)$,$\exists N\in\mathbf{Z}_+$,当 $n>N$ 时,有

$$|x_n-a|<\varepsilon<1,$$

从而

$$|x_n|<1+|a|。$$

取 $M=\max\{1+|a|,|x_1|,|x_2|,\cdots,|x_N|\}$,则对一切 $n=1,2,\cdots$,有不等式 $|x_n|\leqslant M$ 成立,即 $\{x_n\}$ 有界。 证毕

定理 2.4 的逆命题不成立,即有界数列不一定收敛。例如数列 $\{(-1)^n\}$ 有界,但它不收敛。

定理 2.5(保序性) 若 $\lim\limits_{n\to\infty}x_n=a$,$\lim\limits_{n\to\infty}y_n=b$,且有 $a<b$,则 $\exists N\in\mathbf{Z}_+$,当 $n>N$ 时,有 $x_n<y_n$。

证 由数列极限的定义,令 $\varepsilon=\dfrac{b-a}{2}>0$,$\exists N_1\in\mathbf{Z}_+$,当 $n>N_1$ 时,有

$$|x_n-a|<\frac{b-a}{2},\quad\text{即}\quad x_n<a+\frac{b-a}{2}=\frac{a+b}{2}。$$

由 $\lim\limits_{n\to\infty} y_n = b$ 可知，$\exists N_2 \in \mathbf{Z}_+$，当 $n > N_2$ 时，有

$$|y_n - b| < \frac{b-a}{2}, \quad \text{即} \quad y_n > b - \frac{b-a}{2} = \frac{a+b}{2}。$$

取 $N = \max\{N_1, N_2\}$，$\forall n > N$，有 $x_n < \dfrac{a+b}{2} < y_n$。　　　　　　证毕

由定理 2.5 可得到如下推论：

推论1　若 $\lim\limits_{n\to\infty} x_n = a$，$a > 0$（或 $a < 0$），则 $\exists N \in \mathbf{Z}_+$，当 $n > N$ 时，$x_n > 0$（或 $x_n < 0$）。

推论2　设有数列 $\{x_n\}$，$\exists N \in \mathbf{Z}_+$，当 $n > N$ 时，$x_n > 0$（或 $x_n < 0$），若 $\lim\limits_{n\to\infty} x_n = a$，则必有 $a \geqslant 0$（或 $a \leqslant 0$）。

推论1和推论2的证明留作练习。注意，推论2只能推出 $a \geqslant 0$（或 $a \leqslant 0$），而不能由 $x_n > 0$（或 $x_n < 0$）推出其极限（若存在的话）也大于 0（或小于 0）。例如 $x_n = \dfrac{1}{n} > 0$，但 $\lim\limits_{n\to\infty} x_n = \lim\limits_{n\to\infty} \dfrac{1}{n} = 0$。

习 ◇ 题 ◇ 2.1

思 考 题

1. 数列、数集和函数之间有什么关系？

2. 在数列极限的定义中，N 是通过解不等式 $|x_n - a| < \varepsilon$ 得到的，这个 N 是否是唯一的，为什么？

3. 在 a 的任一 ε 邻域 $(a-\varepsilon, a+\varepsilon)$ 内都含有数列 $\{x_n\}$ 的无穷多项，能否说明该数列收敛到 a？

4. 若一个数列有两个子列的极限存在且都等于 a，则该数列收敛且极限为 a。这种说法是否正确，为什么？

Ⓐ 类题

1. 观察下列数列的变化趋势，判断哪些是收敛数列，哪些是无穷小数列，哪些是无穷大数列，如果数列收敛，求出它们的极限：

(1) $\{x_n\} = \left\{\dfrac{2^n}{3^n}\right\}$；

(2) $\{x_n\} = \left\{\dfrac{2n-1}{2n+3}\right\}$；

(3) $\{x_n\} = \left\{\dfrac{3n^2+2n+1}{4n^2}\right\}$；

(4) $\{x_n\} = \left\{\dfrac{(-1)^n}{n+2}\right\}$；

(5) $\{x_n\} = \{(-1)^n (n+1)^2\}$；

(6) $\{x_n\} = \left\{\sin\dfrac{\pi}{2n}\right\}$；

(7) $\{x_n\} = \left\{\dfrac{1+(-1)^n}{n}\right\}$；

(8) $\{x_n\} = \left\{2 - \dfrac{1}{n(n+1)}\right\}$；

(9) $\{x_n\} = \left\{ \dfrac{n^4+3}{n+2} \right\}$;

(10) $\{x_n\} = \left\{ \dfrac{2^n+3^n}{5^n} \right\}$。

2. 用极限的"ε-N"定义证明：

(1) $\lim\limits_{n\to\infty} \dfrac{n+3}{n+2} = 1$;

(2) $\lim\limits_{n\to\infty} \dfrac{(-1)^n}{\sqrt{n+1}} = 0$;

(3) $\lim\limits_{n\to\infty} \dfrac{\sqrt{n^2+n+3}}{2n} = \dfrac{1}{2}$;

(4) $\lim\limits_{n\to\infty} \sum\limits_{i=1}^{n} \dfrac{1}{i(i+1)} = 1$。

3. 证明下列极限：

(1) $\lim\limits_{n\to\infty} \sqrt[n]{5} = 1$;

(2) $\lim\limits_{n\to\infty} \dfrac{n^2}{a^n} = 0$, 其中 $a > 1$。

$\left(\text{提示：利用二项式展开公式} (1+h)^n = 1 + nh + \dfrac{n(n-1)}{2} h^2 + \cdots + h^n。\right)$

4. 利用例 2.7 的结论计算：

(1) $\lim\limits_{n\to\infty} \dfrac{\dfrac{1}{2} + \dfrac{2}{3} + \cdots + \dfrac{n}{n+1}}{n}$;

(2) $\lim\limits_{n\to\infty} \dfrac{1 + \dfrac{8}{9} + \dfrac{15}{19} + \cdots + \dfrac{n^2+2n}{2n^2+1}}{n}$。

5. 已知 $\lim\limits_{n\to\infty} x_n = a$, 证明：$\lim\limits_{n\to\infty} |x_n| = |a|$。举例说明结论反之未必成立。

B 类题

1. 用极限的"ε-N"定义证明：

(1) $\lim\limits_{n\to\infty} \dfrac{n^2+2n+2}{2n^2+3} = \dfrac{1}{2}$;

(2) $\lim\limits_{n\to\infty} (\sqrt{n^2+1} - n) = 0$;

(3) $\lim\limits_{n\to\infty} (\sqrt{n+2} - \sqrt{n+1}) = 0$;

(4) $\lim\limits_{n\to\infty} 0.\underbrace{999\cdots9}_{n\uparrow} = 1$。

2. 证明：若 $\lim\limits_{n\to\infty} x_n = a$, 则对任一正整数 p, 有 $\lim\limits_{n\to\infty} x_{n+p} = a$。

3. 已知 $\lim\limits_{n\to\infty} x_n = a$, 证明 $\lim\limits_{n\to\infty} \sqrt[3]{x_n} = \sqrt[3]{a}$。

4. 当 $|q| > 1$ 时, 证明：数列 $\{q^n\}$ 是无穷大量。

2.2 数列极限的运算法则
Operation rules on limits of sequences

由 2.1 节的内容可知, 用收敛数列的定义和一些性质可以证明数列的极限及其存在性。但是一般来说, 要求出数列的极限, 还需要使用一些具体的运算法则以及求解方法。本节给出数列极限的四则运算法则、夹逼准则、单调有界原理和一个重要的极限。

2.2.1 四则运算法则

由第 1 章的内容可知, 两个函数之间在一定条件下可以进行四则运算。类似地, 两个收敛的数列之间也有四则运算。

定理 2.6　若 $\lim\limits_{n\to\infty} x_n = a$，$\lim\limits_{n\to\infty} y_n = b$，则有

(1) $\lim\limits_{n\to\infty}(x_n \pm y_n) = \lim\limits_{n\to\infty} x_n \pm \lim\limits_{n\to\infty} y_n = a \pm b$；

(2) $\lim\limits_{n\to\infty}(x_n y_n) = \lim\limits_{n\to\infty} x_n \lim\limits_{n\to\infty} y_n = ab$；

(3) 当 $b \neq 0$ 时，$\lim\limits_{n\to\infty} \dfrac{x_n}{y_n} = \dfrac{\lim\limits_{n\to\infty} x_n}{\lim\limits_{n\to\infty} y_n} = \dfrac{a}{b}$。

分析　结论(1)、结论(2)和结论(3)都利用了收敛数列的定义和三角不等式；结论(2)和结论(3)还要用配项方法；结论(3)最后还用到了极限的保号性。

证　由已知可得，$\forall \varepsilon > 0$，$\exists N_1 \in \mathbf{Z}_+$，当 $n > N_1$ 时，有 $|x_n - a| < \varepsilon/2$；$\exists N_2 \in \mathbf{Z}_+$，当 $n > N_2$ 时，有 $|y_n - b| < \varepsilon/2$。

(1) 取 $N = \max\{N_1, N_2\}$，于是当 $n > N$ 时，有

$$|x_n \pm y_n - (a \pm b)| = |(x_n - a) \pm (y_n - b)|$$
$$\leqslant |x_n - a| + |y_n - b| < \varepsilon/2 + \varepsilon/2 = \varepsilon,$$

由数列极限的定义可知，收敛数列的和(或差)的极限等于极限的和(或差)。

(2) 由于数列 $\{y_n\}$ 收敛，根据"收敛数列一定有界"的性质，所以 $\exists M > 0$，使得 $|y_n| \leqslant M$。取 $N = \max\{N_1, N_2\}$，于是当 $n > N$ 时，利用配项方法，有

$$|x_n y_n - ab| = |x_n y_n - a y_n + a y_n - ab|$$
$$\leqslant |x_n - a||y_n| + |a||y_n - b| < (M + |a|)\frac{\varepsilon}{2},$$

由数列极限的定义可知，收敛数列的乘积的极限等于极限的乘积。

(3) 由于 $\lim\limits_{n\to\infty} y_n = b \neq 0$，根据收敛数列的保号性，存在 $N_3 \in \mathbf{Z}_+$，使得当 $n > N_3$ 时，有 $|y_n| > |b|/2$。取 $N' = \max\{N_2, N_3\}$，当 $n > N'$ 时，有

$$\left| \frac{1}{y_n} - \frac{1}{b} \right| = \left| \frac{y_n - b}{b y_n} \right| < \frac{2|y_n - b|}{b^2} < \frac{\varepsilon}{b^2},$$

即 $\lim\limits_{n\to\infty} \dfrac{1}{y_n} = \dfrac{1}{b}$。再由结论(2)可知，收敛数列的商的极限等于极限的商。　　　　证毕

定理 2.6 中的结论(1)和结论(2)可以推广到有限多个收敛数列进行加(减)法和乘法运算的形式。

在证明或计算数列的极限、函数的极限、连续、导数、积分时，有时需要对一个表达式加减(乘除)同一项进行配项，有时需要加上或者减去 0，然后再使用已有的方法证明或计算待解决的问题。本书将这种方法统称为**配项方法**。

例 2.13　求下列极限：

(1) $\lim\limits_{n\to\infty} \dfrac{1 - 2n}{5 + 3n}$；　　　　　　　　　　(2) $\lim\limits_{n\to\infty} \dfrac{1 + n - 2n^2 + 3n^3}{2 + 3n + 5n^3}$；

(3) $\lim\limits_{n\to\infty}(\sqrt{n^2 + n} - \sqrt{n^2 + 1})$；　　　(4) $\lim\limits_{n\to\infty} \dfrac{7^{n+1} + (-3)^n}{3 \times 7^n + 5 \times 2^n}$。

分析　利用数列极限的四则运算、结论 $\lim\limits_{n\to\infty} \dfrac{1}{n} = 0$ 和 $\lim\limits_{n\to\infty} q^n = 0 (0 < |q| < 1)$。

解 (1) $\lim\limits_{n\to\infty}\dfrac{1-2n}{5+3n}=\lim\limits_{n\to\infty}\dfrac{\dfrac{1}{n}-2}{\dfrac{5}{n}+3}=-\dfrac{2}{3}$。

(2) $\lim\limits_{n\to\infty}\dfrac{1+n-2n^2+3n^3}{2+3n+5n^3}=\lim\limits_{n\to\infty}\dfrac{\dfrac{1}{n^3}+\dfrac{1}{n^2}-\dfrac{2}{n}+3}{\dfrac{2}{n^3}+\dfrac{3}{n^2}+5}=\dfrac{3}{5}$。

(3) $\lim\limits_{n\to+\infty}(\sqrt{n^2+n}-\sqrt{n^2+1})=\lim\limits_{n\to\infty}\dfrac{n-1}{\sqrt{n^2+n}+\sqrt{n^2+1}}=\lim\limits_{n\to\infty}\dfrac{1-\dfrac{1}{n}}{\sqrt{1+\dfrac{1}{n}}+\sqrt{1+\dfrac{1}{n^2}}}=\dfrac{1}{2}$。

(4) $\lim\limits_{n\to\infty}\dfrac{7^{n+1}+(-3)^n}{3\times7^n+5\times2^n}=\lim\limits_{n\to\infty}\dfrac{7+\left(-\dfrac{3}{7}\right)^n}{3+5\times\left(\dfrac{2}{7}\right)^n}=\dfrac{7}{3}$。

例 2.14 求下列极限:

(1) $\lim\limits_{n\to\infty}\dfrac{a^n}{1+a^n}$,其中 $a\neq-1$;   (2) $\lim\limits_{n\to\infty}(\sqrt[n]{1}+\sqrt[n]{2}+\sqrt[n]{3}+\cdots+\sqrt[n]{100})$;

(3) $\lim\limits_{n\to\infty}\dfrac{1+\dfrac{1}{3}+\dfrac{1}{3^2}+\cdots+\dfrac{1}{3^n}}{1+\dfrac{1}{5}+\dfrac{1}{5^2}+\cdots+\dfrac{1}{5^n}}$;   (4)* $\lim\limits_{n\to\infty}(\sqrt{2}\ \sqrt[4]{2}\ \sqrt[8]{2}\cdots\sqrt[2^n]{2})$。

分析 除利用四则运算外,还要用到一些已知的结果。(1)题需要讨论 a 的范围;(2)题利用例 2.4 的结果 $\lim\limits_{n\to\infty}\sqrt[n]{a}=1$;(3)题涉及等比数列的和的公式;(4)题转化为同底的指数函数的乘积。

解 (1) 当 $a=1$ 时,$\lim\limits_{n\to\infty}\dfrac{a^n}{1+a^n}=\dfrac{1}{2}$;当 $|a|<1$ 时,$\lim\limits_{n\to\infty}\dfrac{a^n}{1+a^n}=\dfrac{\lim\limits_{n\to\infty}a^n}{\lim\limits_{n\to\infty}(1+a^n)}=0$;当 $|a|>1$ 时,$\lim\limits_{n\to\infty}\dfrac{a^n}{1+a^n}=\lim\limits_{n\to\infty}\dfrac{1}{\dfrac{1}{a^n}+1}=1$。

(2) 由于 $\lim\limits_{n\to\infty}\sqrt[n]{a}=1$,根据极限的加法运算法则,有

$$\lim\limits_{n\to\infty}(\sqrt[n]{1}+\sqrt[n]{2}+\sqrt[n]{3}+\cdots+\sqrt[n]{100})=\underbrace{1+1+1+\cdots+1}_{100}=100。$$

(3) 由公式 $1+q+q^2+\cdots+q^n=\dfrac{1-q^{n+1}}{1-q}$ 可得

$$\lim\limits_{n\to\infty}\dfrac{1+\dfrac{1}{3}+\dfrac{1}{3^2}+\cdots+\dfrac{1}{3^n}}{1+\dfrac{1}{5}+\dfrac{1}{5^2}+\cdots+\dfrac{1}{5^n}}=\lim\limits_{n\to\infty}\dfrac{\dfrac{1-(1/3)^{n+1}}{1-1/3}}{\dfrac{1-(1/5)^{n+1}}{1-1/5}}=\dfrac{4}{5}\cdot\dfrac{3}{2}=\dfrac{6}{5}。$$

$(4)^* \lim\limits_{n\to\infty} (\sqrt{2} \sqrt[4]{2} \sqrt[8]{2} \cdots \sqrt[2^n]{2}) = \lim\limits_{n\to\infty} 2^{\frac{1}{2}+\frac{1}{2^2}+\frac{1}{2^3}+\cdots+\frac{1}{2^n}} = \lim\limits_{n\to\infty} 2^{\frac{1}{2}\cdot\frac{1-(1/2)^n}{1-1/2}} = 2^{\frac{1}{2}\cdot 2} = 2$。

例 2.15　求 $\lim\limits_{n\to\infty} \dfrac{a_0+a_1n+a_2n^2+\cdots+a_pn^p}{b_0+b_1n+b_2n^2+\cdots+b_qn^q}$，其中 p,q 为正整数，$a_p\neq 0, b_q\neq 0$。

分析　利用极限的四则运算和极限 $\lim\limits_{n\to\infty}\dfrac{1}{n^{\alpha}}=0$。

解　由例 2.2 可知，当常数 $\alpha>0$ 时，有 $\lim\limits_{n\to\infty}\dfrac{1}{n^{\alpha}}=0$。所以有

$$\lim_{n\to\infty} \frac{a_0+a_1n+a_2n^2+\cdots+a_pn^p}{b_0+b_1n+b_2n^2+\cdots+b_qn^q} = \lim_{n\to\infty} \frac{\left(\dfrac{a_0}{n^p}+\dfrac{a_1}{n^{p-1}}+\dfrac{a_2}{n^{p-2}}+\cdots+a_p\right)n^p}{\left(\dfrac{b_0}{n^q}+\dfrac{b_1}{n^{q-1}}+\dfrac{b_2}{n^{q-2}}+\cdots+b_q\right)n^q}$$

$$= \begin{cases} 0, & p<q, \\ \dfrac{a_p}{b_p}, & p=q, \\ \infty, & p>q。\end{cases}$$

定理 2.7　（1）若数列 $\{x_n\}$ 和 $\{y_n\}$ 都是当 $n\to\infty$ 时的无穷小量，则数列 $\{x_n\pm y_n\}$，$\{x_n y_n\}$ 也都是当 $n\to\infty$ 时的无穷小量。

（2）若数列 $\{x_n\}$ 是当 $n\to\infty$ 时的无穷小量，数列 $\{y_n\}$ 是有界的，则数列 $\{x_n y_n\}$ 是当 $n\to\infty$ 时的无穷小量。

证明留作练习。

2.2.2　夹逼准则

定理 2.8（夹逼准则）　若数列 $\{x_n\}$，$\{y_n\}$，$\{z_n\}$ 满足下列条件：

（1）$y_n\leqslant x_n\leqslant z_n (n=1,2,\cdots)$；　　　　（2）$\lim\limits_{n\to\infty} y_n = \lim\limits_{n\to\infty} z_n = a$。

则数列 $\{x_n\}$ 的极限存在，且 $\lim\limits_{n\to\infty} x_n = a$。

分析　利用收敛数列的定义。

证　由条件（2）可知，$\forall \varepsilon>0, \exists N_1\in \mathbf{Z}_+$，当 $n>N_1$ 时，有 $|y_n-a|<\varepsilon$；又 $\exists N_2\in \mathbf{Z}_+$，当 $n>N_2$ 时，有 $|z_n-a|<\varepsilon$。

现取 $N=\max\{N_1,N_2\}$，则当 $n>N$ 时，有 $|y_n-a|<\varepsilon, |z_n-a|<\varepsilon$ 同时成立，即
$$a-\varepsilon<y_n<a+\varepsilon, \quad a-\varepsilon<z_n<a+\varepsilon。$$
又因为 $y_n\leqslant x_n\leqslant z_n$，则当 $n>N$ 时，有
$$a-\varepsilon<y_n\leqslant x_n\leqslant z_n<a+\varepsilon, \quad \text{即} \quad |x_n-a|<\varepsilon。$$
这就证明了 $\lim\limits_{n\to\infty} x_n = a$。　　　　　　　　　　　　　　　　　证毕

例 2.16　已知 $x_n = \dfrac{1}{n+\sqrt{1}} + \dfrac{1}{n+\sqrt{2}} + \cdots + \dfrac{1}{n+\sqrt{n}}$，求 $\lim\limits_{n\to\infty} x_n$。

分析　先将 x_n 等量级地放大和缩小，然后用夹逼准则。

解　对于 $i=1,2,\cdots,n$，不等式 $\dfrac{1}{n+\sqrt{n}} \leqslant \dfrac{1}{n+\sqrt{i}} \leqslant \dfrac{1}{n+\sqrt{1}}$ 恒成立，因此有

$$n \cdot \frac{1}{n+\sqrt{n}} \leqslant x_n = \frac{1}{n+\sqrt{1}} + \frac{1}{n+\sqrt{2}} + \cdots + \frac{1}{n+\sqrt{n}} \leqslant n \cdot \frac{1}{n+1},$$

并且

$$\lim_{n\to\infty}\left(n \cdot \frac{1}{n+\sqrt{n}}\right)=1, \qquad \lim_{n\to\infty}\left(n \cdot \frac{1}{n+1}\right)=1.$$

由夹逼准则可得

$$\lim_{n\to\infty}x_n = \lim_{n\to\infty}\left(\frac{1}{n+\sqrt{1}} + \frac{1}{n+\sqrt{2}} + \cdots + \frac{1}{n+\sqrt{n}}\right)=1.$$

设 $x_1,x_2,\cdots,x_n$ 是 n 个大于零的数,则它们的算术平均值、几何平均值和调和平均值分别为 $\dfrac{x_1+x_2+\cdots+x_n}{n}$,$\sqrt[n]{x_1 x_2 \cdots x_n}$ 和 $n\Big/\left(\dfrac{1}{x_1}+\dfrac{1}{x_2}+\cdots+\dfrac{1}{x_n}\right)$。这三种平均值满足如下的关系

$$n\Big/\left(\frac{1}{x_1}+\frac{1}{x_2}+\cdots+\frac{1}{x_n}\right)\leqslant\sqrt[n]{x_1 x_2 \cdots x_n}\leqslant\frac{x_1+x_2+\cdots+x_n}{n}, \tag{2.10}$$

当且仅当 $x_1,x_2,\cdots,x_n$ 全都相等时,等号成立。（证明略）

例 2.17 已知 $x_n>0,n=1,2,\cdots,$ 且 $\lim\limits_{n\to\infty}x_n=a$。证明:$\lim\limits_{n\to\infty}\sqrt[n]{x_1 x_2 \cdots x_n}=a$。

分析 利用例 2.7 的结果以及平均值不等式。

证 若 $a=0$,利用例 2.7 的结果可得 $\lim\limits_{n\to\infty}\dfrac{x_1+x_2+\cdots+x_n}{n}=0$。因为

$$0\leqslant\sqrt[n]{x_1 x_2 \cdots x_n}\leqslant\frac{x_1+x_2+\cdots+x_n}{n},$$

所以由夹逼准则可得

$$\lim_{n\to\infty}\sqrt[n]{x_1 x_2 \cdots x_n}=0.$$

若 $a\neq0$,由已知 $\lim\limits_{n\to\infty}x_n=a$ 和例 2.7 的结果可得

$$\lim_{n\to\infty}\frac{x_1+x_2+\cdots+x_n}{n}=a,$$

以及

$$\lim_{n\to\infty}\frac{\dfrac{1}{x_1}+\dfrac{1}{x_2}+\cdots+\dfrac{1}{x_n}}{n}=\frac{1}{a}, \quad 即 \quad \lim_{n\to\infty}\frac{n}{\dfrac{1}{x_1}+\dfrac{1}{x_2}+\cdots+\dfrac{1}{x_n}}=a.$$

进一步地,根据不等式(2.10)和夹逼准则可得,$\lim\limits_{n\to\infty}\sqrt[n]{x_1 x_2 \cdots x_n}=a$。 证毕

2.2.3 单调有界原理和一个重要的极限

1. 单调有界原理

定理 2.9（单调有界原理） 单调有界数列必有极限。

具体来说:单调递增且有上界的数列必有极限;单调递减且有下界的数列必有极限。然而,单调有界原理只是判定数列极限的存在性,并未指出其极限值。

由定理 2.4 可知,收敛数列一定有界,反之未必成立。定理 2.9 表明,有界数列如果再加上单调的条件,则这个数列一定收敛。单调有界原理是数学中一个非常重要的结论,后面将利用它得到一些重要的结果。对这个原理不作证明,只给出它如下的几何解释。

单调数列对应于数轴上的点只能是沿着一个方向变化,所以它只有两种可能:一种是沿着数轴向无穷远的方向变化,即在单调递增的情形下,无限趋近于$+\infty$,在单调递减的情形下,无限趋近于$-\infty$;另一种是无限趋近于某一个定点,即数列$\{x_n\}$无限趋近于一个极限。在有界的条件下,数列在数轴上的对应点都在某个区间$[-M, M]$内,所以第一种情形是不可能发生的。这表明数列$\{x_n\}$无限逼近某一个值,并且这个值的绝对值一定不超过M,如图 2.2 所示。

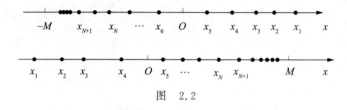

图　2.2

例 2.18　已知 $x_1 \in (0,1)$,$x_{n+1} = x_n(1-x_n)$,$n = 1, 2, \cdots$。证明:数列的极限存在,并求 $\lim\limits_{n \to \infty} x_n$。

分析　用数学归纳法证明数列的单调性和有界性是非常实用的方法。

证　用数学归纳法可以得到:当 $n \geqslant 1$ 时,$x_n > 0$,即有下界。由 $x_{n+1} = x_n(1-x_n)$,可得

$$x_{n+1} - x_n = x_n(1-x_n) - x_n = -x_n^2 < 0,$$

故 $\{x_n\}$ 单调递减,且有下界。由单调有界原理知,$\lim\limits_{n \to \infty} x_n$ 存在。

假设 $\lim\limits_{n \to \infty} x_n = a$,在等式 $x_{n+1} = x_n(1-x_n)$ 两端同时求极限,得到方程 $a = a(1-a)$,解得 $a = 0$,即 $\lim\limits_{n \to \infty} x_n = 0$。　　　　　　　　　　　　　　　证毕

例 2.19　已知数列 $\{x_n\}$ 形式为

$$x_1 = 2, \quad x_{n+1} = \frac{1}{2}\left(x_n + \frac{3}{x_n}\right), \quad n = 1, 2, \cdots。$$

证明:数列 $\{x_n\}$ 收敛,并求出它的极限。

证　观察到 $x_1 = 2 > \sqrt{3}$,假设 $x_n > \sqrt{3}$。由于

$$x_{n+1} = \frac{1}{2}\left(x_n + \frac{3}{x_n}\right) \geqslant \sqrt{x_n \cdot \frac{3}{x_n}} = \sqrt{3},$$

所以数列 $\{x_n\}$ 有下界 $\sqrt{3}$,即 $x_n \geqslant \sqrt{3}$。由于

$$x_{n+1} - x_n = \frac{1}{2}\left(x_n + \frac{3}{x_n}\right) - x_n = \frac{1}{2}\left(\frac{3-x_n^2}{x_n}\right) \leqslant 0,$$

说明数列 $\{x_n\}$ 单调递减。

综上,数列 $\{x_n\}$ 单调递减有下界,由单调有界原理知,$\lim\limits_{n \to \infty} x_n$ 存在。

假设 $\lim\limits_{n \to \infty} x_n = a$,在等式 $x_{n+1} = \frac{1}{2}\left(x_n + \frac{3}{x_n}\right)$ 两端同时取极限,得到方程 $a = \frac{1}{2}\left(a + \frac{3}{a}\right)$,解

得 $a=\sqrt{3}$（舍去 $a=-\sqrt{3}$），即 $\lim\limits_{n\to\infty}x_n=\sqrt{3}$。 证毕

2. 一个重要的极限

下面利用数列的单调有界原理导出一个重要的极限。以它为基础，可以计算一类特殊类型的数列极限。

例 2.20 已知 $x_n=\left(1+\dfrac{1}{n}\right)^n$，证明：数列 $\{x_n\}$ 收敛。

证 （1）先证明数列是单调递增的。利用二项式展开公式，有

$$x_n=\left(1+\frac{1}{n}\right)^n=1+\frac{n}{1!}\cdot\frac{1}{n}+\frac{n(n-1)}{2!}\cdot\frac{1}{n^2}+\frac{n(n-1)(n-2)}{3!}\cdot\frac{1}{n^3}+\cdots+$$

$$\frac{n(n-1)\cdots(n-n+1)}{n!}\cdot\frac{1}{n^n}$$

$$=1+\frac{1}{1!}+\frac{1}{2!}\left(1-\frac{1}{n}\right)+\frac{1}{3!}\left(1-\frac{1}{n}\right)\left(1-\frac{2}{n}\right)+\cdots+$$

$$\frac{1}{n!}\left(1-\frac{1}{n}\right)\left(1-\frac{2}{n}\right)\cdots\left(1-\frac{n-1}{n}\right),$$

$$x_{n+1}=\left(1+\frac{1}{n+1}\right)^{n+1}=1+\frac{1}{1!}+\frac{1}{2!}\left(1-\frac{1}{n+1}\right)+\frac{1}{3!}\left(1-\frac{1}{n+1}\right)\left(1-\frac{2}{n+1}\right)+\cdots+$$

$$\frac{1}{n!}\left(1-\frac{1}{n+1}\right)\left(1-\frac{2}{n+1}\right)\cdots\left(1-\frac{n-1}{n+1}\right)+$$

$$\frac{1}{(n+1)!}\left(1-\frac{1}{n+1}\right)\left(1-\frac{2}{n+1}\right)\cdots\left(1-\frac{n}{n+1}\right)。$$

在这两个展开式中，除前两项相同外，后者的每项都大于前者的相应项，且后者最后还多了一个数值为正的项，因此有

$$x_n<x_{n+1}。$$

（2）再证数列有上界。因 $1-\dfrac{1}{n},1-\dfrac{2}{n},\cdots,1-\dfrac{n-1}{n}$ 都小于 1，故

$$x_n<1+\frac{1}{1!}+\frac{1}{2!}+\cdots+\frac{1}{n!}<1+1+\frac{1}{2}+\frac{1}{2^2}+\cdots+\frac{1}{2^{n-1}}=1+\frac{1-\dfrac{1}{2^n}}{1-\dfrac{1}{2}}=3-\frac{1}{2^{n-1}}<3。$$

由单调有界原理知，数列 $\{x_n\}=\left\{\left(1+\dfrac{1}{n}\right)^n\right\}$ 存在极限。这个极限就是自然对数的底 e，即

$$\lim_{n\to\infty}\left(1+\frac{1}{n}\right)^n=e。 \tag{2.11}$$

证毕

e 称为欧拉数，它是一个无理数，值为 $2.71828\cdots$。

利用配项方法、极限的四则运算和式(2.11)，可以计算一些如下类型的极限，严格的数学证明将在第 3 章中给出。

例 2.21 求下列极限：

(1) $\lim\limits_{n\to\infty}\left(1+\dfrac{1}{n}\right)^{n+1}$；　　　　(2) $\lim\limits_{n\to\infty}\left(1-\dfrac{1}{n}\right)^{n}$；

(3) $\lim\limits_{n\to\infty}\left(1+\dfrac{1}{5n}\right)^{n}$；　　　　(4) $\lim\limits_{n\to\infty}\left(1+\dfrac{1}{n+1}\right)^{n}$。

分析　利用配项方法，将它们配成极限(2.11)的形式。

解　(1) $\lim\limits_{n\to\infty}\left(1+\dfrac{1}{n}\right)^{n+1}=\lim\limits_{n\to\infty}\left[\left(1+\dfrac{1}{n}\right)^{n}\left(1+\dfrac{1}{n}\right)\right]=\lim\limits_{n\to\infty}\left(1+\dfrac{1}{n}\right)^{n}\cdot\lim\limits_{n\to\infty}\left(1+\dfrac{1}{n}\right)=e$。

(2) $\lim\limits_{n\to\infty}\left(1-\dfrac{1}{n}\right)^{n}=\lim\limits_{n\to\infty}\left(\dfrac{n-1}{n}\right)^{n}=\dfrac{1}{\lim\limits_{n\to\infty}\left(\dfrac{n}{n-1}\right)^{n}}=\dfrac{1}{\lim\limits_{n\to\infty}\left(1+\dfrac{1}{n-1}\right)^{n-1+1}}=e^{-1}$。

(3) $\lim\limits_{n\to\infty}\left(1+\dfrac{1}{5n}\right)^{n}=\lim\limits_{n\to\infty}\left(1+\dfrac{1}{5n}\right)^{5n\cdot\frac{1}{5}}=e^{\frac{1}{5}}$。

(4) 由于 $\lim\limits_{n\to\infty}\dfrac{n}{n+1}=1$，$\lim\limits_{n\to\infty}\left(1+\dfrac{1}{n+1}\right)^{n}=\lim\limits_{n\to\infty}\left(1+\dfrac{1}{n+1}\right)^{(n+1)\cdot\frac{n}{n+1}}=e^{1}=e$。

例 2.22 求 $\lim\limits_{n\to\infty}\dfrac{n}{\sqrt[n]{n!}}$。

分析　此题较难，但可以利用例 2.17 的结果计算。

解　令 $x_n=\dfrac{n^n}{n!}$，$n=1,2,\cdots$，则有

$$\lim_{n\to\infty}\frac{n}{\sqrt[n]{n!}}=\lim_{n\to\infty}\sqrt[n]{x_n}=\lim_{n\to\infty}\left(x_1\cdot\frac{x_2}{x_1}\cdot\frac{x_3}{x_2}\cdot\frac{x_4}{x_3}\cdot\cdots\cdot\frac{x_n}{x_{n-1}}\right)^{\frac{1}{n}}。$$

令 $y_1=x_1,y_k=\dfrac{x_k}{x_{k-1}}$，$k=2,3,\cdots$，由于

$$\lim_{n\to\infty}y_n=\lim_{n\to\infty}\left(\frac{n}{n-1}\right)^{n-1}=\lim_{n\to\infty}\left(1+\frac{1}{n-1}\right)^{n-1}=e,$$

根据例 2.17 的结果可得

$$\lim_{n\to\infty}\frac{n}{\sqrt[n]{n!}}=e。$$

习　题　2.2

思 考 题

1. 若数列 $\{x_n\}$ 收敛，$\{y_n\}$ 发散，则数列 $\{x_n+y_n\}$ 一定发散。这种说法是否正确，为什么？

2. 若数列 $\{x_ny_n\}$ 和 $\{y_n\}$ 都是收敛的，能否推出数列 $\{x_n\}$ 也是收敛的，为什么？举例说明。

3. 若数列 $\{x_ny_n\}$ 是当 $n\to\infty$ 时的无穷小量，能否推出数列 $\{x_n\}$ 和 $\{y_n\}$ 都是无穷小量，为什么？举例说明。

4. 单调有下界的数列一定收敛。这种说法是否正确,为什么?

A 类题

1. 求下列极限:

(1) $\lim\limits_{n\to\infty}\dfrac{5+200n}{2n^2}$;

(2) $\lim\limits_{n\to\infty}\dfrac{4n^4-3n^2+5}{3n^4+20n^3+100}$;

(3) $\lim\limits_{n\to\infty}\dfrac{1+2+\cdots+n}{n^2}$;

(4) $\lim\limits_{n\to\infty}\left(\dfrac{n^4}{n^2+1}-\dfrac{n^4}{n^2-1}\right)$;

(5) $\lim\limits_{n\to\infty}(\sqrt{n+3}-\sqrt{n+2})$;

(6) $\lim\limits_{n\to\infty}\left[n(\sqrt{n^2+4}-\sqrt{n^2+1})\right]$;

(7) $\lim\limits_{n\to\infty}\left[\left(1-\dfrac{1}{2^2}\right)\left(1-\dfrac{1}{3^2}\right)\cdots\left(1-\dfrac{1}{n^2}\right)\right]$;

(8) $\lim\limits_{n\to\infty}\dfrac{1+a+a^2+\cdots+a^n}{1+b+b^2+\cdots+b^n}$, $|a|<1,|b|<1$;

(9) $\lim\limits_{n\to\infty}\left(1+\dfrac{1}{n+1}\right)^{n+3}$;

(10) $\lim\limits_{n\to\infty}\left(1+\dfrac{1}{n^2}\right)^{n^2+2}$。

2. 利用夹逼准则证明下列极限:

(1) $\lim\limits_{n\to\infty}\left(\dfrac{1}{\sqrt{n^2+1}}+\dfrac{1}{\sqrt{n^2+2}}+\cdots+\dfrac{1}{\sqrt{n^2+n}}\right)=1$;

(2) $\lim\limits_{n\to\infty}\left\{n^2\left[\dfrac{1}{(2n^2+1)^2}+\dfrac{2}{(2n^2+2)^2}+\cdots+\dfrac{n}{(2n^2+n)^2}\right]\right\}=\dfrac{1}{8}$。

3. 证明:若 $\lim\limits_{n\to\infty}x_n=0$,$|y_n|\leqslant M(n=1,2,\cdots)$,则 $\lim\limits_{n\to\infty}(x_ny_n)=0$。

4. 已知数列 $\{x_n\}$ 当 $n\to\infty$ 时是无穷大量,$|y_n|\leqslant M(n=1,2,\cdots)$。证明:数列 $\{x_n+y_n\}$ 是无穷大量。

5. 已知数列 $\{x_n\}$ 为 $x_1=1,x_{n+1}=\sqrt{6+x_n}\,(n=1,2,\cdots)$。证明:数列 $\{x_n\}$ 收敛,并求出它的极限。

B 类题

1. 求下列极限:

(1) $\lim\limits_{n\to\infty}\dfrac{1+3+5+\cdots+(2n-1)}{2+4+6+\cdots+2n}$;

(2) $\lim\limits_{n\to\infty}\dfrac{2^{n+1}3^{n-1}}{6^n-4\cdot3^n}$;

(3) $\lim\limits_{n\to\infty}\left(\dfrac{1}{2}+\dfrac{3}{2^2}+\dfrac{5}{2^3}+\cdots+\dfrac{2n-1}{2^n}\right)$;

(4) $\lim\limits_{n\to\infty}\left(\dfrac{n^2-1}{n+3}-\dfrac{n^2+2}{n-2}\right)$;

(5) $\lim\limits_{n\to\infty}\left(1+\dfrac{1}{n+3}\right)^{n+2}$;

(6) $\lim\limits_{n\to\infty}\left(1+\dfrac{1}{n^2+1}\right)^n$。

2. 利用夹逼准则求下列极限:

(1) $\lim\limits_{n\to\infty}\left[n\left(\dfrac{1}{2n^2+\pi}+\dfrac{1}{2n^2+2\pi}+\cdots+\dfrac{1}{2n^2+n\pi}\right)\right]$;

(2) $\lim\limits_{n\to\infty}\left(1+\dfrac{1}{2}+\dfrac{1}{3}+\cdots+\dfrac{1}{n}\right)^{\frac{1}{n}}$。

3. 证明下列数列 $\{x_n\}$ 收敛,并求出它们的极限:

(1) $x_1=\sqrt{2}$,$x_{n+1}=\sqrt{2x_n}$,$n=1,2,\cdots$;

(2) $x_1 = \sqrt{a}$，$x_{n+1} = \sqrt{a + x_n}$，$a > 0$，$n = 1, 2, \cdots$。

4. 已知 $x_n = \dfrac{1}{2} \cdot \dfrac{3}{4} \cdot \cdots \cdot \dfrac{2n-1}{2n}$，证明：$x_n < \dfrac{1}{\sqrt{2n+1}}$，并求 $\lim\limits_{n \to \infty} x_n$。

5. 已知 $\{x_n\}$ 为单调递增数列，$\{y_n\}$ 为单调递减数列，且 $\lim\limits_{n \to \infty}(x_n - y_n) = 0$。证明：

$$\lim_{n \to \infty} x_n = \lim_{n \to \infty} y_n。$$

1. 是非题

(1) 若 $\forall \varepsilon > 0$，$\exists N \in \mathbf{Z}_+$，当 $n > N$ 时，总有无穷多个 x_n 满足 $|x_n - a| < \varepsilon$，则数列 $\{x_n\}$ 必以 a 为极限。 （　　）

(2) 若数列 $\{x_n\}$ 收敛，数列 $\{y_n\}$ 发散，则 $\{x_n y_n\}$ 一定发散。 （　　）

(3) 若数列 $\{x_{3n-2}\}$，$\{x_{3n-1}\}$ 和 $\{x_{3n}\}$ 都收敛，则数列 $\{x_n\}$ 收敛。 （　　）

(4) $\lim\limits_{n \to \infty} \Big(\underbrace{\dfrac{1}{n} + \dfrac{1}{n} + \cdots + \dfrac{1}{n}}_{n\text{个}} \Big) = 0$。 （　　）

(5) 设 $x_n = 0.\underbrace{11\cdots1}_{n\text{个}}$，则 $\lim\limits_{n \to \infty} x_n = \dfrac{1}{9}$。 （　　）

2. 填空题

(1) 若数列 $\{x_n\}$ 收敛，则它的极限一定是＿＿＿＿＿＿＿（唯一的、不唯一的）。

(2) 若数列 $\{a_n\}$，$\{b_n\}$，$\{c_n\}$ 满足条件：① $a_n \leqslant b_n \leqslant c_n$，$n = 1, 2, \cdots$；② $\lim\limits_{n \to \infty} a_n = \lim\limits_{n \to \infty} c_n = a$，则 $\lim\limits_{n \to \infty} b_n = $＿＿＿＿＿＿＿。

(3) $\lim\limits_{n \to \infty}(\sqrt{n + 3\sqrt{n}} - \sqrt{n - \sqrt{n}}) = $＿＿＿＿＿＿＿。

(4) $\lim\limits_{n \to \infty}\Big(1 + \dfrac{2}{n+1}\Big)^{2n} = $＿＿＿＿＿＿＿。

(5) $\lim\limits_{n \to \infty}\Big(\dfrac{\sqrt{n}}{n+2}\sin n\Big) = $＿＿＿＿＿＿＿。

3. 选择题

(1) 若数列 $\{x_n\}$ 收敛，则（　　　）。

A. $\{x_n\}$ 是单调数列　　　　　　　　B. $\{x_n\}$ 是单调且有界的数列

C. $\{x_n\}$ 是有界数列　　　　　　　　D. $\{x_n\}$ 不是单调数列

(2) 已知 $x_n \neq 0$，"数列 $\{x_n\}$ 为当 $n \to \infty$ 时的无穷小量"是"数列 $\left\{\dfrac{1}{x_n}\right\}$ 为当 $n \to \infty$ 时的无穷大量"的（　　　）。

A. 充分条件　　　　　　　　　　　　B. 必要条件

C. 充分必要条件　　　　　　　　　　D. 既非充分又非必要条件

(3) 已知 $\{x_{n_k}\}$ 是数列 $\{x_n\}$ 的子列,下列说法正确的是(　　)。

A. 若 $\{x_n\}$ 收敛,则 $\{x_{n_k}\}$ 一定收敛　　　　B. 若 $\{x_{n_k}\}$ 收敛,则 $\{x_n\}$ 一定收敛

C. 若 $\{x_n\}$ 发散,则 $\{x_{n_k}\}$ 一定发散　　　　D. 若 $\{x_{n_k}\}$ 发散,则 $\{x_n\}$ 未必发散

(4) 已知数列 $\{x_n\}$,其中 $x_n = \dfrac{2n + \cos n}{n}$,则 $\lim\limits_{n\to\infty} x_n = ($　　$)$。

A. 1　　　　　　　B. 0　　　　　　　C. 2　　　　　　　D. 不存在

(5) 若数列 $\{x_n\}$ 和 $\{y_n\}$ 都是当 $n\to\infty$ 时的无穷大量,则 $\{x_n \pm y_n\}$ 是(　　)。

A. 无穷大量　　　B. 无穷小量　　　C. 有限值　　　　D. 不能确定

4. 求下列极限:

(1) $\lim\limits_{n\to\infty} \dfrac{2n^3 + 1}{3n^3 + n^2 + 2n + 1}$;

(2) $\lim\limits_{n\to\infty} \left[(\sqrt[n]{n+2} - 1) \sin\dfrac{n\pi}{4} \right]$;

(3) $\lim\limits_{n\to\infty} \dfrac{2^n + n^2}{2^{n+1} + (n+1)^2}$;

(4) $\lim\limits_{n\to\infty} \left(\dfrac{n+2}{n-1} \right)^n$;

(5) $\lim\limits_{n\to\infty} \left[\dfrac{3}{1^2 \times 2^2} + \dfrac{5}{2^2 \times 3^2} + \cdots + \dfrac{2n+1}{n^2 (n+1)^2} \right]$;

(6) $\lim\limits_{n\to\infty} \left(\dfrac{1}{n^2 + n + 1} + \dfrac{2}{n^2 + n + 2} + \cdots + \dfrac{n}{n^2 + n + n} \right)$;

(7) $\lim\limits_{n\to\infty} \dfrac{1 - x^n}{1 + x^n}$,其中 $x > 0$;

(8) $\lim\limits_{n\to\infty} \dfrac{1 - e^{-nx}}{1 + e^{-nx}}$,其中 $x > 0$。

5. 证明:若 $\lim\limits_{k\to\infty} x_{2k} = a$,$\lim\limits_{k\to\infty} x_{2k-1} = a$,则 $\lim\limits_{n\to\infty} x_n = a$。

6. 已知数列 $\{x_n\}$,$x_n > 0$。若 $\lim\limits_{n\to\infty} x_n = a$,则必有 $a \geqslant 0$。

7. 证明:数列 $\sqrt{2}$,$\sqrt{2 + \sqrt{2}}$,$\sqrt{2 + \sqrt{2 + \sqrt{2}}}$,$\cdots$ 收敛,并求其极限。

8. 已知数列 $\{x_n\}$ 为 $x_1 > 0$,$x_{n+1} = 1 + \dfrac{x_n}{1 + x_n}$,$n = 1, 2, \cdots$。证明:数列 $\{x_n\}$ 收敛,并求出它的极限。

9. 证明:数列 $x_n = \dfrac{1}{2 + 1} + \dfrac{1}{2^2 + 1} + \cdots + \dfrac{1}{2^n + 1}$ 有极限。

10. 利用例 2.7 和例 2.17 的结果求下列数列的极限:

(1) $\lim\limits_{n\to\infty} \dfrac{1 + \sqrt{2} + \sqrt[3]{3} + \cdots + \sqrt[n]{n}}{n}$;

(2) $\lim\limits_{n\to\infty} \dfrac{\dfrac{1}{a} + \dfrac{2^2}{a^2} + \dfrac{3^2}{a^3} + \cdots + \dfrac{n^2}{a^n}}{n}$,$|a| > 1$;

(3) $\lim\limits_{n\to\infty} \dfrac{1}{\sqrt[n]{n!}}$;

(4) 若 $\lim\limits_{n\to\infty} \dfrac{b_{n+1}}{b_n} = 2$,$b_n > 0$,求 $\lim\limits_{n\to\infty} \sqrt[n]{b_n}$;

(5) 若 $\lim\limits_{n\to\infty} (a_n - a_{n-1}) = 1$,求 $\lim\limits_{n\to\infty} \dfrac{a_n}{n}$。

第 3 章

函数的极限与连续

Limits and continuity of functions

第 2 章中,我们给出了收敛数列的定义以及计算数列极限的一些方法。由数列的定义可知,它是一类特殊的函数,并且在研究数列的变化趋势时,自变量 n(只取正整数)的变化过程只有"递增"这一种形式,即 $n \to +\infty$。对于定义在某区间 I 上的函数 $y=f(x)$ 而言,不论区间 I 是有限还是无限,它们在该定义区间上是否有一定的变化规律,即自变量趋于无穷大或在某一点有微小变化时,对应的函数值的变化是平稳的、是剧烈的还是具有跳跃性的,这些典型问题都可以用函数的极限和连续进行解答。本章中,我们首先给出函数极限的定义;然后讨论函数极限的性质、收敛准则和一些计算方法;最后讨论函数的连续与间断及闭区间上连续函数的性质。

3.1 函数的极限
Limits of functions

3.1.1 函数极限的定义

设函数 $y=f(x)$ 在某区间 I(有限或无限)上有定义,自变量 x 在函数的定义区间 I 上的变化过程通常包括两大类,共六种形式,即

(1) $x \to \infty, x \to +\infty, x \to -\infty$;

(2) $x \to x_0, x \to x_0^+, x \to x_0^-$。

下面我们将逐一给出自变量在上述变化过程中函数极限的定义。

1. 当 $x \to \infty$ 时函数的极限

类比于收敛数列的定义,去除数列的特殊性,可以将 $n \to +\infty$ 的形式推广到它的一般情形,即对函数 $y=f(x)$,当 $x \to \infty$ 时,考察函数值的变化趋势。先看下面的例子。

例 3.1 考察函数 $y=\dfrac{1}{x}$ 当 $x \to \infty$ 时的变化趋势。

解 函数 $y=\dfrac{1}{x}$ 的图形如图 1.9(b)所示。类似收敛数列的思想,要使得 $\left| \dfrac{1}{x}-0 \right| <$ $\dfrac{1}{1000}$,只需 $|x|>1000$;要使得 $\left| \dfrac{1}{x}-0 \right| < \dfrac{1}{100^{100}}$,只需 $|x|>100^{100}$ 即可。也就是说,随着

自变量的绝对值 $|x|$ 越来越大，$\dfrac{1}{x}$ 的值就越来越趋近于 0，即 $\left|\dfrac{1}{x}-0\right|=\dfrac{1}{|x|}$ 可以小于预先给定的任意小正数 ε，这时称函数 $y=\dfrac{1}{x}$ 当 $x\to\infty$ 时的极限为 0。

下面给出当 $x\to\infty$ 时函数极限的严格定义。

定义 3.1　设函数 $y=f(x)$ 当 $|x|$ 大于某一正数时有定义，A 是常数。若 $\forall\varepsilon>0,\exists X>0$，使得当 x 满足不等式 $|x|>X$ 时，有
$$|f(x)-A|<\varepsilon，$$
则称常数 A 是函数 $y=f(x)$ 当 $x\to\infty$ 时的极限，或称函数当 $x\to\infty$ 时以常数 A 为极限，记作
$$\lim_{x\to\infty}f(x)=A\quad\text{或}\quad f(x)\to A,x\to\infty。$$

关于定义 3.1 的几点说明。

(1) 函数当 $x\to\infty$ 时的极限定义与数列极限的定义有很多相似之处，参考 2.1 节中关于数列极限定义的说明。定义 3.1 的表述方式也称为函数极限的"ε-X"语言。

(2) 几何解释。从几何上看，$\lim\limits_{x\to\infty}f(x)=A$ 表示：存在两条直线 $y=A-\varepsilon$ 和 $y=A+\varepsilon$，当 $|x|>X$（即 $x>X$ 或 $x<-X$）时，函数 $y=f(x)$ 的图形位于这两条直线之间，即满足 $|f(x)-A|<\varepsilon$，如图 3.1 所示。

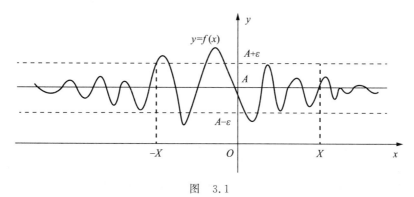

图　3.1

例 3.2　用定义 3.1 证明下列极限：

(1) $\lim\limits_{x\to\infty}\dfrac{1}{x}=0$;　　　(2) $\lim\limits_{x\to\infty}\dfrac{x^2-1}{x^2+2}=1$;　　　(3) $\lim\limits_{x\to\infty}\dfrac{4x-3}{3x+1}=\dfrac{4}{3}$。

分析　与用数列极限的定义证明类似。由于 ε 可以任意小，不妨设 $\varepsilon\in(0,1)$，尝试通过求解不等式 $|f(x)-A|<\varepsilon$，寻找是否存在 X 满足该不等式。

证　(1) $\forall\varepsilon\in(0,1)$，要使
$$\left|\dfrac{1}{x}-0\right|=\dfrac{1}{|x|}<\varepsilon, \tag{3.1}$$
只需
$$|x|>\dfrac{1}{\varepsilon}。$$

取 $X=\dfrac{1}{\varepsilon}\left(\text{此处}\dfrac{1}{\varepsilon}\text{不必取正整数,注意和数列极限中 } N \text{ 的区别}\right)$,则当 $|x|>X$ 时,有不等式(3.1)成立。因此,有 $\lim\limits_{x\to\infty}\dfrac{1}{x}=0$。

（2）$\forall\varepsilon\in(0,1)$,要使

$$\left|\frac{x^2-1}{x^2+2}-1\right|<\varepsilon, \tag{3.2}$$

只需

$$\left|\frac{x^2-1}{x^2+2}-1\right|=\left|\frac{3}{x^2+2}\right|<\left|\frac{3}{x^2}\right|<\varepsilon。$$

取 $X=\sqrt{\dfrac{3}{\varepsilon}}$,则当 $|x|>X$ 时,有不等式(3.2)成立。因此,有 $\lim\limits_{x\to\infty}\dfrac{x^2-1}{x^2+2}=1$。

（3）根据需要,不妨设 $|x|>1$。$\forall\varepsilon\in(0,1)$,要使

$$\left|\frac{4x-3}{3x+1}-\frac{4}{3}\right|<\varepsilon, \tag{3.3}$$

只需

$$\left|\frac{4x-3}{3x+1}-\frac{4}{3}\right|=\frac{13}{3}\left|\frac{1}{3x+1}\right|<\frac{13}{3}\frac{1}{3|x|-1}<\frac{13}{6}\frac{1}{|x|}<\varepsilon。$$

取 $X=\max\left\{1,\dfrac{13}{6\varepsilon}\right\}$,则当 $|x|>X$ 时,有不等式(3.3)成立。因此,有

$$\lim_{x\to\infty}\frac{4x-3}{3x+1}=\frac{4}{3}。 \qquad\qquad\text{证毕}$$

有些函数,如 $\dfrac{\sqrt{x}+\sin x}{\sqrt{x}}$,$\dfrac{1}{\sqrt{1-x}}$ 等,它们的定义域虽然是无穷区间,但也只是单侧无限。在研究它们的自变量趋于无穷大时的变化趋势时,也只能是分别沿着 $x\to+\infty$ 或 $x\to-\infty$ 变化。对于指数函数 $y=a^x(0<a<1)$,如图 1.10 所示,虽然它的定义域为 $\mathbf{R}$,但是当 $x\to+\infty$ 时,函数单调递减趋于零,而当 $x\to-\infty$ 时,函数单调递增趋于正无穷大。对于反正切函数 $y=\arctan x$,如图 1.16(a)所示,它的定义域也为 $\mathbf{R}$,但是当 $x\to+\infty$ 时,函数单调递增趋于 $\dfrac{\pi}{2}$,而当 $x\to-\infty$ 时,函数单调递减趋于 $-\dfrac{\pi}{2}$,因此,需要分别对 $x\to+\infty$ 和 $x\to-\infty$ 两种形式给出函数极限的定义。

定义 3.2　设函数 $y=f(x)$ 在 x 大于某一正数时有定义,A 是常数。若 $\forall\varepsilon>0,\exists X>0$,使得当 x 满足不等式 $x>X$ 时,有

$$|f(x)-A|<\varepsilon,$$

则称常数 A 是函数 $y=f(x)$ 当 $x\to+\infty$ 时的极限,或称函数当 $x\to+\infty$ 时以常数 A 为极限,记作

$$\lim_{x\to+\infty}f(x)=A \quad\text{或}\quad f(x)\to A,x\to+\infty。$$

由定义 3.2 可以看到,数列极限 $\lim\limits_{n\to+\infty}x_n=a$ 为 $\lim\limits_{x\to+\infty}f(x)=A$ 的特殊情形。

定义 3.3　设函数 $y=f(x)$ 在 x 小于某一负数时有定义,A 是常数。若 $\forall\varepsilon>0,\exists X>$

0,使得当 x 满足不等式 $x<-X$ 时,有

$$|f(x)-A|<\varepsilon,$$

则称常数 A 是函数 $y=f(x)$ 当 $x\to-\infty$ 时的极限,或称函数当 $x\to-\infty$ 时以常数 A 为极限,记作

$$\lim_{x\to-\infty}f(x)=A \quad \text{或} \quad f(x)\to A,x\to-\infty。$$

由定义 3.1、定义 3.2 及定义 3.3 可以得到如下定理。

定理 3.1 函数 $y=f(x)$ 当 $x\to\infty$ 时的极限存在且等于 A 的充分必要条件是:当 $x\to+\infty$ 和 $x\to-\infty$ 时,函数的极限存在且都等于 A,即

$$\lim_{x\to\infty}f(x)=A\Leftrightarrow\lim_{x\to+\infty}f(x)=\lim_{x\to-\infty}f(x)=A。$$

例 3.3 用定义 3.2 或定义 3.3 证明下列极限:

(1) $\displaystyle\lim_{x\to+\infty}\frac{\sqrt{x}+\sin x}{\sqrt{x}}=1$;   (2) $\displaystyle\lim_{x\to-\infty}2^x=0$。

证 (1) $\forall\varepsilon\in(0,1)$,要使

$$\left|\frac{\sqrt{x}+\sin x}{\sqrt{x}}-1\right|<\varepsilon, \tag{3.4}$$

只需

$$\left|\frac{\sqrt{x}+\sin x}{\sqrt{x}}-1\right|=\left|\frac{\sin x}{\sqrt{x}}\right|\leqslant\frac{1}{\sqrt{x}}<\varepsilon。$$

取 $X=\dfrac{1}{\varepsilon^2}$,则当 $x>X$ 时,有不等式(3.4)成立。因此,有 $\displaystyle\lim_{x\to+\infty}\frac{\sqrt{x}+\sin x}{\sqrt{x}}=1$。

(2) $\forall\varepsilon\in(0,1)$,要使

$$|2^x-0|=2^x<\varepsilon, \tag{3.5}$$

只需

$$x<\log_2\varepsilon。$$

取 $X=-\log_2\varepsilon$,则当 $x<-X$ 时,有不等式(3.5)成立。因此,有 $\displaystyle\lim_{x\to-\infty}2^x=0$。 证毕

2. 当 $x\to x_0$ 时函数的极限

下面考察当自变量的变化过程为 $x\to x_0$ 时,函数 $y=f(x)$ 的变化趋势。先看下面两个例子。

例 3.4 考察函数 $y=\dfrac{x^2-4}{x-2}$ 当 $x\to2$ 时的变化趋势。

解 函数 $y=\dfrac{x^2-4}{x-2}$ 的图形如图 3.2 所示。注意到,该函数在点 $x=2$ 处没有定义。当 x 越来越趋近于 2(但不等于 2),即 $|x-2|$ 越来越小时,$\dfrac{x^2-4}{x-2}=x+2$ 就越来越趋近 4。

要使得 $\left|\dfrac{x^2-4}{x-2}-4\right|<\dfrac{1}{1000}$,只需 $|x-2|<\dfrac{1}{1000}$,即自变量

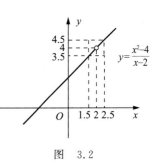

图 3.2

落在以 2 为中心，以 $\dfrac{1}{1000}$ 为半径的邻域内即可；要使得 $\left|\dfrac{x^2-4}{x-2}-4\right|<\dfrac{1}{100^{100}}$，只需 $|x-2|<$

$\dfrac{1}{100^{100}}$ 即可。也就是说，随着自变量 x 越来越趋近于 2，函数 $\dfrac{x^2-4}{x-2}$ 的值就越来越趋近于 4，

即 $\left|\dfrac{x^2-4}{x-2}-4\right|$ 可以小于预先给定的正数 ε，这时称函数 $y=\dfrac{x^2-4}{x-2}$ 当 $x\to2$ 时的极限是 4。

例 3.5　考察函数 $y=\dfrac{\sin x}{x}$ 当 $x\to0$ 时的变化趋势。

解　函数 $y=\dfrac{\sin x}{x}$ 的图形如图 3.3 所示。当 x 分别取 $0.5,0.1,0.05,0.01,\cdots$ 时，对应

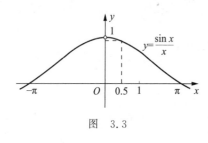

图　3.3

的值分别为 $0.96,0.998,0.9996,0.9998,\cdots$。注意到，当 x 越来越趋近于 0 时，即 $|x-0|$ 越来越小时，$y=\dfrac{\sin x}{x}$ 的值就越来越趋近于 1。因此可以猜测，1 就是函数 $y=\dfrac{\sin x}{x}$ 当 $x\to0$ 时的极限。严格的证明将在 3.2 节中给出。

于是，我们有如下的定义。

定义 3.4　设函数 $y=f(x)$ 在点 x_0 的某个去心邻域内有定义，A 是常数。若 $\forall\varepsilon>0$，$\exists\delta>0$，使得当 x 满足不等式 $0<|x-x_0|<\delta$ 时，有

$$|f(x)-A|<\varepsilon,$$

则常数 A 称为函数 $y=f(x)$ 当 $x\to x_0$ 时的极限，或称函数当 $x\to x_0$ 时以常数 A 为极限，记作

$$\lim_{x\to x_0}f(x)=A \quad 或 \quad f(x)\to A, x\to x_0。$$

关于定义 3.4 的几点说明。

(1) 不等式 $0<|x-x_0|<\delta$ 表示 $x\ne x_0$，即函数 $y=f(x)$ 在点 x_0 处可能没有定义，即使有定义，$f(x_0)$ 也与极限 $\lim_{x\to x_0}f(x)$ 是否存在没有任何关系。换句话说，函数 $y=f(x)$ 在点 x_0 处有没有定义不影响 $\lim_{x\to x_0}f(x)$ 的存在性，参见例 3.4 和例 3.5。以后我们将会看到，许多重要的概念都是在点 x_0 处的去心邻域内定义的。

(2) 定义 3.4 从数量上描述了自变量 x 无限接近于 x_0 时，函数 $y=f(x)$ 就会无限趋近于 A。它用 ε 描述了 $f(x)$ 与 A 的接近程度 $|f(x)-A|<\varepsilon$，用 δ 描述了 x 与 x_0 的接近程度 $|x-x_0|<\delta$。δ 的存在性是通过求解不等式 $|f(x)-A|<\varepsilon$ 得到印证的，其中 ε 是任意给定的正数。这表明了 δ 和 ε 的依赖关系，但要注意它们不是函数关系。

(3) "用定义证明函数极限"有时也称为"用 ε-δ 语言证明函数极限"，其中希腊字母 δ（小写，大写为 Δ；∂ 为其旧体的小写字母）的英文表示为

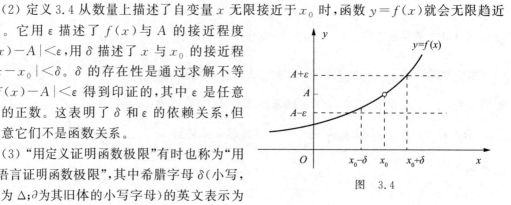

图　3.4

delta,也按此拼写来发音。在证明时,重要的是 δ 的存在性,不必求其最小值,即在求解不等式 $|f(x)-A|<\varepsilon$ 之前,可以先将 $|f(x)-A|$ 放大,使放大后的表达式中含有因子 $|x-x_0|$,并且容易求出 $|x-x_0|$ 的解集。

(4) 几何解释。从几何上来说,$\lim\limits_{x\to x_0}f(x)=A$ 表示:存在两条直线 $y=A-\varepsilon$ 和 $y=A+\varepsilon$,当 $0<|x-x_0|<\delta$ 时,函数 $y=f(x)$ 的图形位于这两条直线之间,即满足 $|f(x)-A|<\varepsilon$,如图 3.4 所示。

例 3.6 利用定义 3.4 证明下列极限:

(1) $\lim\limits_{x\to 2}\dfrac{x^2-4}{x-2}=4$;　　　　(2) $\lim\limits_{x\to 0}e^x=1$;　　　　(3) $\lim\limits_{x\to 1}\dfrac{x^2+2x-3}{x^2-1}=2$。

证 (1) $\forall\varepsilon\in(0,1)$,要使

$$\left|\frac{x^2-4}{x-2}-4\right|=|x-2|<\varepsilon,\tag{3.6}$$

只需 $|x-2|<\varepsilon$。取 $\delta=\varepsilon$,则当 $0<|x-2|<\delta$ 时,有不等式(3.6)成立。因此,有

$$\lim_{x\to 2}\frac{x^2-4}{x-2}=4。$$

(2) $\forall\varepsilon\in(0,1)$,要使

$$|e^x-1|<\varepsilon,\tag{3.7}$$

只需 $\ln(1-\varepsilon)<x<\ln(1+\varepsilon)$。取 $\delta=\min\{-\ln(1-\varepsilon),\ln(1+\varepsilon)\}$,则当 $0<|x|<\delta$ 时,有不等式(3.7)成立。因此,有 $\lim\limits_{x\to 0}e^x=1$。

(3) $\forall\varepsilon\in(0,1)$,要使

$$\left|\frac{x^2+2x-3}{x^2-1}-2\right|=\left|\frac{x+3}{x+1}-2\right|=\left|\frac{x-1}{x+1}\right|<\varepsilon,\tag{3.8}$$

为了能够找到 δ,保留因子 $|x-1|$,而将因子 $\left|\dfrac{1}{x+1}\right|$ 放大。为此加上限制条件

$$0<|x-1|<1,\quad 即\quad 0<x<2,\quad 且\quad x\neq 1,$$

于是有 $\left|\dfrac{1}{x+1}\right|<1$。因此,由于

$$\left|\frac{x^2+2x-3}{x^2-1}-2\right|=\left|\frac{x-1}{x+1}\right|<|x-1|<\varepsilon,$$

取 $\delta=\min\{1,\varepsilon\}$,则当 $0<|x-1|<\delta$ 时,有不等式(3.8)成立。因此,有

$$\lim_{x\to 1}\frac{x^2+2x-3}{x^2-1}=2。\qquad\qquad 证毕$$

在函数极限的定义 3.4 中,$x\to x_0$ 表示自变量 x 沿着点 x_0 的两侧趋于 x_0。但有时候,函数 $f(x)$ 只在 x_0 一侧有定义,或者需要分别研究函数在 x_0 点两侧的性态。因此,需要引入单侧极限的概念。

定义 3.5 设函数 $y=f(x)$ 在 x_0 的右邻域有定义,A 是常数。若 $\forall\varepsilon>0$,$\exists\delta>0$,使得当 x 满足不等式 $0<x-x_0<\delta$ 时,有

$$|f(x)-A|<\varepsilon,$$

常数 A 称为函数 $y=f(x)$ 当 $x\to x_0^+$ 时的**右极限**(right limit),记作

$$\lim_{x \to x_0^+} f(x) = A \quad 或 \quad f(x_0 + 0) = A。$$

定义 3.6　设函数 $y = f(x)$ 在 x_0 的左邻域有定义，A 是常数。若 $\forall \varepsilon > 0, \exists \delta > 0$，使得当 x 满足不等式 $-\delta < x - x_0 < 0$ 时，有

$$|f(x) - A| < \varepsilon，$$

常数 A 称为函数 $y = f(x)$ 当 $x \to x_0^-$ 时的**左极限**（**left limit**），记作

$$\lim_{x \to x_0^-} f(x) = A \quad 或 \quad f(x_0 - 0) = A。$$

由定义 3.4，定义 3.5 和定义 3.6 可以得到下面的结论。

定理 3.2　函数 $y = f(x)$ 在点 x_0 处存在极限的充分必要条件是：它在点 x_0 处的左、右极限存在且相等，即

$$\lim_{x \to x_0} f(x) = A \Leftrightarrow \lim_{x \to x_0^-} f(x) = \lim_{x \to x_0^+} f(x) = A。$$

例 3.7　讨论下列函数的极限是否存在：

(1) $\lim_{x \to 0} |x|$；　　　　　　　　　　(2) $\lim_{x \to 0} \dfrac{x}{|x|}$。

分析　先求函数在点 $x_0 = 0$ 处的左、右极限，然后利用定理 3.2 判断。

解　(1) 由于 $f(x) = |x| = \begin{cases} -x, & x < 0, \\ x, & x \geq 0, \end{cases}$ 故有

$$\lim_{x \to 0^+} f(x) = \lim_{x \to 0^+} x = 0 \quad 和 \quad \lim_{x \to 0^-} f(x) = \lim_{x \to 0^-} (-x) = 0，$$

由定理 3.2 知，$\lim\limits_{x \to 0} |x| = 0$。

(2) 易见，$f(x) = \dfrac{x}{|x|} = \begin{cases} -1, & x < 0, \\ 1, & x > 0, \end{cases}$ $x = 0$ 是分段点。由于

$$\lim_{x \to 0^-} f(x) = -1, \quad \lim_{x \to 0^+} f(x) = 1, \quad 即 \quad \lim_{x \to 0^-} \frac{x}{|x|} \neq \lim_{x \to 0^+} \frac{x}{|x|}，$$

故 $\lim\limits_{x \to 0} \dfrac{x}{|x|}$ 不存在。

例 3.8　讨论下列分段函数在分段点的极限是否存在，如果存在，求出极限：

(1) $f(x) = \begin{cases} 2x + 1, & x \geq 0, \\ x^2 + 4, & x < 0; \end{cases}$　　　　(2) $f(x) = \begin{cases} 2x - 1, & x \leq 1, \\ x^2, & 1 < x \leq 2, \\ e^x, & 2 < x \leq 4。 \end{cases}$

分析　先求函数在分段点处的左、右极限，然后利用定理 3.2 判断。

解　(1) 易见，$x = 0$ 是函数 $f(x)$ 的分段点。不难求得

$$\lim_{x \to 0^-} f(x) = \lim_{x \to 0^-} (x^2 + 4) = 4, \quad \lim_{x \to 0^+} f(x) = \lim_{x \to 0^+} (2x + 1) = 1。$$

由于 $\lim\limits_{x \to 0^-} f(x) \neq \lim\limits_{x \to 0^+} f(x)$，根据定理 3.2，函数 $f(x)$ 在分段点 $x = 0$ 处的极限不存在。

(2) 易见，$x = 1$ 和 $x = 2$ 是函数 $f(x)$ 的两个分段点。不难求得

$$\lim_{x \to 1^-} f(x) = \lim_{x \to 1^-} (2x - 1) = 1, \quad \lim_{x \to 1^+} f(x) = \lim_{x \to 1^+} x^2 = 1；$$

$$\lim_{x \to 2^-} f(x) = \lim_{x \to 2^-} x^2 = 4, \quad \lim_{x \to 2^+} f(x) = \lim_{x \to 2^+} e^x = e^2。$$

在点 $x=1$ 处,由于 $\lim\limits_{x \to 1^-} f(x)=1=\lim\limits_{x \to 1^+} f(x)$,根据定理 3.2,函数 $f(x)$ 在分段点 $x=1$ 处的极限存在,即 $\lim\limits_{x \to 1} f(x)=1$;在点 $x=2$ 处,由于 $\lim\limits_{x \to 2^-} f(x) \neq \lim\limits_{x \to 2^+} f(x)$,根据定理 3.2,函数 $f(x)$ 在分段点 $x=2$ 处的极限不存在。

3.1.2 无穷小量和无穷大量

在 2.1.4 节中,我们引入了数列的无穷小量和无穷大量。与之相类似,函数在自变量的某一变化过程中也有无穷小量和无穷大量。如 $\lim\limits_{x \to \infty} \dfrac{1}{x}=0$,$\lim\limits_{x \to -\infty} 2^x=0$,$\lim\limits_{x \to 2}(x-2)=0$ 等,这些函数在自变量的各自变化过程中,极限都是 0。再如,函数 $y=x$,$y=2^{-x}$,$y=\dfrac{1}{x-2}$ 分别在 $x \to \infty$,$x \to -\infty$,$x \to 2$ 时,函数的绝对值都无限变大,如果严格遵循函数极限的定义,这种情况的极限是不存在的,为了研究需要,我们称这些函数在自变量的各自变化过程中的极限为无穷大量。

1. 无穷小量

定义 3.7 设函数 $y=f(x)$ 在点 x_0 的某去心邻域内有定义。若 $\lim\limits_{x \to x_0} f(x)=0$,则称函数 $y=f(x)$ 是当 $x \to x_0$ 时的**无穷小量**,简称**无穷小**(infinitesimal)。

在后面的学习中将会看到,函数的导数、定积分、级数的收敛性等重要概念,都是通过无穷小定义的,这说明无穷小在高等数学中有着不可替代的作用。

关于定义 3.7 的几点说明。

(1) 函数中的无穷小与数列中的无穷小类似,它们不是"很小的常数",而是一个变量。除去零外,任何常数,无论它们的绝对值怎么小,都不是无穷小。因此,不要把无穷小与非常小的数相混淆,如 10^{-100} 很小,但它不是无穷小。

(2) 常数 0 是任何极限过程中的无穷小。无穷小与极限过程分不开,不能脱离自变量的变化过程说某个函数是无穷小。如 $\sin x$ 是 $x \to 0$ 时的无穷小,但因 $\lim\limits_{x \to \frac{\pi}{2}} \sin x=1$,所以 $\sin x$ 不是 $x \to \dfrac{\pi}{2}$ 时的无穷小。

(3) 在定义 3.7 中,若将自变量的变化过程 $x \to x_0$ 换成 $x \to x_0^+$,$x \to x_0^-$,$x \to \infty$,$x \to -\infty$,$x \to +\infty$,则可定义不同形式的无穷小。例如,函数 x^3,$\sin x$,$\tan(2x)$ 都是当 $x \to 0$ 时无穷小;函数 $\dfrac{1}{x^2}$,$\left(\dfrac{1}{2}\right)^x$,$\dfrac{\pi}{2}-\arctan x$ 都是当 $x \to +\infty$ 时无穷小。

定理 3.3 在自变量的同一变化过程中,函数 $y=f(x)$ 的极限为 A 的充分必要条件是:$f(x)=A+\alpha$,其中 α 是该变化过程的无穷小。

分析 利用无穷小的定义。

证 必要性 不失一般性,假设 $\lim\limits_{x \to x_0} f(x)=A$。由定义 3.4 可知,$\forall \varepsilon>0$,$\exists \delta>0$,使得当 x 满足不等式 $0<|x-x_0|<\delta$ 时,有 $|f(x)-A|<\varepsilon$。

令 $\alpha=f(x)-A$,由无穷小的定义知,α 是 $x \to x_0$ 时的无穷小。因此,$f(x)=A+\alpha$。这就证明了 $f(x)$ 可以表示为它的极限 A 与一个无穷小 α 之和。

充分性　设 $f(x)=A+\alpha$，其中 A 是常数，α 是 $x\to x_0$ 时的无穷小。由无穷小的定义知，$\forall \varepsilon>0$，$\exists \delta>0$，使得当 x 满足不等式 $0<|x-x_0|<\delta$ 时，有

$$|\alpha|=|f(x)-A|<\varepsilon。$$

因此有 $\lim\limits_{x\to x_0} f(x)=A$。　　　　　　　　　　　　　　　　　　　　　　证毕

2. 无穷大量

定义 3.8　设 $y=f(x)$ 在 x_0 的某去心邻域有定义，若 $\forall M>0$，$\exists \delta>0$，使得当 x 满足不等式 $0<|x-x_0|<\delta$ 时，有

$$|f(x)|>M，$$

则称函数 $y=f(x)$ 是当 $x\to x_0$ 时的**无穷大量**，简称无穷大（**infinity**），也称函数是当 $x\to x_0$ 时有**非正常极限——无穷大**，记作

$$\lim_{x\to x_0} f(x)=\infty \quad 或 \quad f(x)\to\infty (x\to x_0)。$$

将上面的不等式 $|f(x)|>M$ 改为

$$f(x)>M \quad 或 \quad f(x)<-M，$$

则称函数 $y=f(x)$ 当 $x\to x_0$ 时是**正无穷大**或**负无穷大**，也称函数是当 $x\to x_0$ 时有**非正常极限** $+\infty$ 或 $-\infty$，分别记作

$$\lim_{x\to x_0} f(x)=+\infty \quad 或 \quad f(x)\to+\infty (x\to x_0)，$$
$$\lim_{x\to x_0} f(x)=-\infty \quad 或 \quad f(x)\to-\infty (x\to x_0)。$$

与理解无穷小类似，无穷大也是一个变量，不是一个数，不能把无穷大与很大的数混为一谈。比如 100^{100} 即使很大，但它也不能称为无穷大。无穷大同样与极限过程分不开，不能脱离自变量的变化过程说某个函数是无穷大。

例 3.9　证明：$\lim\limits_{x\to 2} \dfrac{1}{x-2}=\infty$。

分析　利用无穷大的定义。通过求解不等式 $\left|\dfrac{1}{x-2}\right|>M$ 寻求 δ。

证　$\forall M>0$，要使

$$\left|\frac{1}{x-2}\right|>M，$$

只需 $|x-2|<\dfrac{1}{M}$，取 $\delta=\dfrac{1}{M}$，于是 $\forall M>0$，$\exists \delta=\dfrac{1}{M}>0$，当 $0<|x-2|<\delta$ 时，有 $\left|\dfrac{1}{x-2}\right|>M$，即 $\lim\limits_{x\to 0} \dfrac{1}{x-2}=\infty$。　　　　　　　　　　　　　证毕

3. 无穷小量与无穷大量的关系

定理 3.4　若函数 $f(x)$ 是当 $x\to x_0$ 时的无穷小，且 $f(x)\neq 0$，则 $\dfrac{1}{f(x)}$ 是当 $x\to x_0$ 时的无穷大；反之，若函数 $f(x)$ 是当 $x\to x_0$ 时的无穷大，则 $\dfrac{1}{f(x)}$ 是当 $x\to x_0$ 时的无穷小。

证　我们只证第一种情形，第二种情形可类似地证明。

因为 $f(x)$ 是当 $x\to x_0$ 时的无穷小，即 $\forall \varepsilon\in(0,1)$，$\exists \delta>0$，使得当 x 满足不等式

$0<|x-x_0|<\delta$ 时,有

$$|f(x)|<\varepsilon \quad 或 \quad \left|\frac{1}{f(x)}\right|>\frac{1}{\varepsilon}。$$

取 $M=\dfrac{1}{\varepsilon}$,由 ε 的任意性和无穷大的定义知,函数 $\dfrac{1}{f(x)}$ 是当 $x\to x_0$ 时的无穷大。   证毕

类似地,对于自变量的其他变化过程,定理 3.4 的结论同样成立。

在定义 3.1~定义 3.6 中,函数极限的定义主要包括两个方面:一是函数值与极限的近似程度,可以用"$\forall\varepsilon>0\cdots\cdots$有$|f(x)-A|<\varepsilon$"来描述;二是自变量的变化过程,包括两大类,共六种情况,即:$(1)\,x\to\infty,x\to+\infty,x\to-\infty$;$(2)\,x\to x_0,x\to x_0^+,x\to x_0^-$。如 $x\to x_0$ 可用"$\exists\delta>0$,使得当 x 满足不等式 $0<|x-x_0|<\delta$ 时"来描述。

由定义 3.8 知,在引入了函数 $y=f(x)$ 是自变量的某一变化过程的无穷大后,函数的极限有四种情况,即

$$f(x)\to A, \quad f(x)\to\infty, \quad f(x)\to+\infty, \quad f(x)\to-\infty。$$

对于函数极限的这四种情况以及自变量的变化过程的六种情况,读者一定要对号入座,切不可错位描述。虽然情况较多,但是可以进行归类描述,也就是说,可以针对函数极限进行归类,即 $f(x)\to A,f(x)\to\infty$;也可以针对自变量的变化过程进行归类,如 $x\to\infty,x\to x_0$。

思 考 题

1. 反正切函数 $y=\arctan x$ 当 $x\to\infty$ 时的极限是否存在,为什么?

2. 在定义 3.4 中,点 x_0 的去心邻域是否必须要满足,为什么?

3. 当 $x\to x_0$ 时,两种说法"函数 $y=f(x)$ 的极限不存在"和"函数 $y=f(x)$ 不以 A 为极限"是否相同,为什么?

4. 无穷小和 0 之间是否存在关系,无穷大和无界函数呢?

A 类题

1. 用极限的定义证明:

(1) $\displaystyle\lim_{x\to\infty}\frac{x+1}{6x-1}=\frac{1}{6}$;   (2) $\displaystyle\lim_{x\to+\infty}\left(\frac{1}{3}\right)^x=0$;   (3) $\displaystyle\lim_{x\to-\infty}\left(\frac{1}{3}\right)^x=+\infty$;

(4) $\displaystyle\lim_{x\to1}\frac{x+1}{x^2+1}=1$;   (5) $\displaystyle\lim_{x\to2}\frac{x^2-3x+2}{x-2}=1$;   (6) $\displaystyle\lim_{x\to1^+}(2x+3)=5$。

2. 已知 $y=3x-5$,问 δ 该如何取值,才能使得当 $|x-3|<\delta$ 时,有 $|y-4|<0.001$?

3. 已知函数 $f(x)=\begin{cases}x^3+2x+2, & x>1,\\ 3x+a, & x<1。\end{cases}$ 当 a 取何值时,$\displaystyle\lim_{x\to1}f(x)$ 存在?

4. 证明:$\displaystyle\lim_{x\to x_0}f(x)=A\Leftrightarrow\lim_{x\to x_0^-}f(x)=\lim_{x\to x_0^+}f(x)=A$。

5. 证明:若函数 $f(x)$ 是当 $x\to\infty$ 时的无穷大,则 $\dfrac{1}{f(x)}$ 是当 $x\to\infty$ 时的无穷小。

类题

1. 用极限定义证明：

(1) $\lim\limits_{x\to\infty}\left(\dfrac{1}{x}\sin x\right)=0$；　　　　(2) $\lim\limits_{x\to0^+}e^{\frac{1}{x}}=+\infty$；

(3) $\lim\limits_{x\to a}\sqrt{x}=\sqrt{a}$，其中 $a>0$；　　(4) $\lim\limits_{x\to1}(x^2-3x+3)=1$。

2. 已知函数 $f(x)=\dfrac{2x+3|x|}{x-2|x|}$，求下列极限：

(1) $\lim\limits_{x\to+\infty}f(x)$；　　(2) $\lim\limits_{x\to-\infty}f(x)$；　　(3) $\lim\limits_{x\to0^+}f(x)$；　　(4) $\lim\limits_{x\to0^-}f(x)$。

3. 已知函数 $f(x)=\begin{cases}x-1, & x<0,\\ \dfrac{x^3-1}{x^3+1}, & x\geqslant0,\end{cases}$ 求下列极限：

(1) $\lim\limits_{x\to+\infty}f(x)$；　　(2) $\lim\limits_{x\to-\infty}f(x)$；　　(3) $\lim\limits_{x\to0^+}f(x)$；　　(4) $\lim\limits_{x\to0^-}f(x)$。

4. 证明：若 $\lim\limits_{x\to x_0}f(x)=A$，则 $\lim\limits_{x\to x_0}|f(x)|=|A|$。当且仅当 A 为何值时反之也成立？

5. 讨论下列函数当 $x\to0$ 时的左、右极限：

(1) $f(x)=[x]$；　　(2) $f(x)=x-[x]$；　　(3) $f(x)=e^{\frac{1}{x}}$。

6. 用 $\varepsilon\text{-}\delta$ 语言叙述 $\lim\limits_{x\to x_0^-}f(x)=+\infty$ 的定义，并证明：$\lim\limits_{x\to0^-}\dfrac{1}{x^2}=+\infty$。

3.2 函数极限的性质和运算法则
Properties and algorithms of limits of functions

在 3.1 节中，我们给出了函数的自变量在不同变化过程中函数极限的定义，见定义 3.1～定义 3.8，它们都刻画了自变量在各自的变化过程中函数与它的极限的某些变化规律，或是"无限接近"，或是函数的绝对值"无限变大"。因此它们应该有相同的性质和相近的运算法则。本节中，我们以自变量的变化过程 $x\to x_0$ 为例，给出函数极限的基本性质、四则运算法则、复合函数的求极限法则、夹逼定理和两个重要极限等内容。其他五种自变量变化过程的相关内容完全可以类推。

3.2.1 函数极限的基本性质

定理 3.5（唯一性）　若 $\lim\limits_{x\to x_0}f(x)$ 存在，则它的极限值是唯一的。

分析　证明唯一性时，通常使用的方法是反证法。

证　假设 $\lim\limits_{x\to x_0}f(x)=A$，$\lim\limits_{x\to x_0}f(x)=B$，且 $A\neq B$。由极限的定义知，$\forall\varepsilon>0$，

$$\begin{cases}\exists\delta_1>0, & \forall x:0<|x-x_0|<\delta_1, & \text{有}|f(x)-A|<\varepsilon/2;\\ \exists\delta_2>0, & \forall x:0<|x-x_0|<\delta_2, & \text{有}|f(x)-B|<\varepsilon/2.\end{cases}$$

取 $\delta=\min\{\delta_1,\delta_2\}$，则当 $0<|x-x_0|<\delta$ 时，有 $|f(x)-A|<\dfrac{\varepsilon}{2}$ 与 $|f(x)-B|<\dfrac{\varepsilon}{2}$ 同时成立。于是，当 x 满足不等式 $0<|x-x_0|<\delta$ 时，有

$$|A-B|=|A-f(x)+f(x)-B|\leqslant|A-f(x)|+|f(x)-B|<\varepsilon。$$

因为 ε 是任意的，得出矛盾，所以 $A=B$。   证毕

定理 3.6（局部有界性）　若 $\lim\limits_{x\to x_0}f(x)=A$，则存在某个 $\delta_0>0$ 与 $M>0$，当 $0<|x-x_0|<\delta_0$ 时，有 $|f(x)|\leqslant M$。

证　由 $\lim\limits_{x\to x_0}f(x)=A$ 及 ε 的任意性可知，取 $\varepsilon=1$，必存在 $\delta_0>0$，当 $0<|x-x_0|<\delta_0$ 时，有 $|f(x)-A|<1$。因为

$$|f(x)|-|A|\leqslant|f(x)-A|<1，$$

从而　$|f(x)|\leqslant|A|+1$。取 $M=|A|+1$，则有 $|f(x)|\leqslant M$。   证毕

定理 3.7（局部保序性）　若 $\lim\limits_{x\to x_0}f(x)=A$，$\lim\limits_{x\to x_0}g(x)=B$，且 $A>B$，则存在 $\delta>0$，使当 $0<|x-x_0|<\delta$ 时，$f(x)>g(x)$。

证　由 $\lim\limits_{x\to x_0}f(x)=A$，$\lim\limits_{x\to x_0}g(x)=B$ 可知，$\forall\varepsilon>0$，$\exists\delta_1>0$，当 $0<|x-x_0|<\delta_1$ 时，有 $|f(x)-A|<\varepsilon$；对同样的 $\varepsilon>0$，$\exists\delta_2>0$，当 $0<|x-x_0|<\delta_2$ 时，有 $|g(x)-B|<\varepsilon$。

取 $\delta=\min\{\delta_1,\delta_2\}$，则当 $0<|x-x_0|<\delta$ 时，有 $|f(x)-A|<\varepsilon$ 和 $|g(x)-B|<\varepsilon$ 同时成立。由 ε 的任意性，不妨令 $\varepsilon=\dfrac{A-B}{2}$，从而

$$g(x)<B+\frac{A-B}{2}=\frac{A+B}{2}=A-\frac{A-B}{2}<f(x)。$$ 证毕

不难证明如下推论成立。

推论 1（局部保号性）　若 $\lim\limits_{x\to x_0}f(x)=A$，且 $A>0$（或 $A<0$），则存在 $\delta>0$，当 $0<|x-x_0|<\delta$ 时，$f(x)>0$（或 $f(x)<0$）。

推论 2　若 $\lim\limits_{x\to x_0}f(x)=A$，$\lim\limits_{x\to x_0}g(x)=B$，且存在 $\delta>0$，使当 $0<|x-x_0|<\delta$ 时，$f(x)\leqslant g(x)$，则 $A\leqslant B$。

由定理 3.6、定理 3.7 及其推论可以看到，与数列的有界性和保序性不一样，函数在一点的极限如果存在，只能保证函数在该点的局部有界性和局部保序性，不能保证它们为全局的性质。

下面的定理建立了数列极限和函数极限之间的关系。

定理 3.8（海涅定理）　函数 $f(x)$ 在点 x_0 处的极限等于 A，即 $\lim\limits_{x\to x_0}f(x)=A$ 的充分必要条件是：对任意（满足条件 $\lim\limits_{n\to\infty}x_n=x_0$，且 $x_n\neq x_0$）的数列 $\{x_n\}$，相应的函数值数列 $\{f(x_n)\}$ 的极限存在，且 $\lim\limits_{n\to\infty}f(x_n)=A$。

证明略。

关于定理 3.8 的几点说明。

（1）定理 3.8 也可简述为

$$\lim_{x\to x_0}f(x)=A\Leftrightarrow 对任何\ x_n\to x_0，且\ x_n\neq x_0(n\to\infty)，有 \lim_{n\to\infty}f(x_n)=A。$$

（2）海涅定理的意义在于它建立了函数极限和数列极限之间的桥梁，把有些棘手的函数极限问题或数列极限问题进行转化处理。

（3）定理 3.8 也称为**归结原则**，经常用它的逆否命题来判断极限 $\lim\limits_{x \to x_0} f(x)$ 不存在，即若可以找到一个以 x_0 为极限的数列 $\{x_n\}$，使得 $\lim\limits_{n \to \infty} f(x_n)$ 不存在，或找到两个都以 x_0 为极限的数列 $\{x_n'\}$ 和 $\{x_n''\}$，使得 $\lim\limits_{n \to \infty} f(x_n')$ 和 $\lim\limits_{n \to \infty} f(x_n'')$ 都存在但不相等，则 $\lim\limits_{x \to x_0} f(x)$ 不存在。

例 3.10　证明：$\lim\limits_{x \to 0} \sin \dfrac{1}{x}$ 不存在。

分析　利用海涅定理的逆否命题，找到两个都以 0 为极限的数列 $\{x_n'\}$ 和 $\{x_n''\}$，使得 $\lim\limits_{n \to \infty} f(x_n')$ 和 $\lim\limits_{n \to \infty} f(x_n'')$ 都存在但不相等。

证　设 $x_n' = \dfrac{1}{2n\pi}$，$x_n'' = \dfrac{1}{2n\pi + \dfrac{\pi}{2}}$（$n = 1, 2, \cdots$），显然有 $x_n' \to 0$ 和 $x_n'' \to 0$（$n \to \infty$）。由于

$$\sin \frac{1}{x_n'} = \sin 2n\pi = 0, \quad \sin \frac{1}{x_n''} = \sin\left(2n\pi + \frac{\pi}{2}\right) = 1 \quad (n \to \infty).$$

由海涅定理可知，$\lim\limits_{x \to 0} \sin \dfrac{1}{x}$ 不存在。　　　　　　　　　　　　　　证毕

函数 $y = \sin \dfrac{1}{x}$ 的图形如图 3.5 所示。由图可见，当 x 无限接近于 0 时，函数 $y = \sin \dfrac{1}{x}$ 的值在 -1 和 1 之间无限次振荡。

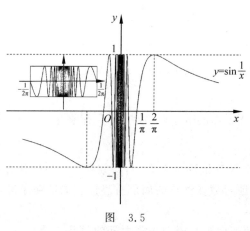

图　3.5

3.2.2　函数极限的运算法则

1. 四则运算法则

定理 3.9　若 $\lim\limits_{x \to x_0} f(x) = A$，$\lim\limits_{x \to x_0} g(x) = B$，则有

（1）$\lim\limits_{x \to x_0} [f(x) \pm g(x)] = \lim\limits_{x \to x_0} f(x) \pm \lim\limits_{x \to x_0} g(x) = A \pm B$；

（2）$\lim\limits_{x \to x_0} [f(x) g(x)] = \lim\limits_{x \to x_0} f(x) \lim\limits_{x \to x_0} g(x) = AB$；

(3) 当 $B \neq 0$ 时，$\lim\limits_{x \to x_0} \dfrac{f(x)}{g(x)} = \dfrac{\lim\limits_{x \to x_0} f(x)}{\lim\limits_{x \to x_0} g(x)} = \dfrac{A}{B}$。

分析 利用函数极限的定义和配项方法证明。

证 只证(2)，其余从略。

因为 $\lim\limits_{x \to x_0} f(x) = A$，由定理 3.6 知，$\exists \delta_0 > 0$，当 $0 < |x - x_0| < \delta_0$ 时，有 $|f(x)| \leqslant M$。

于是 $\forall \varepsilon > 0$，

$$\begin{cases} \exists \delta_1 > 0, \quad \forall x: 0 < |x - x_0| < \delta_1, \quad \text{有} \ |f(x) - A| < \varepsilon; \\ \exists \delta_2 > 0, \quad \forall x: 0 < |x - x_0| < \delta_2, \quad \text{有} \ |g(x) - B| < \varepsilon。 \end{cases}$$

取 $\delta = \min\{\delta_0, \delta_1, \delta_2\}$，则当 $0 < |x - x_0| < \delta$ 时，有

$$|f(x)g(x) - AB| = |f(x)g(x) - f(x)B + f(x)B - AB|$$
$$\leqslant |f(x)||g(x) - B| + |B||f(x) - A| < M\varepsilon + |B|\varepsilon = (M + |B|)\varepsilon,$$

因此

$$\lim\limits_{x \to x_0} [f(x)g(x)] = AB = \lim\limits_{x \to x_0} f(x) \lim\limits_{x \to x_0} g(x)。 \qquad \text{证毕}$$

定理 3.9 中的结论(1)和结论(2)可以推广到有限多个函数的情形。

推论 1 若函数 $f_1(x), f_2(x), \cdots, f_k(x)$ 当 $x \to x_0$ 时的极限都存在，则有

(1) $\lim\limits_{x \to x_0} [f_1(x) \pm f_2(x) \pm \cdots \pm f_k(x)] = \lim\limits_{x \to x_0} f_1(x) \pm \lim\limits_{x \to x_0} f_2(x) \pm \cdots \pm \lim\limits_{x \to x_0} f_k(x)$。

(2) $\lim\limits_{x \to x_0} [f_1(x) f_2(x) \cdots f_k(x)] = \lim\limits_{x \to x_0} f_1(x) \lim\limits_{x \to x_0} f_2(x) \cdots \lim\limits_{x \to x_0} f_k(x)$。

特别地，有

$$\lim\limits_{x \to x_0} [f(x)]^k = \left[\lim\limits_{x \to x_0} f(x)\right]^k, \quad k \in \mathbf{Z}_+。$$

由定理 3.9 不难得到关于无穷小运算的相关结论。

推论 2 设函数 $\alpha, \alpha_1, \alpha_2, \cdots, \alpha_k (k \in \mathbf{Z}_+)$ 是当 $x \to x_0$ 时的无穷小，$u(x)$ 在点 x_0 的某去心邻域内有界，则有

(1) $\alpha_1 + \alpha_2 + \cdots + \alpha_k$ 是无穷小，即有限个无穷小的和仍然是无穷小。

(2) $\alpha u(x)$ 是无穷小，即有界函数与无穷小的乘积是无穷小。

(3) $\alpha_1 \alpha_2 \cdots \alpha_k$ 是无穷小，即有限个无穷小的乘积仍是无穷小。

例 3.11 求下列极限：

(1) $\lim\limits_{x \to 1}(2x^2 + x - 1)$；

(2) $\lim\limits_{x \to 2} \dfrac{x^2 - 1}{x^3 + 3x - 1}$。

分析 利用极限四则运算法则计算。

解 (1) $\lim\limits_{x \to 1}(2x^2 + x - 1) = \lim\limits_{x \to 1} 2x^2 + \lim\limits_{x \to 1} x - \lim\limits_{x \to 1} 1 = 2 \times 1 + 1 - 1 = 2$。

(2) $\lim\limits_{x \to 2} \dfrac{x^2 - 1}{x^3 + 3x - 1} = \dfrac{\lim\limits_{x \to 2}(x^2 - 1)}{\lim\limits_{x \to 2}(x^3 + 3x - 1)} = \dfrac{\lim\limits_{x \to 2} x^2 - \lim\limits_{x \to 2} 1}{\lim\limits_{x \to 2} x^3 + \lim\limits_{x \to 2} 3x - \lim\limits_{x \to 2} 1}$

$$= \dfrac{(\lim\limits_{x \to 2} x)^2 - \lim\limits_{x \to 2} 1}{(\lim\limits_{x \to 2} x)^3 + 3 \lim\limits_{x \to 2} x - \lim\limits_{x \to 2} 1} = \dfrac{2^2 - 1}{2^3 + 3 \times 2 - 1} = \dfrac{3}{13}。$$

从以上两个例子可以看出,对有理整函数(多项式)和有理分式函数(分母不为零),求其极限时,只要将自变量 x 的极限值代入函数即可。

设 n 次多项式为 $f(x)=a_0+a_1x+\cdots+a_nx^n$,则有

$$\lim_{x\to x_0}f(x)=\lim_{x\to x_0}(a_0+a_1x+\cdots+a_nx^n)=a_0+a_1\lim_{x\to x_0}x+\cdots+a_n\left(\lim_{x\to x_0}x\right)^n$$
$$=a_0+a_1x_0+\cdots+a_nx_0^n=f(x_0)。$$

对于有理分式函数 $f(x)=\dfrac{P(x)}{Q(x)}$,式中 $P(x)$,$Q(x)$ 均为多项式,$Q(x_0)\neq0$,有

$$\lim_{x\to x_0}f(x)=\lim_{x\to x_0}\frac{P(x)}{Q(x)}=\frac{\lim\limits_{x\to x_0}P(x)}{\lim\limits_{x\to x_0}Q(x)}=\frac{P(x_0)}{Q(x_0)}=f(x_0)。$$

当遇到 $Q(x_0)=0$ 的情形时,上述结论不能使用,但也不能断定 $\lim\limits_{x\to x_0}\dfrac{P(x)}{Q(x)}$ 不存在。

例 3.12 求下列极限:

(1) $\lim\limits_{x\to3}\dfrac{x-3}{x^2-2x-3}$;   (2) $\lim\limits_{x\to0}\dfrac{\sqrt{1+x}-1}{x}$;   (3) $\lim\limits_{x\to4}\dfrac{\sqrt{x}-2}{x-4}$。

分析 注意表达式的分子和分母极限为 0,需要先化简再求极限。

解 (1) $\lim\limits_{x\to3}\dfrac{x-3}{x^2-2x-3}=\lim\limits_{x\to3}\dfrac{x-3}{(x-3)(x+1)}=\lim\limits_{x\to3}\dfrac{1}{x+1}=\dfrac{1}{4}$。

(2) $\lim\limits_{x\to0}\dfrac{\sqrt{1+x}-1}{x}=\lim\limits_{x\to0}\dfrac{(\sqrt{1+x}-1)(\sqrt{1+x}+1)}{x(\sqrt{1+x}+1)}$

$$=\lim\limits_{x\to0}\frac{x}{x(\sqrt{1+x}+1)}=\lim\limits_{x\to0}\frac{1}{\sqrt{1+x}+1}=\frac{1}{2}。$$

(3) $\lim\limits_{x\to4}\dfrac{\sqrt{x}-2}{x-4}=\lim\limits_{x\to4}\dfrac{(\sqrt{x}-2)(\sqrt{x}+2)}{(x-4)(\sqrt{x}+2)}=\lim\limits_{x\to4}\dfrac{x-4}{(x-4)(\sqrt{x}+2)}=\lim\limits_{x\to4}\dfrac{1}{\sqrt{x}+2}=\dfrac{1}{4}$。

例 3.13 求下列极限:

(1) $\lim\limits_{x\to\infty}\dfrac{2x^2-1}{3x^4+x^2-2}$;   (2) $\lim\limits_{x\to\infty}\dfrac{2x^4-1}{3x^3+x+1}$;

(3) $\lim\limits_{x\to+\infty}(\sqrt{x^2+x}-\sqrt{x^2+1})$。

分析 这三个极限不能直接用定理 3.9 计算,需要先变形再计算。

解 (1) 以 x^4 除分子、分母,再求极限

$$\lim_{x\to\infty}\frac{2x^2-1}{3x^4+x^2-2}=\lim_{x\to\infty}\frac{\dfrac{2}{x^2}-\dfrac{1}{x^4}}{3+\dfrac{1}{x^2}-\dfrac{2}{x^4}}=\frac{0}{3}=0。$$

(2) 由于 $\lim\limits_{x\to\infty}\dfrac{3x^3+x+1}{2x^4-1}=0$,故 $\lim\limits_{x\to\infty}\dfrac{2x^4-1}{3x^3+x+1}=\infty$。

(3) 两个无穷大量之差的极限问题,根据表达式的特点将其变形。本例中,利用分子有理化方法将其变形。

$$\lim_{x \to +\infty} (\sqrt{x^2+x} - \sqrt{x^2+1}) = \lim_{x \to +\infty} \frac{x-1}{\sqrt{x^2+x} + \sqrt{x^2+1}} = \lim_{x \to +\infty} \frac{1-\dfrac{1}{x}}{\sqrt{1+\dfrac{1}{x}} + \sqrt{1+\dfrac{1}{x^2}}} = \frac{1}{2}。$$

2. 复合函数的极限运算法则

定理 3.10 设函数 $y=f[\varphi(x)]$ 是由 $y=f(u), u=\varphi(x)$ 复合而成, $y=f[\varphi(x)]$ 在 x_0 的某去心邻域内有定义。若 $\lim\limits_{x \to x_0} \varphi(x) = u_0, \lim\limits_{u \to u_0} f(u) = A$, 且 $\exists \delta_0 > 0$, 当 $x \in \overset{\circ}{U}(x_0, \delta_0)$ 时, $\varphi(x) \neq u_0$, 则

$$\lim_{x \to x_0} f[\varphi(x)] = \lim_{u \to u_0} f(u) = A。$$

分析 利用函数极限的定义直接推出。

证 由 $\lim\limits_{u \to u_0} f(u) = A$ 知, $\forall \varepsilon > 0, \exists \eta > 0$, 使得当 u 满足不等式 $0 < |u - u_0| < \eta$ 时, 有 $|f(u) - A| < \varepsilon$; 由 $\lim\limits_{x \to x_0} \varphi(x) = u_0$ 知, 对前面得到的 $\eta > 0, \exists \delta_1 > 0$, 使得当 x 满足不等式 $0 < |x - x_0| < \delta_1$ 时, 有 $|\varphi(x) - u_0| < \eta$。

由已知, $\exists \delta_0 > 0$, 当 $x \in \overset{\circ}{U}(x_0, \delta_0)$ 时, $\varphi(x) \neq u_0$。取 $\delta = \min\{\delta_0, \delta_1\}$, 则当 x 满足不等式 $0 < |x - x_0| < \delta$ 时, 有 $0 < |\varphi(x) - u_0| < \eta$, 从而有
$$|f[\varphi(x)] - A| < \varepsilon。 \qquad 证毕$$

关于定理 3.10 的几点说明。

(1) 若将定理 3.10 的中间变量的条件 $\lim\limits_{x \to x_0} \varphi(x) = u_0$ 换成 $\lim\limits_{x \to x_0} \varphi(x) = \infty$ 或 $\lim\limits_{x \to \infty} \varphi(x) = \infty$, 将条件 $\lim\limits_{u \to u_0} f(u) = A$ 相应地换成 $\lim\limits_{u \to \infty} f(u) = A$, 则有

$$\lim_{x \to x_0} f[\varphi(x)] = \lim_{u \to \infty} f(u) = A \quad 或 \quad \lim_{x \to \infty} f[\varphi(x)] = \lim_{u \to \infty} f(u) = A。$$

(2) 定理 3.10 的结论表明, 对于满足定理 3.10 条件的复合函数, 作代换 $u = \varphi(x)$, 将求 $\lim\limits_{x \to x_0} f[\varphi(x)]$ 转化为求 $\lim\limits_{u \to u_0} f(u)$, 其中 $u_0 = \lim\limits_{x \to x_0} \varphi(x)$。

例 3.14 求下列函数的极限:

(1) $\lim\limits_{x \to 0} e^{\sin x}$; (2) $\lim\limits_{x \to 1} \sin(\ln x)$。

分析 利用复合函数极限运算法则。

解 (1) 因为 $\lim\limits_{x \to 0} \sin x = 0, \lim\limits_{u \to 0} e^u = 1$, 故 $\lim\limits_{x \to 0} e^{\sin x} = 1$。

(2) 因为 $\lim\limits_{x \to 1} \ln x = 0, \lim\limits_{u \to 0} \sin u = 0$, 故 $\lim\limits_{x \to 1} \sin(\ln x) = 0$。

3.2.3 夹逼准则和两个重要的极限

定理 3.11(夹逼准则) 若函数 $f(x), g(x), h(x)$ 在点 x_0 的某去心邻域内有定义, 且满足如下条件:

(1) $g(x) \leqslant f(x) \leqslant h(x)$;

(2) $\lim\limits_{x \to x_0} g(x) = A, \lim\limits_{x \to x_0} h(x) = A$,

则必有

$$\lim_{x \to x_0} f(x) = A。$$

证 由条件(2)可知，$\forall \varepsilon > 0$，$\exists \delta_1 > 0$，当 $0 < |x - x_0| < \delta_1$ 时，有 $|g(x) - A| < \varepsilon$，从而有 $A - \varepsilon < g(x)$；对同样的 ε，$\exists \delta_2 > 0$，当 $0 < |x - x_0| < \delta_2$ 时，有 $|h(x) - A| < \varepsilon$，从而有 $h(x) < A + \varepsilon$。取 $\delta = \min\{\delta_1, \delta_2\}$，则当 $0 < |x - x_0| < \delta$ 时，有

$$A - \varepsilon < g(x) \leqslant f(x) \leqslant h(x) < A + \varepsilon，$$

则

$$\lim_{x \to x_0} f(x) = A。 \qquad \text{证毕}$$

夹逼准则不仅提供了一种判断函数极限存在的方法，也提供了一种求极限的方法。作为夹逼准则的应用，下面给出两个重要极限。

1. $\lim\limits_{x \to 0} \dfrac{\sin x}{x} = 1$

证 注意到，x 在 0 附近改变符号时，函数 $\dfrac{\sin x}{x}$ 值的符号不变，所以只需对于 x 由正值趋于零时来论证，即证

$$\lim_{x \to 0^+} \frac{\sin x}{x} = 1。$$

如图 3.6 所示，设 $\overset{\frown}{AP}$ 是以点 O 为圆心，半径为 1 的圆弧，过 A 作圆弧的切线与 OP 的延长线交于点 T，作 $PN \perp OA$。

设 $\angle AOP = x$，且 $0 < x < \dfrac{\pi}{2}$。由几何图形的包含关系知

$$\triangle OAP \text{ 的面积} < \text{扇形 } OAP \text{ 的面积} < \triangle OAT \text{ 的面积，}$$

即

$$\frac{1}{2}\sin x < \frac{x}{2} < \frac{1}{2}\tan x。$$

将上式变形可得

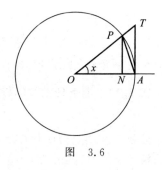

图 3.6

$$1 < \frac{x}{\sin x} < \frac{1}{\cos x} \quad \text{或} \quad \cos x < \frac{\sin x}{x} < 1。$$

从而

$$0 < 1 - \frac{\sin x}{x} < 1 - \cos x = 2\sin^2 \frac{x}{2} < 2\left(\frac{x}{2}\right)^2。$$

当 $x \to 0^+$ 时，$\dfrac{1}{2}x^2 \to 0$，利用夹逼准则，有

$$\lim_{x \to 0^+}\left(1 - \frac{\sin x}{x}\right) = 0，\quad \text{即} \quad \lim_{x \to 0^+}\frac{\sin x}{x} = 1。$$

类似地，可证 $\lim\limits_{x \to 0^-} \dfrac{\sin x}{x} = 1$。因此有

$$\lim_{x \to 0} \frac{\sin x}{x} = 1。 \qquad \text{证毕}$$

由复合函数的极限运算法则知，若函数 $\alpha(x)$ 是自变量某一变化过程的无穷小，即 $\alpha(x) \to 0$，则有

$$\lim \frac{\sin\alpha(x)}{\alpha(x)}=1\text{。} \tag{3.9}$$

例 3.15 求下列极限：

(1) $\lim\limits_{x\to 0}\dfrac{1-\cos x}{x^2}$；

(2) $\lim\limits_{x\to 0}\dfrac{\tan x}{x}$；

(3) $\lim\limits_{x\to 0}\dfrac{\tan x-\sin x}{x^3}$；

(4) $\lim\limits_{x\to\infty}\left(x\sin\dfrac{1}{x}\right)$。

分析 先将表达式变形，然后利用式(3.9)、配项方法和极限的四则运算法则计算。

解 (1) $\lim\limits_{x\to 0}\dfrac{1-\cos x}{x^2}=\lim\limits_{x\to 0}\dfrac{2\sin^2\dfrac{x}{2}}{x^2}=\dfrac{1}{2}\lim\limits_{x\to 0}\dfrac{\sin^2\dfrac{x}{2}}{\left(\dfrac{x}{2}\right)^2}=\dfrac{1}{2}\lim\limits_{x\to 0}\left(\dfrac{\sin\dfrac{x}{2}}{\dfrac{x}{2}}\right)^2=\dfrac{1}{2}\times 1^2=\dfrac{1}{2}$。

(2) $\lim\limits_{x\to 0}\dfrac{\tan x}{x}=\lim\limits_{x\to 0}\left(\dfrac{\sin x}{x}\cdot\dfrac{1}{\cos x}\right)=\lim\limits_{x\to 0}\dfrac{\sin x}{x}\lim\limits_{x\to 0}\dfrac{1}{\cos x}=1$。

(3) $\lim\limits_{x\to 0}\dfrac{\tan x-\sin x}{x^3}=\lim\limits_{x\to 0}\dfrac{\sin x(1-\cos x)}{x^3\cos x}=\lim\limits_{x\to 0}\left(\dfrac{\sin x}{x}\cdot\dfrac{1-\cos x}{x^2}\cdot\dfrac{1}{\cos x}\right)=\dfrac{1}{2}$。

(4) 令 $u=\dfrac{1}{x}$，则当 $x\to\infty$ 时，$u\to 0$，则

$$\lim\limits_{x\to\infty}\left(x\sin\dfrac{1}{x}\right)=\lim\limits_{u\to 0}\dfrac{\sin u}{u}=1\text{。}$$

2. $\lim\limits_{x\to\infty}\left(1+\dfrac{1}{x}\right)^x=\mathrm{e}$

证 在 2.1 节中已经证明过 $\lim\limits_{n\to\infty}\left(1+\dfrac{1}{n}\right)^n=\mathrm{e}$。为此，我们先讨论 $x\to+\infty$ 的情形。

对于任意 $x>1$，总能找到两个相邻的自然数 n 和 $n+1$，使得 x 介于它们之间，即

$$n\leqslant x<n+1\quad\text{或}\quad\dfrac{1}{n+1}<\dfrac{1}{x}\leqslant\dfrac{1}{n}\text{，}$$

则有

$$1+\dfrac{1}{n+1}<1+\dfrac{1}{x}\leqslant 1+\dfrac{1}{n}\text{，}$$

于是

$$\left(1+\dfrac{1}{n+1}\right)^n<\left(1+\dfrac{1}{x}\right)^n<\left(1+\dfrac{1}{x}\right)^x\leqslant\left(1+\dfrac{1}{n}\right)^x<\left(1+\dfrac{1}{n}\right)^{n+1}\text{。}$$

由于

$$\lim\limits_{n\to\infty}\left(1+\dfrac{1}{n+1}\right)^n=\lim\limits_{n\to\infty}\dfrac{\left(1+\dfrac{1}{n+1}\right)^{n+1}}{1+\dfrac{1}{n+1}}=\dfrac{\lim\limits_{n\to\infty}\left(1+\dfrac{1}{n+1}\right)^{n+1}}{\lim\limits_{n\to\infty}\left(1+\dfrac{1}{n+1}\right)}=\mathrm{e}\text{；}$$

$$\lim\limits_{n\to\infty}\left(1+\dfrac{1}{n}\right)^{n+1}=\lim\limits_{n\to\infty}\left[\left(1+\dfrac{1}{n}\right)^n\left(1+\dfrac{1}{n}\right)\right]=\lim\limits_{n\to\infty}\left(1+\dfrac{1}{n}\right)^n\lim\limits_{n\to\infty}\left(1+\dfrac{1}{n}\right)=\mathrm{e}\text{。}$$

显然，$x\to+\infty$ 和 $n\to\infty$ 同时成立。由夹逼准则知，当 $x\to+\infty$ 时，

$$\lim\limits_{x\to+\infty}\left(1+\dfrac{1}{x}\right)^x=\mathrm{e}\text{。}$$

再证

$$\lim_{x \to -\infty} \left(1 + \frac{1}{x}\right)^x = e_\circ$$

令 $x = -(1+t)$，则当 $x \to -\infty$ 时，有 $t \to +\infty$，因此

$$\lim_{x \to -\infty} \left(1 + \frac{1}{x}\right)^x = \lim_{t \to +\infty} \left(1 - \frac{1}{1+t}\right)^{-(1+t)} = \lim_{t \to +\infty} \left(\frac{t}{1+t}\right)^{-(1+t)} = \lim_{t \to +\infty} \left(\frac{1+t}{t}\right)^{1+t}$$

$$= \lim_{t \to +\infty} \left[\left(1 + \frac{1}{t}\right)^t \left(1 + \frac{1}{t}\right)\right] = e_\circ$$

综合上面结果，有

$$\lim_{x \to \infty} \left(1 + \frac{1}{x}\right)^x = e_\circ \qquad\qquad 证毕$$

这个极限也可换成另一种形式，如令 $x = \frac{1}{\alpha}$，则 $x \to \infty$ 等价于 $\alpha \to 0$，所以有

$$\lim_{\alpha \to 0} (1 + \alpha)^{\frac{1}{\alpha}} = e_\circ$$

由复合函数的极限运算法则知，若函数 $\alpha(x)$ 是自变量某一变化过程的无穷小，即 $\alpha(x) \to 0$，则有

$$\lim (1 + \alpha(x))^{\frac{1}{\alpha(x)}} = e_\circ \qquad\qquad (3.10)$$

例 3.16　求下列极限：

(1) $\displaystyle\lim_{x \to \infty} \left(\frac{x}{1+x}\right)^x$；　　　(2) $\displaystyle\lim_{x \to \infty} \left(1 + \frac{2}{x}\right)^{3x}$；　　　(3) $\displaystyle\lim_{x \to \infty} \left(\frac{x+1}{x+2}\right)^x$；

(4) $\displaystyle\lim_{x \to 0} (1-x)^{\frac{6}{x}}$；　　　(5) $\displaystyle\lim_{x \to 0} \frac{\ln(1+x)}{x}$；　　　(6) $\displaystyle\lim_{x \to 0} \frac{e^x - 1}{x}$。

分析　先将表达式变形，然后利用式(3.10)、配项方法和极限的四则运算法则计算。

解　(1) $\displaystyle\lim_{x \to \infty} \left(\frac{x}{1+x}\right)^x = \lim_{x \to \infty} \frac{1}{\left(1 + \frac{1}{x}\right)^x} = \frac{1}{\displaystyle\lim_{x \to \infty} \left(1 + \frac{1}{x}\right)^x} = \frac{1}{e}_\circ$

(2) $\displaystyle\lim_{x \to \infty} \left(1 + \frac{2}{x}\right)^{3x} = \lim_{x \to \infty} \left(1 + \frac{2}{x}\right)^{\frac{x}{2} \cdot 6} = e^6_\circ$

(3) $\displaystyle\lim_{x \to \infty} \left(\frac{x+1}{x+2}\right)^x = \lim_{x \to \infty} \left(1 + \frac{-1}{x+2}\right)^x = \lim_{x \to \infty} \left(1 + \frac{-1}{x+2}\right)^{-(x+2)\frac{-x}{x+2}}$

$$= \lim_{x \to \infty} \left[\left(1 + \frac{-1}{x+2}\right)^{-(x+2)}\right]^{-\frac{x}{x+2}} = e^{-1}_\circ$$

(4) 令 $x = -\dfrac{1}{t}$，当 $x \to 0$ 时，$t \to \infty$，则有

$$\lim_{x \to 0} (1-x)^{\frac{6}{x}} = \lim_{t \to \infty} \left(1 + \frac{1}{t}\right)^{t \cdot (-6)} = e^{-6}_\circ$$

(5) $\displaystyle\lim_{x \to 0} \frac{\ln(1+x)}{x} = \lim_{x \to 0} \ln(1+x)^{\frac{1}{x}} = \ln e = 1_\circ$

(6) 令 $u = e^x - 1$，则 $x = \ln(1+u)$，且当 $x \to 0$ 时，$u \to 0$，故

$$\lim_{x\to 0}\frac{e^x-1}{x}=\lim_{u\to 0}\frac{u}{\ln(1+u)}=\lim_{u\to 0}\frac{1}{\dfrac{\ln(1+u)}{u}}=1。$$

思考题

1. 若函数在一点的极限存在，则函数在该点的局部是有界的，这种说法是否正确？说明理由。

2. 在同一极限过程中，有限个无穷大量的和仍然是无穷大量，这种说法是否正确？说明理由。

3. 举例说明：在同一极限过程中，两个无穷小量之商、两个无穷大量之商、无穷小量与无穷大量之积都不一定是无穷小量，也不一定是无穷大量。

Ⓐ 类题

1. 计算下列极限：

(1) $\lim\limits_{x\to 1}\dfrac{x^2+2x+3}{x+5}$;

(2) $\lim\limits_{x\to\infty}\dfrac{3x^3+x+1}{x^3+2x^2+2}$;

(3) $\lim\limits_{x\to\infty}\dfrac{(x+1)^{15}(5x-3)^{20}}{(3x+2)^{30}(2x-1)^5}$;

(4) $\lim\limits_{x\to 2}\dfrac{x^3-3x-2}{x^2-2x}$;

(5) $\lim\limits_{x\to 3}\dfrac{\sqrt{x+6}-3}{\sqrt{x+1}-2}$;

(6) $\lim\limits_{x\to+\infty}\dfrac{\sqrt{x}}{\sqrt{x+\sqrt{x+\sqrt{x}}}}$;

(7) $\lim\limits_{x\to+\infty}\dfrac{\sqrt[3]{2x^3+3}}{\sqrt{3x^2-2}}$;

(8) $\lim\limits_{x\to\infty}\dfrac{x^3+x^2-\sin x}{3x^3+\sin x}$;

(9) $\lim\limits_{x\to\infty}\left(\dfrac{x+1}{2x^2+3}-\dfrac{x^2+1}{2x^2+1}\right)$;

(10) $\lim\limits_{x\to 0}\dfrac{(x-1)^3+(1-3x)}{x^3-2x^2}$。

2. 已知 $\lim\limits_{x\to -1}\dfrac{x^2+ax+b}{x^2-2x-3}=3$，求 a 和 b 的值。

3. 已知 $\lim\limits_{x\to 1}f(x)$ 存在，且有 $f(x)=2x^3-3x\lim\limits_{x\to 1}f(x)+2$。求 $\lim\limits_{x\to 1}f(x)$ 和 $f(x)$ 的表达式。

4. 已知 $\lim\limits_{x\to x_0}f(x)=A$，且 $\lim\limits_{x\to x_0}|f(x)-g(x)|=0$。证明：$\lim\limits_{x\to x_0}g(x)=A$。

5. 计算下列极限：

(1) $\lim\limits_{x\to\pi}\dfrac{\sin x}{\pi-x}$;

(2) $\lim\limits_{x\to a}[(x-a)\cot(x-a)]$;

(3) $\lim\limits_{x\to a}\dfrac{\sin^2 x-\sin^2 a}{x-a}$;

(4) $\lim\limits_{x\to 0}\dfrac{\sin(3x)}{\sqrt{x+1}-1}$;

(5) $\lim\limits_{x \to 0}(1-3x)^{\frac{1}{\sin x}}$;

(6) $\lim\limits_{x \to +\infty}\left(\dfrac{2x-1}{2x+1}\right)^{3x+2}$;

(7) $\lim\limits_{x \to 0}\left(\dfrac{1-x}{1+x}\right)^{\frac{1}{x}}$;

(8) $\lim\limits_{x \to \infty}\left(1+\dfrac{1}{x}\right)^{2x}$。

6. 证明：若 $\lim\limits_{x \to x_0} f(x)=A$，且 $A<0$，则存在 $\delta>0$，当 $0<|x-x_0|<\delta$ 时，$f(x)<0$。

B 类题

1. 计算下列极限：

(1) $\lim\limits_{x \to \infty}\dfrac{x^3-2}{x^2-2x+2}$;

(2) $\lim\limits_{x \to 1}\dfrac{x^n-1}{x^m-1}$;

(3) $\lim\limits_{x \to 1}\left(\dfrac{1}{1-x}-\dfrac{3}{1-x^3}\right)$;

(4) $\lim\limits_{x \to +\infty}(\sqrt{x^2+2x}-x)$;

(5) $\lim\limits_{x \to +\infty}\dfrac{\cos x}{x}$;

(6) $\lim\limits_{x \to +\infty}\dfrac{x\sin\sqrt{x}}{x^2+3}$

(7) $\lim\limits_{x \to 0}\dfrac{x-\sin x}{x+\sin x}$;

(8) $\lim\limits_{x \to 0}\dfrac{1-\cos x}{x\sin(2x)}$;

(9) $\lim\limits_{x \to 0}(1-3\sin x)^{\frac{\csc x}{2}}$;

(10) $\lim\limits_{x \to +\infty}\left(\dfrac{3x^2-x+1}{3x^2+2}\right)^{x^2+2}$。

2. 已知 $\lim\limits_{x \to \infty}\left(\dfrac{x^2}{x+1}-ax+b\right)=2$，求 a 和 b 的值。

3. 已知 $f(x)=\dfrac{1-a^{\frac{1}{x}}}{1+a^{\frac{1}{x}}}(a>0)$，求 $\lim\limits_{x \to 0} f(x)$。

4. 已知 $\lim\limits_{x \to \infty}\left(\dfrac{2x-3a}{2x-1}\right)^{x+1}=e^5$，求 a 的值。

5. 计算下列极限 $(n \in \mathbf{Z}_+)$：

(1) $\lim\limits_{x \to 0}\left(x\left[\dfrac{1}{x}\right]\right)$;　　(2) $\lim\limits_{x \to 0^-}\left(\dfrac{|x|}{x}\dfrac{1}{1+x^n}\right)$;　　(3) $\lim\limits_{x \to 0^+}\left(\dfrac{|x|}{x}\dfrac{1}{1+x^n}\right)$。

3.3　无穷小量的比较
Comparison of infinitesimals

在计算数列或函数的极限时，经常会遇到这样的情形：两个函数 $f(x)$ 和 $g(x)$ 都是同一过程的无穷小量或都是无穷大量，然而 $\lim\dfrac{f(x)}{g(x)}$ 可能存在，也可能不存在，例如 $\lim\limits_{x \to 0}\dfrac{\sin x}{x}=1$，$\lim\limits_{x \to 0}\dfrac{\sin^2 x}{x}=0$，$\lim\limits_{x \to 0}\dfrac{\sin x}{x^2}=\infty$（或者说是不存在）。这时，类型 $\lim\dfrac{f(x)}{g(x)}$ 通常称为**未定式**或**待定型**（undetermined form），并分别简记为 $\dfrac{0}{0}$ 或 $\dfrac{\infty}{\infty}$。此外还有其他一些特殊类型的极限，如

$\infty-\infty,0\cdot\infty,1^\infty,0^0,\infty^0$ 等。虽然前面已有一些准则和方法可以求一些未定式的极限,但是有些问题还是较难处理,如 $\lim\limits_{x\to0}\dfrac{\arctan x}{\sin x}$,$\lim\limits_{x\to0}\dfrac{\tan x-\sin x}{\sin x^3}$ 等。本节中,我们仍以自变量的变化过程 $x\to x_0$ 为例,引入无穷小量的阶的概念,其他变化过程可以类推;然后利用等价无穷小替换的方法,对一些形式复杂或难以处理的未定式进行简化处理,再利用已有的方法计算它们的极限。

3.3.1 无穷小量的阶

由无穷小的定义可知,x,x^2,$\sin x$,$1-\cos x$ 都是当 $x\to0$ 时的无穷小。易见,$\lim\limits_{x\to0}\dfrac{\sin x}{x}=1$,$\lim\limits_{x\to0}\dfrac{x^2}{x}=0$,$\lim\limits_{x\to0}\dfrac{1-\cos x}{x^2}=\dfrac{1}{2}$,说明当 $x\to0$ 时,这些无穷小趋于零的快慢程度是不一样的。为此,我们考察两个无穷小的比值,用来判断它们趋于零的快慢程度。

定义 3.9 设 $f(x)$ 与 $g(x)$ 都是当 $x\to x_0$ 时的无穷小,且 $g(x)\neq0$。

(1) 若 $\lim\limits_{x\to x_0}\dfrac{f(x)}{g(x)}=0$,则称 $f(x)$ 比 $g(x)$ 是当 $x\to x_0$ 时的**高阶无穷小**(infinitesimal of higher order),记作

$$f(x)=o(g(x)),\quad x\to x_0。$$

(2) 若存在正数 K 和 L,使得在点 x_0 的某去心邻域内,有 $K\leqslant\left|\dfrac{f(x)}{g(x)}\right|\leqslant L$,则称 $f(x)$ 与 $g(x)$ 是当 $x\to x_0$ 时的**同阶无穷小**(infinitesimal of same order),特别地,若有

$$\lim_{x\to x_0}\frac{f(x)}{g(x)}=c\neq0,$$

则 $f(x)$ 与 $g(x)$ 是同阶无穷小,记作

$$f(x)=O(g(x)),\quad x\to x_0。$$

(3) 若 $\lim\limits_{x\to x_0}\dfrac{f(x)}{(g(x))^k}=c\neq0,k>0$,则称 $f(x)$ 比 $g(x)$ 是当 $x\to x_0$ 时的 **k 阶无穷小**。

(4) 若 $\lim\limits_{x\to x_0}\dfrac{f(x)}{g(x)}=1$,则称 $f(x)$ 与 $g(x)$ 是当 $x\to x_0$ 时的**等价无穷小**(equivalent infinitesimal),记作

$$f(x)\sim g(x),\quad x\to x_0。$$

例如,由于 $\lim\limits_{x\to0}\dfrac{\sin x}{x}=1$,$\lim\limits_{x\to0}\dfrac{x^2}{x}=0$,$\lim\limits_{x\to0}\dfrac{1-\cos x}{x^2}=\dfrac{1}{2}$,所以 $\sin x$ 与 x 是当 $x\to0$ 时的等价无穷小,x^2 比 x 是当 $x\to0$ 时的高阶无穷小,$1-\cos x$ 与 x^2 是当 $x\to0$ 时的同阶无穷小。此外,x 和 $x\left(2+\sin\dfrac{1}{x}\right)$ 是当 $x\to0$ 时的无穷小,由于它们之间的比满足 $1\leqslant\left|2+\sin\dfrac{1}{x}\right|\leqslant3$,所以 x 与 $x\left(2+\sin\dfrac{1}{x}\right)$ 是当 $x\to0$ 时的同阶无穷小,但是注意到,极限 $\lim\limits_{x\to0}\dfrac{x\left(2+\sin\dfrac{1}{x}\right)}{x}=$

$\lim\limits_{x \to 0}\left(2 + \sin\dfrac{1}{x}\right)$ 不存在。

例 3.17 求下列极限:

(1) $\lim\limits_{x \to 0}\dfrac{\sec x - 1}{x^2}$;　　　　(2) $\lim\limits_{x \to 0}\dfrac{x^2}{\tan(2x)}$;　　　　(3) $\lim\limits_{x \to 0}\dfrac{3x^4 - x^3 + x^2}{5x^2}$。

解　(1) $\lim\limits_{x \to 0}\dfrac{\sec x - 1}{x^2} = \lim\limits_{x \to 0}\dfrac{1 - \cos x}{x^2}\lim\limits_{x \to 0}\dfrac{1}{\cos x} = \lim\limits_{x \to 0}\dfrac{2\sin^2\frac{x}{2}}{x^2} = \dfrac{1}{2}$。

(2) $\lim\limits_{x \to 0}\dfrac{x^2}{\tan(2x)} = \lim\limits_{x \to 0}x\ \lim\limits_{x \to 0}\dfrac{2x}{\sin(2x)}\lim\limits_{x \to 0}\dfrac{\cos(2x)}{2} = 0$。

(3) $\lim\limits_{x \to 0}\dfrac{3x^4 - x^3 + x^2}{5x^2} = \lim\limits_{x \to 0}\left(\dfrac{3}{5}x^2 - \dfrac{1}{5}x + \dfrac{1}{5}\right) = \dfrac{1}{5}$。

由此例知,$\sec x - 1$ 与 $\dfrac{x^2}{2}$ 是当 $x \to 0$ 时的等价无穷小; x^2 比 $\tan(2x)$ 是当 $x \to 0$ 时的高阶无穷小; $3x^4 - x^3 + x^2$ 与 $5x^2$ 是当 $x \to 0$ 时的同阶无穷小。

例 3.18 求下列极限:

(1) $\lim\limits_{x \to 0}\dfrac{\arcsin x}{x}$;　　　　(2) $\lim\limits_{x \to 0}\dfrac{\arctan x}{x}$;　　　　(3) $\lim\limits_{x \to 0}\dfrac{\sqrt[n]{1 + x} - 1}{x}, n \in \mathbf{Z}_+$。

分析　先利用变量替换,再计算极限。

解　(1) 令 $t = \arcsin x$,则 $x = \sin t$,且当 $x \to 0$ 时,有 $t \to 0$。于是

$$\lim\limits_{x \to 0}\dfrac{\arcsin x}{x} = \lim\limits_{t \to 0}\dfrac{t}{\sin t} = 1。$$

(2) 令 $t = \arctan x$,则 $x = \tan t$,且当 $x \to 0$ 时,有 $t \to 0$。于是

$$\lim\limits_{x \to 0}\dfrac{\arctan x}{x} = \lim\limits_{t \to 0}\dfrac{t}{\tan t} = \lim\limits_{t \to 0}\dfrac{t}{\sin t}\lim\limits_{t \to 0}\cos t = 1。$$

(3) 令 $t = \sqrt[n]{1 + x} - 1$,则 $x = (t + 1)^n - 1$,且当 $x \to 0$ 时,有 $t \to 0$。于是

$$\lim\limits_{x \to 0}\dfrac{\sqrt[n]{1 + x} - 1}{x} = \lim\limits_{t \to 0}\dfrac{t}{(t + 1)^n - 1} = \lim\limits_{t \to 0}\dfrac{t}{t^n + nt^{n-1} + \cdots + nt} = \dfrac{1}{n}。$$

下面给出一些常用的当 $x \to 0$ 时的等价无穷小:

(1) $x \sim \sin x \sim \tan x$,参见例 3.15(2);

(2) $x \sim \arcsin x \sim \arctan x$,参见例 3.18(1)和(2);

(3) $1 - \cos x \sim \dfrac{x^2}{2}$,参见例 3.15(1);

(4) $\sec x - 1 \sim \dfrac{x^2}{2}$,参见例 3.17(1);

(5) $\ln(1 + x) \sim x$,参见例 3.16(5);

(6) $e^x - 1 \sim x$,参见例 3.16(6);

(7) $\sqrt[n]{1 + x} - 1 \sim \dfrac{x}{n}$,参见例 3.18(3);

(8) $(1 + x)^\lambda - 1 \sim \lambda x$,$\lambda$ 为常数。

3.3.2 等价无穷小的替换原理

定理 3.12(等价无穷小的替换原理) 设 $\alpha,\alpha',\beta,\beta'$ 都是当 $x \to x_0$ 时的无穷小,若 $\alpha \sim \alpha'$,

$\beta \sim \beta'$,且 $\lim\limits_{x \to x_0} \dfrac{\beta'}{\alpha'}$ 存在,则 $\lim\limits_{x \to x_0} \dfrac{\beta}{\alpha}$ 也存在,且 $\lim\limits_{x \to x_0} \dfrac{\beta}{\alpha} = \lim\limits_{x \to x_0} \dfrac{\beta'}{\alpha'}$。

分析 利用配项方法。

证 $\lim\limits_{x \to x_0} \dfrac{\beta}{\alpha} = \lim\limits_{x \to x_0} \left(\dfrac{\beta}{\beta'} \cdot \dfrac{\beta'}{\alpha'} \cdot \dfrac{\alpha'}{\alpha} \right) = \lim\limits_{x \to x_0} \dfrac{\beta}{\beta'} \lim\limits_{x \to x_0} \dfrac{\beta'}{\alpha'} \lim\limits_{x \to x_0} \dfrac{\alpha'}{\alpha} = \lim\limits_{x \to x_0} \dfrac{\beta'}{\alpha'}$。 证毕

定理 3.13 α 与 β 是当 $x \to x_0$ 时的等价无穷小的充分必要条件是

$$\alpha = \beta + o(\beta), \quad x \to x_0。$$

证 必要性 由 $\alpha \sim \beta$ 可知

$$\lim_{x \to x_0} \frac{\alpha - \beta}{\beta} = \lim_{x \to x_0} \frac{\alpha}{\beta} - 1 = 0。$$

因此 $\alpha - \beta = o(\beta)$,即 $\alpha = \beta + o(\beta)$。

充分性 由 $\alpha = \beta + o(\beta)$ 可知

$$\lim_{x \to x_0} \frac{\alpha}{\beta} = \lim_{x \to x_0} \frac{\beta + o(\beta)}{\beta} = 1 + \lim_{x \to x_0} \frac{o(\beta)}{\beta} = 1。$$

因此 $\alpha \sim \beta$。 证毕

在计算极限时,经常会用到定理 3.12 和定理 3.13 的几种推广形式,有如下推论。

推论 1 若 α,α' 是当 $x \to x_0$ 时的等价无穷小,即 $\alpha \sim \alpha'$,函数 $\varphi(x)$ 在 x_0 的某去心邻域内存在极限或有界,则有

$$\lim_{x \to x_0} \alpha \varphi(x) = \lim_{x \to x_0} \alpha' \varphi(x)。$$

这种形式称为**因式替代原则**。

推论 2 若 β 比 α 是当 $x \to x_0$ 时的高阶无穷小,即 $\beta = o(\alpha)$,则有

$$\alpha \pm \beta \sim \alpha。$$

这种形式称为**和差取大原则**。

推论 3 设 $\alpha,\alpha',\beta,\beta',\gamma$ 都是当 $x \to x_0$ 时的无穷小。若 $\alpha \sim \alpha'$,$\beta \sim \beta'$,且 α 与 β 不是等价无穷小,则有

$$\alpha - \beta \sim \alpha' - \beta', \quad \text{且} \quad \lim_{x \to x_0} \frac{\alpha - \beta}{\gamma} = \lim_{x \to x_0} \frac{\alpha' - \beta'}{\gamma}。$$

这种形式称为**和差替代原则**。

例 3.19 利用等价无穷小替换求下列极限:

(1) $\lim\limits_{x \to 0} \dfrac{\sin(3x)}{\tan(5x)}$;

(2) $\lim\limits_{x \to 0} \dfrac{\arctan(2x)}{\sin(2x)}$;

(3) $\lim\limits_{x \to 0} \dfrac{\sin x}{x^3 + 3x}$;

(4) $\lim\limits_{x \to 0} \dfrac{\tan x - \sin x}{\sin x^3}$。

解 (1) 由于 $\sin(3x) \sim 3x$,$\tan(5x) \sim 5x (x \to 0)$,因此有

$$\lim_{x \to 0} \frac{\sin(3x)}{\tan(5x)} = \lim_{x \to 0} \frac{3x}{5x} = \frac{3}{5}。$$

（2）由于 $\arctan(2x) \sim 2x$，$\sin(2x) \sim 2x (x \to 0)$，因此有

$$\lim_{x \to 0} \frac{\arctan(2x)}{\sin(2x)} = \lim_{x \to 0} \frac{2x}{2x} = 1。$$

（3）由于 $\sin x \sim x$，$x^3 + 3x \sim 3x (x \to 0)$，因此有

$$\lim_{x \to 0} \frac{\sin x}{x^3 + 3x} = \lim_{x \to 0} \frac{x}{3x} = \frac{1}{3}。$$

（4）易见，$\tan x - \sin x = \tan x(1 - \cos x)$。由于 $\tan x \sim x$，$1 - \cos x \sim \dfrac{x^2}{2}$，$\sin x^3 \sim x^3 (x \to 0)$，

因此有

$$\lim_{x \to 0} \frac{\tan x - \sin x}{\sin x^3} = \lim_{x \to 0} \frac{\tan x(1 - \cos x)}{\sin x^3} = \lim_{x \to 0} \left(\frac{x}{x^3} \cdot \frac{x^2}{2} \right) = \frac{1}{2}。$$

注意到，在例 3.15(3) 中，我们计算了类似于 (4) 的极限，方法是不同的，请读者比较各自的优势。

利用等价无穷小替换计算极限时的几点说明。

（1）由例 3.19 可以看到，在利用定理 3.13 求两个无穷小之比的极限时，分子及分母都可用等价无穷小来代替，如果用来代替的无穷小选得适当的话，可以使计算简化。

（2）在例 3.19(3) 中利用了和差取大原则（推论 2），即 $x^3 + 3x \sim 3x (x \to 0)$。

（3）注意，例 3.19(4) 中的分子不能使用和差替代原则（推论 3），否则会导致错误的结果，

$$\lim_{x \to 0} \frac{\tan x - \sin x}{\sin x^3} = \lim_{x \to 0} \frac{x - x}{\sin x^3} = \lim_{x \to 0} \frac{0}{x^3} = 0。$$

这是因为 $\tan x \sim \sin x$，不满足推论 3 的条件。说明在计算极限的过程中，一定要严格规范地使用上述定理和推论，切忌随意使用。

例 3.20　求下列极限：

（1）$\lim\limits_{x \to 0} \dfrac{\ln(1 - 3x)}{\arctan(2x)}$；

（2）$\lim\limits_{x \to 1} \dfrac{\arcsin(x - 1)^2}{(x - 1)\ln x}$；

（3）$\lim\limits_{x \to 0} \dfrac{e^{\sin(2x)} - 1}{\tan x}$；

（4）$\lim\limits_{x \to 0} \dfrac{\tan(3x) - \sin x}{\sqrt[3]{1 + x} - 1}$。

解　（1）由于 $\ln(1 - 3x) \sim (-3x)$，$\arctan(2x) \sim 2x (x \to 0)$，因此有

$$\lim_{x \to 0} \frac{\ln(1 - 3x)}{\arctan(2x)} = \lim_{x \to 0} \frac{-3x}{2x} = -\frac{3}{2}。$$

（2）由于 $\arcsin(x - 1)^2 \sim (x - 1)^2$，$\ln x = \ln(1 + (x - 1)) \sim (x - 1)(x \to 1)$，因此有

$$\lim_{x \to 1} \frac{\arcsin(x - 1)^2}{(x - 1)\ln x} = \lim_{x \to 1} \frac{(x - 1)^2}{(x - 1)(x - 1)} = 1。$$

（3）利用等价无穷小的传递性，有 $e^{\sin(2x)} - 1 \sim \sin(2x) \sim 2x (x \to 0)$，因此有

$$\lim_{x \to 0} \frac{e^{\sin(2x)} - 1}{\tan x} = \lim_{x \to 0} \frac{2x}{x} = 2。$$

(4) 对分子利用推论 3 进行和差替代，并且 $\sqrt[3]{1+x}-1\sim\dfrac{1}{3}x(x\to0)$，因此有

$$\lim_{x\to0}\frac{\tan(3x)-\sin x}{\sqrt[3]{1+x}-1}=\lim_{x\to0}\frac{3x-x}{\frac{1}{3}x}=6。$$

注意到，本例(3)中用到了等价无穷小的传递性，与等价关系中的传递性一样，即若 a，b，c 是自变量同一变化过程的无穷小，且 $a\sim b$，$b\sim c$，则有 $a\sim c$。

虽然本节和前面几节都介绍了求函数极限的一些常用方法，但每种方法都有各自的使用范围，在计算时一定要对号入座，切不可张冠李戴。随着学习内容的深入，我们在后面还会学到更多的求极限的方法，读者要善于总结归纳，规范且灵活使用，提高解题效率。

1. 在同阶无穷小的定义中，由 $\lim\limits_{x\to x_0}\dfrac{f(x)}{g(x)}=b\neq0$ 知，$f(x)$ 与 $g(x)$ 必是同阶无穷小，反之是否成立？举例说明。

2. 任意两个无穷小量阶是否都可以进行比较？如果不是，举例说明。

3. 两个无穷大是否有阶的比较？如果可以，有哪些？

Ⓐ 类题

1. 当 $x\to0$ 时，比较下列各无穷小的阶（高阶、同阶、等价）：

(1) $\sqrt{x}+\sin x$ 与 x；

(2) $x^2+\arcsin x$ 与 x；

(3) $x-\sin x$ 与 x；

(4) $\sqrt[3]{x}-3x^3+x^5$ 与 x；

(5) $\arctan(2x)$ 与 $\sin(3x)$；

(6) $(1-\cos x)^2$ 与 $\sin^2 x$。

2. 计算下列极限：

(1) $\lim\limits_{x\to0}[\arctan(5x)\csc(3x)]$；

(2) $\lim\limits_{x\to0}\dfrac{\sin x^m}{\sin^n x}$，其中 $m,n\in\mathbf{Z}_+$；

(3) $\lim\limits_{x\to0^+}\dfrac{1-\cos\sqrt{x}}{x}$；

(4) $\lim\limits_{x\to0}\dfrac{\sqrt[5]{1+x^2}-1}{x^2}$；

(5) $\lim\limits_{x\to0}\dfrac{e^{2x}-1}{\ln(1-x)}$；

(6) $\lim\limits_{x\to0}\left[\dfrac{1}{x}\left(\dfrac{1}{\sin x}-\dfrac{1}{\tan x}\right)\right]$；

(7) $\lim\limits_{x\to0}\dfrac{x^2+3x}{\ln(1+2x)}$；

(8) $\lim\limits_{x\to\infty}x(a^{\frac{1}{x}}-1)$，其中 $a>0$ 且 $a\neq1$；

(9) $\lim\limits_{x\to0}\dfrac{\ln(a+x)+\ln(a-x)-2\ln a}{x^2}$；

(10) $\lim\limits_{x\to2}\dfrac{\tan(x-2)^3}{(e^{2(x-2)}-1)\arctan(x-2)^2}$。

类题

1. 计算下列极限：

(1) $\lim\limits_{x\to 0}\dfrac{\sqrt{1+x^2}-1}{1-\cos x}$；

(2) $\lim\limits_{x\to\infty}\dfrac{x\arcsin\dfrac{1}{x}}{x-\cos x}$；

(3) $\lim\limits_{x\to 1}\left[(1-x)\sec\dfrac{\pi x}{2}\right]$；

(4) $\lim\limits_{x\to 0}\dfrac{2\sin x+3x^2\cos\dfrac{1}{x}}{(1+2\cos x)\ln(1+x)}$；

(5) $\lim\limits_{x\to 1}\dfrac{\arcsin(x-1)^3}{(x-1)^2\ln(2x-1)}$；

(6) $\lim\limits_{x\to\infty}\left(x\sin\dfrac{2x}{x^2+1}\right)$；

(7) $\lim\limits_{x\to 0}\dfrac{\arctan(2x)}{\sin(\tan x)}$；

(8) $\lim\limits_{x\to 0}\dfrac{x-3\sin(2x)}{3x+\arcsin x}$；

(9) $\lim\limits_{x\to 0}\dfrac{\sqrt{1+\tan x}-\sqrt{1+\sin x}}{x^3}$；

(10) $\lim\limits_{x\to\infty}\left\{x\left[\sin\ln\left(1+\dfrac{2}{x}\right)-\sin\ln\left(1+\dfrac{1}{x}\right)\right]\right\}$。

2. 已知 $\lim\limits_{x\to 0}\dfrac{\sqrt{1+f(x)\sin(2x)}-1}{\mathrm{e}^{3x}-1}=2$，求 $\lim\limits_{x\to 0}f(x)$。

3.4　连续函数
Continuous functions

在自然界中，许多现象和事物的运动或变化过程往往具有一定的持续性，如植物的生长、气温的变化或水的流动等。这些持续发展变化的事物反映在量的方面，就是函数的连续性。

从几何直观上说，函数 $y=f(x)$ 在平面直角坐标系中表示一条曲线，连续的说法是指曲线上的各个点都相互连接，没有出现间断的现象，如第 1 章中介绍的基本初等函数，它们在各自的定义域内的曲线都是连续的。

3.4.1　连续函数的定义

设函数 $y=f(x)$ 在点 x_0 的某邻域 $U(x_0)$ 有定义。当自变量 x 在此邻域内由 x_0 变到 x_1 时，相应的函数值由 $f(x_0)$ 变到 $f(x_1)$，称差 $\Delta x=x_1-x_0$ 为自变量 x 在点 x_0 处的**增量**（**increment**），相应的函数值之差 $\Delta y=f(x_1)-f(x_0)=f(x_0+\Delta x)-f(x_0)$ 称为函数 $y=f(x)$ 在点 x_0 处的增量，其中 $\Delta x,\Delta y$ 是不可分割的完整记号，它们可正、可负、也可为 0。

引入增量的概念后，我们给出函数在某点连续的定义。

定义 3.10　设函数 $f(x)$ 在 x_0 的某邻域 $U(x_0)$ 内有定义。若当自变量的增量 Δx 趋于 0 时，相应的函数值的增量 Δy 也趋于 0，即

$$\lim_{\Delta x\to 0}\Delta y=0\quad\text{或}\quad\lim_{\Delta x\to 0}[f(x_0+\Delta x)-f(x_0)]=0,\qquad(3.11)$$

则称函数 $y=f(x)$ 在点 x_0 处**连续**（**continuous**），点 x_0 称为函数的连续点。

由定义 3.10 知，若函数在点 x_0 处连续，令 $x=x_0+\Delta x$，有 $\Delta x\to 0\Leftrightarrow x\to x_0$，于是

$$\lim_{\Delta x \to 0}[f(x_0 + \Delta x) - f(x_0)] = 0 \Leftrightarrow \lim_{\Delta x \to 0}f(x_0 + \Delta x) = f(x_0) \Leftrightarrow \lim_{x \to x_0}f(x) = f(x_0) \text{。}$$

因此,还可以给出函数 $y = f(x)$ 在点 x_0 处连续的等价定义。

定义 3.10' 设函数 $y = f(x)$ 在点 x_0 的某邻域 $U(x_0)$ 内有定义,若有

$$\lim_{x \to x_0}f(x) = f(x_0), \tag{3.12}$$

则称函数 $y = f(x)$ 在点 x_0 处连续。

此外,利用"ε-δ"语言,也可以给出函数 $y = f(x)$ 在点 x_0 处连续的等价定义。

定义 3.10'' 设函数 $y = f(x)$ 在点 x_0 的某邻域 $U(x_0)$ 内有定义。若 $\forall \varepsilon > 0, \exists \delta > 0$,当自变量 x 满足不等式 $|x - x_0| < \delta$ 时,有

$$|f(x) - f(x_0)| < \varepsilon,$$

则称函数 $y = f(x)$ 在点 x_0 处连续。

由上述 3 个等价定义可见,要验证函数 $y = f(x)$ 在点 x_0 处连续,必须满足如下 3 个必要条件,缺一不可,即

(1) 函数 $y = f(x)$ 在点 x_0 的某邻域 $U(x_0)$ 内有定义,而不是去心邻域,换句话说,函数 $y = f(x)$ 必须在点 x_0 处有定义;

(2) 由式(3.11)和式(3.12)知,极限 $\lim_{x \to x_0}f(x)$ 必须存在;

(3) 极限 $\lim_{x \to x_0}f(x)$ 必须等于函数 $y = f(x)$ 在点 x_0 处的函数值。

事实上,条件(2)和条件(3)可以合在一起写,即"函数 $y = f(x)$ 当 $x \to x_0$ 时的极限必须等于这一点的函数值"。这里分开写的目的是为了方便给出函数在某一点处间断的定义。

对应于函数 $y = f(x)$ 在点 x_0 处左、右极限的定义,我们给出函数在该点处左、右连续的定义。

定义 3.11 设函数 $y = f(x)$ 在点 x_0 的某左邻域 $U_-(x_0)$(右邻域 $U_+(x_0)$)有定义,若有

$$\lim_{\Delta x \to 0^-}[f(x_0 + \Delta x) - f(x_0)] = 0 \quad (\text{或} \lim_{\Delta x \to 0^+}[f(x_0 + \Delta x) - f(x_0)] = 0), \tag{3.13}$$

则称函数 $y = f(x)$ 在点 x_0 处左连续(右连续)。式(3.13)还可以写成如下的等价形式,即

$$\lim_{x \to x_0^-}f(x) = f(x_0) \quad (\lim_{x \to x_0^+}f(x) = f(x_0))\text{。} \tag{3.14}$$

由定义 3.10 和定义 3.11,不难得到函数在点 x_0 处连续与其左、右连续的关系。

定理 3.14 函数 $y = f(x)$ 在点 x_0 处连续的充分必要条件是:它在点 x_0 处既左连续,又右连续。

例 3.21 证明:函数 $f(x) = \begin{cases} x \sin \dfrac{1}{x^2}, & x \neq 0 \\ 0, & x = 0 \end{cases}$ 在点 $x = 0$ 处连续。

分析 该函数在分段点只有一个表达式,通过计算 $\lim_{x \to 0}f(x)$ 验证。

证 易见,函数在点 $x = 0$ 处有定义。由于 $\lim_{x \to 0}f(x) = \lim_{x \to 0}\left(x \sin \dfrac{1}{x^2}\right) = 0 = f(0)$,即函数当 $x \to 0$ 时的极限等于函数在点 $x = 0$ 处的值,因此函数在点 $x = 0$ 处是连续的。 证毕

例 3.22 已知函数 $f(x) = \begin{cases} -1, & x < 0, \\ 1, & x \geq 0. \end{cases}$ 讨论函数 $f(x)$ 在点 $x = 0$ 处的连续性。

分析 利用定理 3.14 判断。

解 由于 $f(0)=1$，而 $\lim\limits_{x\to 0^-}f(x)=-1$，于是函数 $f(x)$ 在点 $x=0$ 处不是左连续的，从而函数 $f(x)$ 在 $x=0$ 处不连续。

例 3.23 已知函数 $f(x)=\begin{cases} x^2-2, & x<0 \\ 3x+k, & x\geqslant 0 \end{cases}$，在点 $x=0$ 处连续，求 k 的值。

分析 该分段函数在分段点有两个表达式，用左、右极限求 k 的值。

解 由于
$$\lim_{x\to 0^-}f(x)=\lim_{x\to 0^-}(x^2-2)=-2, \quad \lim_{x\to 0^+}f(x)=\lim_{x\to 0^+}(3x+k)=k,$$
且函数在点 $x=0$ 处连续，故 $\lim\limits_{x\to 0^-}f(x)=\lim\limits_{x\to 0^+}f(x)$，因此 $k=-2$。

定义 3.12 若函数 $y=f(x)$ 在开区间 (a,b) 内每一点都连续，则称函数 $f(x)$ 在区间 (a,b) 内连续；进一步地，若函数 $f(x)$ 在 (a,b) 内连续，同时在点 a 处右连续，在点 b 处左连续，则称函数 $y=f(x)$ 在闭区间 $[a,b]$ 上连续。

例 3.24 1.2.2 节中给出的多项式函数 $p(x)=a_0+a_1x+a_2x^2+\cdots+a_nx^n$ 和有理函数 $R(x)=\dfrac{a_0+a_1x+a_2x^2+\cdots+a_nx^n}{b_0+b_1x+b_2x^2+\cdots+b_mx^m}$ 在其定义域内是连续的。

例 3.25 证明：正弦函数 $\sin x$ 在 $\mathbf{R}$ 上是连续的。

分析 利用定义 $3.10''$ 和三角函数和差化积公式。

证 任取 $x_0\in\mathbf{R}$，$\forall x\in\mathbf{R}$，有不等式
$$\left|\cos\frac{x+x_0}{2}\right|\leqslant 1 \quad 与 \quad \left|\sin\frac{x-x_0}{2}\right|\leqslant\frac{|x-x_0|}{2}。$$

$\forall\varepsilon>0$，要使不等式
$$|\sin x-\sin x_0|=2\left|\cos\frac{x+x_0}{2}\right|\left|\sin\frac{x-x_0}{2}\right|\leqslant 2\frac{|x-x_0|}{2}=|x-x_0|<\varepsilon$$
成立，只需取 $\delta=\varepsilon$。于是 $\forall\varepsilon>0$，$\exists\delta=\varepsilon>0$，当 x 满足不等式 $|x-x_0|<\delta$ 时，有
$$|\sin x-\sin x_0|<\varepsilon。$$
由定义 $3.10''$ 知，正弦函数 $\sin x$ 在 x_0 连续。由 x_0 的任意性，$\sin x$ 在 $\mathbf{R}$ 上连续。　　　　证毕

类似可证，常值函数 C、幂函数 x^μ、指数函数 a^x、对数函数 $\log_a x$、余弦函数 $\cos x$ 在它们各自的定义域内都是连续的。

3.4.2 函数的间断点

定义 3.13 设函数 $y=f(x)$ 在点 x_0 的某去心邻域 $\overset{\circ}{U}(x_0)$ 内有定义。若 $f(x)$ 在点 x_0 处有如下的三种情况之一，即：

(1) 函数在点 x_0 无定义；

(2) 函数在点 x_0 有定义，但 $\lim\limits_{x\to x_0}f(x)$ 不存在；

(3) 函数在点 x_0 有定义，$\lim\limits_{x\to x_0}f(x)$ 存在，但 $\lim\limits_{x\to x_0}f(x)\neq f(x_0)$，

则称函数在点 x_0 处不连续，称点 x_0 为函数 $f(x)$ 的**间断点**（**discontinuity**），或称为不连续点。

设点 x_0 为函数 $y = f(x)$ 的间断点,根据函数在间断点处的左、右极限存在情况,常将间断点分为两大类:

1. 如果函数在间断点 x_0 处的左极限 $f(x_0 - 0)$ 及右极限 $f(x_0 + 0)$ 都存在,那么称点 x_0 为函数的**第一类间断点**(discontinuity of the first kind)。常见的第一类间断点有**可去间断点**(removable discontinuity)和**跳跃间断点**(jump discontinuity)。

(1) 若 $\lim\limits_{x \to x_0} f(x) = A$,$f(x)$ 在点 x_0 无定义;或函数在点 x_0 处虽然有定义,但是 $\lim\limits_{x \to x_0} f(x) = A \neq f(x_0)$,则称 x_0 为函数的可去间断点;

(2) 若函数在点 x_0 处的左、右极限不相等,即 $f(x_0 - 0) \neq f(x_0 + 0)$,则称 x_0 为函数的跳跃间断点。

2. 如果函数在间断点 x_0 处的左极限 $f(x_0 - 0)$ 和右极限 $f(x_0 + 0)$ 至少有一个不存在,那么称点 x_0 为函数的**第二类间断点**(discontinuity of the second kind)。常见的第二类间断点有**无穷间断点**(infinite discontinuity)和**振荡间断点**(oscillating discontinuity),它们没有严格的定义,可以通过例题说明。

例 3.26 $x = 0$ 是函数 $y = \dfrac{1}{x^2}$ 的无穷间断点,因为它的左极限 $f(0-0)$ 和右极限 $f(0+0)$ 都是无穷大,即 $\lim\limits_{x \to 0} f(x) = \infty$,如图 3.7 所示;$x = k\pi + \dfrac{\pi}{2} (k \in \mathbf{Z})$ 是正切函数 $y = \tan x$ 的无穷间断点,因为它的左极限和右极限分别为正无穷大和负无穷大,参见图 1.13(a);$x = 0$ 是函数 $y = \sin\dfrac{1}{x}$ 的振荡间断点,因为它在 $x \to 0$ 的过程中,$f(x)$ 无限振荡,左极限和右极限不存在,也不是无穷大,参见图 3.5。

例 3.27 已知符号函数为 $\mathrm{sgn}(x) = \begin{cases} 1, & x > 0, \\ 0, & x = 0, \\ -1, & x < 0。\end{cases}$ 判断其在 $x = 0$ 处的间断点类型。

分析 通过求左、右极限判断,参见图 1.20。

解 由于 $\lim\limits_{x \to 0^-} f(x) = -1$,$\lim\limits_{x \to 0^+} f(x) = 1$,即左极限和右极限都存在,但不相等,因此 $x = 0$ 为函数的跳跃间断点。

例 3.28 判断函数 $f(x) = \dfrac{x^2 - 1}{x - 1}$ 在点 $x = 1$ 处的间断点类型。

分析 通过求极限判断,如图 3.8 所示。

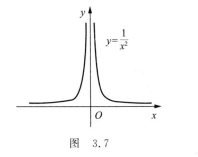

图 3.7

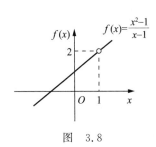

图 3.8

解 易见，$f(x) = \dfrac{x^2-1}{x-1}$ 在 $x=1$ 无定义，但是由于 $\lim\limits_{x \to 1} \dfrac{x^2-1}{x-1} = \lim\limits_{x \to 1}(x+1) = 2$，因此 $x=1$ 是函数的可去间断点。

若补充定义

$$g(x) = \begin{cases} f(x), & x \neq 1, \\ 2, & x = 1, \end{cases}$$

则 $g(x)$ 在 $x=1$ 处连续。这种补充定义后，能够使函数在该点连续的方法称为**连续开拓**。

注意，不是所有的可去间断点都可以进行连续开拓，只有当该可去间断点属于没有定义的类型，才能通过补充定义进行连续开拓。参见下面的例题。

例 3.29 已知函数 $f(x) = \begin{cases} x, & x \neq 0, \\ 1, & x = 0, \end{cases}$ 判断在点 $x=0$ 处的间断点类型。

分析 通过求函数极限判断，如图 3.9 所示。

解 由于 $\lim\limits_{x \to 0} f(x) = \lim\limits_{x \to 0} x = 0$，但 $f(0) = 1$，所以 $\lim\limits_{x \to 0} f(x) \neq f(0)$，故 $x=0$ 为 $f(x)$ 的可去间断点。

由于函数在 $x=0$ 处有定义，虽然它是可去间断点，但无法进行连续开拓。

例 3.30 已知函数 $f(x) = \begin{cases} \dfrac{1}{x}, & x > 0, \\ x, & x \leqslant 0, \end{cases}$ 判断它在点 $x=0$ 处的间断点类型。

分析 利用在点 $x=0$ 处的左、右极限判断，如图 3.10 所示。

解 由于 $\lim\limits_{x \to 0^-} f(x) = \lim\limits_{x \to 0^-} x = 0$，但 $\lim\limits_{x \to 0^+} f(x) = \lim\limits_{x \to 0^+} \dfrac{1}{x} \to +\infty$，则 $x=0$ 为该函数的无穷间断点。

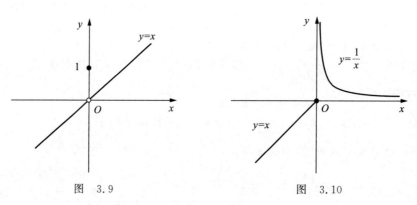

图 3.9   图 3.10

习 题 3.4

思 考 题

1. 函数在某一点连续和函数在某一点存在极限有什么联系和区别？

2. 讨论函数在某一点的连续性时,需要满足几个条件?

3. 区分函数的第一类间断点和第二类间断点的标准是什么? 如何进一步区分跳跃间断点、可去间断点、无穷间断点和振荡间断点?

Ⓐ 类题

1. 研究下列函数的连续性:

(1) $f(x) = \begin{cases} 2 - x^2, & x > 1, \\ x, & x \leqslant 1; \end{cases}$ (2) $f(x) = \begin{cases} \dfrac{\sin x}{x}, & x \neq 0, \\ 1, & x = 0。 \end{cases}$

2. 已知函数

$$f(x) = \begin{cases} a + 3x^2, & x < 1, \\ 2, & x = 1, \\ \ln(b + 2x), & x > 1 \end{cases}$$

在点 $x = 1$ 处连续,求 a, b 的值。

3. 指出下列函数的间断点,并判定其类型:

(1) $f(x) = \dfrac{1 + x}{1 + x^3}$; (2) $f(x) = \dfrac{x^2 - x}{|x|(x^2 - 1)}$;

(3) $f(x) = \begin{cases} e^{\frac{1}{x-1}}, & x > 0, \\ \ln(1 + x), & -1 < x \leqslant 0。 \end{cases}$

4. 已知函数 $f(x) = \begin{cases} \dfrac{\ln(1 + 3x)}{2x}, & x \neq 0, \\ k, & x = 0。 \end{cases}$ 求 k 的值,使得 $f(x)$ 在点 $x = 0$ 处连续。

5. 确定 C 的值,使得函数 $f(x) = \begin{cases} Cx + 1, & x \leqslant 3, \\ Cx^2 - 1, & x > 3 \end{cases}$ 在 **R** 上连续。

Ⓑ 类题

1. 指出下列函数的间断点及其所属类型,若是可去间断点,试补充或修改定义,使函数在该点连续:

(1) $y = \arctan \dfrac{1}{x - 1}$; (2) $f(x) = \sin x \cdot \sin \dfrac{1}{x}$;

(3) $y = \dfrac{\tan x}{x}$; (4) $f(x) = \dfrac{\ln|x|}{x^2 - 3x + 2}$。

2. 已知函数 $f(x) = \dfrac{e^x - b}{(x - a)(x - 1)}$。若 $x = 0$ 是函数的无穷间断点,$x = 1$ 是可去间断点,试确定 a, b 的值。

3. 已知函数 $f(x)=\begin{cases}\dfrac{1-\mathrm{e}^{\tan x}}{\arcsin\dfrac{x}{2}}, & x>0,\\ a\,\mathrm{e}^{2x}, & x\leqslant0\end{cases}$ 在点 $x=0$ 处连续。试确定 a 的值。

4. 讨论函数 $f(x)=x\lim\limits_{n\to\infty}\dfrac{1-x^{2n}}{1+x^{2n}}$ 的连续性,若有间断点,判别其类型。

5. 已知函数 $f(x)$ 在点 x_0 处连续,且 $f(x_0)\neq0$。证明:存在 $\delta>0$,使得当 $x\in(x_0-\delta,x_0+\delta)$ 时,$|f(x)|>\dfrac{|f(x_0)|}{2}$。

3.5 连续函数的运算和性质
Operations and properties of continuous functions

有了连续函数的定义,本节给出连续函数的运算法则,复合函数和反函数的连续性、初等函数的连续性以及连续函数在有界闭区间上的性质。

3.5.1 连续函数的运算

1. 四则运算法则

定理 3.15 若函数 $f(x)$ 与 $g(x)$ 都在点 x_0 处连续,则函数 $f(x)\pm g(x)$,$f(x)g(x)$,$\dfrac{f(x)}{g(x)}(g(x_0)\neq0)$ 在点 x_0 处也连续。

该定理可以通过函数极限的相关定理证明,在此省略。

已知 $\sin x$ 和 $\cos x$ 在 $(-\infty,+\infty)$ 内连续,则 $\tan x=\dfrac{\sin x}{\cos x}$ 和 $\csc x=\dfrac{1}{\sin x}$ 在其定义域内连续;显然,双曲正弦函数 $\sinh x=\dfrac{\mathrm{e}^x-\mathrm{e}^{-x}}{2}$、双曲余弦函数 $\cosh x=\dfrac{\mathrm{e}^x+\mathrm{e}^{-x}}{2}$、双曲正切函数 $\tanh x=\dfrac{\mathrm{e}^x-\mathrm{e}^{-x}}{\mathrm{e}^x+\mathrm{e}^{-x}}$ 在其定义域内连续。

2. 反函数和复合函数的连续性

定理 3.16 若连续函数 $y=f(x)$ 在区间 I_x 上严格单调递增(或递减),则它的反函数 $x=f^{-1}(y)$ 在对应的区间 $I_y=\{y\mid y=f(x),x\in I_x\}$ 上也严格单调递增(或递减)且连续。

证明略。

例 3.31 已知 $y=\sin x$ 在闭区间 $\left[-\dfrac{\pi}{2},\dfrac{\pi}{2}\right]$ 上单调递增且连续,它的反函数 $y=\arcsin x$ 在闭区间 $[-1,1]$ 上也是单调递增且连续。

类似地,反三角函数 $\arccos x$,$\arctan x$,$\arccot x$ 在其定义域内都是连续的。

定理 3.17 设 $y=f[\varphi(x)]$ 由函数 $y=f(u)$ 和 $u=\varphi(x)$ 复合而成,$U(x_0)\subset D_{f\circ g}$。若函数 $u=\varphi(x)$ 在 x_0 连续,且 $u_0=\varphi(x_0)$,而函数 $y=f(u)$ 在 u_0 连续,则复合函数 $y=f[\varphi(x)]$ 在点 x_0 处连续,即

$$\lim_{x \to x_0} f[\varphi(x)] = f[\lim_{x \to x_0} \varphi(x)] = f[\varphi(x_0)]. \tag{3.15}$$

与复合函数的极限法则证明方法类似,证明略。

关于定理 3.17 的几点说明。

(1) 在定理 3.17 的条件下,在计算极限时,函数 f 和极限运算可以交换。

(2) 在定理 3.17 中,把"$U(x_0) \subset D_{f \circ g}$"改为"$\overset{\circ}{U}(x_0) \subset D_{f \circ g}$",把"函数 $u = \varphi(x)$ 在 x_0 连续,且 $u_0 = \varphi(x_0)$"改为"$\lim\limits_{x \to x_0} \varphi(x) = u_0$",其他条件不变,则当 $x \to x_0$ 时,极限 $\lim\limits_{x \to x_0} f[\varphi(x)]$ 存在,且 $\lim\limits_{x \to x_0} f[\varphi(x)] = f(\lim\limits_{x \to x_0} \varphi(x))$。这说明若点 x_0 是函数 $u = \varphi(x)$ 的可去间断点,在计算极限时,符号 f 和极限号仍然可以交换,但此时不能保证复合函数 $y = f[\varphi(x)]$ 在点 x_0 处连续。

例 3.32 讨论 $y = \sin\dfrac{1}{x}$ 的连续性。

分析 利用定理 3.17,注意函数在点 $x = 0$ 处无定义。

解 $y = \sin\dfrac{1}{x}$ 可看作是 $y = \sin u$ 和 $u = \dfrac{1}{x}$ 复合而成的。$y = \sin u$ 在 $(-\infty, +\infty)$ 上连续,而 $u = \dfrac{1}{x}$ 在 $(-\infty, 0)$ 和 $(0, +\infty)$ 上连续,则 $y = \sin\dfrac{1}{x}$ 在 $(-\infty, 0)$ 和 $(0, +\infty)$ 上是连续的。

例 3.33 求下列极限:

(1) $\lim\limits_{x \to 0} \dfrac{\ln(1 + 5x)}{x}$;   (2) $\lim\limits_{x \to 2} \sqrt{\dfrac{x-2}{x^2-4}}$。

分析 应利用定理 3.17 的式(3.15)计算。

解 (1) 函数 $y = \dfrac{1}{x}\ln(1 + 5x) = \ln(1 + 5x)^{\frac{1}{x}}$ 可以看成是由 $y = \ln u$ 和 $u = (1 + 5x)^{\frac{1}{x}}$ 复合而成。因为 $\lim\limits_{x \to 0}(1 + 5x)^{\frac{1}{x}} = e^5$,且函数 $y = \ln u$ 在 $u = e^5$ 处连续,所以有

$$\lim_{x \to 0} \frac{\ln(1 + 5x)}{x} = \lim_{x \to 0} \ln(1 + 5x)^{\frac{1}{x}} = \ln(\lim_{x \to 0}(1 + 5x)^{\frac{1}{x}}) = \ln e^5 = 5。$$

(2) 函数 $y = \sqrt{\dfrac{x-2}{x^2-4}}$ 可以看成是由 $y = \sqrt{u}$ 和 $u = \dfrac{x-2}{x^2-4}$ 复合而成。因为 $\lim\limits_{x \to 2} \dfrac{x-2}{x^2-4} = \dfrac{1}{4}$,且函数 $y = \sqrt{u}$ 在 $u = \dfrac{1}{4}$ 处连续,所以有

$$\lim_{x \to 2} \sqrt{\frac{x-2}{x^2-4}} = \sqrt{\lim_{x \to 2} \frac{x-2}{x^2-4}} = \sqrt{\frac{1}{4}} = \frac{1}{2}。$$

3.5.2 初等函数的连续性

由前面的讨论知,**基本初等函数**在其定义域上是连续的。

由基本初等函数的连续性、连续函数的四则运算和复合函数的连续性可得如下定理。

定理 3.18 一切初等函数在其定义区间内都是连续的。

所谓定义区间,是指包含在定义域内的区间,即去除孤立点的定义域。初等函数仅在其

定义区间内连续,在其定义域不一定连续。

例 3.34　考察函数 $y=\sqrt{\cos x-1}$ 的连续性。

解　易见,函数的定义域为 $\{x \mid x=2k\pi, k\in \mathbf{Z}\}$。由于函数仅在离散点处有定义,但在这些点的任一足够小邻域内的其他点都无定义,则函数在这些点处不连续。

上述关于初等函数连续性的结论提供了一个求极限的方法,即如果 $f(x)$ 是初等函数,且 x_0 是函数定义区间内的点,则 $\lim\limits_{x\to x_0}f(x)=f(x_0)$。

对于幂指函数 $u(x)^{v(x)}$($u(x)>0$ 且 $u(x)$ 不恒等于 1),若有 $\lim\limits_{x\to x_0}u(x)=u_0>0$,$\lim\limits_{x\to x_0}v(x)=v_0$,则 $\lim\limits_{x\to x_0}u(x)^{v(x)}=u_0^{v_0}$。

例 3.35　求下列极限:

(1) $\lim\limits_{x\to 1}\dfrac{x^2+\ln(4-3x)}{\arctan x}$;

(2) $\lim\limits_{x\to 0}\dfrac{x^2+1}{3x^2+\cos x^2+2}$。

分析　先考察函数在该点是否连续,若连续,直接代入函数值即可。

解　(1) $\lim\limits_{x\to 1}\dfrac{x^2+\ln(4-3x)}{\arctan x}=\dfrac{1+\ln(4-3)}{\arctan 1}=\dfrac{4}{\pi}$。

(2) $\lim\limits_{x\to 0}\dfrac{x^2+1}{3x^2+\cos x^2+2}=\dfrac{0+1}{0+\cos 0+2}=\dfrac{1}{3}$。

例 3.36　求下列极限:

(1) $\lim\limits_{x\to 0}(1+\cos x)^{\tan x}$;

(2) $\lim\limits_{x\to 0}\left(\dfrac{\arcsin x}{\tan(3x)}\right)^{x+2}$。

分析　求幂指函数的极限。

解　(1) $\lim\limits_{x\to 0}(1+\cos x)^{\tan x}=2^0=1$。

(2) $\lim\limits_{x\to 0}\left(\dfrac{\arcsin x}{\tan(3x)}\right)^{x+2}=\lim\limits_{x\to 0}\left(\dfrac{x}{3x}\right)^{x+2}=\left(\dfrac{1}{3}\right)^2=\dfrac{1}{9}$。

3.5.3　闭区间上连续函数的性质

闭区间上的连续函数有一些非常有意义的性质,如有界性、最值性、介值性等,它们可作为分析和论证某些问题时的重要理论依据。从几何上看,若函数 $y=f(x)$ 在闭区间 $[a,b]$ 上连续,则它的图形是连接两个端点 $A(a,f(a))$ 和 $B(b,f(b))$ 的一条连续曲线,如图 3.11 所示。由于这条曲线被两个端点束缚,曲线上的点也只能在一定范围内变化,换句话说,对应的函数值一定介于两条直线 $y=m$ 和 $y=M$ 之间。而这些性质只有在闭区间上才有,对于开区间,没有了端点的束缚,很多闭区间上的性质就不再拥有了,如函数 $y=\dfrac{1}{x}$ 在开区间 $(0,1)$ 上是无界的。虽然闭区间上的连续函数有十分明确的几何意义,但是要想给出严格的证明,需要很强的数学理论,这里证明从略。

1. 有界性

定理 3.19(有界定理)　若函数 $y=f(x)$ 在闭区间 $[a,b]$ 上连续,则它在 $[a,b]$ 上有界,即存在 $M>0$,$\forall x\in[a,b]$,有 $|f(x)|\leqslant M$。

定理 3.20（最大值和最小值定理） 若函数 $y=f(x)$ 在闭区间 $[a,b]$ 上连续，则函数在 $[a,b]$ 上必有最小值和最大值，即在 $[a,b]$ 上至少有一点 ξ_1 和一点 ξ_2，$\forall\, x\in[a,b]$，有
$$f(\xi_1)\leqslant f(x)\leqslant f(\xi_2)。$$

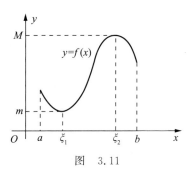

其中，$f(\xi_1)$ 就是 $f(x)$ 在 $[a,b]$ 上的最小值，$f(\xi_2)$ 就是最大值。如图 3.11 所示。

关于定理 3.19 和定理 3.20 的几点说明。

（1）达到最小值和最大值的点 ξ_1 或 ξ_2 不一定是闭区间的端点，并且这样的点未必是唯一的。

（2）开区间内连续的函数不一定有此性质。如函数 $f(x)=\tan x$ 在开区间 $\left(-\dfrac{\pi}{2},\dfrac{\pi}{2}\right)$ 内连续，但 $\lim\limits_{x\to\frac{\pi}{2}^-}\tan x=$

图 3.11

$+\infty$，$\lim\limits_{x\to-\frac{\pi}{2}^+}\tan x=-\infty$，所以 $f(x)=\tan x$ 在 $\left(-\dfrac{\pi}{2},\dfrac{\pi}{2}\right)$ 无界，并且取不到最大值与最小值。

（3）若函数在闭区间上有间断点，也不一定有此性质。例如函数
$$y=f(x)=\begin{cases}-x+1,&0\leqslant x<1,\\1,&x=1,\\-x+3,&1<x\leqslant2\end{cases}$$

在闭区间 $[0,2]$ 上有间断点 $x=1$，它取不到最大值和最小值，如图 3.12 所示。

2．介值性

定理 3.21（零点定理） 若函数 $y=f(x)$ 在闭区间 $[a,b]$ 上连续，且 $f(a)$ 与 $f(b)$ 异号，则在 (a,b) 内至少存在一点 ξ，使 $f(\xi)=0$。

零点定理的几何解释是：定义在闭区间 $[a,b]$ 上的连续曲线 $y=f(x)$ 在两个端点 a 与 b 的值分别在 x 轴的两侧，则此连续曲线与 x 轴至少有一个交点，交点的横坐标即 ξ，如图 3.13 所示。

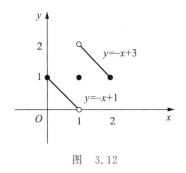

图 3.12

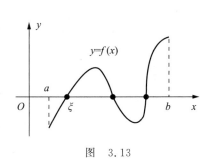

图 3.13

从方程 $f(x)=0$ 的角度看，定理 3.21 说明：若函数 $y=f(x)$ 是闭区间 $[a,b]$ 上的连续函数，且 $f(a)$ 与 $f(b)$ 异号，则方程 $f(x)=0$ 在 (a,b) 内至少有一个根。

例 3.37 估计方程 $x^3-6x+2=0$ 的根的位置。

分析 应用零点定理。

解　设 $f(x)=x^3-6x+2$，则 $f(x)$ 在 **R** 上连续。由于

$$f(-3)=-7<0,\quad f(-2)=6>0,\quad f(0)=2>0,$$
$$f(1)=-3<0,\quad f(3)=11>0。$$

根据定理 3.21，方程在区间 $(-3,-2)$，$(0,1)$，$(1,3)$ 内各至少有一个根。再因该方程为三次方程，至多有三个根，因此在区间 $(-3,-2)$，$(0,1)$，$(1,3)$ 内，方程 $x^3-6x+2=0$ 各有一个根。

定理 3.22（介值定理）　若函数 $y=f(x)$ 在闭区间 $[a,b]$ 上连续，且 $f(a)\neq f(b)$，则对介于 $f(a)$ 与 $f(b)$ 之间的一切实数 μ，在开区间 (a,b) 内至少存在一点 ξ，使得

$$f(\xi)=\mu。$$

例 3.38　证明：在闭区间上连续的函数一定可以取得介于最小值和最大值之间的任何值。

分析　如图 3.14 所示，若函数 $f(x)$ 在闭区间 $[a,b]$ 上连续，M 与 m 分别是 $f(x)$ 在 $[a,b]$ 上的最大值和最小值，$c\in[m,M]$，则在 (a,b) 上至少存在一点 ξ，使

$$f(\xi)=c。$$

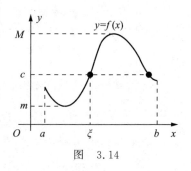

图 3.14

证　若 $m=M$，则函数 $f(x)$ 在 $[a,b]$ 上是常数，结论显然成立。

若 $m<M$，则在闭区间 $[a,b]$ 上必存在两点 x_1 和 x_2，使 $f(x_1)=M,f(x_2)=m$。不妨设 $x_1<x_2$。

作辅助函数 $\phi(x)=f(x)-c$，$\phi(x)$ 在区间 $[x_1,x_2]\subset[a,b]$ 上连续，且

$$\phi(x_1)=f(x_1)-c>0,\quad \phi(x_2)=f(x_2)-c<0。$$

由零点定理，在区间 (x_1,x_2) 内至少存在一点 ξ，使

$$\phi(\xi)=f(\xi)-c=0,\quad 即\quad f(\xi)=c。\qquad\qquad 证毕$$

例 3.38 也是介值定理的推论。

例 3.39　已知函数 $y=f(x)$ 在区间 $[a,b]$ 上连续，且 $f(a)<a,f(b)>b$。证明：至少存在一点 $\xi\in(a,b)$，使得 $f(\xi)=\xi$。

分析　与例 3.38 类似，应用零点定理。

证　构造辅助函数 $F(x)=f(x)-x$，可知 $F(x)$ 在区间 $[a,b]$ 上连续，且有

$$F(a)=f(a)-a<0,\quad F(b)=f(b)-b>0。$$

由零点定理可知，存在一点 $\xi\in(a,b)$，使得 $F(\xi)=f(\xi)-\xi=0$，即 $f(\xi)=\xi$。　　　证毕

例 3.40　已知 $f(x)$ 在区间 $[a,b]$ 上连续，且有 $a\leqslant x_1<\cdots<x_n\leqslant b$。证明：至少存在一点 $x_0\in[x_1,x_n]$，使得

$$f(x_0)=\frac{f(x_1)+f(x_2)+\cdots+f(x_n)}{n}。$$

分析　应用介值定理。

证　因为函数 $f(x)$ 在区间 $[x_1,x_n]\subset[a,b]$ 上连续，所以 $f(x)$ 在 $[x_1,x_n]$ 上存在最大值和最小值。设 $M=\max\limits_{x\in[x_1,x_n]}\{f(x)\},m=\min\limits_{x\in[x_1,x_n]}\{f(x)\}$，则

$$m\leqslant f(x_i)\leqslant M,\quad i=1,2,\cdots,n。$$

从而

$$m \leqslant \frac{f(x_1) + f(x_2) + \cdots + f(x_n)}{n} \leqslant M.$$

由介值定理的推论(例 3.38),至少存在一点 $x_0 \in [x_1, x_n]$,使

$$f(x_0) = \frac{f(x_1) + f(x_2) + \cdots + f(x_n)}{n}.$$ 证毕

应该注意,定理 3.22 的条件"函数 $y = f(x)$ 在闭区间 $[a,b]$ 上连续"不能减弱。如果将区间 $[a,b]$ 换成开区间 (a,b),或去掉"连续"的条件,定理 3.22 的结论都不一定成立。例如,函数 $y = \frac{1}{x}$ 在开区间 $(0,1)$ 内连续,但 $\frac{1}{x}$ 在 $(0,1)$ 内不能取到最大值,也无上界。再如,

$$f(x) = \begin{cases} x, & x \neq 0, \\ 1, & x = 0 \end{cases}$$

在 $[-1,1]$ 上有定义,仅在 $x=0$ 处不连续,$f(-1)f(1) < 0$,但不存在 $x_0 \in (-1,1)$,使得 $f(x_0) = 0$。

习 题 3.5

思 考 题

1. 将定理 3.17 中的条件"$U(x_0) \subset D_{f \circ g}$"改为"$\overset{\circ}{U}(x_0) \subset D_{f \circ g}$",定理的结论是否成立?说明理由。

2. 定理 3.18 指出"一切初等函数在其定义区间内都是连续的。"这里的定义区间和初等函数的定义域是否有区别?

3. 对于闭区间上的连续函数,如果去掉连续的条件或换成开区间,各种性质结论是否成立?

A 类题

1. 求下列极限:

(1) $\lim\limits_{x \to 2} \dfrac{e^x}{2x+1}$;

(2) $\lim\limits_{x \to +\infty} \tan\left(\ln \dfrac{4x^2+1}{x^2+4x}\right)$;

(3) $\lim\limits_{x \to 3} \ln(x^2 - x + 3)$;

(4) $\lim\limits_{x \to +\infty} \arctan(\sqrt{x^2+3x} - \sqrt{x^2+x})$。

2. 证明:方程 $x^3 + 2x = 6$ 至少有一个根介于 1 和 3 之间。

3. 证明:方程 $x = a\sin x + b (a > 0, b > 0)$ 至少有一个正根,并且它不超过 $a + b$。

4. 已知函数 $f(x)$ 在 $[0,1]$ 上连续,且 $0 \leqslant f(x) \leqslant 1$。证明:在 $[0,1]$ 上至少存在一点 ξ,使得 $f(\xi) = \xi$。

5. 已知函数 $f(x)$ 在 $[a,b)$ 上连续,且 $\lim\limits_{x \to b^-} f(x)$ 存在。证明:$f(x)$ 在 $[a,b)$ 上有界。

6. 已知函数 $f(x)$ 在 $[a,+\infty)$ 上连续，$f(a)>0$，且 $\lim\limits_{x\to+\infty} f(x)=A<0$。证明：在 $[a,+\infty)$ 上至少有一点 ξ，使 $f(\xi)=0$。

 B 类题

1. 求下列极限：

(1) $\lim\limits_{x\to+\infty}(\sin\sqrt{x+1}-\sin\sqrt{x})$；　　(2) $\lim\limits_{x\to+\infty}[x(\ln(x+1)-\ln(x+2))]$；

(3) $\lim\limits_{x\to0}(1-2\sin x)^{\frac{1+3x}{x}}$；　　(4) $\lim\limits_{x\to0}(\cos x-\sin x)^{\frac{2}{x}}$。

2. 证明：方程 $x\mathrm{e}^{x^2}=1$ 在区间 $\left(\dfrac{1}{2},1\right)$ 内有且仅有一实根。

3. 已知函数 $f(x)$ 在区间 $[0,2a]$ 上连续，且 $f(0)=f(2a)$。证明：在区间 $[0,a]$ 上至少存在一点 x_0 使得 $f(x_0)=f(x_0+a)$。

4. 已知多项式 $P_n(x)=x^n+a_1x^{n-1}+\cdots+a_n$。证明：当 n 为奇数时，方程 $P_n(x)=0$ 至少有一实根。

5. 已知 $f(x)$ 在 $[a,b]$ 上连续，且 $a<c<d<b$。证明：在 (a,b) 内至少存在一点 ξ，使

$$pf(c)+qf(d)=(p+q)f(\xi),$$

其中 p,q 均为任意正常数。

6. 已知函数 $y=f(x)$ 在区间 $[a,b]$ 上连续，且 $a<x_1<x_2<\cdots<x_n<b$。证明：对于任意正数 $c_i(i=1,2,\cdots,n)$，在区间 (a,b) 内至少存在一个 ξ，使

$$f(\xi)=\frac{c_1f(x_1)+c_2f(x_2)+\cdots+c_nf(x_n)}{c_1+c_2+\cdots+c_n}。$$

 ◇ 复 ◇ 习 ◇ 题 ◇ **3**

1. 是非题

(1) 当 $x\to x_0$ 时，两个说法"函数 $y=f(x)$ 的极限不存在"和"函数 $y=f(x)$ 不以 A 为极限"是相同的。　　　　　　　　　　　　　　　　　　（　　）

(2) 若函数在某一点的极限不唯一，则它在该点的极限一定不存在。　　（　　）

(3) 初等函数在其定义域内必连续。　　　　　　　　　　　　　　　　（　　）

(4) 若 $\lim\limits_{x\to x_0}f(x)=A$，则必有 $f(x)$ 在 x_0 连续。　　　　　　　　　　（　　）

(5) 函数 $y=x\sin x$ 在 $(-\infty,+\infty)$ 内无界，但 $\lim\limits_{x\to+\infty}(x\sin x)\neq\infty$。　　（　　）

2. 填空题

(1) 函数 $f(x)$ 在点 x_0 的某一去心邻域内有界是 $\lim\limits_{x\to x_0}f(x)$ 存在的_____条件，$\lim\limits_{x\to x_0}f(x)=\infty$ 是函数 $f(x)$ 在 x_0 的某一去心邻域内无界的_____条件。

(2) 已知 α,β,γ 是同一过程的等价无穷小量，则它们等价关系中 α 的自反性、α,β 的对称性和 α,β,γ 的传递性分别表示为_____、_____、_____。

(3) 已知 $\lim\limits_{x\to+\infty}(2x-\sqrt{ax^2+bx+c})=3$，则 $a=$_____，$b=$_____，$c=$_____。

(4) 已知函数 $f(x)=\begin{cases}x^2+1, & x<0, \\ 2x-b, & x\geqslant0\end{cases}$ 在点 $x=0$ 处连续，则 $b=$_____。

(5) 函数 $f(x)=\dfrac{\mathrm{e}^{\frac{1}{x}}-1}{\mathrm{e}^{\frac{1}{x}}+1}$ 的间断点 $x=0$ 的类型为_____。

3. 选择题

(1) 若函数 $y=f(x)$ 在某一点的极限存在，则(　　)。

A. 函数在该点的左右极限不一定存在　　　B. 函数是该极限过程的无穷小

C. 函数在该点的左右极限存在且相等　　　D. 函数在该点一定连续

(2) 下列关于无穷小量的说法正确的是(　　)。

A. 无穷小量与无穷小量的商一定是无穷小量

B. 有界函数与无穷小量之积一定是无穷小量

C. 有界函数与无穷小量之积不一定为无穷小量

D. 无穷小量与无穷小量的商一定不是无穷小量

(3) 函数 $y=f(x)$ 在某一点连续和函数在该点右连续的关系是(　　)。

A. 充分条件　　　　　　　　　　B. 必要条件

C. 充分必要条件　　　　　　　　D. 既非充分又非必要条件

(4) 已知函数 $f(x)=\ln[1+\tan(2x)]$，$f(x)$ 比 $\sqrt{x}$ 是当 $x\to0$ 时的(　　)。

A. 同阶无穷小　　　B. 等价无穷小　　　C. 高阶无穷小　　　D. 以上均不对

(5) 已知函数 $f(x)$ 在 **R** 上连续，且 $f(x)\neq0$，$\varphi(x)$ 在 **R** 上有定义，且有间断点. 下列说法正确的是(　　)。

A. $\varphi[f(x)]$ 必有间断点　　　　　　B. $[\varphi(x)]^2$ 必有间断点

C. $f[\varphi(x)]$ 没有间断点　　　　　　D. $\dfrac{\varphi(x)}{f(x)}$ 必有间断点

4. 求下列极限：

(1) $\lim\limits_{x\to1}\dfrac{\mathrm{e}^{2x}+\ln(3-2x)}{\arctan x}$；

(2) $\lim\limits_{x\to4}\dfrac{\sqrt{2x+1}-3}{\sqrt{x-2}-\sqrt{2}}$；

(3) $\lim\limits_{x\to\infty}\dfrac{(x+1)^{90}(2x+1)^{10}}{(x^2+1)^{50}}$；

(4) $\lim\limits_{x\to-1}\sin\left(\dfrac{2x^2+x-1}{x^2-1}\right)$；

(5) $\lim\limits_{x\to0}[1+\sin(2x)]^{\frac{3}{\mathrm{e}^x-1}}$；

(6) $\lim\limits_{x\to0}(1+x\mathrm{e}^x)^{\frac{1}{x}}$；

(7) $\lim\limits_{x\to1}\dfrac{\ln(1+\sqrt[3]{x-1})}{\arcsin(2\sqrt[3]{x^2-1})}$；

(8) $\lim\limits_{x\to0}\dfrac{\sqrt{1+\tan x}-\sqrt{1+\sin x}}{x\sqrt{1+\sin^2x}-x}$。

5. 讨论下列极限是否存在：

(1) $\lim\limits_{x\to n}(x-[x])$，其中 n 为正整数；

(2) $\lim\limits_{x\to+\infty}\dfrac{[x]}{x}$。

6. 研究函数 $\lim\limits_{n\to+\infty}\dfrac{x+x^2\mathrm{e}^{nx}}{1+\mathrm{e}^{nx}}$ 的连续性。

7. 求下列函数的间断点并判别类型:

(1) $f(x) = \dfrac{x}{(1+x)^2}$;

(2) $f(x) = [x]$;

(3) $f(x) = \begin{cases} \dfrac{x^2+x}{|x|(x^2-1)}, & x \neq \pm 1, 0, \\ 0, & x = \pm 1; \end{cases}$

(4) $f(x) = \begin{cases} 2, & x = 0, x = \pm 2, \\ 4 - x^2, & 0 < |x| < 2, \\ 4, & |x| > 2。 \end{cases}$

8. 已知函数 $f(x) = \lim\limits_{t \to x} \left(\dfrac{\sin t}{\sin x} \right)^{\frac{x}{\sin t - \sin x}}$,求 $f(x)$ 及它的间断点,并判断类型。

9. 已知函数 $f(x) = \begin{cases} \dfrac{\cos x}{x+2}, & -2 < x \leqslant 0, \\ \dfrac{\sqrt{a} - \sqrt{a-x}}{x}, & x > 0, \end{cases}$ 其中 $a > 0$。回答下列问题:

(1) a 为何值时,$x = 0$ 是 $f(x)$ 的连续点? (2) a 为何值时,$x = 0$ 是 $f(x)$ 的间断点?

(3) 当 $a = 2$ 时,求 $f(x)$ 的连续区间。

10. α, β 取何值时,函数 $f(x) = \begin{cases} x^\alpha \sin \dfrac{1}{x}, & x > 0, \\ e^x + \beta, & x \leqslant 0 \end{cases}$ 在点 $x = 0$ 处连续。

11. 已知函数 $f(x)$ 和 $g(x)$ 在 $[a, b]$ 上连续,且 $f(a) < g(a), f(b) > g(b)$。证明:在 (a, b) 内至少存在一个 ξ,使 $f(\xi) = g(\xi)$。

12. 证明:在区间 $(0, 2)$ 内至少存在一点 ξ,使得 $e^\xi = 2 + \xi$。

第 **4** 章

导数与微分

Derivatives and differentials

第 3 章中,通过引入函数的极限和连续等重要概念,我们初步掌握了函数的一些变化趋势。事实上,为了全面了解函数的各种变化性态,我们还需要利用极限理论从局部和整体两个方面进行更深入的研究。例如,许多问题都需要研究函数变化趋势的快慢程度,即变化率问题;再如,当函数的自变量有微小变化时,对应的函数值的变化是多少,即变化前后的近似程度问题。这两个问题就是本章中将要学习的主要内容——函数的导数和微分,它们是微分学理论中两个重要的基本概念。本章主要讨论导数和微分的概念以及它们的计算方法。

4.1 基本概念
Basic concepts

本节从两个典型问题的分析入手给出导数的定义,并利用此定义计算一些简单函数的导数,最后讨论导数的几何意义以及导数与连续的关系。

4.1.1 两个典型问题

在给出导数的定义之前,我们先讨论两个典型的**变化率(rate of change)**问题:质点作变速直线运动的瞬时速度和曲线上某一点处的切线。

1. 速度问题

假设一个质点沿着某一直线作变速运动,考察其在时刻 $t=t_0$ 的瞬时速度。首先,在该直线上取定坐标系,将质点运动的起点作为坐标原点,质点在时刻 t 的运动规律(即位移函数)由 $s=s(t)$ 表示。在时间间隔 $[t_0,t_0+\Delta t]$ 内,质点运动所用的时间为 Δt,产生的位移为 $\Delta s=s(t_0+\Delta t)-s(t_0)$,**平均速度(average velocity)**为

$$\frac{\Delta s}{\Delta t}=\frac{s(t_0+\Delta t)-s(t_0)}{\Delta t}。$$

易见,质点运动的平均速度随着 Δt 的变化而变化。当 Δt 很小时,平均速度可以作为瞬时速度的近似值,用 $v(t_0)$ 来表示时刻 t_0 的瞬时速度,即 $v(t_0)\approx\frac{\Delta s}{\Delta t}$,并且 Δt 越小,它越接近于在时刻 $t=t_0$ 的瞬时速度。令 $\Delta t\rightarrow 0$,平均速度的极限就是质点在时刻 $t=t_0$ 的**瞬时速度**

（**instantaneous velocity**），即

$$v(t_0) = \lim_{\Delta t \to 0} \frac{\Delta s}{\Delta t} = \lim_{\Delta t \to 0} \frac{s(t_0 + \Delta t) - s(t_0)}{\Delta t}。 \tag{4.1}$$

例如，对于一个沿着 x 轴作匀加速直线运动的质点，假设质点在初始时刻 $t=0$ 位于坐标原点，质点在时刻 t 的位移函数为 $s(t) = v_0 t + \frac{1}{2} a t^2$，其中 v_0 是初始速度，a 是加速度。于是，该质点在时刻 $t = t_0$ 的瞬时速度为

$$v(t_0) = \lim_{\Delta t \to 0} \frac{\Delta s}{\Delta t} = \lim_{\Delta t \to 0} \frac{s(t_0 + \Delta t) - s(t_0)}{\Delta t}$$

$$= \lim_{\Delta t \to 0} \frac{v_0 \Delta t + \frac{1}{2} a (2t_0 + \Delta t) \Delta t}{\Delta t}$$

$$= \lim_{\Delta t \to 0} \left(v_0 + \frac{1}{2} a (2t_0 + \Delta t) \right) = v_0 + a t_0。$$

这就是中学时学过的质点作匀加速直线运动的速度计算公式。

2. 切线问题

计算曲线上某一点处的切线是一个基本的几何问题。切线的最原始定义可以描述为：切线是一条与曲线只有一个交点的直线。这个定义对于圆及一些圆锥曲线等曲线是适用的，但是当曲线较为复杂时，这个定义就不再适用。例如，对于具有正偶次幂的幂函数 $y = x^{2n}$，$n \in \mathbf{Z}_+$，它们对应的曲线在原点 O 处的两个坐标轴（x 轴和 y 轴）都符合上述定义，但只有 x 轴是这些曲线在原点处的切线。下面对曲线的切线给出严格的定义。

设有一条平面曲线 C 及曲线 C 上的一点 M，在曲线 C 上另取一点 N，作割线 MN。当点 N 沿曲线 C 趋于点 M 时，如果割线 MN 的极限位置 MT 存在，则直线 MT 称为曲线 C 在点 M 处的**切线**（**tangent line**），如图 4.1 所示。

设曲线 C 就是函数 $y = f(x)$ 的图形，点 M 的坐标为 $M(x_0, f(x_0))$。在点 M 外另取曲线 C 上一点 N，坐标为 $N(x_0 + \Delta x, f(x_0 + \Delta x))$，于是割线 MN 的斜率 $\bar{k}$ 为

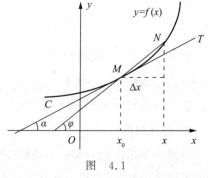

图 4.1

$$\bar{k} = \tan\varphi = \frac{f(x_0 + \Delta x) - f(x_0)}{\Delta x},$$

其中 φ 为割线 MN 的倾角。当点 N 沿曲线 C 趋于点 M 时，即当 $\Delta x \to 0$ 时，如果 $\bar{k}$ 的极限存在，设为 k，即

$$k = \lim_{\Delta x \to 0} \frac{f(x_0 + \Delta x) - f(x_0)}{\Delta x} \tag{4.2}$$

存在，则此极限 k 是割线斜率的极限，也就是切线的斜率。这里 $k = \tan\alpha$，其中 α 是切线 MT 的倾角。于是，通过点 M 且以 k 为斜率的直线 MT 便是曲线 C 在点 M 处的切线。

上面两个问题中，一个是运动学的问题，一个是几何学的问题。尽管它们的实际意义不

同,但是两个问题的极限类型是一致的,式(4.1)和式(4.2)都是当自变量的增量趋于 0 时,求函数值的增量与自变量的增量的比值的极限。事实上,这种形式的极限是非常重要且普遍存在的,如化学中化学反应的速度、物理学中的电流强度、生态学中种群的增长速度等诸多问题中,都会出现这种情况。抛开这些问题的具体含义,抽象出来它们在数学上的共同结构,即变化率的极限,便可给出导数的概念。

4.1.2 导数的定义

1. 函数在一点的导数

定义 4.1 设函数 $y=f(x)$ 在点 $x=x_0$ 的某邻域 $U(x_0)$ 内有定义。当自变量 x 在点 x_0 处取得增量 Δx,且 $x_0+\Delta x\in U(x_0)$,对应的函数值取得的增量为 $\Delta y=f(x_0+\Delta x)-f(x_0)$。若极限

$$\lim_{\Delta x\to 0}\frac{\Delta y}{\Delta x}=\lim_{\Delta x\to 0}\frac{f(x_0+\Delta x)-f(x_0)}{\Delta x}$$

存在,则称函数 $y=f(x)$ 在点 x_0 处可导(或称存在导数),此极限称为函数在点 x_0 处的**导数**(**derivative**),记作 $f'(x_0)$,即

$$f'(x_0)=\lim_{\Delta x\to 0}\frac{\Delta y}{\Delta x}=\lim_{\Delta x\to 0}\frac{f(x_0+\Delta x)-f(x_0)}{\Delta x}。 \tag{4.3}$$

$f'(x_0)$ 也可以记作 $y'|_{x=x_0}$,$\frac{\mathrm{d}y}{\mathrm{d}x}\big|_{x=x_0}$,$f'(x)|_{x=x_0}$ 或 $\frac{\mathrm{d}f(x)}{\mathrm{d}x}\big|_{x=x_0}$。

若极限(4.3)不存在,则称函数 $y=f(x)$ 在点 x_0 处不可导。但是若有

$$\lim_{\Delta x\to 0}\frac{\Delta y}{\Delta x}=\lim_{\Delta x\to 0}\frac{f(x_0+\Delta x)-f(x_0)}{\Delta x}=\infty,$$

则称函数 $y=f(x)$ 在点 x_0 处的导数为 ∞,即 $f'(x_0)=\infty$。

由导数的定义可知,作变速直线运动的质点在时刻 $t=t_0$ 的瞬时速度 $v(t_0)$ 是位移函数 $s(t)$ 在点 t_0 处的导数,即 $s'(t_0)$;若曲线的方程由 $y=f(x)$ 给出,则曲线在点 $M(x_0,y_0)$ 处的切线的斜率 k 是函数 $y=f(x)$ 在点 x_0 处的导数,即 $k=f'(x_0)$。

关于定义 4.1 的几点说明。

(1) 导数的定义是对函数变化率这一概念的精确描述,它撇开了自变量和因变量所代表的实际意义,纯粹从数量方面来刻画函数变化率的本质,即函数增量与自变量增量的比值 $\frac{\Delta y}{\Delta x}$,它是函数 $y=f(x)$ 在以 x_0 和 $x_0+\Delta x$ 为端点的区间上的平均变化率,而导数 $f'(x_0)$ 则是函数 $y=f(x)$ 在点 x_0 处的变化率,它反映了函数随自变量变化而变化的快慢程度。

(2) 有时为了方便也将极限(4.3)改写为下列等价的形式:

$$f'(x_0)=\lim_{h\to 0}\frac{f(x_0+h)-f(x_0)}{h},\quad \Delta x=h$$

或

$$f'(x_0)=\lim_{x\to x_0}\frac{f(x)-f(x_0)}{x-x_0},\quad x=x_0+\Delta x。$$

（3）根据导数的定义，只要在自变量的某一变化过程中，当 $x \to x_0$ 时，$\varphi(x) \to 0$，利用复合函数的极限法则和配项方法，同样有

$$f'(x_0) = \lim_{x \to x_0} \frac{f(x) - f(x_0)}{x - x_0} = \lim_{\varphi(x) \to 0} \frac{f(x_0 + \varphi(x)) - f(x_0)}{\varphi(x)}.$$

例 4.1　已知函数 $f(x) = x(x-1)(x-2)\cdots(x-2017)$，求 $f'(2017)$。

解　由导数的定义可得

$$f'(2017) = \lim_{x \to 2017} \frac{f(x) - f(2017)}{x - 2017} = \lim_{x \to 2017} \frac{x(x-1)(x-2)\cdots(x-2017) - 0}{x - 2017} = 2017!.$$

例 4.2　求函数 $f(x) = x^2 + x - 2$ 在点 $x = 1$ 处的导数，并求曲线在点 $(1,0)$ 处的切线方程。

解　由导数的定义可得

$$f'(1) = \lim_{\Delta x \to 0} \frac{f(1+\Delta x) - f(1)}{\Delta x} = \lim_{\Delta x \to 0} \frac{(1+\Delta x)^2 + (1+\Delta x) - 2 - 0}{\Delta x} = \lim_{\Delta x \to 0} \frac{3\Delta x + \Delta x^2}{\Delta x} = 3.$$

由此知函数 $f(x)$ 在点 $(1,0)$ 处的切线斜率为 $k = f'(1) = 3$，所以在点 $(1,0)$ 处的切线方程为

$$y = 3(x-1).$$

例 4.3　已知 $f'(x_0)$ 存在，求下列极限：

（1）$\displaystyle\lim_{h \to 0} \frac{f(x_0 + 2h) - f(x_0)}{h}$；　　　　　（2）$\displaystyle\lim_{h \to 0} \frac{f(x_0) - f(x_0 - h)}{2h}$；

（3）$\displaystyle\lim_{h \to 0} \frac{f(x_0 + h) - f(x_0 - h)}{3h}$。

分析　利用导数的定义和计算极限的配项方法。

解　由导数的定义可得

（1）$\displaystyle\lim_{h \to 0} \frac{f(x_0 + 2h) - f(x_0)}{h} = 2\lim_{h \to 0} \frac{f(x_0 + 2h) - f(x_0)}{2h} = 2f'(x_0).$

（2）$\displaystyle\lim_{h \to 0} \frac{f(x_0) - f(x_0 - h)}{2h} = \frac{1}{2}\lim_{h \to 0} \frac{f(x_0 - h) - f(x_0)}{-h} = \frac{1}{2}f'(x_0).$

（3）$\displaystyle\lim_{h \to 0} \frac{f(x_0 + h) - f(x_0 - h)}{3h} = \frac{1}{3}\lim_{h \to 0} \frac{f(x_0 + h) - f(x_0) + f(x_0) - f(x_0 - h)}{h}$

$$= \frac{1}{3}\lim_{h \to 0} \left[\frac{f(x_0 + h) - f(x_0)}{h} + \frac{f(x_0 - h) - f(x_0)}{-h} \right]$$

$$= \frac{2}{3}f'(x_0).$$

2. 单侧导数

3.1 节定义了函数 $y = f(x)$ 在点 x_0 处的极限，同时也定义了单侧极限，即左极限和右极限，并且给出了结论：函数在一点的极限存在的充分必要条件是函数在这一点左、右极限存在且相等。根据导数的定义，同样可以定义**单侧导数**（**unilateral derivative**）及其相互之间的关系。

在式（4.3）中，令自变量的增量 Δx 只从大于 0 的方向趋近于 $0(\Delta x \to 0^+)$ 或从小于 0 的

方向趋近于 $0(\Delta x \rightarrow 0^-)$，便有如下定义。

定义 4.2 设函数 $y=f(x)$ 在点 $x=x_0$ 处的某左邻域 $(x_0-\delta,x_0]$ 有定义。若

$$\lim_{\Delta x \rightarrow 0^-} \frac{f(x_0+\Delta x)-f(x_0)}{\Delta x}$$

存在,则称 $y=f(x)$ 在 x_0 处左侧可导,并将上述左极限称为函数 $f(x)$ 在 x_0 处的**左导数** (**left derivative**),记作 $f'_-(x_0)$,即

$$f'_-(x_0)=\lim_{\Delta x \rightarrow 0^-} \frac{f(x_0+\Delta x)-f(x_0)}{\Delta x}=\lim_{x \rightarrow x_0^-} \frac{f(x)-f(x_0)}{x-x_0}。$$

类似地,可以定义函数 $f(x)$ 在点 $x=x_0$ 处的**右导数** (**right derivative**),即

$$f'_+(x_0)=\lim_{\Delta x \rightarrow 0^+} \frac{f(x_0+\Delta x)-f(x_0)}{\Delta x}=\lim_{x \rightarrow x_0^+} \frac{f(x)-f(x_0)}{x-x_0}。$$

由函数在一点的极限存在的条件,有如下定理。

定理 4.1 函数 $y=f(x)$ 在点 $x=x_0$ 处存在导数的充分必要条件是:函数 $f(x)$ 在点 x_0 处的左、右导数都存在并且相等,即

$$f'_-(x_0)=f'_+(x_0)。$$

此定理可以用来判断函数在某点处的导数是否存在。

例 4.4 证明:绝对值函数 $f(x)=|x|$ 在点 $x=0$ 处不可导。

分析 利用定理 4.1 证明。

证 由于

$$f'_-(0)=\lim_{x \rightarrow 0^-} \frac{f(x)-f(0)}{x-0}=\lim_{x \rightarrow 0^-} \frac{-x}{x}=-1;$$

$$f'_+(0)=\lim_{x \rightarrow 0^+} \frac{f(x)-f(0)}{x-0}=\lim_{x \rightarrow 0^+} \frac{x}{x}=1。$$

可见绝对值函数 $f(x)=|x|$ 在点 $x=0$ 处的左导数和右导数虽然存在但是不相等。由定理 4.1 知,它在点 $x=0$ 处不可导。 证毕

例 4.5 研究函数

$$f(x)=\begin{cases}x^2, & x \geqslant 0, \\ x^3, & x < 0\end{cases}$$

在点 $x=0$ 处的可导性。

分析 利用定理 4.1 判断分段函数在分段点 $x=0$ 处是否可导。

解 易知 $f(x)$ 在点 $x=0$ 处连续,而

$$f'_-(0)=\lim_{x \rightarrow 0^-} \frac{f(x)-f(0)}{x}=\lim_{x \rightarrow 0^-} \frac{x^3-0}{x}=0;$$

$$f'_+(0)=\lim_{x \rightarrow 0^+} \frac{f(x)-f(0)}{x}=\lim_{x \rightarrow 0^+} \frac{x^2-0}{x}=0。$$

由于 $f'_-(0)=f'_+(0)=0$,故 $f(x)$ 在点 $x=0$ 处可导,且 $f'(0)=0$。

3. 一些简单函数的导数

定义 4.3 (1) 若函数 $y=f(x)$ 在开区间 (a,b) 内的每一点都可导,则称此函数为开区

间 (a,b) 内的**可导函数**(derivable function);进一步地,若还有 $f'_+(a)$ 和 $f'_-(b)$ 存在,则称函数 $y=f(x)$ 为闭区间 $[a,b]$ 上的可导函数。

(2) 若函数 $y=f(x)$ 在区间 I(有限或无限)上可导,则对于任一 $x\in I$,都存在(对应)唯一一个导数 $f'(x)$,根据函数的定义,$f'(x)$ 是区间 I 上的函数,则称 $f'(x)$ 为函数 $f(x)$ 在区间 I 上的**导函数**(derivative function),简称为导数,记作 y',$f'(x)$,$\dfrac{\mathrm{d}y}{\mathrm{d}x}$ 或 $\dfrac{\mathrm{d}f(x)}{\mathrm{d}x}$。

注意,可导函数和导函数所指的对象是不一样的,前者指的是函数 $y=f(x)$,而后者指的是 $f'(x)$。

根据导数的定义,求函数 $f(x)$ 在点 x 处的导数,应按下列步骤进行:

第一步 求函数的增量 $\Delta y=f(x+\Delta x)-f(x)$;

第二步 计算比值 $\dfrac{\Delta y}{\Delta x}=\dfrac{f(x+\Delta x)-f(x)}{\Delta x}$;

第三步 取极限 $\lim\limits_{\Delta x\to 0}\dfrac{\Delta y}{\Delta x}=f'(x)$。

为了简化叙述,在以下诸例中,Δx 都表示自变量在点 x 处的增量,Δy 都表示函数相应的增量。

例 4.6 求 $f(x)=C$(C 是常数)的导数。

分析 利用导数的定义计算,即函数增量与自变量增量比值的极限。

解 由 $f(x+\Delta x)=C$ 可知,函数的增量为 $\Delta y=f(x+\Delta x)-f(x)=C-C=0$,比值为 $\dfrac{\Delta y}{\Delta x}=\dfrac{0}{\Delta x}=0$,极限为 $\lim\limits_{\Delta x\to 0}\dfrac{\Delta y}{\Delta x}=0$,即常数函数的导数为 0。

例 4.7 求函数 $f(x)=x^n$($n\in \mathbf{Z}_+$)的导数。

分析 计算中需使用二项式展开公式。

解 由 $f(x+\Delta x)=(x+\Delta x)^n$ 可知

$$\Delta y=f(x+\Delta x)-f(x)=(x+\Delta x)^n-x^n$$

$$=nx^{n-1}\Delta x+\frac{n(n-1)}{2!}x^{n-2}(\Delta x)^2+\cdots+(\Delta x)^n,$$

$$\frac{\Delta y}{\Delta x}=\frac{(x+\Delta x)^n-x^n}{\Delta x}=nx^{n-1}+\frac{n(n-1)}{2!}x^{n-2}\Delta x+\cdots+(\Delta x)^{n-1},$$

故有

$$\lim_{\Delta x\to 0}\frac{\Delta y}{\Delta x}=\lim_{\Delta x\to 0}\left(nx^{n-1}+\frac{n(n-1)}{2!}x^{n-2}\Delta x+\cdots+(\Delta x)^{n-1}\right)=nx^{n-1},$$

即

$$(x^n)'=nx^{n-1}。$$

例 4.8 求正弦函数 $f(x)=\sin x$ 的导数。

分析 计算中需使用三角函数的和差化积公式和重要极限。

解 由导数的定义可知,对于任一 $x\in \mathbf{R}$,

$$\lim_{\Delta x\to 0}\frac{\Delta y}{\Delta x}=\lim_{\Delta x\to 0}\frac{\sin(x+\Delta x)-\sin x}{\Delta x}=\lim_{\Delta x\to 0}\frac{2\cos\left(x+\dfrac{\Delta x}{2}\right)\sin\dfrac{\Delta x}{2}}{\Delta x}$$

$$= \lim_{\Delta x \to 0} \cos\left(x + \frac{\Delta x}{2}\right) \lim_{\Delta x \to 0} \frac{\sin \frac{\Delta x}{2}}{\frac{\Delta x}{2}} = \cos x。$$

上式说明，正弦函数 $\sin x$ 对于任一 $x \in \mathbf{R}$ 都可导，并且

$$(\sin x)' = \cos x,$$

即正弦函数的导数是余弦函数。用类似的方法可以证明：余弦函数 $\cos x$ 对于任一 $x \in \mathbf{R}$ 都可导，并且

$$(\cos x)' = -\sin x,$$

即余弦函数的导数是负的正弦函数。

例 4.9 求对数函数 $f(x) = \log_a x (a > 0, a \neq 1)$ 的导数。

分析 计算中可使用对数函数的换底公式、重要极限及配项方法。

解 由导数的定义可知，对于任一 $x \in (0, +\infty)$，有

$$\Delta y = f(x + \Delta x) - f(x) = \log_a(x + \Delta x) - \log_a x$$

$$= \log_a\left(1 + \frac{\Delta x}{x}\right) = \frac{1}{\ln a} \ln\left(1 + \frac{\Delta x}{x}\right)。$$

$$\lim_{\Delta x \to 0} \frac{\Delta y}{\Delta x} = \lim_{\Delta x \to 0}\left[\frac{1}{\ln a} \frac{1}{\Delta x} \ln\left(1 + \frac{\Delta x}{x}\right)\right] = \frac{1}{x \ln a} \lim_{\Delta x \to 0}\left[\frac{x}{\Delta x} \ln\left(1 + \frac{\Delta x}{x}\right)\right]$$

$$= \frac{1}{x \ln a} \lim_{\Delta x \to 0} \ln\left(1 + \frac{\Delta x}{x}\right)^{\frac{x}{\Delta x}} = \frac{1}{x \ln a},$$

即对数函数 $\log_a x$ 在定义域 $(0, +\infty)$ 上可导，并且

$$(\log_a x)' = \frac{1}{x \ln a}。$$

特别地，对于自然对数函数 $(a = \mathrm{e})$，有

$$(\ln x)' = \frac{1}{x}。$$

例 4.10 求指数函数 $f(x) = a^x (a > 0, a \neq 1)$ 的导数。

分析 计算中可使用等价无穷小替换：$\mathrm{e}^u - 1 \sim u (u \to 0)$。

解 由导数的定义可知

$$f'(x) = \lim_{\Delta x \to 0} \frac{f(x + \Delta x) - f(x)}{\Delta x} = \lim_{\Delta x \to 0} \frac{a^{x + \Delta x} - a^x}{\Delta x} = \lim_{\Delta x \to 0} \frac{a^x(a^{\Delta x} - 1)}{\Delta x}$$

$$= a^x \lim_{\Delta x \to 0} \frac{\mathrm{e}^{\Delta x \ln a} - 1}{\Delta x} = a^x \lim_{\Delta x \to 0} \frac{\Delta x \ln a}{\Delta x} = a^x \ln a,$$

即

$$(a^x)' = a^x \ln a。$$

特别地，有

$$(\mathrm{e}^x)' = \mathrm{e}^x。$$

4.1.3 导数的几何解释

由前面的讨论可知，函数 $y = f(x)$ 的图形在直角坐标系中表示一条曲线，它在点 $x = x_0$

处的导数 $f'(x_0)$ 是该曲线在对应点 $M(x_0,y_0)$ 处的切线的斜率,即 $k=f'(x_0)$,这便是导数的几何意义。由此可知,曲线 $y=f(x)$ 在点 $M(x_0,y_0)$ 处的切线方程为

$$y-y_0=f'(x_0)(x-x_0)。$$

过切点 $M(x_0,y_0)$,且与切线垂直的直线称为曲线 $y=f(x)$ 在点 $M(x_0,y_0)$ 处的**法线**(**normal line**)。若 $f'(x_0)\neq0$,则法线方程为

$$y-y_0=-\frac{1}{f'(x_0)}(x-x_0)。$$

需要指出的是,若 $f'(x_0)=\infty$,则曲线 $y=f(x)$ 在点 $M(x_0,y_0)$ 处的切线为垂直于 x 轴的直线,方程为 $x=x_0$,对应的法线方程为 $y=y_0$。

例 4.11　求过点 $(2,0)$ 且与曲线 $y=\frac{1}{x}$ 相切的直线方程。

分析　显然,点 $(2,0)$ 不在曲线 $y=\frac{1}{x}$ 上,不能直接使用切线公式。

解　设切点为 (x_0,y_0),则有 $y_0=\frac{1}{x_0}$,切线的斜率为 $k=\left(\frac{1}{x}\right)'\Big|_{x=x_0}=-\frac{1}{x_0^2}$。设所求的切线方程的形式为

$$y-\frac{1}{x_0}=-\frac{1}{x_0^2}(x-x_0)。$$

又因为切线过点 $(2,0)$,所以有

$$-\frac{1}{x_0}=-\frac{1}{x_0^2}(2-x_0)。$$

于是得 $x_0=1,y_0=1$。从而所求切线方程为

$$y-1=-(x-1),\quad 即\quad y=-x+2。$$

例 4.12　在曲线 $y=\ln x$ 上求一点,使该点处的切线与直线 $y=x-1$ 平行。

分析　利用平行直线斜率相等的结论。

解　设切点为 $(x_0,y_0)=(x_0,\ln x_0)$,曲线 $y=\ln x$ 在该点的切线的斜率为

$$k=(\ln x)'|_{x=x_0}=\frac{1}{x_0}。$$

由平行直线的条件可得 $\frac{1}{x_0}=1$,解之得 $x_0=1$。故所求点为 $(1,0)$。

4.1.4　可导与连续的关系

定理 4.2　若函数 $y=f(x)$ 在点 $x=x_0$ 处可导,则函数 $f(x)$ 在点 x_0 处连续,即**可导必连续**。

分析　利用函数连续和导数的定义。

证　设函数 $y=f(x)$ 在点 $x=x_0$ 处的自变量 x 的增量为 Δx,对应的函数值增量为 $\Delta y=f(x_0+\Delta x)-f(x_0)$。由于

$$\lim_{\Delta x\to0}\Delta y=\lim_{\Delta x\to0}\left(\frac{\Delta y}{\Delta x}\cdot\Delta x\right)=\lim_{\Delta x\to0}\frac{\Delta y}{\Delta x}\lim_{\Delta x\to0}\Delta x=f'(x_0)\cdot0=0,$$

根据连续函数的定义可知,函数在点 x_0 处连续。

证毕

关于定理 4.2 的几点说明。

(1) 定理 4.2 的逆命题不成立,即函数在一点连续,但它在该点不一定可导。例如,函数 $f(x)=|x|$ 在点 $x=0$ 处连续,但在例 4.4 中已经证明了它在点 $x=0$ 处不可导。

(2) 定理 4.2 的逆否命题:若函数在某点处不连续,则它在该点处一定不可导。

例 4.13 证明:函数 $f(x)=\sqrt[3]{x}$ 在点 $x=0$ 处连续但不可导。

分析 利用导数的定义证明。

证 显然,函数 $f(x)=\sqrt[3]{x}$ 在 $x=0$ 处连续。由于

$$\lim_{x \to 0}\frac{f(x)-f(0)}{x-0}=\lim_{x \to 0}\frac{\sqrt[3]{x}}{x}=\lim_{x \to 0}\frac{1}{\sqrt[3]{x^2}}=+\infty,$$

即函数 $f(x)=\sqrt[3]{x}$ 在点 $x=0$ 处不可导,也称函数 $f(x)=\sqrt[3]{x}$ 在点 $x=0$ 处的导数为无穷大。

证毕

由例 4.13 可知,曲线 $y=\sqrt[3]{x}$ 在点 $(0,0)$ 处存在切线 $x=0$,即 y 轴,它的斜率是 $+\infty$,如图 4.2 所示。

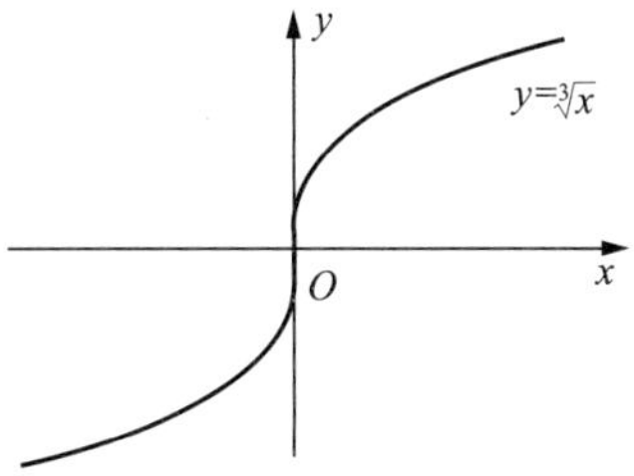

从此例题可知,**函数在一点处的导数不存在,不能说其相应曲线在该点处的切线不存在。**

例 4.14 研究函数

$$f(x)=\begin{cases} x\sin \dfrac{1}{x}, & x\neq 0, \\ 0, & x=0 \end{cases}$$

图 4.2

在点 $x=0$ 处的连续性和可导性。

分析 由于此函数在分段点左右两侧表达式相同,因此不需要讨论其是否左右连续和左右可导,而是直接用连续和可导的定义判断其连续性和可导性。

解 因为

$$\lim_{x \to 0}f(x)=\lim_{x \to 0}\left(x\sin \frac{1}{x}\right)=0=f(0),$$

所以 $f(x)$ 在点 $x=0$ 处连续,但是由于

$$\lim_{x \to 0}\frac{f(x)-f(0)}{x-0}=\lim_{x \to 0}\frac{x\sin \dfrac{1}{x}-0}{x}=\lim_{x \to 0}\sin \frac{1}{x}$$

不存在,故 $f(x)$ 在点 $x=0$ 处不可导。

此例说明"连续不一定可导",连续只是可导的必要条件。

例 4.15 已知函数 $f(x)=\begin{cases} x^2, & x<0, \\ 1, & x=0, \\ -x^2, & x>0, \end{cases}$ 求 $f'(x)$。

分析 分段函数在各自定义域内分别求导数,但是在分段点要用导数的定义判断。

解 容易求得,当 $x<0$ 时,$f'(x)=2x$;当 $x>0$ 时,$f'(x)=-2x$。在分段点 $x=0$ 处,由于

$$f'_-(0)=\lim_{x\to 0^-}\frac{x^2-1}{x}=+\infty,\quad f'_+(0)=\lim_{x\to 0^+}\frac{-x^2-1}{x}=-\infty,$$

所以 $f'(0)$ 不存在。从而有

$$f'(x)=\begin{cases}2x, & x<0,\\ 不存在, & x=0,\\ -2x, & x>0.\end{cases}$$

事实上，如果函数在某一点不连续，可直接推出它在该点一定不可导。

例 4.16　已知函数 $f(x)=\begin{cases}\cos x, & x\leqslant 0,\\ ax+b, & x>0\end{cases}$ 在点 $x=0$ 处可导。确定常数 a,b 的值。

分析　利用定理 4.2 确定常数 a,b 的值。

解　由定理 4.2 可知，$f(x)$ 在点 $x=0$ 处一定连续，即

$$f(0-0)=\lim_{x\to 0^-}f(x)=\lim_{x\to 0^-}\cos x=1,$$
$$f(0+0)=\lim_{x\to 0^+}f(x)=\lim_{x\to 0^+}(ax+b)=b.$$

由连续的定义可知，$b=1$。函数在点 $x=0$ 处的左右导数分别为

$$f'_-(0)=\lim_{x\to 0^-}\frac{f(x)-f(0)}{x-0}=\lim_{x\to 0^-}\frac{\cos x-1}{x}=0,$$
$$f'_+(0)=\lim_{x\to 0^+}\frac{f(x)-f(0)}{x-0}=\lim_{x\to 0^+}\frac{ax+b-1}{x}=a.$$

由于 $f(x)$ 在点 $x=0$ 处可导，有 $f'_-(0)=f'_+(0)$，即 $a=0$。故当取 $a=0,b=1$ 时，函数在点 $x=0$ 处可导。

习　题　4.1

思 考 题

1. 函数 $f(x)$ 在某点 x_0 处的导数 $f'(x_0)$ 与导函数 $f'(x)$ 有什么区别与联系？

2. 可导函数和导函数所指的对象是否为同一个？

3. 函数在某点连续，则它在该点是否一定可导？若不是，请举例。

4. 函数在某点导数不存在，函数曲线在这一点的切线是否一定不存在？

A 类题

1. 根据导数的定义求下列函数的导数：

(1) $f(x)=(x-a)(x-b)(x-c)^2$，求 $f'(a),f'(b),f'(c)$；

(2) $f(x)=x^2-3x+2$，求 $f'(1),f'(2)$；

(3) $f(x)=2\cos x+1$，求 $f'(x)$；　　　(4) $f(x)=2\sqrt[3]{x^2}+5$，求 $f'(x)$。

2. 已知 $f'(x_0)$ 存在，计算下列极限：

(1) $\lim\limits_{\Delta x\to 0}\dfrac{f(x_0-\Delta x)-f(x_0)}{\Delta x}$；　　　(2) $\lim\limits_{\Delta x\to 0}\dfrac{f(x_0+\Delta x)-f(x_0-\Delta x)}{\Delta x}$；

(3) $\lim\limits_{h \to 0} \dfrac{f(x_0+3h)-f(x_0-2h)}{2h}$;　　　(4) $\lim\limits_{x \to 0} \dfrac{f(x)}{x}$，其中 $f(0)=0$ 且 $f'(0)$ 存在。

3. 已知函数 $f(x)$ 在 $x=1$ 处连续，且 $\lim\limits_{x \to 1} \dfrac{f(x)}{x-1}=2$。求 $f'(1)$。

4. 已知函数 $f(x)$ 在 **R** 上可导，证明：

(1) 若 $f(x)$ 是偶函数，则 $f'(x)=-f'(-x)$；

(2) 若 $f(x)$ 是奇函数，则 $f'(x)=f'(-x)$；

(3) 若 $f(x)$ 是以 $T>0$ 为周期的周期函数，则 $f'(x)=f'(x+T)$。

5. 讨论下列函数在 $x=0$ 处的连续性和可导性：

(1) $f(x)=|\sin x|$；　　　　　　(2) $f(x)=\begin{cases} x^3+2x+1, & x \geqslant 0, \\ \cos x, & x<0; \end{cases}$

(3) $f(x)=\begin{cases} x^2+1, & x \geqslant 0, \\ 2x+1, & x<0; \end{cases}$　　(4) $f(x)=\begin{cases} e^x+x, & x \geqslant 0, \\ (x+1)^2, & x<0。 \end{cases}$

6. 已知函数 $f(x)=\begin{cases} x^2+1, & x \geqslant 0, \\ ae^x+b, & x<0, \end{cases}$ 试确定 a,b 的值，使得 $f'(0)$ 存在。

7. 求曲线 $y=2\cos x+3x+1$ 在点 $(0,3)$ 处的切线方程和法线方程。

8. 证明：双曲线 $xy=1$ 上任一点处的切线与两个坐标轴围成的三角形的面积都等于 2。

B 类题

1. 根据导数的定义求下列函数的导数：

(1) $f(x)=(x-1)\arcsin x$，求 $f'(1)$；　(2) $f(x)=\cos(2x)$，求 $f'\left(\dfrac{\pi}{4}\right)$；

(3) $f(x)=xe^x$，求 $f'(x)$；　　　(4) $f(x)=\begin{cases} \ln(1+x), & x \geqslant 0, \\ \sin x, & x<0, \end{cases}$ 求 $f'(x)$。

2. 已知 $f'(x_0)$ 存在，计算 $\lim\limits_{\Delta x \to 0} \dfrac{f^2(x_0+\Delta x)-f^2(x_0)}{\Delta x}$。

3. 已知 $\lim\limits_{x \to 0} \dfrac{x(f(2x)-f(0))}{2(1-\cos x)}=1$，求 $f'(0)$。

4. 讨论下列函数在点 $x=0$ 处的连续性和可导性：

(1) $f(x)=|x|\sin x$；　　　　　(2) $f(x)=\begin{cases} \dfrac{x}{1+e^{\frac{1}{x}}}, & x \neq 0, \\ 0, & x=0; \end{cases}$

(3) $f(x)=\begin{cases} \cos x, & x<0, \\ x^2+x+1, & x \geqslant 0; \end{cases}$　(4) $f(x)=\begin{cases} \sqrt{1+x}-\sqrt{1-x}, & 0<x \leqslant 1, \\ \ln(1+x), & -1<x \leqslant 0。 \end{cases}$

5. 求抛物线 $y=x^2-2x+3$ 上的一点 (x_0,y_0)，使得在该点的法线平行于直线 $x+2y=1$，并求过该点的法线方程。

6. 已知函数 $f(x) = \begin{cases} e^x, & x < 0, \\ x^2 + ax + b, & x \geqslant 0。\end{cases}$ 确定 a,b 的值，使得 $f'(0)$ 存在。

7. 当 m 取何值时，函数 $f(x) = \begin{cases} x^m \sin \dfrac{1}{x}, & x \neq 0, \\ 0, & x = 0 \end{cases}$ 在点 $x = 0$ 处的导数存在？

8. 已知函数 $f(x)$ 满足 $f(x+y) = f(x)f(y)$，其中 $x, y \in \mathbf{R}$，且 $f(0) \neq 0$。证明：

(1) $f(0) = 1$；

(2) 若 $f'(0)$ 存在，则 $f(x)$ 对任一 $x \in \mathbf{R}$ 都可导，且有 $f'(x) = f(x)f'(0)$。

4.2　导数的运算法则
Operation rules of the derivatives

求函数的变化率的极限——导数，是理论研究和实践应用中经常遇到的一个普遍问题。根据导数的定义求一些简单函数的导数虽然可行，但是对于一些复杂函数，根据导数的定义求导数往往会非常烦琐。为了能够方便地求出函数的导数，本节给出计算函数导数的一些运算法则以及基本初等函数的求导公式。利用这些求导公式，就可以顺利求出任何初等函数的导数。

4.2.1　导数的四则运算法则

定理 4.3　若函数 $u = u(x)$ 与 $v = v(x)$ 都在点 x 处可导，则它们的和、差、积、商（除分母为零的点外）都在点 x 处可导，且

(1) $[u(x) \pm v(x)]' = u'(x) \pm v'(x)$；

(2) $[u(x)v(x)]' = u'(x)v(x) + u(x)v'(x)$；

(3) $\left[\dfrac{u(x)}{v(x)}\right]' = \dfrac{u'(x)v(x) - u(x)v'(x)}{[v(x)]^2}$。

分析　利用导数的定义和计算极限的一些技巧进行证明。

证　(1) 利用导数的定义可以直接证明，从略。

(2) 设 $y = u(x)v(x)$，利用配项方法可得

$$\begin{aligned} \Delta y &= u(x+\Delta x)v(x+\Delta x) - u(x)v(x) \\ &= u(x+\Delta x)v(x+\Delta x) - u(x)v(x+\Delta x) + u(x)v(x+\Delta x) - u(x)v(x) \\ &= v(x+\Delta x)[u(x+\Delta x) - u(x)] + u(x)[v(x+\Delta x) - v(x)] \\ &= v(x+\Delta x)\Delta u + u(x)\Delta v。 \end{aligned}$$

由于函数 $u(x)$ 与 $v(x)$ 在点 x 处都可导，所以有 $\lim\limits_{\Delta x \to 0} \dfrac{\Delta u}{\Delta x} = u'(x)$ 与 $\lim\limits_{\Delta x \to 0} \dfrac{\Delta v}{\Delta x} = v'(x)$。由定理 4.2 可知，函数 $v(x)$ 在点 x 处连续，即 $\lim\limits_{\Delta x \to 0} v(x+\Delta x) = v(x)$。于是

$$\lim_{\Delta x \to 0} \frac{\Delta y}{\Delta x} = \lim_{\Delta x \to 0} v(x+\Delta x) \lim_{\Delta x \to 0} \frac{\Delta u}{\Delta x} + u(x) \lim_{\Delta x \to 0} \frac{\Delta v}{\Delta x} = u'(x)v(x) + u(x)v'(x),$$

即函数 $u(x)v(x)$ 在点 x 处可导，且 $[u(x)v(x)]' = u'(x)v(x) + u(x)v'(x)$。

(3) 先考虑 $u(x)=1$ 时的特殊情况。设 $y=\dfrac{1}{v(x)}$,有

$$\frac{\Delta y}{\Delta x}=\frac{1}{\Delta x}\left(\frac{1}{v(x+\Delta x)}-\frac{1}{v(x)}\right)=\frac{1}{\Delta x}\cdot\frac{v(x)-v(x+\Delta x)}{v(x)v(x+\Delta x)}$$

$$=\frac{1}{\Delta x}\cdot\frac{-\Delta v}{v(x)v(x+\Delta x)}=-\frac{\Delta v}{\Delta x}\cdot\frac{1}{v(x)v(x+\Delta x)}。$$

已知函数 $v(x)$ 在点 x 处可导,所以函数 $v(x)$ 在点 x 处连续,故有

$$\lim_{\Delta x\to 0}\frac{\Delta v}{\Delta x}=v'(x),\ \lim_{\Delta x\to 0}v(x+\Delta x)=v(x)。$$

于是

$$\lim_{\Delta x\to 0}\frac{\Delta y}{\Delta x}=-\frac{\lim\limits_{\Delta x\to 0}\dfrac{\Delta v}{\Delta x}}{v(x)\lim\limits_{\Delta x\to 0}v(x+\Delta x)}=-\frac{v'(x)}{[v(x)]^2},$$

即函数 $\dfrac{1}{v(x)}$ 在点 x 处可导,且 $\left[\dfrac{1}{v(x)}\right]'=-\dfrac{v'(x)}{[v(x)]^2}$。利用结论(2),有

$$\left[\frac{u(x)}{v(x)}\right]'=\left[u(x)\cdot\frac{1}{v(x)}\right]'=u'(x)\cdot\frac{1}{v(x)}+u(x)\left[\frac{1}{v(x)}\right]'$$

$$=u'(x)\cdot\frac{1}{v(x)}+u(x)\frac{-v'(x)}{[v(x)]^2}=\frac{u'(x)v(x)-u(x)v'(x)}{[v(x)]^2}。$$

证毕

定理 4.3 的几点说明。

(1) 注意在法则(2)和法则(3)中,$[u(x)v(x)]'\neq u'(x)v'(x)$,$\left[\dfrac{u(x)}{v(x)}\right]'\neq\dfrac{u'(x)}{v'(x)}$。

(2) 当 $v(x)=c$(c 是常数)时,由法则(2),有 $[cu(x)]'=cu'(x)+u(x)(c)'=cu'(x)$。

(3) 法则(1)可以推广为有限个函数的代数和的导数,即若函数 $u_1(x),u_2(x),\cdots,$ $u_n(x)$ 都在点 x 处可导,则函数 $u_1(x)\pm u_2(x)\pm\cdots\pm u_n(x)$ 在点 x 处也可导,且

$$[u_1(x)\pm u_2(x)\pm\cdots\pm u_n(x)]'=u_1'(x)\pm u_2'(x)\pm\cdots\pm u_n'(x)。$$

(4) 法则(2)可以推广为有限个函数的乘积的导数,即若函数 $u_1(x),u_2(x),\cdots,u_n(x)$ 都在点 x 处可导,则函数 $u_1(x)u_2(x)\cdots u_n(x)$ 在点 x 处也可导,且

$$[u_1(x)u_2(x)\cdots u_n(x)]'=u_1'(x)u_2(x)\cdots u_n(x)+u_1(x)u_2'(x)\cdots u_n(x)+\cdots+$$
$$u_1(x)u_2(x)\cdots u_n'(x)。$$

例 4.17 求下列函数的导数:

(1) $f(x)=\ln x-\sin x+x^3$;   (2) $f(x)=x^2\sin x$;

(3) $f(x)=2x^3+x\ln x+e^x\sin x$。

分析 利用函数导数的四则运算法则。

解 (1) $f'(x)=(\ln x-\sin x+x^3)'=(\ln x)'-(\sin x)'+(x^3)'=\dfrac{1}{x}-\cos x+3x^2$。

(2) $f'(x)=(x^2\sin x)'=(x^2)'\sin x+x^2(\sin x)'=2x\sin x+x^2\cos x$。

(3) $f'(x)=(2x^3+x\ln x+e^x\sin x)'=(2x^3)'+(x\ln x)'+(e^x\sin x)'$

$$=6x^2+\ln x+1+e^x\sin x+e^x\cos x。$$

例 4.18 求下列函数的导数：

(1) $y = \tan x$；　　　　(2) $y = \cot x$；　　　　(3) $y = \sec x$；　　　　(4) $y = \csc x$。

分析 利用函数商的求导法则。

解 (1) $(\tan x)' = \left(\dfrac{\sin x}{\cos x}\right)' = \dfrac{(\sin x)' \cos x - \sin x (\cos x)'}{\cos^2 x}$

$$= \frac{\cos^2 x + \sin^2 x}{\cos^2 x} = \frac{1}{\cos^2 x} = \sec^2 x。$$

(2) $(\cot x)' = \left(\dfrac{\cos x}{\sin x}\right)' = \dfrac{(\cos x)' \sin x - \cos x (\sin x)'}{\sin^2 x}$

$$= \frac{-\sin^2 x - \cos^2 x}{\sin^2 x} = -\frac{1}{\sin^2 x} = -\csc^2 x。$$

(3) $(\sec x)' = \left(\dfrac{1}{\cos x}\right)' = -\dfrac{(\cos x)'}{\cos^2 x} = \dfrac{\sin x}{\cos^2 x} = \tan x \sec x。$

(4) $(\csc x)' = \left(\dfrac{1}{\sin x}\right)' = -\dfrac{(\sin x)'}{\sin^2 x} = -\dfrac{\cos x}{\sin^2 x} = -\cot x \csc x。$

例 4.19 求函数 $f(x) = \dfrac{x \sin x}{1 + \cos x}$ 的导数。

分析 综合利用函数的求导法则。

解 $f'(x) = \left(\dfrac{x \sin x}{1 + \cos x}\right)' = \dfrac{(x \sin x)'(1 + \cos x) - x \sin x (1 + \cos x)'}{(1 + \cos x)^2}$

$$= \frac{(\sin x + x \cos x)(1 + \cos x) + x \sin^2 x}{(1 + \cos x)^2}$$

$$= \frac{\sin x (1 + \cos x) + x \cos x + x \cos^2 x + x \sin^2 x}{(1 + \cos x)^2}$$

$$= \frac{\sin x (1 + \cos x) + x \cos x + x}{(1 + \cos x)^2}$$

$$= \frac{(x + \sin x)(1 + \cos x)}{(1 + \cos x)^2} = \frac{x + \sin x}{1 + \cos x}。$$

4.2.2 反函数的导数

本小节讨论反函数的导数，并给出它的求导法则。用这个法则可以很方便地求出指数函数(对数函数的反函数)和反三角函数(三角函数的反函数)的导数。

定理 4.4 设函数 $y = f(x)$ 在点 $x = x_0$ 处可导，且 $f'(x_0) \neq 0$。若函数 $y = f(x)$ 在点 x_0 的某邻域内连续，并严格单调，则它的反函数 $x = \varphi(y)$ 在点 $y_0 = f(x_0)$ 处可导，且

$$\varphi'(y_0) = \frac{1}{f'(x_0)}。$$

分析 综合利用导数的定义、反函数的连续性定理及极限的计算技巧。

证 由反函数的连续性定理可知，函数 $y = f(x)$ 的反函数 $x = \varphi(y)$ 在点 $y_0 = f(x_0)$ 的某邻域内连续且严格单调，故当 $\Delta y = y - y_0 \neq 0$ 时，有 $\Delta x = \varphi(y) - \varphi(y_0) \neq 0$。令

$$F(x) = \frac{f(x) - f(x_0)}{x - x_0},$$

当 $y - y_0 \neq 0$ 时,有

$$\frac{\Delta x}{\Delta y} = \frac{\varphi(y) - \varphi(y_0)}{y - y_0} = \frac{1}{F(x)}。$$

由于 $y \to y_0 \Leftrightarrow \varphi(y) \to \varphi(y_0) \Leftrightarrow x \to x_0$;$F(x) \to f'(x_0) \neq 0 (x \to x_0)$,所以由复合函数的极限运算法则可得

$$\lim_{\Delta y \to 0} \frac{\Delta x}{\Delta y} = \lim_{y \to y_0} \frac{\varphi(y) - \varphi(y_0)}{y - y_0} = \lim_{x \to x_0} \frac{1}{F(x)} = \frac{1}{f'(x_0)},$$

即反函数 $x = \varphi(y)$ 在点 $y_0 = f(x_0)$ 处可导,且 $\varphi'(y_0) = \dfrac{1}{f'(x_0)}$。   证毕

若函数 $y = f(x)$ 在区间 I 上严格单调,且对任一 $x \in I$,有 $f'(x) \neq 0$,则函数 $y = f(x)$ 的反函数 $x = \varphi(y)$ 在区间 $f(I)$ 上可导,并且

$$\varphi'(y) = \frac{1}{f'(x)},$$

即反函数的导数等于直接函数导数的倒数。

由于 $y = f(x)$ 与 $x = \varphi(y)$ 互为反函数,所以上述公式也可以写成

$$f'(x) = \frac{1}{\varphi'(y)}。$$

例 4.20 利用定理 4.4 再求指数函数 $y = a^x (a > 0, a \neq 1)$ 的导数(例 4.10)。

解 已知指数函数 $y = a^x$ 是对数函数 $x = \log_a y$ 的反函数,故有

$$(a^x)' = \frac{1}{(\log_a y)'} = \frac{1}{\dfrac{1}{y \ln a}} = y \ln a = a^x \ln a,$$

即 $(a^x)' = a^x \ln a$。特别地,当 $a = e$ 时,有 $(e^x)' = e^x \ln e = e^x$。

例 4.21 求反正弦函数 $y = \arcsin x$ 的导数。

解 由于 $y = \arcsin x$ 在区间 $[-1, 1]$ 上是正弦函数 $x = \sin y$ 在区间 $\left[-\dfrac{\pi}{2}, \dfrac{\pi}{2} \right]$ 上的反函数,并且 $x = \sin y$ 在 $\left(-\dfrac{\pi}{2}, \dfrac{\pi}{2} \right)$ 内单调、可导且 $(\sin y)' = \cos y > 0$,所以有

$$y' = (\arcsin x)' = \frac{1}{(\sin y)'} = \frac{1}{\cos y}。$$

在 $\left(-\dfrac{\pi}{2}, \dfrac{\pi}{2} \right)$ 内,$\cos y = \sqrt{1 - \sin^2 y} = \sqrt{1 - x^2}$,从而有

$$(\arcsin x)' = \frac{1}{\sqrt{1 - x^2}}。$$

用类似的方法可得

$$(\arccos x)' = -\frac{1}{\sqrt{1 - x^2}}; \qquad (\arctan x)' = \frac{1}{1 + x^2};$$

$$(\operatorname{arccot}x)' = -\frac{1}{1+x^2} \, 。$$

4.2.3 复合函数的导数

前面虽然学习了函数导数的四则运算法则,但有些初等函数是由基本初等函数生成的复合函数。为此,计算复合函数的导数时同样需要有求导法则作为理论依据。

定理 4.5 若函数 $u=g(x)$ 在点 x 处可导,函数 $y=f(u)$ 在相应的点 u 处可导,则复合函数 $y=f[g(x)]$ 在点 x 处也可导,且

$$\frac{\mathrm{d}y}{\mathrm{d}x} = f'[g(x)]g'(x) \quad \text{或} \quad \frac{\mathrm{d}y}{\mathrm{d}x} = \frac{\mathrm{d}y}{\mathrm{d}u} \cdot \frac{\mathrm{d}u}{\mathrm{d}x} \, 。$$

分析 综合利用导数的定义和计算极限的技巧。

证 设 x 取得增量 Δx,则 u 取得相应的增量 Δu,从而 y 取得相应的增量 Δy,即

$$\Delta u = g(x+\Delta x) - g(x), \quad \Delta y = f(u+\Delta u) - f(u) \, 。$$

当 $\Delta u \neq 0$ 时,有

$$\frac{\Delta y}{\Delta x} = \frac{\Delta y}{\Delta u} \cdot \frac{\Delta u}{\Delta x} \, 。$$

由函数 $u=g(x)$ 在点 x 处可导知,它在点 x 处必连续,所以当 $\Delta x \to 0$ 时有 $\Delta u \to 0$,因此

$$\lim_{\Delta x \to 0} \frac{\Delta y}{\Delta x} = \lim_{\Delta x \to 0} \frac{\Delta y}{\Delta u} \lim_{\Delta x \to 0} \frac{\Delta u}{\Delta x} = \lim_{\Delta u \to 0} \frac{\Delta y}{\Delta u} \lim_{\Delta x \to 0} \frac{\Delta u}{\Delta x} \, 。$$

由已知可得

$$\frac{\mathrm{d}y}{\mathrm{d}x} = f'[g(x)]g'(x) \quad \text{或} \quad \frac{\mathrm{d}y}{\mathrm{d}x} = \frac{\mathrm{d}y}{\mathrm{d}u} \cdot \frac{\mathrm{d}u}{\mathrm{d}x} \, 。$$

可以证明,当 $\Delta u = 0$ 时上述公式仍成立。 证毕

关于定理 4.5 的几点说明。

(1) 复合函数的求导法则可叙述为:**复合函数的导数,等于函数对中间变量的导数乘以中间变量对自变量的导数**,这一法则又称为**链式法则**(chain rule)。

(2) 在定理 4.5 中,$f'(u)$ 是 $y=f(u)$ 对 u 的导数,由于 $u=g(x)$,则有

$$f'(u) = f'[g(x)] = \frac{\mathrm{d}f[g(x)]}{\mathrm{d}g(x)} ,$$

即 $f'[g(x)]$ 表示 $y=f[g(x)]$ 对 $g(x)$ 的导数。

(3) 应用归纳法,可将定理 4.5 推广为任意有限多个函数生成的复合函数的情形。以三个函数为例:若 $y=f(u), u=\varphi(v), v=\psi(x)$ 都可导,则

$$\frac{\mathrm{d}y}{\mathrm{d}x} = \frac{\mathrm{d}y}{\mathrm{d}u} \cdot \frac{\mathrm{d}u}{\mathrm{d}v} \cdot \frac{\mathrm{d}v}{\mathrm{d}x} = (f\{\varphi[\psi(x)]\})' = f'(u)\varphi'(v)\psi'(x) \, 。$$

(4) 对于复合函数的导数来说,链式法则是重要而且有用的方法。用这个法则的关键是:**将一个给定的复合函数分解成若干个基本初等函数,按照从外到内的顺序依次求导**。

例 4.22 求下列函数的导数:

(1) $y=(1-2x)^3$;

(2) $y=\ln(-x)$,其中 $x<0$;

(3) $y=x^\alpha$,其中 $x>0, \alpha \in \mathbf{R}$;

(4) $y=\ln(x+\sqrt{x^2 \pm a^2})$;

(5) $y=\tan(x^2+2^x)$。

解 (1) 显然，函数 $y=(1-2x)^3$ 是由函数 $y=u^3$ 与 $u=1-2x$ 组成的复合函数。由复合函数求导法则，有

$$y'=(u^3)'(1-2x)'=3u^2\cdot(-2)=-6(1-2x)^2。$$

(2) 显然，函数 $y=\ln(-x)$ 是由函数 $y=\ln u$ 与 $u=-x$ 组成的复合函数，由复合函数求导法则，有

$$[\ln(-x)]'=(\ln u)'(-x)'=\frac{1}{u}\cdot(-1)=-\frac{1}{-x}=\frac{1}{x}。$$

综合例 4.9，当 $x\neq 0$ 时，有 $(\ln|x|)'=\frac{1}{x}$。

(3) 将 $y=x^\alpha$ 改写为 $y=e^{\alpha\ln x}$ $(x>0)$，它是由函数 $y=e^u$ 与 $u=\alpha\ln x$ 组成的复合函数。由复合函数求导法则，有

$$y'=(x^\alpha)'=(e^{\alpha\ln x})'=(e^u)'(\alpha\ln x)'=e^u\frac{\alpha}{x}=e^{\alpha\ln x}\frac{\alpha}{x}=x^\alpha\frac{\alpha}{x}=\alpha x^{\alpha-1},$$

即 $(x^\alpha)'=\alpha x^{\alpha-1}$。

当 $x<0$ 时，可以证明同样有 $(x^\alpha)'=\alpha x^{\alpha-1}$。因此，若幂函数 $y=x^\alpha$ 的定义域是 **R** 或 **R**$\backslash\{0\}$，则幂函数 $y=x^\alpha$ 的导数公式为 $(x^\alpha)'=\alpha x^{\alpha-1}$。

(4) $y'=(\ln(x+\sqrt{x^2\pm a^2}))'=\dfrac{1}{x+\sqrt{x^2\pm a^2}}(x+\sqrt{x^2\pm a^2})'$

$$=\frac{1+\dfrac{x}{\sqrt{x^2\pm a^2}}}{x+\sqrt{x^2\pm a^2}}=\frac{1}{\sqrt{x^2\pm a^2}}。$$

(5) $y'=\sec^2(x^2+2^x)\cdot(x^2+2^x)'=(2x+2^x\ln 2)\sec^2(x^2+2^x)$。

计算复合函数的导数既是重点又是难点。在求复合函数的导数时，首先要分清函数的复合层次，然后从外向里，逐层推进求导，不能遗漏，也不能重复。在求导的过程中，始终要明确所求的导数是哪个函数对哪个变量（不管是自变量还是中间变量）的导数。在开始时可以先设中间变量，一步一步去做。熟练之后，中间变量可以省略不写，只把中间变量看在眼里，记在心上，直接把表示中间变量的部分写出来，整个过程一气呵成。

4.2.4 初等函数的导数

根据导数的定义和求导法则，我们得到了基本初等函数的导数公式。为方便查阅，这些导数公式汇集如下：

(1) $(C)'=0$，其中 C 是常数；

(2) $(x^\alpha)'=\alpha x^{\alpha-1}$，其中 α 是实数；

(3) $(a^x)'=a^x\ln a$，$(e^x)'=e^x$；

(4) $(\log_a x)'=\dfrac{1}{x}\log_a e=\dfrac{1}{x\ln a}$，$(\ln x)'=\dfrac{1}{x}$；

(5) $(\sin x)'=\cos x$，$(\cos x)'=-\sin x$，$(\tan x)'=\sec^2 x$，

$(\cot x)'=-\csc^2 x$，$(\sec x)'=\tan x\sec x$，$(\csc x)'=-\cot x\csc x$；

（6）$(\arcsin x)' = \dfrac{1}{\sqrt{1-x^2}}$，$(\arccos x)' = -\dfrac{1}{\sqrt{1-x^2}}$，

$\qquad (\arctan x)' = \dfrac{1}{1+x^2}$，$(\operatorname{arccot} x)' = -\dfrac{1}{1+x^2}$。

此外，不难证明如下双曲函数的导数公式：

（7）$(\sinh x)' = \cosh x$，$(\cosh x)' = \sinh x$，$(\tanh x)' = \cosh^{-2} x$，

其中

$$\sinh x = \frac{\mathrm{e}^x - \mathrm{e}^{-x}}{2}, \quad \cosh x = \frac{\mathrm{e}^x + \mathrm{e}^{-x}}{2}, \quad \tanh x = \frac{\sinh x}{\cosh x}。$$

例 4.23　已知函数 $f(x)$ 可导，计算下列函数的导数 $\dfrac{\mathrm{d}y}{\mathrm{d}x}$：

（1）$y = f(x^2) + [f(x)]^2$；

（2）$y = f(\mathrm{e}^x)\mathrm{e}^{f(x)}$。

分析　利用导数的四则运算和复合函数的求导法则。

解　（1）$\dfrac{\mathrm{d}y}{\mathrm{d}x} = f'(x^2) \cdot 2x + 2f(x) \cdot f'(x) = 2xf'(x^2) + 2f(x)f'(x)$。

（2）$\dfrac{\mathrm{d}y}{\mathrm{d}x} = f'(\mathrm{e}^x)\mathrm{e}^x \mathrm{e}^{f(x)} + f(\mathrm{e}^x)\mathrm{e}^{f(x)}f'(x) = \mathrm{e}^x \mathrm{e}^{f(x)}f'(\mathrm{e}^x) + f(\mathrm{e}^x)\mathrm{e}^{f(x)}f'(x)$。

习　题　4.2

1. 分段函数的导数是否可以用求导法则直接求导？

2. 使用反函数求导法则时应注意什么？

3. 任意的复合函数是否都可以用链式法则求导？若不能，条件是什么？

Ⓐ 类题

1. 求下列函数的导数 $\dfrac{\mathrm{d}y}{\mathrm{d}x}$：

（1）$y = x^3 + \dfrac{2}{x^2} - \dfrac{2}{\sqrt{x}} + 3$；　　　　　　（2）$y = 4x^{\frac{5}{2}} - 3^x + 2\mathrm{e}^x$；

（3）$y = x^2 \cos x$；　　　　　　　　　　（4）$y = \sqrt{x}\ln x - x^2 + \tan x$。

2. 计算下列各题：

（1）$y = \tan x - \cos x + \sin x \cos x$，求 $y'\Big|_{x=\frac{\pi}{6}}$ 和 $y'\Big|_{x=\frac{\pi}{4}}$；

（2）$y = x\sin x - \cos x$，求 $y'\Big|_{x=\frac{\pi}{4}}$。

3. 求下列函数的导数 $\dfrac{\mathrm{d}y}{\mathrm{d}x}$：

(1) $y=(3x+2)^3$;　　　　　　　　　(2) $y=(3-2x)^2$;

(3) $y=\mathrm{e}^{-x^2}$;　　　　　　　　　　(4) $y=\ln(1+x^2)$;

(5) $y=\sin^3 x$;　　　　　　　　　　(6) $y=\arcsin(2x+1)$;

(7) $y=\arctan(2-\mathrm{e}^x)$;　　　　　(8) $y=\dfrac{1}{\sqrt{1-2x^2}}$;

(9) $y=\mathrm{e}^x\cos(2x)$;　　　　　　(10) $y=\ln(x-\sqrt{x^2-a^2})$,其中 $a\neq 0$;

(11) $y=\mathrm{e}^{\sin x}$;　　　　　　　　　(12) $y=\sin(\ln x)$;

(13) $y=x\,\mathrm{e}^{\arctan\sqrt{x}}$;　　　　　(14) $y=\ln\ln\ln x$;

(15) $y=\sin^2 x\sin x^2$;　　　　　　(16) $y=x+\sqrt{x+\sqrt{x}}$ 。

4. 已知 $f(x)=(ax+b)\sin x+(cx+d)\cos x$,确定 a,b,c,d 的值,使 $f'(x)=2x\sin x$ 。

B 类题

1. 求下列函数的导数 $\dfrac{\mathrm{d}y}{\mathrm{d}x}$:

(1) $y=\csc x-2\sin x+3$;　　　　　(2) $y=\sqrt{x}\cos x+2^x+1$;

(3) $y=\dfrac{1+\cos x}{\sqrt[3]{x}}$;　　　　　　　　(4) $y=x(x+1)\sin x$;

(5) $y=\arcsin x\arctan x$;　　　　　(6) $y=\ln\tan x+\mathrm{e}^{\tan x}$;

(7) $y=\ln(\sec x+\tan x)$;　　　　　(8) $y=\ln(\csc x-\cot x)$;

(9) $y=\arctan\dfrac{1}{x}+2^{\sin x}$;　　　　(10) $y=\sqrt{\dfrac{x+1}{x-1}}$ 。

2. 已知 $\lim\limits_{x\to 0}\dfrac{(1-\cos(2x))f(\sin x)}{x^2\tan(2x)}=2$,其中 $f(x)$ 在点 $x=0$ 处可导,且 $f(0)=0$ 。求 $f'(0)$ 。

3. 已知函数 $f(x)$ 可导,计算下列函数的导数 $\dfrac{\mathrm{d}y}{\mathrm{d}x}$:

(1) $y=f(\mathrm{e}^{-x})$;　　　　　　　　(2) $y=f(\sin^2 x)+f(\cos^2 x)$;

(3) $y=f(\ln x)f(x^2)$;　　　　　　　(4) $y=\sin f(x)+\sqrt{1+f(x)}$ 。

4. 求垂直于直线 $2x-6y+1=0$,且与曲线 $y=x^3-3x^2-5$ 相切的直线方程。

4.3　高阶导数

Higher order derivatives

在一些实际问题中,不仅需要了解函数的变化趋势和变化速度,还需要对变化规律进行更深入的研究。例如,由 4.1.1 节可知,质点作变速直线运动,其瞬时速度是路程函数 $s=s(t)$ 对时间 t 的导数 $s'(t)$,根据物理学知识,加速度是速度对于时间的变化率,即加速度就是 $s'(t)$ 对于时间 t 的导数

$$a=\frac{\mathrm{d}v}{\mathrm{d}t}=\frac{\mathrm{d}}{\mathrm{d}t}\left(\frac{\mathrm{d}s}{\mathrm{d}t}\right)=(s'(t))'\text{。}$$

这就引出求导函数的导数的问题。

4.3.1 高阶导数的定义

定义 4.4 设函数 $y=f(x)$ 在区间 I 上有定义，且在 I 上可导，它的导函数 $f'(x)$ 是定义在区间 I 上的函数。若极限

$$\lim_{\Delta x \to 0} \frac{f'(x+\Delta x)-f'(x)}{\Delta x}$$

存在，则称函数 $f'(x)$ 的导数存在，该极限称为原来函数 $y=f(x)$ 的**二阶导数**(**second derivative**)，记作

$$y'', \quad f''(x) \quad \text{或} \quad \frac{\mathrm{d}^2 y}{\mathrm{d}x^2}=\frac{\mathrm{d}}{\mathrm{d}x}\left(\frac{\mathrm{d}y}{\mathrm{d}x}\right)。$$

同样，若 $f''(x)$ 的导数存在，其导数称为 $y=f(x)$ 的**三阶导数**(**third derivative**)，记作

$$y''', \quad f'''(x) \quad \text{或} \quad \frac{\mathrm{d}^3 y}{\mathrm{d}x^3}=\frac{\mathrm{d}}{\mathrm{d}x}\left(\frac{\mathrm{d}^2 y}{\mathrm{d}x^2}\right)。$$

一般地，若 $y=f(x)$ 的 $n-1$ 阶导函数 $f^{(n-1)}(x)$ 的导数存在，则其导数称为 $y=f(x)$ 的 ***n* 阶导数**(**derivative of order *n***)，记作

$$y^{(n)}, \quad f^{(n)}(x) \quad \text{或} \quad \frac{\mathrm{d}^n y}{\mathrm{d}x^n}=\frac{\mathrm{d}}{\mathrm{d}x}\left(\frac{\mathrm{d}^{n-1} y}{\mathrm{d}x^{n-1}}\right)。$$

二阶及二阶以上的导数称为**高阶导数**(**higher order derivative**)，$f'(x)$ 是**一阶导数**(**first derivative**)，$f(x)$ 被称作它自己的零阶导数。

显然，求函数的高阶导数，就是利用基本求导公式及导数的运算法则，对函数逐次地连续求导。

例 4.24 计算下列函数的二阶导数 $f''(x)$：

(1) $f(x)=\dfrac{x}{1-x}$；　　　　(2) $f(x)=\mathrm{e}^{\sin x}$；　　　　(3) $f(x)=x\ln x$。

分析 需要先求一阶导数，再求二阶导数。

解 (1) $f'(x)=\left(\dfrac{x}{1-x}\right)'=\left(\dfrac{1}{1-x}-1\right)'=\left[(1-x)^{-1}\right]'$

$\qquad\qquad =(-1)(1-x)^{-2}(1-x)'=(1-x)^{-2}$；

$\quad f''(x)=(f'(x))'=((1-x)^{-2})'=(-2)(1-x)^{-3}(1-x)'=2(1-x)^{-3}$。

(2) $f'(x)=(\mathrm{e}^{\sin x})'=\mathrm{e}^{\sin x}(\sin x)'=\mathrm{e}^{\sin x}\cos x$；

$\quad f''(x)=(f'(x))'=(\mathrm{e}^{\sin x}\cos x)'=(\mathrm{e}^{\sin x})'\cos x+\mathrm{e}^{\sin x}(\cos x)'$

$\qquad\qquad =\mathrm{e}^{\sin x}(\cos^2 x-\sin x)$。

(3) $f'(x)=(x\ln x)'=(x)'\ln x+x(\ln x)'=\ln x+x\cdot\dfrac{1}{x}=\ln x+1$；

$\quad f''(x)=(f'(x))'=(\ln x+1)'=\dfrac{1}{x}$。

例 4.25 已知函数 $f(x)$ 具有二阶导数，计算下列函数的二阶导数 $\dfrac{\mathrm{d}^2 y}{\mathrm{d}x^2}$：

(1) $y=f(\mathrm{e}^x)$；　　　　　　(2) $y=f[f(x)]$。

分析 利用复合函数的求导法则依次求导。

解 (1) $\dfrac{\mathrm{d}y}{\mathrm{d}x}=\dfrac{\mathrm{d}}{\mathrm{d}x}(f(\mathrm{e}^x))=f'(\mathrm{e}^x)\mathrm{e}^x$;

$$\dfrac{\mathrm{d}^2y}{\mathrm{d}x^2}=\dfrac{\mathrm{d}}{\mathrm{d}x}(f'(\mathrm{e}^x)\mathrm{e}^x)=f''(\mathrm{e}^x)\mathrm{e}^x\mathrm{e}^x+f'(\mathrm{e}^x)\mathrm{e}^x=f''(\mathrm{e}^x)\mathrm{e}^{2x}+f'(\mathrm{e}^x)\mathrm{e}^x。$$

(2) $\dfrac{\mathrm{d}y}{\mathrm{d}x}=\dfrac{\mathrm{d}}{\mathrm{d}x}(f[f(x)])=f'[f(x)]f'(x)$;

$$\dfrac{\mathrm{d}^2y}{\mathrm{d}x^2}=\dfrac{\mathrm{d}}{\mathrm{d}x}(f'[f(x)]f'(x))=f''[f(x)]f'^2(x)+f'[f(x)]f''(x)。$$

例 4.26 求 n 次多项式 $y=a_0x^n+a_1x^{n-1}+\cdots+a_{n-1}x+a_n$ 的各阶导数。

分析 先求一阶导数、二阶导数、三阶导数,然后观察其运算规律。

解 对多项式依次求三次导数,有

$$y'=na_0x^{n-1}+(n-1)a_1x^{n-2}+\cdots+a_{n-1};$$

$$y''=n(n-1)a_0x^{n-2}+(n-1)(n-2)a_1x^{n-3}+\cdots+2a_{n-2};$$

$$y'''=n(n-1)(n-2)a_0x^{n-3}+(n-1)(n-2)(n-3)a_1x^{n-4}+\cdots+6a_{n-3}。$$

可见,经过一次求导运算,多项式的幂就降一次,继续求导下去,易知

$$y^{(n)}=n!a_0,$$

它是一个常数。由此可得

$$y^{(n+1)}=y^{(n+2)}=\cdots=0,$$

即 n 次多项式的一切高于 n 阶的导数都是零。

例 4.27 求下列函数的 n 阶导数 $y^{(n)}$:

(1) $y=\mathrm{e}^{ax}$; (2) $y=a^x$; (3) $y=\ln(1+x)$; (4) $y=\sin x$。

分析 先求几阶导数,然后观察其运算规律。

解 (1) $y=\mathrm{e}^{ax}$,$y'=a\mathrm{e}^{ax}$,$y''=a^2\mathrm{e}^{ax}$,$\cdots$,

$$y^{(n)}=a^n\mathrm{e}^{ax}。$$

(2) $y=a^x$,$y'=a^x\ln a$,$y''=a^x(\ln a)^2$,$\cdots$,

$$y^{(n)}=a^x(\ln a)^n。$$

(3) $y'=\dfrac{1}{1+x}$,$y''=-\dfrac{1}{(1+x)^2}$,$y'''=\dfrac{1\cdot 2}{(1+x)^3}$,$\cdots$,

$$y^{(n)}=(-1)^{n-1}\dfrac{(n-1)!}{(1+x)^n}。$$

(4) $y'=\cos x=\sin\left(x+\dfrac{\pi}{2}\right)$,$y''=\cos\left(x+\dfrac{\pi}{2}\right)=\sin\left(x+2\cdot\dfrac{\pi}{2}\right)$,$\cdots$,

$$y^{(n)}=\sin\left(x+n\dfrac{\pi}{2}\right)。$$

类似地,有

$$(\cos x)^{(n)}=\cos\left(x+n\dfrac{\pi}{2}\right)。$$

例 4.28 已知函数 $y=f(x)$ 三阶可导,$x=\varphi(y)$ 是函数 $y=f(x)$ 的反函数,且 $f'(x)\neq 0$。

证明：$\varphi''(y) = -\dfrac{f''(x)}{[f'(x)]^3}$。

分析 利用复合函数的导数求二阶导数。

证 由已知可得 $\dfrac{\mathrm{d}x}{\mathrm{d}y} = \dfrac{1}{f'(x)}$。将 $x = \varphi(y)$ 代入可得

$$\frac{\mathrm{d}x}{\mathrm{d}y} = \frac{1}{f'(\varphi(y))},$$

上式两端继续关于 y 求导数，得

$$\frac{\mathrm{d}^2 x}{\mathrm{d}y^2} = \frac{\mathrm{d}}{\mathrm{d}y}\left(\frac{\mathrm{d}x}{\mathrm{d}y}\right) = \frac{\mathrm{d}}{\mathrm{d}y}\left(\frac{1}{f'(\varphi(y))}\right) = -\frac{(f'(\varphi(y)))'}{[f'(\varphi(y))]^2}$$

$$= -\frac{f''(\varphi(y))(\varphi(y))'}{[f'(\varphi(y))]^2} = -\frac{f''(\varphi(y))}{[f'(\varphi(y))]^3} = -\frac{f''(x)}{[f'(x)]^3}。 \qquad \text{证毕}$$

类似地，若再计算 $\varphi'''(y)$，利用上述计算方法可得

$$\frac{\mathrm{d}^3 x}{\mathrm{d}y^3} = \frac{\mathrm{d}}{\mathrm{d}y}\left(\frac{\mathrm{d}^2 x}{\mathrm{d}y^2}\right) = \frac{\mathrm{d}}{\mathrm{d}y}\left(-\frac{f''(\varphi(y))}{[f'(\varphi(y))]^3}\right)$$

$$= -\frac{(f''(\varphi(y)))'[f'(\varphi(y))]^3 - f''(\varphi(y))([f'(\varphi(y))]^3)'}{[f'(\varphi(y))]^6}$$

$$= -\frac{f'''(\varphi(y))(\varphi(y))'[f'(\varphi(y))]^3 - 3[f''(\varphi(y))]^2[f'(\varphi(y))]^2(\varphi(y))'}{[f'(\varphi(y))]^6}$$

$$= -\frac{f'''(\varphi(y))f'(\varphi(y)) - 3[f''(\varphi(y))]^2}{[f'(\varphi(y))]^5} = \frac{3[f''(x)]^2 - f'''(x)f'(x)}{[f'(x)]^5}。$$

4.3.2　高阶导数的运算法则

若函数 $u(x)$，$v(x)$ 在点 x 处都具有 n 阶导数，则其代数和的 n 阶导数是它们的 n 阶导数的代数和，即

$$(u \pm v)^{(n)} = u^{(n)} \pm v^{(n)}。$$

但是对于它们乘积 $u(x)v(x)$ 的 n 阶导数，就不是如此简单了，现讨论如下。

连续使用乘积的求导法则，有

$$(uv)' = u'v + uv',$$
$$(uv)'' = u''v + 2u'v' + uv'',$$
$$(uv)''' = u'''v + 3u''v' + 3u'v'' + uv'''。$$

当 n 较大时，$(uv)^{(n)}$ 中的项数会很多。用数学归纳法不难证明

$$(uv)^{(n)} = u^{(n)}v + C_n^1 u^{(n-1)}v' + C_n^2 u^{(n-2)}v'' + \cdots + C_n^k u^{(n-k)}v^{(k)} + \cdots + uv^{(n)}, \quad (4.4)$$

其中 $C_n^k = \dfrac{n(n-1)\cdots(n-k+1)}{k!}$。这个公式称为**莱布尼茨（Leibniz）公式**。

容易看出，式 (4.4) 右端的系数恰好与二项式定理中 $(a+b)^n$ 的系数相同。

例 4.29 已知函数 $y = x^2 \mathrm{e}^{2x}$，求 $y^{(20)}$。

分析 应用莱布尼茨公式 (4.4)，并注意 x^2 的三阶以上导数为零。

解 设 $u = \mathrm{e}^{2x}$，$v = x^2$，则

$u' = 2e^{2x}$, $u'' = 2^2 e^{2x}$, $\cdots$, $u^{(20)} = 2^{20} e^{2x}$；$v' = 2x$，$v'' = 2$，$v''' = 0$。

由莱布尼茨公式可得

$$y^{(20)} = u^{(20)} v + C_{20}^1 u^{(19)} v' + C_{20}^2 u^{(18)} v''$$
$$= 2^{20} \cdot e^{2x} \cdot x^2 + 20 \cdot 2^{19} \cdot e^{2x} \cdot 2x + 190 \cdot 2^{18} \cdot e^{2x} \cdot 2$$
$$= 2^{20} e^{2x} (x^2 + 20x + 95)。$$

习 题 4.3

思 考 题

1. 在利用求导法则计算函数的二阶导数时,是否需要判断其二阶导数存在?

2. 函数的二阶导数存在,其一阶导数一定存在,反之是否成立?

3. 在计算函数的三阶导数时,需先计算几阶导数?

A 类题

1. 求下列函数的二阶导数 $\dfrac{\mathrm{d}^2 y}{\mathrm{d}x^2}$：

(1) $y = \sin x + e^{2x} + \sqrt{5}$；
(2) $y = e^{ax} \sin(bx)$；

(3) $y = x^2 \cos(2x)$；
(4) $y = \ln \sin x$。

2. 已知函数 $f(x)$ 具有二阶导数,求下列函数的二阶导数 $\dfrac{\mathrm{d}^2 y}{\mathrm{d}x^2}$：

(1) $y = f(\sin x)$；
(2) $y = e^{f(x)}$；

(3) $y = \ln f(x)$；
(4) $y = \arctan f(x)$。

3. 求下列函数的 n 阶导数 $y^{(n)}$：

(1) $y = x \ln x$；
(2) $y = x^2 e^{ax}$。

4. 求下列函数指定阶的导数：

(1) $y = x^3 \sin x$，求 $y^{(50)}$；
(2) $y = e^x \cos(2x)$，求 y'''。

5. 验证函数 $y = e^{2x}$ 和 $y = e^{3x}$ 均满足关系式 $y'' - 5y' + 6y = 0$。

B 类题

1. 求下列函数的二阶导数 $\dfrac{\mathrm{d}^2 y}{\mathrm{d}x^2}$：

(1) $y = \sqrt{1-x^2} \arcsin x$；
(2) $y = (1 + 4x^2) \arctan(2x)$；

(3) $y = \ln(x + \sqrt{x^2 - 1})$；
(4) $y = (x^2 - 2x - 2) \sin x$。

2. 求下列函数的 n 阶导数 $y^{(n)}$：

(1) $y = \sin^2 x$；
(2) $y = \dfrac{1}{x^2 + 3x - 4}$。

3. 已知函数 $f(x)=(x-a)^3\varphi(x)$，其中 $\varphi(x)$ 有二阶连续导数。问 $f'''(a)$ 是否存在；若不存在，请说明理由；若存在，求出其值。

4. 已知函数 $f(x)$ 在 $(-\infty,0]$ 上具有二阶导数，确定 a,b,c 的值，使得函数
$$F(x)=\begin{cases} f(x), & x\leqslant 0, \\ ax^2+bx+c, & x>0 \end{cases}$$
在 **R** 上二阶可导。

5. 验证函数 $y=2(2x+1)+e^x$ 满足关系式 $(2x-1)y''-(2x+1)y'+2y=0$。

4.4　隐函数的导数
Derivatives of implicit functions

本章的前面几节所讨论的求导法则适用于因变量 y 与自变量 x 之间的函数关系是显函数 $y=f(x)$ 的形式，例如 $y=\sin x$，$y=\ln x+\sqrt{1-x^2}$ 等。由于函数的表示形式是多种多样的，如在 1.3 节中介绍的隐函数表示、参数形式表示等，本节主要介绍由一个方程确定的隐函数的求导方法、幂指函数等特殊显函数的对数求导方法以及由参数方程确定的隐函数的求导方法等。

4.4.1　由一个方程确定的隐函数的导数

如 1.3.2 节中介绍的，有些函数关系是由一个方程 $F(x,y)=0$ 给出的。如果通过该方程求解出 $y=y(x)$（隐函数的显式化），则可以利用前几节介绍的方法计算其导数。然而，隐函数的显式化在有些时候是很困难的，甚至是不可能的。例如，方程
$$y^5+y^3+2y-x-3x^7=0,$$
对于任一 $x\in\mathbf{R}$，上式为以 y 为未知数的五次方程。由代数学知识可知，这个方程至少有一个实根，所以该方程在 **R** 上确定了一个隐函数，但是这个函数很难用显式将其表达出来。

假设方程 $F(x,y)=0$ 可以确定因变量 y 与自变量 x 之间的函数关系，并且 $\dfrac{\mathrm{d}y}{\mathrm{d}x}$ 存在。

由于 $F(x,y)=0$ 的形式是已知的，在求 $\dfrac{\mathrm{d}y}{\mathrm{d}x}$ 时，无须从方程求解出显函数 $y(x)$ 再求导数，基本步骤如下：

（1）将这种函数关系代回到方程中，可得到恒等式
$$F(x,y(x))\equiv 0。$$

（2）利用复合函数求导法则，在上式两端关于自变量 x 同时求导，再解出所求 $\dfrac{\mathrm{d}y}{\mathrm{d}x}$。这就是**隐函数求导法**。

注意，求隐函数的导数时，凡遇到含有因变量 y 的项时，将 y 当作中间变量看待，即 y 是 x 的函数，然后按复合函数求导法则求之，最后从所得等式中解出 $\dfrac{\mathrm{d}y}{\mathrm{d}x}$。

例 4.30　求由方程 $2xy-3x^2-5y^2+2=0$ 确定的函数 $y=y(x)$ 的导数 $\dfrac{\mathrm{d}y}{\mathrm{d}x}$。

解 方程两端关于 x 求导数(注意 y 是 x 的函数),有

$$(2xy-3x^2-5y^2+2)'=0,$$

$$2y+2x\frac{dy}{dx}-6x-10y\frac{dy}{dx}=0,$$

从而解得隐函数的导数

$$\frac{dy}{dx}=\frac{y-3x}{5y-x}。$$

例 4.31 求过椭圆 $\frac{x^2}{a^2}+\frac{y^2}{b^2}=1$ 上一点 (x_0,y_0) 处的切线方程,其中 $y_0\neq 0$。

分析 利用导数的几何意义,求切线方程的斜率,即求由椭圆方程确定的隐函数 $y=y(x)$ 在点 (x_0,y_0) 处的导数。

解 首先求过点 (x_0,y_0) 的切线斜率 k。显然,当 $y_0\neq 0$ 时,方程 $\frac{x^2}{a^2}+\frac{y^2}{b^2}=1$ 在点 (x_0,y_0) 的某邻域内可以确定 y 与 x 之间的函数关系,即确定隐函数 $y=f(x)$ 的导数在点 (x_0,y_0) 处的值。应用隐函数的求导方法可得

$$\left(\frac{x^2}{a^2}+\frac{y^2}{b^2}-1\right)'=0,\qquad 即 \qquad \frac{2x}{a^2}+\frac{2y}{b^2}\frac{dy}{dx}=0。$$

由此解得 $\frac{dy}{dx}=-\frac{b^2x}{a^2y}$,所以 $k=\frac{dy}{dx}\bigg|_{\substack{x=x_0\\y=y_0}}=-\frac{b^2x_0}{a^2y_0}$。从而,切线的方程为

$$y-y_0=-\frac{b^2x_0}{a^2y_0}(x-x_0),$$

整理得

$$\frac{x_0x}{a^2}+\frac{y_0y}{b^2}=\frac{x_0^2}{a^2}+\frac{y_0^2}{b^2}。$$

由于点 (x_0,y_0) 在椭圆上,所以有 $\frac{x_0^2}{a^2}+\frac{y_0^2}{b^2}=1$。于是,所求的切线方程为

$$\frac{x_0x}{a^2}+\frac{y_0y}{b^2}=1。$$

例 4.32 求由方程 $x-y+\frac{1}{2}\sin y=0$ 所确定的隐函数 $y=y(x)$ 的二阶导数 $\frac{d^2y}{dx^2}$。

分析 先利用隐函数求导方法求隐函数 y 的一阶导数,然后对一阶导函数关于自变量 x 再次求导,要注意 y 是 x 的函数。

解 应用隐函数的求导方法可得

$$1-\frac{dy}{dx}+\frac{1}{2}\cos y\cdot\frac{dy}{dx}=0,$$

于是

$$\frac{dy}{dx}=\frac{2}{2-\cos y}。$$

上式两边再对 x 求导得

$$\frac{\mathrm{d}^2 y}{\mathrm{d}x^2} = \frac{-2\sin y \dfrac{\mathrm{d}y}{\mathrm{d}x}}{(2-\cos y)^2} = \frac{-4\sin y}{(2-\cos y)^3}.$$

例 4.33 求由方程 $x^2 - xy + y^2 = 1$ 所确定的隐函数 $y = f(x)$ 的一阶导数 y' 和二阶导数 y'' 在点 $(1,0)$ 处的值。

分析 不通过一阶导数求二阶导函数,而是对方程两端直接对 x 求导数。

解 对方程关于 x 求导数可得

$$2x - y - xy' + 2yy' = 0,$$

再关于 x 求一次导数可得

$$2 - 2y' - xy'' + 2(y')^2 + 2yy'' = 0.$$

由上述第一式可得

$$y' = \frac{2x - y}{x - 2y},$$

代入 $x = 1, y = 0$ 得 $y'|_{x=1,y=0} = 2$。再将 y' 的表达式代入第二式可得

$$y'' = \frac{6}{(x - 2y)^3}.$$

因此,有 $y''|_{x=1,y=0} = 6$。

在求幂指函数 $y = u(x)^{v(x)}$($u(x) > 0$)的导数时,直接使用前面介绍的求导法则求其导数会很麻烦,还有某些显函数,直接求它们的导数也会比较烦琐。有一种方法对于这类函数非常有效,可以先在函数两端取对数,然后在等式两边同时关于自变量 x 求导,最后解出所求导数。我们将这种方法称为**对数求导法**(**logarithmic derivative method**)。

例 4.34 求幂指函数 $y = x^{\sin x}$($x > 0$)的导数。

解 在函数的两端取对数可得

$$\ln y = \sin x \ln x.$$

上式两端关于 x 求导数可得

$$\frac{y'}{y} = \cos x \ln x + \frac{\sin x}{x},$$

即

$$y' = y\left(\cos x \ln x + \frac{\sin x}{x}\right) = x^{\sin x}\left(\cos x \ln x + \frac{\sin x}{x}\right).$$

例 4.35 求函数 $y = \sqrt{\dfrac{(x-a)(x-b)}{(x-c)(x-d)}}$ 的导数,其中 a, b, c, d 是常数。

解 在函数的两端取对数,有

$$\ln |y| = \frac{1}{2}(\ln |x-a| + \ln |x-b| - \ln |x-c| - \ln |x-d|),$$

上式两端关于 x 求导数可得

$$\frac{1}{y}y' = \frac{1}{2}\left(\frac{1}{x-a} + \frac{1}{x-b} - \frac{1}{x-c} - \frac{1}{x-d}\right),$$

于是

$$y' = \frac{1}{2}\sqrt{\frac{(x-a)(x-b)}{(x-c)(x-d)}}\left(\frac{1}{x-a}+\frac{1}{x-b}-\frac{1}{x-c}-\frac{1}{x-d}\right).$$

4.4.2 由参数方程确定的函数的导数

在 1.3.3 节中给出的函数的参数表示形式,即假设 y 和 x 的函数关系由下面的参数方程确定,其一般形式为

$$\begin{cases} x = \varphi(t), \\ y = \psi(t), \end{cases} \quad \alpha \leqslant t \leqslant \beta.$$

若 $x = \varphi(t)$ 与 $y = \psi(t)$ 都可导,且 $\varphi'(t) \neq 0$,又 $x = \varphi(t)$ 存在反函数 $t = \varphi^{-1}(x)$,则 y 是 x 的复合函数,即

$$y = \psi(t), \quad t = \varphi^{-1}(x).$$

由复合函数与反函数的求导法则,有

$$\frac{dy}{dx} = \frac{dy}{dt}\frac{dt}{dx} = \frac{dy}{dt}\frac{1}{\frac{dx}{dt}} = \psi'(t)[\varphi^{-1}(x)]' = \psi'(t)\frac{1}{\varphi'(t)} = \frac{\psi'(t)}{\varphi'(t)}.$$

这就是参数方程的一阶导数公式。

注意,当 y 和 x 的函数关系是以参数方程形式给出来时,$\dfrac{dy}{dx}$ 仍是参数 t 的函数。若 $x = \varphi(t)$ 与 $y = \psi(t)$ 关于参数 t 都是二阶可导的,且 $\varphi'(t) \neq 0$,则可求 y 对 x 的二阶导数 $\dfrac{d^2y}{dx^2}$。利用新的参数方程

$$\begin{cases} x = \varphi(t), \\ \dfrac{dy}{dx} = \dfrac{\psi'(t)}{\varphi'(t)}, \end{cases}$$

可得

$$\frac{d^2y}{dx^2} = \frac{d}{dx}\left(\frac{dy}{dx}\right) = \frac{d}{dx}\left(\frac{\psi'(t)}{\varphi'(t)}\right) = \frac{d}{dt}\left(\frac{\psi'(t)}{\varphi'(t)}\right) \cdot \frac{dt}{dx}$$

$$= \frac{\psi''(t)\varphi'(t) - \psi'(t)\varphi''(t)}{\varphi'^2(t)} \cdot \frac{1}{\varphi'(t)} = \frac{\psi''(t)\varphi'(t) - \psi'(t)\varphi''(t)}{\varphi'^3(t)}.$$

这就是参数方程的二阶导数公式。

例 4.36 已知函数 $y = y(x)$ 由上半椭圆的参数方程 $\begin{cases} x = a\cos t, \\ y = b\sin t \end{cases}$ $(0 < t < \pi)$ 所确定,求 $\dfrac{dy}{dx}$ 和 $\dfrac{d^2y}{dx^2}$。

解 $\dfrac{dy}{dx} = \dfrac{dy}{dt}\Big/\dfrac{dx}{dt} = \dfrac{(b\sin t)'}{(a\cos t)'} = -\dfrac{b\cos t}{a\sin t} = -\dfrac{b}{a}\cot t.$

由于 $\dfrac{dy}{dx} = -\dfrac{b}{a}\cot t, x = a\cos t$ 仍是参数 t 的方程,从而

$$\frac{d^2y}{dx^2} = \frac{d}{dt}\left(\frac{dy}{dx}\right)\Big/\frac{dx}{dt} = \left(-\frac{b}{a}\cot t\right)'\Big/(a\cos t)' = \frac{b}{a} \cdot \csc^2 t \cdot \frac{1}{-a\sin t} = -\frac{b}{a^2}\csc^3 t.$$

例 4.37　已知 $\begin{cases} x = f'(t), \\ y = tf'(t) - f(t), \end{cases}$ $f''(t)$ 存在且不为零。求 $\dfrac{\mathrm{d}y}{\mathrm{d}x}$ 和 $\dfrac{\mathrm{d}^2 y}{\mathrm{d}x^2}$。

分析　本题属于符号计算题。

解　$\dfrac{\mathrm{d}y}{\mathrm{d}x} = \dfrac{(tf'(t) - f(t))'}{(f'(t))'} = \dfrac{f'(t) + tf''(t) - f'(t)}{f''(t)} = t$；

$$\frac{\mathrm{d}^2 y}{\mathrm{d}x^2} = \frac{\mathrm{d}}{\mathrm{d}t}\left(\frac{\mathrm{d}y}{\mathrm{d}x}\right)\Big/\frac{\mathrm{d}x}{\mathrm{d}t} = \frac{(t)'}{(f'(t))'} = \frac{1}{f''(t)}。$$

例 4.38　已知函数 $y = y(x)$ 由摆线的参数方程 $\begin{cases} x = t - \sin t, \\ y = 1 - \cos t \end{cases}$ $(0 \leqslant t \leqslant \pi)$ 确定，求它在 $t = \dfrac{\pi}{2}$ 时的切线方程和法线方程。

分析　求切线的斜率即为求参数方程的导数。

解　当 $t = \dfrac{\pi}{2}$ 时，$x_0 = \dfrac{\pi}{2} - 1$，$y_0 = 1$。由参数方程的导数公式，有

$$\frac{\mathrm{d}y}{\mathrm{d}x} = \frac{(1 - \cos t)'}{(t - \sin t)'} = \frac{\sin t}{1 - \cos t} = \cot \frac{t}{2}。$$

因此，当 $t = \dfrac{\pi}{2}$ 时，切线的斜率为 $\dfrac{\mathrm{d}y}{\mathrm{d}x}\Big|_{t = \pi/2} = \cot \dfrac{\pi}{4} = 1$，法线的斜率为 -1。过点 $(x_0, y_0) = \left(\dfrac{\pi}{2} - 1, 1\right)$ 的切线方程和法线方程分别为

$$y = x - \frac{\pi}{2} + 2 \quad \text{和} \quad y = -x + \frac{\pi}{2}。$$

习 题 4.4

思 考 题

1. 如何求隐函数的二阶导函数？

2. 求幂指函数的导数，除了对数求导法外，是否还有其他的方法？

3. 已知 $\begin{cases} x = \varphi(t), \\ y = \psi(t)。 \end{cases}$ 由 $\dfrac{\mathrm{d}y}{\mathrm{d}x} = \dfrac{\psi'(t)}{\varphi'(t)}$ $(\varphi'(t) \neq 0)$ 得，$\dfrac{\mathrm{d}^2 y}{\mathrm{d}x^2} = \dfrac{\psi''(t)}{\varphi''(t)}$，如此计算是否正确？

A 类题

1. 求由下列方程确定的隐函数的导数 $\dfrac{\mathrm{d}y}{\mathrm{d}x}$ 和 $\dfrac{\mathrm{d}^2 y}{\mathrm{d}x^2}$：

(1) $x^2 + xy + y^2 - 9x = 0$；　　　　(2) $x^3 + y^3 - 3xy - 5 = 0$；

(3) $\mathrm{e}^{x+y} - x - xy - 1 = 0$；　　　　(4) $x + y - x\mathrm{e}^y + 1 = 0$。

2. 求下列函数的导数 $\dfrac{\mathrm{d}y}{\mathrm{d}x}$：

(1) $y=(1+x^2)^{\sin x}$；　　　　　　　　　(2) $y=x^{\ln x}$；

(3) $y=\left(\dfrac{2x}{1-x^2}\right)^x$；　　　　　　　(4) $y=(1-x^2)\sqrt[3]{(x+2)(1-x)(x+1)^{-2}}$。

3. 求由下列参数方程确定的函数的导数 $\dfrac{\mathrm{d}y}{\mathrm{d}x}$ 和 $\dfrac{\mathrm{d}^2 y}{\mathrm{d}x^2}$：

(1) $\begin{cases} x=2t^2+1, \\ y=t^4+4t^3+1; \end{cases}$　　　　　　(2) $\begin{cases} x=\sin t, \\ y=\cos(2t); \end{cases}$

(3) $\begin{cases} x=2t, \\ y=\mathrm{e}^t+\mathrm{e}^{-t}; \end{cases}$　　　　　　(4) $\begin{cases} x=2t\,\mathrm{e}^t+3, \\ y=t^2+2t. \end{cases}$

4. 求方程 $x+y+\cos(x+y)+\mathrm{e}^x-2=0$ 在点 $(0,0)$ 处的切线方程和法线方程。

B 类题

1. 求下列方程确定的隐函数的导数 $\dfrac{\mathrm{d}y}{\mathrm{d}x}$：

(1) $x^3-y^3-\tan(x+y)+3=0$；　　(2) $\arctan\dfrac{y}{x}-\dfrac{1}{2}\ln(x^2+y^2)=0$；

(3) $\mathrm{e}^{xy}-1-\tan(x+y)=0$；　　(4) $\sin y+\tan x-(x+y)\mathrm{e}^y+1=0$。

2. 求下列函数的导数 $\dfrac{\mathrm{d}y}{\mathrm{d}x}$：

(1) $y=u(x)^{v(x)}$，其中 $u(x),v(x)$ 均可导；　　(2) $y=(\sin x)^{\cos x}+(\cos x)^{\sin x}$；

(3) $y=\dfrac{(1-x)^2\sqrt{x-3}}{(x+2)^3}$；　　　　(4) $y=\sqrt{x\tan x\sqrt{1+\mathrm{e}^{2x}}}$。

3. 已知方程 $xy-\ln y=0$。求 $y'|_{x=0}$，$y''|_{x=0}$。

4. 求由下列参数方程确定的函数的导数 $\dfrac{\mathrm{d}y}{\mathrm{d}x}$：

(1) $\begin{cases} x=\arctan t, \\ y=\ln(1+t^2); \end{cases}$　　　　　　(2) $\begin{cases} x=\mathrm{e}^t\cos t, \\ y=\mathrm{e}^t\sin t; \end{cases}$

(3) $\begin{cases} x=t+2+\sin t, \\ y=\cos 2t+2t; \end{cases}$　　　　(4) $\begin{cases} x=\ln\tan t, \\ y=\cot t. \end{cases}$

4.5　函数的微分
Differentials of functions

　　由前面的学习知道,导数的本质是研究函数的因变量和自变量之间的变化率问题。本节中,微分的本质是研究函数的局部用线性函数近似代替是否可行的问题,这种思想方法在自然科学、工程技术等众多领域有着相当广泛的应用。

　　在理论研究和实际应用中,常常遇到这样的问题:当自变量 x_0 有微小变化时,函数 $y=f(x)$ 在点 x_0 处的增量 $\Delta y=f(x_0+\Delta x)-f(x_0)$ 是多少? 这个问题初看起来似乎只要做减法运算就可以了。然而,对于较为复杂的函数,$f(x_0+\Delta x)$ 的表达式会更加复杂,计算其值非常困难,可想而知,计算差值 $f(x_0+\Delta x)-f(x_0)$ 将更加困难。一个自然的想法是:由于 x_0 的值是固定不变的,能否用一个关于 Δx 的简单函数近似代替 Δy,并使其误差满足要求。在所有以 Δx 为自变量的函数中,线性函数最为简单,即用 Δx 的线性函数 $A\Delta x$(其中 A 是常数)近似代替 Δy,从而把复杂问题化为简单问题。微分就是解决此类问题的一种简单方法,也称为局部线性化方法。先看下面的引例。

4.5.1 引例

引例 1 一块正方形均质金属薄片受温度变化的影响产生了均匀变形,将变形前后的金属薄片放置在如图 4.3 所示的坐标系中,经测量后,变形后的两个边的边长由 x_0 变到 $x_0+\Delta x$,求此薄片的面积的改变量。

解 由正方形的面积公式 $S(x)=x^2$ 可知,当边长为 x_0 时,$S(x_0)=x_0^2$。薄片受温度变化的影响时,当自变量 x 在 x_0 取得增量 Δx 时,面积的增量 ΔS 为

$$\Delta S=S(x_0+\Delta x)-S(x_0)=(x_0+\Delta x)^2-x_0^2$$
$$=2x_0\Delta x+(\Delta x)^2。$$

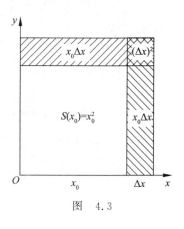

图 4.3

从上式可以看出,ΔS 由两项组成,第一项 $2x_0\Delta x$ 是 Δx 的线性函数,即图中带有斜线的两个矩形面积之和,而第二项 $(\Delta x)^2$ 在图中是带有交叉线的小正方形的面积。从图中可以看出,第一项在面积的增量 ΔS 中占了主要部分,第二项只占了一小部分,并且当 $\Delta x\to 0$ 时,$(\Delta x)^2$ 是比 Δx 高阶的无穷小,即 $(\Delta x)^2=o(\Delta x)$。由此可见,如果边长改变量很微小,即 $|\Delta x|$ 很小时,面积的增量 ΔS 可近似地用第一项来代替,而将第二个项(高阶项)忽略,即 $\Delta S\approx 2x_0\Delta x$。后面将会看到,$2x_0\Delta x$ 是 $S=x^2$ 在点 x_0 处相应于 Δx 的微分。

引例 2 在半径为 $R\,\mathrm{cm}$ 的铁球表面镀一层厚度为 $\Delta R\,\mathrm{cm}$ 的铜,已知铜的密度为 $8.9\mathrm{g/cm}^3$,求铁球需要镀多少克铜?

解 由球体的体积公式 $V(R)=\dfrac{4}{3}\pi R^3$ 可知,在铁球表面镀一层厚度为 $\Delta R\,\mathrm{cm}$ 的铜后,体积的增量 ΔV 为

$$\Delta V=V(R+\Delta R)-V(R)=\frac{4}{3}\pi((R+\Delta R)^3-R^3)$$
$$=\frac{4}{3}\pi(3R^2\Delta R+3R(\Delta R)^2+(\Delta R)^3)$$
$$=4\pi R^2\Delta R+\frac{4}{3}\pi(3R(\Delta R)^2+(\Delta R)^3)。$$

因此,需要镀的铜的质量为

$$\Delta m=\rho\Delta V=8.9\left(4\pi R^2\Delta R+\frac{4}{3}\pi(3R(\Delta R)^2+(\Delta R)^3)\right)。$$

类似于引例 1 中的分析,当镀层厚度很薄,即 ΔR 很小时,体积的增量 ΔV 可近似地用第一项 $4\pi R^2\Delta R$ 来代替,而将后面的两个高阶项忽略,即 $\Delta V\approx 4\pi R^2\Delta R$。事实上,$4\pi R^2\Delta R$ 是

$V(R)=\dfrac{4}{3}\pi R^3$ 在点 R 处相应于 ΔR 的微分。

从数学上讲,是否所有函数的增量都能在一定的条件下表示为一个线性函数(增量的主要部分)和一个高阶无穷小的和呢? 这里指的条件是什么? 线性部分是什么? 如何求? 是否有一定的规律可循? 本节的重点将讨论这些问题。为此,首先给出微分的定义。

4.5.2　微分的定义

定义 4.5　设函数 $y=f(x)$ 在点 x_0 的邻域内有定义。若存在常数 A,使得函数值的增量 $\Delta y=f(x_0+\Delta x)-f(x_0)$ 和自变量的增量 $\Delta x=x-x_0$ 满足如下关系

$$\Delta y=A\Delta x+o(\Delta x),\tag{4.5}$$

其中 A 与 Δx 无关,则称函数 $f(x)$ 在点 x_0 处可微,$A\Delta x$ 称为函数 $y=f(x)$ 在点 x_0 处相应于 Δx 的**微分**(**differential**),记作 $\mathrm{d}y$,即

$$\mathrm{d}y=A\Delta x\quad\text{或}\quad\mathrm{d}f(x_0)=A\Delta x。\tag{4.6}$$

关于定义 4.5 的几点说明。

(1) 由式(4.5)和式(4.6)可得

$$\Delta y-\mathrm{d}y=o(\Delta x),\tag{4.7}$$

或

$$\Delta y=\mathrm{d}y+o(\Delta x)。\tag{4.8}$$

式(4.7)说明了 $\Delta y-\mathrm{d}y$ 比 Δx 是当 $\Delta x\to0$ 时的高阶无穷小;式(4.8)说明了用 $\mathrm{d}y$ 近似代替 Δy,误差是 $o(\Delta x)$;当 $A\neq0$ 时,容易证明 $\mathrm{d}y$ 与 Δy 是当 $\Delta x\to0$ 时的等价无穷小,即 $\Delta y\sim\mathrm{d}y$。

(2) 由式(4.6)可知,函数 $y=f(x)$ 在点 x_0 处的微分 $\mathrm{d}y$ 是自变量的增量 Δx 的线性函数,称为函数增量 Δy 的**线性主要部分**(**linear principal part**),所指的"线性",是因为 $A\Delta x$ 是 Δx 的一次函数,所指的"主要",是因为当 $\Delta x\to0$ 时,$o(\Delta x)$ 是 Δx 的高阶无穷小,$A\Delta x$ 在式(4.5)的右端起主要作用。

根据微分的定义,仅知道 $\mathrm{d}y=A\Delta x$ 中的 A 与 Δx 无关,有待解决的问题是:常数 A 的值是什么? 是否可以唯一确定? 为此,先回到前面讲到的引例。由微分的定义可知,(1) $\mathrm{d}S=2x_0\Delta x$,易见 $A=2x_0=(x^2)'|_{x_0}=S'|_{x_0}$;(2) $\mathrm{d}V=4\pi R^2\Delta R$,易见 $A=4\pi R^2=\dfrac{4}{3}\pi(R^3)'=V'$。

这两个引例说明:微分的系数 A 分别是两个函数在对应点处的导数值。下面的定理不仅得到了微分的定义中常数 A 的值,而且给出了一元函数的导数和微分之间的关系。

定理 4.6　函数 $y=f(x)$ 在点 x_0 处可微的充分必要条件是:函数 $y=f(x)$ 在点 x_0 处可导且 $A=f'(x_0)$。

分析　利用函数的微分和导数的定义。

证　必要性　设函数 $f(x)$ 在 x_0 可微,由微分的定义可知

$$\Delta y=A\Delta x+o(\Delta x),$$

其中 A 是与 Δx 无关的常数。上式两端同时除以 Δx,并取 $\Delta x\to0$ 时的极限,有

$$\lim_{\Delta x\to0}\frac{\Delta y}{\Delta x}=A+\lim_{\Delta x\to0}\frac{o(\Delta x)}{\Delta x}=A,$$

于是函数 $y=f(x)$ 在点 x_0 处可导，且 $A=f'(x_0)$。

充分性　设函数 $y=f(x)$ 在点 x_0 处可导，由可导的定义可知

$$\lim_{\Delta x \to 0} \frac{\Delta y}{\Delta x} = f'(x_0),$$

则有

$$\frac{\Delta y}{\Delta x} = f'(x_0) + \alpha,$$

其中 α 是当 $\Delta x \to 0$ 时的无穷小。从而

$$\Delta y = f'(x_0)\Delta x + \alpha \Delta x = f'(x_0)\Delta x + o(\Delta x),$$

其中 $f'(x_0)$ 是与 Δx 无关的常数，$o(\Delta x)$ 比 Δx 是当 $\Delta x \to 0$ 时的高阶无穷小，即函数 $f(x)$ 在 x_0 可微。　　　　　　　　　　　　　　　　　　　　证毕

定理 4.6 指出，函数 $f(x)$ 在点 x_0 处的导数和微分是等价关系，并且 $A=f'(x_0)$。于是函数 $f(x)$ 在点 x_0 处的微分为

$$dy = f'(x_0)\Delta x。$$

由微分的定义，自变量 x 本身的微分是

$$dx = (x)'\Delta x = \Delta x,$$

即自变量 x 的微分 dx 等于自变量 x 的增量 Δx。于是，当 x 是自变量时，可用 dx 代替 Δx，因此函数 $y=f(x)$ 在点 x 处的微分 dy 又可写为

$$dy = f'(x)dx \quad \text{或} \quad df(x) = f'(x)dx,$$

由此得到

$$\frac{dy}{dx} = f'(x) \quad \text{或} \quad \frac{df(x)}{dx} = f'(x),$$

即函数 $y=f(x)$ 的导数 $f'(x)$ 等于函数的微分 dy 与自变量的微分 dx 的商，导数亦称**微商** (**differential quotient**) 就源于此。在没有引入微分概念之前，曾用 $\frac{dy}{dx}$ 表示导数，但那时 $\frac{dy}{dx}$ 是一个完整的符号，并不具有商的意义。当引入微分概念之后，符号 $\frac{dy}{dx}$ 才具有商的意义。

4.5.3　微分的几何解释

在直角坐标系中，函数 $y=f(x)$ 的图形是一条曲线。下面用几何观点给出函数微分的一个直观的解释。

如图 4.4 所示，PM 是曲线 $y=f(x)$ 在点 $M(x_0, f(x_0))$ 的切线，斜率为 $\tan\alpha = f'(x_0)$。由图可见

$$|QN| = f(x_0 + \Delta x) - f(x_0) = \Delta y,$$

$$|QP| = \tan\alpha \cdot \Delta x = f'(x_0)\Delta x = dy,$$

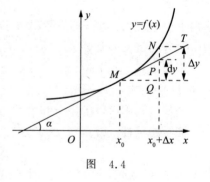

图　4.4

即函数值的增量是曲线纵坐标的改变量，它的微分 $dy = |QP|$ 是曲线的切线的纵坐标的改变量，这两者的差是横坐标的改变量的高阶无穷小，即当 $\Delta x \to 0$ 时，有

$$|PN| = |QN - QP| = \Delta y - dy = o(\Delta x)。$$

易见，曲线 $y = f(x)$ 在点 $M(x_0, f(x_0))$ 的切线方程为

$$y = f(x_0) + f'(x_0)(x - x_0)。$$

从另一个角度看，当 x 非常接近 x_0 时，Δy 与 $\mathrm{d}y$ 也非常接近，用 $\mathrm{d}y$ 近似代替 Δy 可以形象地解释为"以直代曲"，即以直线（切线）近似代替曲线，有时也称为**局部线性化**（**local linearization**），切线方程称为局部线性化函数。

4.5.4 微分的运算法则和公式

由定理 4.6 可知，函数的导数与微分运算是等价的，即 $\dfrac{\mathrm{d}y}{\mathrm{d}x} = f'(x) \Leftrightarrow \mathrm{d}y = f'(x)\mathrm{d}x$。因此，由基本初等函数的导数公式和导数的运算法则可相应地得到基本初等函数的微分公式和微分运算法则。

1. 基本初等函数的微分公式

由基本初等函数的导数公式，可以直接写出基本初等函数的微分公式。为了便于对照，列成表 4.1。

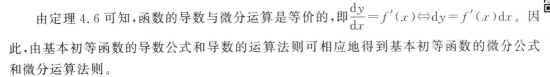

表 4.1　导数公式及微分公式

导数公式	微分公式
$(c)' = 0$	$\mathrm{d}(c) = 0$
$(x^\alpha)' = \alpha x^{\alpha-1}$	$\mathrm{d}(x^\alpha) = \alpha x^{\alpha-1}\mathrm{d}x$
$(\log_a x)' = \dfrac{1}{x\ln a}$	$\mathrm{d}(\log_a x) = \dfrac{1}{x\ln a}\mathrm{d}x$
$(\ln x)' = \dfrac{1}{x}$	$\mathrm{d}(\ln x) = \dfrac{1}{x}\mathrm{d}x$
$(a^x)' = a^x \ln a$	$\mathrm{d}(a^x) = a^x \ln a\,\mathrm{d}x$
$(\mathrm{e}^x)' = \mathrm{e}^x$	$\mathrm{d}(\mathrm{e}^x) = \mathrm{e}^x\mathrm{d}x$
$(\sin x)' = \cos x$	$\mathrm{d}(\sin x) = \cos x\,\mathrm{d}x$
$(\cos x)' = -\sin x$	$\mathrm{d}(\cos x) = -\sin x\,\mathrm{d}x$
$(\tan x)' = \sec^2 x$	$\mathrm{d}(\tan x) = \sec^2 x\,\mathrm{d}x$
$(\cot x)' = -\csc^2 x$	$\mathrm{d}(\cot x) = -\csc^2 x\,\mathrm{d}x$
$(\sec x)' = \sec x \tan x$	$\mathrm{d}(\sec x) = \sec x \tan x\,\mathrm{d}x$
$(\csc x)' = -\csc x \cot x$	$\mathrm{d}(\csc x) = -\csc x \cot x\,\mathrm{d}x$
$(\arcsin x)' = \dfrac{1}{\sqrt{1-x^2}}$	$\mathrm{d}(\arcsin x) = \dfrac{1}{\sqrt{1-x^2}}\mathrm{d}x$
$(\arccos x)' = -\dfrac{1}{\sqrt{1-x^2}}$	$\mathrm{d}(\arccos x) = -\dfrac{1}{\sqrt{1-x^2}}\mathrm{d}x$
$(\arctan x)' = \dfrac{1}{1+x^2}$	$\mathrm{d}(\arctan x) = \dfrac{1}{1+x^2}\mathrm{d}x$
$(\operatorname{arccot} x)' = -\dfrac{1}{1+x^2}$	$\mathrm{d}(\operatorname{arccot} x) = -\dfrac{1}{1+x^2}\mathrm{d}x$

2. 函数和、差、积、商的微分法则

由函数和、差、积、商的求导法则,可推得相应的微分法则。列成表 4.2(表中 $u=u(x)$, $v=v(x)$)。

表 4.2　函数和、差、积、商的求导及微分法则

函数和、差、积、商的求导法则	函数和、差、积、商的微分法则
$(u\pm v)'=u'\pm v'$	$\mathrm{d}(u\pm v)=\mathrm{d}u\pm\mathrm{d}v$
$(cu)'=cu'$	$\mathrm{d}(cu)=c\,\mathrm{d}u$
$(uv)'=u'v+uv'$	$\mathrm{d}(uv)=v\,\mathrm{d}u+u\,\mathrm{d}v$
$\left(\dfrac{u}{v}\right)'=\dfrac{u'v-uv'}{v^2}$	$\mathrm{d}\left(\dfrac{u}{v}\right)=\dfrac{v\,\mathrm{d}u-u\,\mathrm{d}v}{v^2}$

现在我们以乘积的微分法则为例加以证明。事实上,由微分的表达式及乘积的求导法则,不难得到

$$\mathrm{d}(uv)=(uv)'\mathrm{d}x=(u'v+uv')\mathrm{d}x=v(u'\mathrm{d}x)+u(v'\mathrm{d}x)=v\,\mathrm{d}u+u\,\mathrm{d}v。$$

其他法则都可以用类似的方法证明。

3. 复合函数的微分

设函数 $y=f(u)$,$u=\varphi(x)$ 可以构成复合函数,则函数 $y=f[\varphi(x)]$ 的微分为

$$\mathrm{d}y=f'[\varphi(x)]\varphi'(x)\mathrm{d}x。$$

由于 $\varphi'(x)\mathrm{d}x=\mathrm{d}u$,所以复合函数 $y=f[\varphi(x)]$ 的微分公式也可以写成

$$\mathrm{d}y=f'(u)\mathrm{d}u。$$

由此可见,无论 u 是自变量还是中间变量,微分 $\mathrm{d}y=f'(u)\mathrm{d}u$ 的形式保持不变。这一性质称为**一阶微分形式不变性**。这与函数的导数有本质的区别,因为对于复合函数而言,函数对自变量的导数和对中间变量的导数完全是两件事情。

例 4.39　求下列函数的微分:

(1) $y=\mathrm{e}^{2x}+\sin x^2$;　　　　　　　　　(2) $y=\arctan(1+\ln x)$。

分析　利用微分的运算法则和复合函数的微分法则计算;也可以先求导数,然后利用导数和微分的关系给出计算结果。

解　(1) $\mathrm{d}y=\mathrm{d}(\mathrm{e}^{2x}+\sin x^2)=\mathrm{d}(\mathrm{e}^{2x})+\mathrm{d}(\sin x^2)=\mathrm{e}^{2x}\mathrm{d}(2x)+\cos x^2\mathrm{d}(x^2)$

$$=(2\mathrm{e}^{2x}+2x\cos x^2)\mathrm{d}x。$$

(2) $\mathrm{d}y=\mathrm{darctan}(1+\ln x)=\dfrac{1}{1+(1+\ln x)^2}\mathrm{d}(1+\ln x)=\dfrac{1}{x}\dfrac{1}{1+(1+\ln x)^2}\mathrm{d}x。$

例 4.40　用微分的方法计算如下参数方程的一阶导数 $\dfrac{\mathrm{d}y}{\mathrm{d}x}$、二阶导数 $\dfrac{\mathrm{d}^2y}{\mathrm{d}x^2}$:

$$\begin{cases}x=\arctan t,\\ y=\ln(1+t^2)。\end{cases}$$

分析　利用复合函数的微分法则和导数与微分的等价关系。

解　通过计算可得

$$\mathrm{d}x = \mathrm{d}\arctan t = \frac{1}{1+t^2}\mathrm{d}t \,, \quad \mathrm{d}y = \mathrm{d}\ln(1+t^2) = \frac{2t}{1+t^2}\mathrm{d}t \,.$$

因此

$$\frac{\mathrm{d}y}{\mathrm{d}x} = \frac{\mathrm{d}\ln(1+t^2)}{\mathrm{d}\arctan t} = \frac{2t}{1+t^2}\mathrm{d}t \Big/ \frac{1}{1+t^2}\mathrm{d}t = 2t \,.$$

重新建立参数方程

$$\begin{cases} x = \arctan t \,, \\ u = \dfrac{\mathrm{d}y}{\mathrm{d}x} = 2t \,. \end{cases}$$

易见,该参数方程可以确定 u 与 x 之间的函数关系。由于

$$\mathrm{d}u = \mathrm{d}(2t) = 2\mathrm{d}t \,,$$

因此,有

$$\frac{\mathrm{d}^2 y}{\mathrm{d}x^2} = \frac{\mathrm{d}}{\mathrm{d}x}\left(\frac{\mathrm{d}y}{\mathrm{d}x}\right) = \frac{\mathrm{d}u}{\mathrm{d}x} = \frac{\mathrm{d}(2t)}{\mathrm{d}\arctan t} = 2\mathrm{d}t \Big/ \frac{1}{1+t^2}\mathrm{d}t = 2(1+t^2) \,.$$

4.5.5 微分在近似计算中的应用

从近似计算的角度来说,用 $\mathrm{d}y$ 近似代替 Δy 有两点好处:

(1) $\mathrm{d}y$ 是 Δx 的线性函数,这一点保证计算简便;

(2) $\Delta y - \mathrm{d}y = o(\Delta x)$,这一点保证近似程度好,即误差是比 Δx 高阶的无穷小。

若函数 $y = f(x)$ 在点 x_0 处可微,由微分的定义和定理 4.6 可得

$$f(x_0 + \Delta x) = f(x_0) + f'(x_0)\Delta x + o(\Delta x) \,.$$

由 $\Delta x = x - x_0$ 可知,$x = x_0 + \Delta x$,上式又可写成

$$f(x) = f(x_0) + f'(x_0)(x - x_0) + o(x - x_0) \,.$$

当 Δx 充分小,即 x 与 x_0 充分接近时,忽略高阶无穷小项 $o(x - x_0)$,可得

$$f(x) \approx f(x_0) + f'(x_0)(x - x_0) \,. \tag{4.9}$$

式(4.9)就是函数值 $f(x)$ 的近似计算公式。特别地,取 $x_0 = 0$,且 $|x|$ 充分小时,式(4.9)为

$$f(x) \approx f(0) + f'(0)x \,. \tag{4.10}$$

由式(4.10)可以推得以下几个常用的近似公式(当 $|x|$ 充分小时):

(1) $\sin x \approx x$;   (2) $\tan x \approx x$;   (3) $\arcsin x \approx x$;

(4) $\arctan x \approx x$;   (5) $\ln(1+x) \approx x$;   (6) $\mathrm{e}^x \approx 1 + x$;

(7) $\sqrt[n]{1 \pm x} \approx 1 \pm \dfrac{x}{n}$;   (8) $(1+x)^a \approx 1 + \alpha x, \alpha \neq 0$.

证明以上几个近似公式并不困难,这里只给出近似公式(7)的证明。

设 $f(x) = \sqrt[n]{1 \pm x}$。由于 $f'(x) = \pm \dfrac{1}{n}(1 \pm x)^{\frac{1}{n}-1}$,有 $f(0) = 1, f'(0) = \pm \dfrac{1}{n}$。

由式(4.10)可得

$$\sqrt[n]{1 \pm x} \approx 1 \pm \frac{x}{n} \,.$$

事实上,近似公式(1)~(8)也可以利用等价无穷小进行证明。

例 4.41 求 $\sin 31°$ 的近似值。

解　令 $f(x)=\sin x$，$x_0=30°=\dfrac{\pi}{6}$，$x=31°=\dfrac{31\pi}{180}$，$x-x_0=1°=\dfrac{\pi}{180}$。

由于 $f'(x)=\cos x$，有

$$f\left(\frac{\pi}{6}\right)=\sin\frac{\pi}{6}=\frac{1}{2}，\quad f'\left(\frac{\pi}{6}\right)=\cos\frac{\pi}{6}=\frac{\sqrt{3}}{2}。$$

由式(4.9)可得

$$\sin31°\approx\sin\frac{\pi}{6}+\cos\frac{\pi}{6}\cdot\frac{\pi}{180}=\frac{1}{2}+\frac{\sqrt{3}}{2}\frac{\pi}{180}\approx0.5+0.01511=0.51511。$$

已知 $\sin31°$ 的准确值是 $0.515038\cdots$，可见二者近似程度较高。

例 4.42　求 $\sqrt[5]{34}$ 的近似值。

解　当 $|x|$ 很小时，由前面的近似公式(7)可知，即 $(1+x)^{\frac{1}{n}}\approx1+\dfrac{x}{n}$，所以有

$$\sqrt[5]{34}=\sqrt[5]{2^5+2}=\sqrt[5]{2^5\left(1+\frac{1}{2^4}\right)}=2\left(1+\frac{1}{2^4}\right)^{\frac{1}{5}}\approx2\left(1+\frac{1}{5}\times\frac{1}{16}\right)=2+\frac{1}{40}=2.025。$$

习　题　4.5

思 考 题

1. 在函数可微的定义中，高阶无穷小 $o(\Delta x)$ 的条件是否可以去掉，为什么？

2. 一元函数 $y=f(x)$ 在 x_0 的可微性与可导性是等价的，所以有人说"微分就是导数，导数就是微分"，判断这种说法是否正确？

3. 函数在某点不连续能否推出函数在该点不可微？

4. Δy 与 $\mathrm{d}y$ 是当 $\Delta x\to0$ 时的等价无穷小，这种说法是否正确？说明理由。

A 类题

1. 求函数 $y=f(x)=x^3+x+2$ 在 $x_0=1$，$\Delta x=0.02$ 时的增量 Δy 与微分 $\mathrm{d}y$。

2. 求下列函数的微分：

(1) $y=\ln(2x+1)+x^2$；　　　　　　　　(2) $y=\mathrm{e}^{2x}\cos(3x)$；

(3) $y=\arcsin(2x)+\arccos\sqrt{x}$；　　　　(4) $y=\dfrac{\sin x}{x}$。

3. 将适当的函数填入下列括号内，使等式成立：

(1) $\mathrm{d}($　　　　$)=(x^2+2\mathrm{e}^x)\mathrm{d}x$；　　(2) $\mathrm{d}($　　　　$)=(\sec^2 x+\cos(2x))\mathrm{d}x$；

(3) $\mathrm{d}($　　　　$)=\dfrac{2}{\sqrt{1-x^2}}\mathrm{d}x$；　　(4) $\mathrm{d}($　　　　$)=\left(\dfrac{1}{1+2x}+\dfrac{1}{1+x^2}\right)\mathrm{d}x$。

4. 当 $|x|$ 充分小时，证明下列近似式：

(1) $\tan(2x)\approx2x$；　　　　　　　　(2) $\ln(1+3x)\approx3x$；

(3) $\mathrm{e}^{2x}\approx1+2x$；　　　　　　　　(4) $(1+x)^5\approx1+5x$。

5. 有一根横截面为圆环的输油管道，其内壁半径为 R m，壁厚为 ΔR m。试用微分表示圆环面积的近似值。

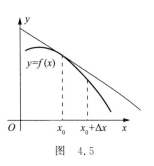

B 类题

1. 求由方程 $x^2 - 2xy + y + e^{x+y} - 1 = 0$ 确定的隐函数的微分 dy。

2. 当 $|x|$ 充分小时，求出 $\sqrt[4]{3+x}$ 关于 x 的线性近似式。

3. 分别计算 $\tan 29°$ 和 $\sqrt[3]{28}$ 的近似值。

4. 已知函数的图形如图 4.5 所示。在图中标出点 x_0 处的 dy，Δy 及 $dy - \Delta y$，并说明其正负。

图 4.5

1. 是非题

(1) 若函数 $f(x)$ 在点 $x = x_0$ 处导数不存在，则它在点 $(x_0, f(x_0))$ 处一定不存在切线。 （　　）

(2) 若函数 $f(x)$ 在点 x_0 处可导，$g(x)$ 在点 x_0 处不可导，则 $f(x) + g(x)$ 在点 x_0 处必不可导。 （　　）

(3) 若函数 $f(x)$ 在点 $x = x_0$ 处不可微，则 $f(x)$ 在该点一定不连续。 （　　）

(4) 若函数 $f(x)$ 在点 x 处可导，则有 $\lim\limits_{\Delta x \to 0} \dfrac{f(x) - f(x - \Delta x)}{\Delta x} = f'(x)$。 （　　）

(5) 由方程 $x^2 + y^2 + 1 = 0$ 确定的隐函数的导数为 $y' = -x/y$。 （　　）

2. 填空题

(1) 若函数 $f(x) = x^3 + 3^x$，则 $f'(3) = $ _____。

(2) 若曲线 $y = x^3 - 3a^2x + b$（其中 $a \geqslant 0$）与 x 轴相切，则 a 与 b 的关系式是 _____。

(3) 若函数 $f(x)$ 在点 $x = x_0$ 处可导，且 $\lim\limits_{x \to 0} \dfrac{x}{f(x_0 - 2x) - f(x_0)} = \dfrac{1}{4}$，则 $f'(x_0) = $

_____。

(4) 若参数方程的形式为 $\begin{cases} x = 2t^2 + 3t, \\ y = \arctan \dfrac{1}{t}, \end{cases}$ 则 $\dfrac{dy}{dx}\Big|_{t=-1} = $ _____。

(5) 若 $y = f(x)$ 是可微函数，则 $df(\cos(2x)) = $ _____。

3. 选择题

(1) 若函数 $f(x)$ 在点 x_0 处可微，则（　　）。

A. $f(x)$ 在点 x_0 连续，并且可导　　　　B. $f(x)$ 在点 x_0 连续，并且不一定可导

C. $f(x)$ 在点 x_0 不连续，并且不可导　　　D. $f(x)$ 在点 x_0 不连续，但是可导

(2) 函数 $f(x) = |x - a|$ 在点 $x = a$ 处的导数为（　　）。

A. 1　　　　　　　B. 0　　　　　　　C. -1　　　　　　　D. 不存在

(3) 若函数 $f(x) = \begin{cases} \sin(ax), & x \leqslant 0, \\ b - e^{2x}, & x > 0 \end{cases}$ 在 $x = 0$ 处可导,则 a, b 的值为(　　)。

A. $a = 2, b = 1$　　　　B. $a = 1, b = 2$　　　　C. $a = 2, b = -1$　　　　D. $a = -2, b = 1$

(4) 若函数 $y = f(u)$ 在 u 处可导,且 $u = e^{2x}$,则 $\dfrac{dy}{dx} = ($　　$)$。

A. $f'(e^{2x})$　　　　B. $e^{2x} f'(e^{2x})$　　　　C. $2e^{2x} f'(e^{2x})$　　　　D. $2f'(e^{2x})$

(5) 函数 $y = \ln(1 + \sin x)$ 的微分 dy 为(　　)。

A. $\dfrac{1}{1 + \sin x} dx$　　　　B. $\dfrac{\sin x}{1 + \sin x} dx$　　　　C. $\dfrac{\cos x}{1 + \sin x} dx$　　　　D. $\dfrac{-\cos x}{1 + \sin x} dx$

4. 计算下列各题:

(1) 已知函数 $y = x^2 e^{\tan x}$,求 y' 和 y'';

(2) 已知函数 $y = \arctan(\cos x) + \ln \sin x$,求 y' 和 y'';

(3) 已知函数 $y = x^3 + 2x + 5 + e^{3x}$,求 y',y'' 和 $y^{(100)}$;

(4) 已知 $y = y(x)$ 是由方程 $x^2 + y^2 - xy - 4e^{xy} + 4 = 0$ 确定的隐函数,求 dy;

(5) 已知 $y = y(x)$ 是由方程 $\sin(x + y) + \cos(2x + y) = 1$ 确定的隐函数,求 dy。

5. 已知函数 $f(x)$ 在点 $x = 0$ 处可导,且 $f(0) = 1$,$f'(0) = 2$。计算下列极限:

(1) $\lim\limits_{x \to 0} \dfrac{f(1 - \cos x) - 1}{\sin x^2}$;　　　　　　　　(2) $\lim\limits_{x \to 0} \dfrac{f(e^{2x} - 1) - 1}{\tan(3x)}$。

6. 求下列函数在分段点 $x = 0$ 处的左导数 $f'_-(0)$ 和右导数 $f'_+(0)$,并判断在点 $x = 0$ 处的导数 $f'(0)$ 是否存在:

(1) $f(x) = \begin{cases} \tan x, & x \leqslant 0, \\ \ln(x^2 + 1), & x > 0; \end{cases}$　　　　(2) $f(x) = \begin{cases} \arctan(2x), & x \leqslant 0, \\ x^3 + \sin(2x), & x > 0。 \end{cases}$

7. 求由方程 $2xy + x + \arctan(x + y) - \dfrac{\pi}{4} = 0$ 所确定的函数 $y = y(x)$ 在点 $M(0, 1)$ 处的切线方程和法线方程。

8. 求由参数方程 $\begin{cases} x = a\cos^3 t, \\ y = a\sin^3 t \end{cases}$ 确定的函数 $y = y(x)$ 的二阶导数 $\dfrac{d^2 y}{dx^2}$。

9. 证明:当 $|x|$ 充分小时,$\ln(1 + \sin x) \approx x$。

10. 验证函数 $y = e^{\sqrt{x}} + e^{-\sqrt{x}}$ 满足关系式 $xy'' + \dfrac{1}{2}y' - \dfrac{1}{4}y = 0$。

第 5 章

微分中值定理及导数的应用

The mean-value theorems for differentials and derivative applications

第 4 章中讨论了微分学的两个基本概念——导数与微分,并给出了如何求函数导数与微分的方法。本章首先引入微分学的几个基本定理,以此为基础,给出求函数极限的一种新方法——洛必达法则,然后利用导数研究函数的某些性态,如函数的单调性和凸性,函数的极值、最值等,进而利用这些性态给出函数的作图方法,最后给出一些应用实例。

5.1 微分中值定理
The mean-value theorems for differentials

为了研究函数在某一个区间上的变化性态,本节将介绍三个经典的微分中值定理,包括罗尔(Rolle)定理、拉格朗日(Lagrange)中值定理和柯西(Cauchy)中值定理。

5.1.1 罗尔定理

定理 5.1(**罗尔定理**) 若函数 $y=f(x)$ 满足下列条件:

(1) 在闭区间 $[a,b]$ 上连续;

(2) 在开区间 (a,b) 内可导;

(3) $f(a)=f(b)$,即函数在区间端点的函数值相等,

则至少存在一点 $\xi\in(a,b)$,使得 $f'(\xi)=0$。

证 因为函数 $y=f(x)$ 在 $[a,b]$ 上连续,根据闭区间上连续函数的性质,它在 $[a,b]$ 上必取得最大值 M 和最小值 m。下面分两种情况讨论:

(1) 若 $M=m$,则函数 $y=f(x)$ 在区间 $[a,b]$ 上恒等于常数 M,因此,对一切 $x\in(a,b)$,都有 $f'(x)=0$。罗尔定理自然成立。

(2) 若 $M>m$,由于 $f(a)=f(b)$,说明 M 和 m 中至少有一个不等于 $f(a)$。不妨设 $m\neq f(a)$(也可设 $M\neq f(a)$,证明完全类似),则函数 $y=f(x)$ 应在 (a,b) 内的某一点 ξ 处达到最小值,即 $f(\xi)=m$。下面证明 $f'(\xi)=0$。

由于 $\xi\in(a,b)$,根据条件(2)知,$f'(\xi)$ 存在,因而有

$$f'(\xi) = \lim_{\Delta x \to 0^+} \frac{f(\xi + \Delta x) - f(\xi)}{\Delta x} = \lim_{\Delta x \to 0^-} \frac{f(\xi + \Delta x) - f(\xi)}{\Delta x}. \tag{5.1}$$

又因为 $f(x)$ 在点 ξ 达到最小值,所以不论 Δx 是正的还是负的,只要 $\xi + \Delta x \in (a, b)$,总有

$$f(\xi + \Delta x) - f(\xi) \geqslant 0.$$

当 $\Delta x > 0$ 时,有

$$\frac{f(\xi + \Delta x) - f(\xi)}{\Delta x} \geqslant 0,$$

根据极限的保号性及式(5.1)知

$$f'(\xi) = \lim_{\Delta x \to 0^+} \frac{f(\xi + \Delta x) - f(\xi)}{\Delta x} \geqslant 0.$$

类似地,当 $\Delta x < 0$ 时,有

$$f'(\xi) = \lim_{\Delta x \to 0^-} \frac{f(\xi + \Delta x) - f(\xi)}{\Delta x} \leqslant 0.$$

从而必有 $f'(\xi) = 0$。   证毕

关于罗尔定理的几点说明。

(1) 罗尔定理是由一个简单的几何事实抽象出来的。函数 $y = f(x)$ 在 $[a, b]$ 上的图形是一条连续光滑曲线,在曲线上除区间的两个端点外处处都有不与 x 轴垂直的切线,在区间的两个端点处函数值相等,则在该曲线上至少有一点存在水平切线,如图 5.1 所示。

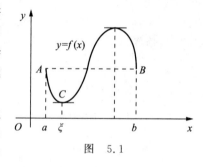

图 5.1

(2) 如果罗尔定理的 3 个条件有一个不满足,则此定理的结论可能不成立。例如,在图 5.2 中的 3 种情形 (a),(b),(c),分别画出了不满足 3 个条件的函数的图形,显然,这 3 种情形都不存在 ξ,使得 $f'(\xi) = 0$。

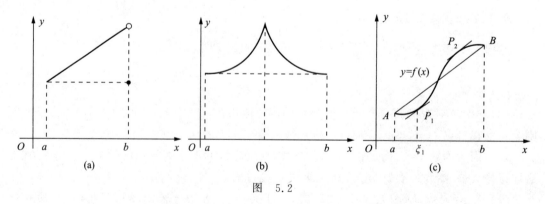

图 5.2

(3) 罗尔定理的 3 个条件缺少其中任何一个,虽然定理的结论不一定成立,但也不能认为这些条件都是必要的。例如,$f(x) = \sin x$ 在区间 $\left[0, \frac{3}{2}\pi\right]$ 上连续,在 $\left(0, \frac{3}{2}\pi\right)$ 内可导,但 $0 = f(0) \neq f\left(\frac{3}{2}\pi\right) = -1$,而此时仍存在 $\xi = \frac{\pi}{2} \in \left(0, \frac{3}{2}\pi\right)$,使得 $f'(\xi) = \cos\frac{\pi}{2} = 0$,如图 5.3

所示。

下面给出罗尔定理的一些应用。

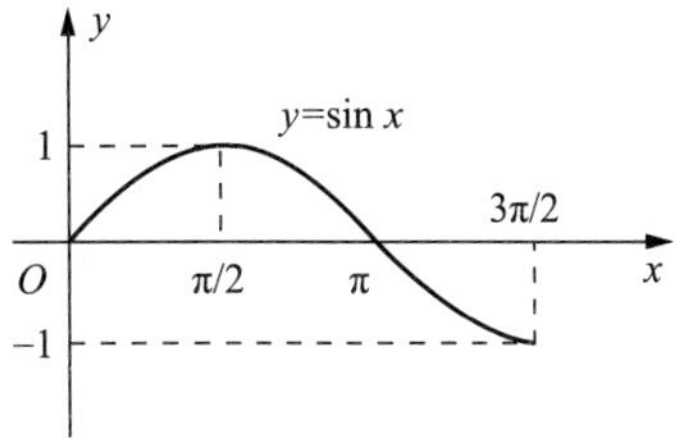

例 5.1 对函数 $f(x)=\sin^2 x$ 在区间 $[0,\pi]$ 上验证罗尔定理的正确性。

分析 先验证函数是否满足罗尔定理的 3 个条件,再尝试寻求函数在区间 $(0,\pi)$ 内导数为零的点。

解 显然,函数 $f(x)=\sin^2 x$ 在 $[0,\pi]$ 上连续,在 $(0,\pi)$ 内可导,且 $f(0)=f(\pi)=0$,因此满足罗尔定理的 3 个条件。不难发现,在 $(0,\pi)$ 内存在一点 $\xi=\dfrac{\pi}{2}$,使得

$$f'\left(\frac{\pi}{2}\right)=\left.(2\sin x\cos x)\right|_{x=\frac{\pi}{2}}=0。$$

图 5.3

例 5.2 不求导数,判断函数 $f(x)=(x-a)(x-b)(x-c)(a<b<c)$ 的导数有几个零点及这些零点所在的范围。

分析 判断题中的函数是否满足罗尔定理的条件。

解 显然,$f(a)=f(b)=f(c)=0$,所以函数 $f(x)$ 在区间 $[a,b]$,$[b,c]$ 上满足罗尔定理的 3 个条件,从而在 (a,b) 内至少存在一点 ξ_1,使得 $f'(\xi_1)=0$,即 ξ_1 是 $f'(x)$ 的一个零点;又因为在 (b,c) 内至少存在一点 ξ_2,使得 $f'(\xi_2)=0$,即 ξ_2 也是 $f'(x)$ 的一个零点。由于 $f'(x)$ 为二次多项式,最多只能有两个零点,而 $f'(x)$ 恰好有两个零点,分别在区间 (a,b) 和 (b,c) 内。

例 5.3 证明:方程 $x^5-5x+3=0$ 有且仅有一个小于 1 的正实根。

分析 "小于 1 的正实根"表明要考察的区间应该是 $(0,1)$。先用零点定理证明存在性,再用反证法证明唯一性。

证 设 $f(x)=x^5-5x+3$,则 $f(x)$ 在区间 $[0,1]$ 上连续,且 $f(0)=3,f(1)=-1$。由零点定理知,存在 $x_0\in(0,1)$,使 $f(x_0)=0$,即 x_0 为方程的小于 1 的正实根。

下面用反证法证明其唯一性。设另有 $x_1\in(0,1),x_1\neq x_0$,使 $f(x_1)=0$。

因为 $f(x)$ 在 x_0,x_1 之间满足罗尔定理的条件,所以至少存在一点 ξ(介于 x_0,x_1 之间),使得 $f'(\xi)=0$。但是 $\forall x\in(0,1),f'(x)=5(x^4-1)<0$,导致矛盾,故 x_0 为唯一实根。

证毕

例 5.4 已知函数 $f(x)$ 在闭区间 $[a,b]$ 上连续,在开区间 (a,b) 内可导,且有 $f(a)=f(b)=0$。证明:至少存在一点 $\xi\in(a,b)$,使得 $f'(\xi)=-f(\xi)$。

分析 根据罗尔定理的结论,需要将 $f'(\xi)=-f(\xi)$(即 $f'(\xi)+f(\xi)=0$)凑成某个函数的导数在点 ξ 的值。根据经验,指数函数 e^x 的值不为零,且它的导数是它本身,表达式 $f'(\xi)+f(\xi)=0$ 应该是 $f(x)$ 与 e^x 的乘积的导数经过化简得到的。此类问题都可以用这种**凑导数**的方法。

证 引入辅助函数

$$F(x)=e^x f(x)。$$

显然,函数 $F(x)$ 在区间 $[a,b]$ 上满足罗尔定理的条件,于是至少存在一点 $\xi\in(a,b)$,使得

$$F'(\xi)=e^\xi f(\xi)+e^\xi f'(\xi)=0。$$

因此,有 $f'(\xi)=-f(\xi)$。　　　　　　　　　　　　　　　　　　　　　　证毕

5.1.2　拉格朗日中值定理

由图 5.2 中的情形(c)可见,$f(a)\neq f(b)$,此时曲线 $y=f(x)$ 上没有一点的切线平行于 x 轴。但是不难看出,曲线上至少有一点(如点 P_1 或 P_2)处的切线平行于弦 AB。由于弦 AB 的斜率是 $\dfrac{f(b)-f(a)}{b-a}$,该曲线在点 P_1(或 P_2)处的斜率为 $f'(\xi_1)$,故有

$$f'(\xi_1)=\frac{f(b)-f(a)}{b-a},\quad \xi_1\in(a,b)。$$

由此可得下面的重要定理。

定理 5.2(拉格朗日中值定理)　若函数 $y=f(x)$ 满足下列条件：

(1) 在闭区间 $[a,b]$ 上连续；

(2) 在开区间 (a,b) 内可导,

则至少存在一点 $\xi\in(a,b)$,使得

$$f'(\xi)=\frac{f(b)-f(a)}{b-a}。\tag{5.2}$$

分析　利用罗尔定理证明。将式(5.2)凑成某个函数的导数在点 ξ 的值。易见

$$f'(\xi)-\frac{f(b)-f(a)}{b-a}=\left[f(x)-\frac{f(b)-f(a)}{b-a}x\right]'\Big|_{x=\xi}。$$

证　作辅助函数

$$F(x)=f(x)-\frac{f(b)-f(a)}{b-a}x。$$

由假设条件可知,$F(x)$ 在 $[a,b]$ 上连续,在 (a,b) 内可导,且

$$F(a)=F(b)=\frac{bf(a)-af(b)}{b-a}。$$

于是 $F(x)$ 满足罗尔定理的条件,故至少存在一点 $\xi\in(a,b)$,使得 $F'(\xi)=0$,即

$$F'(\xi)=f'(\xi)-\frac{f(b)-f(a)}{b-a}=0,$$

因此

$$f'(\xi)=\frac{f(b)-f(a)}{b-a}。$$　　　　　　　　　　　　　证毕

关于拉格朗日中值定理的几点说明。

(1) 显然,若 $f(a)=f(b)$,则有 $f'(\xi)=0$。因此,罗尔定理是拉格朗日中值定理的特例。

(2) 式(5.2)反映了可导函数在 $[a,b]$ 上的平均变化率 $\dfrac{f(b)-f(a)}{b-a}$ 与函数在 (a,b) 内某点 ξ 处的局部变化率 $f'(\xi)$ 的关系。因此,拉格朗日中值定理是连接局部与整体的纽带。

(3) 式(5.2)称为**拉格朗日中值公式**(**Lagrange's mean-value formula**),它还有几种常用的等价形式：

$$f(b)-f(a)=f'(\xi)(b-a), \qquad \xi\in(a,b); \tag{5.3}$$

$$f(b)-f(a)=f'[a+\theta(b-a)](b-a), \qquad \theta\in(0,1); \tag{5.4}$$

$$f(a+h)-f(a)=f'(a+\theta h)h, \qquad \theta\in(0,1)。 \tag{5.5}$$

（4）定理 5.2 的证明也可以作辅助函数

$$F(x)=f(x)-f(a)-\frac{f(b)-f(a)}{b-a}(x-a),$$

它表示曲线 $y=f(x)$ 与直线 $y=f(a)+\dfrac{f(b)-f(a)}{b-a}(x-a)$ 之差。

（5）此定理的证明提供了一个用构造函数法证明数学命题的精彩典范；同时通过巧妙的数学变换，将一般化为特殊，将复杂问题化为简单问题的论证思想，也是高等数学中重要且常用的数学思维的体现。

下面给出拉格朗日中值定理的一些应用。

例 5.5 验证函数 $f(x)=\arctan x$ 在 $[0,1]$ 上满足拉格朗日中值定理，并由结论求 ξ 的值。

分析 先验证函数是否满足拉格朗日中值定理的两个条件，再在区间 $(0,1)$ 内寻求点 ξ，使其满足式（5.3）。

解 由于函数 $f(x)=\arctan x$ 在 $[0,1]$ 上连续，在 $(0,1)$ 内可导，满足拉格朗日中值定理的条件，因此有 $f(1)-f(0)=f'(\xi)(1-0)$，即

$$\arctan 1-\arctan 0=\left.\frac{1}{1+x^2}\right|_{x=\xi}=\frac{1}{1+\xi^2}, \quad 0<\xi<1$$

故由 $\dfrac{1}{1+\xi^2}=\dfrac{\pi}{4}$，得到 $\xi=\sqrt{\dfrac{4-\pi}{\pi}}$。

例 5.6 对一切 $x>0$，证明不等式：

$$\frac{2x}{1+2x}<\ln(1+2x)<2x。$$

分析 先将不等式变形，将其中间的表达式反推成式（5.2）的形式，然后构造辅助函数，并确定自变量的变化区间，再在该区间上应用拉格朗日中值定理，经过适当的变形，即可得到所要证明的不等式。这就是应用拉格朗日中值定理证明某些不等式的思路。

证 令 $f(x)=\ln(1+2x)$。由于它在 $[0,+\infty)$ 上连续、可导，于是 $\forall\, x>0$，在区间 $[0,x]$ 上，由式（5.2）可得

$$f'(\xi)=\frac{f(x)-f(0)}{x-0}, \quad 0<\xi<x,$$

即

$$\frac{2}{1+2\xi}=\frac{\ln(1+2x)-0}{x-0}, \quad 0<\xi<x。$$

由于 $0<\xi<x$，有 $\dfrac{2}{1+2x}<\dfrac{2}{1+2\xi}<2$。因此，当 $x>0$ 时，有

$$\frac{2x}{1+2x}<\ln(1+2x)<2x。 \qquad\qquad 证毕$$

例 5.7　已知函数 $f(x)$ 在区间 $[0,c]$ 上可导,且 $f'(x)$ 单调递减,$f(0)=0$。证明:对于 $0 \leqslant a \leqslant b \leqslant a+b \leqslant c$,恒有 $f(a+b) \leqslant f(a)+f(b)$。

分析　当 $a>0$ 时,利用 $f(0)=0$,先将不等式变形为 $f(a+b)-f(b) \leqslant f(a)-f(0)$,就会发现一个有趣的情形,即 $\dfrac{f(a+b)-f(b)}{a+b-b} \leqslant \dfrac{f(a)-f(0)}{a-0}$;不等式两边的表达式可以由 $f(x)$ 在不同区间上应用拉格朗日中值定理所得,即 $f'(\xi_2) \leqslant f'(\xi_1)$,其中 $\xi_1 \in (0,a)$,$\xi_2 \in (b,a+b)$,而这个不等式又可以利用已知条件($f'(x)$ 单调递减)得到。

证　当 $a=0$ 时,由 $f(0)=0$ 可以推得不等式成立。

当 $a>0$ 时,在区间 $[0,a]$ 上应用拉格朗日中值定理知,$\exists \xi_1 \in (0,a)$,使得

$$f'(\xi_1) = \frac{f(a)-f(0)}{a-0} = \frac{f(a)}{a};$$

再在区间 $[b,a+b]$ 上应用拉格朗日中值定理知,$\exists \xi_2 \in (b,a+b)$,使得

$$f'(\xi_2) = \frac{f(a+b)-f(b)}{(a+b)-b} = \frac{f(a+b)-f(b)}{a}。$$

由已知 $f'(x)$ 单调递减,有 $f'(\xi_1) \geqslant f'(\xi_2)$,进而可得

$$\frac{f(a+b)-f(b)}{a} \leqslant \frac{f(a)}{a},$$

对上式进行简单变形,可得

$$f(a+b) \leqslant f(a)+f(b)。 \hspace{4em} \text{证毕}$$

由拉格朗日中值定理可以得到在微分学中三个非常有用的推论。

推论 1　设函数 $y=f(x)$ 在闭区间 $[a,b]$ 上连续,在开区间 (a,b) 内可导。$\forall x \in (a,b)$,若有 $f'(x)>0$,则 $f(x)$ 在 $[a,b]$ 上严格单调递增;若有 $f'(x)<0$,则 $f(x)$ 在 $[a,b]$ 上严格单调递减。

证　任取 $x_1,x_2 \in (a,b)$,不妨设 $x_1<x_2$,则由式(5.3)可得

$$f(x_2)-f(x_1) = f'(\xi)(x_2-x_1), \quad x_1<\xi<x_2。$$

由已知 $f'(x)>0$,必然有 $f'(\xi)>0$,从而

$$f(x_2)>f(x_1),$$

由 x_1,x_2 的任意性知,函数 $y=f(x)$ 在 $[a,b]$ 上严格单调递增。

类似地,由 $f'(x)<0$,不难证明 $f(x)$ 在 $[a,b]$ 上严格单调递减。 \hspace{2em} 证毕

推论 2　设函数 $y=f(x)$ 在开区间 (a,b) 内可导。$\forall x \in (a,b)$,若有 $f'(x) \equiv 0$,则 $f(x)$ 在 (a,b) 内恒为一个常数。

证　在开区间 (a,b) 内任取两点 x_1,x_2,不妨设 $x_1<x_2$。显然,$f(x)$ 在 $[x_1,x_2]$ 上满足拉格朗日中值定理的条件,于是

$$f(x_2)-f(x_1) = f'(\xi)(x_2-x_1), \quad x_1<\xi<x_2。$$

因为 $\forall x \in (a,b)$,有 $f'(x) \equiv 0$,必然有 $f'(\xi)=0$,从而 $f(x_2)=f(x_1)$。

由 x_1,x_2 的任意性知,函数 $f(x)$ 在 (a,b) 内是一个常数。 \hspace{2em} 证毕

注　斜率处处为零的曲线一定是一条平行于 x 轴的直线。

推论 3　设函数 $f(x)$ 及 $g(x)$ 在开区间 (a,b) 内可导。$\forall x \in (a,b)$,若有 $f'(x)=g'(x)$,则在 (a,b) 内,有 $f(x)=g(x)+C$,其中 C 为某一常数。

证 易见 $[f(x)-g(x)]'=f'(x)-g'(x)\equiv0$。由推论 2 可得 $f(x)-g(x)=C$，即 $\forall x\in(a,b)$，有

$$f(x)=g(x)+C。\qquad\qquad 证毕$$

例 5.8 证明：$\arcsin x+\arccos x\equiv\dfrac{\pi}{2}$，其中 $|x|\leqslant1$。

分析 利用推论 2，证明等式左边的函数的导函数恒为零。

证 当 $x=\pm1$ 时，有

$$\arcsin1+\arccos1=\frac{\pi}{2}+0=\frac{\pi}{2},\arcsin(-1)+\arccos(-1)=-\frac{\pi}{2}+\pi=\frac{\pi}{2}。$$

令 $F(x)=\arcsin x+\arccos x$。当 $|x|<1$ 时，有

$$F'(x)=\frac{1}{\sqrt{1-x^2}}-\frac{1}{\sqrt{1-x^2}}\equiv0。$$

由推论 2 知，$F(x)$ 在 $(-1,1)$ 内恒为常数，即 $F(x)\equiv C$，C 为常数。将 $x=0$ 代入，得 $C=\dfrac{\pi}{2}$。因此，当 $|x|<1$ 时，有

$$\arcsin x+\arccos x\equiv\frac{\pi}{2}。$$

故当 $|x|\leqslant1$ 时，有

$$\arcsin x+\arccos x\equiv\frac{\pi}{2}。\qquad\qquad 证毕$$

5.1.3 柯西中值定理

作为拉格朗日中值定理的推广，有如下的定理。

定理 5.3（柯西中值定理） 若函数 $f(x)$ 和 $g(x)$ 满足下列条件：

(1) 在闭区间 $[a,b]$ 上连续；

(2) 在开区间 (a,b) 内都可导；

(3) $\forall x\in(a,b),g'(x)\neq0$，

则至少存在一点 $\xi\in(a,b)$，使得

$$\frac{f'(\xi)}{g'(\xi)}=\frac{f(b)-f(a)}{g(b)-g(a)},\quad a<\xi<b。\tag{5.6}$$

分析 与拉格朗日中值定理的证明方法类似，将式 (5.6) 变形，然后将其凑成某个函数的导数在点 ξ 的值。

证 注意到 $g(a)\neq g(b)$。这是因为：若 $g(a)=g(b)$，则由罗尔定理知，至少存在一点 $\xi_1\in(a,b)$，使 $g'(\xi_1)=0$，这与条件 (3) 矛盾，故 $g(a)\neq g(b)$。

作辅助函数

$$F(x)=f(x)-f(a)-\frac{f(b)-f(a)}{g(b)-g(a)}(g(x)-g(a))。$$

不难验证，$F(x)$ 满足罗尔定理的三个条件，于是至少存在一点 $\xi\in(a,b)$，使得

$$F'(\xi)=f'(\xi)-\frac{f(b)-f(a)}{g(b)-g(a)}g'(\xi)=0,$$

从而有

$$\frac{f'(\xi)}{g'(\xi)}=\frac{f(b)-f(a)}{g(b)-g(a)}。$$　　　　证毕

关于柯西中值定理的几点说明。

(1) 若取 $g(x)=x$，则 $g(b)-g(a)=b-a$，$g'(\xi)=1$，式(5.6)就成了式(5.2)，可见拉格朗日中值定理是柯西中值定理的特殊情形。

(2) 在几何上，柯西中值定理可以理解为：设一连续曲线段由参数方程 $\begin{cases} u=g(x), \\ v=f(x) \end{cases}$ 表示，如图 5.4 所示，其中 x 是参数。如果该曲线上除端点外有处处不垂直于横轴 u 的切线，则至少存在一点 $C(g(\xi),f(\xi))$，使得该曲线在点 C 的切线平行于曲线的两个端点的连线。

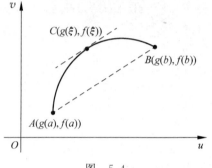

图　5.4

例 5.9　在区间 $[1,2]$ 上验证柯西中值定理对函数 $f(x)=x^3+1$ 和 $g(x)=x^2$ 的正确性。

分析　先验证函数是否满足柯西中值定理的 3 个条件，再在区间 $(1,2)$ 内寻求点 ξ，使其满足式(5.6)。

解　显然，函数 $f(x)=x^3+1$ 和 $g(x)=x^2$ 在区间 $[1,2]$ 上连续，在开区间 $(1,2)$ 内可导，且有 $g'(x)=2x\neq0$，于是 $f(x),g(x)$ 满足柯西中值定理的条件。容易求得

$$\frac{f(2)-f(1)}{g(2)-g(1)}=\frac{(2^3+1)-(1^3+1)}{2^2-1}=\frac{7}{3}, \quad \frac{f'(x)}{g'(x)}=\frac{3}{2}x。$$

由 $\frac{3}{2}x=\frac{7}{3}$ 可得 $x=\frac{14}{9}$。取 $\xi=\frac{14}{9}\in(1,2)$，则有 $\frac{f(2)-f(1)}{g(2)-g(1)}=\frac{f'(\xi)}{g'(\xi)}$。这就验证了柯西中值定理对函数 $f(x)=x^3+1$ 和 $g(x)=x^2$ 在所给区间 $[1,2]$ 上的正确性。

例 5.10　已知函数 $f(x)$ 在区间 $[0,1]$ 上连续，在区间 $(0,1)$ 内可导。证明：至少存在一点 $\xi\in(0,1)$，使得

$$f'(\xi)=2\xi[f(1)-f(0)]。$$

分析　将要证的结论变形为定理 5.3 中的式(5.6)的形式，即

$$\frac{f(1)-f(0)}{1-0}=\frac{f'(\xi)}{2\xi}=\frac{f'(x)}{(x^2)'}\bigg|_{x=\xi}。$$

证　取 $g(x)=x^2$。函数 $f(x)$ 和 $g(x)$ 在区间 $[0,1]$ 上满足柯西中值定理的条件，故至少存在一点 $\xi\in(0,1)$，使得

$$\frac{f(1)-f(0)}{1-0}=\frac{f'(\xi)}{2\xi},$$

经过简单变形，即得

$$f'(\xi)=2\xi[f(1)-f(0)]。$$　　　　证毕

思 考 题

1. 在应用罗尔定理判断一个函数的导数是否存在零点时,需要验证这个函数具备什么条件?

2. 拉格朗日中值定理的条件缺少一个,其结论还一定成立吗? 举例说明。

3. 罗尔定理、拉格朗日中值定理和柯西中值定理的关系是什么?

4. 在应用 3 个中值定理证明等式或不等式时,基本思路是什么?

A 类题

1. 验证函数 $f(x)=x^2-x-2$ 在区间 $[-1,2]$ 上满足罗尔定理的条件,并求出相应的 ξ,使得 $f'(\xi)=0$。

2. 验证函数 $f(x)=\ln\sin x$ 在区间 $\left[\dfrac{\pi}{4},\dfrac{\pi}{2}\right]$ 上满足拉格朗日中值定理的条件,并给出相应的结果。

3. 下列函数在指定区间上是否满足罗尔定理的 3 个条件? 是否存在定理结论中的 ξ,使得 $f'(\xi)=0$?

(1) $f(x)=2x^2-x-3, x\in\left[-1,\dfrac{3}{2}\right]$;   (2) $f(x)=\begin{cases}\sin x, & 0<x\leqslant\pi, \\ 1, & x=0。\end{cases}$

4. 证明:方程 $\cos x=x\sin x$ 在区间 $\left(0,\dfrac{\pi}{2}\right)$ 内至少有一个实根。

5. 已知函数 $f(x)$ 在闭区间 $[0,a]$ 上连续,在开区间 $(0,a)$ 内可导,且 $f(a)=0$,证明:至少存在一点 $\xi\in(0,a)$,使得 $f(\xi)+\xi f'(\xi)=0$。

6. 证明下列不等式:

(1) $\arctan x_2-\arctan x_1\leqslant x_2-x_1, x_1<x_2$;   (2) $e^x>ex, x>1$。

7. 证明恒等式:$\arctan x+\arctan\dfrac{1}{x}\equiv\dfrac{\pi}{2}, x\in(0,+\infty)$。

8. 已知 $0<\alpha<\beta<\dfrac{\pi}{2}$。证明:存在 $\theta\in(\alpha,\beta)$,使得 $\dfrac{\sin\alpha-\sin\beta}{\cos\beta-\cos\alpha}=\cot\theta$。

B 类题

1. 已知函数 $f(x)$ 在闭区间 $[a,b]$ 上连续,在开区间 (a,b) 内可导,且 $f(a)=f(b)$。证明:至少存在一点 $\xi\in(a,b)$,使得 $f(\xi)+\xi f'(\xi)=f(a)$。

2. 已知函数 $f(x)$ 和 $g(x)$ 在闭区间 $[a,b]$ 上连续,在开区间 (a,b) 内可导,且 $f(a)=f(b)=0, g(x)\neq0$。证明:至少存在一点 $\xi\in(a,b)$,使 $f'(\xi)g(\xi)=f(\xi)g'(\xi)$。

3. 显然,函数 $y=px^2+qx+r$ 在任意有限区间上都满足拉格朗日中值定理的条件。

证明：对其应用拉格朗日中值定理，求得的点 ξ 总位于该区间的中点。

4. 已知函数 $f(x)$ 在区间 $[0,1]$ 上有二阶导数，且 $f(0)=f(1)=0$。若令 $F(x)=x^2 f(x)$，则至少存在一点 $\xi\in(0,1)$，使得 $F''(\xi)=0$。

5. 已知方程 $a_0 x^n + a_1 x^{n-1} + \cdots + a_{n-1} x = 0$ 有一个正根 x_0。证明：方程

$$a_0 n x^{n-1} + a_1 (n-1) x^{n-2} + \cdots + a_{n-1} = 0$$

必有一个小于 x_0 的正根。

6. 证明下列不等式：

(1) $nb^{n-1}(a-b) < a^n - b^n < na^{n-1}(a-b)$，其中 $a>b>0, n>1$；

(2) $\dfrac{a-b}{a} < \ln \dfrac{a}{b} < \dfrac{a-b}{b}$，其中 $a>b>0$。

7. 已知函数 $f(x)$ 可导，证明：$f(x)$ 的两个零点之间一定有 $f(x)+f'(x)$ 的零点。

8. 已知函数 $f(x)$ 在不包含原点的闭区间 $[a,b]$ 上连续，在开区间 (a,b) 内可导。证明：至少存在一点 $\xi\in(a,b)$，使得 $\dfrac{\xi f'(\xi)-f(\xi)}{\xi^2} = \dfrac{af(b)-bf(a)}{ab(b-a)}$。

5.2　洛必达法则
L'Hospital's rules

在第 3 章用等价无穷小替换计算极限的过程中，已经介绍过几种类型的未定式，如 $\dfrac{0}{0}$，$\dfrac{\infty}{\infty}$，$\infty-\infty$，$0\cdot\infty$，1^∞，0^0，∞^0 等。本节将首先给出计算 $\dfrac{0}{0}$ 型，$\dfrac{\infty}{\infty}$ 型极限的简单且有效的新方法——洛必达（L'Hospital）法则，基于此，将上述其他类型的未定式转化为 $\dfrac{0}{0}$ 型或 $\dfrac{\infty}{\infty}$ 型，再进行计算。

5.2.1　$\dfrac{0}{0}$ 型未定式的极限

定理 5.4（洛必达法则 I）　若函数 $f(x)$ 和 $g(x)$ 满足下列条件：

(1) 在 $\mathring{U}(x_0)$ 内有定义，且 $\lim\limits_{x\to x_0} f(x)=0, \lim\limits_{x\to x_0} g(x)=0$；

(2) 当 $x\in\mathring{U}(x_0)$ 时，$f'(x)$ 和 $g'(x)$ 都存在，且 $g'(x)\neq 0$；

(3) $\lim\limits_{x\to x_0} \dfrac{f'(x)}{g'(x)}$ 存在或为 ∞，

则

$$\lim_{x\to x_0} \frac{f(x)}{g(x)} = \lim_{x\to x_0} \frac{f'(x)}{g'(x)}。$$

分析　由要证明的结论可以发现，必须找到两个导数的比与两个函数的比之间的关系，而柯西中值定理恰好给出了这种关系，因此考虑用柯西中值定理证明这个法则。

证　由条件(1)可知，点 x_0 或者是函数 $f(x)$ 和 $g(x)$ 的连续点，或者是它们的可去间断

点。若是连续点，必有 $f(x_0)=0,g(x_0)=0$；若是间断点，则补充定义 $f(x_0)=0,g(x_0)=0$。总之，要保证函数 $f(x)$ 和 $g(x)$ 在点 x_0 的某邻域内连续，不妨设 $f(x_0)=0,g(x_0)=0$。

由条件(1)和条件(2)知，函数 $f(x)$ 和 $g(x)$ 在 $\overset{\circ}{U}(x_0)$ 内连续。设 $x\in\overset{\circ}{U}(x_0)$，则 $f(x)$ 和 $g(x)$ 在 $[x_0,x]$ 或 $[x,x_0]$ 上满足柯西定理的条件，于是

$$\frac{f(x)}{g(x)}=\frac{f(x)-f(x_0)}{g(x)-g(x_0)}=\frac{f'(\xi)}{g'(\xi)},\quad \xi\ 在\ x\ 与\ x_0\ 之间。$$

当 $x\to x_0$ 时，显然有 $\xi\to x_0$，由条件(3)得

$$\lim_{x\to x_0}\frac{f(x)}{g(x)}=\lim_{\xi\to x_0}\frac{f'(\xi)}{g'(\xi)}=\lim_{x\to x_0}\frac{f'(x)}{g'(x)}。\qquad\qquad 证毕$$

根据定理 5.4，若 $\lim\limits_{x\to x_0}\dfrac{f'(x)}{g'(x)}$ 仍为 $\dfrac{0}{0}$ 型未定式，且 $f'(x),g'(x)$ 满足定理 5.4 的条件，则可以继续使用洛必达法则，即 $\lim\limits_{x\to x_0}\dfrac{f'(x)}{g'(x)}=\lim\limits_{x\to x_0}\dfrac{f''(x)}{g''(x)}$。这种情形可以依此类推，直到求出极限为止。

例 5.11 求下列极限：

(1) $\lim\limits_{x\to 0}\dfrac{\arcsin(2x)}{3x+\sin x}$； (2) $\lim\limits_{x\to 0}\dfrac{x+\arctan x}{e^x-\sin(2x)-1}$； (3) $\lim\limits_{x\to 0}\dfrac{\sin x-x}{e^x-e^{-x}-2x}$。

分析 该类极限属于 $\dfrac{0}{0}$ 型未定式。

解 (1) $\lim\limits_{x\to 0}\dfrac{\arcsin(2x)}{3x+\sin x}=\lim\limits_{x\to 0}\dfrac{(\arcsin(2x))'}{(3x+\sin x)'}=\lim\limits_{x\to 0}\dfrac{\dfrac{2}{\sqrt{1-4x^2}}}{3+\cos x}=\dfrac{2}{4}=\dfrac{1}{2}$。

(2) $\lim\limits_{x\to 0}\dfrac{x+\arctan x}{e^x-\sin(2x)-1}=\lim\limits_{x\to 0}\dfrac{(x+\arctan x)'}{(e^x-\sin(2x)-1)'}=\lim\limits_{x\to 0}\dfrac{1+\dfrac{1}{1+x^2}}{e^x-2\cos(2x)}=-2$。

(3) $\lim\limits_{x\to 0}\dfrac{\sin x-x}{e^x-e^{-x}-2x}=\lim\limits_{x\to 0}\dfrac{(\sin x-x)'}{(e^x-e^{-x}-2x)'}=\lim\limits_{x\to 0}\dfrac{\cos x-1}{e^x+e^{-x}-2}$

$$=\lim\limits_{x\to 0}\dfrac{-\sin x}{e^x-e^{-x}}=\lim\limits_{x\to 0}\dfrac{-\cos x}{e^x+e^{-x}}=-\dfrac{1}{2}。$$

注意，在(1)和(2)中的极限 $\lim\limits_{x\to 0}\dfrac{\dfrac{2}{\sqrt{1-4x^2}}}{3+\cos x}$ 和 $\lim\limits_{x\to 0}\dfrac{1+\dfrac{1}{1+x^2}}{e^x-2\cos(2x)}$ 已不是未定式，不能再对它应用洛必达法则，否则会导致错误结果；而在(3)中，用过洛必达法则后，极限 $\lim\limits_{x\to 0}\dfrac{\cos x-1}{e^x+e^{-x}-2}$ 和 $\lim\limits_{x\to 0}\dfrac{-\sin x}{e^x-e^{-x}}$ 仍然是未定式，仍满足洛必达法则的条件。因此，在使用洛必达法则时，要一步一整理，一步一判别，如果不是未定式，就不能用洛必达法则。

例 5.12 求下列极限：

(1) $\lim\limits_{x\to 0}\dfrac{x-\tan x}{x^2\sin x}$； (2) $\lim\limits_{x\to 0}\dfrac{\sin^2 x-x\sin x\cos x}{x^2\tan^2 x}$； (3) $\lim\limits_{x\to 1}\dfrac{\cos(x-1)-1}{\ln x-x+1}$。

分析　它们都是 $\dfrac{0}{0}$ 型未定式,如果直接应用洛必达法则,分子或分母的导数比较复杂,但如果利用极限运算法则和等价无穷小替换进行适当化简,本例中,如 $\sin x \sim x$, $\tan x \sim x$ $(x \to 0)$,再用洛必达法则就简单多了。

解　(1) $\displaystyle\lim_{x \to 0} \frac{x - \tan x}{x^2 \sin x} = \lim_{x \to 0} \frac{x - \tan x}{x^3} = \lim_{x \to 0} \frac{1 - \sec^2 x}{3x^2}$

$$= \lim_{x \to 0} \frac{-2\sec^2 x \tan x}{6x} = \lim_{x \to 0} \frac{-\sec^2 x}{3} \lim_{x \to 0} \frac{\tan x}{x} = -\frac{1}{3}。$$

(2) $\displaystyle\lim_{x \to 0} \frac{\sin^2 x - x\sin x\cos x}{x^2 \tan^2 x} = \lim_{x \to 0} \frac{\sin^2 x - x\sin x\cos x}{x^4} = \lim_{x \to 0} \frac{\sin x - x\cos x}{x^3} \lim_{x \to 0} \frac{\sin x}{x}$

$$= \lim_{x \to 0} \frac{\cos x - \cos x + x\sin x}{3x^2} = \frac{1}{3}。$$

(3) $\displaystyle\lim_{x \to 1} \frac{\cos(x-1) - 1}{\ln x - x + 1} = \lim_{x \to 1} \frac{-\sin(x-1)}{\dfrac{1}{x} - 1}$

$$= \lim_{x \to 1} \frac{-x\sin(x-1)}{1 - x} = \lim_{x \to 1} x \, \lim_{x \to 1} \frac{\sin(x-1)}{x-1} = 1。$$

前面讨论的洛必达法则是自变量 $x \to x_0$ 的情形,它也可以推广到其他情形,如 $x \to \infty$, $x \to x_0^+$, $x \to x_0^-$, $x \to +\infty$, $x \to -\infty$。下面只对 $x \to \infty$ 的情形进行说明,其他情形可以类推。

将定理 5.4 的条件"$\overset{\circ}{U}(x_0)$"改成"存在 $X > 0$,当 $|x| > X$",有如下的推论。

推论 1　设 $f(x)$ 和 $g(x)$ 满足下列条件:

(1) $\displaystyle\lim_{x \to \infty} f(x) = 0$, $\displaystyle\lim_{x \to \infty} g(x) = 0$;

(2) 存在 $X > 0$,当 $|x| > X$ 时,$f'(x)$ 和 $g'(x)$ 都存在,且 $g'(x) \neq 0$;

(3) $\displaystyle\lim_{x \to \infty} \frac{f'(x)}{g'(x)}$ 存在或为 ∞,

则

$$\lim_{x \to \infty} \frac{f(x)}{g(x)} = \lim_{x \to \infty} \frac{f'(x)}{g'(x)}。$$

事实上,令 $x = \dfrac{1}{t}$,则当 $x \to \infty$ 时,$t \to 0$。于是

$$\lim_{x \to \infty} \frac{f(x)}{g(x)} = \lim_{t \to 0} \frac{f\left(\dfrac{1}{t}\right)}{g\left(\dfrac{1}{t}\right)} = \lim_{t \to 0} \frac{f'\left(\dfrac{1}{t}\right) \cdot \left(-\dfrac{1}{t^2}\right)}{g'\left(\dfrac{1}{t}\right) \cdot \left(-\dfrac{1}{t^2}\right)} = \lim_{x \to \infty} \frac{f'(x)}{g'(x)}。$$

例 5.13　求下列极限:

(1) $\displaystyle\lim_{x \to 0^+} \frac{e^{2\sqrt{x}} - 1}{3\sqrt{x}}$;　　(2) $\displaystyle\lim_{x \to +\infty} \frac{\pi - 2\arctan x}{\sin \dfrac{1}{x}}$;　　(3) $\displaystyle\lim_{x \to 1^+} \frac{\arcsin(x-1)}{\sqrt{x-1}}$。

分析　它们都是 $\dfrac{0}{0}$ 型未定式,但各有特点,需要先将极限进行等价变形,然后再应用洛

必达法则计算。(1)先作替换将表达式有理化;(2)先用等价无穷小替换。

解 (1) 令 $\sqrt{x}=t$,则当 $x\to0^+$ 时,$t\to0^+$。于是

$$\lim_{x\to0^+}\frac{\mathrm{e}^{2\sqrt{x}}-1}{3\sqrt{x}}=\lim_{t\to0^+}\frac{\mathrm{e}^{2t}-1}{3t}=\lim_{t\to0^+}\frac{2\mathrm{e}^{2t}}{3}=\frac{2}{3}。$$

(2) $\displaystyle\lim_{x\to+\infty}\frac{\pi-2\arctan x}{\sin\dfrac{1}{x}}=\lim_{x\to+\infty}\frac{\pi-2\arctan x}{\dfrac{1}{x}}=\lim_{x\to\infty}\frac{-\dfrac{2}{1+x^2}}{-\dfrac{1}{x^2}}=2。$

(3) $\displaystyle\lim_{x\to1^+}\frac{\arcsin(x-1)}{\sqrt{x-1}}=\lim_{x\to1^+}\frac{2\sqrt{x-1}}{\sqrt{1-(x-1)^2}}=0。$

5.2.2 $\dfrac{\infty}{\infty}$ 型未定式的极限

若两个函数 $f(x)$ 和 $g(x)$ 都是同一极限过程的无穷大量,即 $\dfrac{\infty}{\infty}$ 型未定式,它也有与 $\dfrac{0}{0}$ 型未定式类似的方法。下面将其结果统一叙述,其中同一极限过程包括六种情形,即 $x\to x_0$,$x\to\infty$,$x\to x_0^-$,$x\to x_0^+$,$x\to-\infty$,$x\to+\infty$。

定理 5.5(洛必达法则 II) 若函数 $f(x)$ 和 $g(x)$ 在同一极限过程中满足下列条件:

(1) $\lim f(x)=\infty$,$\lim g(x)=\infty$;

(2) $f'(x)$ 和 $g'(x)$ 都存在,且 $g'(x)\ne0$;

(3) $\displaystyle\lim\frac{f'(x)}{g'(x)}$ 存在或为 ∞,

则

$$\lim\frac{f(x)}{g(x)}=\lim\frac{f'(x)}{g'(x)}。$$

例 5.14 求下列极限:

(1) $\displaystyle\lim_{x\to0^+}\frac{\ln\cot x}{\ln(2x)}$;

(2) $\displaystyle\lim_{x\to\frac{\pi}{2}}\frac{\tan x-1}{\sec x+3}。$

分析 这是 $\dfrac{\infty}{\infty}$ 型未定式。

解 (1) $\displaystyle\lim_{x\to0^+}\frac{\ln\cot x}{\ln(2x)}=\lim_{x\to0^+}\frac{\dfrac{1}{\cot x}(-\csc^2 x)}{\dfrac{1}{x}}=\lim_{x\to0^+}\frac{-x}{\sin x\cos x}=-1。$

(2) $\displaystyle\lim_{x\to\frac{\pi}{2}}\frac{\tan x-1}{\sec x+3}=\lim_{x\to\frac{\pi}{2}}\frac{\sec^2 x}{\sec x\tan x}=\lim_{x\to\frac{\pi}{2}}\frac{1}{\sin x}=1。$

例 5.15 求下列极限:

(1) $\displaystyle\lim_{x\to+\infty}\frac{\ln x}{x^n}$,其中 $n>0$;

(2) $\displaystyle\lim_{x\to+\infty}\frac{x^n}{\mathrm{e}^{\lambda x}}$,其中 $\lambda>0$,n 为正整数。

分析　这是 $\dfrac{\infty}{\infty}$ 型未定式。

解　(1) $\lim\limits_{x\to+\infty}\dfrac{\ln x}{x^n}=\lim\limits_{x\to+\infty}\dfrac{\dfrac{1}{x}}{nx^{n-1}}=\lim\limits_{x\to+\infty}\dfrac{1}{nx^n}=0$。

(2) $\lim\limits_{x\to+\infty}\dfrac{x^n}{\mathrm{e}^{\lambda x}}=\lim\limits_{x\to+\infty}\dfrac{nx^{n-1}}{\lambda\mathrm{e}^{\lambda x}}=\lim\limits_{x\to+\infty}\dfrac{n(n-1)x^{n-2}}{\lambda^2\mathrm{e}^{\lambda x}}=\cdots=\lim\limits_{x\to+\infty}\dfrac{n\,!}{\lambda^n\mathrm{e}^{\lambda x}}=0$。

注意到，对数函数 $\ln x$，幂函数 $x^n(n>0)$，指数函数 e^x 均为无穷大时，从(1)和(2)可以看出，当 $x\to+\infty$ 时，这三个函数增大的"速度"很不一样，幂函数增大的"速度"比对数函数快得多，而指数函数增大的"速度"又比幂函数快得多。同时也说明 $\dfrac{1}{x^n}$ 趋于 0 的速度远低于 e^{-x} 趋于 0 的速度。事实上，(1)和(2)中的 n 为任意正实数时，结论也成立。

例 5.16　求 $\lim\limits_{x\to0^+}\dfrac{\mathrm{e}^{-\frac{1}{x}}}{x}$。

分析　这是 $\dfrac{0}{0}$ 型未定式，应用洛必达法则。但是

$$\lim\limits_{x\to0^+}\dfrac{\mathrm{e}^{-\frac{1}{x}}}{x}=\lim\limits_{x\to0^+}\dfrac{\mathrm{e}^{-\frac{1}{x}}\cdot\dfrac{1}{x^2}}{1}=\lim\limits_{x\to0^+}\dfrac{\mathrm{e}^{-\frac{1}{x}}}{x^2}=\lim\limits_{x\to0^+}\dfrac{\mathrm{e}^{-\frac{1}{x}}}{2x^3}=\cdots。$$

可见，这样做下去得不出结果，但此时我们可以采用下面的变换技巧来求得其极限。

解　令 $t=\dfrac{1}{x}$，则当 $x\to0^+$ 时，$t\to+\infty$。故有

$$\lim\limits_{x\to0^+}\dfrac{\mathrm{e}^{-\frac{1}{x}}}{x}=\lim\limits_{t\to+\infty}\dfrac{t}{\mathrm{e}^t}=\lim\limits_{t\to+\infty}\dfrac{1}{\mathrm{e}^t}=0。$$

5.2.3　其他未定式的极限

在同一极限过程中，若有 $f(x)\to0$ 且 $g(x)\to\infty$，则称 $\lim f(x)g(x)$ 为 $0\cdot\infty$ 型未定式；类似地，还可以定义其他未定式，如 $\infty-\infty$，0^0，1^∞，∞^0。这些未定式都可以经过简单的变换转化为 $\dfrac{0}{0}$ 型或 $\dfrac{\infty}{\infty}$ 型未定式，进而可以用洛必达法则求出其极限，下面举例说明。

例 5.17　求下列极限：

(1) $\lim\limits_{x\to0^+}(x^n\ln x)$，其中 $n>0$，　　　　(2) $\lim\limits_{x\to1^-}[\ln x\cdot\ln(1-x)]$。

分析　这是 $0\cdot\infty$ 型未定式，可以转化为 $\dfrac{0}{1/\infty}$ 或 $\dfrac{\infty}{1/0}$。

解　(1) $\lim\limits_{x\to0^+}(x^n\ln x)=\lim\limits_{x\to0^+}\dfrac{\ln x}{x^{-n}}=\lim\limits_{x\to0^+}\dfrac{\dfrac{1}{x}}{-nx^{-n-1}}=\lim\limits_{x\to0^+}\dfrac{-x^n}{n}=0$。

(2) $\lim\limits_{x\to1^-}[\ln x\cdot\ln(1-x)]=\lim\limits_{x\to1^-}\dfrac{\ln(1-x)}{(\ln x)^{-1}}=\lim\limits_{x\to1^-}\dfrac{-\dfrac{1}{1-x}}{-(\ln x)^{-2}\cdot\dfrac{1}{x}}$

$$= \lim_{x \to 1^-} \frac{(\ln x)^2}{1-x} = \lim_{x \to 1^-} \frac{2\ln x \cdot \frac{1}{x}}{-1} = 0。$$

例 5.18 求下列极限：

（1）$\lim\limits_{x \to \frac{\pi}{2}} (\sec x - \tan x)$；   （2）$\lim\limits_{x \to 1} \left(\frac{x}{x-1} - \frac{1}{\ln x} \right)$。

分析 这是 $\infty - \infty$ 型未定式，可利用通分化为 $\frac{0}{0}$ 型的未定式计算。

解 （1）$\lim\limits_{x \to \frac{\pi}{2}} (\sec x - \tan x) = \lim\limits_{x \to \frac{\pi}{2}} \left(\frac{1}{\cos x} - \frac{\sin x}{\cos x} \right) = \lim\limits_{x \to \frac{\pi}{2}} \frac{1 - \sin x}{\cos x}$

$$= \lim_{x \to \frac{\pi}{2}} \frac{-\cos x}{-\sin x} = \frac{0}{1} = 0。$$

（2）$\lim\limits_{x \to 1} \left(\frac{x}{x-1} - \frac{1}{\ln x} \right) = \lim\limits_{x \to 1} \frac{x\ln x - x + 1}{(x-1)\ln x} = \lim\limits_{x \to 1} \frac{\ln x}{\frac{x-1}{x} + \ln x} = \lim\limits_{x \to 1} \frac{\frac{1}{x}}{\frac{1}{x^2} + \frac{1}{x}} = \frac{1}{2}$。

对 $0^0, 1^\infty, \infty^0$ 型的未定式，可以通过取对数的方法分别将它们转化为 $0 \cdot \ln 0, \infty \cdot \ln 1,$ $0 \cdot \ln \infty$，即形如 $0 \cdot \infty$ 的未定式，最后再转化为 $\frac{0}{0}$ 型或 $\frac{\infty}{\infty}$ 型进行计算。

例 5.19 求 $\lim\limits_{x \to 0^+} x^{\sin x}$。

分析 这是 0^0 型未定式。

解 $\lim\limits_{x \to 0^+} x^{\sin x} = \lim\limits_{x \to 0^+} e^{\sin x \ln x} = e^{\lim\limits_{x \to 0^+} \sin x \ln x} = e^{\lim\limits_{x \to 0^+} \frac{\ln x}{(\sin x)^{-1}}} = e^{\lim\limits_{x \to 0^+} \frac{x^{-1}}{-(\sin x)^{-2}\cos x}} = e^0 = 1。$

例 5.20 求下列极限：

（1）$\lim\limits_{x \to 1} x^{\frac{1}{1-x}}$；   （2）$\lim\limits_{x \to 1} (2-x)^{\tan\left(\frac{\pi}{2}x\right)}$。

分析 这是 1^∞ 型未定式。对于（2），先运用对数恒等式 $(2-x)^{\tan\left(\frac{\pi}{2}x\right)} = e^{\tan\left(\frac{\pi}{2}x\right) \cdot \ln(2-x)}$，再求极限。

解 （1）$\lim\limits_{x \to 1} x^{\frac{1}{1-x}} = \lim\limits_{x \to 1} e^{\frac{1}{1-x}\ln x} = e^{\lim\limits_{x \to 1} \frac{\ln x}{1-x}} = e^{\lim\limits_{x \to 1} \left(-\frac{1}{x}\right)} = e^{-1}。$

（2）$\lim\limits_{x \to 1} (2-x)^{\tan\left(\frac{\pi}{2}x\right)} = \lim\limits_{x \to 1} e^{\tan\left(\frac{\pi}{2}x\right) \cdot \ln(2-x)} = e^{\lim\limits_{x \to 1} \tan\left(\frac{\pi}{2}x\right) \cdot \ln(2-x)}$

$$= e^{\lim\limits_{x \to 1} \frac{\ln(2-x)}{\cot\left(\frac{\pi}{2}x\right)}} = e^{\lim\limits_{x \to 1} \frac{-(2-x)^{-1}}{-\frac{\pi}{2}\csc^2\left(\frac{\pi}{2}x\right)}} = e^{\frac{2}{\pi}}。$$

注意，此例也可结合第 3 章中介绍的重要极限的方法求得，即

$$\lim_{x \to 1} (2-x)^{\tan\left(\frac{\pi}{2}x\right)} = \lim_{x \to 1} [1 + (1-x)]^{\frac{1}{1-x}(1-x)\tan\left(\frac{\pi}{2}x\right)}。$$

由于

$$\lim_{x \to 1}(1-x)\tan\left(\frac{\pi}{2}x\right) = \lim_{x \to 1}\frac{1-x}{\cot\left(\frac{\pi}{2}x\right)} = \lim_{x \to 1}\frac{-1}{-\frac{\pi}{2}\csc^2\left(\frac{\pi}{2}x\right)} = \frac{2}{\pi}.$$

所以

$$\lim_{x \to 1}(2-x)^{\tan\left(\frac{\pi}{2}x\right)} = \lim_{x \to 1}\left[1+(1-x)\right]^{\frac{1}{1-x}(1-x)\tan\left(\frac{\pi}{2}x\right)} = e^{\frac{2}{\pi}}.$$

例 5.21 求下列极限：

(1) $\lim\limits_{x \to 0^+}\left(1+\dfrac{1}{x}\right)^x$;　　　　　　　(2) $\lim\limits_{x \to 0^+}(\cot x)^{\frac{1}{\ln x}}$.

分析 这是 ∞^0 型未定式。

解　(1) $\lim\limits_{x \to 0^+}\left(1+\dfrac{1}{x}\right)^x = e^{\lim\limits_{x \to 0^+}x\ln\left(1+\frac{1}{x}\right)} = e^{\lim\limits_{x \to 0^+}\frac{\ln\left(1+\frac{1}{x}\right)}{x^{-1}}} = e^{\lim\limits_{x \to 0^+}\frac{-\frac{1}{x^2}}{\left(1+\frac{1}{x}\right)\left(-\frac{1}{x^2}\right)}} = e^0 = 1.$

(2) $\lim\limits_{x \to 0^+}(\cot x)^{\frac{1}{\ln x}} = \lim\limits_{x \to 0^+}e^{\frac{\ln\cot x}{\ln x}} = e^{\lim\limits_{x \to 0^+}\frac{\ln\cot x}{\ln x}} = e^{\lim\limits_{x \to 0^+}\frac{-\tan x \cdot \csc^2 x}{x^{-1}}} = e^{\lim\limits_{x \to 0^+}\left(\frac{-1}{\cos x}\cdot\frac{x}{\sin x}\right)} = e^{-1}.$

　　从前面介绍的各种类型极限的计算方法可以知道，洛必达法则是求未定式极限的一种有效方法，但不是万能的。在计算极限时要学会具体问题具体分析，要采用"**先观察，再定位，后计算**"的策略。在使用洛必达法则计算未定式极限时，应注意以下几点。

　　(1) 先观察所求极限是否属于未定式，只有 $\dfrac{0}{0}$ 型或 $\dfrac{\infty}{\infty}$ 型未定式才能用洛必达法则计算，其他未定式只能先转化为 $\dfrac{0}{0}$ 型或 $\dfrac{\infty}{\infty}$ 型未定式，再用洛必达法则计算。

　　(2) 如果未定式不满足洛必达法则（定理 5.4 和定理 5.5）的第三个条件，即 $\lim\dfrac{f'(x)}{g'(x)}$ 存在或为 ∞，在计算过程中就不能用洛必达法则计算，但并不意味着该极限不存在。例如，计算 $\lim\limits_{x \to 0}\dfrac{2x^2\sin\frac{1}{x}}{\sin x}$ 时，虽然它是 $\dfrac{0}{0}$ 型未定式，若对其分子分母分别求导再求极限，得

$$\lim_{x \to 0}\frac{2x^2\sin\frac{1}{x}}{\sin x} = \lim_{x \to 0}\frac{4x\sin\frac{1}{x} - 2\cos\frac{1}{x}}{\cos x}.$$

上式右端的极限不存在且不为 ∞，所以洛必达法则失效。但是可以用下面的方法计算

$$\lim_{x \to 0}\frac{2x^2\sin\frac{1}{x}}{\sin x} = \lim_{x \to 0}\frac{2x}{\sin x}\cdot\lim_{x \to 0}\left(x\sin\frac{1}{x}\right) = 2\times 0 = 0.$$

　　(3) 在用洛必达法则求未定式的极限之前，有时与其他求极限的方法结合使用，或许可以使运算简捷。如未定式的表达式较为复杂时，可以先使用变量替换进行化简，也可以使用等价无穷小进行替换，参见例 5.12、例 5.13 和例 5.16。

　　(4) 通常会认为，用洛必达法则求未定式的极限是比较简单的，但事实并非完全如此，读者可以尝试用不同的方法计算极限 $\lim\limits_{x \to 0}\dfrac{e^x - e^{\sin x}}{x - \sin x}$，看看有何效果。

思 考 题

1. 用洛必达法则求未定式的极限时,应注意什么? 下面的方法是否正确,为什么?

$$\lim_{x \to 0} \frac{1-\cos x}{1+x^2} = \lim_{x \to 0} \frac{(1-\cos x)'}{(1+x^2)'} = \lim_{x \to 0} \frac{\sin x}{2x} = \frac{1}{2}。$$

2. 未定式的极限是否都可以用洛必达法则计算? 指出下面的计算错在哪里?

$$\lim_{x \to \infty} \frac{x+\sin x}{x} = \lim_{x \to \infty} \frac{(x+\sin x)'}{(x)'} = \lim_{x \to \infty} \frac{1+\cos x}{1} = \lim_{x \to \infty} (1+\cos x)(不存在)。$$

3. 计算极限 $\lim\limits_{x \to +\infty} \dfrac{x}{\sqrt{x^2+1}}$ 时为什么不能直接用洛必达法则? 它的极限是否存在?

A 类题

1. 求下列极限:

(1) $\lim\limits_{x \to \pi} \dfrac{\sin(3x)}{\tan(5x)}$;

(2) $\lim\limits_{x \to 0} \dfrac{e^{2x} - 2\tan x - 1}{3x^2}$;

(3) $\lim\limits_{x \to 0} \dfrac{e^{2x} - e^{-x}}{\sin x}$;

(4) $\lim\limits_{x \to \frac{\pi}{2}} \dfrac{\ln \sin x}{(\pi - 2x)^2}$;

(5) $\lim\limits_{x \to 0} \dfrac{\ln(1+x) - x}{2\sin^2 x}$;

(6) $\lim\limits_{x \to a} \dfrac{x^m - a^m}{x^n - a^n}$, 其中 $m, n \in \mathbf{Z}_+$;

(7) $\lim\limits_{x \to 0} \left(\dfrac{e^x}{x} - \dfrac{1}{e^x - 1} \right)$;

(8) $\lim\limits_{x \to 0} \dfrac{\arcsin(3x) - \arcsin x}{\tan x}$;

(9) $\lim\limits_{x \to 0^+} \dfrac{\ln x}{\cot x}$;

(10) $\lim\limits_{x \to 0^+} (\sin x \ln x)$。

2. 已知函数 $f(x)$ 二阶可导,求 $\lim\limits_{h \to 0} \dfrac{f(x+h) - 2f(x) + f(x-h)}{h^2}$。

3. 已知 $\lim\limits_{x \to 1} \dfrac{x^2 + mx + n}{x-1} = 5$,求 m 和 n 的值。

4. 验证极限 $\lim\limits_{x \to +\infty} \dfrac{e^x + e^{-x}}{e^x - e^{-x}}$ 和 $\lim\limits_{x \to +\infty} \dfrac{x^2 - \cos x}{x^2 + x + 1}$ 存在,但不能由洛必达法则计算。

B 类题

1. 求下列极限:

(1) $\lim\limits_{x \to +\infty} \dfrac{\ln\left(1 + \dfrac{1}{x}\right)}{\operatorname{arccot} x}$;

(2) $\lim\limits_{x \to 0} \left(\dfrac{1}{x^2} - \dfrac{1}{x \sin x} \right)$;

(3) $\lim\limits_{x\to 0}(1+\sin x)^{\frac{1}{x}}$；

(4) $\lim\limits_{x\to +\infty}\left(\dfrac{2}{\pi}\arctan x\right)^{x}$；

(5) $\lim\limits_{x\to 0}\left(\dfrac{3-e^{x}}{2+x}\right)^{\csc x}$；

(6) $\lim\limits_{x\to 0}(x^{2}e^{\frac{1}{x^{2}}})$。

2. 已知 $\lim\limits_{x\to -1}\dfrac{x^{3}-nx^{2}-x+4}{x+1}=m$，求 m 和 n 的值。

3. 已知函数 $f(x)$ 具有二阶连续导数，且有 $f(0)=0$。讨论分段函数

$$g(x)=\begin{cases}\dfrac{f(x)}{x}, & x\neq 0,\\[2mm] f'(0), & x=0\end{cases}$$

在点 $x=0$ 处导数是否存在？

4. 已知函数 $f(x)=\begin{cases}\dfrac{1-\cos(3x)}{x^{2}}, & x\neq 0,\\[2mm] a, & x=0。\end{cases}$ 当 a 为何值时，$f(x)$ 在点 $x=0$ 处连续？

5.3　泰勒公式

Taylor's formulas

在实际应用中，对于一些形式复杂且较难计算的函数，自然想到的是用简单函数来近似表示它。在简单函数类中，多项式函数是初等函数中公认的首选。本节介绍的一个基本定理——泰勒定理，就是用多项式函数来近似具有一定可微性的函数得到的，它在理论研究和近似计算中有广泛的应用。

5.3.1　泰勒定理

在 4.5 节中曾经指出，如果函数 $y=f(x)$ 在点 x_0 处可微，那么可用微分来近似计算函数 $f(x)$ 在点 x_0 附近的值，也就是说，当 $|x-x_0|$ 很小时，可用线性函数（一次多项式）来近似表示 $f(x)$，即

$$f(x)\approx f(x_0)+f'(x_0)(x-x_0)。$$

这个近似公式具有形式简单、计算方便的优点，但是计算精度不高，计算误差仅是比 $x-x_0$ 当 $x\to x_0$ 时的高阶无穷小 $o(x-x_0)$。之所以会出现这样的缺点，从几何上看，是由于这个近似公式是用曲线 $y=f(x)$ 上的点 $(x_0,f(x_0))$ 处的切线（直线）来代替曲线得到的，即所谓的“以直代曲”。因此，为了提高近似的精度，基于多项式形式简单、计算方便等优点，考虑用关于 $x-x_0$ 的高次多项式近似代替函数。

现在的问题是：如果函数 $y=f(x)$ 在点 x_0 的某邻域内具有直到 n 阶导数，能否找到一个 n 次多项式函数

$$P_n(x)=a_0+a_1(x-x_0)+a_2(x-x_0)^2+\cdots+a_n(x-x_0)^n$$

$$(a_0,a_1,a_2,\cdots,a_n \text{ 是待定系数，且 } a_n\neq 0)，$$

使得 $f(x)\approx P_n(x)$，且误差 $R_n(x)=f(x)-P_n(x)$ 是当 $x\to x_0$ 时比 $(x-x_0)^n$ 高阶的无穷小，并给出误差估计的具体表达式。

为了确定待定系数 $a_0,a_1,a_2,\cdots,a_n$，分别令

$$P_n(x_0)=f(x_0), P'_n(x_0)=f'(x_0), P''_n(x_0)=f''(x_0), \cdots, P_n^{(n)}(x_0)=f^{(n)}(x_0),$$

则有

$$f(x_0)=a_0;$$

$$P'_n(x)=a_1+2a_2(x-x_0)+\cdots+na_n(x-x_0)^{n-1}, \quad f'(x_0)=a_1;$$

$$P''_n(x)=2a_2+2\times 3a_3(x-x_0)+\cdots+n(n-1)a_n(x-x_0)^{n-2}, \quad f''(x_0)=2a_2;$$

以此类推,有 $f^{(n)}(x_0)=n!\, a_n$。求得的多项式系数 $a_0, a_1, a_2, \cdots, a_n$ 如下:

$$a_0=f(x_0), \quad a_1=f'(x_0), \quad a_2=\frac{f''(x_0)}{2!}, \quad a_3=\frac{f'''(x_0)}{3!}, \quad \cdots, \quad a_n=\frac{f^{(n)}(x_0)}{n!}。$$

故

$$P_n(x)=f(x_0)+f'(x_0)(x-x_0)+\frac{f''(x_0)}{2!}(x-x_0)^2+\cdots+\frac{f^{(n)}(x_0)}{n!}(x-x_0)^n。 \tag{5.7}$$

由式(5.7)给出的 $P_n(x)$ 称为函数 $f(x)$ 在点 x_0 处的 n 阶**泰勒多项式**(**Taylor's polynomial**),$\dfrac{f^{(k)}(x_0)}{k!}(k=1,2,\cdots,n)$ 称为**泰勒系数**(**Taylor's coefficient**)。下面的定理证明了若用 n 阶泰勒多项式 $P_n(x)$ 近似函数 $f(x)$,则余项 $R_n(x)$ 是当 $x\to x_0$ 时比 $(x-x_0)^n$ 高阶的无穷小。

定理 5.6(泰勒定理) 若函数 $f(x)$ 在含有 x_0 的某个开区间 (a,b) 内具有直到 $n+1$ 阶的导数,则 $\forall x\in(a,b)$,$f(x)$ 可以表示为 $x-x_0$ 的一个 n 次多项式 $P_n(x)$ 与余项 $R_n(x)$ 之和,即

$$f(x)=P_n(x)+R_n(x)。 \tag{5.8}$$

在式(5.8)中,$P_n(x)$ 由式(5.7)给出,且

$$R_n(x)=\frac{f^{(n+1)}(\xi)}{(n+1)!}(x-x_0)^{n+1}, \tag{5.9}$$

其中 ξ 是 x_0 与 x 之间的某个值。式(5.8)称为 $f(x)$ 在点 x_0 处的 n 阶**泰勒公式**(**Taylor's formula**);式(5.9)称为**拉格朗日型余项**(**Lagrange form for the remainder**)。

分析 因 $R_n(x)=f(x)-P_n(x)$,只需证式(5.9)。由条件可知,$R_n(x)$ 在区间 (a,b) 内也具有直到 $n+1$ 阶的导数,且

$$R_n(x_0)=R'_n(x_0)=R''_n(x_0)=\cdots=R_n^{(n)}(x_0)=0。$$

证 不妨设 $x_0<x$,对于情形 $x_0>x$ 的证明类似。显然,$P_n(x)$ 和 $(x-x_0)^{n+1}$ 在闭区间 $[x_0,x]$ 上连续,在开区间 (x_0,x) 内可导,且 $(x-x_0)^{n+1}$ 的导数 $(n+1)(x-x_0)^n$ 在 (x_0,x) 内不为零,故满足柯西中值定理的条件。根据定理有

$$\frac{R_n(x)}{(x-x_0)^{n+1}}=\frac{R_n(x)-R_n(x_0)}{(x-x_0)^{n+1}-(x_0-x_0)^{n+1}}=\frac{R'_n(\xi_1)}{(\xi_1-x_0)^n(n+1)}, \quad \xi_1\in(x_0,x)。$$

同理,函数 $R'_n(x)$ 及 $(n+1)(x-x_0)^n$ 在区间 (x_0,ξ_1) 内也满足柯西中值定理的条件,有

$$\frac{R'_n(\xi_1)}{(n+1)(\xi_1-x_0)^n}=\frac{R'_n(\xi_1)-R'_n(x_0)}{(n+1)(\xi_1-x_0)^n-0}=\frac{R''_n(\xi_2)}{(n+1)n(\xi_2-x_0)^{n-1}}, \quad \xi_2\in(x_0,\xi_1)。$$

以此类推,应用 $n+1$ 次柯西中值定理后,得

$$\frac{R_n(x)}{(x-x_0)^{n+1}} = \frac{R_n^{(n+1)}(\xi)}{(n+1)!}, \quad \xi \in (x_0, \xi_n) \text{。}$$

又因为 $(P_n(x))^{(n+1)} = 0$,$R_n^{(n+1)}(x) = f^{(n+1)}(x)$,故

$$R_n(x) = \frac{f^{(n+1)}(\xi)}{(n+1)!}(x-x_0)^{n+1}, \quad \xi \in (x_0, x) \text{。} \qquad\qquad 证毕$$

注意到,拉格朗日型余项(5.9)便于对误差进行数值估计。事实上,对某个固定的 n,当 $x \in (a,b)$ 时,若 $\exists M > 0$ 使得 $|f^{(n+1)}(x)| \leqslant M$,则有估计式

$$|R_n(x)| = \left| \frac{f^{(n+1)}(\xi)}{(n+1)!}(x-x_0)^{n+1} \right| \leqslant \frac{M}{(n+1)!}|x-x_0|^{n+1}$$

以及 $\lim\limits_{x \to x_0} \dfrac{R_n(x)}{(x-x_0)^n} = 0$。因此,当 $x \to x_0$ 时,$|R_n(x)|$ 是比 $(x-x_0)^n$ 高阶的无穷小,即 $R_n(x) = o((x-x_0)^n)$,因此在 $x = x_0$ 附近可以用 $P_n(x)$ 近似 $f(x)$,此式称为**佩亚诺型余项**(**Peano form for the remainder**)。

带有佩亚诺型余项的泰勒公式为

$$f(x) = P_n(x) + o((x-x_0)^n) \text{。} \qquad\qquad (5.10)$$

定理 5.6 的几点说明。

(1) 当 $n = 0$ 时,泰勒公式(5.8)变为拉格朗日中值公式

$$f(x) = f(x_0) + f'(\xi)(x-x_0), \quad \xi \text{ 在 } x_0 \text{ 与 } x \text{ 之间,}$$

故泰勒定理是拉格朗日中值定理的推广。

(2) 当 $n = 1$ 时,泰勒公式(5.8)变为

$$f(x) = f(x_0) + f'(x_0)(x-x_0) + \frac{f''(\xi)}{2!}(x-x_0)^2,$$

误差为 $R_1(x) = \dfrac{f''(\xi)}{2!}(x-x_0)^2$,$\xi$ 在 x_0 与 x 之间。

(3) 在泰勒公式(5.8)中,如果取 $x_0 = 0$,则 ξ 介于 0 和 x 之间。因此,可令 $\xi = \theta x (0 < \theta < 1)$,从而泰勒公式变成较简单的形式,即所谓的带有拉格朗日型余项的**麦克劳林公式**(**Maclaurin's formula**)

$$f(x) = f(0) + f'(0)x + \cdots + \frac{f^{(n)}(0)}{n!}x^n + \frac{f^{(n+1)}(\theta x)}{(n+1)!}x^{n+1}, \quad 0 < \theta < 1, \quad (5.11)$$

或带有佩亚诺型余项的麦克劳林公式

$$f(x) = f(0) + f'(0)x + \cdots + \frac{f^{(n)}(0)}{n!}x^n + o(x^n) \text{。} \qquad\qquad (5.12)$$

由式(5.11)或式(5.12)可得近似公式

$$f(x) \approx f(0) + f'(0)x + \frac{f''(0)}{2!}x^2 + \cdots + \frac{f^{(n)}(0)}{n!}x^n, \qquad\qquad (5.13)$$

误差估计式为

$$|R_n(x)| = \left| \frac{f^{(n+1)}(\xi)}{(n+1)!}(x)^{n+1} \right| \leqslant \frac{M}{(n+1)!}|x|^{n+1} \text{。} \qquad\qquad (5.14)$$

例 5.22 写出函数 $f(x)=x^3\ln x$ 在点 $x_0=1$ 处的 4 阶泰勒公式。

分析 先求出函数的直到 5 阶的导数,并求各阶导数在点 $x_0=1$ 处的导数值,最后代入到泰勒公式(5.8)中。

解 不难求得函数 $f(x)=x^3\ln x$ 的各阶导数分别为

$$f'(x)=3x^2\ln x+x^2, \quad f''(x)=6x\ln x+5x,$$

$$f'''(x)=6\ln x+11, \quad f^{(4)}(x)=\frac{6}{x}, \quad f^{(5)}(x)=-\frac{6}{x^2}.$$

进而有

$$f(1)=0, \quad f'(1)=1, \quad f''(1)=5, \quad f'''(1)=11, \quad f^{(4)}(1)=6, \quad f^{(5)}(\xi)=-\frac{6}{\xi^2}.$$

于是

$$f(x)=x^3\ln x=(x-1)+\frac{5}{2!}(x-1)^2+\frac{11}{3!}(x-1)^3+\frac{6}{4!}(x-1)^4-\frac{6}{5!}\frac{1}{\xi^2}(x-1)^5,$$

其中 ξ 在 1 与 x 之间。

例 5.23 写出函数 $f(x)=e^x$ 的 n 阶麦克劳林公式,并利用 3 阶麦克劳林多项式计算 $\sqrt[3]{e}$ 的近似值,并估计误差。

分析 先求出函数的直到 n 阶的导数,并求各阶导数在 $x_0=0$ 处的导数值,最后代入到麦克劳林公式中。

解 函数 $f(x)=e^x$ 的直到 n 阶的导数分别为

$$f'(x)=e^x, f''(x)=e^x, f'''(x)=e^x, \cdots, f^{(n)}(x)=e^x, f^{(n+1)}(x)=e^x.$$

故

$$f(0)=f'(0)=f''(0)=\cdots=f^{(n)}(0)=1,$$

且

$$R_n(x)=\frac{f^{(n+1)}(\theta x)}{(n+1)!}x^{n+1}=\frac{e^{\theta x}}{(n+1)!}x^{n+1}, \quad 0<\theta<1.$$

故 $f(x)=e^x$ 的 n 阶麦克劳林公式为

$$e^x=1+x+\frac{x^2}{2!}+\cdots+\frac{x^n}{n!}+\frac{e^{\theta x}}{(n+1)!}x^{n+1}, \quad 0<\theta<1.$$

① 讨论误差:用公式 $1+x+\frac{x^2}{2!}+\cdots+\frac{x^n}{n!}$ 代替 e^x,所产生的误差为

$$|R_n(x)|=\left|\frac{e^{\theta x}}{(n+1)!}x^{n+1}\right|\leqslant\frac{e^{|x|}}{(n+1)!}|x|^{n+1}.$$

② 若取 $x=1$,则得到无理数 e 的近似表达式为

$$e\approx1+1+\frac{1}{2!}+\cdots+\frac{1}{n!},$$

误差为

$$|R_n|\leqslant\frac{e}{(n+1)!}<\frac{3}{(n+1)!}.$$

当 $n=10$ 时,可算出 $e\approx2.718282$,其误差不超过 10^{-6}。当 $x=\frac{1}{3}, n=3$ 时,则

$$\sqrt[3]{e} \approx 1 + \frac{1}{3} + \frac{1}{2!}\left(\frac{1}{3}\right)^2 + \frac{1}{3!}\left(\frac{1}{3}\right)^3 \approx 1.3951,$$

其误差为

$$\left| R_3\left(\frac{1}{3}\right) \right| = \frac{e^{\xi}}{4!}\left(\frac{1}{3}\right)^4 < \frac{e^{\frac{1}{2}}}{4!}\left(\frac{1}{3}\right)^4 < \frac{3^{\frac{1}{2}}}{4!}\left(\frac{1}{3}\right)^4 \approx 0.001 .$$

例 5.24 求 $f(x) = \sin x$ 的 n 阶麦克劳林公式。

解 由例 4.27 可知，$f^{(n)}(x) = \sin\left(x + n\frac{\pi}{2}\right)$，故

$$f(0) = 0, \quad f'(0) = 1, \quad f''(0) = 0, \quad f'''(0) = -1, \quad f^{(4)}(0) = 0, \quad \cdots .$$

它们顺序循环地取 4 个数 $0, 1, 0, -1$，故

$$\sin x = f(0) + f'(0)x + \frac{f''(0)}{2!}x^2 + \cdots + \frac{f^{(n)}(0)}{n!}x^n + R_n$$

$$= x - \frac{x^3}{3!} + \frac{x^5}{5!} + \cdots + (-1)^{m-1}\frac{x^{2m-1}}{(2m-1)!} + R_{2m}, \quad n = 2m .$$

其中

$$R_{2m} = \frac{\sin\left(\theta x + \frac{2m+1}{2}\pi\right)}{(2m+1)!}x^{2m+1} = (-1)^m\frac{\cos(\theta x)}{(2m+1)!}x^{2m+1}, \quad 0 < \theta < 1 .$$

取 $m = 1$，则 $\sin x \approx x$，误差

$$|R_2| = \left| \frac{\sin\left(\theta x + \frac{3}{2}\pi\right)}{3!}x^3 \right| \leqslant \frac{|x|^3}{6}, \quad 0 < \theta < 1 .$$

如果 m 分别取 2 和 3，则可得 $\sin x$ 的 3 次和 5 次近似多项式

$$\sin x \approx x - \frac{1}{3!}x^3 \quad \text{和} \quad \sin x \approx x - \frac{1}{3!}x^3 + \frac{1}{5!}x^5,$$

其误差的绝对值依次不超过 $\frac{1}{5!}|x|^5$ 和 $\frac{1}{7!}|x|^7$。

m 分别取 1，2 和 3 时的三个近似多项式及正弦函数的图形如图 5.5 所示。

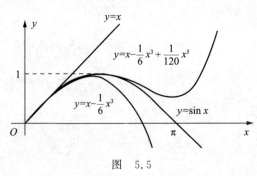

图 5.5

下面给出一些常用的带有佩亚诺型余项的初等函数的麦克劳林公式。

(1) $e^x = 1 + x + \frac{x^2}{2!} + \cdots + \frac{x^n}{n!} + o(x^n)$；

(2) $\sin x = x - \dfrac{x^3}{3!} + \dfrac{x^5}{5!} - \cdots + (-1)^n \dfrac{x^{2n+1}}{(2n+1)!} + o(x^{2n+1})$;

(3) $\cos x = 1 - \dfrac{x^2}{2!} + \dfrac{x^4}{4!} - \dfrac{x^6}{6!} + \cdots + (-1)^n \dfrac{x^{2n}}{(2n)!} + o(x^{2n})$;

(4) $\ln(1+x) = x - \dfrac{x^2}{2} + \dfrac{x^3}{3} - \cdots + (-1)^{n-1} \dfrac{x^n}{n} + o(x^n)$;

(5) $\dfrac{1}{1-x} = 1 + x + x^2 + \cdots + x^n + o(x^n)$;

(6) $(1+x)^\alpha = 1 + \alpha x + \dfrac{\alpha(\alpha-1)}{2!} x^2 + \cdots + \dfrac{\alpha(\alpha-1)\cdots(\alpha-n+1)}{n!} x^n + o(x^n)$。

5.3.2 泰勒公式的应用

在实际应用中,上述已知初等函数的麦克劳林公式常用于将一些更复杂的函数间接地展开成麦克劳林公式,以及求某些函数的极限等。

例 5.25 求 $f(x) = x e^x$ 的 n 阶带有佩亚诺型余项的麦克劳林公式。

分析 利用例 5.23 的结果,先将 e^x 展成 $n-1$ 阶麦克劳林公式,再在其展开式的前 n 项乘以 x,最后按式(5.10)求出余项即可。

解 $f(x) = x \left(1 + x + \dfrac{x^2}{2!} + \cdots + \dfrac{x^{n-1}}{(n-1)!} \right) + o(x^n)$

$\qquad = x + x^2 + \dfrac{x^3}{2!} + \cdots + \dfrac{x^n}{(n-1)!} + o(x^n)$。

例 5.26 求 $f(x) = \ln x$ 在点 $x = 2$ 处的带有佩亚诺型余项的泰勒公式。

分析 利用 $\ln(1+x)$ 的 n 阶带有佩亚诺型余项的麦克劳林公式。

解 由 $\ln(1+x) = x - \dfrac{x^2}{2} + \dfrac{x^3}{3} - \cdots + (-1)^{n-1} \dfrac{x^n}{n} + o(x^n)$ 可得

$\ln x = \ln[2 + (x-2)] = \ln 2 + \ln\left(1 + \dfrac{x-2}{2}\right)$

$\qquad = \ln 2 + \dfrac{x-2}{2} - \dfrac{(x-2)^2}{2 \cdot 2^2} + \dfrac{(x-2)^3}{3 \cdot 2^3} - \cdots + (-1)^n \dfrac{(x-2)^n}{n \cdot 2^n} + o((x-2)^n)$。

例 5.27 利用带有佩亚诺型余项的麦克劳林公式,求下列极限:

(1) $\lim\limits_{x \to 0} \dfrac{\sin x - x \cos x}{\sin^3 x}$;
$\qquad\qquad$ (2) $\lim\limits_{x \to 0} \dfrac{e^{x^2} + 2\cos x - 3}{x^4}$。

解 (1) 由于 $\sin x = x - \dfrac{x^3}{3!} + o(x^3)$,$x \cos x = x - \dfrac{x^3}{2!} + o(x^3)$,故

$$\lim_{x \to 0} \dfrac{\sin x - x \cos x}{\sin^3 x} = \lim_{x \to 0} \dfrac{\dfrac{1}{3} x^3 + o(x^3)}{x^3} = \dfrac{1}{3}。$$

(2) 由于 $e^{x^2} = 1 + x^2 + \dfrac{1}{2!} x^4 + o(x^4)$,$\cos x = 1 - \dfrac{x^2}{2!} + \dfrac{x^4}{4!} + o(x^4)$,故

$$e^{x^2} + 2\cos x - 3 = \left(\dfrac{1}{2!} + 2 \times \dfrac{1}{4!} \right) x^4 + o(x^4),$$

从而

$$\lim_{x \to 0} \frac{e^{x^2} + 2\cos x - 3}{x^4} = \lim_{x \to 0} \frac{\frac{7}{12}x^4 + o(x^4)}{x^4} = \frac{7}{12}.$$

例 5.28　利用对应函数的 4 阶泰勒公式求下列无理数的近似值,并估计误差:

(1) $\ln 1.3$;　　　　　　　　　　　(2) $\sqrt[5]{34}$.

解　(1) 依题意,令 $f(x) = \ln(1+x)$,其中 $x = 0.3$。根据 $\ln(1+x)$ 的 4 阶麦克劳林公式可得

$$\ln(1+0.3) \approx 0.3 - \frac{0.3^2}{2} + \frac{0.3^3}{3} - \frac{0.3^4}{4} \approx 0.2620,$$

误差为

$$|R_4(x)| = \frac{0.3^5}{5(1+0.2\theta)^5} < \frac{0.3^5}{5} = 0.000486.$$

(2) 不难发现

$$\sqrt[5]{34} = \sqrt[5]{32+2} = 2\left(1+\frac{1}{16}\right)^{1/5}.$$

依题意,令 $f(x) = (1+x)^{1/5}, x = \frac{1}{16}$。根据 $(1+x)^\alpha$ 的 4 阶麦克劳林公式可得

$$2\left(1+\frac{1}{16}\right)^{1/5} \approx 2\Big(1 + \frac{1}{5} \times \frac{1}{16} + \frac{1}{2} \times \frac{1}{5} \times \left(\frac{1}{5}-1\right) \times \left(\frac{1}{16}\right)^2 +$$

$$\frac{1}{6} \times \frac{1}{5} \times \left(\frac{1}{5}-1\right) \times \left(\frac{1}{5}-2\right) \times \left(\frac{1}{16}\right)^3 +$$

$$\frac{1}{24} \times \frac{1}{5} \times \left(\frac{1}{5}-1\right) \times \left(\frac{1}{5}-2\right) \times \left(\frac{1}{5}-3\right) \times \left(\frac{1}{16}\right)^4\Big)$$

$$\approx 2.024398,$$

误差为

$$|R_4(x)| = 2 \times \frac{\frac{1}{5} \times \left(\frac{1}{5}-1\right) \times \left(\frac{1}{5}-2\right) \times \left(\frac{1}{5}-3\right) \times \left(\frac{1}{5}-4\right)}{5!} \left(1+\frac{1}{16}\theta\right)^{\frac{1}{5}-5} \left(\frac{1}{16}\right)^5$$

$$< 4.87 \times 10^{-8}.$$

由例 5.28 可见,泰勒公式可以用来近似计算一些函数值。

思 考 题

1. 泰勒公式成立的条件是什么?

2. 泰勒公式和拉格朗日中值公式的联系是什么?

3. 对复合函数用间接展开法时,展开式的余项是否等于组成函数余项的复合?

类题

1. 当 $x_0 = -1$ 时,求函数 $f(x) = \dfrac{1}{x}$ 的三阶泰勒公式。

2. 求下列函数的麦克劳林公式:

(1) $\ln(1-x)$,到 n 阶;　　　(2) $\ln\dfrac{1+x}{1-x}$,到 $2n+1$ 阶;

(3) $\dfrac{1}{\sqrt{1-x^2}}$,到 $2n$ 阶。

3. 已知函数 $f(x) = \dfrac{1}{x+2}$ 在点 $x_0 = -1$ 处的二阶泰勒公式为

$$\frac{1}{x+2} = a_0 + a_1(x+1) + a_2(x+1)^2 + R_2(x)。$$

求 a_0, a_1, a_2 的值及 $R_2(x)$ 的表达式。

B 类题

1. 利用泰勒公式求下列极限:

(1) $\lim\limits_{x\to 0}\dfrac{x-\sin x}{x^3}$;

(2) $\lim\limits_{x\to +\infty}\left[x - x^2\ln\left(1+\dfrac{1}{x}\right)\right]$;

(3) $\lim\limits_{x\to 0}\dfrac{\cos x - e^{-\frac{x^2}{2}}}{x^4}$;

(4) $\lim\limits_{x\to 0}\dfrac{\ln(1+x^2)+\cos^2 x - 1}{x^4}$;

(5) $\lim\limits_{x\to 0}\dfrac{e^x\sin x - x(1+x)}{x^3}$。

2. 已知函数 $f(x)$ 在闭区间 $[a,b]$ 上具有 n 阶导数,且 $f(a) = f(b) = f'(b) = f''(b) = \cdots = f^{(n-1)}(b) = 0$。证明:必存在 $\xi \in (a,b)$,使得 $f^{(n)}(\xi) = 0$。

3. 已知函数 $f(x)$ 在闭区间 $[-1,1]$ 上具有 3 阶连续导数,且 $f(-1) = 0, f(1) = 1, f'(0) = 0$。证明:至少存在一点 $\xi \in (-1,1)$,使得 $f'''(\xi) = 3$。

5.4 函数的性态(Ⅰ)——单调性与凸性
Qualitative properties of functions(Ⅰ) *——Monotonicity and convexity*

在中学,我们已经会用初等数学的方法研究一些简单函数的单调性和有界性,但这些方法能够解决的问题很少,并且都是针对某些特殊函数而言的,不具有一般性。本节和 5.5 节,将以导数为工具,重点研究函数的某些特殊性态,如函数的单调性、凸性及拐点、极值、最大值和最小值等,给出一些具有普适性的判别方法和计算方法。

5.4.1 函数的单调性

为了讨论如何利用导数研究函数的单调性,先考察图 5.6(a)。如图所示,函数 $y =$

$f(x)$的图形在区间(a,b)内沿x轴的正向上升,除在点$(\xi,f(\xi))$的切线平行于x轴外,曲线上其余点处的切线与x轴的夹角均为锐角,即曲线$y=f(x)$在区间(a,b)内除个别点外切线的斜率均为正;反之亦然。考察图5.6(b),函数$y=f(x)$的图形在区间(a,b)内沿x轴的正向下降,除个别点外,曲线上其余点处的切线与x轴的夹角均为钝角,即曲线$y=f(x)$在区间(a,b)内除个别点外切线的斜率均为负;反之亦然。

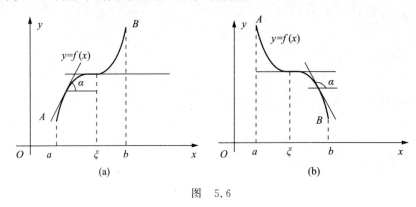

图　5.6

由此可见,函数的单调性与导数的符号有着密切的关系。

定理5.7　设函数$y=f(x)$在区间I上具有一阶导数。

(1) 在I内,若$f'(x)\geqslant0(>0)$,则函数$y=f(x)$在I上(严格)单调递增;

(2) 在I内,若$f'(x)\leqslant0(<0)$,则函数$y=f(x)$在I上(严格)单调递减。

分析　利用拉格朗日中值定理证明。

证　任取$x_1,x_2\in I$,不妨设$x_1<x_2$。由拉格朗日中值定理可得

$$f(x_2)-f(x_1)=f'(\xi)(x_2-x_1),\quad x_1<\xi<x_2。$$

由于$\forall x\in I$,有$f'(x)\geqslant0$,因此$f'(\xi)\geqslant0$,从而$f(x_2)\geqslant f(x_1)$。由x_1,x_2的任意性知,函数$f(x)$在I上单调递增,(1)得证。类似地可证(2)。　　　　　证毕

定理5.7的几点说明。

(1) 定理中的区间I可以是开区间、闭区间、半开区间或无穷区间等。

(2) 单调性是函数在一个区间上的性质,要用导数在这个区间上的符号来判定,而不能用导数在一点处的符号来判别。

(3) 区间内个别点的导数为零并不影响函数在该区间上的单调性。例如,函数$y=x^3$在$(-\infty,+\infty)$上是单调递增的,如图5.7所示,但是有$y'|_{x=0}=0$。

(4) 定理5.7的条件可以适当放宽,即若在区间I内的有限个点处满足$f'(x)=0$,在其余点处处满足定理5.7条件,则定理5.7的结论仍然成立。

(5) 利用定理5.7可以求出函数的单调区间。一般步骤是:利用一阶导数为零或导数不存在的点将函数的定义域划分为几个区间,然后在每个区间上判定函数导数的符号,进而判断其单调性。需要特别注意的是,函数导数不存在的点,也可以作为单调区间的分界点。

例5.29　证明:$y=x+\cos x$在区间$\left(0,\dfrac{\pi}{2}\right)$内单调递增。

分析　利用定理5.7,验证函数的导数大于零。

证 $\forall x \in \left(0, \dfrac{\pi}{2}\right)$，有

$$(x+\cos x)' = 1 - \sin x > 0。$$

由定理 5.7 知，$y = x + \cos x$ 在区间 $\left(0, \dfrac{\pi}{2}\right)$ 内单调递增，如图 5.8 所示。 证毕

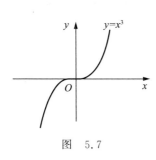 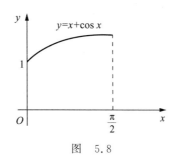

图 5.7　　　　　　　　　　　图 5.8

例 5.30 求下列函数的单调区间：

(1) $y = x^3 - 3x^2 - 9x + 5$；　　　　　(2) $y = \arctan x - \dfrac{1}{2}x + 1$。

分析 利用导数为零的点将函数的定义域划分为几个区间，在每个区间上判定函数导数的符号，进而判断其单调性。

解 (1) 容易求得 $y' = 3x^2 - 6x - 9 = 3(x+1)(x-3)$。令 $y' = 0$，解得 $x_1 = -1$，$x_2 = 3$。当 $x \in (-\infty, -1)$ 时，$y' > 0$，故函数在 $(-\infty, -1)$ 内单调递增；当 $x \in (-1, 3)$ 时，$y' < 0$，故函数在 $(-1, 3)$ 内单调递减；当 $x \in (3, +\infty)$ 时，$y' > 0$，故函数在 $(3, +\infty)$ 内单调递增。如图 5.9(a) 所示。

(2) 由 $y' = \dfrac{1}{1+x^2} - \dfrac{1}{2} = \dfrac{1-x^2}{2(1+x^2)} = 0$ 解得 $x_{1,2} = \pm 1$。在区间 $(-\infty, -1)$ 和 $(1, +\infty)$ 内，$y' < 0$，故函数单调递减；在 $(-1, 1)$ 内，$y' > 0$，故函数单调递增。如图 5.9(b) 所示。

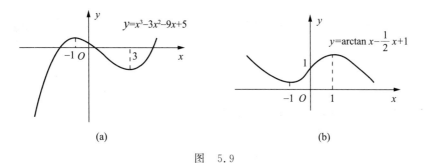

(a)　　　　　　　　　　　　(b)

图 5.9

例 5.31 讨论下列函数的单调性：

(1) $y = \sqrt[3]{x^2}$；　　　　　　　(2) $y = \sqrt[3]{(2x-a)(a-x)}$，其中 $a > 0$。

分析 利用一阶导数不存在或导数为零的点将函数的定义域划分为几个区间，在每个区间上判定函数导数的符号，进而判断其单调性。

解　(1) 易见,函数的定义域为$(-\infty,+\infty)$。由 $y'=\dfrac{2}{3\sqrt[3]{x}}$ 可知,当 $x=0$ 时,导数不存在。当 $x\in(-\infty,0)$ 时,$y'<0$,故函数单调递减;当 $x\in(0,+\infty)$ 时,$y'>0$,故函数单调递增。函数图形如图 5.10(a)所示。

(2) 不难求得,$y'=\dfrac{1}{3}\cdot\dfrac{3a-4x}{\sqrt[3]{(2x-a)^2(a-x)^2}}$。由 $y'=0$ 解得 $x_1=\dfrac{3}{4}a$,且 y' 在点 $x_2=\dfrac{a}{2}$,$x_3=a$ 处不存在。易见,在 $\left(-\infty,\dfrac{a}{2}\right)$ 内,$y'>0$,故函数单调递增;在 $\left(\dfrac{a}{2},\dfrac{3}{4}a\right)$ 内,$y'>0$,故函数单调递增;在 $\left(\dfrac{3}{4}a,a\right)$ 内,$y'<0$,故函数单调递减;在 $(a,+\infty)$ 内,$y'<0$,故函数单调递减。当 $a=1$ 时,函数图形如图 5.10(b)所示。

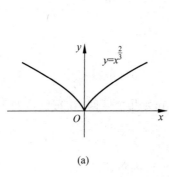
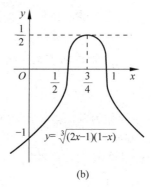

(a)　　　　　　　　　　　　　　　　(b)

图　5.10

利用函数的单调性还可以证明一些不等式。

例 5.32　当 $x>0$ 时,证明下列不等式:

(1) $1+\dfrac{1}{3}x>\sqrt[3]{1+x}$;　　　　(2) $x>\ln(1+x)$;　　　　(3) $\ln(1+x)>x-\dfrac{1}{2}x^2$。

分析　利用作差法,将不等式两端的函数相减,然后对差函数求导数,再利用函数的单调性证明。

证　(1) 令 $f(x)=1+\dfrac{1}{3}x-\sqrt[3]{1+x}$,则 $f'(x)=\dfrac{1}{3}-\dfrac{1}{3\sqrt[3]{(1+x)^2}}$。由于当 $x>0$ 时,$f'(x)>0$,因此 $f(x)$ 在 $(0,+\infty)$ 上严格单调递增,即当 $x>0$ 时,$f(x)>f(0)$。而 $f(0)=0$,所以当 $x>0$ 时,有 $f(x)>0$,即

$$1+\dfrac{1}{3}x>\sqrt[3]{1+x}\,.$$

(2) 令 $f(x)=x-\ln(1+x)$,则 $f'(x)=\dfrac{x}{1+x}$。因 $f(x)$ 在 $[0,+\infty)$ 上连续,且在 $(0,+\infty)$ 内可导,$f'(x)>0$,故 $f(x)$ 在 $[0,+\infty)$ 上单调递增。因 $f(0)=0$,故当 $x>0$ 时,$x-\ln(1+x)>0$,即

$$x>\ln(1+x)\,.$$

（3）令 $f(x)=\ln(1+x)-x+\dfrac{1}{2}x^{2}$，则 $f'(x)=\dfrac{1}{1+x}-1+x=\dfrac{x^{2}}{1+x}$。当 $x>0$ 时，$f'(x)>0$，又 $f(0)=0$，故当 $x>0$ 时，$f(x)>f(0)=0$，所以有

$$\ln(1+x)>x-\frac{1}{2}x^{2}。$$ 证毕

例 5.33 证明：当 $0<x<1$ 时，$\mathrm{e}^{2x}<\dfrac{1+x}{1-x}$。

分析 先将要证的不等式变形，即要设一个辅助函数，再利用其单调性进行证明。一阶导数无法判断时，还可以尝试利用二阶导数判断，依次类推。

证 令 $f(x)=(1-x)\mathrm{e}^{2x}-1-x$，则 $f'(x)=(1-2x)\mathrm{e}^{2x}-1$，$f''(x)=-4x\mathrm{e}^{2x}$。当 $0<x<1$ 时，$f''(x)<0$，即 $f'(x)$ 严格单调递减。由此有 $f'(x)<f'(0)=0$，从而 $f(x)$ 在区间 $(0,1)$ 内严格单调递减，即有 $f(x)<f(0)=0$，也即当 $0<x<1$ 时，有

$$\mathrm{e}^{2x}<\frac{1+x}{1-x}。$$ 证毕

5.4.2 函数的凸性及其拐点

在前面讨论函数的单调性时发现，有些函数在同一定义区间虽然都是单调递增的，但它们的增长方式是不同的，如函数 $f(x)=x^{2}$ 和 $g(x)=\sqrt{x}$，它们在 $(0,+\infty)$ 上都单调递增，从几何上来说，如图 5.11（a）所示，它们弯曲方式不同，函数 $f(x)=x^{2}$ 的图形往下凸出，而函数 $g(x)=\sqrt{x}$ 的图形往上凸出。将函数图形向上或向下凸的性质称为**函数的凸性**（**convexity**），对于向下凸的曲线来说，如图 5.11（b）所示，连接曲线弧上任意两点，弦的中点位于曲线上相应点（具有相同横坐标的点）的上面，也就是曲线在弦的下方，而对于向上凸的曲线来说，如图 5.11（c）所示，连接曲线弧上任意两点，弦的中点位于曲线上相应点（具有相同横坐标的点）的下面，也就是曲线在弦的上方。下面给出函数凸性的严格定义。

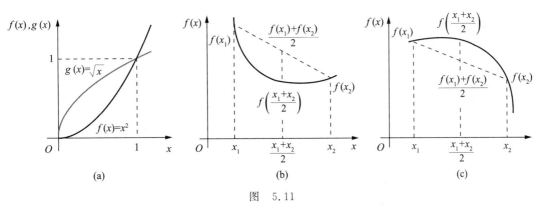

图 5.11

定义 5.1 设函数 $y=f(x)$ 在区间 I 上连续，$\forall x_{1},x_{2}\in I$，且 $x_{1}\neq x_{2}$，若有

$$f\left(\frac{x_{1}+x_{2}}{2}\right)\leqslant\frac{f(x_{1})+f(x_{2})}{2}, \tag{5.15}$$

则称函数 $y=f(x)$ 在 I 上是**下凸**的；若有

$$f\left(\frac{x_1+x_2}{2}\right) \geqslant \frac{f(x_1)+f(x_2)}{2}, \tag{5.16}$$

则称 $y=f(x)$ 在 I 上是**上凸的**。

若上述不等式(5.15)(或不等式(5.16))中的不等号为严格的不等号"<"(或">"),则称函数 $y=f(x)$ 在区间 I 上是**严格下凸**(或**严格上凸**)的。

直接利用定义 5.1 来判断函数的凸性是比较困难的。从几何直观上看,如图 5.12 所示,不难发现:对于图 5.12(a)中的下凸光滑曲线,当 x 逐渐增大时,其上每一点的切线的斜率是逐渐增大的,即导数 $f'(x)$ 是单调增加函数;而对于图 5.12(b)中的上凸光滑曲线,当 x 逐渐增大时,其上每一点的切线的斜率是逐渐减小的,即导数 $f'(x)$ 是单调减少函数。因此可以利用一阶、二阶导数来研究函数的凸性。有如下两个定理。

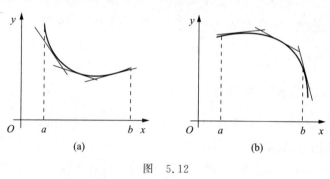

图　5.12

定理 5.8　若函数 $y=f(x)$ 在区间 I 上是可导函数,则有

(1) 函数 $y=f(x)$ 在区间 I 上是(严格)下凸的充分必要条件是:$f'(x)$ 在 I 上(严格)单调递增;

(2) 函数 $y=f(x)$ 在区间 I 上是(严格)上凸的充分必要条件是:$f'(x)$ 在 I 上(严格)单调递减。

定理 5.9　设函数 $y=f(x)$ 在区间 I 上具有二阶导数。

(1) $\forall x \in I$,若有 $f''(x)>0$,则函数在 I 上是下凸的;

(2) $\forall x \in I$,若有 $f''(x)<0$,则函数在 I 上是上凸的。

定理 5.8 和定理 5.9 证明从略,只作如下的几点说明。

(1) 定理中的区间 I 可以是开区间、闭区间、半开区间、无穷区间等。

(2) 若在区间 I 内除有限个点上有 $f''(x)=0$ 外,其余点处均满足定理 5.9 的条件,则定理 5.9 的结论仍然成立。例如,$y=x^4$ 在 $x=0$ 处有 $f''(x)=0$,但它在 $(-\infty,+\infty)$ 上是下凸的。

例 5.34　判定下列函数的凸性:

(1) $y=e^{-x}$;　　　　(2) $y=x-\ln(1+x)$;　　　　(3) $y=2x^3$。

分析　利用定理 5.9,先求函数的二阶导数,再通过其符号来判断凸性。

解　(1) $\forall x \in (-\infty,+\infty)$,由 $y=e^{-x}$ 得,$y''=e^{-x}>0$,故 $y=e^{-x}$ 是严格下凸的,如图 5.13(a)所示。

(2) $\forall x \in (-1,+\infty)$,由于 $y'=1-\dfrac{1}{1+x}$,$y''=\dfrac{1}{(1+x)^2}>0$,所以函数 $y=x-\ln(1+x)$

在其定义域$(-1,+\infty)$内是严格下凸的,如图 5.13(b)所示。

(3) 由 $y'=6x^2$,$y''=12x$ 可知,当 $x<0$ 时,$y''<0$,所以曲线在$(-\infty,0)$为严格上凸的;当 $x>0$ 时,$y''>0$,曲线在$(0,+\infty)$为严格下凸的。注意到点$(0,0)$是曲线由上凸变下凸的分界点,如图 5.13(c)所示。

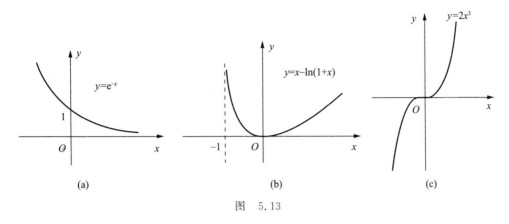

图 5.13

利用函数的凸性,可以证明一些不等式。

例 5.35 当 $a>0$,$b>0$ 时,证明下列不等式:

(1) $(a+b)\ln\dfrac{a+b}{2}\leqslant a\ln a+b\ln b$;   (2) $2\arctan\left(\dfrac{a+b}{2}\right)\geqslant\arctan a+\arctan b$。

分析 根据函数凸性的定义,需要找到目标函数。

证 (1) 令 $f(t)=t\ln t$,$t>0$,则有 $f'(t)=1+\ln t$,$f''(t)=\dfrac{1}{t}>0$。易见,当 $t>0$ 时,函数 $f(t)=t\ln t$ 是严格下凸的,在定义 5.1 的式(5.15)中取 $x_1=a$,$x_2=b$,则有

$$\frac{a+b}{2}\ln\frac{a+b}{2}<\frac{a\ln a+b\ln b}{2}。$$

当 $a=b$ 时,等号成立,即得

$$(a+b)\ln\frac{a+b}{2}\leqslant a\ln a+b\ln b。$$

(2) 令 $f(t)=\arctan t$,$t>0$,则有 $f'(t)=\dfrac{1}{1+t^2}$,$f''(t)=\dfrac{-2t}{(1+t^2)^2}$。易见,当 $t>0$ 时,$f''(t)<0$,函数 $f(t)=\arctan t$ 是严格上凸的,在定义 5.1 的式(5.15)中取 $x_1=a$,$x_2=b$,则有

$$\arctan\left(\frac{a+b}{2}\right)>\frac{\arctan a+\arctan b}{2}。$$

当 $a=b$ 时,等号成立,即得

$$2\arctan\left(\frac{a+b}{2}\right)\geqslant\arctan a+\arctan b。 \qquad 证毕$$

在例 5.34(3)中,我们注意到点$(0,0)$是曲线由上凸变下凸的分界点,此类分界点称为曲线的拐点。一般地,拐点的严格定义如下。

定义 5.2 若函数 $y=f(x)$ 在点$(x_0,f(x_0))$处的左右两侧的凸性相反,则称点

$(x_0, f(x_0))$为该曲线的**拐点**（**inflection point**）。

如何来寻找函数$y = f(x)$在某一定义区间内的拐点呢？

由定理 5.9 可知,曲线的凸性是根据函数$y = f(x)$在其定义区间内的二阶导数$f''(x)$的符号进行判断的。因此,若$f''(x)$在点x_0的左、右两侧邻近处的符号不同,即凸性发生了改变,则点$(x_0, f(x_0))$就是曲线的一个拐点。要寻找拐点,只要找出使$f''(x)$符号发生变化的分界点即可。如果函数$y = f(x)$在区间(a, b)内具有二阶连续函数,则在这样的分界点处必有$f''(x) = 0$;此外,使$y = f(x)$的二阶导数不存在的点,也可能是使$f''(x)$在该点的左、右两侧邻近处符号发生改变的分界点。

综上所述,如果函数$y = f(x)$在区间I上连续,求函数的凸性区间与拐点的一般步骤如下:

(1) 在区间I上,若函数$y = f(x)$存在二阶导数,求出$f''(x)$;

(2) 令$f''(x) = 0$,找出其在区间I内的全部实根,并求出所有使二阶导数不存在的点;

(3) 对步骤(2)中求出的每一个点,检查其邻近左、右两侧$f''(x)$的符号,确定曲线的凸区间和拐点。

例 5.36 求曲线$y = x^4 - 2x^3 + 1$的凸性区间及拐点。

分析 利用函数的二阶导数信息进行判断。

解 易见,函数的定义域为$(-\infty, +\infty)$,$y' = 4x^3 - 6x^2$,$y'' = 12x(x-1)$。令$y'' = 0$,得$x_1 = 0, x_2 = 1$。相关信息见下表:

x	$(-\infty, 0)$	0	$(0, 1)$	1	$(1, +\infty)$
$f''(x)$	$+$	0	$-$	0	$+$
$f(x)$	下凸	拐点$(0,1)$	上凸	拐点$(1,0)$	下凸

所以,曲线的下凸区间为$(-\infty, 0)$,$(1, +\infty)$,上凸区间为$(0, 1)$,拐点为$(0, 1)$和$(1, 0)$。曲线的图形如图 5.14 所示。

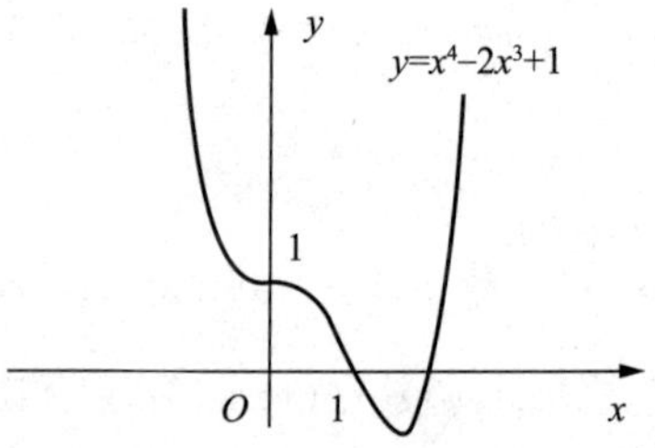

例 5.37 讨论下列函数的凸性区间及拐点:

(1) $y = \sqrt[3]{x^5}$; (2) $y = a^2 - \sqrt[3]{x-b}$。

分析 此例中的两个函数在某点处的二阶导数不存在。

解 (1) 当$x \neq 0$时,$y' = \frac{5}{3}\sqrt[3]{x^2}$,$y'' = \frac{10}{9\sqrt[3]{x}}$,方程$y'' = 0$无实根。易见,在$x = 0$处,$y''$不存在。当$x < 0$时,$y'' < 0$,即曲线在$(-\infty, 0)$内为上凸的;当$x > 0$时,$y'' > 0$,即曲线在$(0, +\infty)$内为下凸的。又函数$y = \sqrt[3]{x^5}$在$x = 0$处连续,故$(0, 0)$是曲线的拐点。

(2) 不难求得,$y' = -\frac{1}{3}\frac{1}{\sqrt[3]{(x-b)^2}}$,$y'' = \frac{2}{9\sqrt[3]{(x-b)^5}}$,故函数在$x = b$处不可导,但当$x < b$时,$y'' < 0$,故曲线是上凸的;当$x > b$时,$y'' > 0$,故曲线是下凸的。因此点$(b, a^2)$为曲线$y = a^2 - \sqrt[3]{x-b}$的拐点。

图 5.14

$y = x^4 - 2x^3 + 1$

由例 5.36 和例 5.37 可以看出,若点 $(x_0,f(x_0))$ 是曲线 $y=f(x)$ 的拐点,则或是 $f''(x_0)=0$,或是 $f''(x_0)$ 不存在,但它们只是拐点的必要条件,不是充分条件。一定要注意,$f''(x)=0$ 的根或 $f''(x)$ 不存在的点处未必都是曲线的拐点。例如 $f(x)=x^4$,由 $f''(x)=12x^2=0$,得 $x=0$,但在 $x=0$ 的两侧二阶导数的符号不变,即函数的凸性不变,故 $(0,0)$ 不是拐点。又如函数 $f(x)=\sqrt[3]{x^2}$,它在 $x=0$ 处的二阶导不存在,但 $(0,0)$ 也不是该曲线的拐点(详细讨论请读者自行完成)。

习 题 5.4

思 考 题

1. 若 $f'(0)>0$,是否能断定 $f(x)$ 在原点的充分小的邻域内单调递增?

2. 若函数 $y=f(x)$ 在 (a,b) 内二阶可导,且 $f''(x_0)=0$,其中 $x_0\in(a,b)$,则 $(x_0,f(x_0))$ 是否一定为曲线 $f(x)$ 的拐点?举例说明。

3. 若函数 $y=f(x)$ 在区间 I 上只存在一阶导数,如何判定该函数的凸性及拐点?

A 类题

1. 求下列函数的单调区间:

(1) $f(x)=x^3-3x+1$;　　　　　　(2) $f(x)=x-\ln x$;

(3) $f(x)=(x^2+2x-1)e^x$;　　　　(4) $f(x)=\dfrac{x}{1+x^2}$。

2. 利用函数的单调性证明下列不等式:

(1) 当 $0<x<\dfrac{\pi}{2}$ 时,$\tan x>x+\dfrac{1}{3}x^3$;　　(2) 当 $x\neq 0$ 时,$e^x>1+x$。

3. 讨论下列函数的凸性,并求拐点:

(1) $y=x^2-x^3$;　　　　　　　　(2) $y=\ln(1+x^2)$;

(3) $y=xe^x$;　　　　　　　　　　(4) $y=(x+1)^4+e^x$;

(5) $y=\dfrac{x}{(x+3)^2}$;　　　　　　　(6) $y=e^{\arctan x}$。

4. 当 a,b 为何值时,点 $(1,3)$ 为曲线 $y=ax^3+bx^2$ 的拐点。

B 类题

1. 求下列函数的单调区间、凸性区间及拐点:

(1) $f(x)=2x^3-9x^2+12x-3$;　　(2) $f(x)=\dfrac{3}{7}x^{\frac{7}{3}}-3x^{\frac{1}{3}}+8$。

2. 利用函数的单调性证明下列不等式:

(1) 当 $x>4$ 时,$2^x>x^2$;　　　　(2) 当 $x>1$ 时,$\dfrac{\ln(1+x)}{\ln x}>\dfrac{x}{1+x}$。

3. 若函数 $y=y(x)$ 由方程 $y=1+xe^{y}$ 确定,判断曲线 $y=y(x)$ 在点 $(0,1)$ 附近的凸性。

4. 利用函数的凸性证明下列不等式 $(a,b>0,a\neq b,n\geqslant 2,n\in\mathbf{Z}_{+})$:

(1) $\dfrac{e^{a}+e^{b}}{2}>e^{\frac{a+b}{2}}$;

(2) $\left(\dfrac{a+b}{2}\right)^{n}<\dfrac{1}{2}(a^{n}+b^{n})$。

5.5　函数的性态(Ⅱ)——极值与最值
Qualitative properties of functions(Ⅱ)
——Extrema, maxima and minima

5.5.1　函数的极值

在讨论函数的单调性时,曾遇到这样的情形,当函数通过某一点时,先是单调递增后单调递减,或是先递减后递增,这一类点实际上就是使函数单调性发生变化的分界点。如例 5.30(1) 中,点 $x=-1$ 和 $x=3$ 就是具有这样性质的点,如图 5.9(a) 所示,易见,对 $x=-1$ 的某个去心邻域内的任一点 x,恒有 $f(x)<f(-1)$,即曲线在点 $(-1,f(-1))$ 处达到“峰顶”;同样,对 $x=3$ 的某个去心邻域内的任一点 x,恒有 $f(x)>f(3)$,即曲线在点 $(3,f(3))$ 处达到“谷底”。这种“峰顶”和“谷底”的点即为我们要讨论的关于函数的极大值和极小值。

定义 5.3　设函数 $y=f(x)$ 在 x_{0} 的某邻域 $U(x_{0})$ 内有定义。若对任意 $x\in\mathring{U}(x_{0})$,有 $f(x)<f(x_{0})$,则 $f(x_{0})$ 称为函数 $y=f(x)$ 在点 x_{0} 处取得**极大值**,点 x_{0} 称为**极大值点**;若有 $f(x)>f(x_{0})$,则 $f(x_{0})$ 称为函数 $y=f(x)$ 在点 x_{0} 处取得**极小值**,点 x_{0} 称为**极小值点**。

极大值和极小值统称为**极值**(extremum),极大值点和极小值点统称为**极值点**(extreme point)。

由图 5.15 可以看出,极值是局部概念,它是与一点附近的函数值相比较而言的,极大(小)值不一定是函数的最大(小)值。

如何去寻找函数的极值点呢? 由图 5.15 可以看出,对于可导函数,若函数 $f(x)$ 在点 x_{1} 处取得极值,则函数 $f(x)$ 在点 x_{1} 处具有水平切线,即 $f'(x_{1})=0$。因而有如下极值存在的必要条件,即费马(Fermat)定理。

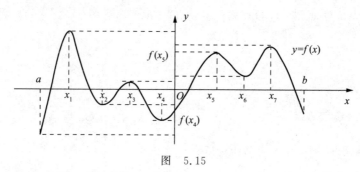

图　5.15

定理 5.10(费马定理) 设函数 $y = f(x)$ 在某区间 I 内有定义。若函数在该区间内的点 x_0 处取得极值,且 $f'(x_0)$ 存在,则必有 $f'(x_0) = 0$。

分析 利用极值的定义和左右导数的定义证明。

证 为确定起见,假设 $f(x_0)$ 为极大值(极小值的情形可类似地证明)。由极大值的定义,$\exists \mathring{U}(x_0) \subset I$,使 $\forall x \in \mathring{U}(x_0)$,有 $f(x) < f(x_0)$,从而当 $x < x_0$ 时,有 $\dfrac{f(x) - f(x_0)}{x - x_0} > 0$。故

$$f'_-(x_0) = \lim_{x \to x_0^-} \frac{f(x) - f(x_0)}{x - x_0} \geqslant 0。$$

类似地,当 $x > x_0$ 时,有

$$f'_+(x_0) = \lim_{x \to x_0^+} \frac{f(x) - f(x_0)}{x - x_0} \leqslant 0。$$

因 $f'(x_0)$ 存在,故 $f'_-(x_0) = f'_+(x_0) = 0$,从而 $f'(x_0) = 0$。 证毕

定义 5.4 使函数的一阶导数为零的点,即 $f'(x) = 0$ 的实根称为函数 $f(x)$ 的**驻点**(**stationary point**)或**稳定点**(**stable point**)。

定理 5.10 的几点说明。

(1) 可导函数的极值点一定是驻点,但驻点不一定是可导函数的极值点。例如,$x = 0$ 是 $f(x) = x^3$ 的驻点,但不是极值点。事实上,$f(x) = x^3$ 在 $(-\infty, +\infty)$ 上是单调函数。

(2) 连续函数在导数不存在的点处也可能取得极值,例如函数 $y = |x|$ 在 $x = 0$ 处取极小值,而函数在 $x = 0$ 处不可导。

因此,对于连续函数来说,驻点和导数不存在的点均有可能成为极值点。如何判别它们是否确为极值点呢?我们有以下的判别准则。

定理 5.11(极值的第一充分条件) 设函数 $y = f(x)$ 在点 x_0 连续,在 $\mathring{U}(x_0)$ 内可导。

(1) $\forall x \in \mathring{U}(x_0^-)$,若有 $f'(x) > 0$;$\forall x \in \mathring{U}(x_0^+)$,有 $f'(x) < 0$,则函数 $f(x)$ 在点 x_0 处取得极大值。

(2) $\forall x \in \mathring{U}(x_0^-)$,若有 $f'(x) < 0$;$\forall x \in \mathring{U}(x_0^+)$,有 $f'(x) > 0$,则函数 $f(x)$ 在点 x_0 处取得极小值。

(3) 若 $f'(x)$ 在 $\mathring{U}(x_0)$ 内不变号,则函数 $f(x)$ 在点 x_0 处不取极值。

分析 利用定理 5.7 和极值的定义证明。

证 只证(1)。当 $x \in \mathring{U}(x_0^-)$ 时,因为 $f'(x) > 0$,所以 $f(x)$ 严格单调增加,因而

$$f(x) < f(x_0), \quad x \in \mathring{U}(x_0^-)。$$

当 $x \in \mathring{U}(x_0^+)$ 时,因为 $f'(x) < 0$,所以 $f(x)$ 严格单调减少,因而同样有

$$f(x) < f(x_0), \quad x \in \mathring{U}(x_0^+)。$$

故 $f(x)$ 在 x_0 取极大值。 证毕

例 5.38　求函数 $f(x) = \dfrac{1}{\sqrt{2\pi}} e^{-x^2}$ 的极值。

分析　先求函数的驻点,然后判断驻点左右两侧一阶导数的符号,再根据定理 5.11 来进行判断求极值。

解　不难算出,$f'(x) = -\dfrac{2x}{\sqrt{2\pi}} e^{-x^2}$。由 $f'(x) = 0$ 解得 $x = 0$。当 $x < 0$ 时,$f'(x) > 0$;当 $x > 0$ 时,$f'(x) < 0$。因此 $x = 0$ 是 $f(x)$ 的极大值点,极大值为 $f(0) = \dfrac{1}{\sqrt{2\pi}}$。

实际上,定理 5.11 是利用点 x_0 左右两侧邻近的 $f(x)$ 的不同单调性来确定函数 $f(x)$ 在点 x_0 处是否取得极值。一般地,求函数极值的步骤为:

(1) 确定函数 $f(x)$ 的定义域,并求其导数 $f'(x)$;

(2) 解方程 $f'(x) = 0$,求出 $f(x)$ 的全部驻点,并找出导数不存在的点;

(3) 讨论 $f'(x)$ 在驻点和不可导点的左、右两侧邻近符号变化的情况,确定函数的极值点;

(4) 求出各极值点的函数值,就得到函数 $f(x)$ 的全部极值。

极值存在的第一充分条件和函数单调性判别法有紧密联系。此判别法在几何上也是很直观的,如图 5.16 所示。

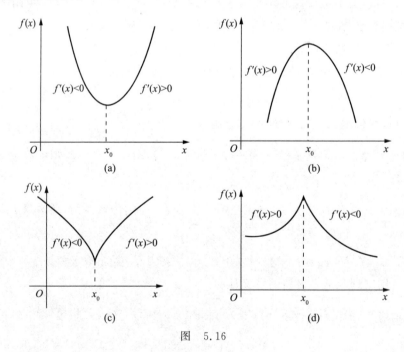

图　5.16

例 5.39　求下列函数的极值:

(1) $f(x) = \dfrac{1}{3} x^3 - x^2 - 3x + 5$;　　　　(2) $f(x) = (x-4)\sqrt[3]{(x+1)^2}$。

分析　根据前面列出求函数极值的步骤求解。

解 （1）易见，函数 $f(x)$ 在 $(-\infty,+\infty)$ 内连续，且 $f'(x)=x^2-2x-3=(x+1)(x-3)$。令 $f'(x)=0$，得驻点 $x_1=-1,x_2=3$。列表讨论如下：

x	$(-\infty,-1)$	-1	$(-1,3)$	3	$(3,+\infty)$
$f'(x)$	$+$	0	$-$	0	$+$
$f(x)$	↗	极大值	↘	极小值	↗

因此，函数的极大值 $f(-1)=\dfrac{20}{3}$，极小值 $f(3)=-4$。函数图形如图 5.17(a)所示。

（2）易见，函数 $f(x)$ 在 $(-\infty,+\infty)$ 上连续，且 $f'(x)=\dfrac{5(x-1)}{3\sqrt[3]{x+1}}$，除 $x=-1$ 外处处可导。令 $f'(x)=0$，得驻点 $x=1$。函数导数不存在的点为 $x=-1$。相关信息列表讨论如下：

x	$(-\infty,-1)$	-1	$(-1,1)$	1	$(1,+\infty)$
$f'(x)$	$+$	不存在	$-$	0	$+$
$f(x)$	↗	极大值	↘	极小值	↗

因此，函数的极大值为 $f(-1)=0$；极小值为 $f(1)=-3\sqrt[3]{4}$。函数图形如图 5.17(b)所示。

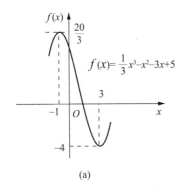

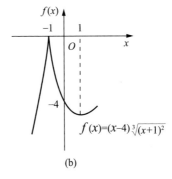

图 5.17

有时候，对于驻点是否为极值点的判别利用下面定理更简便。

定理 5.12（极值的第二充分条件） 若函数 $y=f(x)$ 在点 x_0 的某邻域 $U(x_0)$ 内具有二阶导数，且 $f'(x_0)=0$ 和 $f''(x_0)\neq0$，则有：

（1）当 $f''(x_0)<0$ 时，函数 $f(x)$ 在点 x_0 取得极大值；

（2）当 $f''(x_0)>0$ 时，函数 $f(x)$ 在点 x_0 取得极小值。

分析 利用函数在点 x_0 处的二阶泰勒展开式和极值的定义证明。

证 将函数 $y=f(x)$ 在 x_0 处展开为二阶泰勒公式，并注意到 $f'(x_0)=0$，有

$$f(x)-f(x_0)=\frac{f''(x_0)}{2!}(x-x_0)^2+o((x-x_0)^2)。$$

因 $x\to x_0$ 时，$o((x-x_0)^2)$ 比 $(x-x_0)^2$ 是高阶无穷小，所以存在 $\overset{\circ}{U}(x_0,\delta)\subset U(x_0)$，使得当

$x \in \overset{\circ}{U}(x_0, \delta)$ 时上式右端的正负取决于第一项。故当 $f''(x_0) > 0$ 时，$\forall x \in \overset{\circ}{U}(x_0, \delta)$，有 $f(x) > f(x_0)$，即 $f(x_0)$ 为极小值；当 $f''(x_0) < 0$ 时，$\forall x \in \overset{\circ}{U}(x_0, \delta)$，有 $f(x) < f(x_0)$，即 $f(x_0)$ 为极大值。   证毕

定理 5.13（极值的第三充分条件）   若函数 $y = f(x)$ 在点 x_0 的某邻域 $U(x_0)$ 内具有直到 n 阶的导数，且 $f^{(k)}(x_0) = 0(k=1,2,\cdots,n-1)$ 和 $f^{(n)}(x_0) \neq 0$，则有：

（1）当 n 为偶数时，函数在点 x_0 处取得极值。当 $f^{(n)}(x_0) < 0$ 时，函数 $f(x)$ 在点 x_0 取得极大值；当 $f^{(n)}(x_0) > 0$ 时，函数 $f(x)$ 在点 x_0 取得极小值。

（2）当 n 为奇数时，函数 $f(x)$ 在点 x_0 处取不到极值。

证明留作练习。

例 5.40   求函数 $f(x) = x^3 + 3x^2 - 24x - 20$ 的极值。

分析   先求出函数的驻点，再判断驻点处二阶导数的符号。

解 $f'(x) = 3x^2 + 6x - 24 = 3(x+4)(x-2)$。令 $f'(x) = 0$，得驻点 $x_1 = -4, x_2 = 2$。由于 $f''(x) = 6x + 6, f''(-4) = -18 < 0$，故函数在点 $x_1 = -4$ 处取得极大值 $f(-4) = 60$；由于 $f''(2) = 18 > 0$，故函数在点 $x_1 = 2$ 处取得极小值 $f(2) = -48$。函数图形如图 5.18 所示。

例 5.41   求函数 $f(x) = (x^2-1)^3 + 1$ 的极值。

分析   先求出函数的驻点，若驻点处二阶导数为零，需要用一阶导数的符号判断。

解   不难求得，$f'(x) = 6x(x^2-1)^2, f''(x) = 6(x^2-1)(5x^2-1)$。可知函数的驻点为 $x_1 = -1, x_2 = 0, x_3 = 1$。因 $f''(0) = 6 > 0$，故 $f(x)$ 在 $x = 0$ 处取得极小值，极小值为 $f(0) = 0$。因 $f''(-1) = f''(1) = 0$，故用定理 5.12 无法判别。考察一阶导数 $f'(x)$ 在驻点 $x_1 = -1$ 及 $x_3 = 1$ 左右邻近的符号：当 $x \in \overset{\circ}{U}(-1^-)$，$f'(x) < 0$；当 $x \in \overset{\circ}{U}(-1^+)$，$f'(x) < 0$。因 $f'(x)$ 的符号没有改变，故 $f(x)$ 在 $x = -1$ 处取不到极值。由于函数 $f(x)$ 是偶函数，因此它在 $x = 1$ 处也没有极值。函数图形如图 5.19 所示。

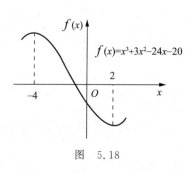

图 5.18

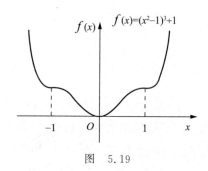

图 5.19

注意，当 $f''(x_0) = 0$ 时，函数 $f(x)$ 在点 x_0 处不一定取极值，仍需要用第一充分条件进行判断，如例 5.41 中的点 $x_1 = -1$ 和 $x_3 = 1$。

5.5.2   最大值与最小值

由闭区间上连续函数的性质以及函数取得极值的条件可知，如果函数 $y = f(x)$ 在闭区间 $[a,b]$ 上连续，则函数在 $[a,b]$ 上必能取得最大（小）值，并且最大（小）值点可能是两种情

况:(1)函数在区间(a,b)内的极值点,它们可能是函数的驻点,也可能是函数的不可导点;(2)区间$[a,b]$的端点。因此,只要求出$f(x)$在(a,b)内的所有驻点与不可导点,并将函数$f(x)$在这些点上的值与端点值$f(a)$与$f(b)$进行比较,就可以得到函数$f(x)$在区间$[a,b]$上的最大值与最小值。

例 5.42 求函数$y=f(x)=2x^3+3x^2-12x+14$在区间$[-3,4]$上的最大值与最小值。

分析 先求函数的一阶导数,找到可能的极值点,再求出对应的极值和端点处的函数值进行比较。

解 不难求得$f'(x)=6(x+2)(x-1)$,解方程$f'(x)=0$得$x_1=-2,x_2=1$。

由于$f(-3)=23,f(-2)=34,f(1)=7,f(4)=142$,因此函数的最大值为$f(4)=142$,最小值为$f(1)=7$。函数图形如图5.20所示。

例 5.43 求函数$y=f(x)=\sin2x-x$在$\left[-\dfrac{\pi}{2},\dfrac{\pi}{2}\right]$上的最大值及最小值。

解 易见,函数$y=\sin2x-x$在$\left[-\dfrac{\pi}{2},\dfrac{\pi}{2}\right]$上连续,且$y'=2\cos2x-1$。

令$y'=0$,得$x=\pm\dfrac{\pi}{6}$。对应的函数值如下:

$$f\left(-\frac{\pi}{2}\right)=\frac{\pi}{2}, \quad f\left(\frac{\pi}{2}\right)=-\frac{\pi}{2}, \quad f\left(\frac{\pi}{6}\right)=\frac{\sqrt{3}}{2}-\frac{\pi}{6}, \quad f\left(-\frac{\pi}{6}\right)=-\frac{\sqrt{3}}{2}+\frac{\pi}{6}。$$

故函数在$\left[-\dfrac{\pi}{2},\dfrac{\pi}{2}\right]$上的最大值为$\dfrac{\pi}{2}$,最小值为$-\dfrac{\pi}{2}$。函数图形如图5.21所示。

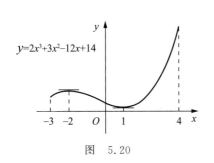 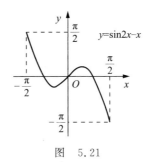

图 5.20 　　　　　　　图 5.21

在讨论函数的最大值和最小值问题的时候,常常会遇到一些特殊情况,此时,上述步骤可以简化,具体如下:

(1) 若函数$f(x)$在闭区间$[a,b]$上严格单调递增,则$f(a)$为最小值,$f(b)$为最大值;若函数$f(x)$在$[a,b]$上严格单调递减,则$f(a)$为最大值,$f(b)$为最小值。

(2) 设函数$f(x)$在闭区间$[a,b]$上连续,在开区间(a,b)内可导,且在(a,b)内只有唯一驻点x_0。若x_0是极大值点,则$f(x_0)$就是函数$f(x)$在$[a,b]$上的最大值;若x_0是极小值点,则$f(x_0)$就是函数$f(x)$在$[a,b]$上的最小值。

5.5.3 应用举例

在实际应用中,常常会遇到求最大值和最小值问题,如用料最省、容量最大、花钱最少、效率最高、利润最大等。此类问题在数学上往往可归结为求某一函数(通常称为目标函数)的最大值或最小值问题。

在某一实际问题中,若目标函数 $y=f(x)$ 在闭区间 $[a,b]$ 上连续,在开区间 (a,b) 内可导,且在 (a,b) 内只有唯一驻点 x_0。如果能根据问题的实际意义,判定 $f(x)$ 在 (a,b) 内必有最大(小)值,那么 $f(x_0)$ 就是 $f(x)$ 的最大(小)值。

例 5.44 求内接于椭圆 $\dfrac{x^2}{a^2}+\dfrac{y^2}{b^2}=1$ 而面积最大的矩形的各边之长。

分析 建立函数关系时,需注意矩形的边长分别为所设点的横坐标和纵坐标的 2 倍。

解 设 $M(x,y)$ 为椭圆上第一象限内任意一点,则以点 M 为一顶点的内接矩形的面积为

$$S(x)=2x\cdot 2y=\frac{4b}{a}x\sqrt{a^2-x^2}, \qquad 0\leqslant x\leqslant a,$$

且 $S(0)=S(a)=0$。不难求得

$$S'(x)=\frac{4b}{a}\left[\sqrt{a^2-x^2}+x\frac{-x}{\sqrt{a^2-x^2}}\right]=\frac{4b}{a}\frac{a^2-2x^2}{\sqrt{a^2-x^2}}。$$

由 $S'(x)=0$,求得驻点 $x_0=\dfrac{a}{\sqrt{2}}$ 为唯一的极值可疑点。依题意,$S(x)$ 存在最大值,故 $x_0=\dfrac{a}{\sqrt{2}}$ 是 $S(x)$ 的最大值点,最大值为 $S_{\max}=\dfrac{4b}{a}\cdot\dfrac{a}{\sqrt{2}}\sqrt{a^2-\left(\dfrac{a}{\sqrt{2}}\right)^2}=2ab$。

对应的 y 值为 $\dfrac{b}{\sqrt{2}}$,即当矩形的边长分别为 $\sqrt{2}\,a$,$\sqrt{2}\,b$ 时面积最大。

例 5.45 假设某人在陆地上骑自行车的速度为 v_1,在河上划船的速度为 v_2,现在要从地点 A_1 骑自行车到河边,然后划船渡河去对岸的地点 A_2,如图 5.22(a)所示。此人应在何处上船,花费时间最少?

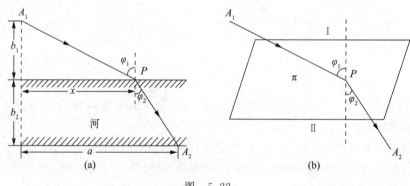

图 5.22

分析 从 A_1 到 A_2 所花费的时间包括陆上骑自行车的时间和河上划船的时间。

解 如图 5.22(a)所示,设 P 为所求的上船地点,点 A_1 沿着河岸方向行进到 P 的距离为 x,点 A_1 到河岸的垂直距离为 b_1,河宽为 b_2,点 A_1 与点 A_2 沿着河岸方向距离为 a。则由 A_1 到 P,再由 P 到 A_2 总共所需的时间为

$$t(x)=\frac{1}{v_1}\sqrt{b_1^2+x^2}+\frac{1}{v_2}\sqrt{b_2^2+(a-x)^2}, \qquad 0\leqslant x\leqslant a。$$

对上式求导，得

$$t'(x)=\frac{1}{v_1}\frac{x}{\sqrt{b_1^2+x^2}}-\frac{1}{v_2}\frac{a-x}{\sqrt{b_2^2+(a-x)^2}},$$

$$t''(x)=\frac{b_1^2}{v_1\sqrt{(b_1^2+x^2)^3}}+\frac{b_2^2}{v_2\sqrt{(b_2^2+(a-x)^2)^3}}>0。$$

由于 $t'(x)$ 在区间 $[0,a]$ 上连续且单调，并且 $t'(0)=-\dfrac{1}{v_2}\dfrac{a}{\sqrt{b_2^2+a^2}}<0,t'(a)=$

$\dfrac{1}{v_1}\dfrac{a}{\sqrt{b_1^2+a^2}}>0$。故 $t'(x)$ 在区间 $(0,a)$ 内存在唯一零点 x_0，且 x_0 是 $t(x)$ 在 $(0,a)$ 内的唯一

极小值点，从而也是 $t(x)$ 在 $[0,a]$ 上的最小值点。

因为 x_0 满足 $t'(x)=0$，所以有

$$\frac{x_0}{v_1\sqrt{b_1^2+x_0^2}}=\frac{a-x_0}{v_2\sqrt{b_2^2+(a-x_0)^2}}。$$

记

$$\frac{x_0}{\sqrt{b_1^2+x_0^2}}=\sin\varphi_1,\frac{a-x_0}{\sqrt{b_2^2+(a-x_0)^2}}=\sin\varphi_2,$$

就得到

$$\frac{\sin\varphi_1}{v_1}=\frac{\sin\varphi_2}{v_2}。$$

这就是说，当 P 点满足以上条件时，从 A_1 到 P，再由 P 到 A_2 所需的时间最少。

在这个例子中，如果把 A_1P 与 PA_2 设想为 Ⅰ，Ⅱ 两种介质中分别以速度 v_1 与 v_2 行进的光线，如图 5.22(b)所示，平面 π 为两种介质的分界面，A_1P 为入射光线，PA_2 为折射光线（A_1,P,A_2 在同一平面内），φ_1 与 φ_2 分别为入射角与反射角，那么由例 5.45 知，当 $\dfrac{\sin\varphi_1}{\sin\varphi_2}=\dfrac{v_1}{v_2}$ 时，光线从 A_1 行进到 A_2 所需的时间最少。这就是我们在中学物理中熟知的光线折射定律。

习 题 5.5

思 考 题

1. 对于给定的函数，哪些点是可能的极值点？判断极值点的方法有哪几种？

2. 若在驻点 x_0 处有 $f''(x_0)=0$，如何判断 x_0 是否为极值点？

3. 若点 x_0 为 $f(x)$ 的极小值点，则一定存在 x_0 的某邻域，使在此邻域内，$f(x)$ 在点 x_0 的左侧下降，而在 x_0 的右侧上升吗？

A 类题

1. 求下列函数的极值：

(1) $f(x) = 2\sin x + \cos(2x), 0 \leqslant x \leqslant 2\pi$；　(2) $f(x) = 5 - \sqrt[3]{x^2 - 2x + 1}$；

(3) $f(x) = \dfrac{\mathrm{e}^x}{x}$；　(4) $f(x) = x^4 - 2x^2 - 5$。

2. 求下列函数在给定区间的最大值和最小值：

(1) $f(x) = -2x^3 + 3x^2 + 12x - 14, x \in [-2, 2]$；

(2) $f(x) = x^4 - 8x^2 + 2, x \in [-1, 3]$。

3. 试问 a 为何值时，$f(x) = a\sin x + \dfrac{1}{3}\sin(3x)$ 在点 $x = \dfrac{\pi}{3}$ 处取得极值？是极大值还是极小值？并求出此极值。

4. 要造一个圆柱形的储油罐，体积为 V，当底面半径 r 和高 h 等于多少时，才能使表面积最小？这时底直径与高的比是多少？

5. 某车间靠墙壁要盖一间长方形小屋，现有存砖只够砌 20m 长的墙壁，问应围成怎样的长方形才能使这间小屋的面积最大？

6. 将边长为 a 的一块正方形铁皮，四角各截去一个大小相同的小正方形，然后将四边折起做成一个无盖的方盒，问截掉的小正方形边长为多大时，所得方盒的容积最大？

B 类题

1. 求下列函数的极值、最大值和最小值：

(1) $f(x) = x + \dfrac{1}{x}, x \in \left[\dfrac{1}{3}, 2\right]$；　(2) $f(x) = \mathrm{e}^x \sin x, x \in [0, 2\pi]$；

(3) $f(x) = \begin{cases} \sqrt{3-2x}, & |x| \leqslant 1, \\ x^2 + 3x - 3, & 1 < |x| \leqslant 2。 \end{cases}$

2. 已知函数 $f(x) = a\ln x + bx^2 + x + 2$ 在 $x = 1, x = 2$ 处取得极值，试确定 a 和 b 的值，并指出 $f(x)$ 的极值是极大值还是极小值。

3. 已知函数 $f(x)$ 在点 x_0 处有三阶导数，并且 $f'(x_0) = f''(x_0) = 0, f'''(x) \neq 0$。证明：

(1) 点 x_0 不是函数 $f(x)$ 的极值点；

(2) 点 x_0 是函数 $f(x)$ 的拐点。

4. 甲船以 20km/h 的速度向东行驶，同一时间乙船在甲船正北 82km 处以 16km/h 的速度向南行驶，问经过多长时间两船距离最近？

5. 用一块半径为 r 的圆形铁皮，剪去一圆心角为 α 的扇形后，做成一个漏斗形容器，问 α 为何值时，容器的容积最大？

6. 宽为 2m 的支渠道垂直地流向宽为 3m 的主渠道。若在其中漂运原木，问能通过的原木的最大长度是多少？

5.6 函数图形的描绘

Painting function graphics

前面已利用函数的导数研究了函数的单调性、凸性及拐点、极值、最大值和最小值等,这些信息对于描绘函数的局部图形很有帮助。但是,仅仅知道这些,还是不能完整描绘函数的图形。例如,有些函数的定义域或值域是无穷区间,在有些情形下,自变量或因变量(函数值)会沿着曲线的横向、纵向或某一特定方向趋于无穷大。考察函数 $y = \dfrac{1}{x}$ 的图形,如图 1.9(b)所示。当 $x \to \infty$ 时,有 $\lim\limits_{x \to \infty} \dfrac{1}{x} = 0$,即曲线上的点无限地接近于直线 $y = 0$;当 $x \to 0$ 时,有 $\lim\limits_{x \to 0} \dfrac{1}{x} = \infty$,即曲线上的点无限地接近于直线 $x = 0$。数学上将直线 $y = 0$ 和 $x = 0$ 分别称为曲线 $y = \dfrac{1}{x}$ 的水平渐近线和垂直渐近线。当然,还有众多函数的图形具有此类特性。为了能够完整描绘一条曲线,掌握这条曲线沿着某些特定方向无限延伸时的变化情况,进而求出它的渐近线是必要的。为此,本节首先介绍曲线的几类渐近线的定义;然后给出描绘函数图形的一般步骤。

5.6.1 曲线的渐近线

定义 5.5 当曲线向无穷远处延伸时,若曲线上的点与某条直线的距离趋于零,则称此直线为曲线的**渐近线**(**asymptote**)。

本节讨论的渐近线主要包括水平渐近线、垂直渐近线和斜渐近线。

1. 水平渐近线

定义 5.6 设函数 $y = f(x)$ 的定义域为无限区间。若 $\lim\limits_{x \to +\infty} f(x) = A$ 或 $\lim\limits_{x \to -\infty} f(x) = A$,其中 A 为常数,则称直线 $y = A$ 为曲线 $y = f(x)$ 的**水平渐近线**(**horizontal asymptote**)。

例 5.46 求下列曲线的水平渐近线:

(1) $y = \pi + 2\arctan x$;　　　　(2) $y = \mathrm{e}^{-x^2}$;　　　　(3) $y = \dfrac{\sqrt{x^2+1}}{2x+1}$。

分析 根据水平渐近线的定义,求 $x \to +\infty$ 和 $x \to -\infty$ 时函数的极限。

解 (1) 因为 $\lim\limits_{x \to +\infty}(\pi + 2\arctan x) = 2\pi$,$\lim\limits_{x \to -\infty}(\pi + 2\arctan x) = 0$,所以曲线 $y = \pi + 2\arctan x$ 有两条水平渐近线,即 $y = 2\pi$ 和 $y = 0$。

(2) 因为 $\lim\limits_{x \to \infty} \mathrm{e}^{-x^2} = 0$,所以曲线 $y = \mathrm{e}^{-x^2}$ 有水平渐近线 $y = 0$。

(3) 因为 $\lim\limits_{x \to +\infty} \dfrac{\sqrt{x^2+1}}{2x+1} = \dfrac{1}{2}$,$\lim\limits_{x \to -\infty} \dfrac{\sqrt{x^2+1}}{2x+1} = -\dfrac{1}{2}$,所以曲线 $y = \dfrac{\sqrt{x^2+1}}{2x+1}$ 有两条水平渐近线,即 $y = \dfrac{1}{2}$ 和 $y = -\dfrac{1}{2}$。

2. 垂直渐近线

定义 5.7 设点 x_0 是函数 $y = f(x)$ 的间断点。若 $\lim\limits_{x \to x_0^-} f(x) = \infty$ 或 $\lim\limits_{x \to x_0^+} f(x) = \infty$,则

称直线 $x = x_0$ 为曲线 $y = f(x)$ 的**垂直渐近线**（**vertical asymptote**）。

例 5.47　求下列曲线的垂直渐近线：

$$(1)\ y = \frac{1}{x^2 - 2x - 3}; \qquad (2)\ y = \sec x; \qquad (3)\ y = x\sin\frac{1}{x}。$$

分析　先找出题中函数分母为零的点 x_0，再根据垂直渐近线的定义，求 $x \to x_0$ 时函数的极限。

解　(1) 因为 $y = \dfrac{1}{x^2 - 2x - 3} = \dfrac{1}{(x-3)(x+1)}$，它有两个间断点 $x = 3$ 和 $x = -1$，并且

$$\lim_{x \to 3} \frac{1}{x^2 - 2x - 3} = \infty, \quad \lim_{x \to -1} \frac{1}{x^2 - 2x - 3} = \infty,$$

所以曲线有两条垂直渐近线 $x = 3$ 和 $x = -1$。

(2) 因为 $y = \sec x = \dfrac{1}{\cos x}$ 的间断点为 $x = k\pi + \dfrac{\pi}{2}, k \in \mathbf{Z}$，并且

$$\lim_{x \to k\pi + \frac{\pi}{2}} \frac{1}{\cos x} = \infty, \quad k \in \mathbf{Z},$$

所以曲线有垂直渐近线 $x = k\pi + \dfrac{\pi}{2}, k \in \mathbf{Z}$。

(3) 显然，$x = 0$ 是函数 $y = x\sin\dfrac{1}{x}$ 的间断点，但是

$$\lim_{x \to 0}\left(x\sin\frac{1}{x}\right) = 0,$$

所以曲线没有垂直渐近线。

3. 斜渐近线

定义 5.8　设函数 $y = f(x)$ 的定义域为无限区间。若它与直线 $y = ax + b$ 有如下关系：

$$\lim_{x \to +\infty}\left[f(x) - (ax + b)\right] = 0, \tag{5.17}$$

或

$$\lim_{x \to -\infty}\left[f(x) - (ax + b)\right] = 0, \tag{5.18}$$

则称直线 $y = ax + b\,(a \neq 0)$ 为曲线 $y = f(x)$ 的**斜渐近线**（**oblique asymptote**）。

要求得斜渐近线 $y = ax + b$，关键在于确定常数 a 和 b。下面介绍求 a, b 的方法。

由式 (5.17) 的变形可得

$$\lim_{x \to +\infty}\left[x\left(\frac{f(x)}{x} - a - \frac{b}{x}\right)\right] = 0。$$

由于左边两式之积的极限存在，且当 $x \to +\infty$ 时，因子 x 是无穷大量，进而因子 $\dfrac{f(x)}{x} - a - \dfrac{b}{x}$ 必是无穷小量，所以有

$$a = \lim_{x \to +\infty} \frac{f(x)}{x}。$$

将求出的 a 代入式 (5.17) 得

$$\lim_{x \to +\infty} [(f(x) - ax) - b] = 0,$$

即

$$b = \lim_{x \to +\infty} [f(x) - ax].$$

对 $x \to -\infty$，可作类似的讨论。

综上，判断曲线是否有斜渐近线，先求 $a = \lim\limits_{x \to \pm\infty} \dfrac{f(x)}{x}$，再求 $b = \lim\limits_{x \to \pm\infty} [f(x) - ax]$。

对于给定的函数 $y = f(x)$，求各类渐近线的方法是：(1) 首先计算函数当 $x \to \pm\infty$ 时的极限，用以判断函数是否有水平渐近线；(2) 然后寻找函数的间断点 x_0，计算函数当 $x \to x_0$ 时的极限，用以判断函数是否有垂直渐近线；(3) 最后计算 $\lim\limits_{x \to \pm\infty} \dfrac{f(x)}{x}$ 和 $\lim\limits_{x \to \pm\infty} [f(x) - ax]$，用以判断函数是否有斜渐近线。

例 5.48 求下列曲线的渐近线：

(1) $y = \dfrac{x^2}{3 + x}$；

(2) $f(x) = \dfrac{2(x - 2)(x + 3)}{x - 1}$。

分析 利用上述方法逐个尝试。

解 (1) 易见，函数 $f(x)$ 的定义域为 $D = \{x \mid x \in (-\infty, -3) \bigcup (-3, +\infty)\}$。因 $\lim\limits_{x \to \infty} \dfrac{x^2}{3 + x} = \infty$，故曲线无水平渐近线。因 $\lim\limits_{x \to -3} \dfrac{x^2}{3 + x} = \infty$，故 $x = -3$ 为曲线的垂直渐近线。因为 $\lim\limits_{x \to \infty} \dfrac{f(x)}{x} = \lim\limits_{x \to \infty} \dfrac{x}{3 + x} = 1$，所以 $a = 1$；又因为 $\lim\limits_{x \to \infty} [f(x) - ax] = \lim\limits_{x \to \infty} \left(\dfrac{x^2}{3 + x} - x \right) = -3$，所以 $b = -3$。故曲线有斜渐近线 $y = x - 3$。

(2) 易见，函数 $f(x)$ 的定义域为 $D = \{x \mid x \in (-\infty, 1) \bigcup (1, +\infty)\}$。由 $\lim\limits_{x \to \infty} \dfrac{2(x - 2)(x + 3)}{x - 1} = \infty$ 知，曲线无水平渐近线。由 $\lim\limits_{x \to 1^+} f(x) = -\infty$，$\lim\limits_{x \to 1^-} f(x) = +\infty$ 知，$x = 1$ 是曲线的垂直渐近线。因为 $\lim\limits_{x \to \infty} \dfrac{f(x)}{x} = \lim\limits_{x \to \infty} \dfrac{2(x - 2)(x + 3)}{x(x - 1)} = 2$，所以 $a = 2$；又因为 $\lim\limits_{x \to \infty} \left[\dfrac{2(x - 2)(x + 3)}{x - 1} - 2x \right] = \lim\limits_{x \to \infty} \dfrac{2(x - 2)(x + 3) - 2x(x - 1)}{x - 1} = 4$，所以 $b = 4$。故曲线有斜渐近线 $y = 2x + 4$。

5.6.2 函数的性态表与作图

通过前面的学习，我们利用函数的极限以及函数的一阶、二阶导数讨论了函数的某些特殊性态。利用这些性态，可以较为准确地描绘函数的图形。现将描绘图形的一般步骤概括如下：

(1) 确定函数 $y = f(x)$ 的定义域；

(2) 讨论函数的单调性、奇偶性、周期性等；

(3) 求出方程 $f'(x) = 0$ 和 $f''(x) = 0$ 的根及使 $f'(x)$ 和 $f''(x)$ 不存在的点，这些点将函数的定义域分成几个子区间；

(4) 列表确定函数的单调区间、凸性区间和拐点、极值点、最大值点和最小值点；

（5）确定曲线的渐近线；

（6）算出方程 $f'(x)=0$ 和 $f''(x)=0$ 的根以及一些辅助点所对应的函数值（用以将曲线描绘得更精确），定位图形上的相应点。

（7）作图。

例 5.49　描绘函数 $y=e^{-x^2}$ 的图形。

分析　根据上述步骤进行讨论。

解　（1）函数的定义域为 $D=\{x\,|\,x\in(-\infty,+\infty)\}$。

（2）函数是偶函数，所以函数的图形关于 y 轴对称。

（3）由 $y'=-2xe^{-x^2}=0$ 得，$x_1=0$（驻点）；由 $y''=2(2x^2-1)e^{-x^2}=0$ 得，$x_2=-\dfrac{1}{\sqrt{2}}$，$x_3=\dfrac{1}{\sqrt{2}}$。

（4）列表讨论，由对称性，这里也可以只列 $(-\infty,0)$ 上的表格。

x	$\left(-\infty,-\dfrac{1}{\sqrt{2}}\right)$	$-\dfrac{1}{\sqrt{2}}$	$\left(-\dfrac{1}{\sqrt{2}},0\right)$	0
y'	$+$	$+$	$+$	0
y''	$+$	0	$-$	
y	↗	拐点	↗	极大值

（5）由 $\lim\limits_{x\to\infty}e^{-x^2}=0$ 知，曲线 $y=e^{-x^2}$ 有水平渐近线 $y=0$。

（6）函数的极大值点（最大值点）为 $(0,1)$，拐点为 $\left(-\dfrac{1}{\sqrt{2}},\dfrac{1}{\sqrt{e}}\right)$。

（7）利用对称性，函数 $y=e^{-x^2}$ 的图形如图 5.23 所示。

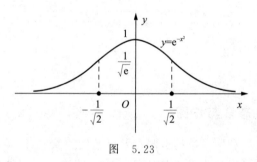

图　5.23

注　表中记号"↘"表示下降上凸曲线；"↘"表示下降下凸曲线；"↗"表示上升下凸曲线；"↗"表示上升上凸曲线。

例 5.50　描绘函数 $f(x)=\dfrac{4(x+1)}{x^2}-2$ 的图形。

解　（1）函数的定义域为 $D=\{x\,|\,x\in(-\infty,0)\bigcup(0,+\infty)\}$。

（2）非奇非偶函数，且无对称性。

（3）不难求得 $f'(x)=-\dfrac{4(x+2)}{x^3}$ 和 $f''(x)=\dfrac{8(x+3)}{x^4}$。由 $f'(x)=0$，得 $x=-2$；由 $f''(x)=0$，得 $x=-3$。

（4）列表综合如下：

x	$(-\infty,-3)$	-3	$(-3,-2)$	-2	$(-2,0)$	0	$(0,+\infty)$
$f'(x)$	$-$		$-$	0	$+$		$-$
$f''(x)$	$-$	0	$+$		$+$		$+$
$f(x)$	↘	拐点 $\left(-3,-\dfrac{26}{9}\right)$	↘	极小值点 $(-2,-3)$	↗	间断点	↘

（5）由 $\lim\limits_{x\to\infty}f(x)=\lim\limits_{x\to\infty}\left[\dfrac{4(x+1)}{x^2}-2\right]=-2$ 知，水平渐近线为 $y=-2$；由 $\lim\limits_{x\to0}f(x)=\lim\limits_{x\to0}\left[\dfrac{4(x+1)}{x^2}-2\right]=+\infty$ 知，垂直渐近线为 $x=0$。

（6）函数的极小值点为 $(-2,-3)$，拐点为 $\left(-3,-\dfrac{26}{9}\right)$；补充点：$(1-\sqrt{3},0)$，$(1+\sqrt{3},0)$，$A(-1,-2)$，$B(1,6)$，$C(2,1)$。

（7）函数 $f(x)=\dfrac{4(x+1)}{x^2}-2$ 的图形如图 5.24 所示。

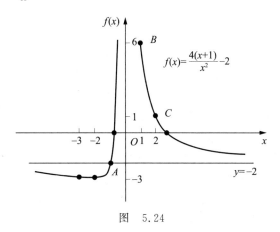

图 5.24

1. 求曲线的三类渐近线的方法是什么？

2. 若 $\lim\limits_{x\to+\infty}\dfrac{f(x)}{x}$ 存在，函数 $f(x)$ 是否一定存在斜渐近线？

3. 两坐标轴 $x=0$，$y=0$ 是否都是函数 $f(x)=\dfrac{\sin x}{x}$ 的渐近线？

 类题

描绘下列函数的图形：

(1) $y=2+\ln x$；

(2) $f(x)=x-2\arctan x$；

(3) $f(x)=\dfrac{1}{\sqrt{2\pi}}\mathrm{e}^{-\frac{x^2}{2}}$；

(4) $y=3x-x^3$。

 类题

描绘下列函数的图形：

(1) $f(x)=\dfrac{x}{1+x^2}$；

(2) $y=\sqrt[3]{2x^3+x^2-3}$；

(3) $f(x)=2x\mathrm{e}^{-x}$，$x\in(0,+\infty)$；

(4) $f(x)=\dfrac{(x-1)^2}{(x+1)^3}$。

5.7　曲率
Curvatures

在工程技术领域（如航空航天、精密仪器、交通运输、机械制造等）中使用的各种钢架结构，它们都会受到环境和外力等条件的制约，为了确保结构的稳定性，避免事故的发生，在建立相关问题的数学模型时，不可忽略的一个重要因素就是"弯曲度"问题。因此在设计、建造或加工等环节，必须考虑它们能够有容许的弯曲度，如果超出容许范围，不可避免会产生灾难性的后果。这里所指的"弯曲度"，可以用曲率和曲率半径进行描述和计算。从几何角度看，直线不弯曲，半径较小的圆比半径较大的圆要弯曲得明显些，即使是同一条曲线，其不同部分也有不同的弯曲程度，如图 5.25 所示。此外，在图 5.25 中，两个曲线弧 L 和 K 哪个更弯一些？只能说其中的一个弧段的某一段比另一弧段的某一段更弯一些，但总体不好讲。所以，曲线弧的弯曲度是一个局部概念，这一局部概念的量化就是所谓的曲率。为了讨论曲线的曲率，需要先引入弧微分的概念。

5.7.1　弧微分

设 L 是一条光滑曲线弧，对应的方程为 $y=f(x)$（$x\in I$），曲线弧 L 如图 5.26 所示。以 L 上的定点 M_0 作为度量弧长的起始点，并规定 x 增大的方向为曲线 L 正向。在曲线弧 L 上任取一点 M，曲线弧 $\overparen{M_0M}$ 的弧长 s 显然为横坐标 x 的函数，记作 $s=s(x)$，并且它是单调递增函数，因此自变量的增量 Δx 与弧长的增量 Δs 保持同号。

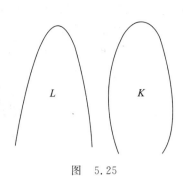
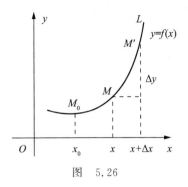

图 5.25   图 5.26

假设函数 $y=f(x)$ 在区间 I 内具有二阶导数,如图 5.26 所示,当横坐标 x 取得增量 Δx 时,对应的弧长增量为 $\Delta s = \overparen{MM'}$. 利用式(4.8)不难验证,$\lim\limits_{\Delta x \to 0} \dfrac{|\Delta s|}{|\overline{MM'}|} = 1$。于是

$$\lim_{\Delta x \to 0}\left|\frac{\Delta s}{\Delta x}\right| = \lim_{\Delta x \to 0}\left|\frac{\Delta s}{|\overline{MM'}|} \cdot \frac{|\overline{MM'}|}{\Delta x}\right| = \lim_{\Delta x \to 0}\left|\frac{\Delta s}{|\overline{MM'}|}\right|\lim_{\Delta x \to 0}\left|\frac{|\overline{MM'}|}{\Delta x}\right|$$

$$= \lim_{\Delta x \to 0}\left|\frac{|\overline{MM'}|}{\Delta x}\right| = \lim_{\Delta x \to 0}\frac{\sqrt{(\Delta x)^2 + (\Delta y)^2}}{\Delta x} = \sqrt{1 + \lim_{\Delta x \to 0}\left(\frac{\Delta y}{\Delta x}\right)^2} = \sqrt{1 + \left(\frac{\mathrm{d}y}{\mathrm{d}x}\right)^2},$$

即

$$\mathrm{d}s = \sqrt{1 + f'^2(x)}\,\mathrm{d}x 。 \tag{5.19}$$

式(5.19)称为**弧微分公式**。

5.7.2 曲率及其计算公式

如图 5.27(a)所示,曲线弧 $\overparen{M_2 M_3}$ 的弯曲程度要比曲线弧 $\overparen{M_1 M_2}$ 的弯曲程度大。当动点从 M_1 沿弧移动到 M_2 时,其切线转过的角度(转角)为 $\Delta \alpha_1$;当动点从 M_2 移动到 M_3 时,其切线的转角为 $\Delta \alpha_2$。显然,$\Delta \alpha_1 < \Delta \alpha_2$。然而,切线转过的角度还不能完全刻画曲线的弯曲程度。如图 5.27(b)所示,曲线弧 $\overparen{M_1 M_2}$ 与曲线弧 $\overparen{N_1 N_2}$ 的转角相同,但是短弧 $\overparen{N_1 N_2}$ 的弯曲程度要比长弧 $\overparen{M_1 M_2}$ 的弯曲程度大。

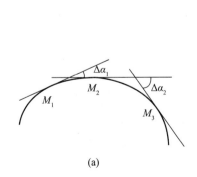
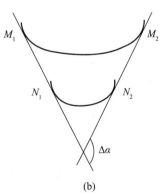

(a)   (b)

图 5.27

综上所述,曲线的弯曲程度不仅与切线转过的角度有关,而且还与弧段的长度有关。由此,我们引入描述曲线弯曲程度的概念——曲率。首先给出光滑曲线的定义。

　　定义 5.9　光滑曲线(smooth curve) 是指具有连续旋转变动切线的曲线,即有连续的导数的曲线。

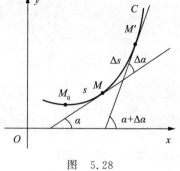

图　5.28

　　设曲线 C 是光滑的,如图 5.28 所示,以曲线 C 上的定点 M_0 作为度量弧长 s 的起始点,点 M 和点 M' 处切线的倾角分别记为 α 和 $\alpha+\Delta\alpha$,其中 $\Delta\alpha$ 为切线转角。与之相对应的曲线弧分别记为 $\overset{\frown}{M_0M}=s$, $\overset{\frown}{M_0M'}=s+\Delta s$,则曲线弧 $\overset{\frown}{MM'}$ 的长度为 $|\Delta s|$,动点从 M 移到 M' 时切线转过的角度为 $|\Delta\alpha|$ 。易知:(1) Δs 相同时, $\Delta\alpha$ 越大,弯曲得越严重;(2) $\Delta\alpha$ 相同时, Δs 越大,弯曲得越轻。

　　通常用比值 $\left|\dfrac{\Delta\alpha}{\Delta s}\right|$ 表示曲线弧 $\overset{\frown}{MM'}$ 的平均弯曲程度,即单位弧段上切线转过角度的大小,这个比值称为弧段 $\overset{\frown}{MM'}$ 的**平均曲率（average curvature）**,记作 $\overline{K}$,即 $\overline{K}=\left|\dfrac{\Delta\alpha}{\Delta S}\right|$ 。

　　事实上,曲线的曲率是曲线上某个点的切线方向角对弧长的转动率,可以通过微分来定义,它表明了曲线偏离直线的程度;在数学上,它表明曲线在某一点的弯曲程度的数值。

　　定义 5.10　当 $\Delta s \to 0$,即 $M' \to M$ 时, $\lim\limits_{\Delta s \to 0}\left|\dfrac{\Delta\alpha}{\Delta s}\right|$ 称为曲线 C 在点 M 的**曲率（curvature）**,记作 K ,即

$$K=\lim\limits_{\Delta s \to 0}\left|\frac{\Delta\alpha}{\Delta s}\right|=\left|\frac{\mathrm{d}\alpha}{\mathrm{d}s}\right| 。 \tag{5.20}$$

　　关于定义 5.10 的几点说明。

　　(1) 若 C 为直线,则 $\Delta\alpha=0$,如图 5.29(a)所示,故 $K=0$,这就是说,直线上任意点 M 处的曲率都等于零,这与我们直觉认识到的"直线不弯曲"一致。显然,由式(5.20)可知,对于曲线,有 $K>0$,且 K 越大,弯曲程度越大。

　　(2) 若 C 是半径为 a 的圆,如图 5.29(b)所示,点 M 处切线倾角为 α ,点 M' 处切线倾角为 $\alpha+\Delta\alpha$,由图 5.29(b)知, $\angle M'DM=\Delta\alpha$,则 $\angle M'DM=\dfrac{\overset{\frown}{MM'}}{a}=\dfrac{\Delta s}{a}$,故 $\dfrac{\Delta\alpha}{\Delta s}=\dfrac{1}{a}$,即 $K=\left|\dfrac{\mathrm{d}\alpha}{\mathrm{d}s}\right|=\dfrac{1}{a}$ 。因为点 M 是圆上任意取定的一点,上述结论表明圆上各点处的曲率都等于半径 a 的倒数 $\dfrac{1}{a}$ (即各点处弯曲得一样),且半径越小,曲率越大,弯曲越厉害。

　　设曲线 C 的直角坐标方程为 $y=f(x)$,且 $f(x)$ 具有二阶导数(这里 $f'(x)$ 连续,从而曲线是光滑的)。因为 $y'=\tan\alpha$,两边求微分得 $y''\mathrm{d}x=\sec^2\alpha\,\mathrm{d}\alpha$,故有

$$\frac{\mathrm{d}\alpha}{\mathrm{d}x}=\frac{y''}{1+\tan^2\alpha}=\frac{y''}{1+y'^2} , \quad 即 \quad \mathrm{d}\alpha=\frac{y''}{1+(y')^2}\mathrm{d}x 。$$

　　由式(5.19)知, $\mathrm{d}s=\sqrt{1+y'^2}\,\mathrm{d}x$,从而,由式(5.20)可得曲率 K 的计算公式为

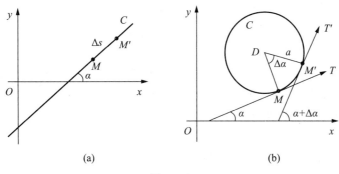

图 5.29

$$K = \left| \frac{\mathrm{d}\alpha}{\mathrm{d}s} \right| = \frac{|y''|}{(1+y'^2)^{\frac{3}{2}}}。 \tag{5.21}$$

式(5.21)为一般曲线在某点处的曲率计算公式。当曲线由参数方程 $\begin{cases} x = \varphi(t), \\ y = \psi(t) \end{cases} (t \in [\alpha, \beta])$

表示时,利用参数方程的求导法则求出 y' 和 y'',将它们代入式(5.21),得

$$K = \left| \frac{\mathrm{d}\alpha}{\mathrm{d}s} \right| = \frac{|\varphi'(t)\psi''(t) - \varphi''(t)\psi'(t)|}{(\varphi'^2(t) + \psi'^2(t))^{\frac{3}{2}}}。 \tag{5.22}$$

例 5.51 计算曲线 $xy = 4$ 在点 $(1,4)$ 处的曲率。

分析 求出 y', y'', 代入式(5.21)即可。

解 由 $y = \dfrac{4}{x}$ 不难求得 $y' = -\dfrac{4}{x^2}$, $y'' = \dfrac{8}{x^3}$, 故

$$K = \frac{|y''|}{(1+y'^2)^{3/2}} = \left| \frac{8}{x^3} \cdot \frac{1}{\left(1 + \dfrac{16}{x^4}\right)^{3/2}} \right| = \left| \frac{8x^3}{(x^4+16)^{3/2}} \right|,$$

在点 $(1,4)$ 处, $K = \dfrac{8}{17\sqrt{17}}$。

例 5.52 抛物线 $y = 3x^2 + 4x + 6$ 上哪点处曲率最大?

分析 利用式(5.21)求出曲率函数,再求最大值。

解 容易求得 $y' = 6x + 4$, $y'' = 6$, 于是

$$K = \frac{6}{(1 + (6x+4)^2)^{3/2}},$$

故 $x = -\dfrac{2}{3}$ 时, K 最大,即点 $\left(-\dfrac{2}{3}, \dfrac{14}{3}\right)$ 处曲率最大, $K = 6$。

5.7.3 曲率圆与曲率半径

设函数 $y = f(x)$ 在区间 I 内具有二阶导数,点 $M(x,y)$ 在曲线 $y = f(x)$ 上。若函数 $y = f(x)$ 在点 M 处的二阶导数 $y'' \neq 0$,则点 $M(x,y)$ 一定不是曲线 $y = f(x)$ 的拐点。不妨设点 $M(x,y)$ 附近的曲线是下凸的,在点 $M(x,y)$ 附近曲线下凸的一侧做一个圆,圆心在曲

线上过点 M 处的法线上，半径为

$$\rho = \frac{1}{K} = \frac{(1+y'^2)^{\frac{3}{2}}}{|y''|},$$

此圆称为曲线 $y=f(x)$ 在 M 点处的**曲率圆**（circle of curvature），ρ 称为**曲率半径**（radius of curvature），圆心称为**曲率中心**（center of curvature），如图 5.30 所示。

由图 5.30 可见，曲率与曲率半径成反比，曲率半径越大的点附近，曲线越平直；曲线与它的曲率圆在同一点处有相同的切线，曲率，凸性。因此，可用曲率圆在该点处的一段圆弧来近似地替代曲线弧。

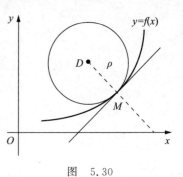

图　5.30

例 5.53　求曲线 $y=\tan x$ 在点 $\left(\dfrac{\pi}{4},1\right)$ 处的曲率与曲率半径。

分析　利用式（5.21）先求曲率，曲率半径为曲率的倒数。

解　容易求得，$y'=\sec^2 x$，$y''=2\sec^2 x \tan x$。曲率 K 及曲率半径 ρ 分别为

$$K = \frac{2|\sec^2 x \tan x|}{(1+\sec^4 x)^{3/2}}, \qquad \rho = \frac{1}{K} = \frac{(1+\sec^4 x)^{3/2}}{2|\sec^2 x \tan x|}。$$

由于 $y'|_{x=\pi/4}=2$ 及 $y''|_{x=\pi/4}=4$ 得点 $\left(\dfrac{\pi}{4},1\right)$ 处的曲率与曲率半径分别为

$$K = \frac{4\sqrt{5}}{25} \quad 和 \quad \rho = \frac{5\sqrt{5}}{4}。$$

例 5.54　已知工件内表面的截线为抛物线 $y=0.8x^2$。现要用砂轮磨削其内表面，选择多大的砂轮才比较合适？

分析　因抛物线在顶点处的曲率最大，即曲率半径最小，故只求抛物线 $y=0.8x^2$ 在顶点 $O(0,0)$ 处的曲率半径。

解　容易求得，$y'=1.6x$，$y''=1.6$，故有 $y'|_{x=0}=0$，$y''|_{x=0}=1.6$，代入式（5.21），得

$$K=1.6, \quad \rho=\frac{1}{K}=0.625。$$

故选用砂轮的半径不得超过 0.625 单位长。

思 考 题

1. 同一条曲线上任意点的曲率是否相同？

2. 弧长相等的两弧段的曲率是否相同？

3. 椭圆 $x=2\cos t$，$y=3\sin t$ 上哪些点处曲率最大？

A 类题

1. 求抛物线 $y = \dfrac{1}{2}x^2$ 在 $(2,2)$ 点和 (x_0, y_0) 点处的曲率和曲率半径。

2. 求曲线 $y = \ln\cos x$ 在 (x_0, y_0) 点处的曲率和曲率半径。

3. 求椭圆 $\begin{cases} x = a\cos t, \\ y = b\sin t \end{cases}$ 在 $(0, b)$ 点处的曲率及曲率半径。

4. 对数曲线 $y = \ln x$ 上哪一点的曲率半径最小？求出该点处的曲率半径。

5. 已知曲线 L 的极坐标方程为 $r = r(\theta)$。证明：曲线 L 上任意一点处的曲率为

$$K = \frac{|r^2 + 2r'^2 - rr''|}{(r^2 + r'^2)^{3/2}}。$$

1. 是非题

(1) 若函数 $f(x)$ 不满足拉格朗日中值定理的条件，则拉格朗日中值定理的结论一定不成立。　　　　　　　　　　　　　　　　　　　　　　　　　　　　　　（　　）

(2) 若函数 $f(x)$ 在点 x_0 处满足 $f'(x_0) = f''(x_0) = f'''(x_0) = 0$，则它在点 x_0 处一定取不到极值。　　　　　　　　　　　　　　　　　　　　　　　　　　（　　）

(3) 已知函数 $f(x)$ 在区间 I 上具有二阶导数。若存在点 x_0 使得 $f''(x_0) = 0$，而在其他点处都有 $f''(x_0) > 0$，则函数 $f(x)$ 在区间 I 上必为上凸函数。　　　（　　）

(4) 若 $f''(x_0) = 0$，则点 $(x_0, f(x_0))$ 不一定是函数 $f(x)$ 的拐点。　　　（　　）

(5) $x = 2$ 是函数 $f(x) = \dfrac{\sin(x-2)}{x-2}$ 的垂直渐近线。　　　　　　　　（　　）

2. 填空题

(1) 若函数 $g(x)$ 在闭区间 $[a, b]$ 上连续，在开区间 (a, b) 内可导，则至少存在一点 $\xi \in (a, b)$，使得 $\mathrm{e}^{g(b)} - \mathrm{e}^{g(a)} = \underline{\qquad}$。

(2) 已知函数 $f(x)$ 满足关系式 $xf''(x) + 3xf'^2(x) = 1 - \mathrm{e}^{-x}$。若 $f'(x_0) = 0(x_0 \neq 0)$，则点 $(x_0, f(x_0))$ 是函数 $f(x)$ 的 $\underline{\qquad}$ 点。

(3) 函数 $f(x) = x^n \mathrm{e}^{-x}(n > 0, x \geqslant 0)$ 的单调递增区间是 $\underline{\qquad}$，单调递减区间是 $\underline{\qquad}$。

(4) 若点 $\left(1, \dfrac{4}{3}\right)$ 为曲线 $y = ax^3 - x^2 + b$ 的拐点，则 $a = \underline{\qquad}$，$b = \underline{\qquad}$。

(5) 曲线 $y = \sqrt{\dfrac{x-1}{x+1}}$ 的水平渐近线为 $\underline{\qquad}$，垂直渐近线为 $\underline{\qquad}$。

3. 选择题

(1) 函数 $y = f(x)$ 满足条件：$f(0) = 1$，$f'(0) = 0$，且当 $x \neq 0$ 时，$f'(x) > 0$，$f''(x) \begin{cases} < 0, & x < 0, \\ > 0, & x > 0, \end{cases}$ 则函数的图形为（　　）。

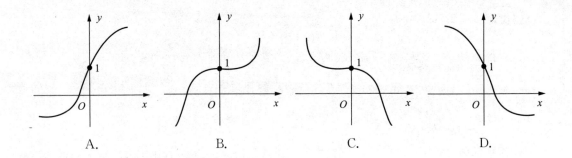

A.	B.	C.	D.

（2）若函数 $f(x)$ 在区间 $[a,b]$ 上连续，$f(a)=f(b)$，且 $f(x)$ 不恒为常数，则在 (a,b) 内（　　）。

　A. 必有最大值或最小值　　　　　　B. 既有极大值又有极小值

　C. 既有最大值又有最小值　　　　　D. 至少存在一点 ξ，使 $f'(\xi)=0$

（3）若函数 $f(x)$ 在点 $x=2$ 处存在二阶导数，且 $\lim\limits_{x\to 2}\dfrac{f(x)-f(2)}{(x-2)^2}=2$，则函数 $f(x)$ 在点 $x=2$ 处（　　）。

　A. 取极大值　　　　　　　　　　　B. 取极小值

　C. 无极值　　　　　　　　　　　　D. 不取极值

（4）关于方程 $e^x-x-1=0$，说法正确的是（　　）。

　A. 没有实根　　　　　　　　　　　B. 有且仅有一个实根

　C. 有且仅有两个实根　　　　　　　D. 有三个不同实根

（5）若函数 $f(x)$ 在区间 $[0,1]$ 上满足 $f''(x)>0$，则下列关系式成立的是（　　）。

　A. $f(1)-f(0)>f'(1)>f'(0)$　　　　B. $f'(0)>f(1)-f(0)>f'(1)$

　C. $f'(1)>f'(0)>f(1)-f(0)$　　　　D. $f'(1)>f(1)-f(0)>f'(0)$

4. 求下列极限：

（1）$\lim\limits_{x\to 0}\dfrac{a^{2x}-b^x}{\ln(1+x)}$，其中 $a,b>0$；　　　　（2）$\lim\limits_{x\to 0}\left(\dfrac{1+2^x+3^x}{3}\right)^{\frac{1}{x}}$；

（3）$\lim\limits_{x\to 0^+}(\sin x)^{\ln(1-x)}$；　　　　　　　　（4）$\lim\limits_{x\to 0}\dfrac{e^x-(1+2x)^{\frac{1}{2}}}{\ln(1+x^2)}$。

5. 判断下列极限的计算是否正确，若不正确，说明理由：

（1）$\lim\limits_{x\to 0}\dfrac{\sin x}{e^x-1}=\lim\limits_{x\to 0}\dfrac{\cos x}{e^x}=\lim\limits_{x\to 0}\dfrac{-\sin x}{e^x}=0$；

（2）$\lim\limits_{x\to\infty}\dfrac{x+\sin x}{x}=\lim\limits_{x\to\infty}(1+\cos x)$　不存在；

（3）$\lim\limits_{x\to 0}\left[\dfrac{1}{x}\left(\dfrac{1}{x}-\cot x\right)\right]=\lim\limits_{x\to 0}\dfrac{\sin x-x\cos x}{x^2\sin x}$

$$=\lim\limits_{x\to 0}\dfrac{\sin x-x\cos x}{x^3}=\lim\limits_{x\to 0}\dfrac{x\sin x}{3x^2}=\dfrac{1}{3}$$；

（4）$\lim\limits_{x\to\infty}\dfrac{e^x-e^{-x}}{e^x+e^{-x}}=\lim\limits_{x\to\infty}\dfrac{e^{-x}(e^{2x}-1)}{e^{-x}(e^{2x}+1)}=\lim\limits_{x\to\infty}\dfrac{e^{2x}-1}{e^{2x}+1}=\lim\limits_{x\to\infty}\dfrac{2e^{2x}}{2e^{2x}}=1$。

6. 已知 $\lim\limits_{x \to 0} \dfrac{a_1 \sin x + a_2(1-e^x)}{a_3 \ln(1+x^2) + a_4 \cos x} = 3$，其中 a_1, a_2 不同时为零。讨论 a_1, a_2, a_3, a_4 之间的关系。

7. 已知 $f(a) = f(c) = f(b)$，且 $a < c < b$，$f''(x)$ 在 $[a,b]$ 上存在。证明：至少存在一点 $\xi \in (a,b)$，使得 $f''(\xi) = 0$。

8. 已知函数 $f(x)$ 在 $[1,+\infty)$ 上连续，在 $(1,+\infty)$ 内可导，且 $f(1) = 0$。证明：对 $x \in (1,+\infty)$，至少存在一点 $\xi \in (1,x)$，使得 $\xi f'(\xi) = \dfrac{f(x)}{\ln x}$。

9. 证明下列不等式：

(1) $\tan x + 2\sin x > 3x$，其中 $0 < x < \dfrac{\pi}{2}$；

(2) $\dfrac{1}{2^{p-1}} \leqslant x^p + (1-x)^p \leqslant 1$，其中 $0 \leqslant x \leqslant 1$，$p > 1$。

10. 已知函数 $f(x)$ 在区间 $[a,b]$ 上有二阶导数，且 $f'(a) = f'(b) = 0$。证明：在 (a,b) 内至少存在一点 ξ，满足

$$f''(\xi) \geqslant \dfrac{4}{(b-a)^2} |f(b) - f(a)|。$$

11. 判断函数 $y = \dfrac{x}{1+x}$ 的单调性及凸性，并证明：

$$\dfrac{|a+b|}{1+|a+b|} \leqslant \dfrac{|a|}{1+|a|} + \dfrac{|b|}{1+|b|}, \quad a,b \in \mathbf{R}。$$

12. 描绘下列函数的图形：

(1) $y = (x-1)x^{\frac{2}{3}}$；   (2) $y = \dfrac{(x-1)^2}{3(x+2)}$；   (3) $y = \sqrt{4x^2 - 3x + 1}$。

13. 在半径为 R 的球内，求体积最大的内接圆柱体的高。

第 **6** 章

不定积分

Indefinite integrals

从前两章的学习可以了解到,微分学的基本思想是从一个已知变化规律的函数出发,通过导数和微分的方法研究函数的各种性态。然而在实际应用中,常常会遇到与前面相反的一类问题,即需要由函数的导数来确定函数的本身。例如,对于作变速直线运动的质点,已知它的速度和位移之间的关系为 $\dfrac{\mathrm{d}s}{\mathrm{d}t}=v(t)$,求该质点的位移 $s(t)$ 与时间 t 的函数关系;再如,已知曲线在某点的切线的斜率,求该曲线的方程等。这种求一个函数使其导数恰好等于已知函数的运算称为"积分"运算,这是积分学的基本问题之一。本章首先从原函数的概念入手,给出不定积分的定义,并利用微分(导数)和积分的运算关系给出不定积分的基本积分公式和线性性质;然后介绍几种常用的求不定积分的计算方法。

6.1 基本概念及性质
Basic concepts and properties

在第 4 章中,我们学习了用多种方法求函数的导数。现在的问题是,如何求一个函数使它的导数为 $f(x)$。例如,已知 $F'(x)=2x$,如何求 $F(x)$? 容易看到,$F(x)=x^2$ 满足条件,但是,$F(x)=x^2+1$,$F(x)=x^2+C$(C 是一个常数)同样满足条件。这是为什么呢? 为了回答这个问题,我们引入原函数的概念。

6.1.1 原函数

定义 6.1 设 $f(x)$ 是定义在区间 I 上的函数。若存在函数 $F(x)$,使得对任一 $x\in I$,都有
$$F'(x)=f(x) \quad \text{或} \quad \mathrm{d}F(x)=f(x)\mathrm{d}x,$$
则称 $F(x)$ 为 $f(x)$ 在区间 I 上的一个**原函数**(**primitive function**)。

关于定义 6.1 的几点说明。

(1) 定义 6.1 中的"一个"是指 $F(x)$ 的形式不唯一。例如,由 $(\sin x)'=\cos x$ 可知,$\sin x$ 是 $\cos x$ 的一个原函数,显然 $\sin x+1$,$\sin x-2$ 以及 $\sin x+C$(C 为任意常数)等都是 $\cos x$ 的原函数;再如,由 $(\arctan x)'=\dfrac{1}{1+x^2}$ 可知,$\arctan x$,$\arctan x+1$,$\arctan x-5$ 以及 $\arctan x+C$

(C 为任意常数)等都是 $\dfrac{1}{1+x^2}$ 的原函数。这说明,如果某个函数的原函数存在,那么它的原函数一定会有无穷多个。

(2) 从符号计算的角度来看,若函数 $F(x)$,$\Phi(x)$ 都是 $f(x)$ 在区间 I 上的原函数,即 $F'(x)=f(x)$,$\Phi'(x)=f(x)$,由于 $(\Phi(x)-F(x))'=\Phi'(x)-F'(x)=f(x)-f(x)\equiv 0$,因此可以断言,在区间 I 上,$\Phi(x)=F(x)+C$,即两个原函数之间只是相差一个常数。

由说明(2)可以看到,若函数 $F(x)$ 为 $f(x)$ 在区间 I 上的一个原函数,则 $f(x)$ 的全体原函数可以记作

$$F(x)+C, \quad C \text{ 为任意常数。}$$

然而,并不是所有函数都存在原函数,如第 1 章中介绍的狄利克雷函数 $D(x)$、符号函数 $\mathrm{sgn}(x)$ 和取整函数 $[x]$ 等,含有第一类间断点的函数都不存在原函数(有兴趣的读者可以自证)。那么,一个给定的函数在什么条件下能够保证它的原函数一定存在? 为此,我们给出**原函数存在定理**(**existence theorem of primitive functions**)。

定理 6.1　如果 $f(x)$ 是定义在区间 I 上的连续函数,那么在 I 上一定存在可导函数 $F(x)$,使得对任一 $x\in I$,都有

$$F'(x)=f(x)。$$

换句话说,即**连续函数一定具有原函数**。

因为初等函数在其定义区间上都是连续的,由定理 6.1 可知,初等函数在其定义区间上存在原函数。注意这里说的"定义区间"和"定义域"的区别。

6.1.2　不定积分的定义

定义 6.2　函数 $f(x)$ 在区间 I 上的全体原函数称为 $f(x)$ 在区间 I 上的**不定积分**(**indefinite integral**),记作 $\displaystyle\int f(x)\mathrm{d}x$,即

$$\int f(x)\mathrm{d}x = F(x)+C,$$

其中,$\displaystyle\int$ 称为**积分号**,$f(x)$ 称为**被积函数**,$f(x)\mathrm{d}x$ 称为**被积表达式**,x 称为**积分变量**,$F(x)$ 为 $f(x)$ 在区间 I 上的一个原函数。除非特殊说明,本章中 C 表示任意常数。

关于微分运算和积分运算关系的说明。

由不定积分的定义知,若 $F(x)$ 是 $f(x)$ 的一个原函数,即 $F'(x)=f(x)$,则有

$$\frac{\mathrm{d}}{\mathrm{d}x}\left[\int f(x)\mathrm{d}x\right]=f(x) \quad \text{或} \quad \mathrm{d}\left[\int f(x)\mathrm{d}x\right]=f(x)\mathrm{d}x。$$

又由于 $F(x)$ 是 $F'(x)$ 的原函数,故有

$$\int F'(x)\mathrm{d}x=F(x)+C \quad \text{或} \quad \int \mathrm{d}F(x)=F(x)+C。$$

由此可见,对于微分运算(以记号 d 表示)和求不定积分的运算$\Big($简称积分运算,以记号 $\displaystyle\int$ 表示$\Big)$,当两个运算连在一起时,或者抵消,或者抵消后相差一个常数,即 $\mathrm{d}\displaystyle\int$ 抵消,$\displaystyle\int\mathrm{d}$ 抵消后相差一个常数。因此,微分运算和积分运算在这个意义下是互逆的。

例 6.1 求下列不定积分：

(1) $\int x^{\mu}\mathrm{d}x$, $\mu \neq -1$;　　(2) $\int \sin x\,\mathrm{d}x$;　　(3) $\int \dfrac{1}{\sqrt{1-x^2}}\mathrm{d}x$;　　(4) $\int \dfrac{1}{\sin^2 x}\mathrm{d}x$。

分析 利用基本初等函数的导数公式计算。

解 (1) 由 $\left(\dfrac{x^{\mu+1}}{\mu+1}\right)' = x^{\mu}$ 或 $\mathrm{d}\left(\dfrac{x^{\mu+1}}{\mu+1}\right) = x^{\mu}\mathrm{d}x$ 可知，$\int x^{\mu}\mathrm{d}x = \dfrac{x^{\mu+1}}{\mu+1} + C$。

(2) 由 $(-\cos x)' = \sin x$ 或 $\mathrm{d}(-\cos x) = \sin x\,\mathrm{d}x$ 可知，$\int \sin x\,\mathrm{d}x = -\cos x + C$。

(3) 由 $(\arcsin x)' = \dfrac{1}{\sqrt{1-x^2}}$ 或 $\mathrm{d}(\arcsin x) = \dfrac{1}{\sqrt{1-x^2}}\mathrm{d}x$ 可知，

$$\int \frac{1}{\sqrt{1-x^2}}\mathrm{d}x = \arcsin x + C。$$

(4) 由 $(-\cot x)' = \dfrac{1}{\sin^2 x}$ 或 $\mathrm{d}(-\cot x) = \dfrac{1}{\sin^2 x}\mathrm{d}x$ 可知，$\int \dfrac{1}{\sin^2 x}\mathrm{d}x = -\cot x + C$。

例 6.2 求 $\int \dfrac{1}{x}\mathrm{d}x$。

分析 由于函数 $f(x) = \dfrac{1}{x}$ 的定义域不是区间，要分区间讨论。

解 当 $x \in (0, +\infty)$ 时，由 $(\ln x)' = \dfrac{1}{x}$ 可知，$\ln x$ 是函数 $f(x) = \dfrac{1}{x}$ 在区间 $(0, +\infty)$ 上的一个原函数；当 $x \in (-\infty, 0)$ 时，由 $[\ln(-x)]' = \dfrac{1}{-x}(-1) = \dfrac{1}{x}$ 可知，$\ln(-x)$ 是函数 $f(x) = \dfrac{1}{x}$ 在区间 $(-\infty, 0)$ 上的一个原函数。

综上，当 $x \in (-\infty, 0) \bigcup (0, +\infty)$ 时，有

$$\int \frac{1}{x}\mathrm{d}x = \ln|x| + C。$$

6.1.3　不定积分的几何解释

若 $F(x)$ 为函数 $f(x)$ 的一个原函数，则称 $y = F(x)$ 为 $f(x)$ 的一条**积分曲线**（**integral curve**），称 $y = F(x) + C$ 为 $f(x)$ 的积分曲线族。显然，族中的任意一条积分曲线可由另一条积分曲线沿 y 轴方向平移得到，且族中的各条曲线在横坐标相同的点 x_0 处的切线平行，如图 6.1 所示。

例 6.3 已知曲线 $y = f(x)$ 在任一点处的切线斜率为该点横坐标的两倍，且曲线通过点 $(1, 2)$，求此曲线的方程。

分析 利用函数的导数与曲线的切线斜率的关系建立方程。

解 根据题意知，$f'(x) = 2x$，即 $f(x)$ 是 $2x$ 的一个原函数，从而有

$$f(x) = \int 2x\,\mathrm{d}x = x^2 + C。$$

又因为曲线通过点 $(1, 2)$，所以有 $2 = 1^2 + C$，于是 $C = 1$。故所求曲线方程为

$$y = x^2 + 1 \text{。}$$

积分曲线 $y = x^2 + 1$ 由另一条积分曲线 $y = x^2$ 沿 y 轴方向向上平移 1 个单位得到,如图 6.2 所示。

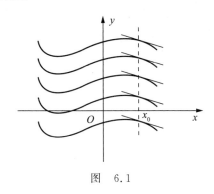

图 6.1

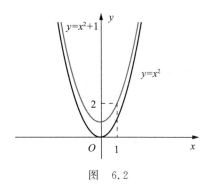

图 6.2

6.1.4 基本积分公式

由于积分运算是微分运算的逆运算,根据基本初等函数的导数或微分公式,不难得到对应的不定积分的基本公式。下面给出一些常用的基本积分公式。

(1) $\int k \, dx = kx + C$,k 为常数;

(2) $\int x^{\mu} \, dx = \dfrac{x^{\mu+1}}{\mu+1} + C$,$\mu \neq -1$;

(3) $\int \dfrac{1}{x} dx = \ln|x| + C$;

(4) $\int a^x \, dx = \dfrac{a^x}{\ln a} + C$,$a > 0$,且 $a \neq 1$;

(5) $\int e^x \, dx = e^x + C$;

(6) $\int \sin x \, dx = -\cos x + C$;

(7) $\int \cos x \, dx = \sin x + C$;

(8) $\int \sec^2 x \, dx = \tan x + C$;

(9) $\int \csc^2 x \, dx = -\cot x + C$;

(10) $\int \sec x \tan x \, dx = \sec x + C$;

(11) $\int \csc x \cot x \, dx = -\csc x + C$;

(12) $\int \dfrac{1}{\sqrt{1-x^2}} dx = \arcsin x + C = -\arccos x + C$;

(13) $\int \dfrac{1}{1+x^2} dx = \arctan x + C = -\text{arccot} x + C$;

(14) $\int \sinh x \, dx = \cosh x + C$;

(15) $\int \cosh x \, dx = \sinh x + C \text{。}$

6.1.5 不定积分的性质

利用微分的运算法则和不定积分的定义,不定积分具有如下的线性性质。

线性性质(linear property):若 $f(x)$ 和 $g(x)$ 的原函数均存在,则对于任意的实数 α,β,有

$$\int [\alpha f(x) + \beta g(x)] \mathrm{d}x = \alpha \int f(x) \mathrm{d}x + \beta \int g(x) \mathrm{d}x 。 \tag{6.1}$$

分析 利用导数的四则运算证明。

证 设 $F(x)$ 和 $G(x)$ 分别是 $f(x)$ 和 $g(x)$ 的原函数,即 $F'(x) = f(x)$,$G'(x) = g(x)$。由导数的四则运算法则,有

$$(\alpha F(x) + \beta G(x))' = \alpha F'(x) + \beta G'(x) = \alpha f(x) + \beta g(x),$$

由不定积分的定义可知,式(6.1)成立。

关于线性性质的几点说明。

(1) 此性质对有限多个函数都是成立的,即对于任意的实数 $k_1, k_2, \cdots, k_n$,有

$$\int \left(\sum_{i=1}^{n} k_i f_i(x) \right) \mathrm{d}x = \sum_{i=1}^{n} k_i \int f_i(x) \mathrm{d}x 。$$

(2) 当 α, β 分别取特殊值时,式(6.1)分别对应于下面的公式

$$\int [f(x) \pm g(x)] \mathrm{d}x = \int f(x) \mathrm{d}x \pm \int g(x) \mathrm{d}x ;$$

$$\int k f(x) \mathrm{d}x = k \int f(x) \mathrm{d}x , \quad k \text{ 为非零常数}。$$

运用不定积分的基本公式和性质可以直接求一些简单函数的不定积分;有时需要将被积函数经过适当的恒等变形后,再利用不定积分的性质和基本公式求出结果,这种方法称为**直接积分法**。

例 6.4 求 $\int (\mathrm{e}^x + \cos x) \mathrm{d}x$。

分析 利用不定积分的性质将被积函数分项,然后通过基本积分公式计算。

解 $\int (\mathrm{e}^x + \cos x) \mathrm{d}x = \int \mathrm{e}^x \mathrm{d}x + \int \cos x \mathrm{d}x = \mathrm{e}^x + \sin x + C$。

例 6.5 求 $\int \dfrac{(x - \sqrt{x})^2}{x^3} \mathrm{d}x$。

分析 先将分子展开,然后将被积函数分项。

解 $\int \dfrac{(x - \sqrt{x})^2}{x^3} \mathrm{d}x = \int \dfrac{x^2 - 2x^{\frac{3}{2}} + x}{x^3} \mathrm{d}x = \int \left(\dfrac{1}{x} - 2x^{-\frac{3}{2}} + \dfrac{1}{x^2} \right) \mathrm{d}x$

$$= \ln|x| - 2 \times (-2) x^{-\frac{1}{2}} - \dfrac{1}{x} + C$$

$$= \ln|x| + \dfrac{4}{\sqrt{x}} - \dfrac{1}{x} + C 。$$

例 6.6 求 $\int \dfrac{1 + 3x + x^2}{x(1 + x^2)} \mathrm{d}x$。

分析 根据被积表达式的特点进行分项。

解 $\int \dfrac{1 + 3x + x^2}{x(1 + x^2)} \mathrm{d}x = \int \dfrac{3x + (1 + x^2)}{x(1 + x^2)} \mathrm{d}x = \int \left(\dfrac{3}{1 + x^2} + \dfrac{1}{x} \right) \mathrm{d}x$

$$= \int \dfrac{3}{1 + x^2} \mathrm{d}x + \int \dfrac{1}{x} \mathrm{d}x = 3 \arctan x + \ln|x| + C 。$$

例 6.7 求 $\displaystyle\int \dfrac{x^2}{1+x^2}\mathrm{d}x$。

分析 利用配项方法将分子分项。

解 $\displaystyle\int \dfrac{x^2}{1+x^2}\mathrm{d}x = \int \dfrac{1+x^2-1}{1+x^2}\mathrm{d}x = \int\left(1-\dfrac{1}{1+x^2}\right)\mathrm{d}x = x - \arctan x + C$。

例 6.8 求 $\displaystyle\int a^x \mathrm{e}^x \mathrm{d}x$，其中 $a > 0$，且 $a \neq 1$。

分析 利用指数函数的性质将函数的底数合并。

解 $\displaystyle\int a^x \mathrm{e}^x \mathrm{d}x = \int (a\mathrm{e})^x \mathrm{d}x = \dfrac{(a\mathrm{e})^x}{\ln(a\mathrm{e})} + C = \dfrac{a^x \mathrm{e}^x}{\ln a + 1} + C$。

例 6.9 求 $\displaystyle\int (\tan^2 x + \cos x)\mathrm{d}x$。

分析 第一项利用三角函数公式进行拆分。

解 $\displaystyle\int (\tan^2 x + \cos x)\mathrm{d}x = \int (\sec^2 x - 1 + \cos x)\mathrm{d}x = \int (\sec^2 x)\mathrm{d}x - \int 1\mathrm{d}x + \int \cos x \,\mathrm{d}x$
$$= \tan x - x + \sin x + C。$$

例 6.10 求 $\displaystyle\int \sec x (\sec x + \tan x)\mathrm{d}x$。

分析 将被积表达式展开。

解 $\displaystyle\int \sec x (\sec x + \tan x)\mathrm{d}x = \int \sec^2 x \,\mathrm{d}x + \int \sec x \tan x \,\mathrm{d}x = \tan x + \sec x + C$。

例 6.11 已知 $f'(x) = \dfrac{\cos(2x)}{\sin^2 x}$，且 $f\left(\dfrac{\pi}{4}\right) = 2$。求 $f(x)$。

分析 利用三角函数的倍角公式进行化简后，再拆分。

解 由题意知

$$f(x) = \int \dfrac{\cos(2x)}{\sin^2 x}\mathrm{d}x = \int \dfrac{1 - 2\sin^2 x}{\sin^2 x}\mathrm{d}x = \int \dfrac{1}{\sin^2 x}\mathrm{d}x - \int 2\mathrm{d}x = -\cot x - 2x + C。$$

由 $f\left(\dfrac{\pi}{4}\right) = 2$，求得 $C = 3 + \dfrac{\pi}{2}$。因此有

$$f(x) = -\cot x - 2x + 3 + \dfrac{\pi}{2}。$$

例 6.12 已知函数 $f(x) = \begin{cases} a + \sin x, & x \in (-\infty, 0), \\ \dfrac{1}{1+x^2}, & x \in [0, +\infty) \end{cases}$ 连续。当 a 取何值时，$f(x)$ 存在原函数，并求出它的原函数。

分析 利用原函数存在定理。先使函数在分段点连续，再分区间求不定积分。

解 由于 $f(x)$ 连续，由定理 6.1 知，它一定存在原函数。由于 $f(x)$ 在 $x = 0$ 的左右极限分别为 $f_-(0) = a$，$f_+(0) = 1$，因此当 $a = 1$ 时，$f(x)$ 在点 $x = 0$ 处连续。容易求得

$$\int f(x)\mathrm{d}x = \begin{cases} x - \cos x + C_1, & x \in (-\infty, 0), \\ \arctan x + C_2, & x \in [0, +\infty)。 \end{cases}$$

由于在不同区间内，C_1，C_2 不一定相同，需要进一步确定 C_1，C_2 之间的关系。因为原函数

$F(x)$ 在点 $x=0$ 处连续且可导,由连续性可得 $C_2 = C_1 - 1$。令 $C_1 = C$,则有

$$\int f(x)\,dx = \begin{cases} x - \cos x + C, & x \in (-\infty, 0), \\ \arctan x - 1 + C, & x \in [0, +\infty). \end{cases}$$

习 题 6.1

思 考 题

1. 若函数 $f(x)$ 在区间 I 上是分段函数,它在区间 I 上是否存在原函数? 举例说明。

2. 说法"由于初等函数在其定义域内都是连续的,初等函数在其定义域内存在原函数。"是否正确,说明理由。

3. 注意到,$x=0$ 是函数 $y = \dfrac{1}{x}$ 的第二类间断点。例 6.2 说明了含有第二类间断点的函数有可能存在原函数,这与定理 6.1 是否矛盾?

4. 两种运算符号 $d\displaystyle\int$ 和 $\displaystyle\int d$ 的意义是否一样? 说明理由。

A 类题

1. 求下列不定积分:

(1) $\displaystyle\int x\sqrt[3]{x^2}\,dx$;

(2) $\displaystyle\int \left(x^2 + \frac{x}{3} + \frac{1}{x} + \frac{2}{x^2} \right) dx$;

(3) $\displaystyle\int (3^x + e^x + 3^x e^x)\,dx$;

(4) $\displaystyle\int (2\cos x + 5\sec^2 x)\,dx$;

(5) $\displaystyle\int \left(3\sin x + \frac{2}{x} \right) dx$;

(6) $\displaystyle\int \left(\frac{2}{\sqrt{1-x^2}} - \frac{3}{1+x^2} \right) dx$;

(7) $\displaystyle\int \frac{1+2x^2}{x^2(1+x^2)}\,dx$;

(8) $\displaystyle\int \frac{x^4}{1+x^2}\,dx$;

(9) $\displaystyle\int \frac{5 \cdot 3^x + 3 \cdot 5^x}{2^x}\,dx$;

(10) $\displaystyle\int \frac{\cos(2x)}{\cos x - \sin x}\,dx$。

2. 已知曲线 $y = f(x)$ 的任一点的切线的斜率都比该点的横坐标的三次方少 1,且曲线经过点 $(1,1)$,求该曲线的方程。

3. 一质点由静止开始运动,经过 t s 后速度为 $v(t) = 4t^2 + t + 2\,(\text{m/s})$,问:

(1) 10s 后,质点离开出发点的距离 s 是多少?

(2) 质点走完 318m 需要多少时间?

4. 验证下列等式,并说明它们各自的意义:

(1) $\displaystyle\int f'(x)\,dx = f(x) + C$;

(2) $d\displaystyle\int f(x)\,dx = f(x)\,dx$。

类题

1. 求下列不定积分：

(1) $\displaystyle\int \sqrt[m]{x^n}\, \mathrm{d}x$；

(2) $\displaystyle\int \sqrt{x\sqrt{x\sqrt{x}}}\, \mathrm{d}x$；

(3) $\displaystyle\int (5^x \mathrm{e}^x + 3\csc^2 x + 2)\, \mathrm{d}x$；

(4) $\displaystyle\int (2\cosh x + \sinh x)\, \mathrm{d}x$；

(5) $\displaystyle\int \left(\frac{\mathrm{e}^x - \mathrm{e}^{-x} + 1}{2}\right)\, \mathrm{d}x$；

(6) $\displaystyle\int \left(\frac{3\mathrm{e}^x + \mathrm{e}^{-x} - 3}{4}\right)\, \mathrm{d}x$；

(7) $\displaystyle\int \left(\sqrt{\frac{1+x}{1-x}} + \sqrt{\frac{1-x}{1+x}}\right)\, \mathrm{d}x$；

(8) $\displaystyle\int \frac{\mathrm{e}^{3x} + 1}{\mathrm{e}^x + 1}\, \mathrm{d}x$；

(9) $\displaystyle\int \frac{1 + \sin(2x)}{\sin x + \cos x}\, \mathrm{d}x$；

(10) $\displaystyle\int \frac{1 + \cos^3 x}{1 + \cos(2x)}\, \mathrm{d}x$。

2. 对任意 $x \in \mathbf{R}$，$f'(\sin^2 x) = \cos^2 x + 2$，且 $f(1) = 1$。求 $f(x)$。

3. 已知 $f'(x) = \begin{cases} \sin x, & x < 0, \\ x^2 + x, & x \geqslant 0。 \end{cases}$ 求 $f(x)$。

4. 已知 $f'(x) = \begin{cases} x^3 + 2x + 1, & x < 0, \\ \mathrm{e}^x, & x \geqslant 0, \end{cases}$ 且 $f(0) = 2$。求 $f(x)$。

6.2 换元积分法
Integration by substitution

在 6.1 节中，利用基本初等函数的导数及导数的加法和数乘运算法则，我们得到了一些基本积分公式及不定积分的线性性质，进而通过适当的变形后可以直接计算一些不定积分，但是能够直接计算的不定积分是非常有限的。受复合函数的求导法则启发，能否将它反过来用于求不定积分，通过适当的变量替换(换元)，然后利用基本积分公式计算出所求的不定积分。这就是本节要介绍的**换元积分法**(**integration by substitution**)，简称**换元法**。换元法通常分为两大类，下面将分别介绍。

6.2.1 第一类换元积分法

定理 6.2（**第一类换元积分法**） 设 $f(u)$ 具有原函数 $F(u)$。若 $u = \varphi(x)$ 是可微的中间变量，则有换元公式
$$\int f[\varphi(x)]\varphi'(x)\mathrm{d}x = \int f(u)\mathrm{d}u = F(u)\Big|_{u=\varphi(x)} + C = F[\varphi(x)] + C。$$

分析 利用复合函数的求导法则和不定积分的定义可证。

证 由 $F(u)$ 是 $f(u)$ 的原函数可知，$F'(u) = f(u)$，根据复合函数的求导法则，有
$$[F(\varphi(x))]' = F'(u)\varphi'(x) = f(u)\varphi'(x) = f[\varphi(x)]\varphi'(x)。$$
根据不定积分的定义，有
$$\int f[\varphi(x)]\varphi'(x)\mathrm{d}x = F[\varphi(x)] + C。 \qquad\qquad \text{证毕}$$

使用第一类换元积分法计算不定积分的基本思路是：(1) 根据被积函数的特点,确定中间变量 $\varphi'(x)\mathrm{d}x=\mathrm{d}u$ 的形式；(2) 令 $u=\varphi(x)$,进行变量替换,将积分变为 $\int f(u)\mathrm{d}u$,并计算积分；(3) 最后将所做的替换 $u=\varphi(x)$ 代替积分结果中的 u。

关于第一类换元法的几点说明。

(1) 在第一类换元积分法中,通过选择新的积分变量 $u=\varphi(x)$,把被积表达式分成两部分,一部分是关于 u 的函数 $f(u)$,另一部分是凑成关于 u 的微分 $\mathrm{d}u$。第一类换元积分法也称为**凑微分法**。

(2) 在凑微分的过程中,u 的形式会有很多,基本原则是使 $\int f(u)\mathrm{d}u$ 中 $f(u)$ 的表达式较为简单且便于计算。

例 6.13　求下列不定积分：

$$(1) \int \frac{1}{x+2}\mathrm{d}x ; \qquad (2) \int \frac{1}{(3x+5)^2}\mathrm{d}x ; \qquad (3) \int \cos(2x+1)\mathrm{d}x 。$$

分析　在被积表达式中,都含有 $ax+b$ 的形式,可尝试令 $u=ax+b$。

解　$(1) \int \dfrac{1}{x+2}\mathrm{d}x = \int \dfrac{1}{x+2}\mathrm{d}(x+2) = \int \dfrac{1}{u}\mathrm{d}u = \ln|u|+C = \ln|x+2|+C 。$

$(2) \int \dfrac{1}{(3x+5)^2}\mathrm{d}x = \dfrac{1}{3}\int \dfrac{1}{(3x+5)^2}\mathrm{d}(3x+5) = \dfrac{1}{3}\int \dfrac{1}{u^2}\mathrm{d}u = -\dfrac{1}{3u}+C = -\dfrac{1}{3(3x+5)}+C 。$

$(3) \int \cos(2x+1)\mathrm{d}x = \dfrac{1}{2}\int \cos(2x+1)\mathrm{d}(2x+1) = \dfrac{1}{2}\int \cos u\,\mathrm{d}u$

$$= \dfrac{1}{2}\sin u + C = \dfrac{1}{2}\sin(2x+1)+C 。$$

一般地,对于积分类型为 $\int f(ax+b)\mathrm{d}x\,(a\neq 0)$,总可以做变换 $u=ax+b$,把它化为

$$\int f(ax+b)\mathrm{d}x = \frac{1}{a}\int f(ax+b)\mathrm{d}(ax+b) \xrightarrow[\mathrm{d}u=a\mathrm{d}x]{u=ax+b} \frac{1}{a}\int f(u)\mathrm{d}u 。$$

例 6.14　求下列不定积分：

$$(1) \int x\,\mathrm{e}^{x^2}\mathrm{d}x ; \qquad (2) 3\int x^2 \sin x^3 \mathrm{d}x ; \qquad (3) \int x\left(\frac{1}{1+2x^2}+\frac{1}{1+x^2}\right)\mathrm{d}x 。$$

分析　在被积表达式中,都含有 x 的整数幂因子,并且都恰好能够凑整。

解　$(1) \int x\,\mathrm{e}^{x^2}\mathrm{d}x = \dfrac{1}{2}\int \mathrm{e}^{x^2}\mathrm{d}(x^2) = \dfrac{1}{2}\int \mathrm{e}^{u}\mathrm{d}u = \dfrac{1}{2}\mathrm{e}^{u}+C = \dfrac{1}{2}\mathrm{e}^{x^2}+C 。$

$(2) 3\int x^2 \sin x^3 \mathrm{d}x = \int \sin x^3 \mathrm{d}(x^3) = \int \sin u\,\mathrm{d}u = -\cos u + C = -\cos x^3 + C 。$

$(3) \int x\left(\dfrac{1}{1+2x^2}+\dfrac{1}{1+x^2}\right)\mathrm{d}x = \dfrac{1}{2}\int\left(\dfrac{1}{1+2x^2}+\dfrac{1}{1+x^2}\right)\mathrm{d}(x^2)$

$$= \dfrac{1}{2}\int\left(\dfrac{1}{1+2u}+\dfrac{1}{1+u}\right)\mathrm{d}u = \dfrac{1}{2}\int \dfrac{1}{1+2u}\mathrm{d}u + \dfrac{1}{2}\int \dfrac{1}{1+u}\mathrm{d}u$$

$$= \dfrac{1}{4}\int \dfrac{1}{1+2u}\mathrm{d}(1+2u) + \dfrac{1}{2}\int \dfrac{1}{1+u}\mathrm{d}(1+u)$$

$$= \frac{1}{4}\ln(1+2u) + \frac{1}{2}\ln(1+u) + C = \frac{1}{4}\ln\left[(1+2x^2)(1+x^2)^2\right] + C。$$

一般地，

$$\int x^{n-1} f(x^n)\,\mathrm{d}x \xrightarrow[\substack{u = x^n \\ \mathrm{d}u = nx^{n-1}\mathrm{d}x}]{} \frac{1}{n}\int f(u)\,\mathrm{d}u。$$

当我们能够熟练使用凑微分法时，计算过程中常常可以省略中间的替换 $u = \varphi(x)$。

例 6.15 求下列不定积分：

(1) $\displaystyle\int \frac{1}{x(1+2\ln x)}\mathrm{d}x$ ；　　　(2) $\displaystyle\int \frac{1}{x}\cos(\ln x)\mathrm{d}x$ ；　　　(3) $\displaystyle\int \frac{1}{x(1+(\ln x)^2)}\mathrm{d}x$。

分析 在被积表达式中，都含有因子 $\frac{1}{x}$ 和 $\ln x$，并且都恰好能够凑整。

解 (1) $\displaystyle\int \frac{1}{x(1+2\ln x)}\mathrm{d}x = \frac{1}{2}\int \frac{1}{1+2\ln x}\mathrm{d}(1+2\ln x) = \frac{1}{2}\ln|1+2\ln x| + C。$

(2) $\displaystyle\int \frac{1}{x}\cos(\ln x)\mathrm{d}x = \int \cos(\ln x)\mathrm{d}(\ln x) = \sin(\ln x) + C。$

(3) $\displaystyle\int \frac{1}{x(1+(\ln x)^2)}\mathrm{d}x = \int \frac{1}{1+(\ln x)^2}\mathrm{d}(\ln x) = \arctan(\ln x) + C。$

一般地，

$$\int f(\ln x)\,\frac{1}{x}\mathrm{d}x \xrightarrow[\substack{u = \ln x \\ \mathrm{d}u = x^{-1}\mathrm{d}x}]{} \int f(\ln x)\mathrm{d}(\ln x)。$$

例 6.16 求下列不定积分：

(1) $\displaystyle\int \frac{1}{\sqrt{a^2-x^2}}\mathrm{d}x$ ，其中 $a > 0$；　　　(2) $\displaystyle\int \frac{1}{a^2+x^2}\mathrm{d}x$ ；　　　(3) $\displaystyle\int \frac{1}{x^2-a^2}\mathrm{d}x$。

分析 根据被积函数的表达式特点，凑成基本积分公式中的形式。(1)与 $\displaystyle\int \frac{1}{\sqrt{1-x^2}}\mathrm{d}x = \arcsin x + C$ 相近；(2) 与 $\displaystyle\int \frac{1}{1+x^2}\mathrm{d}x = \arctan x + C$ 相近；(3) 分母可以分解成一次因式的形式，然后进行拆分。

解 (1) $\displaystyle\int \frac{1}{\sqrt{a^2-x^2}}\mathrm{d}x = \int \frac{1}{a}\frac{1}{\sqrt{1-\left(\frac{x}{a}\right)^2}}\mathrm{d}x = \int \frac{1}{\sqrt{1-\left(\frac{x}{a}\right)^2}}\mathrm{d}\left(\frac{x}{a}\right) = \arcsin\frac{x}{a} + C。$

(2) $\displaystyle\int \frac{1}{a^2+x^2}\mathrm{d}x = \int \frac{1}{a^2}\frac{1}{1+\left(\frac{x}{a}\right)^2}\mathrm{d}x = \frac{1}{a}\int \frac{1}{1+\left(\frac{x}{a}\right)^2}\mathrm{d}\left(\frac{x}{a}\right) = \frac{1}{a}\arctan\frac{x}{a} + C。$

(3) $\displaystyle\int \frac{1}{x^2-a^2}\mathrm{d}x = \frac{1}{2a}\int\left(\frac{1}{x-a} - \frac{1}{x+a}\right)\mathrm{d}x = \frac{1}{2a}\left(\int \frac{1}{x-a}\mathrm{d}x - \int \frac{1}{x+a}\mathrm{d}x\right)$

$$= \frac{1}{2a}\left[\int \frac{1}{x-a}\mathrm{d}(x-a) - \int \frac{1}{x+a}\mathrm{d}(x+a)\right]$$

$$= \frac{1}{2a}(\ln|x-a| - \ln|x+a|) + C = \frac{1}{2a}\ln\left|\frac{x-a}{x+a}\right| + C。$$

例 6.17 求下列不定积分：

(1) $\displaystyle\int \frac{1}{\sqrt{4-x^2}}\mathrm{d}x$；　　　　(2) $\displaystyle\int \frac{1}{x^2-6x+13}\mathrm{d}x$；　　　　(3) $\displaystyle\int \frac{1}{x^2-5}\mathrm{d}x$。

分析　利用例 6.16 的结果计算。

解　(1) $\displaystyle\int \frac{1}{\sqrt{4-x^2}}\mathrm{d}x = \int \frac{1}{\sqrt{1-\left(\frac{x}{2}\right)^2}}\mathrm{d}\left(\frac{x}{2}\right) = \arcsin \frac{x}{2}+C$。

(2) $\displaystyle\int \frac{1}{x^2-6x+13}\mathrm{d}x = \int \frac{1}{(x-3)^2+4}\mathrm{d}x = \int \frac{1}{(x-3)^2+4}\mathrm{d}(x-3)$

$\displaystyle\qquad\qquad = \frac{1}{2}\arctan \frac{x-3}{2}+C$。

(3) $\displaystyle\int \frac{1}{x^2-5}\mathrm{d}x = \frac{1}{2\sqrt{5}}\int \left(\frac{1}{x-\sqrt{5}}-\frac{1}{x+\sqrt{5}}\right)\mathrm{d}x = \frac{1}{2\sqrt{5}}\ln\left|\frac{x-\sqrt{5}}{x+\sqrt{5}}\right|+C$。

　　下面介绍一些关于三角函数的积分，在计算这类积分过程中，都会用到三角恒等式，因此需要读者们能够熟练使用这些恒等式。计算要点是：当被积函数的表达式中含有奇次项时，如形式为 $\sin^{2k+1}x\cos^{2n}x$ 或 $\sin^{2k}x\cos^{2n+1}x\,(k,n\in\mathbf{N})$，通常拆开奇次项去凑微分；当它们只含有偶数次幂项时，常用半角公式将其降低幂次后再进行计算。

　　例 6.18　求下列不定积分：

(1) $\displaystyle\int \sin^3 x\,\mathrm{d}x$；　　　　　　　　　　(2) $\displaystyle\int \sin^2 x\cos^5 x\,\mathrm{d}x$。

分析　被积函数中含有奇数次幂，将其拆开凑微分。

解　(1) $\displaystyle\int \sin^3 x\,\mathrm{d}x = \int \sin^2 x\sin x\,\mathrm{d}x = -\int(1-\cos^2 x)\mathrm{d}(\cos x)$

$\displaystyle\qquad\qquad = -\int \mathrm{d}(\cos x)+\int \cos^2 x\,\mathrm{d}(\cos x) = -\cos x+\frac{1}{3}\cos^3 x+C$。

(2) $\displaystyle\int \sin^2 x\cos^5 x\,\mathrm{d}x = \int \sin^2 x\cos^4 x\,\mathrm{d}(\sin x) = \int \sin^2 x(1-\sin^2 x)^2\mathrm{d}(\sin x)$

$\displaystyle\qquad\qquad = \frac{1}{3}\sin^3 x-\frac{2}{5}\sin^5 x+\frac{1}{7}\sin^7 x+C$。

　　例 6.19　求下列不定积分：

(1) $\displaystyle\int \sin^2 x\,\mathrm{d}x$；　　　　　　　　　　(2) $\displaystyle\int \cos^4 x\,\mathrm{d}x$。

分析　被积函数中只含有偶数次幂项，利用半角公式对其降幂。

解　(1) $\displaystyle\int \sin^2 x\,\mathrm{d}x = \int \frac{1-\cos(2x)}{2}\mathrm{d}x = \frac{1}{2}\left(\int \mathrm{d}x-\int \cos(2x)\mathrm{d}x\right)$

$\displaystyle\qquad\qquad = \frac{1}{2}\int \mathrm{d}x-\frac{1}{4}\int \cos(2x)\mathrm{d}(2x) = \frac{x}{2}-\frac{\sin(2x)}{4}+C$。

(2) 因为

$\displaystyle\qquad \cos^4 x = (\cos^2 x)^2 = \left(\frac{1+\cos(2x)}{2}\right)^2 = \frac{1}{4}(1+2\cos(2x)+\cos^2(2x))$

$\displaystyle\qquad\qquad = \frac{1}{4}\left(1+2\cos(2x)+\frac{1+\cos(4x)}{2}\right) = \frac{1}{8}(3+4\cos(2x)+\cos(4x))$，

所以

$$\int \cos^4 x \, dx = \frac{1}{8} \int (3 + 4\cos(2x) + \cos(4x)) \, dx$$

$$= \frac{1}{8} \left(\int 3 dx + \int 4\cos(2x) \, dx + \int \cos(4x) \, dx \right)$$

$$= \frac{1}{8} \left[3x + 2 \int \cos(2x) \, d(2x) + \frac{1}{4} \int \cos(4x) \, d(4x) \right]$$

$$= \frac{3}{8} x + \frac{1}{4} \sin(2x) + \frac{1}{32} \sin(4x) + C。$$

例 6.20 求 $\int \sec^6 x \, dx$ 。

分析 利用三角恒等式化简,注意到 $(\tan x)' = \sec^2 x$ 。

解 $\int \sec^6 x \, dx = \int (\sec^2 x)^2 \sec^2 x \, dx = \int (1 + \tan^2 x)^2 \, d(\tan x)$

$$= \int (1 + 2\tan^2 x + \tan^4 x) \, d(\tan x)$$

$$= \tan x + \frac{2}{3} \tan^3 x + \frac{1}{5} \tan^5 x + C。$$

例 6.21 求 $\int \sin(4x)\cos(3x) \, dx$ 。

分析 利用三角函数的积化和差公式,见 1.2 节。

解 由 $\sin(4x)\cos(3x) = \frac{1}{2}(\sin(7x) + \sin x)$ 可知,

$$\int \sin(4x)\cos(3x) \, dx = \frac{1}{2} \int (\sin(7x) + \sin x) \, dx$$

$$= \frac{1}{2} \left[\frac{1}{7} \int \sin(7x) \, d(7x) + \int \sin x \, dx \right]$$

$$= -\frac{1}{14} \cos(7x) - \frac{1}{2} \cos x + C。$$

例 6.22 求 $\int \tan x \, dx$ 。

分析 将被积函数拆分为正弦函数和余弦函数的商,然后凑微分。

解 $\int \tan x \, dx = \int \frac{\sin x}{\cos x} \, dx = -\int \frac{d\cos x}{\cos x} = -\ln |\cos x| + C。$

类似地,可以求得

$$\int \cot x \, dx = \ln |\sin x| + C。$$

例 6.23 求下列不定积分:

(1) $\int \sec x \, dx$; (2) $\int \csc x \, dx$ 。

分析 将配项方法和凑微分方法结合使用。

解　（1）**法一**

$$\int \sec x\,\mathrm{d}x = \int \frac{1}{\cos x}\mathrm{d}x = \int \frac{\cos x}{\cos^2 x}\mathrm{d}x = \int \frac{1}{1-\sin^2 x}\mathrm{d}(\sin x)$$

$$= \frac{1}{2}\int \left[\frac{1}{1+\sin x} + \frac{1}{1-\sin x}\right]\mathrm{d}(\sin x)$$

$$= \frac{1}{2}\left[\ln|1+\sin x| - \ln|1-\sin x|\right] + C = \frac{1}{2}\ln\left|\frac{1+\sin x}{1-\sin x}\right| + C$$

法二

$$\int \sec x\,\mathrm{d}x = \int \frac{\sec x(\sec x + \tan x)}{\sec x + \tan x}\mathrm{d}x = \int \frac{\sec^2 x + \sec x \tan x}{\sec x + \tan x}\mathrm{d}x$$

$$= \int \frac{\mathrm{d}(\tan x + \sec x)}{\sec x + \tan x} = \ln|\sec x + \tan x| + C。$$

注意到，两种方法得到的原函数不一样。事实上，这两个原函数可以相互转换，请自行推演。

（2）利用类似（1）的方法可以得到如下结果

$$\int \csc x\,\mathrm{d}x = \ln|\csc x - \cot x| + C \quad 或 \quad \int \csc x\,\mathrm{d}x = \ln\left|\tan\frac{x}{2}\right| + C$$

综上，常用的凑微分形式如下：

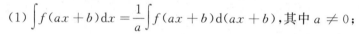

（1）$\displaystyle\int f(ax+b)\,\mathrm{d}x = \frac{1}{a}\int f(ax+b)\,\mathrm{d}(ax+b)$，其中 $a \neq 0$；

（2）$\displaystyle\int f(x^{\mu})x^{\mu-1}\,\mathrm{d}x = \frac{1}{\mu}\int f(x^{\mu})\,\mathrm{d}(x^{\mu})$，其中 $\mu \neq 0$；

（3）$\displaystyle\int f(\ln x)\frac{1}{x}\,\mathrm{d}x = \int f(\ln x)\,\mathrm{d}(\ln x)$；

（4）$\displaystyle\int f(\mathrm{e}^x)\mathrm{e}^x\,\mathrm{d}x = \int f(\mathrm{e}^x)\,\mathrm{d}(\mathrm{e}^x)$；

（5）$\displaystyle\int f(a^x)a^x\,\mathrm{d}x = \frac{1}{\ln a}\int f(a^x)\,\mathrm{d}(a^x)$；

（6）$\displaystyle\int f(\sin x)\cos x\,\mathrm{d}x = \int f(\sin x)\,\mathrm{d}(\sin x)$；

（7）$\displaystyle\int f(\cos x)\sin x\,\mathrm{d}x = -\int f(\cos x)\,\mathrm{d}(\cos x)$；

（8）$\displaystyle\int f(\tan x)\sec^2 x\,\mathrm{d}x = \int f(\tan x)\,\mathrm{d}(\tan x)$；

（9）$\displaystyle\int f(\cot x)\csc^2 x\,\mathrm{d}x = -\int f(\cot x)\,\mathrm{d}(\cot x)$；

（10）$\displaystyle\int f(\arctan x)\frac{1}{1+x^2}\,\mathrm{d}x = \int f(\arctan x)\,\mathrm{d}(\arctan x)$；

（11）$\displaystyle\int f(\arcsin x)\frac{1}{\sqrt{1-x^2}}\,\mathrm{d}x = \int f(\arcsin x)\,\mathrm{d}(\arcsin x)$。

6.2.2　第二类换元积分法

上面介绍的是第一类换元积分法，通过变量替换 $u = \varphi(x)$，将积分 $\displaystyle\int f[\varphi(x)]\varphi'(x)\mathrm{d}x$

化为 $\int f(u)\mathrm{d}u$。 从形式上讲,这种方法是将复杂的被积函数简单化,然后进行计算。然而,有些在形式上看似简单的被积函数,计算却无从下手,如带有根式的被积函数,$\int \sqrt{x^2-a^2}\,\mathrm{d}x$,$\int \sqrt{x^2+a^2}\,\mathrm{d}x$ 等,还可以参见本小节后面的例题。

下面介绍第二类换元积分法。它的基本思想也是基于复合函数的求导法则,从形式上是先将简单函数复杂化,然后利用前面学过的方法进行计算,即通过适当的变量替换 $x=\psi(t)$,将积分 $\int f(x)\mathrm{d}x$ 化为 $\int f[\psi(t)]\psi'(t)\mathrm{d}t$,使得求 $\int f[\psi(t)]\psi'(t)\mathrm{d}t$ 较为容易。对应的换元公式可以表示为

$$\int f(x)\mathrm{d}x = \int f[\psi(t)]\psi'(t)\mathrm{d}t。$$

当然,上面的公式是在一定条件下使用的。首先,要保证等式右端的积分存在;其次,$\int f[\psi(t)]\psi'(t)\mathrm{d}t$ 求出来以后是关于 t 的函数,因此必须用 $x=\psi(t)$ 的反函数 $t=\psi^{-1}(x)$ 代回去,这就要求函数 $x=\psi(t)$ 在 t 的某个区间(这个区间和所考虑的 x 的积分区间相对应)上是单调的、可导的,且 $\psi'(t)\neq 0$。综上所述,给出如下第二类换元积分法。

定理 6.3(第二类换元积分法) 设 $x=\psi(t)$ 是单调、可导的函数,且 $\psi'(t)\neq 0$;又设 $F(t)$ 是 $f[\psi(t)]\psi'(t)$ 的一个原函数,则有换元公式

$$\int f(x)\mathrm{d}x = \int f[\psi(t)]\psi'(t)\mathrm{d}t = F(t)+C = F(\psi^{-1}(x))+C,$$

其中 $t=\psi^{-1}(x)$ 是 $x=\psi(t)$ 的反函数。

分析 利用复合函数的求导法则。

证 因为 $F(t)$ 是 $f[\psi(t)]\psi'(t)$ 的一个原函数,所以 $\dfrac{\mathrm{d}F(t)}{\mathrm{d}t}=f[\psi(t)]\psi'(t)$,于是

$$\frac{\mathrm{d}F[\psi^{-1}(x)]}{\mathrm{d}x} = \frac{\mathrm{d}F(t)}{\mathrm{d}t}\cdot\frac{\mathrm{d}t}{\mathrm{d}x} = f[\psi(t)]\psi'(t)\frac{1}{\psi'(t)} = f[\psi(t)] = f(x),$$

所以有

$$\int f(x)\mathrm{d}x = F[\psi^{-1}(x)]+C。 \qquad\qquad 证毕$$

在满足定理 6.3 的条件下,使用第二类换元法的基本思路是:对于含有无理式的被积函数,利用直接代换或三角代换将一些无理式进行有理化,然后再计算不定积分;对于某些有理函数,当分母的次数比分子的次数高很多时,利用倒代换作变换进行计算。下面分别举例说明。

例 6.24 求 $\int \dfrac{\sqrt{x-1}}{x}\mathrm{d}x$。

分析 在定理 6.3 的条件下,将无理式进行有理化。

解 令 $t=\sqrt{x-1}$,则有 $x=1+t^2$,$\mathrm{d}x=2t\,\mathrm{d}t$。代入积分,得

$$\int \frac{\sqrt{x-1}}{x}\mathrm{d}x = \int \frac{t}{1+t^2}2t\,\mathrm{d}t = 2\int\left(1-\frac{1}{1+t^2}\right)\mathrm{d}t = 2(t-\arctan t)+C$$

$$= 2(\sqrt{x-1}-\arctan\sqrt{x-1})+C。$$

例 6.25 求 $\displaystyle\int \sqrt{a^2-x^2}\,\mathrm{d}x$，其中 $a>0$。

分析 可以利用三角公式 $\sin^2 t+\cos^2 t=1$ 将根式 $\sqrt{a^2-x^2}$ 进行有理化。

解 令 $x=a\sin t$，$t\in\left(-\dfrac{\pi}{2},\dfrac{\pi}{2}\right)$，满足定理 6.3 的条件，且有 $\mathrm{d}x=a\cos t\,\mathrm{d}t$。于是

$$\int \sqrt{a^2-x^2}\,\mathrm{d}x=\int a\cos t\cdot a\cos t\,\mathrm{d}t=a^2\int\cos^2 t\,\mathrm{d}t=a^2\int\frac{1+\cos(2t)}{2}\,\mathrm{d}t$$

$$=\frac{a^2}{2}\left[t+\frac{1}{2}\sin(2t)\right]+C=\frac{a^2}{2}\left[t+\sin t\cos t\right]+C。$$

由 $x=a\sin t$，即 $\sin t=\dfrac{x}{a}$，作直角三角形，如图 6.3 所示。由图可

得 $\cos t=\dfrac{\sqrt{a^2-x^2}}{a}$，因此

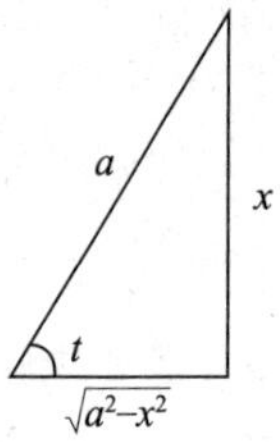

$$\int \sqrt{a^2-x^2}\,\mathrm{d}x=\frac{a^2}{2}\left[\frac{x}{a}\sqrt{1-\left(\frac{x}{a}\right)^2}+\arcsin\frac{x}{a}\right]+C$$

$$=\frac{x}{2}\sqrt{a^2-x^2}+\frac{a^2}{2}\arcsin\frac{x}{a}+C。$$

图 6.3

例 6.26 求 $\displaystyle\int \frac{1}{\sqrt{x^2+a^2}}\,\mathrm{d}x$，其中 $a>0$。

分析 利用三角公式 $\tan^2 t+1=\sec^2 t$ 将根式 $\sqrt{x^2+a^2}$ 进行有理化。

解 令 $x=a\tan t$，$t\in\left(-\dfrac{\pi}{2},\dfrac{\pi}{2}\right)$，满足定理 6.3 的条件，则 $\mathrm{d}x=a\sec^2 t\,\mathrm{d}t$。于是

$$\int \frac{1}{\sqrt{x^2+a^2}}\,\mathrm{d}x=\int\frac{1}{a\sec t}\cdot a\sec^2 t\,\mathrm{d}t=\int\sec t\,\mathrm{d}t=\ln|\sec t+\tan t|+C_1。$$

由 $x=a\tan t$，即 $\tan t=\dfrac{x}{a}$，作直角三角形，如图 6.4 所示。

由图可得 $\sec t=\dfrac{\sqrt{x^2+a^2}}{a}$，因此

$$\int \frac{1}{\sqrt{x^2+a^2}}\,\mathrm{d}x=\ln\left|\frac{x}{a}+\frac{\sqrt{x^2+a^2}}{a}\right|+C_1=\ln\left|x+\sqrt{x^2+a^2}\right|+C,$$

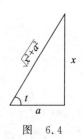

图 6.4

其中，$C=C_1-\ln a$。

例 6.27 求 $\displaystyle\int \frac{1}{\sqrt{x^2-a^2}}\,\mathrm{d}x$，其中 $a>0$。

分析 利用三角公式 $\sec^2 t-1=\tan^2 t$ 将根式 $\sqrt{x^2-a^2}$ 有理化。

解 令 $x=a\sec t$，$t\in\left(0,\dfrac{\pi}{2}\right)$，则 $\mathrm{d}x=a\sec t\cdot\tan t\,\mathrm{d}t$。于是有

$$\int \frac{1}{\sqrt{x^2-a^2}}\,\mathrm{d}x=\int\frac{a\sec t\cdot\tan t}{a\tan t}\,\mathrm{d}t=\int\sec t\,\mathrm{d}t=\ln|\sec t+\tan t|+C_1。$$

由 $x = a\sec t$，即 $\sec t = \dfrac{x}{a}$，作直角三角形，如图 6.5 所示。由图可得

$\tan t = \dfrac{\sqrt{x^2 - a^2}}{a}$，因此

$$\int \frac{1}{\sqrt{x^2 - a^2}}\mathrm{d}x = \ln\left|\frac{x}{a} + \frac{\sqrt{x^2 - a^2}}{a}\right| + C_1 = \ln\left|x + \sqrt{x^2 - a^2}\right| + C,$$

其中，$C = C_1 - \ln a$。

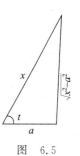

图 6.5

例 6.25～例 6.27 所使用的均为三角代换，其目的是化掉根式，当被积函数中含有如下类型的根式时，使用三角代换：

(1) $\sqrt{a^2 - x^2}$，可令 $x = a\sin t$；　　　　(2) $\sqrt{a^2 + x^2}$，可令 $x = a\tan t$；

(3) $\sqrt{x^2 - a^2}$，可令 $x = a\sec t$。

例 6.28　求下列不定积分：

(1) $\displaystyle\int \sqrt{1 + x - x^2}\,\mathrm{d}x$；　　　　　　　　(2) $\displaystyle\int \frac{1}{\sqrt{5 + 2x + x^2}}\,\mathrm{d}x$。

分析　先配方，然后利用例 6.25～例 6.27 的结果计算。

解　(1) $\displaystyle\int \sqrt{1 + x - x^2}\,\mathrm{d}x = \int \sqrt{\frac{5}{4} - \left(x - \frac{1}{2}\right)^2}\,\mathrm{d}x$

$$= \int \sqrt{\left(\frac{\sqrt{5}}{2}\right)^2 - \left(x - \frac{1}{2}\right)^2}\,\mathrm{d}\left(x - \frac{1}{2}\right)$$

$$= \frac{2x - 1}{4}\sqrt{1 + x - x^2} + \frac{5}{8}\arcsin\frac{2x - 1}{\sqrt{5}} + C。$$

(2) $\displaystyle\int \frac{1}{\sqrt{5 + 2x + x^2}}\,\mathrm{d}x = \int \frac{1}{\sqrt{(x + 1)^2 + 4}}\,\mathrm{d}(x + 1) = \ln\left|x + 1 + \sqrt{(x + 1)^2 + 4}\right| + C$

$$= \ln\left|x + 1 + \sqrt{5 + 2x + x^2}\right| + C。$$

例 6.29　求 $\displaystyle\int \frac{1}{x(x^7 + 2)}\,\mathrm{d}x$。

分析　分母次数高，分解较难，利用倒代换。

解　令 $x = \dfrac{1}{t}$，则 $\mathrm{d}x = -\dfrac{1}{t^2}\mathrm{d}t$，于是

$$\int \frac{1}{x(x^7 + 2)}\,\mathrm{d}x = \int \frac{t}{\left(\dfrac{1}{t}\right)^7 + 2}\left(-\frac{1}{t^2}\right)\mathrm{d}t = -\int \frac{t^6}{1 + 2t^7}\,\mathrm{d}t$$

$$= -\frac{1}{14}\ln\left|1 + 2t^7\right| + C = -\frac{1}{14}\ln\left|x^7 + 2\right| + \frac{1}{2}\ln|x| + C。$$

在本节的例题中，有几个积分是经常遇到的，所以通常也可以当作公式使用。这样常用的积分公式，除了 6.1.4 节中的 15 个基本积分公式外，再添加下面几个（其中常数 $a > 0$）：

(16) $\displaystyle\int \tan x\,\mathrm{d}x = -\ln|\cos x| + C$；　　　　(17) $\displaystyle\int \cot x\,\mathrm{d}x = \ln|\sin x| + C$；

$(18) \int \csc x \, \mathrm{d}x = \ln|\csc x - \cot x| + C;$ $\qquad (19) \int \sec x \, \mathrm{d}x = \ln|\sec x + \tan x| + C;$

$(20) \int \dfrac{1}{\sqrt{a^2 - x^2}} \mathrm{d}x = \arcsin \dfrac{x}{a} + C;$ $\qquad (21) \int \dfrac{1}{a^2 + x^2} \mathrm{d}x = \dfrac{1}{a} \arctan \dfrac{x}{a} + C;$

$(22) \int \dfrac{1}{x^2 - a^2} \mathrm{d}x = \dfrac{1}{2a} \ln \left| \dfrac{x-a}{x+a} \right| + C;$

$(23) \int \dfrac{1}{\sqrt{x^2 - a^2}} \mathrm{d}x = \ln \left| x + \sqrt{x^2 - a^2} \right| + C;$

$(24) \int \dfrac{1}{\sqrt{x^2 + a^2}} \mathrm{d}x = \ln(x + \sqrt{x^2 + a^2}) + C;$

$(25) \int \sqrt{a^2 - x^2} \, \mathrm{d}x = \dfrac{x}{2} \sqrt{a^2 - x^2} + \dfrac{a^2}{2} \arcsin \dfrac{x}{a} + C;$

$(26) \int \sqrt{x^2 - a^2} \, \mathrm{d}x = \dfrac{x}{2} \sqrt{x^2 - a^2} - \dfrac{a^2}{2} \ln \left| x + \sqrt{x^2 - a^2} \right| + C;$

$(27) \int \sqrt{x^2 + a^2} \, \mathrm{d}x = \dfrac{x}{2} \sqrt{x^2 + a^2} + \dfrac{a^2}{2} \ln(x + \sqrt{x^2 + a^2}) + C。$

思考题

1. 在使用第一类换元法计算不定积分时，凑微分的原则是什么？

2. 在例 6.15 和例 6.16 中，为什么有些自然对数函数需要加上绝对值符号，而有些不用？

3. 在使用第二类换元法计算不定积分时，定理 6.3 中关于 $x = \psi(t)$ 的条件换成"$x = \psi(t)$ 在区间 J 上可导，且存在反函数 $t = \psi^{-1}(x), x \in I$"后，定理 6.3 的结论是否成立，为什么？

4. 被积函数具有哪种形式时，适合使用倒代换计算？

Ⓐ 类题

1. 用第一类换元法求下列积分：

$(1) \int (2x + 3)^{21} \mathrm{d}x;$ $\qquad (2) \int x^2 (x^3 + 2)^4 \mathrm{d}x;$

$(3) \int \dfrac{2x}{\sqrt{1 + x^2}} \mathrm{d}x;$ $\qquad (4) \int x \, \mathrm{e}^{-x^2 + 2} \mathrm{d}x;$

$(5) \int \dfrac{1}{x} (1 + \ln x) \mathrm{d}x;$ $\qquad (6) \int \dfrac{\ln^2 x}{x} \mathrm{d}x;$

$(7) \int \dfrac{\mathrm{e}^x}{1 + \mathrm{e}^{2x}} \mathrm{d}x;$ $\qquad (8) \int \dfrac{\mathrm{e}^x}{2 + 3\mathrm{e}^x} \mathrm{d}x;$

(9) $\int e^{\cos x}\sin x\, dx$;

(10) $\int \cos x\,(\sin^3 x + 1)\, dx$;

(11) $\int \dfrac{\tan^3 x + \tan x + 2}{\cos^2 x}\, dx$;

(12) $\int \dfrac{e^{\arcsin x}}{\sqrt{1-x^2}}\, dx$;

(13) $\int \dfrac{(\arctan x)^5}{1+x^2}\, dx$;

(14) $\int \dfrac{\cos \sqrt{x}}{\sqrt{x}}\, dx$;

(15) $\int \dfrac{\sin x + \cos x}{\sqrt{\sin x - \cos x}}\, dx$;

(16) $\int \dfrac{3}{2 + 2x + x^2}\, dx$;

(17) $\int \cos^5 x\, dx$;

(18) $\int \sin^2(\omega x + \varphi)\cos(\omega x + \varphi)\, dx$;

(19) $\int \sin x \cos(4x)\, dx$;

(20) $\int \cos(2x)\cos(3x)\, dx$ 。

2. 用第二类换元法求下列积分:

(1) $\int \sqrt{1 + e^x}\, dx$;

(2) $\int \dfrac{1}{2 + \sqrt[3]{2 + 3x}}\, dx$;

(3) $\int \dfrac{1}{(x+1)\sqrt{x}}\, dx$;

(4) $\int \dfrac{x+1}{x\sqrt{x-2}}\, dx$;

(5) $\int \dfrac{x^2}{\sqrt{1-x^2}}\, dx$;

(6) $\int x^3 \sqrt{1-x^2}\, dx$;

(7) $\int \dfrac{1}{\sqrt{x^2+4}}\, dx$;

(8) $\int \dfrac{1}{\sqrt{(x^2+1)^3}}\, dx$;

(9) $\int \dfrac{1}{x\sqrt{x^2-1}}\, dx$;

(10) $\int \dfrac{\sqrt{x^2-4}}{x}\, dx$ 。

B 类题

1. 求下列不定积分:

(1) $\int (\sin(2x) + \cos(3x))\, dx$;

(2) $\int (x e^{x^2} - x^2 \sin x^3)\, dx$;

(3) $\int \dfrac{1}{e^x - e^{-x}}\, dx$;

(4) $\int \dfrac{e^{\sqrt{x}} + \sin \sqrt{x}}{\sqrt{x}}\, dx$;

(5) $\int \dfrac{\sin x \cos x}{1 + \cos^4 x}\, dx$;

(6) $\int \dfrac{1 + \cos x}{x + \sin x}\, dx$;

(7) $\int \cos \sqrt{1+x^2}\, \dfrac{x}{\sqrt{1+x^2}}\, dx$;

(8) $\int 2^{3\arccos x}\, \dfrac{1}{\sqrt{1-x^2}}\, dx$;

(9) $\int \tan^3 x \sec x\, dx$;

(10) $\int \dfrac{\arctan \sqrt{x}}{(1+x)\sqrt{x}}\, dx$;

(11) $\int \sin^6 x \cos^3 x\, dx$;

(12) $\int \dfrac{1}{x \ln x \ln(\ln x)}\, dx$;

$(13) \displaystyle\int \frac{\ln\tan x}{\sin x \cos x}\mathrm{d}x$；

$(14) \displaystyle\int \frac{\sqrt{1-x^2}}{x^2}\mathrm{d}x$；

$(15) \displaystyle\int \frac{\ln x}{x\sqrt{1+\ln x}}\mathrm{d}x$；

$(16) \displaystyle\int \frac{1}{x(1+\sqrt[3]{x})}\mathrm{d}x$。

2. 已知 $f(x)=\mathrm{e}^{-x^2}$，求 $\displaystyle\int f'(x)f''(x)\mathrm{d}x$。

3. 已知 $f(x)$ 在其定义区间上一阶导数连续，求 $\displaystyle\int \mathrm{e}^{f(\sin x)}f'(\sin x)\cos x\,\mathrm{d}x$。

4. 已知 $\displaystyle\int xf(x)\mathrm{d}x=\arctan x+C$，求 $\displaystyle\int \frac{1}{f(x)}\mathrm{d}x$。

6.3 分部积分法
Integration by parts

前两节用直接积分法和换元积分法可以计算被积函数为某些特定形式的不定积分，这些方法都是基于微分和积分的互逆运算得到的。事实上，当被积函数可以分解为相对简单的初等函数的乘积时，这也属于一种特定形式，用直接积分法和换元积分法计算并不是十分有效，例如 $\displaystyle\int x\sin(2x)\mathrm{d}x,\int x\mathrm{e}^{-x}\mathrm{d}x$ 等。下面利用函数乘积的微分法则，推导出求此类不定积分的一个非常有效且重要的方法——**分部积分法**（integration by parts）。

设函数 $u=u(x),v=v(x)$ 都有连续导数，由函数乘积的微分法则，有

$$\mathrm{d}(uv)=v\mathrm{d}u+u\mathrm{d}v,$$

移项得

$$u\mathrm{d}v=\mathrm{d}(uv)-v\mathrm{d}u,$$

对上式两边求不定积分，得

$$\int u\mathrm{d}v=uv-\int v\mathrm{d}u, \tag{6.2}$$

写成关于变量 x 的形式为

$$\int u(x)v'(x)\mathrm{d}x=u(x)v(x)-\int v(x)u'(x)\mathrm{d}x. \tag{6.3}$$

式(6.2)和式(6.3)都称为**分部积分公式**。

关于分部积分法的几点说明。

(1) 在用分部积分法计算不定积分时，函数 u 和 $\mathrm{d}v$（即 $v'(x)\mathrm{d}x$）不是随意选取的，一般需要考虑两点：一是 v 要容易求出，即在被积表达式中含有容易凑成 $\mathrm{d}v$ 的因子；二是 $\displaystyle\int v\mathrm{d}u\left(\text{即}\int v(x)u'(x)\mathrm{d}x\right)$ 要比 $\displaystyle\int u\mathrm{d}v\left(\text{即}\int u(x)v'(x)\mathrm{d}x\right)$ 容易求出，也就是说，使用分部积分法后，积分的形式得到简化。

(2) 当被积函数的形式为幂函数、指数函数、对数函数、三角函数和反三角函数中任意两个函数的乘积时，u 和 $\mathrm{d}v$ 按照"反对幂指三"的顺序进行选取。为何这样选取，我们会结合下面的例题类型进行说明。当然这种选取方法也不是固定的，也可以因题而异。

(3) 计算不定积分时，使用一次分部积分法，如果未能直接得到结果，只要形式比原来

的积分简单,还可以继续使用分部积分法,直至得到最终结果。当然,必要时也可以与直接积分法或换元法结合使用。

例 6.30 求 $\int x\cos x\,\mathrm{d}x$。

分析 u 和 $\mathrm{d}v$ 按照上述说明(2)中的顺序选取。

解 令 $u=x$,$\mathrm{d}v=\cos x\,\mathrm{d}x=\mathrm{d}(\sin x)$,则有

$$\int x\cos x\,\mathrm{d}x=\int x\,\mathrm{d}(\sin x)=x\sin x-\int\sin x\,\mathrm{d}x=x\sin x+\cos x+C。$$

注意到,若令 $u=\cos x$,$\mathrm{d}v=x\,\mathrm{d}x=\mathrm{d}\left(\dfrac{x^2}{2}\right)$,则有

$$\int x\cos x\,\mathrm{d}x=\int\cos x\,\mathrm{d}\left(\frac{x^2}{2}\right)=\frac{x^2}{2}\cos x+\int\frac{x^2}{2}\sin x\,\mathrm{d}x,$$

显然,$\int v\,\mathrm{d}u$ 要比 $\int u\,\mathrm{d}v$ 更难求,所以说明 u 和 $\mathrm{d}v$ 的选择不当。

例 6.31 求 $\int x^2\mathrm{e}^{-x}\,\mathrm{d}x$。

分析 u 和 $\mathrm{d}v$ 按照上述说明(2)中的顺序选取。

解 令 $u=x^2$,$\mathrm{d}v=\mathrm{e}^{-x}\,\mathrm{d}x=\mathrm{d}(-\mathrm{e}^{-x})$,则有

$$\int x^2\mathrm{e}^{-x}\,\mathrm{d}x=\int x^2\,\mathrm{d}(-\mathrm{e}^{-x})=-x^2\mathrm{e}^{-x}+2\int x\mathrm{e}^{-x}\,\mathrm{d}x$$

$$=-x^2\mathrm{e}^{-x}+2\int x\,\mathrm{d}(-\mathrm{e}^{-x})=-x^2\mathrm{e}^{-x}-2x\mathrm{e}^{-x}-2\mathrm{e}^{-x}+C。$$

由例 6.30 和例 6.31 可以看到,若被积函数是幂函数(指数为正整数)与指数函数或正(余)弦函数的乘积,一般取幂函数为 u,而将其余部分通过凑微分将其凑入微分号,在应用分部积分公式后,幂函数的幂次降低一次。

例 6.32 求 $\int x^2\ln x\,\mathrm{d}x$。

分析 u 和 $\mathrm{d}v$ 按照上述说明(2)中的顺序选取。

解 令 $u=\ln x$,$\mathrm{d}v=x^2\,\mathrm{d}x=\mathrm{d}\left(\dfrac{x^3}{3}\right)$,则有

$$\int x^2\ln x\,\mathrm{d}x=\int\ln x\,\mathrm{d}\left(\frac{x^3}{3}\right)=\frac{1}{3}x^3\ln x-\frac{1}{3}\int x^2\,\mathrm{d}x=\frac{1}{3}x^3\ln x-\frac{1}{9}x^3+C。$$

例 6.33 求 $\int\arcsin x\,\mathrm{d}x$。

分析 u 和 $\mathrm{d}v$ 按照上述说明(2)中的顺序选取。

解 令 $u=\arcsin x$,$\mathrm{d}v=\mathrm{d}x$,则有

$$\int\arcsin x\,\mathrm{d}x=x\arcsin x-\int x\,\mathrm{d}(\arcsin x)=x\arcsin x-\int\frac{x}{\sqrt{1-x^2}}\,\mathrm{d}x$$

$$=x\arcsin x+\frac{1}{2}\int\frac{1}{\sqrt{1-x^2}}\,\mathrm{d}(1-x^2)=x\arcsin x+\sqrt{1-x^2}+C。$$

例 6.34 求 $\int x\arctan x\,\mathrm{d}x$。

分析　u 和 $\mathrm{d}v$ 按照上述说明(2)中的顺序选取。

解　令 $u=\arctan x$，$\mathrm{d}v=x\mathrm{d}x=\mathrm{d}\left(\dfrac{x^2}{2}\right)$，则有

$$\int x\arctan x\,\mathrm{d}x=\int\arctan x\,\mathrm{d}\left(\frac{x^2}{2}\right)=\frac{x^2}{2}\arctan x-\int\frac{x^2}{2}\mathrm{d}(\arctan x)$$

$$=\frac{x^2}{2}\arctan x-\int\frac{x^2}{2}\cdot\frac{1}{1+x^2}\mathrm{d}x=\frac{x^2}{2}\arctan x-\int\frac{1}{2}\left(1-\frac{1}{1+x^2}\right)\mathrm{d}x$$

$$=\frac{x^2}{2}\arctan x-\frac{1}{2}(x-\arctan x)+C。$$

由例 6.32～例 6.34 可以看到,若被积函数是幂函数与对数函数或反三角函数的乘积, 一般取对数函数或反三角函数为 u,而将幂函数凑微分进入微分号,使得应用分部积分公式后,对数函数或反三角函数消失。

例 6.35　求 $\displaystyle\int\mathrm{e}^x\cos x\,\mathrm{d}x$。

分析　由于 e^x 和 $\cos x$ 的原函数均较容易求得,所以 u 可随意选取。

解　
$$\int\mathrm{e}^x\cos x\,\mathrm{d}x=\int\mathrm{e}^x\mathrm{d}(\sin x)=\mathrm{e}^x\sin x-\int\mathrm{e}^x\sin x\,\mathrm{d}x$$

$$=\mathrm{e}^x\sin x-\int\mathrm{e}^x\mathrm{d}(-\cos x)$$

$$=\mathrm{e}^x\sin x+\mathrm{e}^x\cos x-\int\mathrm{e}^x\cos x\,\mathrm{d}x，$$

所以有

$$\int\mathrm{e}^x\cos x\,\mathrm{d}x=\frac{\mathrm{e}^x}{2}(\sin x+\cos x)+C。$$

由上例可知,若被积函数是以 e 为底的指数函数与正(余)弦函数的乘积,u 可随意选取。此时一般需要两次分部积分,但是在两次分部积分的过程中必须选用同类型的函数作为 u,以便经过两次分部积分后产生循环式,从而解出所求积分。这种方法也称为**循环积分法**。

例 6.36　求 $\displaystyle\int\sec^3x\,\mathrm{d}x$。

分析　直接用分部积分不可行,先将被积函数拆分,并注意到 $\sec^2x\,\mathrm{d}x=\mathrm{d}\tan x$。

解　由于 $\sec^3x=\sec x\sec^2x$，$\mathrm{d}\tan x=\sec^2x\,\mathrm{d}x$，令 $u=\sec x$，则有

$$\int\sec^3x\,\mathrm{d}x=\int\sec x\,\mathrm{d}(\tan x)=\sec x\tan x-\int\sec x\tan^2x\,\mathrm{d}x$$

$$=\sec x\tan x-\int\sec x(\sec^2x-1)\mathrm{d}x$$

$$=\sec x\tan x-\int\sec^3x\,\mathrm{d}x+\int\sec x\,\mathrm{d}x$$

$$=\sec x\tan x+\ln|\sec x+\tan x|-\int\sec^3x\,\mathrm{d}x。$$

由于上式右端的第三项就是所求的积分 $\displaystyle\int\sec^3x\,\mathrm{d}x$,把它移到等号左端,两端各除以 2,得

$$\int \sec^3 x \, \mathrm{d}x = \frac{1}{2}(\sec x \tan x + \ln|\sec x + \tan x|) + C。$$

例 6.37 求 $I_n = \int \dfrac{\mathrm{d}x}{(x^2+a^2)^n}$，其中 n 为正整数。

分析 当 $n=1$ 时，利用凑微分法可以求得结果；$n>1$ 时，利用一次分部积分公式找出递推规律，从而求得上述积分。

解 当 $n=1$ 时，$I_1 = \int \dfrac{\mathrm{d}x}{x^2+a^2} = \dfrac{1}{a} \int \dfrac{\mathrm{d}(x/a)}{1+(x/a)^2} = \dfrac{1}{a} \arctan \dfrac{x}{a} + C$。

当 $n>1$ 时，由分部积分法可得

$$\int \frac{\mathrm{d}x}{(x^2+a^2)^{n-1}} = \frac{x}{(x^2+a^2)^{n-1}} + 2(n-1) \int \frac{x^2}{(x^2+a^2)^n} \mathrm{d}x$$

$$= \frac{x}{(x^2+a^2)^{n-1}} + 2(n-1) \int \left[\frac{1}{(x^2+a^2)^{n-1}} - \frac{a^2}{(x^2+a^2)^n} \right] \mathrm{d}x，$$

即

$$I_{n-1} = \frac{x}{(x^2+a^2)^{n-1}} + 2(n-1)(I_{n-1} - a^2 I_n)。$$

于是

$$I_n = \frac{1}{2a^2(n-1)} \left[\frac{x}{(x^2+a^2)^{n-1}} + (2n-3)I_{n-1} \right]。$$

以此作递推公式，并由 $I_1 = \dfrac{1}{a} \arctan \dfrac{x}{a} + C$ 可以求得 I_n。

在求不定积分过程中，往往要兼顾换元积分法和分部积分法。

例 6.38 求 $\int \mathrm{e}^{\sqrt{x}} \mathrm{d}x$。

分析 先换元，然后分部积分。

解 令 $t = \sqrt{x}$，则 $x = t^2$，$\mathrm{d}x = 2t \, \mathrm{d}t$。于是有

$$\int \mathrm{e}^{\sqrt{x}} \mathrm{d}x = 2 \int \mathrm{e}^t t \, \mathrm{d}t = 2 \int t \, \mathrm{d}\mathrm{e}^t = 2t\mathrm{e}^t - 2 \int \mathrm{e}^t \mathrm{d}t = 2t\mathrm{e}^t - 2\mathrm{e}^t + C = 2\mathrm{e}^t(t-1) + C$$

$$= 2\mathrm{e}^{\sqrt{x}}(\sqrt{x}-1) + C。$$

习 题 6.3

思 考 题

1. 被积函数具有哪些特征时，可以使用分部积分法计算不定积分？

2. 在使用分部积分法计算不定积分时，当 u 和 $\mathrm{d}v$ 按照"反对幂指三"的原则选取时，计算简单可行，为什么？

3. 在结合使用直接积分法、换元法和分部积分法计算不定积分时，有没有先后顺序？举例说明。

类题

1. 求下列不定积分：

(1) $\displaystyle\int x^2 \sin(2x)\,\mathrm{d}x$ ；

(2) $\displaystyle\int x\,\mathrm{e}^{3x}\,\mathrm{d}x$ ；

(3) $\displaystyle\int \cos\sqrt{x}\,\mathrm{d}x$ ；

(4) $\displaystyle\int (x^2 + x + 2)\mathrm{e}^x\,\mathrm{d}x$ ；

(5) $\displaystyle\int x\sin x\cos x\,\mathrm{d}x$ ；

(6) $\displaystyle\int x^2(\cos^2 x - \sin^2 x)\,\mathrm{d}x$ ；

(7) $\displaystyle\int \frac{x}{\sin^2 x}\,\mathrm{d}x$ ；

(8) $\displaystyle\int \mathrm{e}^{2x}\sin(3x)\,\mathrm{d}x$ ；

(9) $\displaystyle\int x\ln(x + 2)\,\mathrm{d}x$ ；

(10) $\displaystyle\int \ln(x + \sqrt{1 + x^2})\,\mathrm{d}x$ 。

2. 已知函数 $f(x)$ 有连续的导函数，且 $\displaystyle\int f(x)\,\mathrm{d}x = \mathrm{e}^x\sin x + C$。求 $\displaystyle\int xf'(x)\,\mathrm{d}x$。

 类题

1. 求下列不定积分：

(1) $\displaystyle\int x\tan^2 x\,\mathrm{d}x$ ；

(2) $\displaystyle\int \mathrm{e}^x\cos^2 x\,\mathrm{d}x$ ；

(3) $\displaystyle\int \cos(\ln x)\,\mathrm{d}x$ ；

(4) $\displaystyle\int \frac{\ln(\ln x) + x + 2x^2}{x}\,\mathrm{d}x$ ；

(5) $\displaystyle\int \frac{x^2}{1 + x^2}\arctan x\,\mathrm{d}x$ ；

(6) $\displaystyle\int (\arcsin x)^2\,\mathrm{d}x$ ；

(7) $\displaystyle\int \arctan\sqrt{x}\,\mathrm{d}x$ ；

(8) $\displaystyle\int \sqrt{x}\ln^2 x\,\mathrm{d}x$ ；

(9) $\displaystyle\int \frac{x\,\mathrm{e}^x}{\sqrt{\mathrm{e}^x - 1}}\,\mathrm{d}x$ ；

(10) $\displaystyle\int x\ln\frac{1 + x}{1 - x}\,\mathrm{d}x$ 。

2. 已知 $f(x)$ 的一个原函数为 $\dfrac{\sin x}{x}$，求 $\displaystyle\int xf'(x)\,\mathrm{d}x$。

6.4　有理函数的积分及其应用

Integrals of rational functions and their applications

本节先介绍求一般形式的有理函数的不定积分的方法，然后利用该方法处理一些特殊形式函数的不定积分，如三角函数有理式、简单无理函数的积分。

6.4.1　有理函数的积分

所指的有理函数，是两个没有公因式的多项式的商，其一般形式为

$$R(x) = \frac{P(x)}{Q(x)} = \frac{a_0 x^n + a_1 x^{n-1} + \cdots + a_n}{b_0 x^m + b_1 x^{m-1} + \cdots + b_m},$$

其中 m,n 是非负整数，$a_0,a_1,\cdots,a_n,b_0,b_1,\cdots,b_m$ 是常数，且 $a_0\neq0,b_0\neq0$。

第 1 章中曾经提及过有理函数的定义，但并未进行深入介绍。根据本节计算有理函数的不定积分的需要，下面对其进行必要的讨论。

当 $m\leqslant n$ 时，有理函数 $R(x)$ 称为**假分式函数**；当 $m>n$ 时，$R(x)$ 称为**真分式函数**。

利用多项式的除法，任何一个假分式都可以化为多项式与真分式的和。例如，$\dfrac{x^4+x+1}{x^2+2}$ 是假分式，经过化简可得

$$\frac{x^4+x+1}{x^2+2}=\frac{(x^4+2x^2)-2(x^2+2)+x+5}{x^2+2}=x^2-2+\frac{x+5}{x^2+2}。$$

易知，求多项式的不定积分很容易，因此求有理函数的不定积分的关键就在于如何求真分式函数的不定积分。

设 $R(x)=\dfrac{P(x)}{Q(x)}$ 为真分式。计算 $\displaystyle\int R(x)\mathrm{d}x$ 时，需要将 $R(x)$ 分解为最简单的形式，即分解为部分分式之和，然后进行逐项积分。为此，先讨论分母 $Q(x)$ 的分解问题。

根据实系数多项式的因式分解定理，即每个次数大于 1 的实系数多项式在实数范围内总能唯一地分解为一次因式和二次不可约因式的乘积。不妨设 $Q(x)$ 分解以后有如下形式：

$$Q(x)=b_0(x-r_1)^{k_1}\cdots(x-r_t)^{k_t}(x^2+p_1x+q_1)^{l_1}\cdots(x^2+p_sx+q_s)^{l_s},\qquad(6.4)$$

其中 $r_1,\cdots,r_t$ 互不相等，$p_i^2-4q_i<0,i=1,2,\cdots,s$，且 $(p_i-p_j)^2+(q_i-q_j)^2\neq0(i\neq j)$；$k_1+\cdots+k_t+2l_1+\cdots+2l_s=m$，且 $k_1,\cdots,k_t,l_1,\cdots,l_s$ 都是正整数。

下面给出的真分式函数的分解定理表明，任何真分式总能分解为形如 $\dfrac{A}{(x-r)^k}$ 和 $\dfrac{Bx+C}{(x^2+px+q)^s}$ 的部分分式之和。

定理 6.4（真分式函数的分解定理） 若 $Q(x)$ 是 m 次多项式，且有因式分解(6.4)，则真分式函数 $R(x)=\dfrac{P(x)}{Q(x)}$ 一定可以分解为如下形式：

$$\begin{aligned}
\frac{P(x)}{Q(x)}=&\left[\frac{A_1^1}{x-r_1}+\frac{A_2^1}{(x-r_1)^2}+\cdots+\frac{A_{k_1}^1}{(x-r_1)^{k_1}}\right]+\cdots+\\[2mm]
&\left[\frac{A_1^t}{x-r_t}+\frac{A_2^t}{(x-r_t)^2}+\cdots+\frac{A_{k_t}^t}{(x-r_t)^{k_t}}\right]+\\[2mm]
&\left[\frac{B_1^1x+C_1^1}{x^2+p_1x+q_1}+\frac{B_2^1x+C_2^1}{(x^2+p_1x+q_1)^2}+\cdots+\frac{B_{l_1}^1x+C_{l_1}^1}{(x^2+p_1x+q_1)^{l_1}}\right]+\cdots+\\[2mm]
&\left[\frac{B_1^sx+C_1^s}{x^2+p_sx+q_s}+\frac{B_2^sx+C_2^s}{(x^2+p_sx+q_s)^2}+\cdots+\frac{B_{l_s}^sx+C_{l_s}^s}{(x^2+p_sx+q_s)^{l_s}}\right]。
\end{aligned}\qquad(6.5)$$

定理的证明从略。

式(6.5)表示，若在 $Q(x)$ 的分解式中含有因子 $(x-r)^k$，则在式(6.5)中含有 k 项形如下面的部分分式：

$$\frac{A_1}{x-r},\frac{A_2}{(x-r)^2},\cdots,\frac{A_k}{(x-r)^k}。$$

类似地,若在 $Q(x)$ 的分解式中含有因子 $(x^2+px+q)^l$,其中 $p^2-4q<0$,则在式(6.5)中含有 l 项形如下面的部分分式:

$$\frac{B_1x+C_1}{x^2+px+q},\frac{B_2x+C_2}{(x^2+px+q)^2},\cdots,\frac{B_lx+C_l}{(x^2+px+q)^l}。$$

在理论上,真分式函数的分解不便于理解,但对于具体算例,理解起来并不困难。

例 6.39　将下列真分式函数进行分解:

(1) $\dfrac{4x^3-13x^2+3x+8}{(x+1)(x-2)(x-1)^2}$;　　　　(2) $\dfrac{2x^2+3}{(x^2-2x+6)(x-1)}$;

(3) $\dfrac{x^4+x^3+3x^2-1}{(x^2+1)^2(x-1)}$。

分析　利用定理 6.4 的结论进行分解。(1)分母都是由一次因式的乘积构成,但是因子 $x-1$ 的指数是 2;(2)分母中有一个二次因式 x^2-2x+6 在实数范围内不能继续分解;(3)分母中有一个二次因式 x^2+1 在实数范围内不能继续分解,并且它的指数是 2。

解　(1) 根据分母的特点,设真分式具有如下形式的分解:

$$\frac{4x^3-13x^2+3x+8}{(x+1)(x-2)(x-1)^2}=\frac{A_1}{x+1}+\frac{A_2}{x-2}+\frac{A_3}{x-1}+\frac{A_4}{(x-1)^2}。$$

将右式通分,两边的分子应该相等,即

$$4x^3-13x^2+3x+8=A_1(x-2)(x-1)^2+A_2(x+1)(x-1)^2+$$
$$A_3(x+1)(x-2)(x-1)+A_4(x+1)(x-2),$$

利用待定系数法,分别令 $x=-1,x=1,x=2,x=3$,解方程组得

$$A_1=1,\quad A_2=-2,\quad A_3=5,\quad A_4=-1。$$

因此有如下的分解式:

$$\frac{4x^3-13x^2+3x+8}{(x+1)(x-2)(x-1)^2}=\frac{1}{x+1}-\frac{2}{x-2}+\frac{5}{x-1}-\frac{1}{(x-1)^2}。$$

(2) 根据分母的特点,设真分式具有如下形式的分解:

$$\frac{2x^2+3}{(x^2-2x+6)(x-1)}=\frac{A}{x-1}+\frac{Bx+C}{x^2-2x+6}。$$

将右式通分,两边的分子应该相等,即

$$2x^2+3=A(x^2-2x+6)+(Bx+C)(x-1)。$$

在上式中,令 $x=1$,得 $A=1$;令 $x=0$,得 $C=3$;令 $x=-1$,得 $B=1$。该真分式有如下形式的分解:

$$\frac{2x^2+3}{(x^2-2x+6)(x-1)}=\frac{1}{x-1}+\frac{x+3}{x^2-2x+6}。$$

(3) 根据分母的特点,设真分式具有如下形式的分解:

$$\frac{x^4+x^3+3x^2-1}{(x^2+1)^2(x-1)}=\frac{A}{x-1}+\frac{B_1x+C_1}{x^2+1}+\frac{B_2x+C_2}{(x^2+1)^2}。$$

利用类似于(1)的方法,可得该真分式有如下形式的分解:

$$\frac{x^4+x^3+3x^2-1}{(x^2+1)^2(x-1)}=\frac{1}{x-1}+\frac{1}{x^2+1}+\frac{2x+1}{(x^2+1)^2}。$$

例 6.40 求 $\displaystyle\int\frac{3x-2}{x^2+x-12}\mathrm{d}x$。

解 易见,$Q(x)=x^2+x-12=(x-3)(x+4)$。设

$$\frac{3x-2}{x^2+x-12}=\frac{A}{x-3}+\frac{B}{x+4},$$

其中 A,B 为待定系数,则有 $3x-2=A(x+4)+B(x-3)$。利用待定系数法,分别令 $x=3$,-4,解得 $A=1,B=2$,于是

$$\int\frac{3x-2}{x^2+x-12}\mathrm{d}x=\int\left(\frac{1}{x-3}+\frac{2}{x+4}\right)\mathrm{d}x=\ln|x-3|+2\ln|x+4|+C$$

$$=\ln|(x-3)(x+4)^2|+C。$$

例 6.41 求 $\displaystyle\int\frac{1+x^2}{(x-1)(x+1)^2}\mathrm{d}x$。

分析 分母是一次因式的乘积,因子 $x+1$ 的指数是 2。

解 根据分母的特点,设

$$\frac{1+x^2}{(x-1)(x+1)^2}=\frac{A}{x-1}+\frac{B}{x+1}+\frac{C}{(x+1)^2},$$

其中 A,B,C 为待定系数,则有

$$1+x^2=A(x+1)^2+B(x-1)(x+1)+C(x-1)。$$

比较上式两端,令 $x=-1$ 得 $C=-1$;令 $x=1$ 得 $A=\dfrac{1}{2}$;令 $x=0$ 得 $B=\dfrac{1}{2}$。因此

$$\frac{1+x^2}{(x-1)(x+1)^2}=\frac{1}{2(x-1)}+\frac{1}{2(x+1)}-\frac{1}{(x+1)^2}。$$

于是

$$\int\frac{1+x^2}{(x-1)(x+1)^2}\mathrm{d}x=\int\left(\frac{1}{2(x-1)}+\frac{1}{2(x+1)}-\frac{1}{(x+1)^2}\right)\mathrm{d}x$$

$$=\frac{1}{2}\ln|x-1|+\frac{1}{2}\ln|x+1|+\frac{1}{x+1}+C$$

$$=\frac{1}{2}\ln|x^2-1|+\frac{1}{x+1}+C。$$

例 6.42 求 $\displaystyle\int\frac{5}{(1+2x)(1+x^2)}\mathrm{d}x$。

分析 分母是一次因式和二次因式的乘积。

解 根据分母的特点,设

$$\frac{5}{(1+2x)(1+x^2)}=\frac{A}{1+2x}+\frac{Bx+C}{1+x^2},$$

其中 A,B,C 为待定系数,则有 $5=A(1+x^2)+(Bx+C)(1+2x)$,整理得

$$5=(A+2B)x^2+(B+2C)x+C+A。$$

比较上式两端系数,得 $A+2B=0,B+2C=0,A+C=5$,解得 $A=4,B=-2,C=1$。于是

$$\int \frac{5}{(1+2x)(1+x^2)}\mathrm{d}x = \int \left(\frac{4}{1+2x} + \frac{-2x+1}{1+x^2}\right)\mathrm{d}x$$

$$= \int \frac{4}{1+2x}\mathrm{d}x - \int \frac{2x}{1+x^2}\mathrm{d}x + \int \frac{1}{1+x^2}\mathrm{d}x$$

$$= 2\int \frac{1}{1+2x}\mathrm{d}(1+2x) - \int \frac{1}{1+x^2}\mathrm{d}(1+x^2) + \int \frac{1}{1+x^2}\mathrm{d}x$$

$$= 2\ln|1+2x| - \ln(1+x^2) + \arctan x + C。$$

6.4.2　简单的无理函数的积分

对简单的无理函数的积分,其基本思想是利用适当的变换将其有理化,进而转化为有理函数的积分。下面通过几个例子进行说明。

例 6.43　求 $\displaystyle\int \frac{1}{\sqrt{x}\,(1+\sqrt[4]{x})}\mathrm{d}x$。

分析　通过换元,消去被积函数中的根号,将无理函数的积分转化为有理函数的积分。

解　令 $t=\sqrt[4]{x}$,$t>0$,则 $x=t^4$,$\mathrm{d}x=4t^3\mathrm{d}t$,从而

$$\int \frac{1}{\sqrt{x}\,(1+\sqrt[4]{x})}\mathrm{d}x = \int \frac{4t^3}{t^2(1+t)}\mathrm{d}t = 4\int \frac{t}{1+t}\mathrm{d}t = 4\int \left(1-\frac{1}{1+t}\right)\mathrm{d}t$$

$$= 4t - 4\ln|1+t| + C = 4\sqrt[4]{x} - 4\ln(1+\sqrt[4]{x}) + C。$$

例 6.44　求 $\displaystyle\int \frac{1}{\sqrt{x}+\sqrt[3]{x}}\mathrm{d}x$。

分析　上述积分表达式中有两个根式,要选择合理的换元公式将两个根式同时消去,转化为有理函数的积分。

解　令 $\sqrt[6]{x}=t$,$t>0$,则 $x=t^6$,$\mathrm{d}x=6t^5\mathrm{d}t$,从而

$$\int \frac{1}{\sqrt{x}+\sqrt[3]{x}}\mathrm{d}x = \int \frac{6t^5}{t^3+t^2}\mathrm{d}t = \int \frac{6t^3}{t+1}\mathrm{d}t = 6\int \left(t^2-t+1-\frac{1}{t+1}\right)\mathrm{d}t$$

$$= 6\left[\frac{1}{3}t^3 - \frac{1}{2}t^2 + t - \ln|1+t|\right] + C$$

$$= 6\left[\frac{1}{3}\sqrt{x} - \frac{1}{2}\sqrt[3]{x} + \sqrt[6]{x} - \ln(1+\sqrt[6]{x})\right] + C。$$

6.4.3　三角函数有理式的积分

由 $\sin x$,$\cos x$ 和常数经过有限次的四则运算构成的函数称为**三角有理函数**,记作 $R(\sin x, \cos x)$。当被积函数是三角函数的有理式,即 $\displaystyle\int R(\sin x, \cos x)\mathrm{d}x$ 时,可通过变换 $u=\tan\dfrac{x}{2}$,将其化为有理函数的不定积分。由变换 $u=\tan\dfrac{x}{2}$(称为**万能代换**或**万能公式**)可得

$$x = 2\arctan u, \quad \mathrm{d}x = \frac{2}{1+u^2}\mathrm{d}u,$$

$$\sin x = \frac{2\tan \dfrac{x}{2}}{1+\tan^2 \dfrac{x}{2}} = \frac{2u}{1+u^2}, \quad \cos x = \frac{1-\tan^2 \dfrac{x}{2}}{1+\tan^2 \dfrac{x}{2}} = \frac{1-u^2}{1+u^2}。$$

将上面关于 x 的三角有理函数积分转化为关于 u 的有理函数的积分,即

$$\int R(\sin x, \cos x)\,dx = \int R\left(\frac{2u}{1+u^2}, \frac{1-u^2}{1+u^2}\right)\frac{2}{1+u^2}\,du。$$

例 6.45 求 $\displaystyle\int \frac{1}{1+2\cos x}\,dx$。

分析 利用万能公式将其转化为有理函数的积分。

解 令 $u = \tan\dfrac{x}{2}$,于是 $\cos x = \dfrac{1-u^2}{1+u^2}$,$dx = \dfrac{2}{1+u^2}\,du$。代入原积分可得

$$\int \frac{1}{1+2\cos x}\,dx = \int \frac{1}{1+2\dfrac{1-u^2}{1+u^2}}\frac{2}{1+u^2}\,du = \int \frac{2}{3-u^2}\,du = \frac{1}{\sqrt{3}}\ln\left|\frac{\sqrt{3}+\tan\dfrac{x}{2}}{\sqrt{3}-\tan\dfrac{x}{2}}\right| + C。$$

例 6.46 求 $\displaystyle\int \frac{1+\sin x}{\sin x(1+\cos x)}\,dx$。

分析 利用万能公式将其转化为有理函数的积分。

解 令 $u = \tan\dfrac{x}{2}$,于是 $\sin x = \dfrac{2u}{1+u^2}$,$\cos x = \dfrac{1-u^2}{1+u^2}$,$dx = \dfrac{2}{1+u^2}\,du$。代入原积分可得

$$\int \frac{1+\sin x}{\sin x(1+\cos x)}\,dx = \int \frac{1+\dfrac{2u}{1+u^2}}{\dfrac{2u}{1+u^2}\left(1+\dfrac{1-u^2}{1+u^2}\right)}\cdot\frac{2}{1+u^2}\,du$$

$$= \frac{1}{2}\int \frac{u^2+2u+1}{u}\,du = \frac{1}{2}\int \left(u+2+\frac{1}{u}\right)\,du$$

$$= \frac{1}{2}\left(\frac{1}{2}u^2+2u+\ln|u|\right)+C$$

$$= \frac{1}{4}\tan^2\frac{x}{2}+\tan\frac{x}{2}+\frac{1}{2}\ln\left|\tan\frac{x}{2}\right|+C。$$

例 6.47 求 $\displaystyle\int \csc x\,dx$。

解 令 $u = \tan\dfrac{x}{2}$,于是 $dx = \dfrac{2}{1+u^2}\,du$,$\sin x = \dfrac{2u}{1+u^2}$。代入原积分可得

$$\int \csc x\,dx = \int \frac{1}{\sin x}\,dx = \int \frac{1+u^2}{2u}\frac{2}{1+u^2}\,du = \int \frac{1}{u}\,du = \ln|u|+C = \ln\left|\tan\frac{x}{2}\right|+C。$$

进一步地,有

$$\int \csc x\,dx = \ln|\csc x - \cot x| + C。$$

上述原函数的转换过程请自行推演。

在三角有理函数积分中,尽管万能公式 $u = \tan \dfrac{x}{2}$ 可以确保求出所有的 $R(\sin x, \cos x)$ 类函数的不定积分,并非一定全要用万能公式代换,一定要具体问题具体分析,有时利用其他方法或许会更为简单。

本章介绍了求不定积分的方法,从各类方法的使用中我们看到,求函数的不定积分与求函数的导数不同。求一个函数的导数总可以循着一定的规则和方法去做,而求一个函数的不定积分却无统一的规则可循,需要具体问题具体分析,灵活运用各类积分方法和技巧。最后还要指出:对于导数运算来说,初等函数的导数仍然是初等函数,即它对导数运算是封闭的;对于积分运算,虽然初等函数在其定义区间内的原函数一定存在,但并非都能用初等函数表示出来,如 $\displaystyle\int e^{-x^2} \mathrm{d}x$,$\displaystyle\int \dfrac{\sin x}{x} \mathrm{d}x$,$\displaystyle\int \dfrac{1}{\ln x} \mathrm{d}x$,等等。

习 题 6.4

思 考 题

1. 多项式在实数范围内是否都可以分解为一次因式的乘积形式? 若不是,举例说明。

2. 在求三角有理函数的不定积分时,用万能公式代换是否是最有效的方法? 若不是,举例说明。

3. 初等函数的原函数是否都可以用初等函数表示? 若不是,举例说明。

A 类题

1. 求下列不定积分:

(1) $\displaystyle\int \dfrac{1}{(x-2)(x+1)^2} \mathrm{d}x$;

(2) $\displaystyle\int \dfrac{x^4 + 2x - 8}{x^3 - x} \mathrm{d}x$;

(3) $\displaystyle\int \dfrac{x^2 + 2x + 3}{(x+1)(x^2+1)} \mathrm{d}x$;

(4) $\displaystyle\int \dfrac{1}{(1+2x)(x^2+1)} \mathrm{d}x$;

(5) $\displaystyle\int \dfrac{1}{4 + 5\cos x} \mathrm{d}x$;

(6) $\displaystyle\int \dfrac{1}{1 + \sin x + \cos x} \mathrm{d}x$;

(7) $\displaystyle\int \dfrac{\sqrt{x+1} - 1}{\sqrt{x+1} + 1} \mathrm{d}x$;

(8) $\displaystyle\int \sqrt{\dfrac{1+x}{1-x}} \mathrm{d}x$;

(9) $\displaystyle\int \dfrac{x}{\sqrt{3+2x}} \mathrm{d}x$;

(10) $\displaystyle\int \dfrac{1}{x^4 \sqrt{1+x^2}} \mathrm{d}x$。

2. 已知 $f(x)$ 的一个原函数是 $\dfrac{x^3 + 3}{x\sqrt{2+x^2}}$,求 $\displaystyle\int x f'(x) \mathrm{d}x$。

3. 已知 $f(\sin x) = \dfrac{1 + \sin x + \sin^2 x}{2 - \cos^2 x}$,求 $\displaystyle\int f(x) \mathrm{d}x$。

B 类题

1. 求下列不定积分:

(1) $\displaystyle\int \frac{x}{(x+1)(x+2)(x+3)}\mathrm{d}x$;

(2) $\displaystyle\int \frac{1}{x^3-1}\mathrm{d}x$;

(3) $\displaystyle\int \frac{1}{x^4-16}\mathrm{d}x$;

(4) $\displaystyle\int \frac{1}{(x^2+1)(x^2-x+1)}\mathrm{d}x$;

(5) $\displaystyle\int \frac{1}{(2+\cos x)\sin x}\mathrm{d}x$;

(6) $\displaystyle\int \frac{\cot x}{1+\sin x}\mathrm{d}x$;

(7) $\displaystyle\int \frac{1}{x}\sqrt{\frac{1+x}{x}}\mathrm{d}x$;

(8) $\displaystyle\int \frac{\sqrt{x+1}-\sqrt{x-1}}{\sqrt{x+1}+\sqrt{x-1}}\mathrm{d}x$ 。

2. 已知 $f(x^3+2)=\ln\dfrac{x^3-1}{x^3+5}$,且 $f[g(x)]=\ln(2x)$ 。求 $\displaystyle\int g(x)\mathrm{d}x$ 。

3. 已知 $f(x)$ 是可导函数,求 $\displaystyle\int \frac{f'(x)}{f^2(x)(1+f^2(x))}\mathrm{d}x$ 。

1. 是非题

(1) 由于初等函数在其定义域内都是连续的,所以初等函数在其定义域内存在原函数。

(   )

(2) 若函数 $f(x)$ 在区间 I 上是分段函数,则它在区间 I 上一定存在原函数。   (   )

(3) 两种运算符号 $\mathrm{d}\!\displaystyle\int$ 和 $\displaystyle\int \mathrm{d}$ 的意义是不一样的。   (   )

(4) 若 $F(x)$ 是 $f(x)$ 的一个原函数,则有 $\displaystyle\int f(x)\mathrm{d}x=F(x)$ 。   (   )

(5) 实系数多项式在实数范围内总能分解为一次因式和二次因式乘积的形式。   (   )

2. 选择题

(1) 与原函数族 $f(x)+C$ 等价的写法是(   )。

A. $\displaystyle\int f'(x)\mathrm{d}x$

B. $\left(\displaystyle\int f(x)\mathrm{d}x\right)'$

C. $\mathrm{d}\!\displaystyle\int f(x)\mathrm{d}x$

D. $\displaystyle\int F'(x)\mathrm{d}x$

(2) 若 $F'(x)=\dfrac{1}{1+x^2}$, $F(1)=\pi$,则 $F(x)=$ (   )。

A. $\arctan x+\pi$

B. $\arctan x+\dfrac{\pi}{2}$

C. $\arctan x+\dfrac{3\pi}{4}$

D. $\arctan x$

(3) 若 $f'(\cos x)=\tan^2 x$,则 $f(x)=$ (   )。

A. $\dfrac{1}{x^2}-1+C$ B. $-x-\dfrac{1}{x}+C$

C. $x+\dfrac{1}{x}+C$ D. $1-\dfrac{1}{x^2}+C$

(4) 若 $\displaystyle\int f(x)\mathrm{d}x=\sin x^2+\mathrm{e}^{2x}+C$，则 $f(x)=($ ）。

A. $2x\cos x^2+2x\mathrm{e}^{2x}$ B. $2x\cos x^2+2\mathrm{e}^{2x}$

C. $2x\sin x^2+2\mathrm{e}^{2x}$ D. $2\cos x^2+2\mathrm{e}^{2x}$

(5) 若 $f(x)$ 的一个原函数是 $\dfrac{\ln x}{x}$，则 $\displaystyle\int f'(x)\mathrm{d}x=($ ）。

A. $\dfrac{1-\ln x}{x^2}+C$ B. $\ln|\ln x|+C$

C. $\dfrac{1}{2}\ln^2 x+C$ D. $\dfrac{\ln x}{x}+C$

3. 求下列不定积分：

(1) $\displaystyle\int\left(\sqrt[5]{x}+2\sqrt[3]{x}+x\sqrt{x}\right)\mathrm{d}x$; (2) $\displaystyle\int\left(2-\dfrac{1}{\sqrt{1-x^2}}\right)\mathrm{d}x$;

(3) $\displaystyle\int(2\mathrm{e}^{2x}-2^x5^x)\mathrm{d}x$;

(4) $\displaystyle\int\dfrac{x}{9+4x^2}\mathrm{d}x$; (5) $\displaystyle\int\dfrac{\arcsin x+x}{\sqrt{1-x^2}}\mathrm{d}x$;

(6) $\displaystyle\int\dfrac{\mathrm{e}^{-\frac{1}{x}+1}}{x^2}\mathrm{d}x$; (7) $\displaystyle\int\dfrac{\ln(\ln x)}{x}\mathrm{d}x$;

(8) $\displaystyle\int\dfrac{6^x}{9^x+4^x}\mathrm{d}x$; (9) $\displaystyle\int\dfrac{x}{\sqrt{4+x^2}-x}\mathrm{d}x$;

(10) $\displaystyle\int\sqrt{4-x^2}\,\mathrm{d}x$; (11) $\displaystyle\int\sqrt{1+x^2}\,\mathrm{d}x$;

(12) $\displaystyle\int\sqrt{x^2-9}\,\mathrm{d}x$; (13) $\displaystyle\int\dfrac{1}{x(x^5+1)}\mathrm{d}x$;

(14) $\displaystyle\int\dfrac{\ln(1+x^2)}{x^3}\mathrm{d}x$; (15) $\displaystyle\int\dfrac{x^2-9}{x^4-3x^2-4}\mathrm{d}x$;

(16) $\displaystyle\int\dfrac{x^2-2x-2}{(x^2+2)(x-1)}\mathrm{d}x$; (17) $\displaystyle\int\dfrac{\sqrt{x+2}}{\sqrt[3]{x+2}-1}\mathrm{d}x$;

(18) $\displaystyle\int\dfrac{\sin x}{\sin x+\cos x}\mathrm{d}x$; (19) $\displaystyle\int\dfrac{5\sin x+\cos x}{2\sin x+3\cos x}\mathrm{d}x$;

(20) $\displaystyle\int\mathrm{e}^{3x}(\sin^2 x-\cos^2 x)\mathrm{d}x$。

4. 已知函数 $2x\sin(2x)+\cos(2x)$ 是 $f(x)$ 的一个原函数，是 $g(x)$ 的导函数，求 $f(x)$ 和 $g(x)$ 的表达式。

5. 已知 $\displaystyle\int\mathrm{e}^x f'(\mathrm{e}^x)\mathrm{d}x=\mathrm{e}^{2x}+\mathrm{e}^{5x}+C$，求 $f(x)$。

6. 已知 $d(\ln x) = f(x)dx$，求 $\int x f(x)dx$。

7. 已知 $\int (2+2a)x e^{-x^2} dx = 3a e^{-x^2} + C$，求 a 的值。

8. 已知 $f(x) = e^{-2x} + \sin x$，求 $\int \dfrac{f'(\ln x)}{x}dx$。

9. 已知 $\int f(x)dx = \ln x + \tan(2x) + C$，求 $\int e^x f(e^x + 1)dx$。

10. 设 $f(\cos^2 x) = \dfrac{2x}{\cos x}$，求 $\int \dfrac{1}{\sqrt{1-x}} f(x)dx$。

11. 已知函数 $f(x)$ 具有二阶连续导数，求 $\int \left[\dfrac{f(x)}{f'(x)} - \dfrac{f^2(x)f''(x)}{f'^3(x)} \right]dx$。

12. 已知 $I_n = \int \tan^n x\, dx$，证明：$I_n = \dfrac{1}{n-1}\tan^{n-1}x - I_{n-2}$，并求 $I_3 = \int \tan^3 x\, dx$。

第 7 章

定积分及其应用

Definite integrals and their applications

本章将讨论积分学的另一个基本问题,即定积分及其相关理论。首先从两个引例入手给出定积分的定义;然后讨论定积分的性质和计算方法;最后给出定积分在几何与物理上的一些应用。

7.1 定积分的概念
Concepts of definite integrals

本节通过曲边梯形的面积和变速直线运动的路程这两个实例抽象出定积分的定义,并给出定积分的几何解释。

7.1.1 引例

引例 1 曲边梯形的面积

设函数 $y=f(x)$ 在区间 $[a,b]$ 上连续,且 $f(x) \geqslant 0$。所指的**曲边梯形(curvilinear trapezoid)**是由曲线 $y=f(x)$,x 轴及直线 $x=a$,$x=b(b>a)$ 围成的平面图形,如图 7.1(a) 所示,其中曲线弧称为曲边。在初等数学中,我们已经学会求三角形、矩形、梯形及圆等一些规则图形的面积,现在的问题是:如何求曲边梯形的面积?

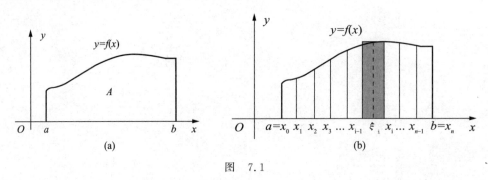

图 7.1

虽然用初等数学的方法无法解决此问题,但可以借鉴矩形或梯形的面积来求曲边梯形面积的近似值。基本思想是:首先将曲边梯形分割成若干个小曲边梯形,如图 7.1(b)所示,每个小曲边梯形可以近似地看成小矩形,小曲边梯形的面积可以用相应的小矩形的面积来近似代替,进而曲边梯形的面积 A 可以用这些小矩形的面积的和来近似代替。自然的想法是:若对曲边梯形分割的越细,近似程度是否会越好?用极限的思想考虑此问题,即当分割的足够细时,这个近似值的极限是否等于该曲边梯形的面积?当函数 $y=f(x)$ 在区间 $[a,b]$ 上满足一定条件时,回答是肯定的。这个过程可以概括为四个步骤,即"分割、近似、求和、极限"。

具体求解方法如下:

(1) **分割**(**partition**)   在区间 $[a,b]$ 内部任意插入 $n-1$ 个分点,有
$$a=x_0<x_1<x_2<\cdots<x_{i-1}<x_i<\cdots<x_{n-1}<x_n=b,$$
将区间 $[a,b]$ 分割成 n 个小区间
$$[x_0,x_1],[x_1,x_2],\cdots,[x_{i-1},x_i],\cdots,[x_{n-1},x_n],$$
各小区间的长度为 $\Delta x_i=x_i-x_{i-1}(i=1,2,\cdots,n)$。

(2) **近似**(**approximation**)   过每个分点作平行于 y 轴的直线段,将曲边梯形分割成 n 个窄的小曲边梯形,设它们的面积依次为 $\Delta A_i(i=1,2,\cdots,n)$,在第 i 个小区间 $[x_{i-1},x_i]$ 上任取一点 $\xi_i\in[x_{i-1},x_i]$,用以 Δx_i 为底,$f(\xi_i)$ 为高的小矩形的面积 $f(\xi_i)\Delta x_i$ 近似代替第 i 个小曲边梯形的面积 ΔA_i,即 $\Delta A_i\approx f(\xi_i)\Delta x_i$。

(3) **求和**(**sum**)   将这些小矩形的面积 $f(\xi_i)\Delta x_i(i=1,2,\cdots,n)$ 相加,用其和近似地表示曲边梯形的面积 A,即
$$A=\sum_{i=1}^{n}\Delta A_i\approx\sum_{i=1}^{n}f(\xi_i)\Delta x_i。$$

(4) **极限**(**limit**)   由于划分得越细,代替曲边梯形的面积 A 的小矩形面积之和 $\sum_{i=1}^{n}f(\xi_i)\Delta x_i$ 就越精确。记 $\lambda=\max\{\Delta x_1,\Delta x_2,\cdots,\Delta x_i,\cdots,\Delta x_n\}$,当 $\lambda\to 0$(这时分段数无限地增多),上述和式取极限,其极限值就为曲边梯形的面积 A,即
$$A=\lim_{\lambda\to 0}\sum_{i=1}^{n}f(\xi_i)\Delta x_i。$$

引例 2   变速直线运动的路程

设一质点作变速直线运动,已知速度 $v(t)$ 在时间间隔 $[T_1,T_2]$ 上是连续函数,且 $v(t)\geqslant 0$,求质点在这段时间内所经过的路程 s。

沿用引例 1 的求解思想,即首先将时间间隔分割成若干小段,在每小段上的速度近似看作匀速,求出各小段的路程,相加便得到要求路程的近似值,最后通过对时间的无限细分可求得路程的精确值。具体过程如下:

(1) **分割**   在区间 $[T_1,T_2]$ 内部任意插入 $n-1$ 个分点,有
$$T_1=t_0<t_1<t_2<\cdots<t_{i-1}<t_i<\cdots<t_{n-1}<t_n=T_2,$$
将区间 $[T_1,T_2]$ 分割成 n 个小区间
$$[t_0,t_1],[t_1,t_2],\cdots,[t_{i-1},t_i],\cdots,[t_{n-1},t_n],$$
各小区间的长度为 $\Delta t_i=t_i-t_{i-1}(i=1,2,\cdots,n)$。

(2) **近似**   在第 i 个小时间间隔 $[t_{i-1},t_i]$ 上任取一点 $\tau_i\in[t_{i-1},t_i](i=1,2,\cdots,n)$,以 τ_i 点的速度 $v(\tau_i)$ 作为 $[t_{i-1},t_i]$ 内的平均速度,则可以求得该时间间隔内质点走过的路程 Δs_i 的近似值,即 $\Delta s_i\approx v(\tau_i)\Delta t_i$。

(3) **求和**   将这些小时间间隔内走过的路程 $\Delta s_i(i=1,2,\cdots,n)$ 相加,可以近似地表示

质点在时间 $[T_1,T_2]$ 内所经过的路程 s，即

$$s = \sum_{i=1}^{n} \Delta s_i \approx \sum_{i=1}^{n} v(\tau_i) \Delta t_i。$$

（4）极限　由于时间间隔分割得越细，用 $\sum_{i=1}^{n} v(\tau_i) \Delta t_i$ 代替质点在 $[T_1,T_2]$ 内所经过的路程 s 就越精确。记 $\lambda = \max\{\Delta t_1, \Delta t_2, \cdots, \Delta t_i, \cdots, \Delta t_n\}$，当 $\lambda \to 0$，上式右端取极限，其极限值就是质点在时间间隔 $[T_1,T_2]$ 内所经过的路程 s 的精确值，即

$$s = \lim_{\lambda \to 0} \sum_{i=1}^{n} v(\tau_i) \Delta t_i。$$

由上面的两个例子可见，一个是几何问题，一个是物理问题，虽然问题的对象不同，但是它们解决问题的思想方法是相同的，都是对一个函数在一个区间上执行"分割、近似、求和、极限"的过程，也可以称为是"大化小、常代变、近似和、求极限"的过程。因此，由解决上述问题的方法可以抽象出定积分的定义。

7.1.2　定积分的定义

定义 7.1　设函数 $y = f(x)$ 在区间 $[a,b]$ 上有定义并有界。在 $[a,b]$ 内部任意插入 $n-1$ 个分点

$$a = x_0 < x_1 < x_2 < \cdots < x_{i-1} < x_i < \cdots < x_{n-1} < x_n = b,$$

将区间 $[a,b]$ 分割成 n 个小区间 $[x_{i-1},x_i]$（$i = 1,2,\cdots,n$），各小区间的长度为 $\Delta x_i = x_i - x_{i-1}$，在每个小区间 $[x_{i-1},x_i]$ 上任取一点 ξ_i，即 $\xi_i \in [x_{i-1},x_i]$，作函数值 $f(\xi_i)$ 与小区间长度 Δx_i 的乘积 $f(\xi_i)\Delta x_i$，并作和式

$$S_n = \sum_{i=1}^{n} f(\xi_i) \Delta x_i。 \tag{7.1}$$

记 $\lambda = \max\{\Delta x_1, \Delta x_2, \cdots, \Delta x_n\}$，当 $\lambda \to 0$ 时，若和式（7.1）的极限（记作 I）存在，则称这个极限 I 为函数 $f(x)$ 在区间 $[a,b]$ 上的**定积分**（**definite integral**）或**黎曼积分**（**Riemann integral**），记作 $\int_a^b f(x)\mathrm{d}x$，即

$$\int_a^b f(x)\mathrm{d}x = I = \lim_{\lambda \to 0} \sum_{i=1}^{n} f(\xi_i) \Delta x_i, \tag{7.2}$$

其中 $f(x)$ 称为**被积函数**，$f(x)\mathrm{d}x$ 称为**被积表达式**，x 称为**积分变量**，a 和 b 分别称为**积分下限和积分上限**，$[a,b]$ 称为**积分区间**，和式 $\sum_{i=1}^{n} f(\xi_i) \Delta x_i$ 称为 $f(x)$ 的**积分和或黎曼和**。

关于定义 7.1 的几点说明。

（1）在定义 7.1 中，当 $\lim\limits_{\lambda \to 0} \sum\limits_{i=1}^{n} f(\xi_i) \Delta x_i$ 存在时，$\int_a^b f(x)\mathrm{d}x$ 是一个数值，该数值仅与被积函数及积分区间有关，而与积分变量使用哪个字母无关，即

$$\int_a^b f(x)\mathrm{d}x = \int_a^b f(t)\mathrm{d}t = \int_a^b f(u)\mathrm{d}u。$$

（2）在定义中，对 $[a,b]$ 的分割是任意的，点 ξ_i 在小区间 $[x_{i-1},x_i]$ 上的选取也是任意的。只有在这两个"任意"同时被满足，且 $\lim\limits_{\lambda \to 0} \sum\limits_{i=1}^{n} f(\xi_i) \Delta x_i$ 存在的前提下，才称其极限 I 为

函数 $f(x)$ 在区间 $[a,b]$ 上的定积分。反过来,若已知函数 $f(x)$ 在区间 $[a,b]$ 上的定积分存在,即极限 $\lim\limits_{\lambda \to 0} \sum\limits_{i=1}^{n} f(\xi_i) \Delta x_i$ 存在,在求该积分值时,则可以将积分区间等分,选取小区间的左或右端点作为 ξ_i 的方法进行计算。

(3) 根据需要,给出定积分的两个补充规定,即

① 当 $a=b$ 时,$\int_a^b f(x)\mathrm{d}x = 0$;

② 当 $a>b$ 时,$\int_a^b f(x)\mathrm{d}x = -\int_b^a f(x)\mathrm{d}x$。

在上面的引例中,曲边梯形的面积可表示为 $A = \int_a^b f(x)\mathrm{d}x$;变速直线运动的路程可表示为 $s = \int_{T_1}^{T_2} v(t)\mathrm{d}t$。

7.1.3 定积分的几何解释

由定积分的定义知,当被积函数满足 $f(x) \geqslant 0$ 时,定积分 $\int_a^b f(x)\mathrm{d}x$ 表示由曲线 $y=f(x)$,x 轴及直线 $x=a$,$x=b\,(b>a)$ 围成的曲边梯形的面积;当被积函数满足 $f(x) \leqslant 0$ 时,它们所围成的曲边梯形位于 x 轴的下方,此时定积分 $\int_a^b f(x)\mathrm{d}x$ 在数值上取上述曲边梯形面积的负值;当被积函数 $f(x)$ 在区间 $[a,b]$ 上有正有负时,对定积分 $\int_a^b f(x)\mathrm{d}x$ 在几何上的解释是:$\int_a^b f(x)\mathrm{d}x$ 等于曲线 $y=f(x)$,x 轴及直线 $x=a$,$x=b\,(b>a)$ 围成的平面图形的面积的代数和。例如,在图 7.2 中,有

$$\int_a^b f(x)\mathrm{d}x = A_1 - A_2 + A_3。$$

例 7.1 计算定积分 $\int_0^1 x^2 \mathrm{d}x$。

分析 利用定积分的定义。

解 显然,定积分 $\int_0^1 x^2 \mathrm{d}x$ 表示抛物线 $y=x^2$,x 轴和直线 $x=1$ 围成的平面图形的面积,如图 7.3 所示。由于连续函数一定可积(参见 7.2 节的定理 7.1),在定积分存在的前提下,定积分的值与区间 $[0,1]$ 的分法及 ξ_i 的取法无关。为便于计算,将区间 $[0,1]$ n 等分,即

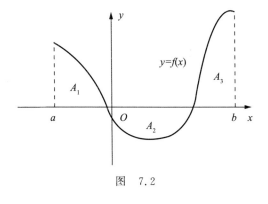

图 7.2

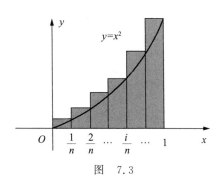

图 7.3

$$\left[0,\frac{1}{n}\right],\left[\frac{1}{n},\frac{2}{n}\right],\cdots,\left[\frac{i-1}{n},\frac{i}{n}\right],\cdots,\left[\frac{n-1}{n},1\right],$$

且每个小区间的长度均为 $\Delta x_i=\dfrac{1}{n}(i=1,2,\cdots,n)$；不妨取每个小区间的右端点为 ξ_i，即

$\xi_i=\dfrac{i}{n}$，由式(7.1)可得

$$\sum_{i=1}^{n}f(\xi_i)\Delta x_i=\sum_{i=1}^{n}\xi_i^2\Delta x_i=\sum_{i=1}^{n}\left(\frac{i}{n}\right)^2\cdot\frac{1}{n}=\frac{1}{n^3}\sum_{i=1}^{n}i^2。$$

此时，$\lambda=\Delta x_i=\dfrac{1}{n}$。于是当 $\lambda\to0$ 时，即 $n\to\infty$ 时，由式(7.2)可得

$$\int_0^1 x^2\,\mathrm{d}x=\lim_{\lambda\to0}\sum_{i=1}^{n}f(\xi_i)\Delta x_i=\lim_{n\to\infty}\left(\frac{1}{n^3}\sum_{i=1}^{n}i^2\right)=\lim_{n\to\infty}\left[\frac{1}{n^3}(1^2+2^2+3^2+\cdots+n^2)\right]$$

$$=\lim_{n\to\infty}\left[\frac{1}{n^3}\cdot\frac{n(n+1)(2n+1)}{6}\right]=\frac{1}{6}\lim_{n\to\infty}\left[\left(1+\frac{1}{n}\right)\left(2+\frac{1}{n}\right)\right]=\frac{1}{3}。$$

上式中利用了等式 $\sum\limits_{i=1}^{n}i^2=\dfrac{1}{6}n(n+1)(2n+1)$。

例 7.2　计算下列定积分：

(1) $\displaystyle\int_0^a\sqrt{a^2-x^2}\,\mathrm{d}x$，其中 $a>0$；　　　　　　(2) $\displaystyle\int_{-1}^1 x^3\,\mathrm{d}x$。

分析　利用定积分的几何意义计算。

解　(1) 定积分 $\displaystyle\int_0^a\sqrt{a^2-x^2}\,\mathrm{d}x$ 表示上半圆周 $y=\sqrt{a^2-x^2}$，x 轴以及直线 $x=0,x=$

a 围成的图形的面积，即四分之一圆周的面积，如图 7.4(a)所示，故有 $\displaystyle\int_0^a\sqrt{a^2-x^2}\,\mathrm{d}x=\dfrac{\pi a^2}{4}$。

(2) 定积分 $\displaystyle\int_{-1}^1 x^3\,\mathrm{d}x$ 表示曲线 $y=x^3$，x 轴以及直线 $x=1,x=-1$ 围成面积的代数和，

因为曲线 $y=x^3$ 关于坐标原点对称，所以在第一象限和在第三象限围成的曲边梯形的面积

相等，如图 7.4(b)所示，故有 $\displaystyle\int_{-1}^1 x^3\,\mathrm{d}x=0$。

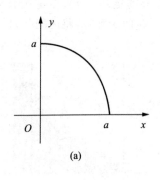
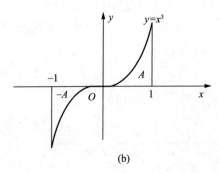

(a)　　　　　　　　　　　　　(b)

图　7.4

思考题

1. 在区间 $[a,b]$ 上,若被积函数满足 $f(x) \geqslant 0$,在几何上如何解释下列表达式:

(1) $\displaystyle\int_a^b f(x)\,\mathrm{d}x = \lim_{n\to\infty}\left[\frac{b-a}{n}\sum_{i=1}^{n} f(x_{i-1})\right]$;

(2) $\displaystyle\int_a^b f(x)\,\mathrm{d}x = \lim_{n\to\infty}\left[\frac{b-a}{n}\sum_{i=1}^{n} f(x_i)\right]$;

(3) $\displaystyle\int_a^b f(x)\,\mathrm{d}x = \lim_{n\to\infty}\left[\frac{b-a}{2n}\sum_{i=1}^{n} (f(x_{i-1})+f(x_i))\right]$。

A 类题

1. 利用定积分的定义计算下列定积分:

(1) $\displaystyle\int_a^b k\,\mathrm{d}x$,其中 $k>0$;　　　　　　　(2) $\displaystyle\int_0^1 2x\,\mathrm{d}x$。

2. 计算下列定积分:

(1) $\displaystyle\int_0^{2\pi} \sin x\,\mathrm{d}x$;　　　　　　　(2) $\displaystyle\int_{-2}^4 \left(\frac{x}{2}+3\right)\mathrm{d}x$;

(3) $\displaystyle\int_{-1}^1 |x|\,\mathrm{d}x$;　　　　　　　(4) $\displaystyle\int_{\frac{\sqrt{2}}{2}}^1 \sqrt{1-x^2}\,\mathrm{d}x$。

3. 证明下列等式:

(1) $\displaystyle\int_0^1 kx\,\mathrm{d}x = \frac{k}{2}$,其中 $k>0$;　　(2) $\displaystyle\int_{-\frac{\pi}{2}}^{\frac{\pi}{2}} \cos x\,\mathrm{d}x = 2\int_0^{\frac{\pi}{2}} \cos x\,\mathrm{d}x$。

B 类题

1. 利用定积分的定义计算下列定积分:

(1) $\displaystyle\int_0^1 x^3\,\mathrm{d}x$ $\left(\text{提示：}\sum_{i=1}^n i^3 = \frac{1}{4}n^2(n+1)^2\right)$;　　(2) $\displaystyle\int_0^1 \mathrm{e}^x\,\mathrm{d}x$。

2. 利用定积分表示下列极限:

(1) $\displaystyle\lim_{n\to\infty}\left\{\frac{1}{n}\left[\sin\frac{\pi}{n}+\sin\frac{2\pi}{n}+\cdots+\sin\frac{(n-1)\pi}{n}\right]\right\}$;

(2) $\displaystyle\lim_{n\to\infty}\left\{\frac{1}{n}\left[\ln\left(1+\frac{1}{n}\right)+\ln\left(1+\frac{2}{n}\right)+\cdots+\ln\left(1+\frac{n-1}{n}\right)\right]\right\}$。

7.2　定积分的存在条件及其性质

Existence conditions and properties of definite integrals

　　若函数 $y=f(x)$ 在区间 $[a,b]$ 上的定积分存在,则称它在 $[a,b]$ 上可积,否则称它在 $[a,b]$ 上不可积。现在的问题是:函数 $y=f(x)$ 在区间 $[a,b]$ 上满足什么条件时一定可积,对于可积函数,计算定积分 $\int_a^b f(x)\mathrm{d}x$ 有哪些理论依据,有什么样的运算法则和性质可以应用。本节将逐一解答这些问题。

7.2.1 定积分的存在条件

本书对函数的可积条件不作深入讨论,仅给出下面三个充分条件和一个必要条件,有兴趣的读者可参见数学专业教材《数学分析》的相关章节。

定理 7.1 若函数 $y=f(x)$ 在区间 $[a,b]$ 上连续,则它在 $[a,b]$ 上可积。

定理 7.2 若函数 $y=f(x)$ 在区间 $[a,b]$ 上有界,且只有有限个间断点,则它在 $[a,b]$ 上可积。

定理 7.3 若函数 $y=f(x)$ 在区间 $[a,b]$ 上单调,则它在 $[a,b]$ 上可积。

定理 7.4 若函数 $y=f(x)$ 在区间 $[a,b]$ 上可积,则它在 $[a,b]$ 上一定有界。

7.2.2 定积分的性质

由例 7.1 可以看到,能够用定积分的定义计算的定积分是很麻烦的,也是有限的,即使被积函数是基本初等函数,在其定义区间上的定积分也是很难求出,如 $\int_1^2 x^\mu \mathrm{d}x$,$\int_0^{\frac{\pi}{3}} \tan x\, \mathrm{d}x$,$\int_0^1 \arcsin x\, \mathrm{d}x$ 等。为了讨论定积分的相关理论和计算,本小节中假设 $f(x)$ 和 $g(x)$ 在区间 $[a,b]$ 上均可积。下面介绍定积分的一些基本性质。

性质 1(线性性质) 在区间 $[a,b]$ 上,$\forall \alpha,\beta \in \mathbf{R}$,有

$$\int_a^b [\alpha f(x) + \beta g(x)]\mathrm{d}x = \alpha \int_a^b f(x)\mathrm{d}x + \beta \int_a^b g(x)\mathrm{d}x。$$

分析 利用定积分的定义及极限的四则运算证明。

证 由定积分的定义和极限的四则运算知,$\forall \alpha,\beta \in \mathbf{R}$,有

$$
\begin{aligned}
\int_a^b [\alpha f(x) + \beta g(x)]\mathrm{d}x &= \lim_{\lambda \to 0} \sum_{i=1}^n [\alpha f(\xi_i) + \beta g(\xi_i)]\Delta x_i \\
&= \alpha \lim_{\lambda \to 0} \sum_{i=1}^n f(\xi_i)\Delta x_i + \beta \lim_{\lambda \to 0} \sum_{i=1}^n g(\xi_i)\Delta x_i \\
&= \alpha \int_a^b f(x)\mathrm{d}x + \beta \int_a^b g(x)\mathrm{d}x。
\end{aligned}
$$

证毕

事实上,性质 1 包含了定积分运算的两种特殊情形,即

$$\int_a^b [f(x) \pm g(x)]\mathrm{d}x = \int_a^b f(x)\mathrm{d}x \pm \int_a^b g(x)\mathrm{d}x; \tag{7.3}$$

$$\int_a^b kf(x)\mathrm{d}x = k\int_a^b f(x)\mathrm{d}x,\quad k \text{ 为常数}。 \tag{7.4}$$

式(7.3)表明两个函数的和(差)的定积分等于它们的定积分的和(差);式(7.4)表明被积函数的常数因子可以提到积分号的外面。

性质 1 可以推广到有限个函数的线性组合的积分,即 $\forall k_1,k_2,\cdots,k_r \in \mathbf{R}$,有

$$\int_a^b \left[k_1 f_1(x) + k_2 f_2(x) + \cdots + k_r f_r(x) \right] \mathrm{d}x$$
$$= k_1 \int_a^b f_1(x)\,\mathrm{d}x + k_2 \int_a^b f_2(x)\,\mathrm{d}x + \cdots + k_r \int_a^b f_r(x)\,\mathrm{d}x 。$$

性质 2　在区间 $[a,b]$ 上,有
$$\int_a^b f(x)\,\mathrm{d}x = \int_a^c f(x)\,\mathrm{d}x + \int_c^b f(x)\,\mathrm{d}x 。$$

分析　利用定积分的定义,分情况讨论积分和。

证　假设 $c \in [a,b]$,因为函数 $f(x)$ 在区间 $[a,b]$ 上可积,所以不论 $[a,b]$ 怎样划分,积分和的极限总是不变的。因此,在划分区间时,可以使 c 始终作为一个分点,那么,$[a,b]$ 上的积分和等于 $[a,c]$ 上的积分和加上 $[c,b]$ 上的积分和,即
$$\sum_{[a,b]} f(\xi_i) \Delta x_i = \sum_{[a,c]} f(\xi_i) \Delta x_i + \sum_{[c,b]} f(\xi_i) \Delta x_i ,$$
令 $\lambda \to 0$,上式两端同时取极限,得
$$\int_a^b f(x)\,\mathrm{d}x = \int_a^c f(x)\,\mathrm{d}x + \int_c^b f(x)\,\mathrm{d}x 。$$

若 c 在区间 $[a,b]$ 之外,不妨设 $a < b < c$,并假设 $f(x)$ 在 $[a,c]$ 上可积,则由上面已证的结论有
$$\int_a^c f(x)\,\mathrm{d}x = \int_a^b f(x)\,\mathrm{d}x + \int_b^c f(x)\,\mathrm{d}x ,$$
即
$$\int_a^b f(x)\,\mathrm{d}x = \int_a^c f(x)\,\mathrm{d}x - \int_b^c f(x)\,\mathrm{d}x = \int_a^c f(x)\,\mathrm{d}x + \int_c^b f(x)\,\mathrm{d}x 。 \qquad 证毕$$

性质 2 表明定积分对积分区间具有**可加性**(**additivity**)。

性质 3　在区间 $[a,b]$ 上,若有 $f(x) \equiv 1$,则
$$\int_a^b 1\,\mathrm{d}x = b - a 。$$

由定积分的几何解释可知,定积分 $\int_a^b \mathrm{d}x$ 表示直线 $y=1$,x 轴及直线 $x=a$,$x=b$ 围成图形的面积,即底为 $b-a$,高为 1 的矩形的面积。

性质 4　在区间 $[a,b]$ 上,若 $f(x) \geqslant 0$,则
$$\int_a^b f(x)\,\mathrm{d}x \geqslant 0 。$$

分析　利用定积分的定义和极限的保号性证明。

证　因为 $f(x) \geqslant 0$,所以 $f(\xi_i) \geqslant 0$,而 $\Delta x_i > 0$,于是 $\sum_{i=1}^n f(\xi_i) \Delta x_i \geqslant 0$。再由极限的保号性得,$\lim\limits_{\lambda \to 0} \sum\limits_{i=1}^n f(\xi_i) \Delta x_i \geqslant 0$,即
$$\int_a^b f(x)\,\mathrm{d}x \geqslant 0 。 \qquad 证毕$$

例 7.3　证明:若函数 $y = f(x)$ 在区间 $[a,b]$ 上连续,且 $f(x) \geqslant 0$,$\int_a^b f(x)\,\mathrm{d}x = 0$,则 $\forall x \in [a,b]$,有 $f(x) \equiv 0$。

分析　直接证明十分困难,用反证法。

证　假设 $\exists x_0 \in (a,b)$,使得 $f(x_0) > 0$,则由函数极限的局部保号性,存在 x_0 的某邻域 $(x_0 - \delta, x_0 + \delta)$,使得当 $x \in (x_0 - \delta, x_0 + \delta)$ 时,$f(x) \geqslant \dfrac{f(x_0)}{2} > 0$。由性质 2 和性质 4 可知,

$$\int_a^b f(x) \mathrm{d}x = \int_a^{x_0 - \delta} f(x) \mathrm{d}x + \int_{x_0 - \delta}^{x_0 + \delta} f(x) \mathrm{d}x + \int_{x_0 + \delta}^b f(x) \mathrm{d}x$$

$$\geqslant 0 + \int_{x_0 - \delta}^{x_0 + \delta} \frac{f(x_0)}{2} \mathrm{d}x + 0 = f(x_0) \delta > 0。$$

这与已知 $\int_a^b f(x) \mathrm{d}x = 0$ 相矛盾。当 x_0 取左(右)端点时,分别取 x_0 的右(左)邻域,有相同的结论,即 $f(x) \equiv 0$。所以,$\forall x \in [a,b]$,有 $f(x) \equiv 0$。　　　　　　**证毕**

推论 1　在区间 $[a,b]$ 上,若 $f(x) \leqslant g(x)$,则

$$\int_a^b f(x) \mathrm{d}x \leqslant \int_a^b g(x) \mathrm{d}x。$$

分析　通过构造辅助函数 $h(x) = g(x) - f(x) \geqslant 0$,利用性质 4 证明。

证　设 $h(x) = g(x) - f(x)$。在区间 $[a,b]$ 上,因为 $f(x) \leqslant g(x)$,有 $h(x) \geqslant 0$。由性质 4 可知

$$\int_a^b h(x) \mathrm{d}x = \int_a^b [g(x) - f(x)] \mathrm{d}x \geqslant 0,$$

即

$$\int_a^b f(x) \mathrm{d}x \leqslant \int_a^b g(x) \mathrm{d}x。$$　　　　　　**证毕**

例 7.4　比较 $\displaystyle\int_0^{-2} \mathrm{e}^x \mathrm{d}x$ 和 $\displaystyle\int_0^{-2} x \mathrm{d}x$ 的大小。

分析　当积分上、下限相同时,比较被积函数的大小。

解　当 $x \in [-2,0]$ 时,容易验证 $\mathrm{e}^x > x$,所以有 $\displaystyle\int_{-2}^0 \mathrm{e}^x \mathrm{d}x > \int_{-2}^0 x \mathrm{d}x$。于是

$$\int_0^{-2} \mathrm{e}^x \mathrm{d}x < \int_0^{-2} x \mathrm{d}x。$$

推论 2　$\left| \displaystyle\int_a^b f(x) \mathrm{d}x \right| \leqslant \int_a^b |f(x)| \mathrm{d}x$,其中 $a < b$。

分析　根据绝对值的性质给出被积函数的大小关系,利用推论 1 证明。

证　在区间 $[a,b]$ 上,因为 $-|f(x)| \leqslant f(x) \leqslant |f(x)|$,所以由推论 1 可得

$$-\int_a^b |f(x)| \mathrm{d}x \leqslant \int_a^b f(x) \mathrm{d}x \leqslant \int_a^b |f(x)| \mathrm{d}x,$$

即

$$\left| \int_a^b f(x) \mathrm{d}x \right| \leqslant \int_a^b |f(x)| \mathrm{d}x。$$　　　　　　**证毕**

性质 5　设 M 及 m 分别是函数 $y = f(x)$ 在区间 $[a,b]$ 上的最大值和最小值,则

$$m(b-a) \leqslant \int_a^b f(x) \mathrm{d}x \leqslant M(b-a)。$$

分析 利用性质 4 的推论 1 证明。

证 由已知可得，$m \leqslant f(x) \leqslant M$。再由性质 4 的推论 1 可得

$$m \int_a^b \mathrm{d}x \leqslant \int_a^b f(x)\mathrm{d}x \leqslant M \int_a^b \mathrm{d}x,$$

即

$$m(b-a) \leqslant \int_a^b f(x)\mathrm{d}x \leqslant M(b-a)。 \qquad 证毕$$

性质 5 也称为**积分估值定理**，它表明区间 $[a,b]$ 上的定积分的范围可以根据被积函数在该积分区间上的最大值和最小值的定积分进行估计。

例 7.5 估计下列定积分的值：

$$(1) \int_{\frac{\pi}{4}}^{\frac{\pi}{2}} (1+\cos^2 x)\mathrm{d}x; \qquad\qquad (2) \int_1^2 (1-3x^2+x^3)\mathrm{d}x。$$

分析 先求出被积函数在积分区间上的最大值和最小值，然后利用性质 5 估算。

解 (1) 在区间 $\left[\dfrac{\pi}{4}, \dfrac{\pi}{2}\right]$ 上，$0 \leqslant \cos x \leqslant \dfrac{\sqrt{2}}{2}$，故 $1 \leqslant 1+\cos^2 x \leqslant \dfrac{3}{2}$，所以

$$\frac{1}{4}\pi \leqslant \int_{\frac{\pi}{4}}^{\frac{\pi}{2}} (1+\cos^2 x)\mathrm{d}x \leqslant \frac{3}{8}\pi。$$

(2) 显然 $f(x)=1-3x^2+x^3$ 在区间 $[1,2]$ 上连续，并且

$$f'(x)=-6x+3x^2=3x(-2+x)<0,$$

即函数在区间 $[1,2]$ 上单调递减，因此被积函数的最大值和最小值分别为 $f(1)=-1$，$f(2)=-3$。于是有

$$-3 \leqslant \int_1^2 (1-3x^2+x^3)\mathrm{d}x \leqslant -1。$$

性质 6（积分中值定理） 若函数 $y=f(x)$ 在闭区间 $[a,b]$ 上连续，则在 $[a,b]$ 上至少存在一个点 ξ，使得

$$\int_a^b f(x)\mathrm{d}x = f(\xi)(b-a)。$$

分析 利用闭区间上连续函数的最大值和最小值定理和介值定理。

证 由已知可得，函数 $f(x)$ 在区间 $[a,b]$ 上有最大值 M 和最小值 m。根据性质 5 可得

$$m(b-a) \leqslant \int_a^b f(x)\mathrm{d}x \leqslant M(b-a),$$

即

$$m \leqslant \frac{\int_a^b f(x)\mathrm{d}x}{b-a} \leqslant M。$$

再由介值定理可知，在 $[a,b]$ 上至少存在一个点 ξ，使得

$$\frac{\int_a^b f(x)\mathrm{d}x}{b-a} = f(\xi),$$

从而有

$$\int_a^b f(x)\mathrm{d}x = f(\xi)(b-a)。 \qquad 证毕$$

积分中值定理（mean value theorem of integrals）在几何上的解释是：当 $f(x) \geqslant 0$ 时，至少存在一个高为 $f(\xi)$，底为 $b-a$ 的矩形，使得该矩形的面积等于由曲线 $y=f(x)$，x 轴及直线 $x=a$，$x=b(b>a)$ 围成的曲边梯形的面积，即 $\displaystyle\int_a^b f(x)\mathrm{d}x$，如图 7.5 所示。此外，表达式 $f(\xi)=\dfrac{\displaystyle\int_a^b f(x)\mathrm{d}x}{b-a}$ 可以理解为函数 $f(x)$ 在区间 $[a,b]$ 上所有函数值的平均值，即有限个数的算术平均值的推广。

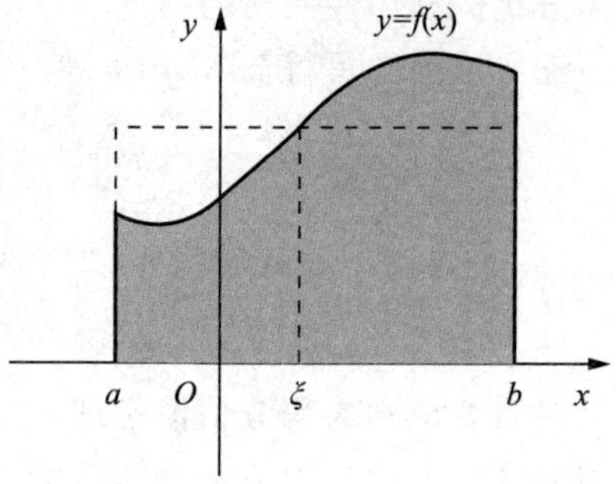

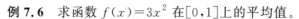

图 7.5

例 7.6 求函数 $f(x)=3x^2$ 在 $[0,1]$ 上的平均值。

解 利用例 7.1 的结果，所求平均值为

$$f(\xi)=\frac{\displaystyle\int_0^1 3x^2\,\mathrm{d}x}{1-0}=3\int_0^1 x^2\,\mathrm{d}x=3\times\frac{1}{3}=1。$$

例 7.7 已知函数 $f(x)$ 在区间 $[0,1]$ 上可微，且满足 $f(1)=2\displaystyle\int_0^{\frac{1}{2}} xf(x)\mathrm{d}x$。证明：存在 $\xi\in(0,1)$，使得 $f(\xi)+\xi f'(\xi)=0$。

分析 从结论上看，需要利用罗尔定理，并构造辅助函数 $F(x)=xf(x)$；从已知条件上看，需要利用积分中值定理。

证 令 $F(x)=xf(x)$。由积分中值定理可知，存在 $\eta\in\left[0,\dfrac{1}{2}\right]$，使得

$$2\int_0^{\frac{1}{2}} xf(x)\mathrm{d}x=2\cdot\frac{1}{2}\eta f(\eta)=\eta f(\eta)=F(\eta),$$

因此 $F(1)=f(1)=F(\eta)$。显然，$F(x)$ 在区间 $[\eta,1]$ 上满足罗尔定理的条件，因此存在 $\xi\in(\eta,1)\subset(0,1)$，使得 $F'(\xi)=0$，即

$$f(\xi)+\xi f'(\xi)=0。$$

证毕

思 考 题

1. 有界函数是否一定可积？若不是，需要添加哪些条件？

2. 尝试列举函数 $y=f(x)$ 在区间 $[a,b]$ 上定积分不存在的几种情况。

3. 定积分的性质中指出，若函数 $f(x)$，$g(x)$ 在区间 $[a,b]$ 上都可积，则函数 $f(x)+g(x)$ 在 $[a,b]$ 上也可积，这一性质的逆命题是否成立？为什么？

 类题

1. 比较下列定积分的大小：

(1) $\displaystyle\int_0^1 x^2 \, \mathrm{d}x$ 与 $\displaystyle\int_0^1 x^3 \, \mathrm{d}x$;

(2) $\displaystyle\int_3^4 (\ln x)^2 \, \mathrm{d}x$ 与 $\displaystyle\int_3^4 (\ln x)^3 \, \mathrm{d}x$;

(3) $\displaystyle\int_0^1 \mathrm{e}^x \, \mathrm{d}x$ 与 $\displaystyle\int_0^1 \mathrm{e}^{x^2} \, \mathrm{d}x$;

(4) $\displaystyle\int_0^{\frac{\pi}{2}} x \, \mathrm{d}x$ 与 $\displaystyle\int_0^{\frac{\pi}{2}} \sin x \, \mathrm{d}x$ 。

2. 估计定积分的值:

(1) $\displaystyle\int_1^4 (x^2 + 1) \, \mathrm{d}x$;

(2) $\displaystyle\int_0^{\pi} (1 + \sin x) \, \mathrm{d}x$;

(3) $\displaystyle\int_0^1 \mathrm{e}^{x^2 - x} \, \mathrm{d}x$;

(4) $\displaystyle\int_0^1 \sqrt{2x - x^2} \, \mathrm{d}x$ 。

3. 证明: $\displaystyle\lim_{n \to \infty} \int_0^{\frac{1}{2}} \frac{x^n}{1 + x} \, \mathrm{d}x = 0$ 。

4. 已知函数 $f(x)$ 在闭区间 $[0, 1]$ 上连续,在开区间 $(0, 1)$ 内可导,且 $k \displaystyle\int_{1 - \frac{1}{k}}^1 f(x) \, \mathrm{d}x = f(0) \, (k > 1)$ 。 证明: 存在 $\xi \in (0, 1)$,使 $f'(\xi) = 0$ 。

5. 已知函数 $f(x)$ 及 $g(x)$ 在区间 $[a, b]$ 上连续,且满足 $f(x) \leqslant g(x)$ 和 $\displaystyle\int_a^b f(x) \, \mathrm{d}x = \int_a^b g(x) \, \mathrm{d}x$ 。 证明: 在区间 $[a, b]$ 上,有 $f(x) \equiv g(x)$ 。

B 类题

1. 估计定积分的值:

(1) $\displaystyle\int_0^2 \frac{2x^2 + 3}{x^2 + 1} \, \mathrm{d}x$;

(2) $\displaystyle\int_{-1}^3 \ln(1 + x^2) \, \mathrm{d}x$;

(3) $\displaystyle\int_0^{\frac{\pi}{2}} \frac{\sin x}{x} \, \mathrm{d}x$;

(4) $\displaystyle\int_0^{\pi} \frac{1}{2 + 3\sin^3 x} \, \mathrm{d}x$ 。

2. 当 a, b 取何值时, $\displaystyle\int_a^b (x - x^2) \, \mathrm{d}x$ 取得最大值,其中 $a < b$ 。

3. 求 $\displaystyle\lim_{n \to \infty} \int_0^{\frac{\pi}{4}} \sin^n x \, \mathrm{d}x$ 。

4. 已知函数 $f(x)$ 在区间 $[0, 1]$ 上连续,证明: $\displaystyle\int_0^1 f^2(x) \, \mathrm{d}x \geqslant \left(\int_0^1 f(x) \, \mathrm{d}x \right)^2$ 。

5. 已知函数 $f(x)$ 在区间 $[a, b]$ 上连续,且满足 $f(x) \geqslant 0$ 及 $f(x)$ 不恒等于零。证明: $\displaystyle\int_a^b f(x) \, \mathrm{d}x > 0$ 。

7.3 微积分基本公式

Fundamental formula of the calculus

由 7.1 节中引例 2 及定积分的定义知,质点在时间间隔 $[T_1, T_2]$ 内的位置函数 $s(t)$ 与速度函数 $v(t)$ 有如下关系:

$$\int_{T_2}^{T_1} v(t) \, \mathrm{d}t = s(T_2) - s(T_1) \, 。 \tag{7.5}$$

注意到, $s'(t) = v(t)$。因此式(7.5)表示：速度函数 $v(t)$ 在区间 $[T_1, T_2]$ 上的定积分等于 $v(t)$ 的原函数 $s(t)$ 在区间 $[T_1, T_2]$ 上的增量 $s(T_2) - s(T_1)$。

由式(7.5)表示出来的关系，在一定条件下具有普遍性。将这种关系进一步推广，就是本节将要学习的牛顿-莱布尼茨公式，又称为**微积分基本公式**（**fundamental formula of the calculus**），它建立了不定积分与定积分之间的联系，也在理论上解决了计算定积分的困难，开辟了计算定积分的新途径。

为了方便得到微积分的基本公式，先给出积分上限的函数及其导数。

7.3.1　积分上限的函数及其导数

设函数 $y = f(x)$ 在区间 $[a, b]$ 上连续，且 $f(x) \geqslant 0$，如图 7.6 所示，对于给定的点 $x \in [a, b]$，考察函数在区间 $[a, x]$ 上的定积分

$$\int_a^x f(x) \mathrm{d}x。$$

在上式中，x 既表示定积分的上限，又表示积分变量。由于定积分与积分变量的记法无关，为了明确起见，将积分变量改用其他符号，如用 t 或 u 表示，则上面的定积分可以写成

$$\int_a^x f(t) \mathrm{d}t \quad \text{或} \quad \int_a^x f(u) \mathrm{d}u。 \tag{7.6}$$

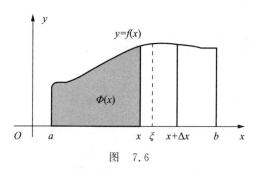

图　7.6

当积分上限 x 在区间 $[a, b]$ 上任意变动时，对于每一个取定的 x 值，定积分(7.6)都有一个值与之对应，所以它在 $[a, b]$ 上定义了一个函数，记作 $\Phi(x)$，即

$$\Phi(x) = \int_a^x f(t) \mathrm{d}t, \qquad a \leqslant x \leqslant b。 \tag{7.7}$$

该函数称为**积分上限函数**（**function with the upper limit of integral**）或**变上限函数**。关于函数 $\Phi(x)$，有如下重要的定理。

定理 7.5　若函数 $y = f(x)$ 在区间 $[a, b]$ 上连续，则积分上限函数(7.7)在区间 $[a, b]$ 上可导，且导数为

$$\Phi'(x) = \frac{\mathrm{d}}{\mathrm{d}x} \int_a^x f(t) \mathrm{d}t = f(x), \quad a \leqslant x \leqslant b。 \tag{7.8}$$

分析　利用导数的定义和积分中值定理证明。

证　对于给定的自变量 $x \in (a, b)$，若 x 取得增量 Δx（要求增量的绝对值足够小），使得 $x + \Delta x \in (a, b)$，则 $\Phi(x)$ 在 $x + \Delta x$ 处的函数值为 $\Phi(x + \Delta x) = \int_a^{x+\Delta x} f(t) \mathrm{d}t$。由此得函数值的增量为

$$\Delta\Phi = \Phi(x + \Delta x) - \Phi(x) = \int_a^{x+\Delta x} f(t)\mathrm{d}t - \int_a^x f(t)\mathrm{d}t$$

$$= \int_a^x f(t)\mathrm{d}t + \int_x^{x+\Delta x} f(t)\mathrm{d}t - \int_a^x f(t)\mathrm{d}t（由性质 2 得到）$$

$$= \int_x^{x+\Delta x} f(t)\mathrm{d}t。$$

由积分中值定理,有 $\Delta\Phi = f(\xi)\Delta x$,其中 ξ 介于 x 与 $x + \Delta x$ 之间。进一步地,函数值增量与自变量增量的比值为

$$\frac{\Delta\Phi}{\Delta x} = f(\xi)。 \tag{7.9}$$

由于函数 $f(x)$ 在区间 $[a,b]$ 上连续,并且当 $\Delta x \to 0$ 时,有 $\xi \to x$,所以 $\lim\limits_{\Delta x \to 0} f(\xi) = f(x)$。于是,令 $\Delta x \to 0$,并对式(7.9)两端取极限,得

$$\lim_{\Delta x \to 0} \frac{\Delta\Phi}{\Delta x} = \lim_{\Delta x \to 0} f(\xi) = f(x)。 \tag{7.10}$$

因此,函数 $\Phi(x)$ 的导数存在,并且式(7.8)成立。

若 $x = a$,取 $\Delta x > 0$,不难证明 $\Phi'_+(a) = f(a)$;若 $x = b$,取 $\Delta x < 0$,同理可证 $\Phi'_-(b) = f(b)$。   证毕

关于定理 7.5 的几点说明。

(1) 由定理 7.5 的结论和原函数的定义可知,由式(7.8)给出的积分上限函数 $\Phi(x)$ 是连续函数 $f(x)$ 的一个原函数。换句话说,定理 7.5 初步地揭示了积分学中定积分与原函数之间的联系;它也建立了导数和定积分之间的桥梁,将两个看似不相干的概念联系在一起。

(2) 定理 7.5 证明了结论"连续一定可积",即定理 7.1。

(3) 定理 7.5 的几何解释是:如图 7.6 所示,若函数 $y = f(x)$ 在区间 $[a,b]$ 上连续,且 $f(x) \geqslant 0$,积分上限的函数 $\Phi(x) = \int_a^x f(t)\mathrm{d}t (a \leqslant x \leqslant b)$ 表示由曲线 $y = f(x)$,x 轴及直线 $x = a$,$x = x$ 围成的曲边梯形的面积,它随 x 增加而单调递增,当 $x = b$ 时,$\Phi(b) = \int_a^b f(t)\mathrm{d}t$。

利用复合函数的求导法则及定积分对区间的可加性,不难证明如下推论成立。

推论 1 设函数 $f(x)$,$u(x)$ 和 $v(x)$ 在区间 $[a,b]$ 上连续,且 $u(x)$,$v(x)$ 可导,则有

(1) $\left(\int_a^{v(x)} f(t)\mathrm{d}t\right)' = \dfrac{\mathrm{d}}{\mathrm{d}x} \int_a^{v(x)} f(t)\mathrm{d}t = f[v(x)]v'(x)$; $\tag{7.11}$

(2) $\left(\int_{u(x)}^b f(t)\mathrm{d}t\right)' = \dfrac{\mathrm{d}}{\mathrm{d}x} \int_{u(x)}^b f(t)\mathrm{d}t = -f[u(x)]u'(x)$; $\tag{7.12}$

(3) $\left(\int_{u(x)}^{v(x)} f(t)\mathrm{d}t\right)' = \dfrac{\mathrm{d}}{\mathrm{d}x} \int_{u(x)}^{v(x)} f(t)\mathrm{d}t = f[v(x)]v'(x) - f[u(x)]u'(x)$。 $\tag{7.13}$

证明留作练习。

例 7.8 求下列函数的导数:

(1) $\displaystyle\int_0^x \frac{t\sin t}{1 + \cos^2 t}\mathrm{d}t$;   (2) $\displaystyle\int_0^{\sqrt{x}} \cos t^2 \mathrm{d}t$;

(3) $\int_{2x}^{1} \sin(1+t^2)\mathrm{d}t$;   (4) $\int_{x^2}^{x^3} \dfrac{1}{\sqrt{1+t^2}}\mathrm{d}t$ 。

分析 利用定理 7.5 和推论 1 计算。

解 (1) 由式(7.8)知，

$$\frac{\mathrm{d}}{\mathrm{d}x}\int_0^x \frac{t\sin t}{1+\cos^2 t}\mathrm{d}t = \frac{x\sin x}{1+\cos^2 x}。$$

(2) 由式(7.11)知，

$$\frac{\mathrm{d}}{\mathrm{d}x}\int_0^{\sqrt{x}} \cos t^2 \mathrm{d}t = \frac{\mathrm{d}}{\mathrm{d}u}\int_0^u \cos t^2 \mathrm{d}t \cdot \frac{\mathrm{d}u}{\mathrm{d}x} = \cos u^2 \cdot \frac{1}{2\sqrt{x}} = \frac{\cos x}{2\sqrt{x}}。$$

(3) 由式(7.12)知，

$$\frac{\mathrm{d}}{\mathrm{d}x}\int_{2x}^{1} \sin(1+t^2)\mathrm{d}t = -\sin(1+4x^2) \cdot 2 = -2\sin(1+4x^2)。$$

(4) 由式(7.13)知，

$$\frac{\mathrm{d}}{\mathrm{d}x}\int_{x^2}^{x^3} \frac{1}{\sqrt{1+t^2}}\mathrm{d}t = \frac{1}{\sqrt{1+x^6}}(x^3)' - \frac{1}{\sqrt{1+x^4}}(x^2)' = \frac{3x^2}{\sqrt{1+x^6}} - \frac{2x}{\sqrt{1+x^4}}。$$

例 7.9 求 $\lim\limits_{x\to 0} \dfrac{\int_0^{x^2} \ln(1+2t)\mathrm{d}t}{x^4}$ 。

分析 此题属于 $\dfrac{0}{0}$ 型未定式，利用洛必达法则和等价无穷小替换计算。

解 $\lim\limits_{x\to 0} \dfrac{\int_0^{x^2} \ln(1+2t)\mathrm{d}t}{x^4} = \lim\limits_{x\to 0} \dfrac{2x \cdot \ln(1+2x^2)}{4x^3} = \lim\limits_{x\to 0} \dfrac{2x \cdot 2x^2}{4x^3} = 1$ 。

例 7.10 已知函数 $f(x)$ 在区间 $[a,b]$ 上连续，且 $f(x)>0$ ，$F(x) = \int_a^x f(t)\mathrm{d}t + \int_b^x \dfrac{1}{f(t)}\mathrm{d}t$ 。证明：(1) $F'(x) \geqslant 2$ ；(2) 方程 $F(x)=0$ 在 (a,b) 内有且只有一个实根。

分析 对函数 $F(x)$ 直接求导数，利用平均值不等式证明(1)；利用零点定理和单调性证明(2)。

证 (1) 不难求得，$F'(x) = f(x) + \dfrac{1}{f(x)} \geqslant 2\sqrt{f(x) \cdot \dfrac{1}{f(x)}} = 2$ 。

(2) 由已知可得 $F(a) = \int_b^a \dfrac{1}{f(t)}\mathrm{d}t = -\int_a^b \dfrac{1}{f(t)}\mathrm{d}t < 0$ ，$F(b) = \int_a^b f(t)\mathrm{d}t > 0$ 。根据闭区间上连续函数的零点定理，方程 $F(x)=0$ 在 (a,b) 内至少有一个实根；由(1)知，$F'(x) \geqslant 2$ ，即函数 $F(x)$ 在区间 $[a,b]$ 上单调，因此方程 $F(x)=0$ 在 (a,b) 内有且有一个实根。 证毕

7.3.2 牛顿-莱布尼茨公式

定理 7.6(微积分基本定理) 若函数 $F(x)$ 是连续函数 $f(x)$ 在区间 $[a,b]$ 上的一个原函数，则

$$\int_a^b f(x)\mathrm{d}x = F(b) - F(a)。 \tag{7.14}$$

式(7.14)称为**牛顿-莱布尼茨公式**（**Newton-Leibniz formula**）；也称为**微积分基本公式**（**fundamental formula of the calculus**）。

分析 结合积分上限函数的定义及性质证明。

证 由定理 7.5 可知，积分上限函数 $\Phi(x)=\displaystyle\int_a^x f(t)\mathrm{d}t$ 是连续函数 $f(x)$ 的一个原函数；由已知，函数 $F(x)$ 也是 $f(x)$ 的一个原函数。于是

$$\Phi(x)-F(x)=C, \qquad x\in[a,b],$$

或

$$\int_a^x f(t)\mathrm{d}t=F(x)+C。$$

令 $x=a$，得 $\displaystyle\int_a^a f(t)\mathrm{d}t=F(a)+C$，即 $0=F(a)+C$，故 $C=-F(a)$。因此

$$\int_a^x f(t)\mathrm{d}t=F(x)-F(a)。$$

令 $x=b$，得

$$\int_a^b f(t)\mathrm{d}t=F(b)-F(a)。$$

将上式积分变量 t 改为 x 则定理得证。 证毕

关于定理 7.6 的几点说明。

(1) 为了方便，于是牛顿-莱布尼茨公式(7.14)又可写成

$$\int_a^b f(x)\mathrm{d}x=F(x)\,\Big|_a^b。$$

(2) 式(7.14)揭示了定积分与被积函数的原函数或不定积分之间的联系，它提供了一个计算定积分有效且简便的方法，大大简化了定积分的计算。

例 7.11 计算下列定积分：

(1) $\displaystyle\int_{-1}^1 \frac{1}{1+x^2}\mathrm{d}x$ ；

(2) $\displaystyle\int_0^\pi \sin x\,\mathrm{d}x$ ；

(3) $\displaystyle\int_1^4 \frac{1}{x}\mathrm{d}x$ ；

(4) $\displaystyle\int_0^{\frac{\pi}{4}} \frac{1}{\cos^2 x}\mathrm{d}x$ 。

分析 利用牛顿-莱布尼茨公式(7.14)计算。

解 (1) $\displaystyle\int_{-1}^1 \frac{1}{1+x^2}\mathrm{d}x=\arctan x\,\Big|_{-1}^1=\arctan 1-\arctan(-1)=\frac{\pi}{4}-\left(-\frac{\pi}{4}\right)=\frac{\pi}{2}$。

(2) $\displaystyle\int_0^\pi \sin x\,\mathrm{d}x=(-\cos x)\,\Big|_0^\pi=-[\cos\pi-\cos 0]=1-(-1)=2$。

(3) $\displaystyle\int_1^4 \frac{1}{x}\mathrm{d}x=\ln x\,\Big|_1^4=\ln 4-0=2\ln 2$。

(4) $\displaystyle\int_0^{\frac{\pi}{4}} \frac{1}{\cos^2 x}\mathrm{d}x=\tan x\,\Big|_0^{\frac{\pi}{4}}=\tan\frac{\pi}{4}-\tan 0=1-0=1$。

例 7.12 计算 $\displaystyle\int_0^2 |x-1|\,\mathrm{d}x$。

分析 在区间 $[0,2]$ 内，由于被积函数有正有负，需要选择合理的区间去掉绝对值符号，然后利用定积分对区间的可加性将原积分转化为两个定积分进行计算。

解　因为 $|x-1| = \begin{cases} 1-x, & x \leqslant 1, \\ x-1, & x > 1, \end{cases}$ 所以

$$\int_0^2 |x-1| \, \mathrm{d}x = \int_0^1 (1-x) \, \mathrm{d}x + \int_1^2 (x-1) \, \mathrm{d}x = \left(x - \frac{x^2}{2}\right)\Big|_0^1 + \left(\frac{x^2}{2} - x\right)\Big|_1^2 = 1_\circ$$

例 7.13　计算 $\displaystyle\int_0^{\pi} \sqrt{1 + \cos(2x)} \, \mathrm{d}x$。

分析　首先对被积函数进行化简,然后利用例 7.12 的方法计算。

解　$\displaystyle\int_0^{\pi} \sqrt{1 + \cos(2x)} \, \mathrm{d}x = \int_0^{\pi} \sqrt{2\cos^2 x} \, \mathrm{d}x = \sqrt{2} \int_0^{\pi} |\cos x| \, \mathrm{d}x$

$$= \sqrt{2}\left(\int_0^{\frac{\pi}{2}} \cos x \, \mathrm{d}x - \int_{\frac{\pi}{2}}^{\pi} \cos x \, \mathrm{d}x\right) = \sqrt{2}\left(\sin x \Big|_0^{\frac{\pi}{2}} - \sin x \Big|_{\frac{\pi}{2}}^{\pi}\right)$$

$$= 2\sqrt{2}_\circ$$

例 7.14　求下列极限:

(1) $\displaystyle\lim_{n\to\infty} \left\{\frac{1}{n^4}\left[1 + 2^3 + \cdots + (n-1)^3\right]\right\}$;

(2) $\displaystyle\lim_{n\to\infty} \left[n\left(\frac{1}{n^2+1} + \frac{1}{n^2+2^2} + \cdots + \frac{1}{n^2+n^2}\right)\right]_\circ$

分析　先将极限转化为定积分,然后利用定积分计算。

解　(1) 极限的等价形式为 $\displaystyle\lim_{n\to\infty} \left\{\frac{1}{n}\left[0 + \left(\frac{1}{n}\right)^3 + \left(\frac{2}{n}\right)^3 + \cdots + \left(\frac{n-1}{n}\right)^3\right]\right\}$。它可以看作

是函数 $y = x^3$ 在区间 $[0,1]$ 上的定积分。理由是:$\dfrac{1}{n}$ 表示将区间 $[0,1]$ 分成 n 等份的区间长

度,$\left(\dfrac{i-1}{n}\right)^3$ 表示函数 $y = x^3$ 在第 i 个子区间 $\left[\dfrac{i-1}{n}, \dfrac{i}{n}\right]$ $(i = 1, 2, \cdots, n)$ 上取的左端点。于是

$$\lim_{n\to\infty} \left\{\frac{1}{n^4}\left[1 + 2^3 + \cdots + (n-1)^3\right]\right\} = \int_0^1 x^3 \, \mathrm{d}x = \left(\frac{1}{4} x^4\right)\Big|_0^1 = \frac{1}{4}_\circ$$

(2) 利用(1)中使用的方法,该极限可以看作是函数 $y = \dfrac{1}{1+x^2}$ 在区间 $[0,1]$ 上的定积

分。理由是:$\dfrac{1}{n}$ 表示将区间 $[0,1]$ 分成 n 等份的区间长度,$\dfrac{1}{1+(i/n)^2}$ 表示函数 $y = \dfrac{1}{1+x^2}$ 在

第 i 个子区间 $\left[\dfrac{i-1}{n}, \dfrac{i}{n}\right]$ $(i = 1, 2, \cdots, n)$ 上取的右端点。于是

$$\lim_{n\to\infty} \left[n\left(\frac{1}{n^2+1} + \frac{1}{n^2+2^2} + \cdots + \frac{1}{n^2+n^2}\right)\right] = \int_0^1 \frac{1}{1+x^2} \, \mathrm{d}x = \arctan x \Big|_0^1 = \frac{\pi}{4}_\circ$$

思 考 题

1. 若函数 $f(x)$ 在区间 $[a, b]$ 上连续,则 $\displaystyle\int_a^x f(t) \, \mathrm{d}t$ 与 $\displaystyle\int_x^b f(u) \, \mathrm{d}u$ 是 x 的函数还是 t(或

u)的函数? 它们的导数是否存在? 如果存在,分别等于什么?

2. 当函数 $f(x)$ 在区间 $[a,b]$ 上有界,且只有有限个间断点时,由定理 7.2 知它是可积的,定积分 $\int_a^b f(x)\mathrm{d}x$ 是否可以用牛顿-莱布尼茨公式计算? 如果可以,如何计算?

3. 在用牛顿-莱布尼茨公式计算定积分 $\int_a^b f(x)\mathrm{d}x$ 时,如果被积函数是绝对值函数,该如何处理?

A 类题

1. 求下列函数的导数:

(1) $\int_0^x \sin\mathrm{e}^t \mathrm{d}t$;

(2) $\int_0^{x^2} \mathrm{e}^{-t^2} \mathrm{d}t$;

(3) $\int_{\sin x}^{\cos x} \cos(\pi t^2)\mathrm{d}t$;

(4) $\int_0^x x f(t)\mathrm{d}t$ 。

2. 求下列极限:

(1) $\lim\limits_{x\to 0} \dfrac{\int_0^x \arctan t\,\mathrm{d}t}{x^2}$;

(2) $\lim\limits_{x\to 0} \dfrac{\int_{\cos x}^1 \mathrm{e}^{-t^2}\,\mathrm{d}t}{x^2}$;

(3) $\lim\limits_{x\to 0} \dfrac{\int_0^{\sin x} \tan t\,\mathrm{d}t}{x^2}$;

(4) $\lim\limits_{x\to 0} \dfrac{\int_0^x (\arctan t)^2\,\mathrm{d}t}{x(\sqrt{1+x^2}-1)}$ 。

3. 求下列函数的定积分:

(1) $\int_1^8 (\sqrt[3]{x}+\dfrac{1}{x^2})\mathrm{d}x$;

(2) $\int_{\frac{1}{\sqrt{3}}}^{\sqrt{3}} \dfrac{1}{1+x^2}\mathrm{d}x$;

(3) $\int_{-\frac{1}{2}}^{\frac{1}{2}} \dfrac{1}{\sqrt{1-x^2}}\mathrm{d}x$;

(4) $\int_0^1 |2x-1|\,\mathrm{d}x$;

(5) $\int_0^{2\pi} |\sin x|\,\mathrm{d}x$;

(6) $\int_0^{\frac{\pi}{4}} \tan^2 x\,\mathrm{d}x$;

(7) $\int_{-1}^0 \dfrac{3x^4+3x^2+1}{x^2+1}\mathrm{d}x$;

(8) $\int_{-2}^3 \min\{x,x^2\}\mathrm{d}x$ 。

4. 已知函数 $f(x)=\begin{cases} 2-x, & x\leqslant 1, \\ x^2, & x>1。\end{cases}$ 求 $\int_0^2 f(x)\mathrm{d}x$ 。

5. 已知函数 $f(x)=\begin{cases} 1-\sin x, & x\leqslant 0, \\ 2\mathrm{e}^{2x}, & x>0。\end{cases}$ 求 $\int_{-1}^3 f(x)\mathrm{d}x$ 。

6. 求函数 $I(x)=\int_0^x (1+t)\arctan t\,\mathrm{d}t$ 的极小值?

7. 已知函数 $f(x)$ 在 $(-\infty,+\infty)$ 内连续,且 $f(x)>0$。证明:函数 $F(x)=\dfrac{\int_0^x t f(t)\mathrm{d}t}{\int_0^x f(t)\mathrm{d}t}$

在 $[0,+\infty)$ 内为单调递增函数。

类题

1. 已知 $F(x) = \int_0^x \dfrac{\sin t}{t} \mathrm{d}t$，求 $F'(0)$。

2. 求由 $\int_0^y \mathrm{e}^{-t^2} \mathrm{d}t + \int_0^x \cos(t^2) \mathrm{d}t = 0$ 所决定的隐函数对 x 的导数 $\dfrac{\mathrm{d}y}{\mathrm{d}x}$。

3. 求由参数表达式 $x = \int_0^t \sin u^2 \mathrm{d}u$，$y = \int_0^t \cos u^2 \mathrm{d}u$ 所给定的函数 y 对 x 的导数 $\dfrac{\mathrm{d}y}{\mathrm{d}x}$。

4. 已知函数 $f(x)$ 连续，且 $f(x) = 3x^2 + 2\int_0^1 f(t)\mathrm{d}t$。求 $f(x)$。

5. 已知函数 $f(x) = \begin{cases} x^2 + 2x - 2, & 0 \leqslant x \leqslant 1, \\ \cos(x-1), & 1 < x \leqslant 3。\end{cases}$ 求 $\varPhi(x) = \int_0^x f(t)\mathrm{d}t$，$0 \leqslant x \leqslant 3$。

6. 已知函数 $f(x) = \begin{cases} x + \mathrm{e}^x, & x < 0, \\ x^2 + 1, & x \geqslant 0, \end{cases}$ $F(x) = \int_{-1}^x f(t)\mathrm{d}t$。讨论 $F(x)$ 在 $x = 0$ 处的连续性与可导性。

7.4　换元积分法和分部积分法
Integration by substitution and integration by parts

由微积分学基本定理可知，在应用牛顿-莱布尼茨公式计算定积分 $\int_a^b f(x)\mathrm{d}x$ 时，需要先求出被积函数 $f(x)$ 的原函数，然后再求原函数在积分区间上的增量。在求不定积分 $\int f(x)\mathrm{d}x$ 时，即求被积函数 $f(x)$ 的原函数时，第 6 章中介绍了换元积分法和分部积分法。

自然的想法是：能否将这些方法用于计算定积分 $\int_a^b f(x)\mathrm{d}x$，如果可行，需要满足什么条件？本节将给出计算定积分的换元积分法和分部积分法。

7.4.1　定积分的换元积分法

定理 7.7　若函数 $y = f(x)$ 在闭区间 $[a,b]$ 上连续，函数 $x = \varphi(t)$ 在区间 $[\alpha,\beta]$（或 $[\beta,\alpha]$）上具有连续导数，且满足条件 $\varphi(\alpha) = a$，$\varphi(\beta) = b$，$a \leqslant \varphi(t) \leqslant b$，则有定积分的换元公式

$$\int_a^b f(x)\mathrm{d}x = \int_\alpha^\beta f[\varphi(t)]\varphi'(t)\mathrm{d}t。 \tag{7.15}$$

分析　利用复合函数的求导法则。

证　由假设知，式 (7.15) 两端的被积函数都是连续的，因此，它们的定积分都存在。若 $F(x)$ 是 $f(x)$ 的一个原函数，即 $F'(x) = f(x)$，则有 $\int_a^b f(x)\mathrm{d}x = F(b) - F(a)$。根据已知中提及的关于 $x = \varphi(t)$ 的信息，$F[\varphi(t)]$ 可以看作是由 $F(x)$ 和 $x = \varphi(t)$ 复合而成的函数。进一步地，由复合函数求导法则可得

$$\frac{\mathrm{d}}{\mathrm{d}t}(F[\varphi(t)]) = F'[\varphi(t)]\varphi'(t) = f[\varphi(t)]\varphi'(t),$$

这说明 $F[\varphi(t)]$ 是函数 $f[\varphi(t)]\varphi'(t)$ 的一个原函数。于是

$$\int_\alpha^\beta f[\varphi(t)]\varphi'(t)\mathrm{d}t = F[\varphi(\beta)] - F[\varphi(\alpha)] = F(b) - F(a) = \int_a^b f(x)\mathrm{d}x。 \qquad 证毕$$

关于定理 7.7 的几点说明。

(1) 定积分的换元公式与不定积分的换元公式从表面上看来都是用复合函数的求导法则证明的，形式上也类似，但是它们的计算目标却有本质的不同。不定积分的计算目标是求被积函数的原函数；而定积分是求得确定的数。

(2) 由式(7.15)可以看到，在用 $x = \varphi(t)$ 把变量 x 换成新变量 t 时，积分限也要换成相应于新变量 t 的积分限，且上限对应于上限，下限对应于下限，即"换元必换限"。

(3) 同样由式(7.15)及其证明过程可以看到，在求出 $f[\varphi(t)]\varphi'(t)$ 的一个原函数 $F[\varphi(t)]$ 后，不必作变量还原，换句话说，不用像求不定积分那样再把 $F[\varphi(t)]$ 变换成原自变量 x 的函数，只要把新的积分限分别代入 $F[\varphi(t)]$ 并求其差值就可以了。

(4) 当计算熟练以后，式(7.15)也可以反过来使用，即配元

$$\int_\alpha^\beta f[\varphi(t)]\varphi'(t)\mathrm{d}t = \int_\alpha^\beta f[\varphi(t)]\mathrm{d}\varphi(t),$$

注意"配元不换限"。

例 7.15 计算 $\displaystyle\int_0^2 \sqrt{4 - x^2}\,\mathrm{d}x$。

分析 换元去根号。

解 令 $x = 2\sin t$，$t \in \left[0, \dfrac{\pi}{2}\right]$，则 $\mathrm{d}x = 2\cos t\,\mathrm{d}t$。当 $x = 0$ 时，$t = 0$；当 $x = 2$ 时，$t = \dfrac{\pi}{2}$。由换元积分公式(7.15)得

$$\int_0^2 \sqrt{4 - x^2}\,\mathrm{d}x = 4\int_0^{\frac{\pi}{2}} \cos^2 t\,\mathrm{d}t = 4\int_0^{\frac{\pi}{2}} \frac{1 + \cos(2t)}{2}\,\mathrm{d}t = 2\left(t + \frac{1}{2}\sin(2t)\right)\Big|_0^{\frac{\pi}{2}} = \pi。$$

根据定积分在几何上的解释知，$\displaystyle\int_0^2 \sqrt{4 - x^2}\,\mathrm{d}x$ 的值为圆 $x^2 + y^2 = 2^2$ 面积的 $\dfrac{1}{4}$，与本题的计算结果相同。

例 7.16 计算 $\displaystyle\int_1^{\mathrm{e}} \frac{2}{x\sqrt[3]{\ln x + 1}}\,\mathrm{d}x$。

分析 先凑微分，再换元。

解 易见，$\mathrm{d}(\ln x) = \dfrac{1}{x}\mathrm{d}x$，可以进一步将其凑成根号里的形式 $\mathrm{d}(\ln x + 1) = \dfrac{1}{x}\mathrm{d}x$。令 $t = \ln x + 1$，则 $\mathrm{d}t = \dfrac{1}{x}\mathrm{d}x$。当 $x = 1$ 时，$t = 1$；当 $x = \mathrm{e}$ 时，$t = 2$。于是

$$\int_1^{\mathrm{e}} \frac{2}{x\sqrt[3]{\ln x + 1}}\,\mathrm{d}x = \int_1^2 \frac{2}{\sqrt[3]{t}}\,\mathrm{d}t = 3\sqrt[3]{t^2}\,\Big|_1^2 = 3\sqrt[3]{4} - 3。$$

例 7.17 计算 $\displaystyle\int_0^8 \frac{1}{1 + \sqrt[3]{x}}\,\mathrm{d}x$。

分析 先去根号，再根据具体情况计算。

解 令 $t = \sqrt[3]{x}$，则 $x = t^3$，$dx = 3t^2 dt$。当 $x = 0$ 时，$t = 0$；当 $x = 8$ 时，$t = 2$。从而

$$\int_0^8 \frac{1}{1+\sqrt[3]{x}} dx = \int_0^2 \frac{1}{1+t} 3t^2 dt = 3\int_0^2 \frac{t^2 - 1 + 1}{1+t} dt = 3\int_0^2 \left(t - 1 + \frac{1}{1+t}\right) dt$$

$$= 3\left[\frac{t^2}{2} - t + \ln(1+t)\right]\Big|_0^2 = 3\ln 3。$$

例 7.18 计算 $\int_0^\pi \sqrt{\sin^3 x - \sin^5 x}\, dx$。

分析 先去根号，再分区间去掉绝对值符号。

解 因为 $\sqrt{\sin^3 x - \sin^5 x} = |\cos x|\sin^{\frac{3}{2}} x$，所以

$$\int_0^\pi \sqrt{\sin^3 x - \sin^5 x}\, dx = \int_0^\pi \sin^{\frac{3}{2}} x\, |\cos x|\, dx$$

$$= \int_0^{\frac{\pi}{2}} \sin^{\frac{3}{2}} x \cos x\, dx - \int_{\frac{\pi}{2}}^\pi \sin^{\frac{3}{2}} x \cos x\, dx$$

$$= \int_0^{\frac{\pi}{2}} \sin^{\frac{3}{2}} x\, d(\sin x) - \int_{\frac{\pi}{2}}^\pi \sin^{\frac{3}{2}} x\, d(\sin x)$$

$$= \frac{2}{5}\sin^{\frac{5}{2}} x\Big|_0^{\frac{\pi}{2}} - \frac{2}{5}\sin^{\frac{5}{2}} x\Big|_{\frac{\pi}{2}}^\pi = \frac{2}{5} - \left(-\frac{2}{5}\right) = \frac{4}{5}。$$

例 7.19 已知函数 $f(x)$ 在区间 $[-a, a]$ 上连续。证明：

(1) 当 $f(x)$ 为偶函数时，有 $\int_{-a}^a f(x)dx = 2\int_0^a f(x)dx$；

(2) 当 $f(x)$ 为奇函数时，有 $\int_{-a}^a f(x)dx = 0$。

分析 利用定积分对区间的可加性和换元法讨论。

证 由定积分对区间的可加性，有

$$\int_{-a}^a f(x)dx = \int_{-a}^0 f(x)dx + \int_0^a f(x)dx。$$

在上式右端第一项中，令 $x = -t$，有 $dx = -dt$。于是

$$\int_{-a}^0 f(x)dx = -\int_a^0 f(-t)dt = \int_0^a f(-t)dt = \int_0^a f(-x)dx。$$

因此有

$$\int_{-a}^a f(x)dx = \int_0^a [f(x) + f(-x)]dx。$$

(1) 若 $f(x)$ 为偶函数，即 $f(-x) = f(x)$，则

$$\int_{-a}^a f(x)dx = 2\int_0^a f(x)dx。$$

(2) 若 $f(x)$ 为奇函数，即 $f(-x) = -f(x)$，则

$$\int_{-a}^a f(x)dx = 0。$$

证毕

通常情况下，例 7.19 的结果可以作为定理使用，结论是"偶倍奇零"。因此，当被积函数是奇函数或偶函数，且积分区间关于原点对称时，该定积分可以先简化，再计算。

例 7.20 计算 $\int_{-1}^1 x^2(|x| + \sin x)dx$。

分析 先分项,并利用结论"偶倍奇零"对积分简化,再计算。

解 因为积分区间关于原点对称,且 $x^2|x|$ 为偶函数, $x^2\sin x$ 为奇函数,所以

$$\int_{-1}^{1} x^2(|x|+\sin x)\,\mathrm{d}x = \int_{-1}^{1} x^2|x|\,\mathrm{d}x = 2\int_{0}^{1} x^3\,\mathrm{d}x = 2\cdot\frac{x^4}{4}\Big|_{0}^{1} = \frac{1}{2}。$$

例 7.21 已知函数 $f(x)$ 在区间 $[0,\pi]$ 上连续。证明:

(1) $\int_{0}^{\frac{\pi}{2}} f(\sin x)\,\mathrm{d}x = \int_{0}^{\frac{\pi}{2}} f(\cos x)\,\mathrm{d}x$;

(2) $\int_{0}^{\pi} x f(\sin x)\,\mathrm{d}x = \frac{\pi}{2}\int_{0}^{\pi} f(\sin x)\,\mathrm{d}x$,并由此计算 $\int_{0}^{\pi}\frac{x\sin x}{1+\cos^2 x}\,\mathrm{d}x$ 。

分析 选择合理的换元公式证明。

证 (1) 设 $x=\frac{\pi}{2}-t$,则 $\mathrm{d}x=-\mathrm{d}t$ 。当 $x=0$ 时, $t=\frac{\pi}{2}$;当 $x=\frac{\pi}{2}$ 时, $t=0$ 。于是

$$\int_{0}^{\frac{\pi}{2}} f(\sin x)\,\mathrm{d}x = -\int_{\frac{\pi}{2}}^{0} f\left[\sin\left(\frac{\pi}{2}-t\right)\right]\mathrm{d}t = \int_{0}^{\frac{\pi}{2}} f(\cos t)\,\mathrm{d}t = \int_{0}^{\frac{\pi}{2}} f(\cos x)\,\mathrm{d}x。$$

(2) 设 $x=\pi-t$,则 $\mathrm{d}x=-\mathrm{d}t$ 。当 $x=0$ 时, $t=\pi$;当 $x=\pi$ 时, $t=0$ 。于是

$$\int_{0}^{\pi} x f(\sin x)\,\mathrm{d}x = -\int_{\pi}^{0}(\pi-t)f[\sin(\pi-t)]\mathrm{d}t = \int_{0}^{\pi}(\pi-t)f(\sin t)\,\mathrm{d}t$$

$$= \pi\int_{0}^{\pi} f(\sin t)\,\mathrm{d}t - \int_{0}^{\pi} t f(\sin t)\,\mathrm{d}t$$

$$= \pi\int_{0}^{\pi} f(\sin x)\,\mathrm{d}x - \int_{0}^{\pi} x f(\sin x)\,\mathrm{d}x,$$

所以

$$\int_{0}^{\pi} x f(\sin x)\,\mathrm{d}x = \frac{\pi}{2}\int_{0}^{\pi} f(\sin x)\,\mathrm{d}x。$$

由于 $g(x)=\dfrac{\sin x}{1+\cos^2 x}=\dfrac{\sin x}{2-\sin^2 x}$ 是关于 $\sin x$ 的函数,因此

$$\int_{0}^{\pi}\frac{x\sin x}{1+\cos^2 x}\,\mathrm{d}x = \frac{\pi}{2}\int_{0}^{\pi}\frac{\sin x}{1+\cos^2 x}\,\mathrm{d}x = -\frac{\pi}{2}\int_{0}^{\pi}\frac{1}{1+\cos^2 x}\,\mathrm{d}(\cos x)$$

$$= -\frac{\pi}{2}\arctan(\cos x)\Big|_{0}^{\pi} = -\frac{\pi}{2}\left(-\frac{\pi}{4}-\frac{\pi}{4}\right) = \frac{\pi^2}{4}。 \qquad 证毕$$

例 7.22 已知 $f(x)$ 是连续的周期函数,周期为 T 。证明:

(1) $\int_{a}^{a+T} f(x)\,\mathrm{d}x = \int_{0}^{T} f(x)\,\mathrm{d}x$;

(2) $\int_{a}^{a+nT} f(x)\,\mathrm{d}x = n\int_{0}^{T} f(x)\,\mathrm{d}x$,并由此计算 $\int_{0}^{n\pi}\sqrt{1+\sin(2x)}\,\mathrm{d}x$,其中 $n\in\mathbf{N}$ 。

分析 选择合理的换元公式证明。

证 (1) 记 $\Phi(a)=\int_{a}^{a+T} f(x)\,\mathrm{d}x$,则

$$\Phi'(a) = \left[\int_{0}^{a+T} f(x)\,\mathrm{d}x - \int_{0}^{a} f(x)\,\mathrm{d}x\right]' = f(a+T)-f(a)=0,$$

因此 $\Phi(a)$ 与 a 无关, $\Phi(a)=\Phi(0)$,即

$$\int_{a}^{a+T} f(x)\,\mathrm{d}x = \int_{0}^{T} f(x)\,\mathrm{d}x。$$

(2) $\displaystyle\int_a^{a+nT} f(x)\mathrm{d}x = \sum_{k=0}^{n-1}\int_{a+kT}^{a+kT+T} f(x)\mathrm{d}x$ ，由（1）知

$$\int_{a+kT}^{a+kT+T} f(x)\mathrm{d}x = \int_0^T f(x)\mathrm{d}x,$$

因此

$$\int_a^{a+nT} f(x)\mathrm{d}x = n\int_0^T f(x)\mathrm{d}x, \quad n\in\mathbf{N}_{\circ}$$

由于 $\sqrt{1+\sin(2x)}$ 是以 π 为周期的周期函数，利用上述结论，有

$$\int_0^{n\pi}\sqrt{1+\sin(2x)}\,\mathrm{d}x = n\int_0^{\pi}\sqrt{1+\sin(2x)}\,\mathrm{d}x = n\int_0^{\pi}\mid\sin x+\cos x\mid\mathrm{d}x$$

$$= \sqrt{2}\,n\int_0^{\pi}\left|\sin\left(x+\frac{\pi}{4}\right)\right|\mathrm{d}x = \sqrt{2}\,n\int_{\frac{\pi}{4}}^{\frac{5\pi}{4}}\mid\sin t\mid\mathrm{d}t$$

$$= \sqrt{2}\,n\int_0^{\pi}\mid\sin t\mid\mathrm{d}t = \sqrt{2}\,n\int_0^{\pi}\sin t\,\mathrm{d}t = 2\sqrt{2}\,n_{\circ} \qquad\qquad 证毕$$

7.4.2 定积分的分部积分法

定理 7.8 若函数 $u=u(x),v=v(x)$ 在区间 $[a,b]$ 上具有连续导数，则有**分部积分公式**（**integration by parts**）

$$\int_a^b u(x)v'(x)\mathrm{d}x = (u(x)v(x))\Big|_a^b - \int_a^b v(x)u'(x)\mathrm{d}x_{\circ} \qquad\qquad (7.16)$$

证 由于 $u(x)v(x)$ 是 $u'(x)v(x)+u(x)v'(x)$ 在区间 $[a,b]$ 上的一个原函数，因此有

$$\int_a^b u(x)v'(x)\mathrm{d}x + \int_a^b v(x)u'(x)\mathrm{d}x = \int_a^b (u(x)v'(x)+v(x)u'(x))\mathrm{d}x$$

$$= \int_a^b \mathrm{d}(u(x)v(x)) = u(x)v(x)\Big|_a^b,$$

将上式移项即得式（7.16）。 证毕

式（7.16）也可以记作

$$\int_a^b u\,\mathrm{d}v = (uv)\Big|_a^b - \int_a^b v\,\mathrm{d}u_{\circ}$$

例 7.23 计算下列定积分：

(1) $\displaystyle\int_0^1 x\mathrm{e}^{-x}\,\mathrm{d}x$ ； (2) $\displaystyle\int_0^1 \arctan x\,\mathrm{d}x$ ； (3) $\displaystyle\int_0^4 \mathrm{e}^{\sqrt{x}}\,\mathrm{d}x_{\circ}$

分析 利用式（7.16）计算。

解 (1) $\displaystyle\int_0^1 x\mathrm{e}^{-x}\,\mathrm{d}x = -\int_0^1 x\,\mathrm{d}(\mathrm{e}^{-x}) = -(x\mathrm{e}^{-x})\Big|_0^1 + \int_0^1 \mathrm{e}^{-x}\,\mathrm{d}x$

$$= -(\mathrm{e}^{-1}-0) - \int_0^1 \mathrm{e}^{-x}\,\mathrm{d}(-x)$$

$$= -\mathrm{e}^{-1} - \mathrm{e}^{-x}\Big|_0^1 = -\mathrm{e}^{-1} - (\mathrm{e}^{-1}-1) = 1-2\mathrm{e}^{-1}_{\circ}$$

(2) 设 $u=\arctan x,\mathrm{d}v=\mathrm{d}x$ ，则 $\mathrm{d}u=\dfrac{1}{1+x^2}\mathrm{d}x,v=x_{\circ}$ 于是

$$\int_0^1 \arctan x\,\mathrm{d}x = (x\arctan x)\Big|_0^1 - \int_0^1 \frac{x}{1+x^2}\mathrm{d}x = \frac{\pi}{4} - \frac{1}{2}\int_0^1 \frac{\mathrm{d}(1+x^2)}{1+x^2}$$

$$= \frac{\pi}{4} - \frac{1}{2}\left[\ln(1+x^2)\right]\Big|_0^1 = \frac{\pi}{4} - \frac{1}{2}\ln 2。$$

(3) 设 $\sqrt{x} = t$，则 $\mathrm{d}x = 2t\,\mathrm{d}t$。当 $x=0$ 时，$t=0$；当 $x=4$ 时，$t=2$。于是

$$\int_0^4 \mathrm{e}^{\sqrt{x}}\,\mathrm{d}x = 2\int_0^2 t\mathrm{e}^t\,\mathrm{d}t = 2\int_0^2 t\,\mathrm{d}\mathrm{e}^t = 2(t\mathrm{e}^t)\Big|_0^2 - 2\int_0^2 \mathrm{e}^t\,\mathrm{d}t = 4\mathrm{e}^2 - 2\mathrm{e}^t\Big|_0^2 = 2(\mathrm{e}^2+1)。$$

例 7.24　求 $I_n = \int_0^{\frac{\pi}{2}} \sin^n x\,\mathrm{d}x \left(= \int_0^{\frac{\pi}{2}} \cos^n x\,\mathrm{d}x\right)(n \in \mathbf{Z}_+)$ 的递推公式。

分析　利用分部积分法给出逻辑关系，进而给出递推公式。

解　易见，$I_0 = \int_0^{\frac{\pi}{2}}\mathrm{d}x = \frac{\pi}{2}$，$I_1 = \int_0^{\frac{\pi}{2}}\sin x\,\mathrm{d}x = 1$。当 $n \geqslant 2$ 时，有

$$I_n = \int_0^{\frac{\pi}{2}}\sin^n x\,\mathrm{d}x = -\int_0^{\frac{\pi}{2}}\sin^{n-1}x\,\mathrm{d}\cos x$$

$$= (-\sin^{n-1}x\cos x)\Big|_0^{\frac{\pi}{2}} + (n-1)\int_0^{\frac{\pi}{2}}\sin^{n-2}x\cos^2 x\,\mathrm{d}x$$

$$= (n-1)\int_0^{\frac{\pi}{2}}\sin^{n-2}x\,\mathrm{d}x - (n-1)\int_0^{\frac{\pi}{2}}\sin^n x\,\mathrm{d}x$$

$$= (n-1)I_{n-2} - (n-1)I_n。$$

从而得到递推公式 $I_n = \dfrac{n-1}{n}I_{n-2}$。反复用此公式直到下标为 0 或 1，得

$$I_n = \begin{cases} \dfrac{2m-1}{2m} \cdot \dfrac{2m-3}{2m-2} \cdots \dfrac{5}{6} \cdot \dfrac{3}{4} \cdot \dfrac{1}{2} \cdot \dfrac{\pi}{2}, & n=2m, \\[3mm] \dfrac{2m}{2m+1} \cdot \dfrac{2m-2}{2m-1} \cdots \dfrac{6}{7} \cdot \dfrac{4}{5} \cdot \dfrac{2}{3} \cdot 1, & n=2m+1, \end{cases}$$

其中 $m \in \mathbf{Z}_+$。

根据例 7.21(1) 的结果有 $\int_0^{\frac{\pi}{2}}\sin^n x\,\mathrm{d}x = \int_0^{\frac{\pi}{2}}\cos^n x\,\mathrm{d}x$。可见二者的递推公式相同。

习 题 7.4

思 考 题

1. 例 7.16 中，如果不明显写出新变量 t（即利用凑微分法）能否求出该定积分？此时定积分的上、下限是否需要改变？

2. 若函数 $f(t)$ 连续，且为奇（偶）函数，则 $\int_0^x f(t)\,\mathrm{d}t$ 是偶（奇）函数。这种说法是否正确？说明理由。

3. 在利用换元法计算定积分时，定理 7.7 中的条件"函数 $x = \varphi(t)$ 在区间 $[\alpha, \beta]$（或 $[\beta, \alpha]$）上具有连续导数"是否可以忽略？说明理由。

A 类题

1. 计算下列定积分:

(1) $\displaystyle\int_0^{\sqrt 2}\sqrt{2-x^2}\,\mathrm dx$;

(2) $\displaystyle\int_{\frac1e}^{e}|\ln x|\,\mathrm dx$;

(3) $\displaystyle\int_0^4\frac{x+2}{\sqrt{2x+1}}\,\mathrm dx$;

(4) $\displaystyle\int_0^{\pi}\cos^4 x\sin x\,\mathrm dx$;

(5) $\displaystyle\int_0^1\frac{1}{e^x+e^{-x}}\,\mathrm dx$;

(6) $\displaystyle\int_1^{e}\frac{1+\ln x}{x}\,\mathrm dx$;

(7) $\displaystyle\int_{-a}^{a}\frac{x^2\sin x}{x^4+x^2+3}\,\mathrm dx$,其中 $a>0$;

(8) $\displaystyle\int_{-\frac12}^{\frac12}\frac{(\arcsin x)^2}{\sqrt{1-x^2}}\,\mathrm dx$;

(9) $\displaystyle\int_0^{\frac{\pi}{2}}x^2\sin x\,\mathrm dx$;

(10) $\displaystyle\int_0^{\frac12}\arcsin x\,\mathrm dx$ 。

2. 已知 $k,l\in\mathbf Z_+$,且 $k\neq l$。证明:

(1) $\displaystyle\int_{-\pi}^{\pi}\cos(kx)\sin(lx)\,\mathrm dx=0$;

(2) $\displaystyle\int_{-\pi}^{\pi}\cos(kx)\cos(lx)\,\mathrm dx=0$;

(3) $\displaystyle\int_{-\pi}^{\pi}\sin(kx)\sin(lx)\,\mathrm dx=0$ 。

3. 已知函数 $f(x)$ 在区间 $[a,b]$ 上连续,证明:

(1) $\displaystyle\int_a^b f(x)\,\mathrm dx=\int_a^b f(a+b-x)\,\mathrm dx$; (2) $\displaystyle\int_a^b f(x)\,\mathrm dx=(b-a)\int_0^1 f[a+(b-a)x]\,\mathrm dx$ 。

4. 证明: $\displaystyle\int_x^1\frac{1}{1+t^2}\,\mathrm dt=\int_1^{\frac1x}\frac{1}{1+t^2}\,\mathrm dt$,其中 $x>0$ 。

5. 已知函数 $f(x)$ 的二阶导数 $f''(x)$ 在区间 $[0,1]$ 上连续,且 $f(0)=1,f(2)=3,f'(2)=5$ 。求 $\displaystyle\int_0^1 xf''(2x)\,\mathrm dx$ 。

6. 已知 $\displaystyle\int_x^{\ln2}\frac{1}{\sqrt{e^t-1}}\,\mathrm dt=\frac{\pi}{6}$,求 x 。

B 类题

1. 计算下列定积分:

(1) $\displaystyle\int_0^1\frac{1}{\sqrt{1-x}+1}\,\mathrm dx$;

(2) $\displaystyle\int_0^{\frac{\pi}{2}}\cos^3 x\sin(2x)\,\mathrm dx$;

(3) $\displaystyle\int_{-\frac{\pi}{2}}^{\frac{\pi}{2}}\sqrt{\cos^2 x-\cos^4 x}\,\mathrm dx$;

(4) $\displaystyle\int_1^{e}x\ln x\,\mathrm dx$;

(5) $\displaystyle\int_1^{e}\sin(\ln x)\,\mathrm dx$;

(6) $\displaystyle\int_0^{\frac{\pi}{2}}e^x\sin x\,\mathrm dx$;

(7) $\displaystyle\int_0^1 x\arctan x\,\mathrm dx$;

(8) $\displaystyle\int_0^4 x\sqrt{4x-x^2}\,\mathrm dx$;

(9) $\displaystyle\int_{-1}^1\frac{\sin x+x\cos x}{1+\sqrt{1-x^2}}\,\mathrm dx$;

(10) $\displaystyle\int_{-2}^2\frac{x+|x|}{2+x^2}\,\mathrm dx$ 。

2. 已知函数 $f(x) = \begin{cases} x\mathrm{e}^{-x^2}, & x \geqslant 0, \\ \dfrac{\mathrm{e}^x + \mathrm{e}^{-x}}{2}, & -1 < x < 0. \end{cases}$ 求 $\displaystyle\int_1^4 f(x-2)\mathrm{d}x$。

3. 计算 $\displaystyle\int_0^1 xf(x)\mathrm{d}x$，其中 $f(x) = \displaystyle\int_1^{x^2} \dfrac{\sin t}{t}\mathrm{d}t$。

4. 证明：$\displaystyle\int_0^1 x^m(1-x)^n\mathrm{d}x = \int_0^1 x^n(1-x)^m\mathrm{d}x$。

5. 证明：$\displaystyle\int_0^{\frac{\pi}{2}} \dfrac{\sin^3 x}{\sin x + \cos x}\mathrm{d}x = \int_0^{\frac{\pi}{2}} \dfrac{\cos^3 x}{\sin x + \cos x}\mathrm{d}x$，并求出积分值。

6. 已知函数 $f(x)$ 的二阶导数 $f''(x)$ 在区间 $[0,\pi]$ 上连续，$f(0)=2$，$f(\pi)=1$。计算
$$\int_0^\pi [f(x) + f''(x)]\sin x\,\mathrm{d}x。$$

7.5 反常积分

Improper integrals

在讨论定积分时需要满足两个基本条件：一个是积分区间是有限的；另一个是被积函数是有界的。相应地，定积分称为正常积分或常义积分。当这两个条件被破坏时，即积分区间为无穷区间或者被积函数为无界函数的积分，它们已经不属于前面所述的定积分范畴，统称为**反常积分**或**广义积分**。这两类积分在许多工程应用问题中经常遇到。

7.5.1 无穷区间上的反常积分

定义 7.2 设函数 $f(x)$ 在无穷区间 $[a,+\infty)$ 上有定义，且对于任何大于 a 的实数 t，函数在 $[a,t]$ 上可积，若存在极限
$$\lim_{t \to +\infty} \int_a^t f(x)\mathrm{d}x = J,$$
则称 J 为函数 $f(x)$ 在无穷区间 $[a,+\infty)$ 上的**反常积分**（**improper integral**）或广义积分，记为 $\displaystyle\int_a^{+\infty} f(x)\mathrm{d}x$，即
$$\int_a^{+\infty} f(x)\mathrm{d}x = \lim_{t \to +\infty} \int_a^t f(x)\mathrm{d}x。$$
当极限存在时，则称反常积分 $\displaystyle\int_a^{+\infty} f(x)\mathrm{d}x$ **收敛**（**convergence**），并称此极限为该反常积分的值；否则称反常积分 $\displaystyle\int_a^{+\infty} f(x)\mathrm{d}x$ **发散**（**divergence**）。

类似地，可以定义函数 $f(x)$ 在无穷区间 $(-\infty,b]$ 上的反常积分
$$\int_{-\infty}^b f(x)\mathrm{d}x = \lim_{t \to -\infty} \int_t^b f(x)\mathrm{d}x。$$

函数 $f(x)$ 在无穷区间 $(-\infty,+\infty)$ 上的反常积分，可以用前面两种反常积分的定义，即
$$\int_{-\infty}^{+\infty} f(x)\mathrm{d}x = \int_{-\infty}^c f(x)\mathrm{d}x + \int_c^{+\infty} f(x)\mathrm{d}x,$$

其中，c 为任一实常数。当且仅当 $\int_{-\infty}^{c} f(x)\mathrm{d}x$ 与 $\int_{c}^{+\infty} f(x)\mathrm{d}x$ 同时收敛时，反常积分 $\int_{-\infty}^{+\infty} f(x)\mathrm{d}x$ 才是收敛的。换句话说，若 $\int_{-\infty}^{c} f(x)\mathrm{d}x$ 与 $\int_{c}^{+\infty} f(x)\mathrm{d}x$ 中有一个发散时，则反常积分 $\int_{-\infty}^{+\infty} f(x)\mathrm{d}x$ 一定是发散的。

由上述讨论知，反常积分 $\int_{-\infty}^{+\infty} f(x)\mathrm{d}x$ 的收敛性及收敛时的值与 c 的选取无关，并且它在任何有限区间 $[u,v] \subset (-\infty,+\infty)$ 上必须可积。

上述三种反常积分统称为**无穷区间上的反常积分**。

例 7.25　计算下列反常积分：

(1) $\int_{0}^{+\infty} \dfrac{1}{1+x^2}\mathrm{d}x$ ；　　　(2) $\int_{-\infty}^{0} \dfrac{1}{1+x^2}\mathrm{d}x$ ；　　　(3) $\int_{-\infty}^{+\infty} \dfrac{1}{1+x^2}\mathrm{d}x$ 。

分析　利用反常积分的定义计算。

解　(1) $\int_{0}^{+\infty} \dfrac{1}{1+x^2}\mathrm{d}x = \lim\limits_{t\to+\infty}\int_{0}^{t} \dfrac{1}{1+x^2}\mathrm{d}x = \lim\limits_{t\to+\infty}\arctan t - 0 = \dfrac{\pi}{2}$ 。

(2) $\int_{-\infty}^{0} \dfrac{1}{1+x^2}\mathrm{d}x = \lim\limits_{t\to-\infty}\int_{t}^{0} \dfrac{1}{1+x^2}\mathrm{d}x = 0 - \lim\limits_{t\to-\infty}\arctan t = \dfrac{\pi}{2}$ 。

(3) $\int_{-\infty}^{+\infty} \dfrac{1}{1+x^2}\mathrm{d}x = \int_{0}^{+\infty} \dfrac{1}{1+x^2}\mathrm{d}x + \int_{-\infty}^{0} \dfrac{1}{1+x^2}\mathrm{d}x = \dfrac{\pi}{2} + \dfrac{\pi}{2} = \pi$ 。

反常积分 $\int_{0}^{+\infty} \dfrac{1}{1+x^2}\mathrm{d}x$ 在几何上的解释是：位于曲线 $y = \dfrac{1}{1+x^2}$ 下方，x 轴上方以及 y 轴右方，并向右延伸至无穷的阴影部分的面积，且面积大小为 $\dfrac{\pi}{2}$，如图 7.7(a) 所示；反常积分 $\int_{-\infty}^{+\infty} \dfrac{1}{1+x^2}\mathrm{d}x$ 是位于曲线 $y = \dfrac{1}{1+x^2}$ 下方，x 轴上方，并两端延伸至无穷的阴影部分的面积，且面积大小为 π，如图 7.7(b) 所示。

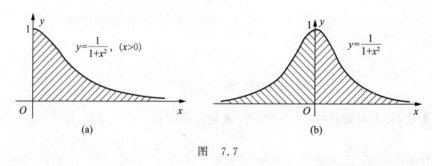

图　7.7

定义 7.2′　设 $F(x)$ 是函数 $f(x)$ 在无穷区间 $[a,+\infty)$ 上的原函数。若 $\lim\limits_{x\to+\infty} F(x)$ 存在，则称反常积分收敛。引入记号 $\lim\limits_{x\to+\infty} F(x) = F(+\infty)$，有

$$\int_{a}^{+\infty} f(x)\mathrm{d}x = \lim\limits_{x\to+\infty} F(x) - F(a) = F(+\infty) - F(a) 。$$

若 $\lim\limits_{x \to +\infty} F(x)$ 不存在,则称反常积分 $\int_a^{+\infty} f(x)\mathrm{d}x$ 发散。

类似地,有下面记号

$$\int_{-\infty}^b f(x)\mathrm{d}x = F(b) - \lim\limits_{x \to -\infty} F(x) = F(x)\Big|_{-\infty}^b = F(b) - F(-\infty);$$

$$\int_{-\infty}^{+\infty} f(x)\mathrm{d}x = \lim\limits_{x \to +\infty} F(x) - \lim\limits_{x \to -\infty} F(x) = F(x)\Big|_{-\infty}^{+\infty} = F(+\infty) - F(-\infty)。$$

例 7.26 讨论 $\int_{-\infty}^1 \dfrac{x}{1+x^2}\mathrm{d}x$ 的敛散性。

分析 利用凑微分法求出原函数,再判断。

解 $\int_{-\infty}^1 \dfrac{x}{1+x^2}\mathrm{d}x = \dfrac{1}{2}\int_{-\infty}^1 \dfrac{\mathrm{d}(1+x^2)}{1+x^2} = \dfrac{1}{2}\ln(1+x^2)\Big|_{-\infty}^1 = -\infty$。因此,$\int_{-\infty}^1 \dfrac{x}{1+x^2}\mathrm{d}x$ 发散。

例 7.27 计算 $\int_0^{+\infty} t\mathrm{e}^{-pt}\mathrm{d}t$,其中 p 是常数,且 $p > 0$。

分析 利用分部积分法求出原函数,再计算。

解 利用分部积分法不难求得 $\int t\mathrm{e}^{-pt}\mathrm{d}t$ 的原函数为 $-\dfrac{1}{p}t\mathrm{e}^{-pt} - \dfrac{1}{p^2}\mathrm{e}^{-pt}$。于是

$$\int_0^{+\infty} t\mathrm{e}^{-pt}\mathrm{d}t = \left(-\dfrac{1}{p}t\mathrm{e}^{-pt} - \dfrac{1}{p^2}\mathrm{e}^{-pt}\right)\Big|_0^{+\infty} = -\dfrac{1}{p}\lim\limits_{t \to +\infty}(t\mathrm{e}^{-pt}) - \left(-\dfrac{1}{p^2}\right) = \dfrac{1}{p^2}。$$

上式中,$\lim\limits_{t \to +\infty}(t\mathrm{e}^{-pt})$ 是未定式,$\lim\limits_{t \to +\infty}(t\mathrm{e}^{-pt}) = \lim\limits_{t \to +\infty}\dfrac{t}{\mathrm{e}^{pt}} = \lim\limits_{t \to +\infty}\dfrac{1}{p\mathrm{e}^{pt}} = 0$。

例 7.28 讨论 $\int_1^{+\infty} \dfrac{1}{x^p}\mathrm{d}x$ 的敛散性。

分析 首先分情况求出原函数,再讨论反常积分的敛散性。

解 (1) 当 $p = 1$ 时,$\int_1^{+\infty} \dfrac{1}{x^p}\mathrm{d}x = \int_1^{+\infty} \dfrac{1}{x}\mathrm{d}x = \ln x\Big|_1^{+\infty} = +\infty$;

(2) 当 $p \neq 1$ 时,$\int_1^{+\infty} \dfrac{1}{x^p}\mathrm{d}x = \dfrac{x^{1-p}}{1-p}\Big|_1^{+\infty} = \begin{cases} +\infty, & p < 1, \\ \dfrac{1}{p-1}, & p > 1。 \end{cases}$

因此,当 $p > 1$ 时,$\int_1^{+\infty} \dfrac{1}{x^p}\mathrm{d}x$ 收敛,其值为 $\dfrac{1}{p-1}$;当 $p \leqslant 1$ 时,$\int_1^{+\infty} \dfrac{1}{x^p}\mathrm{d}x$ 发散。

7.5.2 无界函数的反常积分

若函数 $f(x)$ 在点 a 的任一邻域内都无界,则点 a 称为函数 $f(x)$ 的**瑕点**(也称为无穷间断点)。无界函数的反常积分也称为**瑕积分**。具体地说,有如下定义。

定义 7.3 设函数 $f(x)$ 在 $[a,b]$ 上连续,b 为 $f(x)$ 的瑕点。若对任意的 $\varepsilon > 0$,且 $b - \varepsilon > a$,存在极限

$$\lim\limits_{\varepsilon \to 0^+} \int_a^{b-\varepsilon} f(x)\mathrm{d}x = J,$$

则称极限 J 为无界函数 $f(x)$ 在 $[a,b]$ 上的**反常积分**（或**瑕积分**），记作 $J = \int_a^b f(x)\mathrm{d}x$，即

$$\int_a^b f(x)\mathrm{d}x = \lim_{\varepsilon \to 0^+} \int_a^{b-\varepsilon} f(x)\mathrm{d}x \, .$$

当极限 J 存在时，则称反常积分 $\int_a^b f(x)\mathrm{d}x$ 收敛，并称此极限为该反常积分的值；若极限不存在，则称反常积分 $\int_a^b f(x)\mathrm{d}x$ 发散。

类似地，若函数 $f(x)$ 在 $(a,b]$ 上连续，且 a 为 $f(x)$ 的瑕点，则函数 $f(x)$ 在 $(a,b]$ 上的反常积分定义为

$$\int_a^b f(x)\mathrm{d}x = \lim_{\varepsilon \to 0^+} \int_{a+\varepsilon}^b f(x)\mathrm{d}x \, .$$

若函数 $f(x)$ 在 $[a,c),(c,b]$ 内连续，$x=c$ 为 $f(x)$ 的瑕点，则函数 $f(x)$ 在 $[a,b]$ 上的反常积分定义为

$$\int_a^b f(x)\mathrm{d}x = \int_a^c f(x)\mathrm{d}x + \int_c^b f(x)\mathrm{d}x = \lim_{\varepsilon_1 \to 0^+} \int_a^{c-\varepsilon_1} f(x)\mathrm{d}x + \lim_{\varepsilon_2 \to 0^+} \int_{c+\varepsilon_2}^b f(x)\mathrm{d}x \, ,$$

其中 ε_1 和 ε_2 是彼此无关的正数。当且仅当两个反常积分 $\int_a^c f(x)\mathrm{d}x$ 和 $\int_c^b f(x)\mathrm{d}x$ 同时收敛时，反常积分 $\int_a^b f(x)\mathrm{d}x$ 才是收敛的。

例 7.29　计算 $\int_0^2 \dfrac{1}{\sqrt{4-x^2}}\mathrm{d}x$。

分析　找出瑕点，利用定义 7.3 计算。

解　因为 $\lim\limits_{x \to 2^-} \dfrac{1}{\sqrt{4-x^2}} = +\infty$，所以 $x=2$ 为瑕点。于是

$$\int_0^2 \frac{1}{\sqrt{4-x^2}}\mathrm{d}x = \lim_{\varepsilon \to 0^+} \int_0^{2-\varepsilon} \frac{1}{\sqrt{4-x^2}}\mathrm{d}x = \lim_{\varepsilon \to 0^+} \arcsin \frac{x}{2} \Big|_0^{2-\varepsilon} = \lim_{\varepsilon \to 0^+} \arcsin \frac{2-\varepsilon}{2} - 0 = \frac{\pi}{2} \, .$$

反常积分 $\int_0^2 \dfrac{1}{\sqrt{4-x^2}}\mathrm{d}x$ 在几何上的解释是：位于

$y = \dfrac{1}{\sqrt{4-x^2}}$ 下方，x 轴上方，直线 $x=0$ 与 $x=2$ 之间的图

形的面积，如图 7.8 所示。

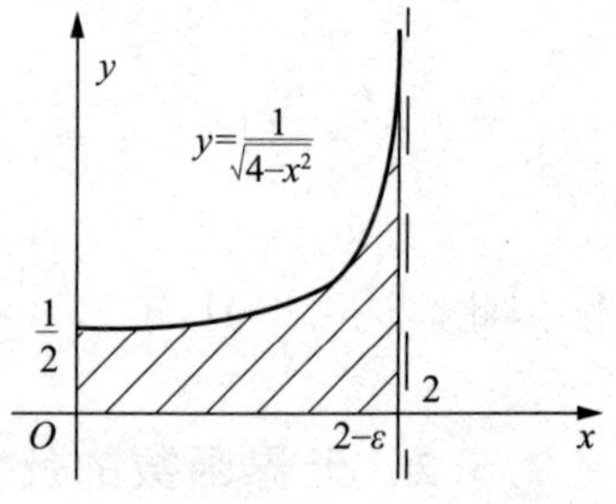

例 7.30　讨论 $\int_{-1}^1 \dfrac{1}{x^2}\mathrm{d}x$ 的敛散性。

图 7.8

分析　找出隐含的瑕点，然后利用定义 7.3 计算。

解　被积函数 $f(x) = \dfrac{1}{x^2}$ 在区间 $[-1,1]$ 上除 $x=0$ 外连续，且 $\lim\limits_{x \to 0} \dfrac{1}{x^2} = +\infty$，因此 $x=0$ 是瑕点。由于

$$\lim_{\varepsilon \to 0^+} \int_{-1}^{0-\varepsilon} \frac{1}{x^2}\mathrm{d}x = \lim_{\varepsilon \to 0^+} \left(-\frac{1}{x} \right) \Big|_{-1}^{-\varepsilon} = \lim_{\varepsilon \to 0^+} \left(\frac{1}{\varepsilon} - 1 \right) = +\infty \, ,$$

即反常积分 $\int_{-1}^{0} \frac{1}{x^2}\mathrm{d}x$ 发散,所以反常积分 $\int_{-1}^{1} \frac{1}{x^2}\mathrm{d}x$ 发散。

在计算上述两类反常积分时,要特别注意以下几点。

(1) 判别无穷区间上的反常积分是显而易见的,但是在判别瑕积分时,瑕点非常容易被忽略,特别是瑕点位于积分区间内部的时候。如在例 7.30 中,若忽略了函数 $y = \frac{1}{x^2}$ 的瑕点 $x = 0$,直接按定积分计算,则得出错误结果

$$\int_{-1}^{1} \frac{1}{x^2}\mathrm{d}x = -\frac{1}{x}\Big|_{-1}^{1} = -1 - 1 = -2 \text{。}$$

(2) 关于定积分的计算方法与性质,不能随意地直接应用到反常积分中,否则也容易出错。如 $\int_{-\infty}^{+\infty} \frac{x}{1+x^2}\mathrm{d}x$ 是发散的,而如果利用此被积函数是对称区间上的奇函数特性"偶倍奇零",就会得到积分为零的错误结果。

例 7.31 讨论 $\int_{0}^{1} \frac{1}{x^q}\mathrm{d}x \ (q > 0)$ 的敛散性。

分析 首先确定瑕点,进而分情况讨论上述积分的敛散性。

解 易见被积函数在积分区间上有瑕点 $x = 0$。

(1) 当 $q = 1$ 时,$\int_{0}^{1} \frac{1}{x^q}\mathrm{d}x = \int_{0}^{1} \frac{1}{x}\mathrm{d}x = \ln x \Big|_{0}^{1} = +\infty$;

(2) 当 $q \neq 1$ 时,$\int_{0}^{1} \frac{1}{x^q}\mathrm{d}x = \frac{x^{1-q}}{1-q}\Big|_{0}^{1} = \begin{cases} +\infty, & q > 1, \\ \dfrac{1}{1-q}, & q < 1 \text{。} \end{cases}$

因此,当 $0 < q < 1$ 时,反常积分 $\int_{0}^{1} \frac{1}{x^q}\mathrm{d}x$ 收敛,其值为 $\frac{1}{1-q}$;当 $q \geqslant 1$ 时,反常积分 $\int_{0}^{1} \frac{1}{x^q}\mathrm{d}x$ 发散。

注意到,反常积分 $\int_{0}^{+\infty} \frac{1}{x^q}\mathrm{d}x \, (q > 0)$ 既是无穷区间的反常积分,同时又是无界函数的反常积分($x = 0$ 是瑕点)。易见

$$\int_{0}^{+\infty} \frac{1}{x^q}\mathrm{d}x = \int_{0}^{1} \frac{1}{x^q}\mathrm{d}x + \int_{1}^{+\infty} \frac{1}{x^q}\mathrm{d}x,$$

当且仅当右端两个反常积分同时收敛时,反常积分 $\int_{0}^{+\infty} \frac{1}{x^q}\mathrm{d}x$ 才是收敛的。由例 7.28 和例 7.31 可知,这是不可能的。这就是说,反常积分 $\int_{0}^{+\infty} \frac{1}{x^q}\mathrm{d}x \, (q > 0)$ 对任何正实数 q 均发散。

思考题

1. 下列对反常积分的计算是否正确？说明理由：

(1) $\displaystyle\int_{-\infty}^{+\infty}\frac{x}{1+x^2}\mathrm{d}x=\lim_{t\to\infty}\int_{-t}^{t}\frac{x}{1+x^2}\mathrm{d}x=\lim_{t\to\infty}\left[\ln(1+t^2)-\ln(1+(-t)^2)\right]=0$；

(2) $\displaystyle\int_{-1}^{1}\frac{1}{x}\mathrm{d}x=\ln|x|\,\Big|_{-1}^{1}=0$。

2. 积分 $\displaystyle\int_{0}^{1}\frac{\ln x}{x-1}\mathrm{d}x$ 的瑕点有哪几个？

3. 判断各类反常积分的收敛性时，是否只有"用定义判断"这一种方法？

A 类题

1. 判断下列反常积分的敛散性，若收敛，计算其值：

(1) $\displaystyle\int_{1}^{+\infty}\frac{1}{x^4}\mathrm{d}x$；

(2) $\displaystyle\int_{0}^{+\infty}\mathrm{e}^{-x}\mathrm{d}x$；

(3) $\displaystyle\int_{0}^{+\infty}\sin x\,\mathrm{d}x$；

(4) $\displaystyle\int_{-\infty}^{0}\frac{\mathrm{e}^x}{1+\mathrm{e}^x}\mathrm{d}x$；

(5) $\displaystyle\int_{-\infty}^{+\infty}\frac{1}{x^2+2x+2}\mathrm{d}x$；

(6) $\displaystyle\int_{1}^{+\infty}\frac{1}{x(1+x^2)}\mathrm{d}x$；

(7) $\displaystyle\int_{1}^{+\infty}\frac{\arctan x}{x^2}\mathrm{d}x$；

(8) $\displaystyle\int_{0}^{1}\frac{\ln x}{x}\mathrm{d}x$；

(9) $\displaystyle\int_{0}^{1}\ln x\,\mathrm{d}x$；

(10) $\displaystyle\int_{-1}^{1}\frac{1}{x}\mathrm{d}x$；

(11) $\displaystyle\int_{0}^{2}\frac{1}{\sqrt{|1-x|}}\mathrm{d}x$；

(12) $\displaystyle\int_{a}^{b}\frac{1}{(x-a)^q}\mathrm{d}x$，其中 $q>0$。

2. 已知 $\displaystyle\lim_{x\to\infty}\left(\frac{1+x}{x}\right)^{ax}=\int_{-\infty}^{a}t\mathrm{e}^t\mathrm{d}t\ (a>0)$，求常数 a。

B 类题

1. 判断下列反常积分的敛散性，若收敛，计算其值：

(1) $\displaystyle\int_{0}^{+\infty}\frac{1}{x\sqrt{x+1}}\mathrm{d}x$；

(2) $\displaystyle\int_{1}^{+\infty}\frac{1}{x\sqrt{x^2-1}}\mathrm{d}x$；

(3) $\displaystyle\int_{0}^{+\infty}\frac{1}{\sqrt{x^2+1}}\mathrm{d}x$；

(4) $\displaystyle\int_{-\infty}^{+\infty}\mathrm{e}^{2x}\sin(3x)\mathrm{d}x$；

(5) $\displaystyle\int_0^1 \frac{x}{\sqrt{1-x^2}}\,\mathrm{d}x$；　　　　(6) $\displaystyle\int_{-\frac{\pi}{2}}^{\frac{\pi}{2}} \frac{1}{\cos^2 x}\,\mathrm{d}x$；

(7) $\displaystyle\int_0^{\frac{\pi}{2}} \frac{1}{\sin x}\,\mathrm{d}x$；　　　　(8) $\displaystyle\int_{-1}^0 \frac{1}{x^2}\mathrm{e}^{\frac{1}{x}}\,\mathrm{d}x$。

2. 当 λ 为何值时，反常积分 $\displaystyle\int_2^{+\infty} \frac{1}{x(\ln x)^\lambda}\,\mathrm{d}x$ 收敛? 当 λ 为何值时，该反常积分发散?

3. 利用递推公式计算反常积分 $I_n = \displaystyle\int_0^{+\infty} x^n \mathrm{e}^{-x}\,\mathrm{d}x$ $(n \in \mathbf{N})$。

7.6　定积分的应用(Ⅰ)——几何应用

Applications of definite integral(Ⅰ) ——*Geometry applications*

定积分在自然科学和工程技术领域中有着广泛的应用，许多实际问题最后均可以归结为计算定积分问题。本节主要介绍定积分在几何学中的应用，如平面图形的面积、旋转体的体积、平行截面体的体积和平面曲线的弧长等。在讨论定积分的应用之前，先介绍利用定积分解决实际问题时所用的方法——微元法。

7.6.1　定积分的微元法

在 7.1 节中讨论曲边梯形的面积和变速直线运动的路程时，解决问题的 4 个基本步骤是：分割、近似、求和、极限。事实上，在建立其他相关问题的数学模型时，都需要经历这 4 个步骤。为了对将要学习的微元法有更好的理解，重温一下计算曲边梯形面积的过程。

(1) 分割　将区间 $[a,b]$ 任意分割成长度为 $\Delta x_i\,(i=1,2,\cdots,n)$ 的 n 个小区间，曲边梯形相应地被分割成 n 个窄曲边梯形，记第 i 个窄曲边梯形的面积为 ΔA_i，于是

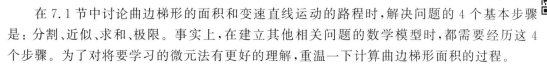

$$A = \sum_{i=1}^n \Delta A_i。$$

(2) 近似　窄曲边梯形的面积 ΔA_i 的近似值为

$$\Delta A_i \approx f(\xi_i)\Delta x_i, \qquad \xi_i \in [x_{i-1}, x_i]。$$

(3) 求和　曲边梯形的面积 A 的近似值为

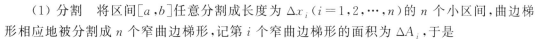

$$A \approx \sum_{i=1}^n f(\xi_i)\Delta x_i。$$

(4) 极限　A 的精确值为

$$A = \lim_{\lambda \to 0} \sum_{i=1}^n f(\xi_i)\Delta x_i = \int_a^b f(x)\,\mathrm{d}x。 \qquad (7.17)$$

在上面给出 A 的积分表达式的 4 个基本步骤中，最为关键的是第(2)步，即如何找到 ΔA_i 的近似值 $f(\xi_i)\Delta x_i$，进而使得式(7.17)成立。

不失一般性，省略上述过程的下标 i，如图 7.9 所示，用 ΔA 表示任一小区间 $[x,x+\mathrm{d}x]$ 上窄曲边梯形的面积，取

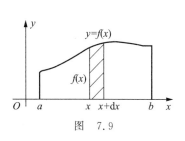

图　7.9

$[x,x+\mathrm{d}x]$ 的左端点 x 为 ξ,由此可得以 $f(x)$ 为高、$\mathrm{d}x$ 为底的矩形的面积 $f(x)\mathrm{d}x$ 作为 ΔA 的近似值,即 $\Delta A\approx f(x)\mathrm{d}x$。将 $f(x)\mathrm{d}x$ 称为**面积微元**(**area infinitesimal element**),也称为面积微分,记作

$$\mathrm{d}A=f(x)\mathrm{d}x。$$

于是曲边梯形面积的近似值为

$$A\approx\sum f(x)\mathrm{d}x,$$

因此有

$$A=\lim\sum f(x)\mathrm{d}x=\int_a^b f(x)\mathrm{d}x。$$

一般地,在拟解决的问题中,若要将所求量 U 表示为定积分,需要满足以下两个条件:

(1) 所求量 U 与区间 $[a,b]$ 有关,并且对于区间 $[a,b]$ 具有可加性,就是将区间分成若干个小区间后,所求量 U 相应地分成部分量 ΔU,而所求量 U 等于所有部分量之和。

(2) 以 $f(x)\mathrm{d}x$ 作为部分量 ΔU 在小区间 $[x,x+\mathrm{d}x]$ 上的近似值,它们的差 $\Delta U-f(x)\mathrm{d}x$ 必须是比 $\mathrm{d}x$ 的高阶无穷小量。所得的**微元**(**infinitesimal element**)记作 $\mathrm{d}U=f(x)\mathrm{d}x$。

若所求量满足上述两个条件,则根据微元 $\mathrm{d}U=f(x)\mathrm{d}x$ 可写出所求量 U 的定积分表达式

$$U=\int_a^b\mathrm{d}U=\int_a^b f(x)\mathrm{d}x。$$

这种将所求量 U(总量)表示为定积分的方法称为**微元法**(**infinitesimal element method**)。

7.6.2　平面图形的面积

1. 直角坐标情形

由定积分在几何上的解释可知,由连续曲线 $y=f(x)(f(x)\geqslant 0)$,$y=0$(x 轴)及直线 $x=a$,$x=b$ 所围成的曲边梯形的面积可表示为 $\int_a^b f(x)\mathrm{d}x$。事实上,不论函数 $y=f(x)$ 在区间 $[a,b]$ 上的值是正还是负,所围图形的面积都可以表示为

$$A=\int_a^b|f(x)|\mathrm{d}x=\int_a^b|y|\mathrm{d}x。$$

如图 7.10(a)所示,考察由上、下两条连续曲线 $y=f(x)$,$y=g(x)$ 以及两条直线 $x=a$,$x=b$ 围成的平面图形的面积。根据前面的讨论,不难得到该平面图形的面积微元(图中阴影部分)为 $\mathrm{d}A=[f(x)-g(x)]\mathrm{d}x$。因此,该平面图形的面积为

$$A=\int_a^b[f(x)-g(x)]\mathrm{d}x。 \tag{7.18}$$

不难证明,不论函数 $y=f(x)$,$y=g(x)$ 在区间 $[a,b]$ 上的函数值是正还是负,式(7.18)仍然成立。

类似地,如图 7.10(b)所示,若曲线 $x=\psi(y)$ 位于曲线 $x=\varphi(y)$ 的右边,那么由这两条曲线以及直线 $y=c$,$y=d$ 所围成平面图形的面积为

$$A=\int_c^d[\psi(y)-\varphi(y)]\mathrm{d}y。 \tag{7.19}$$

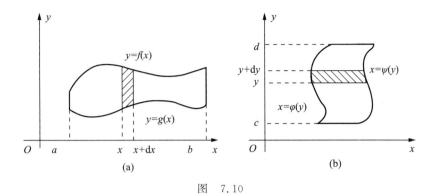

图 7.10

在直角坐标系下，求平面曲线围成图形的面积的一般步骤是：先画出图形，确定所求面积的区域；然后根据被积函数和积分区域的特点选择积分变量；最后选择用式(7.18)或式(7.19)进行计算。在实际应用中，应根据具体情况合理地选择积分变量以达到简化计算的目的。

例 7.32 求曲线 $y=\sqrt{x}$，$y=x$ 所围成的图形的面积。

分析 平面图形如图 7.11 所示，交点为 $(0,0)$ 和 $(1,1)$，选择 x 和 y 作为积分变量均可。

解 法一 选择 x 为积分变量，由式(7.18)有

$$A=\int_0^1(\sqrt{x}-x)\mathrm{d}x=\left(\frac{2}{3}x^{\frac{3}{2}}-\frac{x^2}{2}\right)\Big|_0^1=\frac{2}{3}-\frac{1}{2}=\frac{1}{6}。$$

法二 选择 y 为积分变量，由式(7.19)有

$$A=\int_0^1(y-y^2)\mathrm{d}y=\left(\frac{1}{2}y^2-\frac{y^3}{3}\right)\Big|_0^1=\frac{1}{2}-\frac{1}{3}=\frac{1}{6}。$$

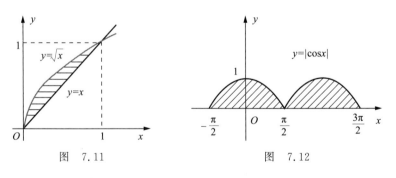

图 7.11　　　　　　　　　图 7.12

例 7.33 求余弦曲线 $y=|\cos x|$ 在区间 $\left[-\dfrac{\pi}{2},\dfrac{3}{2}\pi\right]$ 上的一段与 x 轴所围成的平面图形的面积。

分析 平面图形如图 7.12 所示，这里 $g(x)=0$（即 x 轴），从边界上看，若选择 y 作为积分变量，不仅要分块计算，还要求反函数。因此选择 x 作为积分变量。

解 由式(7.18)可得

$$A=\int_{-\frac{\pi}{2}}^{\frac{3}{2}\pi}|\cos x|\mathrm{d}x=\int_{-\frac{\pi}{2}}^{\frac{\pi}{2}}\cos x\,\mathrm{d}x-\int_{\frac{\pi}{2}}^{\frac{3}{2}\pi}\cos x\,\mathrm{d}x=\sin x\Big|_{-\frac{\pi}{2}}^{\frac{\pi}{2}}-\sin x\Big|_{\frac{\pi}{2}}^{\frac{3}{2}\pi}=4。$$

例 7.34 求曲线 $y = \ln x$，y 轴与 $y = \ln a$，$y = \ln b \, (b > a > 1)$ 所围成的图形的面积。

分析 平面图形如图 7.13 所示，若选 x 为积分变量，需要分块计算，并且计算过程将会复杂很多。因此选择 y 作为积分变量。

解 由式(7.19)可得

$$A = \int_{\ln a}^{\ln b} \mathrm{e}^y \,\mathrm{d}y = \mathrm{e}^y \Big|_{\ln a}^{\ln b} = \mathrm{e}^{\ln b} - \mathrm{e}^{\ln a} = b - a。$$

例 7.35 求曲线 $y = \mathrm{e}^x$，$y = \mathrm{e}^{-x}$ 与直线 $x = 1$ 所围成的图形的面积。

分析 平面图形如图 7.14 所示，交点为 $(0,1)$，$(1, \mathrm{e})$ 和 $\left(1, \dfrac{1}{\mathrm{e}}\right)$，选择 x 作为积分变量较为方便。

解 由式(7.18)可得

$$A = \int_0^1 (\mathrm{e}^x - \mathrm{e}^{-x}) \,\mathrm{d}x = \mathrm{e}^x \Big|_0^1 + \mathrm{e}^{-x} \Big|_0^1 = \mathrm{e} - 1 + \mathrm{e}^{-1} - 1 = \mathrm{e} + \mathrm{e}^{-1} - 2。$$

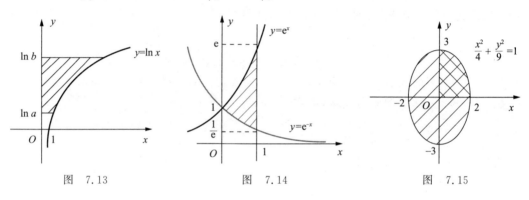

图 7.13　　　　　　　图 7.14　　　　　　　图 7.15

例 7.36 求椭圆 $\dfrac{x^2}{4} + \dfrac{y^2}{9} = 1$ 所围成的面积。

分析 平面图形如图 7.15 所示，利用对称性，求出椭圆在第一象限的面积乘以 4 即为所求面积。

解 根据椭圆的参数方程 $\begin{cases} x = 2\cos t，\\ y = 3\sin t，\end{cases}$ 令 $x = 2\cos t$，当 $x = 0$ 时，$t = \dfrac{\pi}{2}$；当 $x = 2$ 时，$t = 0$。应用定积分的微元法，椭圆在第一象限的面积微元 $\mathrm{d}A_1 = y\,\mathrm{d}x$，椭圆的面积为

$$A = 4\int_0^2 y\,\mathrm{d}x = 4\int_{\frac{\pi}{2}}^0 3\sin t \,\mathrm{d}(2\cos t) = 24\int_0^{\frac{\pi}{2}} \sin^2 t \,\mathrm{d}t = 6\pi。$$

2. 极坐标情形

设曲线的极坐标方程为 $r = r(\theta)$，且 $r(\theta) \geqslant 0$ 连续，下面来求 $r = r(\theta)$ 与射线 $\theta = \alpha$ 和 $\theta = \beta \, (\alpha < \beta)$ 所围成的曲边扇形的面积 A，如图 7.16 所示。

在 $[\alpha, \beta]$ 上任取一个子区间 $[\theta, \theta + \Delta\theta]$，则对应的小曲边扇形的面积 ΔA 就近似地等于以 $r(\theta)$ 为半径的小圆扇形的面积，即

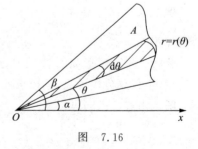

图 7.16

$$\Delta A \approx \mathrm{d}A = \frac{1}{2}\left[r(\theta)\right]^2 \mathrm{d}\theta,$$

于是所求曲边扇形的面积可以表示为

$$A = \frac{1}{2}\int_\alpha^\beta r^2(\theta)\mathrm{d}\theta。 \tag{7.20}$$

例 7.37 求心形线 $r = 2(1+\cos\theta)$ 所围平面图形的面积。

分析 心形线的图形如图 7.17 所示,利用对称性,只需要计算上半图形的面积然后乘以 2 即可。

解 由图 7.17 可见,$\alpha=0$,$\beta=\pi$。利用式(7.20)可得

$$A = 2 \times \frac{1}{2}\int_0^\pi \mathrm{d}A = \int_0^\pi 4(1+\cos\theta)^2 \mathrm{d}\theta = 4\left(\frac{3\theta}{2} + 2\sin\theta + \frac{1}{4}\sin(2\theta)\right)\Big|_0^\pi = 6\pi。$$

例 7.38 求出 $\dfrac{x^2}{a^2} + \dfrac{y^2}{b^2} \leqslant 1$ 和 $\dfrac{x^2}{b^2} + \dfrac{y^2}{a^2} \leqslant 1(a>b>0)$ 的图形的公共部分的面积。

分析 平面图形如图 7.18 所示,由对称性可知,所求面积为交叉线阴影部分面积的 8 倍,且线段 OA 在直线 $y=x$ 上,因此 $\alpha=0$,$\beta=\dfrac{\pi}{4}$。

解 通过变换 $x=r\cos\theta$,$y=r\sin\theta$ 将椭圆的直角坐标方程 $\dfrac{x^2}{b^2} + \dfrac{y^2}{a^2} = 1$ 转化为极坐标方程,即 $r^2 = \dfrac{a^2 b^2}{a^2\cos^2\theta + b^2\sin^2\theta}$。于是所求面积可表示为

$$S = 8 \times \frac{1}{2}\int_0^{\frac{\pi}{4}} r^2(\theta)\mathrm{d}\theta = 4\int_0^{\frac{\pi}{4}} \frac{a^2 b^2}{a^2\cos^2\theta + b^2\sin^2\theta}\mathrm{d}\theta$$

$$= 4a^2 b^2 \int_0^{\frac{\pi}{4}} \frac{1}{a^2 + b^2\tan^2\theta}\mathrm{d}\tan\theta$$

$$= 4a^2 b^2 \cdot \frac{1}{ab}\arctan\left(\frac{b}{a}\tan\theta\right)\Big|_0^{\frac{\pi}{4}} = 4ab\arctan\frac{b}{a}。$$

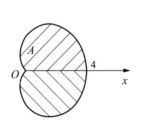

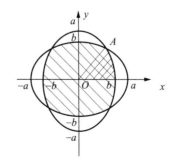

图 7.17　　　　　　　　　　图 7.18

7.6.3 旋转体的体积

在实际应用中的一些立体,如圆柱、圆锥、圆台、球体等,它们有一个共同的特点,就是都可以看作是由一个平面图形绕着平面内一条直线旋转一周而成的立体,这种立体称为旋转

体,这条直线称为旋转轴。例如,圆柱由矩形绕它的一条边旋转而成,圆锥由直角三角形绕它的直角边旋转而成,等等。

　　一般地,在求某个旋转体的体积时,将该旋转体的旋转轴放置在平面直角坐标系中的 x 轴,进而该旋转体可以看作是由连续曲线 $y=f(x)$、直线 $x=a,x=b$ 及 x 轴所围成的曲边梯形绕 x 轴旋转一周而成的立体。若取横坐标 x 为积分变量,它的变化区间为 $[a,b]$;相应于 $[a,b]$ 上的任一小区间 $[x,x+\mathrm{d}x]$ 的窄曲边梯形绕 x 轴旋转而成的薄片的体积近似等于以 $f(x)$ 为底半径、以 $\mathrm{d}x$ 为高的扁圆柱体的体积,如图 7.19(a)所示,即体积微元为

$$\mathrm{d}V=\pi[f(x)]^2\mathrm{d}x,$$

于是旋转体的体积为

$$V=\pi\int_a^b[f(x)]^2\mathrm{d}x。 \tag{7.21}$$

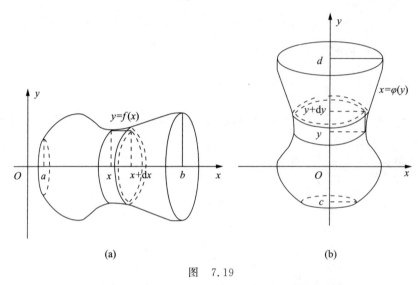

(a)　　　　　　　　　　　(b)

图　7.19

　　类似地,如图 7.19(b)所示,由曲线 $x=\varphi(y)$ 和直线 $y=c,y=d(c<d)$ 及 y 轴所围成图形绕 y 轴旋转一周所成的旋转体的体积为

$$V=\pi\int_c^d[\varphi(y)]^2\mathrm{d}y。 \tag{7.22}$$

　　例 7.39　求由 $y=\sin x(x\in[0,\pi])$ 与 x 轴所围的图形绕 x 轴旋转一周所形成的立体体积。

　　分析　如图 7.20 所示,$y=\sin x$ 与 x 轴的交点为 $(0,0)$ 和 $(\pi,0)$,利用式(7.21)计算。

　　解　由式(7.21)可得

$$V_x=\pi\int_0^\pi y^2\mathrm{d}x=\pi\int_0^\pi \sin^2 x\,\mathrm{d}x=\frac{\pi^2}{2}。$$

　　例 7.40　求曲线 $xy=4$,y 轴及直线 $y=1,y=4$ 所围成的图形绕 y 轴旋转形成立体的体积。

　　分析　如图 7.21 所示,取变量 y 作为积分变量,变化范围为 $y\in[1,4]$,利用式(7.22)计算。

　　解　不难求得体积微元为

$$dV = \pi x^2 dy = \pi \frac{16}{y^2} dy。$$

由式(7.22)可得

$$V_y = \pi \int_1^4 \frac{16}{y^2} dy = 16\pi \int_1^4 \frac{1}{y^2} dy = 16\pi \left[-\frac{1}{y} \right] \Big|_1^4 = 12\pi。$$

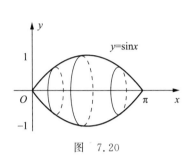

图　7.20

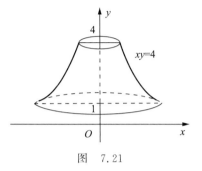

图　7.21

7.6.4　平行截面面积为已知的立体的体积

如图 7.22 所示，取定轴为 x 轴，有一立体在过点 $x=a$，$x=b$ 且垂直于 x 轴的两个平面之间，求该立体的体积。由图 7.22 可见，虽然它不是旋转体，但如果该立体垂直于 x 轴的各个截面的面积已知，利用计算旋转体体积的过程，可以求出该立体的体积。

如果立体过点 x 且垂直于 x 轴的截面面积为已知，记作 $A(x)$，并假设它是 x 的连续函数。若取 x 为积分变量，其变化区间为 $[a,b]$。立体中相应于区间 $[a,b]$ 上的任一小区间 $[x,x+dx]$ 的薄片的体积近似等于 $A(x)dx$，即底面积为 $A(x)$、高为 dx 的扁柱体的体积，因此该立体的体积微元为

$$dV = A(x)dx，$$

于是所求立体的体积为

$$V = \int_a^b A(x)dx。 \tag{7.23}$$

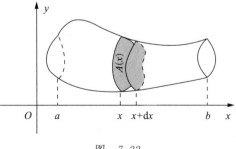

图　7.22

例 7.41　如图 7.23(a)所示，一平面经过半径为 R 的圆柱体的底圆中心，并与底面交成角 α。计算这一平面截圆柱体所得的立体的体积。

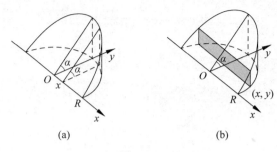

图 7.23

分析 选取任一截面,给出截面面积表达式,利用公式 $V = \int_a^b A(x)\mathrm{d}x$ 计算结果。

解 取如图 7.23(a)所示的坐标系。圆的方程为 $x^2 + y^2 = R^2$。设截面在 x 轴的坐标为 x,由于垂直于 x 轴的截面是一个直角三角形,容易求得截面面积为

$$A(x) = \frac{1}{2}(R^2 - x^2)\tan\alpha。$$

因此体积微元为 $\mathrm{d}V = A(x)\mathrm{d}x$,利用对称性可得

$$V = 2\int_0^R \frac{1}{2}(R^2 - x^2)\tan\alpha\,\mathrm{d}x = \tan\alpha\left[R^2 x - \frac{1}{3}x^3\right]\Big|_0^R = \frac{2}{3}R^3\tan\alpha。$$

事实上,若选取 y 作为积分变量,则截面如图 7.23(b)所示。此时的截面是一个矩形,截面面积为 $A(y) = 2xy\tan\alpha = 2y\sqrt{R^2 - y^2}\tan\alpha$,体积微元为 $\mathrm{d}V = A(y)\mathrm{d}y$,于是所求的体积为

$$V = 2\tan\alpha\int_0^R y\sqrt{R^2 - y^2}\,\mathrm{d}y = -\frac{2}{3}\tan\alpha(R^2 - y^2)^{\frac{3}{2}}\Big|_0^R = \frac{2}{3}R^3\tan\alpha。$$

7.6.5 平面曲线的弧长

在 5.7 节中曾给出了光滑曲线的定义,对于一条连续的平面曲线而言,就是曲线上的每一点处都有切线,且切线随切点的移动而连续变化。特别地,关于光滑曲线有一个重要的结论:光滑曲线的弧长是可求的。本段首先利用微元法给出曲线弧长的概念,然后在不同坐标系下讨论如何计算光滑曲线的弧长。

设弧 $\overset{\frown}{AB}$ 是一条连续的平面曲线,如图 7.24 所示,A 和 B 是曲线弧上的两个端点。在弧 $\overset{\frown}{AB}$ 上任取分点

$$A = P_0, P_1, P_2, \cdots, P_{i-1}, P_i, \cdots, P_{n-1}, P_n = B,$$

依次连接相邻的分点,得到系列的内接折线。用 $\overset{\frown}{P_{i-1}P_i}$ 和 $\overline{P_{i-1}P_i}$ 分别表示连接点 P_{i-1} 和 P_i 的弧段和直线段,相应的弧线长度即为 $\overset{\frown}{AB}$,折线长度为 $\sum_{i=1}^{n}|\overline{P_{i-1}P_i}|$。 当分点的数目无限增加,即当 $\lambda = \max\limits_{1 \leqslant i \leqslant n}\{|\overline{P_{i-1}P_i}|\} \to 0$ 时,若折线长度的极限 $\lim\limits_{\lambda \to 0}\sum_{i=1}^{n}|\overline{P_{i-1}P_i}|$ 存在,则称此极限为曲线弧 $\overset{\frown}{AB}$ 的**弧长(arc length)**,并称此曲线弧 $\overset{\frown}{AB}$ 的弧长是可计算的。

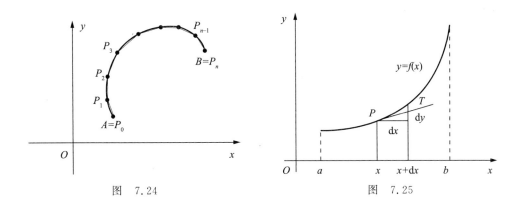

图 7.24　　　　　　　　　　　　　图 7.25

1. 直角坐标的情形

设函数 $y=f(x)$ 在区间 $[a,b]$ 上有一阶连续导数,如图 7.25 所示,求此光滑曲线在区间 $[a,b]$ 上的弧长 s。

根据微元法的基本思想,取 x 为积分变量,它的变化区间为 $[a,b]$。在其上任取一小区间,记作 $[x,x+\mathrm{d}x]$,由图 7.25 可见,切线上对应的长度为

$$|\overline{PT}|=\sqrt{(\mathrm{d}x)^2+(\mathrm{d}y)^2}=\sqrt{1+\left(\frac{\mathrm{d}y}{\mathrm{d}x}\right)^2}\,\mathrm{d}x=\sqrt{1+y'^2}\,\mathrm{d}x,$$

从而得到弧长微元(弧微分)为

$$\mathrm{d}s=\sqrt{1+y'^2}\,\mathrm{d}x,$$

因此,所求的光滑曲线的弧长为

$$s=\int_a^b\sqrt{1+y'^2}\,\mathrm{d}x,\quad a<b。\tag{7.24}$$

例 7.42 求曲线 $y=\dfrac{2}{3}x^{\frac{3}{2}}$ 上相应于 $x\in[0,3]$ 的一段弧长。

分析 先利用微元法找出弧长微元,再计算弧长。

解 对应的弧长微元为

$$\mathrm{d}s=\sqrt{1+y'^2}\,\mathrm{d}x=\sqrt{1+x}\,\mathrm{d}x,$$

因此,所求弧长为

$$s=\int_0^3\sqrt{1+y'^2}\,\mathrm{d}x=\int_0^3\sqrt{1+x}\,\mathrm{d}x=\left[\frac{2}{3}(1+x)^{\frac{3}{2}}\right]\Big|_0^3=\frac{14}{3}。$$

2. 参数方程的情形

若曲线弧 L 由参数方程 $\begin{cases}x=\varphi(t),\\y=\psi(t)\end{cases}(\alpha\leqslant t\leqslant\beta)$ 给出,其中 $\varphi(t),\psi(t)$ 在 $[\alpha,\beta]$ 上具有一阶连续导数,则弧长微元为

$$\mathrm{d}s=\sqrt{(\mathrm{d}x)^2+(\mathrm{d}y)^2}=\sqrt{\varphi'^2(t)+\psi'^2(t)}\,\mathrm{d}t,$$

于是所求光滑曲线的弧长

$$s=\int_\alpha^\beta\sqrt{\varphi'^2(t)+\psi'^2(t)}\,\mathrm{d}t,\quad\alpha\leqslant t\leqslant\beta。\tag{7.25}$$

例 7.43　求星形线 $x=a\cos^3 t, y=a\sin^3 t(a>0)$ 的全长。

分析　先找到对称性,再利用弧长公式计算。

解　如图 7.26 所示,由对称性可知,星形线的全长为其在第一象限部分的 4 倍,则由弧长公式(7.25)得

$$s=\int_\alpha^\beta \sqrt{\varphi'^2(t)+\psi'^2(t)}\,\mathrm{d}t=4\int_0^{\frac{\pi}{2}}\sqrt{9a^2\cos^4 t\sin^2 t+9a^2\sin^4 t\cos^2 t}\,\mathrm{d}t$$

$$=12a\int_0^{\frac{\pi}{2}}|\sin t\cos t|\,\mathrm{d}t=12a\int_0^{\frac{\pi}{2}}\sin t\,\mathrm{d}\sin t=6a\int_0^{\frac{\pi}{2}}\mathrm{d}(\sin^2 t)=6a。$$

3. 极坐标的情形

如果曲线由极坐标方程 $r=r(\theta)(\alpha\leqslant\theta\leqslant\beta)$ 给出,其中 $r(\theta)$ 在 $[\alpha,\beta]$ 上关于 θ 具有一阶连续导数,此时可把极坐标方程化为参数方程

$$\begin{cases} x=r(\theta)\cos\theta, \\ y=r(\theta)\sin\theta, \end{cases} \alpha\leqslant\theta\leqslant\beta。$$

注意到

$$\mathrm{d}x=[r'(\theta)\cos\theta-r(\theta)\sin\theta]\mathrm{d}\theta, \mathrm{d}y=[r'(\theta)\sin\theta+r(\theta)\cos\theta]\mathrm{d}\theta,$$

所求弧长的微元为

$$\mathrm{d}s=\sqrt{(\mathrm{d}x)^2+(\mathrm{d}y)^2}=\sqrt{r^2(\theta)+r'^2(\theta)}\,\mathrm{d}\theta,$$

于是所求光滑曲线的弧长为

$$s=\int_\alpha^\beta \sqrt{r^2(\theta)+r'^2(\theta)}\,\mathrm{d}\theta。 \tag{7.26}$$

例 7.44　如图 7.27 所示,求曲线 $r=a\sin^3\dfrac{\theta}{3}(a>0,0\leqslant\theta\leqslant 3\pi)$ 的弧长。

分析　利用式(7.26)计算。

解　不难求得

$$r'=3a\sin^2\frac{\theta}{3}\cdot\cos\frac{\theta}{3}\cdot\frac{1}{3}=a\sin^2\frac{\theta}{3}\cos\frac{\theta}{3}。$$

由式(7.26)可得

$$s=\int_\alpha^\beta \sqrt{r^2(\theta)+r'^2(\theta)}\,\mathrm{d}\theta=\int_0^{3\pi}\sqrt{a^2\sin^6\frac{\theta}{3}+a^2\sin^4\frac{\theta}{3}\cos^2\frac{\theta}{3}}\,\mathrm{d}\theta$$

$$=a\int_0^{3\pi}\sin^2\frac{\theta}{3}\mathrm{d}\theta=\frac{3}{2}\pi a。$$

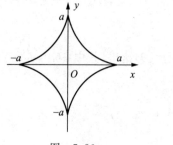

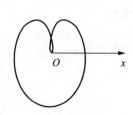

图　7.26　　　　　　　　图　7.27

思 考 题

1. 微元法的实质是什么？

2. 假设平面图形由两条连续曲线 $y=f(x)$，$y=g(x)$ 以及两条直线 $x=a$，$x=b$ 围成，在计算该平面图形的面积时，是否要求 $f(x)$ 和 $g(x)$ 都是非负的？

3. 闭区间上的连续曲线是否一定可求长？

A 类题

1. 求下列曲线所围图形的面积：

(1) $y=5-x^2$ 与 $y=x^2-3$；

(2) $y^2=x$ 与 $y=x-2$；

(3) $y=\sin\dfrac{x}{2}$ 与 $y=\cos\dfrac{x}{2}$；

(4) $y=\dfrac{2}{x}$，$y=x$ 与 $x=3$；

(5) $\dfrac{x^2}{a^2}+\dfrac{y^2}{b^2}=1$；

(6) $\begin{cases} x=a\cos^3 t, \\ y=a\sin^3 t, \end{cases} a>0$；

(7) $r=2a\theta$，$0\leqslant\theta\leqslant 2\pi$；

(8) $r=4a\sin\theta$，$0\leqslant\theta\leqslant 2\pi$。

2. 求下列已知曲线所围成的图形按指定的轴旋转所产生的旋转体的体积：

(1) $y=\dfrac{1}{2}x^2$，$y=0$ 与 $x=2$，分别绕 x 和 y 轴；

(2) $y=x^2$，$y^2=8x$，分别绕 x 和 y 轴；

(3) $y=\ln x^2$，$y=0$ 与 $x=e$，分别绕 x 和 y 轴。

3. 求下列曲线的弧长：

(1) $y=\ln x$，$\sqrt{3}\leqslant x\leqslant\sqrt{8}$；

(2) $y=\dfrac{e^x+e^{-x}}{2}$，$0\leqslant x\leqslant a$；

(3) $\begin{cases} x=2\cos t, \\ y=2\sin t, \end{cases} 0\leqslant t\leqslant\pi$；

(4) $\begin{cases} x=a(\cos t+t\sin t), \\ y=a(\sin t-t\cos t), \end{cases} 0\leqslant t\leqslant\pi$；

(5) $\rho=1+\cos\theta$，$0\leqslant\theta\leqslant 2\pi$；

(6) $\rho=a\cos\theta$，$0\leqslant\theta\leqslant\dfrac{\pi}{4}$。

4. 假设图形由摆线 $x=a(t-\sin t)$，$y=a(1-\cos t)$ 的一拱及直线 $y=0$ 所围成。试求：

(1) 围成图形的面积；

(2) 分别绕 x 轴和 y 轴旋转而成的旋转体的体积；

(3) 摆线一拱的弧长。

B 类题

1. 求抛物线 $y=-x^2+4x-3$ 及其在点 $(0,-3)$ 和 $(0,3)$ 处的切线所围成的图形的面积。

2. 曲线 $y = 2x^2$ 在 $(1,2)$ 处的切线与 $2x = y^2$ 所围成图形的面积。

3. 曲线 $r = 3\cos\theta$ 与 $r = 1 + \cos\theta$ 所围图形的公共部分的面积。

4. 求由抛物线 $y^2 = 2px$ 与过焦点的弦所围成的图形面积的最小值。

5. 求下列已知曲线所围成的图形按指定的轴旋转所产生的旋转体的体积：

(1) $\dfrac{x^2}{a^2} + \dfrac{y^2}{b^2} = 1$，分别绕 x 和 y 轴；

(2) $y = \cos x, y = 0, y = \dfrac{1}{2}$ 与 $x = 0$，分别绕 x, y 轴。

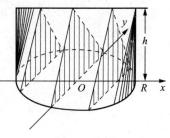

6. 如图 7.28 所示，求以半径为 R 的圆为底、平行且等于底圆直径的线段为顶、高为 h 的正劈锥体的体积。

7. 求下列曲线的弧长：

(1) $\sqrt{x} + \sqrt{y} = 1$；

(2) $y = \displaystyle\int_0^x \sqrt{\sin t}\, \mathrm{d}t$。

图　7.28

7.7　定积分的应用（Ⅱ）——物理应用

Applications of definite integral（Ⅱ）
——Physics applications

本节利用微元法的思想并结合物理学中的相关知识求解一些应用问题。

7.7.1　质量和质心

设有一个平面曲线形构件，其形状在 xOy 坐标系中可由一条连续可微的曲线 Γ 表示，对应的参数方程为

$$x = \varphi(t), \quad y = \psi(t), \quad \alpha \leqslant t \leqslant \beta,$$

其中 $\varphi(t)$ 和 $\psi(t)$ 在 $[\alpha, \beta]$ 上具有连续导数，且 $\varphi'^2(t) + \psi'^2(t) \neq 0$。构件的线密度可由函数 $\rho(t)$ 表示，求曲线形构件的质量 M 和质心坐标 $(\bar{x}, \bar{y})$。

利用微元法的思想和弧微分公式，曲线形构件的质量微元 $\mathrm{d}M$ 可写为

$$\mathrm{d}M = \rho(t)\mathrm{d}s = \rho(t)\sqrt{\varphi'^2(t) + \psi'^2(t)}\, \mathrm{d}t。$$

因此，曲线形构件的质量为

$$M = \int_\alpha^\beta \mathrm{d}M = \int_\alpha^\beta \rho(t)\sqrt{\varphi'^2(t) + \psi'^2(t)}\, \mathrm{d}t。 \tag{7.27}$$

结合静力学理论可知，曲线形构件关于 x 轴和 y 轴的力矩微元分别为

$$\mathrm{d}M_x = y\rho(t)\mathrm{d}s = \psi(t)\rho(t)\mathrm{d}s = \psi(t)\rho(t)\sqrt{\varphi'^2(t) + \psi'^2(t)}\, \mathrm{d}t,$$

$$\mathrm{d}M_y = x\rho(t)\mathrm{d}s = \varphi(t)\rho(t)\mathrm{d}s = \varphi(t)\rho(t)\sqrt{\varphi'^2(t) + \psi'^2(t)}\, \mathrm{d}t。$$

因此，曲线形构件的质心坐标 $(\bar{x}, \bar{y})$ 的计算公式为

$$\bar{x} = \frac{M_y}{M} = \frac{\displaystyle\int_\alpha^\beta \varphi(t)\rho(t)\sqrt{\varphi'^2(t) + \psi'^2(t)}\, \mathrm{d}t}{\displaystyle\int_\alpha^\beta \rho(t)\sqrt{\varphi'^2(t) + \psi'^2(t)}\, \mathrm{d}t},$$

$$\bar{y} = \frac{M_x}{M} = \frac{\int_\alpha^\beta \psi(t)\rho(t)\sqrt{\varphi'^2(t)+\psi'^2(t)}\,dt}{\int_\alpha^\beta \rho(t)\sqrt{\varphi'^2(t)+\psi'^2(t)}\,dt}。 \tag{7.28}$$

例 7.45 设有一个半圆形构件,线密度函数为 $\rho(t)=2\sin t$,上半圆周的方程为

$$x=3\cos t,\quad y=3\sin t,\quad 0\leqslant t\leqslant\pi,$$

求构件的质量 M 和质心坐标 $(\bar{x},\bar{y})$。

解 依题意,根据式(7.27),半圆形构件的质量为

$$M=\int_0^\pi 2\sin t\sqrt{9\sin^2 t+9\cos^2 t}\,dt=6\int_0^\pi\sin t\,dt=12。$$

根据式(7.28),质心坐标为

$$\bar{x}=\frac{\int_0^\pi 3\cos t\cdot(2\sin t)\cdot 3\,dt}{12}=\frac{3}{2}\int_0^\pi\sin t\cos t\,dt=0,$$

$$\bar{y}=\frac{\int_0^\pi 3\sin t\cdot(2\sin t)\cdot 3\,dt}{12}=\frac{3}{2}\int_0^\pi\sin^2 t\,dt=\frac{\pi}{2}。$$

7.7.2 外力做功

考察一个位于 x 轴的质点,在外力 $F(x)$ 的作用下沿 x 轴由点 a 移动到点 b,其中 $F(x)$ 在 $[a,b]$ 上连续,求外力 $F(x)$ 做的功 W。

根据物理学知识,若外力 $F(x)$ 为常力 F,则外力对质点所做的功为 $W=F(b-a)$。

若外力 $F(x)$ 为坐标 x 的连续函数时,利用微元法的思想,在 $[a,b]$ 上任取一子区间 $[x,x+dx]$,功的微元可记为 $dW=F(x)dx$。于是外力 $F(x)$ 在 $[a,b]$ 上所做的功为

$$W=\int_a^b F(x)\,dx \tag{7.29}$$

例 7.46 设有一根弹簧,将其拉长 $0.03(\mathrm{m})$ 需要用 $14.7(\mathrm{N})$ 的力。在弹性范围内,求将弹簧拉长 $0.10(\mathrm{m})$ 所做的功。

分析 根据胡克定律可知,$F(x)=kx$,其中 k 是弹性系数。需要先求出 k,得到变力 $F(x)$ 的表达式,再根据式(7.29)计算。

解 依题意,由 $F(x)=kx$,即 $14.7=0.03k$,解得 $k=490$。于是,$F(x)=490x(\mathrm{N})$。利用微元法的思想,功的微元为 $dW=F(x)dx=490x\,dx$,将其在 $[0,0.10]$ 上积分,弹簧拉长 $0.10(\mathrm{m})$ 所做的功为

$$W=\int_0^{0.10}F(x)\,dx=\int_0^{0.10}490x\,dx=490\times\frac{x^2}{2}\Big|_0^{0.10}=2.45(\mathrm{J})。$$

例 7.47 设有一盛满水的圆柱形蓄水池,高为 $h(\mathrm{m})$,底半径为 $R(\mathrm{m})$。若将池内的水全部抽出,需做多少功?

分析 先求出功微元,再根据式(7.29)计算。

解 建立如图 7.29 所示的平面坐标系,即 Oy 轴与蓄水池顶部齐平,Ox 轴垂直向下。取 x 为积分变量,且

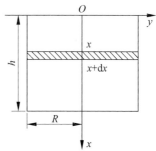

图 7.29

$x \in [0, h]$。取任一小区间 $[x, x+\mathrm{d}x]$，薄层水的高度为 $\mathrm{d}x$，重力为 $g\pi R^2 \mathrm{d}x$（kN），其中 g（$\mathrm{m/s^2}$）为重力加速度。因此可得功微元为 $\mathrm{d}W = g\pi R^2 x \mathrm{d}x$。于是所做的功为

$$W = \int_0^h g\pi R^2 x \, \mathrm{d}x = g\pi R^2 \left(\frac{x^2}{2}\right) \Big|_0^h = \frac{1}{2} g\pi R^2 h^2 \, (\mathrm{kJ})。$$

7.7.3　液体压力

根据物理学中的相关知识，质点在液体深为 h 处的压强为 $P = \rho g h$，这里 ρ 为液体的密度，g 是重力加速度。

若将一面积为 A 的平板水平放置在液体中深为 h 处的地方，则平板一侧所受液体的压力为 $F = PA = \rho g h A$。

现在考察将平板铅直放置在液体中，求液体对平板一侧的压力。在这种情形下，由于压强 P 随着深度的变化而变化，平板一侧所受的液体压力便无法用上述方法计算。因此尝试利用微元法建立其定积分表达式进行计算。

例 7.48　设有一等腰梯形闸门，上底长为 10（m），下底长 6（m），高为 20（m），该闸门所在的平面与水平面垂直，且上底与水平面相齐。求该闸门一侧所受到的静水压力。

解　建立如图 7.30 所示的坐标系，即 Oy 轴为闸门顶端（上底），Ox 轴垂直向下，坐标原点 O 位于上底的中点。易见，直线段 AB 的方程为 $y = 5 - \dfrac{x}{10}$。利用微元法的思想，在 $[0, 20]$ 上任取一子区间 $[x, x+\mathrm{d}x]$，该子区间所对应的闸门上的水平细条可近似地看作是宽度为 $2y$，高为 $\mathrm{d}x$ 的小矩形，其上各点到水面距离可近似地看作 x。因此细条所受水的压力的微元为

$$\mathrm{d}F = \rho g x \cdot 2y \mathrm{d}x = 2\rho g x \left(5 - \frac{x}{10}\right) \mathrm{d}x。$$

于是所求静水压力为

$$F = \int_0^{20} \mathrm{d}F = \int_0^{20} 2\rho g x \left(5 - \frac{x}{10}\right) \mathrm{d}x \approx 1.437 \times 10^7 \, (\mathrm{N}),$$

其中 $\rho = 10^3$（$\mathrm{kg/m^3}$），$g = 9.8$（$\mathrm{m/s^2}$）。

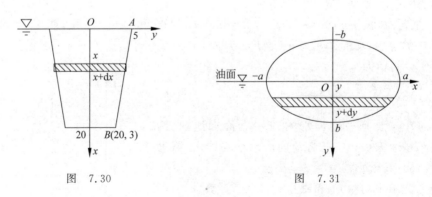

图　7.30　　　　　　　　　　　图　7.31

例 7.49　油罐车的油箱可以近似看作是一个横放的椭圆形柱体结构，其端面为椭圆（设水平半轴为 a，铅直半轴为 b）。当油罐车处于静止状态且油箱里恰好装半箱油时，计算

油箱一侧端面所受的压力。

解 建立如图 7.31 所示的坐标系,椭圆线表示油箱的一侧端面的边界,对应的方程为 $\dfrac{x^2}{a^2}+\dfrac{y^2}{b^2}=1$。利用微元法的思想,取 $y(\in[0,b])$ 为积分变量,端面在子区间 $[y,y+\mathrm{d}y]\subset[0,b]$ 上所受到的压力微元可写为

$$\mathrm{d}F=\rho g y \cdot 2a \sqrt{1-\frac{y^2}{b^2}}\,\mathrm{d}y,$$

其中 ρ 为油的密度,g 为重力加速度。于是所求的压力为

$$F=\int_0^b \mathrm{d}F=\int_0^b \rho g y \cdot 2a \sqrt{1-\frac{y^2}{b^2}}\,\mathrm{d}y=\frac{2\rho g a}{b}\int_0^b y\sqrt{b^2-y^2}\,\mathrm{d}y$$

$$=\frac{\rho g a}{b}\left[-\frac{2}{3}(b^2-y^2)^{3/2}\right]_0^b=\frac{2}{3}\rho g a b^2。$$

7.7.4 引力

已知两个质点的质量分别为 m_1,m_2,距离为 r,根据万有引力定律,两质点的引力的大小为 $F=G\dfrac{m_1 m_2}{r^2}$,其中 G 为引力系数,引力的方向沿着两质点的连线方向。

若要计算某物体对一个质点的引力,则由于物体内部各点与该质点的距离是变化的,且其各点对该质点的引力的方向也是变化的,所以不能直接用上面的公式来计算引力。下面通过一个例题说明它的计算方法。

例 7.50 假设有一长度为 l、线密度为 ρ 的均匀细棒,在其中垂线上距棒 a 单位处有一质量为 m 的质点 M。计算细棒对质点 M 的引力。

解 建立如图 7.32 所示的坐标系,使细棒置于 y 轴上,质点 M 置于 x 轴上,细棒的中点为原点 O。首先,根据对称性,细棒对质点 M 的引力在垂直方向分力为 $F_y=0$。下面计算细棒对质点 M 的引力在水平方向的分力。

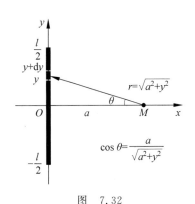

图 7.32

利用微元法的思想,取 y 为积分变量,且 $y\in\left[-\dfrac{l}{2},\dfrac{l}{2}\right]$。任取微元 $[y,y+\mathrm{d}y]$,将细棒上相应于 $[y,y+\mathrm{d}y]$ 的一段近似看作是另一质点,质量为 $\rho\mathrm{d}y$,与质点的距离为 $r=\sqrt{a^2+y^2}$。因此,小段对质点的引力 ΔF 的大小为 $\Delta F\approx G\dfrac{m\rho\mathrm{d}y}{a^2+y^2}$。进而可以求出 ΔF 在水平方向的分力的近似值,即细棒对质点 M 在水平方向的分力微元为

$$\mathrm{d}F_x=-G\frac{a m \rho \mathrm{d}y}{(a^2+y^2)^{3/2}}。$$

于是所求的引力为

$$F_x = -\int_{-\frac{l}{2}}^{\frac{l}{2}} G \frac{am\rho}{(a^2+y^2)^{3/2}} dy = \frac{-2Gm\rho l}{a\sqrt{(4a^2+l^2)}}.$$

特别地，当细棒的长度 l 很大时，可视 l 趋于无穷大，此时引力的大小为 $\dfrac{2Gm\rho}{a}$，方向与细棒垂直且由 M 指向细直棒。

1. 设有一根金属棒(如图 7.33 所示)，其密度分布为 $\rho(x)=3x^2-2x+5(\text{kg/m})$。求这根金属棒的质量 M 和质心坐标 $\bar{x}$。

2. 设有一半径为 R 的半球形储水槽，其中盛满了水，计算将槽内全部水抽出所做的功。

图　7.33

3. 设有一倒圆锥形容器，高为 h，底半径 R，容器内盛满某液体(密度为常数 ρ)，计算将桶内的液体全部吸出所做的功。

4. 设有一闸门，它的形状和尺寸如图 7.34 所示，水面超过闸门的顶部 $1(\text{m})$。求闸门所受的静水压力。

5. 设有一底为 $8(\text{cm})$、高为 $6(\text{cm})$ 的等腰三角形薄片，铅直地沉没在水中，顶在上、底在下，且于水面平行，而顶离水面 $3(\text{cm})$。求薄片的侧面所受的压力。

6. 设有一半径为 a，密度为 ρ 的均质圆形薄板和一质量为 m 的质点 P，它们的位置关系为：如图 7.35 所示，质点 P 位于通过薄板中心 Q 且垂直于薄板平面的垂直直线上，最短距离 PQ 等于 b。计算圆形薄板对质点 P 的引力。

7. 设有一半径为 R、中心角为 φ 的圆弧形细棒，其线密度为常数 ρ，在圆心处有一质量为 m 的质点 M。求细棒对质点 M 的引力。

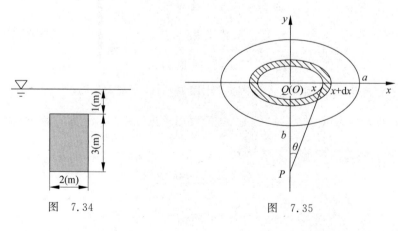

图　7.34　　　　　　　　　　　图　7.35

复 ◇ 习 ◇ 题 ◇ **7**

1. 是非题

(1) 初等函数在其定义区间上是可积的。 ( )

(2) 若 $[c,d] \subset [a,b]$，则 $\int_a^b f(x)\mathrm{d}x \geqslant \int_c^d f(x)\mathrm{d}x$。 ( )

(3) 若函数 $f(x)$ 在区间 $[a,b]$ 上可积，且 $f(x) \geqslant 0$，则必有 $\int_a^b f(x)\mathrm{d}x \geqslant 0$。 ( )

(4) 若函数 $f(x)$ 在区间 $[a,b]$ 上可积，则 $f(x)$ 在 $[a,b]$ 上必有原函数。 ( )

(5) 若函数 $f(x)$ 在区间 $[a,b]$ 上可积，$g(x)$ 在 $[a,b]$ 上不可积，则 $f(x)+g(x)$ 在 $[a,b]$ 上必不可积。 ( )

2. 填空题

(1) 若 $f(x)$ 为连续函数，则 $\int_a^b f(x)\mathrm{d}x + \int_b^c f(s)\mathrm{d}s + \int_c^a f(v)\mathrm{d}v = $ _____。

(2) $\displaystyle\lim_{x\to 0} \frac{\int_0^{2x} \ln(1+t^2)\mathrm{d}t}{x^3} = $ _____。

(3) 若 $f(x) = \int_{x^2}^{\sin x} \tan t^2 \mathrm{d}t$，则 $f'(x) = $ _____。

(4) $\displaystyle\int_1^{+\infty} \frac{(\arctan x)^2}{1+x^2}\mathrm{d}x = $ _____。

(5) 若 $f(x)$ 为连续函数，且 $\displaystyle\lim_{x\to+\infty} f(x) = 2$，$a$ 为常数，则 $\displaystyle\lim_{x\to+\infty} \int_x^{x+a} f(x)\mathrm{d}x = $ _____。

3. 选择题

(1) 若 $f(x) = \int_0^{\sin x} t^2 \mathrm{d}t$，$g(x) = \int_0^x \tan t \mathrm{d}t$，则当 $x\to 0$ 时，$f(x)$ 是 $g(x)$ 的( )。

A. 等价无穷小
B. 同阶但非等价无穷小
C. 高阶无穷小
D. 3 阶无穷小

(2) 若函数 $f(x)$ 的一个原函数是 $\sin\dfrac{x}{3}$，则 $\int_0^{\pi} f(x)\mathrm{d}x$ 的值为( )。

A. 1   B. $\dfrac{1}{2}$ C. $\dfrac{\sqrt{3}}{2}$ D. 1

(3) 若 $\Phi(x) = \int_0^x \cos(x-t)\mathrm{d}t$，则 $\Phi'(x)$ 等于( )。

A. $\cos x$ B. $-\sin x$ C. $\sin x$ D. 0

(4) 在下列积分中，其值为 0 的是( )。

A. $\displaystyle\int_{-2}^2 x^2 \mathrm{d}x$ B. $\displaystyle\int_{-2}^2 x\mathrm{e}^{-x^2}\mathrm{d}x$ C. $\displaystyle\int_{-2}^2 |x\mathrm{e}^{-x^2}|\mathrm{d}x$ D. $\displaystyle\int_{-2}^2 x^2\mathrm{e}^{-x^2}\mathrm{d}x$

(5) 在下列反常积分中，收敛的是( )。

A. $\displaystyle\int_{-1}^1 \frac{1}{x}\mathrm{d}x$ B. $\displaystyle\int_1^2 \frac{1}{\sqrt{2-x}}\mathrm{d}x$ C. $\displaystyle\int_{-1}^{+\infty} \frac{1}{1+x}\mathrm{d}x$ D. $\displaystyle\int_{-\infty}^0 \sin 2x \mathrm{d}x$

4. 求下列极限：

(1) $\lim\limits_{n\to\infty}\left(\dfrac{1}{n^4}\sum\limits_{k=1}^{n}k^3\right)$；

(2) $\lim\limits_{n\to\infty}\sum\limits_{k=1}^{n}\dfrac{1}{\sqrt{2n^2-k^2}}$；

(3) $\lim\limits_{x\to0}\dfrac{\displaystyle\int_0^{2x^2}\tan t\,\mathrm{d}t}{\displaystyle\int_0^{\tan x}t^2\,\mathrm{d}t}$；

(4) $\lim\limits_{x\to0}\dfrac{\displaystyle\int_{2x}^{0}\cos(\mathrm{e}^{-t^2})\,\mathrm{d}t}{\ln(1+x)}$。

5. 计算下列定积分：

(1) $\displaystyle\int_{-1}^{1}\dfrac{\sin x+3}{1+x^2}\,\mathrm{d}x$；

(2) $\displaystyle\int_{0}^{+\infty}\dfrac{\mathrm{d}x}{\sqrt{x}\,(1+2x)}$；

(3) $\displaystyle\int_{0}^{1}\dfrac{2x^2+x+1}{1+x}\,\mathrm{d}x$；

(4) $\displaystyle\int_{0}^{1}\dfrac{\arcsin\sqrt{x}}{\sqrt{x-x^2}}\,\mathrm{d}x$。

6. 已知函数 $y=y(x)$ 由方程 $\displaystyle\int_0^{\sin y}\mathrm{e}^{-t}\,\mathrm{d}t+\int_{2x^2}^{0}\sin t\,\mathrm{d}t=0$ 所确定，求 $\dfrac{\mathrm{d}y}{\mathrm{d}x}$。

7. 已知 $\displaystyle\int_0^{\pi}\dfrac{\cos x}{(x+2)^2}\,\mathrm{d}x=A$，求 $\displaystyle\int_0^{\frac{\pi}{2}}\dfrac{\sin x\cos x}{x+1}\,\mathrm{d}x$。

8. 已知函数 $f(x),g(x)$ 在区间 $[-a,a](a>0)$ 上连续，$g(x)$ 为偶函数，且 $f(x)$ 满足条件 $f(x)+f(-x)=A$，其中 A 为常数。

(1) 证明：$\displaystyle\int_{-a}^{a}f(x)g(x)\,\mathrm{d}x=A\int_0^{a}g(x)\,\mathrm{d}x$；

(2) 利用结论(1)计算定积分 $\displaystyle\int_{-\frac{\pi}{2}}^{\frac{\pi}{2}}\cos x\arctan\mathrm{e}^x\,\mathrm{d}x$。

9. 求曲线 $y=-x^3+2x^2+3x$ 与 x 轴所围成的图形的面积。

10. 求曲线 $y=2-x^2$ 及 $y=0$ 所围成的图形分别绕 x 轴和 y 轴旋转所得旋转体的体积。

11. 已知抛物线 L：$y=-ax^2+b$，其中 $a>0,b>0$。确定常数 a 和 b 的值，使得

(1) L 与直线 $y=x+1$ 相切；

(2) L 与 x 轴所围图形绕 y 轴旋转所得旋转体的体积最大。

12. 求曲线 $y=\ln x$ 在区间 $(1,3)$ 内的一条切线，使得该切线与直线 $x=1,x=3$ 和曲线 $y=\ln x$ 所围成图形的面积最小。

13. 求 a,b 的值，使得椭圆 $\begin{cases}x=3a\cos t,\\ y=2b\sin t\end{cases}$ 的周长等于正弦曲线 $y=\sin x$ 在区间 $[0,2\pi]$ 上一段的长。

第 8 章

常微分方程

Ordinary differential equations

通过前面的学习可知,微积分的主要研究对象是函数。但是在众多有待解决的实际问题面前,建立正确合理的函数关系是首要任务。确定函数关系的方法有,由数学公式确定的函数关系的解析表示法、由方程或方程组确定的函数关系的隐函数表示法以及后面章节将要学到的级数表示法,等等,这些方法是最基本的和最常用的。然而,在描述一些相对复杂的变化规律时,很难直接建立问题的函数关系,通常需要先建立自变量、未知函数及其导数或微分组成的关系式,这样的关系式便是微分方程,进而通过求解微分方程得到待求量的函数关系。可以说,微分方程是运用数学理论,特别是用微积分去解决现实问题的一个重要工具,它在几何学、力学、天文学、物理学、生物学、社会学等众多领域都有广泛的应用。本章只讨论常微分方程,即微分方程中的未知函数只含有一个自变量的情形,主要给出常微分方程的一些基本概念,并介绍几类具有特殊形式的常微分方程的解法。

▶ 8.1 微分方程的基本概念
Basic concepts of differential equations

本节通过介绍几何学、物理学、力学中三个典型的常微分方程模型,给出与微分方程有关的一些基本概念。

8.1.1 引例

引例 1(几何模型) 已知某曲线 $y=f(x)$ 上任意一点的切线的斜率为 $2\cos(2x)$,求该曲线的方程。

解 由导数的几何意义可知,$y'=2\cos(2x)$。容易求得,$y=\sin(2x)+C(C$ 为任意常数)满足关系式 $y'=2\cos(2x)$。

显然,函数 $y=\sin(2x)+C$ 是一族曲线,其特点是曲线上任意一点的切线的斜率均为 $2\cos(2x)$,如图 8.1所示。

若进一步要求曲线过点 $(0,2)$,即当 $x=0$ 时,$y=2$,则有 $C=2$。

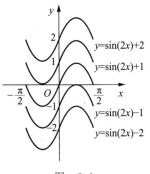

图 8.1

引例 2（电学模型）　有一电路如图 8.2 所示，其中电源的电动势为 $E = E_m \sin \omega t$，电阻 R 和电感 L 都是常量，求电流 $i(t)$ 应满足的关系式。

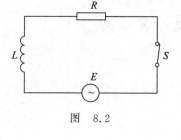

图　8.2

解　由电学知识可知，当电流变化时，L 上的感应电动势为 $-L \dfrac{\mathrm{d}i}{\mathrm{d}t}$。由回路电压定律得出如下关系式

$$E - L \frac{\mathrm{d}i}{\mathrm{d}t} - iR = 0,$$

整理后，有

$$\frac{\mathrm{d}i}{\mathrm{d}t} + \frac{R}{L} i = \frac{E_m}{L} \sin \omega t。$$

引例 3（振动模型）　考察悬挂在弹簧端部的物体的受迫振动问题。如图 8.3 所示，假设弹簧的质量可以忽略不计，弹簧的长度为 L，其上端固定在 A 处，下端挂有一个质量为 m 的物体。当物体在重力和弹簧恢复力的作用下处于静止状态时，这个位置就是重物的平衡位置。取铅直向下方向为 x 轴的正方向，并取弹簧静止时物体的重心位置 O 为坐标原点。

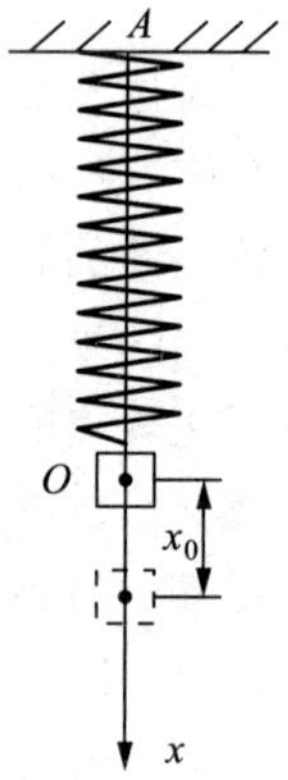

现在将物体向下拉（或向上提）一段距离，此时物体的重心坐标为 x_0，并且处于静止状态，即速度为零。如果瞬时放手，物体就会在平衡位置 O 的附近作上、下的往复振动。试确定物体的运动规律。

解　令 $x(t)$ 表示物体的重心在时刻 t 的位置，显然它是一个待求函数。利用牛顿第二定律，有阻尼强迫振动的物体的运动规律 $x(t)$ 和它的导数之间应满足的关系为

图　8.3

$$m \underbrace{\frac{\mathrm{d}^2 x}{\mathrm{d}t^2}}_{\text{惯性力}} + c \underbrace{\frac{\mathrm{d}x}{\mathrm{d}t}}_{\text{阻尼力}} + \underbrace{kx}_{\text{弹性力}} = \underbrace{f(t)}_{\text{激振力}} (= \underbrace{A \sin \omega t}_{\text{周期激振力}}),$$

其中质量 m、阻力系数 c、弹簧刚度 k 均为常数。

当不计摩擦力和介质阻力，且不受激振力的作用时，方程退化为 $m \dfrac{\mathrm{d}^2 x}{\mathrm{d}t^2} + kx = 0$，它表示物体作无阻尼的自由振动或简谐振动；当不考虑激振力的作用时，方程退化为 $m \dfrac{\mathrm{d}^2 x}{\mathrm{d}t^2} + c \dfrac{\mathrm{d}x}{\mathrm{d}t} + kx = 0$，它表示物体作有阻尼的自由振动。

注意到，物体的运动规律 $x(t)$ 除了满足上述关系式外，还应满足如下初始条件，即

$$x(0) = x_0, \quad x'(0) = 0。$$

本例将在 8.6 节中进行详细讨论。

8.1.2　基本概念

1. 微分方程的定义

定义 8.1　含有自变量、未知函数及未知函数的导数（或微分）的等式，称为**微分方程**

（**differential equation**）。如果微分方程中的未知函数为一元函数，则对应的微分方程称为**常微分方程**（**ordinary differential equation**）；如果未知函数为多元函数，则对应的微分方程称为**偏微分方程**（**partial differential equation**）。

引例 1~引例 3 中给出的微分方程均为常微分方程。再如，方程

$$\frac{\mathrm{d}y}{\mathrm{d}x}=-\frac{x(1+y^2)}{y(1+x^2)}, \quad xy''=y'\ln\frac{y'}{x}, \quad \frac{\mathrm{d}^2y}{\mathrm{d}x^2}+2x\frac{\mathrm{d}y}{\mathrm{d}x}+x^2y=\sin(2x)$$

是常微分方程；方程

$$a\frac{\partial^2T}{\partial x^2}+b\frac{\partial^2T}{\partial y^2}+c\frac{\partial^2T}{\partial z^2}=0, \quad \frac{\partial^2T}{\partial x^2}=4\frac{\partial T}{\partial t}$$

是偏微分方程。

微分方程中出现的未知函数的导数的最高阶数称为该微分方程的**阶**（**order**）。例如，方程

$$\frac{\mathrm{d}^3y}{\mathrm{d}x^3}+3x\left(\frac{\mathrm{d}y}{\mathrm{d}x}\right)^5+xy^4=\mathrm{e}^x$$

是一个三阶常微分方程；

$$\frac{\partial^4T}{\partial x^4}=a\frac{\partial T}{\partial t}$$

是一个四阶偏微分方程，其中 T 是未知函数，x,t 都是自变量。

由于本章只讨论**常微分方程**，因此常称之为**微分方程**或**方程**。

一般地，n 阶微分方程有两种表示形式，即隐式表示和显式表示。给定如下形式的方程

$$F(x;y,y',\cdots,y^{(n)})=0, \tag{8.1}$$

其中 x 为自变量，y 为未知函数，F 是 $x,y,y',\cdots,y^{(n)}$ 的已知函数，且 $y^{(n)}$ 的系数不为 0，称方程(8.1)为 n 阶微分方程的**隐式表示**（**implicit representation**）。如下形式的方程

$$y^{(n)}=f(x,y,y',\cdots,y^{(n-1)}) \tag{8.2}$$

称为 n 阶微分方程的**显式表示**（**explicit representation**）。

定义 8.2 若方程(8.1)可以表示为关于未知函数 y 及其导数 $y',y'',\cdots,y^{(n)}$ 的一次有理整式，有如下的表示形式

$$y^{(n)}+p_1(x)y^{(n-1)}+\cdots+p_n(x)y=f(x), \tag{8.3}$$

其中 $p_1(x),p_2(x),\cdots,p_n(x),f(x)$ 均为 x 的已知函数，则称方程(8.1)或方程(8.3)为**线性的**（**linear**）；否则称此方程为**非线性**（**nonlinear**）的。

例如，方程

$$\frac{\mathrm{d}^2y}{\mathrm{d}x^2}+2x\frac{\mathrm{d}y}{\mathrm{d}x}+x^2y=\sin(2x)$$

是二阶线性微分方程；方程

$$\frac{\mathrm{d}^3y}{\mathrm{d}x^3}+3x\left(\frac{\mathrm{d}y}{\mathrm{d}x}\right)^5+xy^4=\mathrm{e}^x$$

是三阶非线性微分方程。

2. 微分方程的解

定义 8.3 若函数 $y=\varphi(x)$ 具有 n 阶导数，且满足方程(8.1)，则称函数 $y=\varphi(x)$ 是方程(8.1)的**显式解**（**explicit solution**）。若由 $\Phi(x,y)=0$ 确定的隐函数 $y=\varphi(x)$ 是方程

(8.1)的解,则称 $\Phi(x,y)=0$ 为方程(8.1)的**隐式解**(implicit solution)。在不强调解的形式时,将微分方程的显式解和隐式解统称为方程的**解**(solution)。

不难验证,函数 $y=\mathrm{e}^x$ 和 $y=2\mathrm{e}^x+\mathrm{e}^{-2x}$ 是方程 $y''+y'-2y=0$ 的显式解;函数 $y=0$ 和 $y=-\dfrac{1}{x^2+C}$(C 为任意常数)是方程 $y'=2xy^2$ 的显式解;由方程 $x^2-3xy-y^2+C=0$(C 为任意常数)所确定的隐函数 $y=\varphi(x)$ 是方程 $(3x+2y)y'-2x+3y=0$ 的隐式解。

定义 8.4 若微分方程的解中含有相互独立的任意常数的个数与此微分方程的阶数相等,则称这样的解为此方程的**通解**(general solution)。与之相对应,若微分方程的解中不含有任意常数,称这样的解为此方程的**特解**(particular solution)。

关于微分方程的解的几点说明。

(1)由于通解中含有任意常数,因此它还不能完全反映所讨论问题的客观规律,这项任务通常情况下由某些特解来完成。然而,若要由通解得到特解,必须确定通解中的任意常数,进而需要给出若干条件,这些条件称为**定解条件**(conditions for determining solution)。求解微分方程满足某定解条件的问题,称为微分方程的**定解问题**(problem for determining solution)。

(2)由微分方程通解的定义可知,n 阶微分方程的通解中含有 n 个独立的任意常数,所以应有 n 个定解条件,这样才能从通解中确定某个具体的特解。若 n 阶微分方程(8.1)的定解条件都是在同一点 $x=x_0$ 处给出的,即
$$y(x_0)=y_0,\ y'(x_0)=y_1,\cdots,y^{(n-1)}(x_0)=y_{n-1},$$
其中 $y_0,y_1,y_2,\cdots,y_{n-1}$ 为 n 个给定的常数,点 x_0 称为**初值点**(initial value point),上述定解条件称为**初值条件**(initial value condition)。求解微分方程满足某些初值条件的问题,称为**初值问题**(initial value problem),也称为**柯西**(Cauchy)问题。

容易验证,$y=C_1\mathrm{e}^{-x}+C_2\mathrm{e}^{-4x}$ 为二阶微分方程 $\dfrac{\mathrm{d}^2y}{\mathrm{d}x^2}+5\dfrac{\mathrm{d}y}{\mathrm{d}x}+4y=0$ 的通解,其中 C_1,C_2 是任意常数;若方程满足的初值条件为 $y(0)=2$,$y'(0)=1$,可求得通解中的 $C_1=3$,$C_2=-1$,因此方程的特解为 $y=3\mathrm{e}^{-x}-\mathrm{e}^{-4x}$。

(3)微分方程的解在几何上表示曲线,因此称之为微分方程的积分曲线。由于微分方程的通解中含有任意常数,对应的图形是一族曲线,因此称为微分方程的**积分曲线族**;注意到,由于微分方程的特解中不含有任意常数,因此对应的图形只是一条曲线。例如,微分方程 $\dfrac{\mathrm{d}y}{\mathrm{d}x}=1+y^2$ 的通解为 $\arctan y=x+C$,或写成 $y=\tan(x+C)$,其中 C 为任意常数,如图 8.4 所示。该通解是 xy 平面上的一族正切曲线,充满了整个 xOy 平面。

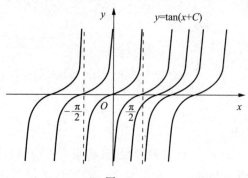

图 8.4

例 8.1 验证下列各题中的函数为所给微分方程的解,并指出是通解还是特解(其中 C 为任意常数):

(1) $y''+4y=0,y=2\cos(2x)-3\sin(2x)$;　　(2) $y=xy'+f(y'),y=Cx+f(C)$。

分析 求函数的各阶导数,然后代入方程验证。

解 (1) 对函数 $y=2\cos(2x)-3\sin(2x)$ 关于 x 求二阶导数,得
$$y'=-4\sin(2x)-6\cos(2x);\quad y''=-8\cos(2x)+12\sin(2x)。$$
显然,$y=2\cos(2x)-3\sin(2x)$ 是方程 $y''+4y=0$ 的解。由于方程的解中不含任意常数,所以它是方程的特解。

(2) 易见,函数 $y=Cx+f(C)$ 的一阶导数为 $y'=C$。将其代入方程,得
$$xC+f(C)\equiv Cx+f(C)。$$
因此,$y=Cx+f(C)$ 是方程 $y=xy'+f(y')$ 的解。由于方程的解中含有一个任意常数,而方程是一阶的,所以 $y=Cx+f(C)$ 是方程 $y=xy'+f(y')$ 的通解。

例 8.2 验证函数 $y=Cx^3$(C 为任意常数)是方程 $3y-xy'=0$ 的通解,并求其满足初值条件 $y(1)=\dfrac{1}{3}$ 的特解。

分析 利用通解的定义验证,再由初值条件确定任意常数。

解 易见,函数 $y=Cx^3$ 的一阶导数为 $y'=3Cx^2$,代入方程得
$$3(Cx^3)-x(3Cx^2)\equiv 0。$$
因此,$y=Cx^3$ 是方程 $3y-xy'=0$ 的解。由于解中只含有一个任意常数,而方程是一阶的,所以 $y=Cx^3$ 是方程 $3y-xy'=0$ 的通解。

将初值条件 $y(1)=\dfrac{1}{3}$ 代入通解,求得 $C=\dfrac{1}{3}$。所求的特解为 $y=\dfrac{1}{3}x^3$。

1. 常微分方程和偏微分方程的本质区别是什么?

2. 如何判定一个微分方程是线性的还是非线性的?

3. 微分方程的通解中,任意常数的个数是由什么条件决定的?

A 类题

1. 指出下列微分方程的阶数,并回答方程是线性的还是非线性的:

(1) $\dfrac{\mathrm{d}y}{\mathrm{d}x}=4x^2-y$;

(2) $\dfrac{\mathrm{d}^2y}{\mathrm{d}x^2}-\left(\dfrac{\mathrm{d}y}{\mathrm{d}x}\right)^3+12xy=0$;

(3) $\left(\dfrac{\mathrm{d}y}{\mathrm{d}x}\right)^2+x\dfrac{\mathrm{d}y}{\mathrm{d}x}-3y^2=0$;

(4) $x\dfrac{\mathrm{d}^2y}{\mathrm{d}x^2}-5\dfrac{\mathrm{d}y}{\mathrm{d}x}-3xy=\sin x$;

(5) $\dfrac{\mathrm{d}y}{\mathrm{d}x}+\cos y-3x=0$;

(6) $\sin\left(\dfrac{\mathrm{d}^2y}{\mathrm{d}x^2}\right)+\mathrm{e}^y=x$。

2. 判断下列各题中的函数是否为所给微分方程的解,如果是解,指出是通解还是特解,其中 C,C_1,C_2 为任意常数:

(1) $y''-2y'+y=0,y=x^2\mathrm{e}^x$;　　　　　　(2) $y''-3y'-4y=0,y=C_1\mathrm{e}^{-x}+C_2\mathrm{e}^{4x}$;

(3) $2xy+x^2y'+y'\cos y-2yy'=-\sin x,x^2y+\sin y-y^2=\cos x+C$;

(4) $y''+2xy'=0,y=\mathrm{e}^x+\mathrm{e}^{-x}$。

3. 验证下列函数是所给微分方程的特解:

(1) $\begin{cases} xy'+y'+y=2\cos x, \\ y(0)=1, \end{cases}$　$xy=2\sin x-y+1$;

(2) $\begin{cases} y''-3y'+2y=5, \\ y(0)=1,y'(0)=2, \end{cases}$　$y=-5\mathrm{e}^x+\dfrac{7}{2}\mathrm{e}^{2x}+\dfrac{5}{2}$。

4. 已知某曲线 $y=f(x)$ 在任意一点处的切线的斜率为其横坐标的 2 倍。回答下列问题:

(1) 求出该积分曲线族;

(2) 求通过点 $(1,4)$ 的曲线;

(3) 求出与直线 $y=2x+3$ 相切的曲线;

(4) 求出满足条件 $\displaystyle\int_0^1 y\mathrm{d}x=2$ 的曲线。

8.2　常微分方程的初等积分法(Ⅰ)
Elementary methods of integration for ordinary differential equations(Ⅰ)

微分方程理论的发展初期,研究的主题是将当时遇到的各类微分方程的求解问题尽可能转化为积分问题,即求原函数问题,这类求解方法习惯上称为**初等积分法**(**elementary methods of integration**)。本节和下一节的任务是介绍几类能用初等积分法求解的方程类型及其一般解法。方程类型有可分离变量的方程、一阶线性微分方程、齐次方程、可降阶的高阶微分方程等。虽然这些方程的类型是有限的,但它们在一定程度上反映了常微分方程在各类实际问题中的应用,因此掌握求解这些方程的初等积分法是非常有意义的。

本节主要讨论两类一阶微分方程,即可分离变量的方程和一阶线性微分方程,它们可以分别记作隐式形式和显式形式,即

$$F(x,y,y')=0 \tag{8.4}$$

和

$$y'=f(x,y)。 \tag{8.5}$$

值得注意的是,由于一阶微分方程的通解中只含有一个任意常数,因此它的解要么是通解,要么是特解;并且在一阶方程中,x 和 y 的关系是等价的,有时也可将 x 看成函数,y 看做变量。此外,一阶方程的隐式形式(8.4)在有些条件下可以表示为方程(8.5),但有时也可能表示不出来。

8.2.1　可分离变量的方程

若一阶微分方程(8.5)的右端具有形式 $f(x,y)=f_1(x)f_2(y)$,即

$$\frac{\mathrm{d}y}{\mathrm{d}x}=f_1(x)f_2(y),\tag{8.6}$$

其中 $f_1(x),f_2(y)$ 分别是 x,y 的连续函数,则称一阶微分方程(8.6)为**可分离变量的方程**。

对于方程(8.6),当 $f_2(y)\neq0$ 时,方程可变形为

$$\frac{1}{f_2(y)}\mathrm{d}y=f_1(x)\mathrm{d}x\quad(这个过程称为分离变量),$$

对上式两边积分可得

$$F_2(y)=F_1(x)+C,\tag{8.7}$$

其中 $F_2(y)=\displaystyle\int\frac{1}{f_2(y)}\mathrm{d}y,F_1(x)=\int f_1(x)\mathrm{d}x$ 分别为 $\dfrac{1}{f_2(y)}$ 和 $f_1(x)$ 的某个原函数,C 是任意常数。易见,式(8.7)是隐函数的形式,并含有任意常数 C,因此称为方程(8.6)的**隐式通解**(**implicit general solution**)。

若存在 $y=y_0$,使得 $f_2(y_0)=0$,则不难验证 $y=y_0$ 也是方程(8.6)的解。需要特别注意的是,有时 $y=y_0$ 不包含在通解中,则其为方程的特解,求解时还需将其另补上;若只求方程(8.6)的通解时,则不必考虑特解 $y=y_0$。

上述通过分离变量求解微分方程的方法称为**分离变量法**(**separation of variables**)。

例 8.3 求下列微分方程的通解:

(1) $\mathrm{d}x=y(1+x^2)\mathrm{d}y$; (2) $\sin x\cos y\mathrm{d}x=\cos x\sin y\mathrm{d}y$。

分析 易见,这两个方程都是可分离变量的微分方程。

解 (1) 因为 $1+x^2\neq0$,将方程分离变量,得到 $y\mathrm{d}y=\dfrac{1}{1+x^2}\mathrm{d}x$,两边积分,得

$$\int y\mathrm{d}y=\int\frac{1}{1+x^2}\mathrm{d}x。$$

解得方程的通解为

$$\frac{1}{2}y^2=\arctan x+C,$$

其中 C 为任意常数。

(2) 当 $\cos x\cos y\neq0$ 时,将方程分离变量,得到 $\dfrac{\sin x}{\cos x}\mathrm{d}x=\dfrac{\sin y}{\cos y}\mathrm{d}y$,两边积分,得

$$\int\frac{\sin x}{\cos x}\mathrm{d}x=\int\frac{\sin y}{\cos y}\mathrm{d}y。$$

解得方程的通解为

$$\ln|\cos y|=\ln|\cos x|+\ln|C|,$$

或写成

$$\cos y=C\cos x,$$

其中 C 为不等于零的任意常数。由于 $\cos y=0$ 和 $\cos x=0$ 也是微分方程的解,因此 C 可以扩充为任意常数。

例 8.4 求解下列微分方程:

(1) $(1+x)y\mathrm{d}x+(1-y)x\mathrm{d}y=0$; (2) $\dfrac{\mathrm{d}y}{\mathrm{d}x}=2xy$。

分析　注意分离变量时可能丢失的特解。

解　(1) 当 $xy \neq 0$ 时,分离变量得

$$\frac{1+x}{x}\mathrm{d}x = \frac{y-1}{y}\mathrm{d}y,$$

两边积分,得方程的通解为

$$x - y + \ln|xy| = C,$$

其中 C 为任意常数。显然,$x = 0$ 和 $y = 0$ 也是该微分方程的解,但不被包含在通解中,因此它们是方程的特解。

(2) 当 $y \neq 0$ 时,先分离变量,得到 $\frac{\mathrm{d}y}{y} = 2x\mathrm{d}x$,两边积分,得

$$\ln|y| = x^2 + C_1。$$

因此,方程的通解可写为

$$y = C\mathrm{e}^{x^2},$$

其中 $C = \pm \mathrm{e}^{C_1}$,这里 C_1 为任意常数。显然,$y = 0$ 也是微分方程的一个解。因此,通解 $y = C\mathrm{e}^{x^2}$ 中的 C 可以扩充为任意常数。

例 8.5　求解下列初值问题:

(1) $\mathrm{d}y + 2xy^2\mathrm{d}x = 0, y(0) = 1$;　　(2) $(\mathrm{e}^{x+y} + \mathrm{e}^x)\mathrm{d}x + (\mathrm{e}^{x+y} + \mathrm{e}^y)\mathrm{d}y = 0, y(0) = 0$。

分析　通过将方程变形,可以将它们化成可分离变量的微分方程。

解　(1) 当 $y \neq 0$ 时,分离变量得

$$-\frac{1}{y^2}\mathrm{d}y = 2x\mathrm{d}x,$$

两边积分,得方程的通解为

$$\frac{1}{y} = x^2 + C \text{ 或 } y(x^2 + C) = 1, \quad C \text{ 为任意常数。}$$

由初值条件 $y(0) = 1$,得 $C = 1$。因此方程在初值条件 $y(0) = 1$ 下的解为

$$y(x^2 + 1) = 1。$$

(2) 通过对方程进行分离变量,可得 $\frac{\mathrm{e}^x}{\mathrm{e}^x + 1}\mathrm{d}x + \frac{\mathrm{e}^y}{\mathrm{e}^y + 1}\mathrm{d}y = 0$,两边积分,得

$$\ln(\mathrm{e}^x + 1) + \ln(\mathrm{e}^y + 1) = \ln C, \quad \text{其中 } C \text{ 为大于零的任意常数。}$$

因此,方程的通解为

$$(\mathrm{e}^x + 1)(\mathrm{e}^y + 1) = C,$$

由初值条件 $y(0) = 0$,得 $C = 4$。因此方程在初值条件 $y(0) = 0$ 下的解为

$$(\mathrm{e}^x + 1)(\mathrm{e}^y + 1) = 4。$$

8.2.2　一阶线性微分方程

若一阶微分方程(8.5)可以表示为如下形式

$$\frac{\mathrm{d}y}{\mathrm{d}x} + P(x)y = Q(x), \tag{8.8}$$

其中 $P(x), Q(x)$ 均为 x 的连续函数,则称方程(8.8)为**一阶线性微分方程(first order linear**

differential equation)。当 $Q(x)$ 不恒为零时,称方程(8.8)为**非齐次的**(**nonhomogeneous**)。
当 $Q(x) \equiv 0$ 时,方程(8.8)变为

$$\frac{\mathrm{d}y}{\mathrm{d}x} + P(x)y = 0, \tag{8.9}$$

称方程(8.9)为**齐次的**(**homogeneous**),有时也称为对应于方程(8.8)的**齐次线性微分方程**。

易见,方程(8.9)是一个可分离变量的微分方程,所以当 $y \neq 0$ 时,有

$$\frac{\mathrm{d}y}{y} = -P(x)\mathrm{d}x。$$

两边积分,得

$$\ln|y| = -\int P(x)\mathrm{d}x + C_1。$$

于是,当 $y \neq 0$ 时,方程(8.9)的通解为

$$y = C\mathrm{e}^{-\int P(x)\mathrm{d}x}, \qquad C = \pm\mathrm{e}^{C_1}。 \tag{8.10}$$

注意到,$y = 0$ 也是方程(8.9)的解,它也可以在(8.10)中令 $C = 0$ 得到。因此,方程(8.9)的
通解为(8.10),其中 C 为任意常数。

下面利用所谓的**常数变易法**求方程(8.8)的通解,就是将通解(8.10)中的常数 C 换成函
数。据此,在式(8.10)中,令 $C = u(x)$,然后将 $y = u(x)\mathrm{e}^{-\int P(x)\mathrm{d}x}$ 代入方程(8.8),尝试能否
解出 $u(x)$。不难求得

$$y' = u'(x)\mathrm{e}^{-\int P(x)\mathrm{d}x} - u(x)P(x)\mathrm{e}^{-\int P(x)\mathrm{d}x}。$$

将 y 及 y' 代入方程(8.8),得

$$u'(x)\mathrm{e}^{-\int P(x)\mathrm{d}x} - u(x)P(x)\mathrm{e}^{-\int P(x)\mathrm{d}x} + u(x)P(x)\mathrm{e}^{-\int P(x)\mathrm{d}x} = Q(x),$$

即

$$u'(x) = Q(x)\mathrm{e}^{\int P(x)\mathrm{d}x}。$$

两边积分,得

$$u(x) = \int Q(x)\mathrm{e}^{\int P(x)\mathrm{d}x}\mathrm{d}x + C。$$

于是,方程(8.8)的通解为

$$y = \left(\int Q(x)\mathrm{e}^{\int P(x)\mathrm{d}x}\mathrm{d}x + C\right)\mathrm{e}^{-\int P(x)\mathrm{d}x}, \tag{8.11}$$

其中 C 为任意常数。

注意到,一阶线性微分方程(8.8)的通解(8.11)由两项构成:一项是对应于齐次线性微
分方程(8.9)的通解;另一项是方程(8.8)的一个特解. 这个结论对高阶线性微分方程也同样
成立。

例 8.6 求下列微分方程的通解:

$$(1)\frac{\mathrm{d}y}{\mathrm{d}x} + y\cos x = \mathrm{e}^{-\sin x};　　　　　(2)\frac{\mathrm{d}y}{\mathrm{d}x} = \frac{2y}{x + y^2}。$$

分析 方程(1)是一阶线性微分方程,方程(2)需要将方程变形为一阶线性微分方程。

解　（1）**法一　常数变易法**

先求对应的齐次方程 $\dfrac{\mathrm{d}y}{\mathrm{d}x}+y\cos x=0$ 的通解。利用分离变量法,容易求得对应的齐次方程的通解为

$$y=C\mathrm{e}^{-\sin x}, \quad C \text{ 为任意常数。}$$

令 $C=u(x)$,并将 $y=u(x)\mathrm{e}^{-\sin x}$ 代入原方程,得 $u'(x)=1$,因此

$$u(x)=x+C。$$

于是,原方程的通解为

$$y=(x+C)\mathrm{e}^{-\sin x},$$

其中 C 为任意常数。

法二　公式法

将 $P(x)=\cos x$,$Q(x)=\mathrm{e}^{-\sin x}$ 代入式(8.11)中,得方程的通解为

$$y=\mathrm{e}^{-\int\cos x\,\mathrm{d}x}\left[\int\mathrm{e}^{-\sin x}\mathrm{e}^{\int\cos x\,\mathrm{d}x}\,\mathrm{d}x+C\right]=\mathrm{e}^{-\sin x}(x+C),$$

其中 C 为任意常数。

（2）将方程变形为 $\dfrac{\mathrm{d}x}{\mathrm{d}y}-\dfrac{1}{2y}x=\dfrac{y}{2}$,此时方程以 x 为因变量,以 y 为自变量。易见,

$P(y)=-\dfrac{1}{2y}$,$Q(y)=\dfrac{y}{2}$。将它们代入式(8.11)中,得方程的通解为

$$x=\mathrm{e}^{\int\frac{1}{2y}\mathrm{d}y}\left(\int\frac{y}{2}\mathrm{e}^{-\int\frac{1}{2y}\mathrm{d}y}\,\mathrm{d}y+C\right)=\sqrt{|y|}\left(\int\frac{\sqrt{|y|}}{2}\mathrm{d}y+C\right)=\sqrt{|y|}\left(\frac{1}{3}\sqrt{|y|^3}+C\right),$$

其中 C 为任意常数。

例 8.7　求解下列初值问题:

（1）$\dfrac{\mathrm{d}y}{\mathrm{d}x}=\dfrac{2y}{x+1}+(x+1)^{\frac{3}{2}}$,$y(0)=1$;　　　　（2）$\dfrac{\mathrm{d}y}{\mathrm{d}x}=\dfrac{y}{2y\ln y+y-x}$,$y(1)=1$。

分析　先求通解,再通过初值条件确定任意常数 C。

解　（1）易见,对应的齐次线性微分方程为

$$\frac{\mathrm{d}y}{\mathrm{d}x}-\frac{2y}{x+1}=0。$$

不难求得其通解为

$$y=C(x+1)^2, \quad C \text{ 为任意常数。}$$

令 $C=u(x)$,并将 $y=u(x)(x+1)^2$ 代入原方程,有

$$u'(x)=(x+1)^{-\frac{1}{2}},$$

两边积分得

$$u(x)=2(x+1)^{\frac{1}{2}}+C。$$

于是,原方程的通解为

$$y=(x+1)^2\left[2(x+1)^{\frac{1}{2}}+C\right]。$$

由初值条件 $y(0)=1$,可得 $C=-1$。因此,方程满足初值条件的解为

$$y=(x+1)^2\left[2(x+1)^{\frac{1}{2}}-1\right]。$$

（2）交换 x 和 y 的位置，方程可化为

$$\frac{\mathrm{d}x}{\mathrm{d}y}+\frac{x}{y}=2\ln y+1。$$

易见，$P(y)=\dfrac{1}{y}$，$Q(y)=2\ln y+1$。将它们代入式（8.11）中，得方程的通解为

$$x=\mathrm{e}^{-\int\frac{1}{y}\mathrm{d}y}\left[\int(2\ln y+1)\mathrm{e}^{\int\frac{1}{y}\mathrm{d}y}\mathrm{d}y+C\right]=\frac{C}{y}+y\ln y，\quad C\text{ 为任意常数}。$$

由初值条件 $y(1)=1$，可得 $C=1$。因此，方程满足初值条件的解为

$$x=\frac{1}{y}+y\ln y。$$

8.2.3 伯努利方程

若一阶微分方程（8.5）可以表示为如下形式

$$\frac{\mathrm{d}y}{\mathrm{d}x}+P(x)y=Q(x)y^n，\quad n\neq 0,1，\tag{8.12}$$

其中 $P(x)$，$Q(x)$ 是 x 的连续函数，方程（8.12）称为**伯努利方程**。易见，当 $n=0$ 或 $n=1$ 时，方程退化为一阶线性微分方程；当 $n\neq 0,1$ 时，可以通过变换 $z=y^{1-n}$，将其化为线性方程。

方程（8.12）两边同除以 y^n 得

$$y^{-n}\frac{\mathrm{d}y}{\mathrm{d}x}+P(x)y^{1-n}=Q(x)。$$

再令 $z=y^{1-n}$，则上式化为

$$\frac{1}{1-n}\frac{\mathrm{d}z}{\mathrm{d}x}+P(x)z=Q(x)，$$

即

$$\frac{\mathrm{d}z}{\mathrm{d}x}+(1-n)P(x)z=(1-n)Q(x)。\tag{8.13}$$

显然，这是函数 z 关于自变量 x 的一阶线性方程，从而可用常数变易法或公式（8.11）求出 z，再用 y^{1-n} 代换 z，即得伯努利方程（8.12）的解。

例 8.8 求下列微分方程的通解：

（1）$\dfrac{\mathrm{d}y}{\mathrm{d}x}-y=xy^n$，其中 $n\neq 0,1$；　　　　（2）$\dfrac{\mathrm{d}y}{\mathrm{d}x}-\dfrac{1}{2x}y=\dfrac{x^2}{2y}$。

分析 与伯努利方程的标准形式（8.12）对照。

解 （1）当 $n\neq 0,1$ 时，方程两边同除以 y^n，得

$$y^{-n}\frac{\mathrm{d}y}{\mathrm{d}x}-y^{1-n}=x。$$

令 $z=y^{1-n}$，则上式化为

$$\frac{\mathrm{d}z}{\mathrm{d}x}-(1-n)z=(1-n)x。$$

由公式（8.11），得方程的通解为

$$z=-\frac{1}{1-n}-x+C\mathrm{e}^{(1-n)x}。$$

将 $z = y^{1-n}$ 代入上式,得

$$y = \left(-\frac{1}{1-n} - x + C e^{(1-n)x}\right)^{\frac{1}{1-n}},$$

其中 C 为任意常数。

（2）这是 $n = -1$ 时的伯努利方程。方程两边同乘以 y 得

$$y\frac{\mathrm{d}y}{\mathrm{d}x} - \frac{y^2}{2x} = \frac{x^2}{2}。$$

令 $z = y^2$,则上式变为

$$\frac{\mathrm{d}z}{\mathrm{d}x} - \frac{z}{x} = x^2,$$

这是 z 关于 x 的一阶线性微分方程。由公式(8.11),得方程的通解为

$$z = e^{\int \frac{1}{x}\mathrm{d}x}\left(\int x^2 e^{-\int \frac{1}{x}\mathrm{d}x}\mathrm{d}x + C\right) = x\left(\frac{1}{2}x^2 + C\right)。$$

因此原方程通解为

$$y^2 = \frac{1}{2}x^3 + Cx,$$

其中 C 为任意常数。

例 8.9　求解初值问题：$\dfrac{\mathrm{d}y}{\mathrm{d}x} + \dfrac{y}{x+1} + y^2 = 0, y(0) = 1$。

分析　将方程变形化为标准的伯努利方程。

解　方程可改写为 $\dfrac{\mathrm{d}y}{\mathrm{d}x} + \dfrac{y}{x+1} = -y^2$。令 $z = y^{-1}$,原方程化为

$$-\frac{\mathrm{d}z}{\mathrm{d}x} + \frac{z}{x+1} + 1 = 0。$$

不难求得其对应的齐次方程的通解为

$$z = C(x+1), \quad C \text{ 为任意常数}。$$

用常数变易法。令 $z = u(x)(x+1)$,代入相应的线性方程得

$$u'(x)(x+1) = 1,$$

解得 $u(x) = \ln(x+1) + C$,得原方程通解为

$$\frac{1}{y} = [\ln(x+1) + C](x+1), \quad \text{其中 } C \text{ 为任意常数}。$$

由初值条件 $y(0) = 1$,得 $C = 1$。故方程满足初值条件的特解为

$$\frac{1}{y} = [\ln(x+1) + 1](x+1)。$$

习　题　8.2

思 考 题

1. 在用分离变量法求解方程 $\dfrac{\mathrm{d}y}{\mathrm{d}x} = f_1(x)f_2(y)$ 的过程中,对函数 $f_2(y)$ 有什么约束

条件？

2. 一阶线性微分方程的齐次和非齐次指的是什么？它们的解之间有什么联系？

3. 伯努利方程是线性的还是非线性的，与一阶线性微分方程有什么联系？

A 类题

1. 求下列微分方程的通解：

(1) $\dfrac{\mathrm{d}y}{\mathrm{d}x}=(2x^2+x)y$；

(2) $\dfrac{\mathrm{d}y}{\mathrm{d}x}=\dfrac{\sqrt{1-y^2}}{\sqrt{1-4x^2}}$；

(3) $\dfrac{\mathrm{d}y}{\mathrm{d}x}=\dfrac{1+y^2}{xy+x^3y}$；

(4) $\dfrac{\mathrm{d}y}{\mathrm{d}x}=\dfrac{1}{(1+x^2)(1+y^2)}$；

(5) $y'-xy'=1+y$；

(6) $\sin^2y\,\mathrm{d}y+\cos^2x\,\mathrm{d}x=\mathrm{d}x+\mathrm{d}y$。

2. 求解下列初值问题：

(1) $y^3\mathrm{d}x+(x^2+1)\mathrm{d}y=0,y(0)=1$；

(2) $y'=\mathrm{e}^{2x+3y},y(0)=0$；

(3) $x\cos y\,\mathrm{d}x+(x^2+1)\sin y\,\mathrm{d}y=0,y(0)=\dfrac{\pi}{3}$；

(4) $y'\cos^2x+y=2,y\left(\dfrac{\pi}{4}\right)=1$。

3. 求下列微分方程的通解：

(1) $y'+y=\mathrm{e}^{-x}$；

(2) $y'=y\cot x+2x\sin x$；

(3) $xy'+2y=x^2+3x+2$；

(4) $(x-1)y'=y+3(x-1)^2$；

(5) $(y^2-6x)y'=-2y$；

(6) $y'-y=xy^5$；

(7) $xy'-2y=xy^2$；

(8) $(1+x)y'+y+(1+x)^2y^4=0$；

(9) $y'+y=y^3(\cos x-\sin x)$；

(10) $3y'=-y+(1-2x)y^4$。

4. 求解下列初值问题：

(1) $y'+2y=-3x,y(0)=1$；

(2) $y'+\dfrac{y}{x}=\dfrac{\sin x}{x},y(\pi)=1$；

(3) $y'+y\cot x=2\mathrm{e}^{\cos x},y\left(\dfrac{\pi}{2}\right)=2$；

(4) $(1-x^2)y'=-xy+1-x^2,y(0)=1$。

B 类题

1. 求解下列微分方程：

(1) $\sec^2x\tan^2y\,\mathrm{d}y=\sec^2y\tan^2x\,\mathrm{d}x$；

(2) $(1+x^2)\mathrm{d}y=y\arctan^2x\,\mathrm{d}x$；

(3) $\dfrac{\mathrm{d}y}{\mathrm{d}x}=1+2y+\mathrm{e}^{2x}+2y\mathrm{e}^{2x}$；

(4) $\dfrac{\mathrm{d}y}{\mathrm{d}x}=\dfrac{y}{\sec x}\ln y$；

(5) $2x^2\dfrac{\mathrm{d}y}{\mathrm{d}x}+y=4y^3$；

(6) $\dfrac{\mathrm{d}y}{\mathrm{d}x}-\dfrac{\mathrm{e}^{y^2+3x}}{y}=0$。

2. 求解下列微分方程：

(1) $y' + \dfrac{y}{x} - \dfrac{\mathrm{e}^{-x}}{x} = 0$；　　　　　　(2) $y' - \dfrac{2y}{x} - x^2 = 0$；

(3) $x\sin y\,\dfrac{\mathrm{d}y}{\mathrm{d}x} + \cos y - x\cos y = 0$；　　(4) $(x - 2xy + y^3)\,\mathrm{d}y = y^2\,\mathrm{d}x$；

(5) $y' = 2x - x^3\mathrm{e}^y$；　　　　　　　　(6) $(\sqrt{xy} - x)\,\mathrm{d}y = y\,\mathrm{d}x$；

(7) $xy' - y - x(1 + \ln x)y^3 = 0$；　　　　(8) $y' = xy + x^3 y^3$。

8.3　常微分方程的初等积分法（Ⅱ）

Elementary methods of integration for ordinary differential equations（Ⅱ）

本节利用初等积分法求解两类微分方程，即齐次方程和可降阶的微分方程。

8.3.1　齐次方程

1. 简单的齐次方程

若一阶微分方程（8.5）的右端具有形式 $f(x, y) = \varphi\!\left(\dfrac{y}{x}\right)$，即

$$\frac{\mathrm{d}y}{\mathrm{d}x} = \varphi\!\left(\frac{y}{x}\right), \tag{8.14}$$

其中 $\varphi(u)$ 是 u 的连续函数，则称方程（8.14）为**齐次方程**（**homogeneous equation**）。

为求解方程（8.14），可引入一个新函数

$$u = \frac{y}{x}, \tag{8.15}$$

即 $y = xu$，从而有 $\dfrac{\mathrm{d}y}{\mathrm{d}x} = u + x\,\dfrac{\mathrm{d}u}{\mathrm{d}x}$，将其代入方程（8.14），得

$$u + x\,\frac{\mathrm{d}u}{\mathrm{d}x} = \varphi(u),$$

整理后，得

$$\frac{\mathrm{d}u}{\mathrm{d}x} = \frac{\varphi(u) - u}{x}。$$

这是一个可分离变量方程。求出方程的解后，还需将 u 还原成 $\dfrac{y}{x}$，便得到齐次方程（8.14）的通解。

例 8.10　求下列微分方程的通解：

(1) $\dfrac{\mathrm{d}y}{\mathrm{d}x} = \dfrac{y}{x} + 2\tan\dfrac{y}{x}$；　　　　　　(2) $y^2\,\mathrm{d}x = (xy - x^2)\,\mathrm{d}y$。

分析　方程（1）是齐次方程，方程（2）需要通过适当变形，将它化成齐次方程，再求解。

解　(1) 令 $y = xu$，得

$$u + x\,\frac{\mathrm{d}u}{\mathrm{d}x} = u + 2\tan u,$$

即 $x\dfrac{\mathrm{d}u}{\mathrm{d}x}=2\tan u$。将新方程分离变量后并积分，得

$$\ln|\sin u|=2\ln|x|+\ln|C|，\quad 即\quad \sin u=Cx^2。$$

将 $u=\dfrac{y}{x}$ 代入上式，便得到原方程的通解为

$$\sin\dfrac{y}{x}=Cx^2，$$

其中 C 为任意常数。

（2）将方程变形得

$$\dfrac{\mathrm{d}y}{\mathrm{d}x}=\dfrac{y^2}{xy-x^2}=\dfrac{\left(\dfrac{y}{x}\right)^2}{\dfrac{y}{x}-1}。$$

令 $y=xu$，得

$$u+x\dfrac{\mathrm{d}u}{\mathrm{d}x}=\dfrac{u^2}{u-1}，\quad 即\quad x\dfrac{\mathrm{d}u}{\mathrm{d}x}=\dfrac{u}{u-1}。$$

将新方程分离变量，得

$$\left(1-\dfrac{1}{u}\right)\mathrm{d}u=\dfrac{\mathrm{d}x}{x}，$$

两边积分，得

$$u-\ln|u|=\ln|C_1x|。$$

将 $u=\dfrac{y}{x}$ 代入上式，便得到原方程的通解为

$$y=C\mathrm{e}^{\frac{y}{x}}，$$

其中 C 为非零常数。注意到 $y=0$ 是原方程的一个解，它可以在上式中令 $C=0$ 得到，所以 $y=C\mathrm{e}^{\frac{y}{x}}$ 是原方程的通解，其中 C 为任意常数。

例 8.11 求解初值问题：$2xy\mathrm{d}y=(x^2+2y^2)\mathrm{d}x，y(1)=1$。

分析 先将方程变形为齐次方程，再求解。

解 将方程变形，得

$$\dfrac{\mathrm{d}y}{\mathrm{d}x}=\dfrac{x^2+2y^2}{2xy}=\dfrac{1}{2}\dfrac{x}{y}+\dfrac{y}{x}。$$

令 $y=xu$，得

$$u+x\dfrac{\mathrm{d}u}{\mathrm{d}x}=\dfrac{1}{2u}+u，\quad 即\quad x\dfrac{\mathrm{d}u}{\mathrm{d}x}=\dfrac{1}{2u}。$$

将新方程分离变量后再积分，得

$$u^2=\ln x+\ln|C|。$$

将 $u=\dfrac{y}{x}$ 代入上式，便得到原方程的通解为

$$y^2=x^2\ln|Cx|，\quad C\ 为任意非零常数。$$

由初值条件 $y(1)=1$ 得，$|C|=\mathrm{e}$。因此方程在初值条件 $y(1)=1$ 下得

$$y^2 = x^2 \ln|ex|。$$

*2. 可化为齐次方程的方程

若一阶微分方程(8.4)可以表示为如下形式

$$\frac{dy}{dx} = f\left(\frac{a_1 x + b_1 y + c_1}{a_2 x + b_2 y + c_2}\right), \tag{8.16}$$

则可以通过适当的变换,将其化成齐次方程。

(1) $c_1 = c_2 = 0$ 的情形。方程(8.16)可化为 $\dfrac{dy}{dx} = f\left(\dfrac{a_1 + b_1 (y/x)}{a_2 + b_2 (y/x)}\right)$,即齐次方程。

(2) c_1, c_2 不同时为零的情形。

① 当 $\dfrac{a_1}{a_2} \neq \dfrac{b_1}{b_2}$ 时,线性方程组 $\begin{cases} a_1 x + b_1 y + c_1 = 0, \\ a_2 x + b_2 y + c_2 = 0 \end{cases}$ 有唯一解 $x = x^*, y = y^*$。设 $X = x - x^*,\ Y = y - y^*$,原方程可化为

$$\frac{dY}{dX} = f\left(\frac{a_1 X + b_1 Y}{a_2 X + b_2 Y}\right),$$

进而将其化为齐次方程后,再求解。

② 当 $\dfrac{a_1}{a_2} = \dfrac{b_1}{b_2}$ 时,线性方程组 $\begin{cases} a_1 x + b_1 y + c_1 = 0, \\ a_2 x + b_2 y + c_2 = 0 \end{cases}$ 无解或有无穷多解。令 $\dfrac{a_1}{a_2} = \dfrac{b_1}{b_2} = \lambda$,有

$$\frac{dy}{dx} = f\left(\frac{\lambda(a_2 x + b_2 y) + c_1}{a_2 x + b_2 y + c_2}\right)。$$

引入新变量 $v = a_2 x + b_2 y$,则有

$$\frac{dv}{dx} = a_2 + b_2 \frac{dy}{dx},$$

进而方程(8.16)变为

$$\frac{dv}{dx} = b_2 f\left(\frac{\lambda v + c_1}{v + c_2}\right) + a_2。$$

显然,它是一个可分离变量的微分方程。

例 8.12　求下列微分方程的通解:

(1) $\dfrac{dy}{dx} = \dfrac{x + y - 2}{x - y}$;　　　　　　(2) $\dfrac{dy}{dx} = \dfrac{-4x - 2y + 3}{2x + y}$。

分析　与前面讨论的类型对照,选择适合的方法进行求解。

解　(1) 不难求得,线性方程组 $\begin{cases} x + y - 2 = 0, \\ x - y = 0 \end{cases}$ 的唯一解为 $x = 1, y = 1$。设 $X = x - 1$, $Y = y - 1$,原方程可化为 $\dfrac{dY}{dX} = \dfrac{X + Y}{X - Y}$,进而得到对应的齐次方程为

$$\frac{dY}{dX} = \frac{1 + (Y/X)}{1 - (Y/X)}。$$

令 $Y = Xu$,得

$$u + X \frac{du}{dX} = \frac{1 + u}{1 - u}, \quad 即 \quad X \frac{du}{dX} = \frac{1 + u^2}{1 - u}。$$

将新方程分离变量后再积分,得

$$\arctan u - \frac{1}{2}\ln(1+u^2) = \ln|Cx|。$$

将 $u = \dfrac{Y}{X} = \dfrac{y-1}{x-1}$ 代入上式,得原方程的通解为

$$\arctan \frac{y-1}{x-1} - \frac{1}{2}\ln\left(1+\left(\frac{y-1}{x-1}\right)^2\right) = \ln|Cx|,$$

其中 C 为任意常数。

(2) 引入新变量 $v = 2x + y$,可得 $\dfrac{\mathrm{d}v}{\mathrm{d}x} = 2 + \dfrac{\mathrm{d}y}{\mathrm{d}x}$,代入原方程得

$$\frac{\mathrm{d}v}{\mathrm{d}x} - 2 = \frac{-2v+3}{v}, \quad 即 \quad \frac{\mathrm{d}v}{\mathrm{d}x} = \frac{3}{v}。$$

上述方程的通解为 $v^2 = 6x + C$。将 $v = 2x + y$ 代入 $v^2 = 6x + C$,得到方程的通解为

$$(2x+y)^2 = 6x + C,$$

其中 C 为任意常数。

8.3.2 可降阶的二阶微分方程

二阶微分方程的显式表示可写成

$$y'' = f(x,y,y'). \tag{8.17}$$

当 $f(x,y,y')$ 具有一些特殊形式时,方程(8.17)可以作**降阶代换**,即利用变换将二阶微分方程转化为一阶方程,进而尝试使用初等积分法求解。

1. $y'' = f(x,y')$ 型

当 $f(x,y,y')$ 中不显含未知函数 y 时,方程(8.17)退化为

$$y'' = f(x,y')。 \tag{8.18}$$

方程(8.18)的求解方法是:令 $y' = p$,则 $y'' = \dfrac{\mathrm{d}p}{\mathrm{d}x}$,方程(8.18)变为

$$\frac{\mathrm{d}p}{\mathrm{d}x} = f(x,p)。$$

经过上述变换,将二阶方程降为关于变量 x 和 p 的一阶微分方程,可利用前面的方法来求解此一阶方程。设其通解为

$$p = \Phi(x,C_1),$$

由 $p = \dfrac{\mathrm{d}y}{\mathrm{d}x}$,得到一个新的一阶微分方程

$$\frac{\mathrm{d}y}{\mathrm{d}x} = \Phi(x,C_1)。$$

对方程两边积分,便得到方程(8.18)的通解

$$y = \int \Phi(x,C_1)\mathrm{d}x + C_2,$$

其中 C_1,C_2 都是任意常数。

例 8.13 求下列微分方程的通解:

(1) $y''=\dfrac{y'}{x}+x$；   (2) $xy''=y'\ln\dfrac{y'}{x}$。

分析   两个方程都属于 $y''=f(x,y')$ 型。

解   (1) 令 $y'=p$，则有 $y''=p'$。代入方程得

$$p'=\frac{p}{x}+x，\quad 即\quad p'-\frac{p}{x}=x。$$

这是一阶非齐次线性方程，不难求得其通解为

$$p=x(x+C_1)。$$

故原方程的通解为

$$y=\int x(x+C_1)\mathrm{d}x=\frac{x^3}{3}+\frac{C_1}{2}x^2+C_2，$$

其中 C_1,C_2 都是任意常数。

(2) 令 $y'=p$，则 $y''=p'$。代入方程得

$$x\frac{\mathrm{d}p}{\mathrm{d}x}=p\ln\frac{p}{x}，\quad 即\quad \frac{\mathrm{d}p}{\mathrm{d}x}=\frac{p}{x}\ln\frac{p}{x}。$$

这是齐次方程。令 $u=\dfrac{p}{x}$，代入方程并整理，得

$$\frac{\mathrm{d}u}{u(\ln u-1)}=\frac{\mathrm{d}x}{x}，$$

解得 $u=\mathrm{e}^{1+C_1x}$，即 $\dfrac{p}{x}=\mathrm{e}^{1+C_1x}$，从而 $y'=x\mathrm{e}^{1+C_1x}$，由此得方程的通解为

$$y=\frac{1}{C_1}x\mathrm{e}^{1+C_1x}-\frac{1}{C_1^2}\mathrm{e}^{1+C_1x}+C_2，$$

其中 $C_1(\neq0),C_2$ 是任意常数。

例 8.14   求解初值问题：$(1+x^2)y''=2xy'$，$y(0)=1$，$y'(0)=3$。

分析   该方程属于 $y''=f(x,y')$ 型。

解   令 $p=y'$，则 $\dfrac{\mathrm{d}p}{\mathrm{d}x}=y''$。原方程变为

$$\frac{\mathrm{d}p}{\mathrm{d}x}=\frac{2x}{1+x^2}p，$$

利用分离变量法可得

$$p=C_1(1+x^2)。$$

由条件 $y'(0)=3$，得 $C_1=3$，所以

$$y'=3(1+x^2)。$$

两边再积分，得

$$y=x^3+3x+C_2。$$

由条件 $y(0)=1$，得 $C_2=1$。于是所求的特解为

$$y=x^3+3x+1。$$

2. $y''=f(y,y')$ 型的微分方程

当 $f(x,y,y')$ 中不显含未知函数 x 时，方程(8.17)退化为

$$y'' = f(y, y')。 \tag{8.19}$$

方程(8.19)的求解方法如下。

令 $y' = p(y)$，两边对 x 求导得

$$y'' = \frac{\mathrm{d}p}{\mathrm{d}x} = \frac{\mathrm{d}p}{\mathrm{d}y} \cdot \frac{\mathrm{d}y}{\mathrm{d}x} = p\,\frac{\mathrm{d}p}{\mathrm{d}y}。$$

则方程(8.19)变为

$$p\,\frac{\mathrm{d}p}{\mathrm{d}y} = f(y, p)。$$

经过上述变换，将二阶方程降为关于变量 p 和 y 的一阶微分方程，可利用前面的方法来求解此一阶方程。设其通解为

$$p = \Phi(y, C_1),$$

由 $p = \dfrac{\mathrm{d}y}{\mathrm{d}x}$，得到一阶微分方程

$$\frac{\mathrm{d}y}{\mathrm{d}x} = \Phi(y, C_1)。$$

分离变量并积分，便得到方程(8.19)的通解为

$$\int \frac{\mathrm{d}y}{\Phi(y, C_1)} = x + C_2,$$

其中 C_1, C_2 都是任意常数。

例 8.15　求下列微分方程的通解：

(1) $yy'' - 2y'^2 = 0$；　　　　　　　　(2) $y'' + y'^2 = \mathrm{e}^{-y}$。

分析　两个方程都属于 $y'' = f(y, y')$ 型。

解　设 $y' = p$，则 $y'' = p\,\dfrac{\mathrm{d}p}{\mathrm{d}y}$，代入原方程得

$$yp\,\frac{\mathrm{d}p}{\mathrm{d}y} - 2p^2 = 0。 \quad 即 \quad \frac{\mathrm{d}p}{p} = 2\,\frac{\mathrm{d}y}{y}。$$

两边积分并化简，得

$$p = C_1 y^2, \quad 即 \quad y' = C_1 y^2。$$

分离变量并积分，得

$$-\frac{1}{y} = C_1 x + C_2,$$

其中 C_1, C_2 为不同时等于零的任意常数。

(2) 观察到

$$(\mathrm{e}^y)'' = (y'\mathrm{e}^y)' = y''\mathrm{e}^y + \mathrm{e}^y(y')^2 = \mathrm{e}^y[y'' + (y')^2] = 1,$$

所以如此的函数 y 满足方程。对 $(\mathrm{e}^y)'' = 1$ 关于 x 连续积分两次得

$$\mathrm{e}^y = \frac{x^2}{2} + C_1 x + C_2,$$

其中 C_1, C_2 为任意常数。

例 8.16 求解初值问题：$yy'' + y'^2 = 0, y(0) = 2, y'(0) = \dfrac{1}{2}$。

分析 该方程属于 $y'' = f(y, y')$ 型，先求通解，再求特解。

解 令 $y' = p$，则 $y'' = p\dfrac{\mathrm{d}p}{\mathrm{d}y}$。代入方程得

$$yp\frac{\mathrm{d}p}{\mathrm{d}y} + p^2 = 0。$$

当 $p \neq 0, y \neq 0$ 时，分离变量得

$$\frac{\mathrm{d}p}{p} = -\frac{\mathrm{d}y}{y}。$$

所以 $p = \dfrac{C_1}{y}$，即 $y' = \dfrac{C_1}{y}$。故方程的通解为

$$y^2 = 2C_1 x + C_2，$$

其中 C_1, C_2 都是任意常数。由初始条件 $y(0) = 2, y'(0) = \dfrac{1}{2}$，得 $C_1 = 1, C_2 = 4$。故所求特解为

$$y^2 = 2x + 4。$$

8.3.3 其他类型的常微分方程

前面已经学习了几类能够用初等积分法求解的常微分方程的标准形式，但对于有些方程，虽然不属于列举的标准形式，但是可以通过适当的变量替换将其转化，如伯努利方程可转化为一阶线性方程、可化为齐次的方程等。下面再列举一些能够用初等积分法求解的常微分方程。

例 8.17 求解下列方程：

(1) $y''' = \mathrm{e}^{3x} - \sin 2x$；　　　　　　　　　　(2) $y'' = \dfrac{2}{1 + x^2}$。

分析 此类方程的特点是方程的右端只含有自变量 x，积分一次便可以降低一阶，以此类推。

解 (1) 对原方程连续积分三次，得

$$y'' = \frac{1}{3}\mathrm{e}^{3x} + \frac{1}{2}\cos 2x + C, y' = \frac{1}{9}\mathrm{e}^{3x} + \frac{1}{4}\sin 2x + Cx + C_2,$$

$$y = \frac{1}{27}\mathrm{e}^{3x} - \frac{1}{8}\cos 2x + C_1 x^2 + C_2 x + C_3, \quad 其中 C_1 = \frac{C}{2},$$

其中 C_1, C_2, C_3 都是任意常数。显然，上面的函数中含有 3 个独立的任意常数，因此它是方程的通解。

(2) 对原方程连续积分两次，得

$$y' = \int \frac{2}{1 + x^2}\mathrm{d}x = 2\arctan x + C_1,$$

$$y = \int (2\arctan x + C_1)\,\mathrm{d}x = 2x\arctan x - \int \frac{2x}{1 + x^2}\mathrm{d}x + C_1 x$$

$$= 2x\arctan x - \ln(1 + x^2) + C_1 x + C_2,$$

其中 C_1，C_2 都是任意常数。

例 8.18 求解方程：$\dfrac{\mathrm{d}^5 x}{\mathrm{d}t^5} - \dfrac{1}{t}\dfrac{\mathrm{d}^4 x}{\mathrm{d}t^4} = 0$。

分析 方程经过变量替换可变为与例 8.17 中形式类似的方程。

解 令 $\dfrac{\mathrm{d}^4 x}{\mathrm{d}t^4} = y$，则方程化为

$$\frac{\mathrm{d}y}{\mathrm{d}t} - \frac{1}{t}y = 0,$$

这是一阶方程，积分后得

$$y = Ct, \quad 即 \quad \frac{\mathrm{d}^4 x}{\mathrm{d}t^4} = Ct,$$

再连续积分四次，得原方程的通解

$$x = C_1 t^5 + C_2 t^3 + C_3 t^2 + C_4 t + C_5,$$

其中 C_1，C_2，C_3，C_4，C_5 为任意常数。

例 8.19 求解下列方程：

(1) $\dfrac{\mathrm{d}y}{\mathrm{d}x} = (x+y+1)^2$；　　　　　　(2) $x\dfrac{\mathrm{d}y}{\mathrm{d}x} + y = y(\ln x + \ln y)$。

分析 这两个方程不属于前面学习过的标准方程的类型，没有统一解法，需要区别对待。

解 (1) 通过观察，若令 $u = x+y+1$，则有 $\dfrac{\mathrm{d}u}{\mathrm{d}x} = 1 + \dfrac{\mathrm{d}y}{\mathrm{d}x}$。原方程变为

$$\frac{\mathrm{d}u}{\mathrm{d}x} = 1 + u^2。$$

显然，这是一个可分离变量的微分方程，容易求得它的通解为

$$u = \tan(x+C)。$$

将 $u = x+y+1$ 代入，得到原方程的通解为

$$x + y + 1 = \tan(x+C),$$

其中 C 是任意常数。

(2) 注意到，$\ln x + \ln y = \ln(xy)$。若令 $u = xy$，则有 $\dfrac{\mathrm{d}u}{\mathrm{d}x} = y + x\dfrac{\mathrm{d}y}{\mathrm{d}x}$。原方程变为

$$\frac{\mathrm{d}u}{\mathrm{d}x} = \frac{u}{x}\ln u。$$

显然，这是一个可分离变量的微分方程，容易求得它的通解为

$$u = \mathrm{e}^{Cx}。$$

将 $u = xy$ 代入得原方程的通解为

$$xy = \mathrm{e}^{Cx},$$

其中 C 是任意常数。

习　题　8.3

思　考　题

1. 对于方程 $\dfrac{\mathrm{d}y}{\mathrm{d}x}=\dfrac{g(x,y)}{h(x,y)}$，如果有理分式函数的分子 $g(x,y)$ 和分母 $h(x,y)$ 的次数相等的话，是否可化为齐次方程？

2. 在几类可降阶的高阶微分方程中，分别是如何降阶的，降阶的目标是什么？

3. 在利用初等积分法求解具有非标准形式的微分方程时，基本思想是什么？

Ⓐ 类题

1. 求下列微分方程的通解：

(1) $\dfrac{\mathrm{d}y}{\mathrm{d}x}=\dfrac{x+y}{x-y}$；

(2) $2x^2y\,\mathrm{d}x=(x^3+y^3)\,\mathrm{d}y$；

(3) $x\,\dfrac{\mathrm{d}y}{\mathrm{d}x}=y-\sqrt{x^2+y^2}$；

(4) $x\,\dfrac{\mathrm{d}y}{\mathrm{d}x}=y\ln\dfrac{y}{x}$；

(5) $\left(3x\cos\dfrac{y}{x}\right)\mathrm{d}y=\left(x\sin\dfrac{y}{x}+3y\cos\dfrac{y}{x}\right)\mathrm{d}x$。

2. 求解下列初值问题：

(1) $(x^2-2xy-y^2)\mathrm{d}y=(x^2+2xy-y^2)\mathrm{d}x$，$y(1)=1$；

(2) $\dfrac{\mathrm{d}y}{\mathrm{d}x}=\dfrac{x}{y}+\dfrac{y}{x}$，$y(1)=2$。

3. 求下列微分方程的通解：

(1) $y''=\sqrt{1-y'^2}$；

(2) $y''=y'+x$；

(3) $x^2y''=y'^2+2xy'$；

(4) $(1+x)y''=y'$；

(5) $2yy''=1+(y')^2$；

(6) $(y-1)y''=2y'^2$；

(7) $(1+y)y''=(y')^2$；

(8) $y^{(5)}=2x$；

(9) $y'''=\mathrm{e}^{2x}+\cos(3x)+x$；

(10) $y''=\dfrac{1+3x+x^2}{1+x^2}$。

4. 求解下列初值问题：

(1) $(x+y'^2)y''=y'$，$y(1)=1$，$y'(1)=1$；

(2) $y''=\mathrm{e}^{2y}$，$y(0)=0$，$y'(0)=1$；

(3) $y^3y''+1=0$，$y(1)=1$，$y'(1)=0$；

(4) $y''=x\mathrm{e}^{2x}$，$y(0)=0$，$y'(0)=0$。

Ⓑ 类题

1. 求下列微分方程的通解：

(1) $xy\,\dfrac{\mathrm{d}y}{\mathrm{d}x}=y^2+x\sqrt{x^2+y^2}$；

(2) $(1+2\mathrm{e}^{\frac{x}{y}})\mathrm{d}x+2\mathrm{e}^{\frac{x}{y}}\left(1-\dfrac{x}{y}\right)\mathrm{d}y=0$；

(3) $\dfrac{\mathrm{d}y}{\mathrm{d}x}=\dfrac{2x+y-3}{x-2y+1}$；

(4) $\dfrac{\mathrm{d}y}{\mathrm{d}x}=\dfrac{4x+2y-3}{2x+y+1}$；

(5) $(1+x)y''+y'=\ln(1+x)$；

(6) $y''=y'^3+y'$；

(7) $\dfrac{\mathrm{d}y}{\mathrm{d}x}=(x+y)^3$；

(8) $\dfrac{\mathrm{d}y}{\mathrm{d}x}=x^2-2xy+y^2+1$；

(9) $x\dfrac{\mathrm{d}y}{\mathrm{d}x}+x=\sin(x+y)$；

(10) $\dfrac{\mathrm{d}y}{\mathrm{d}x}=(x+1)^2+(4y+1)^2+8xy+1$。

2. 证明方程 $\dfrac{x}{y}\dfrac{\mathrm{d}y}{\mathrm{d}x}=f(xy)$ 经变换 $xy=u$ 能化为可分离变量的方程，并由此求解下列方程：

(1) $y(1+x^2y^2)\mathrm{d}x=x\mathrm{d}y$；

(2) $\dfrac{x}{y}\dfrac{\mathrm{d}y}{\mathrm{d}x}=\dfrac{2+x^2y^2}{2-x^2y^2}$。

8.4 高阶线性微分方程

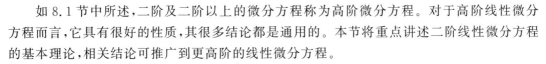

Higher order linear differential equations

如 8.1 节中所述，二阶及二阶以上的微分方程称为高阶微分方程。对于高阶线性微分方程而言，它具有很好的性质，其很多结论都是通用的。本节将重点讲述二阶线性微分方程的基本理论，相关结论可推广到更高阶的线性微分方程。

二阶线性微分方程的一般形式可写为

$$y''+P(x)y'+Q(x)y=f(x)，\tag{8.20}$$

其中 $P(x),Q(x),f(x)$ 均为 x 的已知函数。当 $f(x)$ 不恒等于零时，称方程(8.20)为**非齐次的**（**nonhomogeneous**）；当 $f(x)\equiv0$ 时，方程(8.20)变为

$$y''+P(x)y'+Q(x)y=0，\tag{8.21}$$

称方程(8.21)**为齐次的**（**homogeneous**），有时也称为对应于非齐次方程(8.20)的**齐次线性微分方程**。

8.4.1 二阶线性微分方程解的性质

定理 8.1 若函数 $y_1=y_1(x)$ 与 $y_2=y_2(x)$ 是方程(8.21)的两个解，则对任意给定的常数 C_1,C_2，函数

$$y=C_1y_1+C_2y_2$$

也是方程(8.21)的解。

证 因为 y_1 与 y_2 是方程(8.21)的解，所以有

$$y_1''+P(x)y_1'+Q(x)y_1\equiv0，\quad y_2''+P(x)y_2'+Q(x)y_2\equiv0。$$

将 $y=C_1y_1+C_2y_2$ 代入方程(8.21)的左边，得

$$[C_1y_1''+C_2y_2'']+P(x)[C_1y_1'+C_2y_2']+Q(x)[C_1y_1+C_2y_2]$$
$$=C_1[y_1''+P(x)y_1'+Q(x)y_1]+C_2[y_2''+P(x)y_2'+Q(x)y_2]\equiv0。$$

由上式知，$y=C_1y_1+C_2y_2$ 是方程(8.21)的解。 证毕

推论 若 $y_i=y_i(x)(i=1,2,\cdots,k)$ 是方程(8.21)的 k 个解，则对任意给定的常数 $C_i(i=1,2,\cdots,k)$，函数

$$y = \sum_{i=1}^{k} C_i y_i$$

也是方程(8.21)的解。这一性质称为齐次线性微分方程的解的**叠加原理**(**superposition principle**)。

定理 8.2　若 y_1, y_2 分别是方程

$$y'' + P(x)y' + Q(x)y = f_1(x),$$
$$y'' + P(x)y' + Q(x)y = f_2(x)$$

的解,则对任意给定的常数 C_1, C_2,函数 $y = C_1 y_1 + C_2 y_2$ 是方程

$$y'' + P(x)y' + Q(x)y = C_1 f_1(x) + C_2 f_2(x)$$

的解。这一性质称为非齐次线性微分方程的解的叠加原理。

定理 8.3　若 y_1, y_2 是方程(8.20)的两个解,则函数 $y = y_1 - y_2$ 是方程(8.20)对应的齐次方程(8.21)的解。

定理 8.4　若 y^* 是方程(8.20)的一个解,y_1 是方程(8.20)对应的齐次方程(8.21)的解,则函数 $y = y^* + y_1$ 是方程(8.20)的解。

定理 8.3 和定理 8.4 的证明留作练习。

8.4.2　二阶线性微分方程的通解

由微分方程的通解的定义知,通解中含有的相互独立的任意常数的个数等于微分方程的阶数。因此,二阶微分方程的通解中必含有两个相互独立的任意常数。自然想到的是:在定理 8.1 中的 $y = C_1 y_1 + C_2 y_2$ 是否是齐次方程(8.21)的通解? 回答是"不一定",因为当 $y_1 = k y_2$(k 是常数)时,有 $y = C_1 y_1 + C_2 y_2 = (C_1 k + C_2) y_2$,即这个解中实际上只有一个任意常数,这种情形下它不可能是通解。现在的问题是:当 y_1, y_2 满足什么条件时,函数 $y = C_1 y_1 + C_2 y_2$ 才能是通解? 这个条件是"y_1, y_2 线性无关"。下面给出两个函数线性相关和线性无关的定义。

定义 8.5　设 $y_1 = y_1(x)$ 与 $y_2 = y_2(x)$ 是定义在区间 I 上的两个函数。若存在一个常数 k 使得 $y_2 = k y_1$ 在区间 I 上恒成立,则称 y_1, y_2 **线性相关**,否则称 y_1, y_2 **线性无关**。

关于定义 8.5 的说明。

两个非零函数线性相关也可以理解为这两个函数在区间 I 上的比是常数。特别地,0 与任何函数线性相关。

定义 8.5′　设 $y_i = y_i(x)(i = 1, 2, \cdots, n)$ 是定义在区间 I 上的 n 个函数,若存在不全为零的 n 个函数 $k_1, k_2, \cdots, k_n$ 使 $k_1 y_1(x) + k_2 y_2(x) + \cdots + k_n y_n(x) = 0$,则称函数 $y_1(x)$,$y_2(x), \cdots, y_n(x)$ 线性相关;如果由上式必定推出 $k_1 = k_2 = \cdots = k_n = 0$,则称 $y_1(x)$,$y_2(x), \cdots, y_n(x)$ 线性无关。

下面给出关于高阶线性微分方程的通解结构的定理。

定理 8.5　若函数 $y_1 = y_1(x)$ 与 $y_2 = y_2(x)$ 是方程(8.21)的两个线性无关的解,则对于任意常数 C_1, C_2,函数

$$y = C_1 y_1(x) + C_2 y_2(x)$$

是方程(8.21)的通解。

定理 8.5′　若函数 $y_1, y_2, \cdots, y_n$ 是 n 阶齐次线性微分方程

$$y^{(n)} + p_1(x) y^{(n-1)} + \cdots + p_n(x) y = 0 \tag{8.22}$$

的 n 个线性无关的解,则对于任意常数 $C_1, C_2, \cdots, C_n$,函数
$$y = C_1 y_1 + C_2 y_2 + \cdots + C_n y_n$$
是方程(8.22)的通解。

例 8.20 证明:对于任意常数 C_1, C_2,

(1) $y = C_1 \mathrm{e}^x + C_2 x \mathrm{e}^x$ 是方程 $y'' - 2y' + y = 0$ 的通解;

(2) $y = C_1 \dfrac{1}{x}\cos x + C_2 \dfrac{1}{x}\sin x$ 是方程 $y'' + \dfrac{2}{x}y' + y = 0$ 的通解。

分析 通过 y 的表达式找到方程的解,利用定理 8.5 证明。

证 (1) 容易验证,函数 $y_1 = \mathrm{e}^x$ 和 $y_2 = x\mathrm{e}^x$ 是二阶齐次线性微分方程 $y'' - 2y' + y = 0$ 的两个解,并且 $\dfrac{y_2}{y_1} = x \neq$ 常数,即 y_1, y_2 线性无关。于是由定理 8.5 知
$$y = C_1 y_1 + C_2 y_2 = (C_1 + C_2 x)\mathrm{e}^x$$
是方程 $y'' - 2y' + y = 0$ 的通解,其中 C_1, C_2 是任意常数。

(2) 不难验证,函数 $y_1 = \dfrac{1}{x}\cos x$ 和 $y_2 = \dfrac{1}{x}\sin x$ 是二阶齐次线性微分方程 $y'' + \dfrac{2}{x}y' + y = 0$ 的两个解,并且 $\dfrac{y_2}{y_1} = \tan x \neq$ 常数,即 y_1, y_2 线性无关。于是由定理 8.5 知
$$y = C_1 y_1 + C_2 y_2 = C_1 \frac{1}{x}\cos x + C_2 \frac{1}{x}\sin x$$
是方程 $y'' + \dfrac{2}{x}y' + y = 0$ 的通解,其中 C_1, C_2 是任意常数。　　　　证毕

定理 8.6 若函数 y^* 是非齐次方程(8.20)的一个特解,$y_1(x)$ 与 $y_2(x)$ 是对应于齐次方程(8.21)的两个线性无关的解,则对于任意常数 C_1, C_2,函数
$$y = C_1 y_1(x) + C_2 y_2(x) + y^*$$
是非齐次方程(8.20)的通解。

定理 8.6′ 若函数 y^* 是 n 阶非齐次线性微分方程
$$y^{(n)} + p_1(x)y^{(n-1)} + \cdots + p_n(x)y = f(x) \tag{8.23}$$
的一个特解,函数 $y_1, y_2, \cdots, y_n$ 是对应于齐次方程(8.22)的 n 个线性无关的解,则对于任意常数 $C_1, C_2, \cdots, C_n$,函数
$$y = C_1 y_1 + C_2 y_2 + \cdots + C_n y_n + y^*$$
是方程(8.23)的通解。

注意到,由定理 8.6 和定理 8.6′ 可知,高阶非齐次线性微分方程的通解由两部分组成:一部分是对应于齐次线性微分方程的通解;另一部分是非齐次线性微分方程的一个特解。因此,在求非齐次线性微分方程的通解时,需要先求对应的齐次线性微分方程的通解,然后再求非齐次线性微分方程的一个特解。

例 8.21 求方程 $y'' - 2y' + y = x^2$ 的通解。

分析 由定理 8.6 可知,该方程的通解由 $y'' - 2y' + y = x^2$ 的一个特解和对应于齐次方程的通解组成。在例 8.20(1)中,已经得到了对应于齐次方程的通解,因而再找到非齐次方程的一个特解即可。

解　由例8.20(1)可知，$y=C_1\mathrm{e}^x+C_2x\mathrm{e}^x$ 是对应于齐次方程 $y''-2y'+y=0$ 的通解。

通过观察，可以断定方程 $y''-2y'+y=x^2$ 有一个形如 $y=ax^2+bx+c$ 的解，其中 a，b，c 是待定常数。将 $y=ax^2+bx+c$ 代入方程 $y''-2y'+y=x^2$，得到

$$ax^2+(b-4a)x+(c-2b+2a)\equiv x^2,$$

由此求得 $a=1$，$b=4$，$c=6$。因此

$$y=C_1\mathrm{e}^x+C_2x\mathrm{e}^x+x^2+4x+6$$

是方程 $y''-2y'+y=x^2$ 的通解，其中 C_1，C_2 是任意常数。

例 8.22　设 $y_1=x\mathrm{e}^x+\mathrm{e}^{2x}$，$y_2=x\mathrm{e}^x+\mathrm{e}^{-x}$，$y_3=x\mathrm{e}^x+\mathrm{e}^{2x}-\mathrm{e}^{-x}$ 是某个二阶非齐次线性方程的解，求该方程的通解。

分析　已知方程的特解，利用定理8.3可以找到对应的齐次方程的通解，再利用定理8.6，可以求得该方程的通解。

解　令 $Y_1=y_1-y_2$，$Y_2=y_1-y_3$，则由定理8.3知，Y_1，Y_2 为对应的齐次方程的两个解。因为 $\dfrac{Y_1}{Y_2}=\dfrac{\mathrm{e}^{2x}-\mathrm{e}^{-x}}{\mathrm{e}^{-x}}$ 不恒为常数，所以，Y_1，Y_2 线性无关。故方程通解为

$$y=C_1\mathrm{e}^{-x}+C_2(\mathrm{e}^{2x}-\mathrm{e}^{-x})+x\mathrm{e}^x+\mathrm{e}^{2x},$$

其中 C_1，C_2 是任意常数。

习题 8.4

思考题

1. 二阶齐次和非齐次线性微分方程的通解之间有什么联系？

2. "对于二阶齐次线性微分方程，只要找到方程的两个解，就可以得到该方程的通解。" 这种说法是否正确？为什么？

3. 不难验证，$y_1=\ln(1+x)$，$y_2=\ln(1+x)+1$ 是二阶非线性微分方程 $y''+y'^2=0$ 的两个解，但 $y=y_1+y_2$ 不是它的解，为什么？

A 类题

1. 判断下列函数组的线性相关性：

(1) 1，x；

(2) e^x，$x\mathrm{e}^x$；

(3) $\sin(2x)$，$\sin x\cos x$；

(4) $\sin^2 x$，$1-\cos^2 x$；

(5) $\mathrm{e}^{2x}\sin x$，$\mathrm{e}^{2x}\cos x$；

(6) $2\sin x$，$3x\sin x$。

2. 求解下列方程：

(1) 验证 $y_1=\sin x$，$y_2=\cos x$ 是方程 $y''+y=0$ 的两个解，并写出该方程的通解；

(2) 验证 $y_1=x^2$，$y_2=x^2\ln x$ 是方程 $x^2y''-3xy'+4y=0$ 的两个解，并写出该方程的通解。

3. 若 y_1，y_2 分别是方程 $y''+P(x)y'+Q(x)y=f_1(x)$ 和 $y''+P(x)y'+Q(x)y=$

$f_2(x)$ 的解，则对任意给定的常数 C_1,C_2，函数 $y=C_1y_1+C_2y_2$ 是方程
$$y''+P(x)y'+Q(x)y=C_1f_1(x)+C_2f_2(x)$$
的解。

4. 已知二阶非齐次线性微分方程的两个解为 $y_1=\mathrm{e}^{2x}$，$y_2=2x^2+\mathrm{e}^{2x}$，对应的齐次方程的一个解为 x，试写出该非齐次线性微分方程的通解。

B 类题

1. 对于任意常数 C_1,C_2，验证：

(1) $y=C_1\sin(3x)+C_2\cos(3x)+\dfrac{1}{32}(4x\cos x+\sin x)$ 是方程 $y''+9y=x\cos x$ 的通解；

(2) $y=\dfrac{1}{x}(C_1\mathrm{e}^x+C_2\mathrm{e}^{-x})+\dfrac{1}{2}\mathrm{e}^x$ 是方程 $xy''+2y'-xy=\mathrm{e}^x$ 的通解。

2. 已知 $y_1=x\mathrm{e}^{2x}-\mathrm{e}^{3x}$，$y_2=x\mathrm{e}^{2x}+\mathrm{e}^x$，$y_3=x\mathrm{e}^{2x}-\mathrm{e}^{3x}-\mathrm{e}^x$ 是某二阶非齐次线性微分方程的三个特解。回答下列问题：

(1) 求此方程的通解；

(2) 求此微分方程满足 $y(0)=7$，$y'(0)=6$ 的特解。

8.5 高阶常系数线性微分方程

Higher order linear differential equation with constant coefficients

当 n 阶线性微分方程(8.3)中的系数 $p_1(x),p_2(x),\cdots,p_n(x)$ 都是常数时，即
$$y^{(n)}+p_1y^{(n-1)}+\cdots+p_ny=f(x),\tag{8.24}$$
称之为**常系数线性微分方程**。当 $f(x)$ 不恒等于零时，称方程(8.24)是**非齐次的**；当 $f(x)\equiv0$ 时，方程(8.24)变为
$$y^{(n)}+p_1y^{(n-1)}+\cdots+p_ny=0,\tag{8.25}$$
称方程(8.25)是**齐次的**，有时也称方程(8.25)是对应于方程(8.24)的 **n 阶常系数齐次线性微分方程**。

根据 8.4 节中的结论，由于非齐次线性微分方程的通解是由该方程的一个特解和对应的齐次方程的通解组成的，因此本节先讨论齐次线性微分方程的通解，然后再讨论非齐次方程的通解。

8.5.1 高阶常系数齐次线性微分方程的解法

下面先以二阶方程为例给出求解常系数齐次线性微分方程的方法，然后再将这种方法推广到 n 阶方程。

1. 二阶方程

考察如下形式的二阶常系数齐次线性方程
$$y''+py'+qy=0,\tag{8.26}$$

其中 p, q 为常数。

由定理 8.5 可知，若 y_1, y_2 为方程(8.26)的两个线性无关的解，则 $y = C_1 y_1 + C_2 y_2$ 是此方程(8.26)的通解。因此，求方程的通解问题，归结为求(8.26)的两个线性无关的解。

对于一阶常系数齐次线性微分方程 $\dfrac{\mathrm{d}y}{\mathrm{d}x} + ay = 0\,(a > 0)$，易知 $y = \mathrm{e}^{-ax}$ 是它的解，且它的通解为 $y = C\mathrm{e}^{-ax}$。自然会想到，方程(8.26)是否也有指数函数形式的解，即 $y = \mathrm{e}^{rx}$，其中 r 是待定常数。不难求得，$y = \mathrm{e}^{rx}$ 的一阶和二阶导数分别为 $y' = r\mathrm{e}^{rx}$，$y'' = r^2\mathrm{e}^{rx}$。将 y, y', y'' 代入方程(8.26)，得

$$(r^2 + pr + q)\mathrm{e}^{rx} = 0。$$

因为 $\mathrm{e}^{rx} \neq 0$，所以当且仅当 r 满足方程

$$r^2 + pr + q = 0 \tag{8.27}$$

时，$y = \mathrm{e}^{rx}$ 才是方程(8.26)的解。称方程(8.27)为方程(8.26)的**特征方程**（**characteristic equation**），它的根 $r_{1,2} = \dfrac{-p \pm \sqrt{p^2 - 4q}}{2}$ 称为**特征根**（**characteristic root**）。

注意到，特征方程(8.27)是一个代数方程，其中 r^2, r 的系数及常数项恰好依次是方程(8.26)中 y'', y', y 的系数。下面根据特征根的不同情况分别进行讨论。

（1）特征根是单根的情形

① 当 $p^2 - 4q > 0$ 时，特征方程(8.27)有两个不相等的实根，分别记作 r_1, r_2，则相应的方程(8.26)有如下两个解：

$$y_1 = \mathrm{e}^{r_1 x}, \quad y_2 = \mathrm{e}^{r_2 x},$$

其中 $r_{1,2} = \dfrac{-p \pm \sqrt{p^2 - 4q}}{2}$。显然，$\dfrac{y_1}{y_2} = \dfrac{\mathrm{e}^{r_1 x}}{\mathrm{e}^{r_2 x}} = \mathrm{e}^{(r_1 - r_2)x} \neq$ 常数，即 y_1 与 y_2 是线性无关的。因此，方程(8.26)的通解为

$$y = C_1 \mathrm{e}^{r_1 x} + C_2 \mathrm{e}^{r_2 x},$$

其中 C_1, C_2 是任意常数。

② 当 $p^2 - 4q < 0$ 时，特征方程(8.27)有一对共轭的复根，分别记作 r_1, r_2，即

$$r_1 = \alpha + \mathrm{i}\beta, \quad r_2 = \alpha - \mathrm{i}\beta,$$

其中 $\alpha = -\dfrac{p}{2}$，$\beta = \dfrac{\sqrt{4q - p^2}}{2}$，则相应的方程(8.26)的解为 $\tilde{y}_1 = \mathrm{e}^{(\alpha + \mathrm{i}\beta)x}$，$\tilde{y}_2 = \mathrm{e}^{(\alpha - \mathrm{i}\beta)x}$，但是它们是复数形式。为了得到实值函数形式的解，可以利用欧拉公式 $\mathrm{e}^{\mathrm{i}\theta} = \cos\theta + \mathrm{i}\sin\theta$ 将 $\tilde{y}_1$，$\tilde{y}_2$ 改写为

$$\tilde{y}_1 = \mathrm{e}^{(\alpha + \mathrm{i}\beta)x} = \mathrm{e}^{\alpha x}\mathrm{e}^{\mathrm{i}\beta x} = \mathrm{e}^{\alpha x}(\cos(\beta x) + \mathrm{i}\sin(\beta x)),$$
$$\tilde{y}_2 = \mathrm{e}^{(\alpha - \mathrm{i}\beta)x} = \mathrm{e}^{\alpha x}\mathrm{e}^{-\mathrm{i}\beta x} = \mathrm{e}^{\alpha x}(\cos(\beta x) - \mathrm{i}\sin(\beta x))。$$

由定理 8.1 可知，

$$y_1 = \frac{1}{2}(\tilde{y}_1 + \tilde{y}_2) = \mathrm{e}^{\alpha x}\cos(\beta x) \text{ 和 } y_2 = \frac{1}{2\mathrm{i}}(\tilde{y}_1 - \tilde{y}_2) = \mathrm{e}^{\alpha x}\sin(\beta x)$$

为方程(8.26)的两个解，且是线性无关的。因此，方程(8.26)的通解为

$$y = \mathrm{e}^{\alpha x}(C_1\cos(\beta x) + C_2\sin(\beta x)),$$

其中 C_1，C_2 是任意常数。

（2）特征根是重根的情形

当 $p^2-4q=0$ 时，特征方程(8.27)有两个相等的实根，即 $r_1=r_2$，则相应的方程(8.26)有一个解

$$y_1=\mathrm{e}^{r_1x},$$

其中 $r_1=-\dfrac{p}{2}$。为了得到方程(8.26)的通解，还需要求出与 y_1 线性无关的另一个解 y_2，即 $\dfrac{y_2}{y_1}\neq$ 常数。借助于常数变易法的思想，设 $\dfrac{y_2(x)}{y_1(x)}=u(x)$，即 $y_2(x)=u(x)y_1(x)$。将其代入方程(8.26)，得

$$\mathrm{e}^{r_1x}[u''+(2r_1+p)u'+(r_1^2+pr_1+q)u]\equiv0。$$

由于 r_1 是特征方程的二重根，有 $r_1^2+pr_1+q=0,2r_1+p=0$，所以必有 $u''\equiv0$。由此求得 $u(x)=ax+b$，其中 a,b 是任意常数。因此，$y_2=(ax+b)\mathrm{e}^{r_1x}$ 是方程(8.26)的一个解，其中 a,b 是任意常数。易见，当 $a\neq0$ 时，$\dfrac{y_2}{y_1}=ax+b\neq$ 常数。不失一般性，取 $a=1,b=0$，即取 $y_2=x\mathrm{e}^{r_1x}$ 为与 y_1 线性无关的另一个解。于是，方程(8.26)的通解为

$$y=C_1\mathrm{e}^{r_1x}+C_2x\mathrm{e}^{r_1x},$$

或写成

$$y=(C_1+C_2x)\mathrm{e}^{r_1x},$$

其中 C_1，C_2 是任意常数。

至此，我们完整讨论了如何求二阶常系数齐次线性方程的通解。其一般求解步骤如下：

（1）写出方程(8.26)的特征方程 $r^2+pr+q=0$；

（2）求特征方程的两个根 r_1，r_2；

（3）根据 r_1，r_2 的不同情形，方程(8.26)的通解见表 8.1(C_1，C_2 是任意常数)。

表 8.1　二阶常系数齐次线性微分方程的通解

特征根的情况	方程的通解情况
两个不相等的实根 $r_1\neq r_2$	$y=C_1\mathrm{e}^{r_1x}+C_2\mathrm{e}^{r_2x}$
两个相等的实根 $r_1=r_2$	$y=(C_1+C_2x)\mathrm{e}^{r_1x}$
一对共轭复根 $r_{1,2}=\alpha\pm\mathrm{i}\beta$	$y=\mathrm{e}^{\alpha x}(C_1\cos(\beta x)+C_2\sin(\beta x))$

例 8.23　求下列方程的通解：

（1）$y''+3y'+2y=0$；　　　（2）$y''-6y'+9y=0$；　　　（3）$y''-2y'+5y=0$。

分析　此例中的方程都是二阶常系数齐次线性方程，按照上述通解步骤求解。

解　（1）所给方程的特征方程为

$$r^2+3r+2=0,$$

特征根为

$$r_1 = -1, \quad r_2 = -2。$$

所求通解为

$$y = C_1 e^{-x} + C_2 e^{-2x},$$

其中 C_1, C_2 是任意常数。

（2）所给方程的特征方程为

$$r^2 - 6r + 9 = 0,$$

特征根为

$$r_1 = r_2 = 3。$$

所求通解为

$$y = (C_1 + C_2 x) e^{3x},$$

其中 C_1, C_2 是任意常数。

（3）所给方程的特征方程为

$$r^2 - 2r + 5 = 0,$$

特征根为

$$r_1 = 1 + 2i, \quad r_2 = 1 - 2i。$$

所求通解为

$$y = e^x (C_1 \sin(2x) + C_2 \cos(2x)),$$

其中 C_1, C_2 是任意常数。

例 8.24 求解下列初值问题：

（1）$y'' - 2y' - 3y = 0, y(0) = 3, y'(0) = 1$；

（2）$y'' - 4y' + 4y = 0, y(0) = 1, y'(0) = 1$；

（3）$y'' + 4y' + 29y = 0, y(0) = 0, y'(0) = 15$。

分析 先求方程的通解，再利用初值条件确定任意常数。

解 （1）所给方程的特征方程为 $r^2 - 2r - 3 = 0$，其特征根为 $r_1 = -1, r_2 = 3$，于是所求的通解为

$$y = C_1 e^{-x} + C_2 e^{3x}, \quad C_1, C_2 \text{ 是任意常数。}$$

容易求得 $y' = -C_1 e^{-x} + 3C_2 e^{3x}$。将初始条件 $y(0) = 3, y'(0) = 1$ 代入 y, y'，得

$$\begin{cases} C_1 + C_2 = 3, \\ -C_1 + 3C_2 = 1, \end{cases}$$

解得 $C_1 = 2, C_2 = 1$。于是满足初值条件的特解为

$$y = 2e^{-x} + e^{3x}。$$

（2）所给方程的特征方程为 $r^2 - 4r + 4 = 0$，其特征根为 $r_1 = r_2 = 2$，于是所求的通解为

$$y = (C_1 + C_2 x) e^{2x}, \quad C_1, C_2 \text{ 是任意常数。}$$

容易求得 $y' = C_2 e^{2x} + 2(C_1 + C_2 x) e^{2x}$。将初始条件 $y(0) = 1, y'(0) = 1$ 代入 y, y'，得

$$\begin{cases} C_1 = 1, \\ 2C_1 + C_2 = 1, \end{cases}$$

解得 $C_1 = 1, C_2 = -1$。于是满足初值条件的特解为

$$y = (1 - x) e^{2x}。$$

（3）所给方程的特征方程为 $r^2+4r+29=0$，其特征根 $r_{1,2}=-2\pm5\mathrm{i}$。于是所求的通解为

$$y=\mathrm{e}^{-2x}(C_1\cos(5x)+C_2\sin(5x)),\quad C_1,C_2\text{ 是任意常数。}$$

不难求得，$y'=\mathrm{e}^{-2x}[(-2C_1+5C_2)\cos(5x)+(-2C_2-5C_1)\sin(5x)]$。将初始条件 $y(0)=0$，$y'(0)=15$ 代入 y,y'，得

$$\begin{cases}C_1=0,\\-2C_1+5C_2=15,\end{cases}$$

解得 $C_1=0,C_2=3$。于是满足初值条件的特解为

$$y=3\mathrm{e}^{-2x}\sin(5x)。$$

例 8.25　已知函数 $f(x)$ 可导，且满足 $f(x)=\displaystyle\int_0^x(x-t)f(t)\mathrm{d}t+2-x$。求函数 $f(x)$ 的表达式。

分析　先通过对上式关于自变量 x 求导数，将积分号逐步约化掉，进而对得到的微分方程进行求解，注意每次求导数之前需要找到微分方程的初值条件。

解　由上述方程知，$f(0)=2$。先将上式的积分拆项，得

$$f(x)=x\int_0^xf(t)\mathrm{d}t-\int_0^xtf(t)\mathrm{d}t+2-x。$$

对方程两边关于 x 求导数，得

$$f'(x)=\int_0^xf(t)\mathrm{d}t-1。$$

由此可得，$f'(0)=-1$。再对上式两边关于 x 求导数，得

$$f''(x)=f(x)。$$

这是一个二阶常系数齐次线性微分方程，其特征方程为 $r^2-1=0$，特征根为 $r_1=1,r_2=-1$。于是，所求微分方程的通解为

$$f(x)=C_1\mathrm{e}^x+C_2\mathrm{e}^{-x}。$$

由上式容易求得，$f'(x)=C_1\mathrm{e}^x-C_2\mathrm{e}^{-x}$。由初值条件 $f(0)=2,f'(0)=-1$ 得

$$C_1=\frac{1}{2},\quad C_2=\frac{3}{2}。$$

所以函数 $f(x)$ 的表达式为

$$f(x)=\frac{1}{2}\mathrm{e}^x+\frac{3}{2}\mathrm{e}^{-x}。$$

2. n 阶方程

二阶常系数齐次线性微分方程的解法可以推广到 n 阶方程，方程的形式为(8.25)，对应的特征方程为

$$r^n+p_1r^{n-1}+\cdots+p_{n-1}r+p_n=0。\tag{8.28}$$

根据特征方程(8.28)的根的分布情况，微分方程(8.25)的通解情况见表 8.2（C_1，$C_2,\cdots,C_k,C_1',C_2',\cdots,C_k'$ 都是任意常数）。

表 8.2　n 阶常系数齐次线性微分方程的通解

特征根的情况	方程的通解情况
单实根 r	对应一项 $C_1 \mathrm{e}^{rx}$
一个 k 重的实根 r	对应 k 项 $(C_1 + C_2 x + \cdots + C_k x^{k-1}) \mathrm{e}^{rx}$
一对共轭复根 $\alpha \pm \mathrm{i}\beta$	对应两项 $\mathrm{e}^{\alpha x}(C_1 \cos(\beta x) + C_2 \sin(\beta x))$
一对 k 重的共轭复根 $\alpha \pm \mathrm{i}\beta$	对应 $2k$ 项 $\mathrm{e}^{\alpha x}\big[(C_1 + C_2 x + \cdots + C_k x^{k-1})\cos(\beta x) + (C_1' + C_2' x + \cdots + C_k' x^{k-1})\sin(\beta x)\big]$

例 8.26　求下列方程的通解：

（1）$y''' + 2y'' - 3y' = 0$；　　（2）$y^{(5)} - 8y''' + 16y' = 0$；　　（3）$y^{(4)} + 4y'' + 4y = 0$。

分析　此例中的方程都是高阶常系数齐次线性方程，按照上述步骤求通解。

解　（1）所给方程的特征方程为

$$r^3 + 2r^2 - 3r = 0,$$

特征根为

$$r_1 = 0, \quad r_2 = 1, \quad r_3 = -3。$$

所求通解为

$$y = C_1 + C_2 \mathrm{e}^x + C_3 \mathrm{e}^{-3x},$$

其中 C_1, C_2, C_3 是任意常数。

（2）所给方程的特征方程为

$$r^5 - 8r^3 + 16r = 0,$$

特征根为

$$r_1 = 0, \quad r_{2,3} = 2, \quad r_{4,5} = -2。$$

所求通解为

$$y = C_1 + (C_2 + C_3 x)\mathrm{e}^{2x} + (C_4 + C_5 x)\mathrm{e}^{-2x},$$

其中 C_1, C_2, C_3, C_4, C_5 是任意常数。

（3）所给方程的特征方程为

$$r^4 + 4r^2 + 4 = 0,$$

特征根为

$$r_{1,2} = \sqrt{2}\,\mathrm{i}, \quad r_{3,4} = -\sqrt{2}\,\mathrm{i}。$$

所求通解为

$$y = (C_1 + C_2 x)\cos(\sqrt{2}\,x) + (C_1' + C_2' x)\sin(\sqrt{2}\,x),$$

其中 C_1, C_2, C_1', C_2' 是任意常数。

8.5.2　高阶常系数非齐次线性微分方程的解法

由定理 8.6 和定理 8.6′可知，高阶常系数非齐次线性微分方程的通解包括两部分，一部分是对应于齐次微分方程的通解，另一部分是非齐次微分方程的一个特解。因此求高阶常系数非齐次线性微分方程的通解可按下面 3 个步骤进行：

（1）求对应的齐次微分方程的通解 Y；

(2) 求非齐次微分方程的一个特解 y^*；

(3) 原方程的通解为 $y = Y + y^*$。

由于前面已讨论过求常系数齐次线性微分方程的通解的方法，所以现在只需要讨论第 2 步，即如何求非齐次方程的一个特解。这里仍以二阶方程为例，讨论非齐次项 $f(x)$ 取两种特殊形式时，求特解 y^* 的方法。

二阶常系数非齐次线性微分方程的形式为

$$y'' + py' + qy = f(x)。 \tag{8.29}$$

$f(x)$ 的两种特殊形式如下：

(1) $f(x) = e^{\lambda x} P_m(x)$，其中 λ 是常数，$P_m(x)$ 是 x 的 m 次多项式

$$P_m(x) = a_0 + a_1 x + \cdots + a_m x^m；$$

(2) $f(x) = e^{\lambda x} [P_l(x) \cos(\omega x) + P_n(x) \sin(\omega x)]$，其中 λ, ω 是常数，$P_l(x)$ 和 $P_n(x)$ 分别是 x 的 l 次和 n 次多项式。

根据经验，非齐次方程的特解一定与其右端的非齐次项有关，因此可以考虑用**待定系数法**来求非齐次方程的一个特解。其基本思想是：先根据 $f(x)$ 的特点，确定特解 y^* 的类型，然后将 y^* 代入到原方程中，进而确定 y^* 中的待定系数。

1. $f(x) = e^{\lambda x} P_m(x)$ 型

由于方程的非齐次项 $f(x)$ 是指数函数 $e^{\lambda x}$ 与 m 次多项式 $P_m(x)$ 的乘积，并且 $f(x)$ 的各阶导数仍然是指数函数与多项式的乘积，因此可以假设方程的特解为如下形式：

$$y^* = e^{\lambda x} Q(x)， \tag{8.30}$$

其中 $Q(x)$ 是待求的多项式。不难求得

$$y^{*\prime} = e^{\lambda x} [Q'(x) + \lambda Q(x)]， \quad y^{*\prime\prime} = e^{\lambda x} [Q''(x) + 2\lambda Q'(x) + \lambda^2 Q(x)]。$$

将 y^*，$y^{*\prime}$，$y^{*\prime\prime}$ 代入方程(8.29)，得

$$Q''(x) + (2\lambda + p) Q'(x) + (\lambda^2 + p\lambda + q) Q(x) \equiv P_m(x)。 \tag{8.31}$$

由于恒等式(8.31)的右端 $P_m(x)$ 是已知的 m 次多项式，因此其左端也必须是 m 次的多项式。下面围绕 λ 是否是特征方程 $r^2 + pr + q = 0$ 的根，讨论如何求函数 $Q(x)$。

(1) 如果 λ 不是特征方程 $r^2 + pr + q = 0$ 的根，即 $\lambda^2 + p\lambda + q \neq 0$，式(8.31)要求 $Q(x)$ 必须是 m 次的多项式，故可令

$$Q(x) = Q_m(x) = b_0 + b_1 x + \cdots + b_m x^m，$$

将其代入式(8.31)，然后比较两边的系数，即可确定 $b_0, b_1, \cdots, b_m$ 的值。

(2) 如果 λ 是特征方程 $r^2 + pr + q = 0$ 的单根，即 $\lambda^2 + p\lambda + q = 0, 2\lambda + p \neq 0$，式(8.31) 要求 $Q'(x)$ 必须是 m 次的多项式，即 $Q(x)$ 必须是 $m + 1$ 次的多项式，故可令 $Q(x) = x Q_m(x)$，将其代入式(8.31)，然后比较两边的系数，即可确定 $b_0, b_1, \cdots, b_m$ 的值。

(3) 如果 λ 是特征方程 $r^2 + pr + q = 0$ 的重根，即 $\lambda^2 + p\lambda + q = 0, 2\lambda + p = 0$，式(8.31) 要求 $Q''(x)$ 必须是 m 次的多项式，即 $Q(x)$ 必须是 $m + 2$ 次的多项式，故可令 $Q(x) = x^2 Q_m(x)$，将其代入式(8.31)，然后比较两边的系数，即可确定 $b_0, b_1, \cdots, b_m$ 的值。

综上，方程 $y'' + py' + qy = e^{\lambda x} P_m(x)$ 具有如下形式的特解：

$$y^* = x^k Q_m(x) e^{\lambda x}， \quad k = 0, 1, 2， \tag{8.32}$$

它表示当 λ 不是特征根、是特征方程的单根、是二重根时，k 可分别取 $0,1,2$；$Q_m(x)$ 是与 $P_m(x)$ 同次的多项式，$Q_m(x)=b_0+b_1x+\cdots+b_mx^m$，其系数 $b_0,\cdots,b_m$ 是待定常数，可以通过比较系数来确定。

例 8.27 求方程 $y''-2y'-3y=e^{3x}(1+x^2)$ 的一个特解。

分析 方程的非齐次项属于 $f(x)=e^{\lambda x}P_m(x)$ 型，利用式(8.32)求方程的一个特解。

解 易见，对应的齐次微分方程的特征方程为 $r^2-2r-3=0$，特征根为 $r_1=-1,r_2=3$。在方程的非齐次项中，与 $e^{\lambda x}P_m(x)$ 对应的是 $\lambda=3,P_m(x)=1+x^2$。

显然，$\lambda=3$ 是特征方程的单根。故令

$$y^*=x(b_0+b_1x+b_2x^2)e^{3x},$$

其中 b_0,b_1,b_2 是待定系数。将 $y^*,y^{*'},y^{*''}$ 代入原方程，整理后得

$$2b_1+4b_0+(6b_2+8b_1)x+12b_2x^2\equiv 1+x^2。$$

比较系数得 $b_0=\dfrac{9}{32},b_1=-\dfrac{1}{16},b_2=\dfrac{1}{12}$。于是所求特解为

$$y^*=x\left(\frac{9}{32}-\frac{1}{16}x+\frac{1}{12}x^2\right)e^{3x}。$$

例 8.28 求方程 $y''-2y'+y=e^x(1-x)$ 的通解。

分析 方程的非齐次项属于 $f(x)=e^{\lambda x}P_m(x)$ 型。先求对应的齐次微分方程的通解，再利用式(8.32)求非齐次方程的一个特解。

解 易见，对应的齐次方程 $y''-2y'+y=0$ 的特征方程为 $r^2-2r+1=0$，特征根为 $r_1=r_2=1$，于是对应的齐次微分方程的通解为

$$Y=(C_1+C_2x)e^x, \quad C_1,C_2 \text{ 为任意常数。}$$

在方程的非齐次项中，与 $e^{\lambda x}P_m(x)$ 对应的是 $\lambda=1,P_m(x)=1-x$。由于 $\lambda=1$ 是特征方程的二重根，故令

$$y^*=x^2(b_0+b_1x)e^x,$$

其中 b_0,b_1 是待定系数。将 $y^*,y^{*'},y^{*''}$ 代入原方程，整理后得

$$2b_0+6b_1x\equiv 1-x,$$

比较恒等式两边的系数，得

$$b_0=\frac{1}{2}, \quad b_1=-\frac{1}{6}。$$

于是所求的特解为

$$y^*=\frac{1}{6}x^2(3-x)e^x。$$

因此，所求方程的通解为

$$y=Y+y^*=\left[C_1+C_2x+\frac{1}{6}x^2(3-x)\right]e^x,$$

其中 C_1,C_2 为任意常数。

2. $f(x)=e^{\lambda x}[P_l(x)\cos(\omega x)+P_n(x)\sin(\omega x)]$ 型

此时，方程(8.29)变为

$$y'' + py' + q = \mathrm{e}^{\lambda x}\left[P_l(x)\cos(\omega x) + P_n(x)\sin(\omega x)\right]。 \tag{8.33}$$

由于特解 y^* 的导出过程比较复杂,这里只给出如下结论,有兴趣的读者可以自行推导。方程(8.33)的特解有如下形式

$$y^* = x^k \mathrm{e}^{\lambda x}\left[A_m(x)\cos(\omega x) + B_m(x)\sin(\omega x)\right], \tag{8.34}$$

这里,$A_m(x)$,$B_m(x)$ 是 x 的 m 次多项式,$m = \max\{l, n\}$,k 可按 $\lambda + \mathrm{i}\omega$(或 $\lambda - \mathrm{i}\omega$)不是特征方程 $r^2 + pr + q = 0$ 的根或是特征方程的单根依次取 0 或 1。

例 8.29 求方程 $y'' + 4y' + 4y = \cos(2x)$ 的通解。

分析 方程的非齐次项属于 $f(x) = \mathrm{e}^{\lambda x}\left[P_l(x)\cos(\omega x) + P_n(x)\sin(\omega x)\right]$ 型,先求对应于齐次微分方程的通解,再利用式(8.34)求非齐次方程的一个特解。

解 对应的齐次方程 $y'' + 4y' + 4y = 0$ 的特征方程 $r^2 + 4r + 4 = 0$ 有重根 $r_1 = r_2 = -2$,因此,对应的齐次线性微分方程通解为

$$Y = (C_1 + C_2 x)\mathrm{e}^{-2x}, \quad C_1, C_2 \text{ 为任意常数。}$$

现在求非齐次微分方程的一个特解。在非齐次项中,因为 $\lambda \pm \mathrm{i}\omega = \pm 2\mathrm{i}$ 不是特征方程的根,利用式(8.34),假设方程的特解形式为

$$y^* = A\cos(2x) + B\sin(2x),$$

其中 A,B 是待定系数。将 y^*,$y^{*\prime}$,$y^{*\prime\prime}$ 代入原方程,整理后得

$$8B\cos(2x) - 8A\sin(2x) \equiv \cos(2x)。$$

比较上式两边同类项系数,得

$$A = 0, \quad B = \frac{1}{8}。$$

于是,原方程的特解为

$$y^* = \frac{1}{8}\sin(2x)。$$

因此原方程的通解为

$$y = (C_1 + C_2 x)\mathrm{e}^{-2x} + \frac{1}{8}\sin(2x),$$

其中 C_1,C_2 为任意常数。

例 8.30 写出下列方程的特解形式:

(1) $y'' - 2y' + 2y = \mathrm{e}^x(x\cos x + 2\sin x)$;

(2) $y'' - 5y' + 6y = (1 + 2x)\mathrm{e}^x + \mathrm{e}^{2x}\sin x$。

分析 方程(1)的非齐次项属于 $f(x) = \mathrm{e}^{\lambda x}\left[P_l(x)\cos(\omega x) + P_n(x)\sin(\omega x)\right]$ 型;方程(2)的特解需要利用非齐次线性微分方程的解的叠加原理(参见定理 8.2)。

解 (1) 原方程对应的齐次微分方程 $y'' - 2y' + 2y = 0$ 的特征方程为 $r^2 - 2r + 2 = 0$,特征根为 $r_{1,2} = 1 \pm \mathrm{i}$。在方程的非齐次项中,对应的 $\lambda + \mathrm{i}\omega = 1 + \mathrm{i}$ 是特征方程 $r^2 - 2r + 2 = 0$ 的根,故 $k = 1$。根据公式(8.34),特解形式可设为

$$y^* = x\mathrm{e}^x\left[(a_0 + a_1 x)\cos x + (b_0 + b_1 x)\sin x\right]。$$

(2) 易见,原方程对应的齐次微分方程 $y'' - 5y' + 6y = 0$ 的特征方程为 $r^2 - 5r + 6 = 0$,特征根为 $r_1 = 2$,$r_2 = 3$。在方程的非齐次项中,$f_1(x) = (1 + 2x)\mathrm{e}^x$ 和 $f_2(x) = \mathrm{e}^{2x}\sin x$ 分属于不同类型,将原方程分解为 $y'' - 5y' + 6y = (1 + 2x)\mathrm{e}^x$ 和 $y'' - 5y' + 6y = \mathrm{e}^{2x}\sin x$。

在第一个方程中，$\lambda = 1$ 不是对应的齐次微分方程的根，故可设特解形式为 $y_1^* = (a_0 + a_1 x)e^x$；在第二个方程中，$\lambda \pm i\omega = 2 + i$ 也不是对应的齐次微分方程的根，故可设特解形式为 $y_2^* = e^{2x}(A\cos x + B\sin x)$。因此，利用定理 8.2，原方程的特解形式可设为

$$y^* = y_1^* + y_2^* = (a_0 + a_1 x)e^x + e^{2x}(A\cos x + B\sin x)。$$

8.5.3　欧拉方程及其解法

在研究某些应用问题时，如物理学中热传导问题、力学中薄板的轴对称弯曲问题等，相应的数学模型最终归结为求解一类特殊形式的变系数线性常微分方程。在高等数学中，此类方程的 n 阶标准形式如下：

$$x^n y^{(n)} + a_1 x^{n-1} y^{(n-1)} + \cdots + a_{n-1} x y' + a_n y = f(x) \tag{8.35}$$

称之为**欧拉方程**(Euler equation)，其中 $a_1, a_2, \cdots, a_n$ 为常数。注意到，该类方程的显著特点是：在方程左端的各项中，未知函数导数的阶数与自变量（对应的乘积因子）的幂次相同。

基于欧拉方程的特点，引入变量替换 $x = e^u$（或写为 $u = \ln x$），不难验证如下等式成立：

$$\frac{dy}{dx} = \frac{dy}{du} \cdot \frac{du}{dx} = \frac{1}{x} \frac{dy}{du},$$

$$\frac{d^2 y}{dx^2} = \frac{d}{dx}\left(\frac{1}{x}\frac{dy}{du}\right) = \frac{d}{du}\left(\frac{1}{x}\frac{dy}{du}\right)\frac{du}{dx} = \frac{1}{x^2}\left(\frac{d^2 y}{du^2} - \frac{dy}{du}\right),$$

$$\frac{d^3 y}{dx^3} = \frac{dy}{dx}\left(\frac{1}{x^2}\left(\frac{d^2 y}{du^2} - \frac{dy}{du}\right)\right) = \frac{dy}{du}\left(\frac{1}{x^2}\left(\frac{d^2 y}{du^2} - \frac{dy}{du}\right)\right)\frac{du}{dy} = \frac{1}{x^3}\left(\frac{d^3 y}{du^3} - 3\frac{d^2 y}{du^2} + 2\frac{dy}{du}\right), \cdots。$$

为了便于研究，令 D 表示函数 y 关于自变量 u 的求导运算，即 $Dy = \dfrac{dy}{du}$。进一步地，有 $D^k y = \dfrac{d^k y}{du^k}, k = 2, 3, \cdots$。从而上面的运算结果可以重新写为如下形式：

$$xy' = Dy,$$

$$x^2 y'' = \frac{d^2 y}{du^2} - \frac{dy}{du} = \left(\frac{d^2}{du^2} - \frac{d}{du}\right)y = (D^2 - D)y = D(D-1)y,$$

$$x^3 y''' = \frac{d^3 y}{du^3} - 3\frac{d^2 y}{du^2} + 2\frac{dy}{du} = (D^3 - 3D^2 + 2D)y = D(D-1)(D-2)y,$$

利用数学归纳法不难验证

$$x^k y^{(k)} = D(D-1)\cdots(D-k+1)y。 \tag{8.36}$$

将变换(8.36)代入欧拉方程(8.35)，则方程便可约化为一个以 u 为自变量的 n 阶常系数非齐次线性微分方程，即

$$\frac{d^n y}{du^n} + b_1 \frac{d^{n-1} y}{du^{n-1}} + b_2 \frac{d^{n-2} y}{du^{n-2}} + \cdots + b_{n-1} \frac{dy}{du} + b_n y = f(e^u), \tag{8.37}$$

其中 $b_1, b_2, \cdots, b_n$ 为方程(8.35)进行变量替换后得到的新常数。利用本节前面的方法可以求出方程(8.37)的解，再将 $u = \ln x$ 代回，即可得到原方程的解。

特别地，前面只讨论了当 $x > 0$ 时的情形，若需要讨论 $x < 0$ 的情形，可作变量替换 $x = -e^u$（或写为 $u = \ln(-x)$），求解过程与 $x > 0$ 的情形类似。

例 8.31 求下列微分方程的通解：

(1) $x^3 y''' + 2x^2 y'' - 2xy' = 0$；　　　　　　(2) $x^2 y'' + 3xy' - 3y = 6\ln x$。

分析 显然它们都是欧拉方程。

解 (1) 依题意，令 $x = e^u$，即 $u = \ln x$。原方程可约化为

$$D(D-1)(D-2)y + 2D(D-1)y - 2Dy = 0, \quad 即 \frac{d^3 y}{du^3} - \frac{d^2 y}{du^2} - 2\frac{dy}{du} = 0。$$

该方程是三阶常系数齐次线性微分方程。对应的特征方程为 $r^3 - r^2 - 2r = 0$，特征根分别为 $r_1 = 0, r_2 = -1, r_3 = 2$，通解为 $y = C_1 + C_2 e^{-u} + C_3 e^{2u}$。将 $u = \ln x$ 代回，得原方程的通解为

$$y = C_1 + C_2 \frac{1}{x} + C_3 x^2, \quad 其中 C_1, C_2, C_3 为任意常数。$$

(2) 依题意，令 $x = e^u$，即 $u = \ln x$。原方程可约化为

$$D(D-1)y + 3Dy - 3y = 6u, \quad 即 \frac{d^2 y}{du^2} + 2\frac{dy}{du} - 3y = 6u$$

该方程是二阶常系数非齐次线性微分方程。对应齐次方程的特征方程为 $r^2 + 2r - 3 = 0$，特征根分别为 $r_1 = 1, r_2 = -3$。因此对应的齐次方程的通解为 $y = C_1 e^u + C_2 e^{-3u}$，其中 C_1, C_2 为任意常数。

由于 $\lambda = 0$ 不是对应的齐次方程的特征根，故非齐次方程的特解可以假设为 $y^* = au + b$，其中 a, b 为待定参数。容易求得，$a = -2, b = -\dfrac{4}{3}$。于是非齐次方程的通解为 $y = C_1 e^u + C_2 e^{-3u} - 2u - \dfrac{4}{3}$。将 $u = \ln x$ 代回，得原方程的通解为

$$y = C_1 x + C_2 \frac{1}{x^3} - 2\ln x - \frac{4}{3}, \quad 其中 C_1, C_2 为任意常数。$$

例 8.32 设有方程

$$4xy + \int_1^x [-2y + t^2 y''] dt = -5\ln x, \quad x \geqslant 1, y'(1) = 1。$$

求该方程所确定的函数 $y(x)$。

分析 已知条件给出的是一个积分-微分型方程，并且包含了一个初值条件。可以先通过对方程关于自变量 x 求导数，进而得到一个二阶微分方程，再进行求解，注意在求导数之前需要找到另一个初值条件。

解 由上述方程可知，$y(1) = 0$。对方程关于自变量 x 求导数，可得

$$4y + 4xy' - 2y + x^2 y'' = -\frac{5}{x}, \quad 即 \quad x^2 y'' + 4xy' + 2y = -\frac{5}{x}。$$

显然这是一个二阶欧拉方程的初值问题。作变量替换 $x = e^u$，即 $u = \ln x$，代入可得

$$(D(D-1) + 4D + 2)y = -5e^{-u}, \quad 即 \quad \frac{d^2 y}{du^2} + 3\frac{dy}{du} + 2y = -5e^{-u}。$$

该方程是二阶常系数非齐次线性微分方程。不难求得，对应的齐次方程的特征根为 $r_1 = -1, r_2 = -2$。通解为 $Y = C_1 e^{-u} + C_2 e^{-2u}$，其中 C_1, C_2 为任意常数。

由于 $\lambda = -1$ 是对应的齐次微分方程的特征根，故非齐次方程的特解可以假设为 $y^* =$

aue^{-u},其中 a 为待定参数。将其代入非齐次方程可以求得 $a=-5$。因此,非齐次线性微分方程的通解为

$$y=Y+y^{*}=C_{1}e^{-u}+C_{2}e^{-2u}-5ue^{-u}（将 u=\ln x 代回）$$

$$=C_{1}\frac{1}{x}+C_{2}\frac{1}{x^{2}}-5\frac{\ln x}{x}。$$

由初值条件 $y(1)=0$ 和 $y'(1)=1$ 不难求得,$C_{1}=6,C_{2}=-6$。于是所求的函数 $y(x)$ 具有如下形式:

$$y(x)=6\frac{1}{x}-6\frac{1}{x^{2}}-5\frac{\ln x}{x}。$$

思 考 题

1. 对于高阶常系数齐次线性微分方程,如果特征方程中出现多重根,其通解所含独立的任意常数的个数是否发生变化?

2. 二阶常系数非齐次线性微分方程的通解与对应的齐次微分方程的通解之间有什么联系?

3. 方程 $y''-3y'+2y=e^{x}+e^{2x}+e^{3x}$ 的特解形式应该如何写,依据是什么?

A 类题

1. 求下列方程的通解:

(1) $y''+2y'-8y=0$;

(2) $y''+6y'+9y=0$;

(3) $y''-3y'=0$;

(4) $y''+4y'+8y=0$;

(5) $y^{(5)}-16y'=0$;

(6) $y'''-3y''+3y'-y=0$;

(7) $y^{(4)}+2y''+y=0$;

(8) $y^{(4)}-2y''+y=0$;

(9) $y''+y'-2y=x$;

(10) $y''-2y'+y=xe^{x}$;

(11) $y''+4y'+4y=e^{2x}$;

(12) $y''-4y'+3y=2xe^{2x}$;

(13) $y''-4y'+4y=2\sin(2x)$;

(14) $y''+y=4x\sin x$。

2. 求解下列初值问题:

(1) $y''-4y'+3y=0,y(0)=6,y'(0)=10$;

(2) $y''+y'-6y=0,y(0)=0,y'(0)=1$;

(3) $y''+8y'+16y=0,y(0)=2,y'(0)=0$。

3. 确定下列微分方程的特解 y^{*} 形式(不必定出常数):

(1) $y''+y=(x-2)e^{3x}$;

(2) $y''-6y'=3x^{2}+1$;

(3) $y''-2y'+10y=e^{x}\sin(3x)$;

(4) $y''+y=e^{x}(\sin x+\cos x)$。

B 类题

1. 求下列方程的通解：

(1) $y'' + 2y' = 3e^{-2x}$；

(2) $y'' - 2y' + 3y = e^{-x}\cos x$；

(3) $y'' + 6y' + 5y = e^{2x}$；

(4) $y'' - 9y = 6e^{3x}$；

(5) $y'' + y' - 2y = 8\sin(2x)$；

(6) $y'' - 2y' + 2y = e^x\cos x$；

(7) $y'' + y = x + e^x$；

(8) $y'' - 2y' - 3y = e^x + \sin x$；

(9) $x^2 y'' + xy' - y = 0$；

(10) $x^3 y''' + 3x^2 y'' - 2xy' + 2y = 0$；

(11) $x^2 y'' + xy' - 4y = x^3$；

(12) $x^3 y''' + x^2 y'' - 4xy' = 3x^2$。

2. 求解下列初值问题：

(1) $y'' - 3y' + 2y = 5, y(0) = 1, y'(0) = 2$；

(2) $y'' - 2y' = e^x(x^2 + x - 3), y(0) = 2, y'(0) = 2$；

(3) $y'' + 4y = \sin(2x), y(0) = \dfrac{1}{4}, y'(0) = 0$。

3. 确定下列微分方程的特解 y^* 形式(不必定出常数)：

(1) $y'' - 2y' + 2y = xe^x\cos x$；

(2) $y'' + y = \sin x - \cos(2x)$；

(3) $y'' - 4y' + 4y = e^{2x} + e^x + 1$；

(4) $y'' + 2y' + 5y = 4e^{-x} + 3\sin(2x)$；

(5) $y'' - y = x\cos^2 x$；

(6) $y'' + y = \cos x\cos(3x)$。

4. 已知 $f(x) = 2 + e^x - \displaystyle\int_0^x (x - t)f(t)\mathrm{d}t$，其中 $f(x)$ 为二阶可微分函数。求 $f(x)$ 的表达式。

5. 已知 $(1 + x)y = \displaystyle\int_0^x [2y + (1 + x)^2 y'']\mathrm{d}x - \ln(1 + x), x \geqslant 0, y'(0) = 0$。求该方程所确定的函数 $y(x)$。

8.6 微分方程的应用举例

Application examples of differential equations

本节介绍常微分方程在一些领域中的简单应用,更多的应用可查阅相关专业书籍和文献。

例 8.33 已知有一盛满水的圆锥形漏斗,高为 h_0,顶角为 $2\alpha\left(0 < \alpha < \dfrac{\pi}{2}\right)$,漏斗下面有面积为 s_0 的孔,如图 8.5 所示。求水面高度随时间的变化规律。

分析 根据相关变化率建立微分方程。

解 由力学的相关理论可知,水从孔口流出的流量为 $Q = 0.62 s_0\sqrt{2gh}$,它与流出孔口的水的体积 V 的关系是 $Q = 0.62 s_0\sqrt{2gh} = \dfrac{\mathrm{d}V}{\mathrm{d}t}$,其中 0.62 为流量系数,$s_0$ 为孔口的截面积,g 为重力加速度,h 为水面到孔口的高度。于是有

$$\mathrm{d}V = 0.62 s_0\sqrt{2gh}\,\mathrm{d}t。 \qquad (8.38)$$

由于水面高度是时间 t 的函数,即 $h = h(t)$。由图 8.5

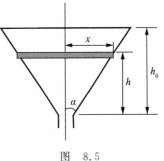

图 8.5

可见, $x = h\tan\alpha$, 于是在时间间隔 $[t, t+\mathrm{d}t]$ 内漏斗流出水的体积的改变量为

$$\mathrm{d}V = -\pi x^2 \mathrm{d}h = -\pi h^2 \tan^2\alpha \mathrm{d}h。 \tag{8.39}$$

由式(8.38)和式(8.39)得到水面高度 $h = h(t)$ 与时间 t 满足的微分方程

$$0.62 s_0 \sqrt{2gh}\, \mathrm{d}t = -\pi h^2 \tan^2\alpha \mathrm{d}h, \tag{8.40}$$

并有初值条件 $h(0) = h_0$。显然, 方程(8.40)是**可分离变量的微分方程**, 将其分离变量再积分, 得

$$t = -\frac{2\pi\tan^2\alpha}{5 \times 0.62 s_0 \sqrt{2g}} h^{\frac{5}{2}} + C,$$

其中 C 为任意常数。代入初值条件 $t = 0, h = h_0$, 得 $C = \dfrac{2\pi\tan^2\alpha}{5 \times 0.62 s_0 \sqrt{2g}} h_0^{\frac{5}{2}}$。于是水面高度随时间的变化规律为

$$t = \frac{2\pi\tan^2\alpha}{5 \times 0.62 s_0 \sqrt{2g}} (h_0^{\frac{5}{2}} - h^{\frac{5}{2}})。$$

例 8.34　已知有一质量为 m 的质点做直线运动。从速度为零的时刻起, 质点受到一个与运动方向一致、大小与时间成正比(比例系数为 k_1)的力的作用, 此外还受一与速度成正比(比例系数为 k_2)的阻力作用。求该质点运动的速度与时间的函数关系。

分析　利用牛顿第二定律建立微分方程。

解　根据已知条件, 由牛顿第二定律, 有 $ma = k_1 t - k_2 v, a = \dfrac{\mathrm{d}v}{\mathrm{d}t}$, 即

$$m\frac{\mathrm{d}v}{\mathrm{d}t} = k_1 t - k_2 v, \quad v(0) = 0。$$

将方程改写成

$$\frac{\mathrm{d}v}{\mathrm{d}t} + \frac{k_2}{m} v = \frac{k_1}{m} t。 \tag{8.41}$$

易见, 方程(8.41)是**一阶非齐次线性微分方程**。不难求得该方程的通解为

$$v = \frac{k_1}{k_2} t - \frac{k_1 m}{k_2^2} + C \mathrm{e}^{-\frac{k_2}{m}t},$$

其中 C 为任意常数。由初值条件 $t = 0, v = 0$, 得 $C = \dfrac{k_1 m}{k_2^2}$。故速度与时间的关系为

$$v = \frac{k_1}{k_2} t - \frac{k_1 m}{k_2^2} \left(1 - \mathrm{e}^{-\frac{k_2}{m}t}\right)。$$

例 8.35　对于有旋转曲面形状的凹镜, 要求由旋转轴上一点 O 发出的光线经此凹镜反射后都与旋转轴平行。求此旋转曲面的方程。

分析　按题意要求建立坐标系: 将坐标原点取在光源处, x 轴的正向取为反射光方向, 并将反射镜面看作是平面曲线 $y = f(x)$ 绕 x 轴旋转所形成的旋转面, 如图 8.6 所示。于是, 问题归

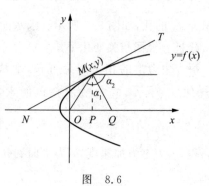

图　8.6

结为求曲线 $y = f(x)$ 的方程。

解 设曲线 $y = f(x)$ 上任一点 $M(x, y)$ 处的切线 MT 交 x 轴于点 N。由于入射角 α_1 等于反射角 α_2，反射出去的光线平行于 x 轴的条件是 $OM = ON$。易见，$\dfrac{\mathrm{d}y}{\mathrm{d}x} = \dfrac{MP}{NP}$，而 $MP = y$，$NP = ON + OP = OM + OP = \sqrt{x^2 + y^2} + x$，所以得到微分方程

$$\frac{\mathrm{d}y}{\mathrm{d}x} = \frac{y}{x + \sqrt{x^2 + y^2}}。$$

为求解方便，将上式变为

$$\frac{\mathrm{d}x}{\mathrm{d}y} = \frac{x + \sqrt{x^2 + y^2}}{y}。 \tag{8.42}$$

显然，方程 (8.42) 是一阶**齐次方程**。利用齐次方程的解法，令 $\dfrac{x}{y} = z$，不难得到方程 (8.42) 的通解为

$$y^2 = C(C + 2x)，$$

其中 C 是任意常数。

可见，该凹镜的反射镜面是以 x 轴为对称轴的抛物线，绕 x 轴旋转产生的旋转抛物面。

例 8.36 已知有一均匀、柔软的绳索，线密度为 ρ，两边固定，绳索仅受重力的作用而下垂。如图 8.7 所示，绳索的最低点为 A，y 轴通过点 A 铅直向上，并取 x 轴水平向右。试问该绳索在平衡状态时是怎样的曲线？

分析 在平面直角坐标系中，由于点 A 是固定的，所以 $|OA|$ 等于某个定值。利用力的平衡原理建立微分方程。

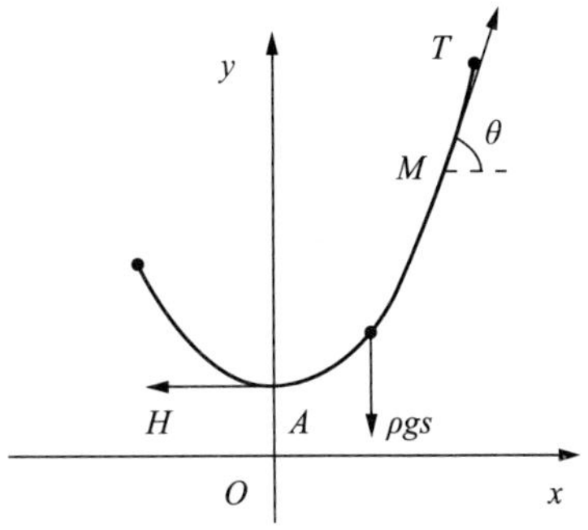

解 设绳索曲线的方程为 $y = f(x)$。在绳索上任取一点 $M(x, y)$，曲线弧 $\overset{\frown}{AM}$ 的弧长记为 s，则弧 $\overset{\frown}{AM}$ 所受重力为 $\rho g s$。由于绳索是柔软的，因而在点 A 处的张力沿水平的切线方向，其大小设为 H；在点 M 处的张力沿该点处的切线方向，设其倾角为 θ，其大小为 T，如图 8.7 所示。因作用于弧段 $\overset{\frown}{AM}$ 的外力相互平衡，将作用于弧 $\overset{\frown}{AM}$ 上的力沿铅直及水平两个方向分解，得 $T\sin\theta = \rho g s$，$T\cos\theta = H$。将此两式相除，得

$$\tan\theta = \frac{1}{a}s \left(a = \frac{H}{\rho g} \right)。$$

由于 $\tan\theta = y'$，$s = \displaystyle\int_0^x \sqrt{1 + y'^2}\,\mathrm{d}x$，代入上式即得

$$y' = \frac{1}{a}\int_0^x \sqrt{1 + y'^2}\,\mathrm{d}x。$$

将上式两边对 x 求导，便得 $y = f(x)$ 满足的微分方程

$$y'' = \frac{1}{a}\sqrt{1 + y'^2}。 \tag{8.43}$$

图 8.7

为使解的表示形式简单化,可令 $|OA|=a$,则初值条件为 $y(0)=a$,$y'(0)=0$。

显然,方程(8.43)属于**可降阶的微分方程**中 $y''=f(x,y')$ 的类型。利用降阶方法,可以求得方程(8.43)的通解为

$$y=\frac{a}{2}(e^{\frac{x}{a}+C_1}+e^{-\frac{x}{a}-C_1})+C_2,$$

其中 C_1,C_2 为任意常数。由初值条件 $y(0)=a$,$y'(0)=0$ 可以求得 $C_1=0$,$C_2=0$。

于是该绳索的形状可由曲线方程 $y=\frac{a}{2}(e^{\frac{x}{a}}+e^{-\frac{x}{a}})$ 来表示,这条曲线叫做**悬链线**。注意到,悬链线方程是第 1 章中介绍的双曲余弦函数 $y=\frac{1}{2}(e^x+e^{-x})$ 的一种变化形式。事实上,双曲函数的发现和定义起源于对悬链线方程的研究。

例 8.37　已知一长为 L、线密度为 ρ 的链条悬挂在一钉子上,起动时钉子右侧的链条与钉子的距离为 $l_0\left(l_0>\frac{L}{2}\right)$,如图 8.8(a)所示。若不计钉子对链条所产生的摩擦力,求链条继续滑落时,移动距离与时间的关系。

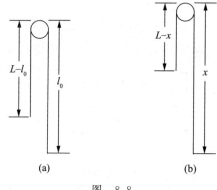

(a)　　　　　　　　(b)

图　8.8

分析　利用牛顿第二定律建立微分方程。

解　在时刻 t,设链条的一端离钉子的距离为 $x=x(t)$,则另一端离钉子的距离为 $L-x$,如图 8.8(b)所示,当 $t=0$ 时,$x=l_0$。

若不计摩擦力,则运动过程中的链条所受力的大小为 $[x-(L-x)]\rho g$,按牛顿第二定律,有 $L\rho\dfrac{\mathrm{d}^2 x}{\mathrm{d}t^2}=[x-(L-x)]\rho g$,即

$$\frac{\mathrm{d}^2 x}{\mathrm{d}t^2}-\frac{2g}{L}x=-g,\tag{8.44}$$

且有初值条件 $x(0)=l_0$,$x'(0)=0$。

显然,方程(8.44)是**二阶常系数非齐次线性微分方程**。不难求得方程(8.44)的通解为

$$x=C_1 e^{\sqrt{\frac{g}{L}}t}+C_2 e^{-\sqrt{\frac{g}{L}}t}+\frac{L}{2}.$$

由初值条件 $x(0)=l_0$,$x'(0)=0$ 得,$C_1=C_2=\dfrac{1}{4}(2l_0-L)$。于是满足初值条件的方程的特

解为

$$x = \frac{1}{4}(2l_0 - L)\left(e^{\sqrt{\frac{g}{L}}t} + e^{-\sqrt{\frac{g}{L}}t}\right) + \frac{L}{2}.$$

于是链条继续滑落时,移动距离与时间的关系为

$$x = \frac{1}{4}(2l_0 - L)\left(e^{\sqrt{\frac{g}{L}}t} + e^{-\sqrt{\frac{g}{L}}t}\right) + \frac{L}{2} - l_0.$$

例 8.38 机械系统的振动问题

考察 8.1 节中曾建立的描述悬挂重物的弹簧振动的微分方程。下面按各种不同的情况讨论弹簧的运动规律。

(1) 无阻尼的自由振动

无阻尼的自由振动方程为

$$m\frac{d^2 x}{dt^2} + kx = 0.$$

它的通解为

$$x = C_1 \cos(\omega t) + C_2 \sin(\omega t),$$

其中 $\omega^2 = \dfrac{k}{m}$,C_1, C_2 是任意常数。若初始条件为

$$x(0) = x_0, \quad x'(0) = v_0,$$

则可得到初值问题的解

$$x = x_0 \cos(\omega t) + \frac{v_0}{\omega}\sin(\omega t).$$

为了研究解的物理意义,将此式简化为

$$x = A\sin(\omega t + \varphi), \tag{8.45}$$

其中 $A = \sqrt{x_0^2 + \dfrac{v_0^2}{\omega^2}}$,$\tan\varphi = \dfrac{\omega x_0}{v_0}$。

由式(8.45)可知,悬挂的重物永不停止地以原点为中心作上、下的周期性振动。通常称这种振动为**简谐振动**,其函数图形如图 8.9 所示(假定 $x_0 > 0, v_0 > 0$)。$A, \omega, T = \dfrac{2\pi}{\omega}, \varphi$ 分别称为简谐振动的**振幅**、**角频率**、**周期**和**初相角**。由于 $\omega = \sqrt{\dfrac{k}{m}}$,它与初始条件无关,只与系统本身的特性(质量 m 和弹簧刚度 k)有关,所以称 ω 为系统的**固有频率**。

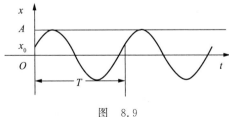

图 8.9

（2）有阻尼自由振动

当物体受弹性力和空气阻力作用时，有阻尼自由振动方程为

$$m\frac{\mathrm{d}^2 x}{\mathrm{d}t^2} + c\frac{\mathrm{d}x}{\mathrm{d}t} + kx = 0。 \tag{8.46}$$

易知方程的特征根为 $r_{1,2} = \dfrac{-c \pm \sqrt{c^2 - 4mk}}{2m}$。

① 小阻尼情形，即 c 很小，且满足 $c^2 - 4mk < 0$。记 $\omega_1 = \sqrt{\dfrac{k}{m} - \left(\dfrac{c}{2m}\right)^2}$，则方程（8.46）的通解为

$$x = \mathrm{e}^{-\frac{c}{2m}t}(C_1\cos(\omega_1 t) + C_2\sin(\omega_1 t)),$$

其中 C_1, C_2 是任意常数。由初始条件可得 $C_1 = x_0, C_2 = \dfrac{2mv_0 + cx_0}{2m\omega_1}$，故所求特解为

$$x = \mathrm{e}^{-\frac{c}{2m}t}\left(x_0\cos(\omega_1 t) + \frac{2mv_0 + cx_0}{2m\omega_1}\sin(\omega_1 t)\right)。$$

与前面一样，为了研究解所反映的运动规律，将此解简化为

$$x = A_1\mathrm{e}^{-\frac{c}{2m}t}\sin(\omega_1 t + \varphi_1), \tag{8.47}$$

其中 $A_1 = \sqrt{x_0^2 + \left(\dfrac{2mv_0 + cx_0}{2m\omega_1}\right)^2}, \tan\varphi_1 = \dfrac{2mx_0\omega_1}{2mv_0 + cx_0}$。

从式（8.47）看出，物体的运动也是振动的，其周期为 $T = \dfrac{2\pi}{\omega_1}$。但由于 x 的表达式中含有 $\mathrm{e}^{-\frac{c}{2m}t}$ 项，故当 $t \to +\infty$

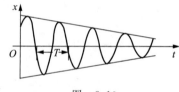

图　8.10

时，其振幅 $A_1\mathrm{e}^{-\frac{c}{2m}t} \to 0$，也就是说，物体的振动是随着时间增大而趋于平衡位置。将这种运动称为衰减振动。特解的图形如图 8.10 所示（假定 $x_0 > 0, v_0 > 0$）。

② 大阻尼情形，即 c 很大，且满足 $c^2 - 4mk > 0$。此时方程（8.46）的特征根为两个不等的负实根，即 $r_{1,2} = \dfrac{-c \pm \sqrt{c^2 - 4mk}}{2m} < 0$。方程（8.46）的通解为

$$x = C_1\mathrm{e}^{r_1 t} + C_2\mathrm{e}^{r_2 t},$$

由初始条件可得 $C_1 = \dfrac{v_0 - r_2 x_0}{r_1 - r_2}, C_2 = \dfrac{r_1 x_0 - v_0}{r_1 - r_2}$。显然，当 $t \to +\infty$ 时，$x \to 0$，即物体随时间的增大而趋向于平衡位置，最多有一次通过平衡位置，因此在大阻尼的情形，运动不再具有振动的性质，如图 8.11(a)和(b)所示。

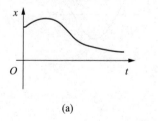

(a)

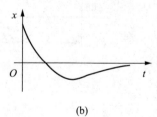

(b)

图　8.11

③ 临界阻尼情形,即 c 足够大,且满足 $c^2-4mk=0$。此时方程(8.46)的特征根为负的重根 $r_{1,2}=-\dfrac{c}{2m}$,其通解为

$$x=(C_1+C_2t)\mathrm{e}^{-\frac{c}{2m}t},$$

其中任意常数 C_1,C_2 可由初始条件得到。满足初值条件的特解为

$$x=\mathrm{e}^{-\frac{c}{2m}t}\left[x_0+\left(v_0+\frac{c}{2m}\right)t\right]。 \tag{8.48}$$

由式(8.48)可以看出,此时运动也不是周期的。当 $t\to+\infty$ 时,$x\to0$,即物体随时间的增大而趋向于平衡位置,其图形与情形②类似。

可见,$c^2=4mk$ 是使物体处于振动状态与不振动状态的阻尼分界值,所以称为**阻尼临界值**。也就是当外界阻尼 c 过大,以至于大于或等于物体固有频率时,就抑制了物体的振动。

1. 是非题

(1) 微分方程的通解中包含了它所有的解。 （ ）

(2) 微分方程 $xy'-\ln x=0$ 的通解是 $y=\dfrac{1}{2}(\ln x)^2+C$,其中 C 为任意常数。 （ ）

(3) 方程 $y'=x^3y^4-xy$ 可以通过变换转化为一阶线性微分方程。 （ ）

(4) 对于任意常数 C_1,函数 $y=C_1\mathrm{e}^x+2\mathrm{e}^{-x}$ 是方程 $y''-y=0$ 的通解。 （ ）

(5) $\dfrac{\mathrm{d}y}{\mathrm{d}x}=1+x+y^2+xy^2$ 不是可分离变量的微分方程。 （ ）

2. 填空题

(1) 若两个函数 $y_1(x)$ 和 $y_2(x)$ 的比 $\dfrac{y_2(x)}{y_1(x)}\equiv k$,则它们必是_____。

(2) $y^{(4)}=\mathrm{e}^{-2x}$ 的通解是_____。

(3) 方程 $\dfrac{\mathrm{d}y}{\mathrm{d}x}-\dfrac{y}{(x+1)^2}=(x+1)^3$ 对应的齐次方程的通解为_____。

(4) 已知 $y_1=\mathrm{e}^x\sin(2x)$,$y_2=2\mathrm{e}^x\cos(2x)+3\mathrm{e}^x\sin(2x)$ 是某个二阶常系数齐次线性微分方程的两个解。该方程的通解为_____。

(5) 微分方程 $y''-4y'+4y=(1+x^2)\mathrm{e}^{2x}$ 的特解形式为 $y^*=$_____。

3. 选择题

(1) 方程 $xy'''+2x^2y''+x^3y=0$ 是下列哪类微分方程( )。

A. 二阶线性微分方程 　　　　B. 二阶非线性微分方程

C. 三阶线性微分方程 　　　　D. 三阶非线性微分方程

(2) 与积分方程 $f(x)=1+2x^2+\displaystyle\int_0^x tf(t)\mathrm{d}t$ 等价的微分方程的初值问题是( )。

A. $f'(x)=xf(x)+4x,f(0)=1$ 　　B. $f'(x)=xf(x)+4x+1,f(0)=1$

C. $f'(x)=xf(x),f(0)=1$ 　　D. $f'(x)=xf(x)+4x,f(0)=0$

(3) 微分方程 $y'' + y = \sin x$ 的一个特解具有形式(　　)。

A. $y^* = a \sin x$　　　　　　　　　　B. $y^* = a \cos x$

C. $y^* = x(a \sin x + b \cos x)$　　　　D. $y^* = a \cos x + b \sin x$

(4) 具有特解 $y_1 = 2e^x, y_2 = xe^x, y_3 = 3e^{-x}$ 的三阶常系数齐次线性微分方程是(　　)。

A. $y''' + y'' + y' + y = 0$　　　　　　B. $y''' - y'' + y' + y = 0$

C. $y''' - y'' - y' + y = 0$　　　　　　D. $y''' + y'' + y' - y = 0$

(5) 微分方程 $\dfrac{\mathrm{d}x}{y} + \dfrac{\mathrm{d}y}{x} = 0$ 满足 $y(3) = 4$ 的特解是(　　)。

A. $x^2 - y^2 = 2$　　　　　　　　　　B. $3x + 4y = 5$

C. $x^2 + y^2 = C$　　　　　　　　　　D. $x^2 + y^2 = 25$

4. 求下列微分方程的通解：

(1) $\dfrac{\mathrm{d}y}{\mathrm{d}x} + y \cot x = 5e^{\cos x}$;　　　　　(2) $x \dfrac{\mathrm{d}y}{\mathrm{d}x} - y - \sqrt{x^2 - y^2} = 0$;

(3) $\cos^2 y \cot x \, \mathrm{d}x + \tan y \sin^2 x \, \mathrm{d}y = 0$;　(4) $x \dfrac{\mathrm{d}y}{\mathrm{d}x} = y + x^2 e^x$ 。

5. 求下列微分方程满足初始条件的特解：

(1) $y' + \dfrac{2 - 3x^2}{x^3} y = 1, y(1) = 0$;　　(2) $(1 + x^2)\mathrm{d}y = (1 + xy)\mathrm{d}x, y(1) = 0$;

(3) $(1 + e^{-x})\dfrac{\mathrm{d}y}{\mathrm{d}x} + \cos y = 0, y(0) = \dfrac{\pi}{4}$; (4) $\dfrac{\mathrm{d}y}{\mathrm{d}x} + \dfrac{y}{x} = (\ln x)y^2, y(1) = 1$ 。

6. 用适当的变换将下列方程化成可分离变量的方程，然后求出通解：

(1) $y' = x^2 + 4xy + 4y^2 + 2$;　　　(2) $y' = 1 - \tan(x - y)$ 。

7. 求下列微分方程的通解：

(1) $y''' - 4y' = 0$;　　　　　　　　　(2) $y'' - 4y' + 5y = 0$;

(3) $y'' + y' - 2y = 3xe^x$;　　　　　(4) $y'' - 4y' + 8y = e^{2x}\sin(2x)$ 。

8. 求下列微分方程满足所给初始条件的特解：

(1) $y'' - 3y' - 4y = 0, y(0) = 0, y'(0) = -5$;

(2) $y'' + 25y = 0, y(0) = 2, y'(0) = 5$;

(3) $y'' + 4y + 2\cos x = 0, y(\pi) = 1, y'(\pi) = 1$;

(4) $y'' - y' = 4xe^x, y(0) = 0, y'(0) = 1$ 。

9. 已知 $y_1 = e^{2x}$ 和 $y_2 = e^{-x}$ 是二阶常系数齐次微分方程的两个特解。解答下列问题：

(1) 写出该方程；

(2) 写出方程的通解；

(3) 求满足初始条件 $y(0) = 1, y'(0) = \dfrac{1}{2}$ 的特解。

10. 已知二阶微分方程 $y'' = 4x$ ，求它经过点 $M(0, 1)$ ，且在此点处与 $y = 2x + 1$ 相切的积分曲线。

11. 已知函数 $y(x)$ 满足 $y(x)\cos x + \displaystyle\int_0^x y(t)\sin t \, \mathrm{d}t = \sin x + 2$ 。求 $y(x)$ 的表达式。

12. 已知函数 $y(x)$ 满足 $y'(x) = 1 + 2e^x + \displaystyle\int_0^x [te^t + y(t)]\mathrm{d}t, y(0) = 1$ 。求 $y(x)$ 的表达式。

习题答案及提示

第 1 章

习题 1.1

A 类题

1. (1) $[-3,2]$;　(2) $[1,3]$;　(3) $(-\infty,-3)\bigcup(1,+\infty)$。

2. 提示：利用绝对值不等式证明。

3. (1) $D=\{x\,|\,x\in\mathbf{R}$ 且 $x\neq 1,x\neq 2\}$;　　(2) $D=\{x\,|\,x\geqslant 3$ 或 $x<-1\}$;

　(3) $D=\{x\,|-2\leqslant x\leqslant 2$ 且 $x\neq 1\}$;　　(4) $D=\{x\,|-3\leqslant x<3$ 且 $x\neq 1\}$。

4. $f(-x)=\dfrac{1-x}{1+x},f(x+1)=-\dfrac{2+x}{x},f\left(\dfrac{1}{x}\right)=\dfrac{1+x}{x-1},f[f(x)]=-\dfrac{1}{x}$。

5. $\dfrac{f(x+h)-f(x)}{h}=4x+2h,\dfrac{f(x)-f(x-h)}{h}=4x-2h$。

6. 提示：利用奇函数和偶函数的定义证明。

7. $V=x(a-2x)(b-2x),S=(a-2x)(b-2x)+2x(a-2x)+2x(b-2x),x<b/2$。

8. $V=a^3=\dfrac{8}{9}\sqrt{3}R^3,R>0$。

B 类题

1. $D=\{x\,|\,0<x<1\}$。

2. $f(x)=x^2+x+C,$ 其中 C 为任意实数。

3. (1) $f(x)=x^2+4$;　　　　　　(2) $f(x)=|x|\sqrt{1+x^2}+\dfrac{1}{|x|\sqrt{1+x^2}}$。

4. $-2<m<3$。

5. 提示：利用奇函数和偶函数的定义证明。

6. 提示：利用函数的单调性证明。

7. 有界。

8. 略。

习题 1.2

A 类题

1. (1) $D=\{x\,|\,x>1$ 且 $x\neq \mathrm{e}\}$;　　　(2) $D=\{x\,|\,x\in\mathbf{R}$ 且 $x\neq 2+k\pi,k\in\mathbf{Z}\}$;

　(3) $D=\{x\,|-\dfrac{1}{2}\leqslant x\leqslant 1\}$;　　　(4) $D=\{x\,|-\sqrt{3}<x<\sqrt{3}\}$。

2. 提示：利用周期函数的定义证明。最小正周期分别为

  (1) π； (2) π； (3) π； (4) π。

3. (1) 奇函数； (2) 偶函数； (3) 非奇非偶函数； (4) 奇函数。

4. (1) $-267,27$； (2) $1,3$； (3) $0,2$； (4) $0,2+\dfrac{\pi}{2}$。

5. (1) $y=\sqrt{\dfrac{x-2}{3}}$，$x\in(2,50)$；   (2) $y=\log_2 3-\log_2(1-x)$，$x\in(-\infty,1)$；

  (3) $y=-2+\mathrm{e}^{x-3}$，$x\in[3,3+\ln7]$； (4) $y=\arccos(x-2)$，$x\in[1,3]$。

6. (1) $y=\sin\sqrt{1-x^2}$，$D=\{x\mid -1\leqslant x\leqslant 1\}$，$R(f)=\{y\mid 0\leqslant y\leqslant\sin1\}$；

  (2) $y=\ln\arccos x$，$D=\{x\mid -1\leqslant x<1\}$，$R(f)=\{y\mid -\infty<y\leqslant\ln\pi\}$。

7. (1) $y=\sqrt[3]{u}$，$u=\arcsin v$，$v=x^2$； (2) $y=u^3$，$u=\sin v$，$v=\ln x$；

  (3) $y=\mathrm{e}^u$，$u=\tan v$，$v=x+1$； (4) $y=uv$，$u=x^3$，$v=\sin w$，$w=\sqrt{\varphi}$，$\varphi=\ln x$。

8. 略。

B 类题

1. (1) 周期函数，$\dfrac{2\pi}{3}$； (2) 周期函数，2π； (3) 非周期函数； (4) 周期函数，π。

2. (1) 奇函数； (2) 偶函数； (3) 奇函数； (4) 奇函数。

3. 提示：利用有界函数的定义，根据函数表达式的特点估计函数的上下界证明。

4. 无界。

5. 提示：利用反函数的定义证明。

6. (1) $f[f(x)]=\dfrac{x}{\sqrt{1+2x^2}}$，(2) $f\{f[f(x)]\}=\dfrac{x}{\sqrt{1+3x^2}}$，

  (3) $\underbrace{f\{f[\cdots f(x)]\}}_{n\text{次}}=\dfrac{x}{\sqrt{1+(n+1)x^2}}$。

7. 提示：利用双曲函数的定义证明。

8. $V=\dfrac{(2\pi-\alpha)^2 r^3}{12\pi}\sqrt{1-\left(\dfrac{2\pi-\alpha}{2\pi}\right)^2}$，$0\leqslant\alpha\leqslant 2\pi$。

习题 1.3

A 类题

1. $f(-1)=-2,f(0)=-2,f(1)=0,f(2.5)=\ln1.5,f(3)=\ln2,f(\pi)=0,f\left(\dfrac{3\pi}{2}\right)=1$。

2. (a) $\begin{cases}1,&x\neq0,\\2,&x=0;\end{cases}$ (b) $\begin{cases}kx+1,&x>0,\\kx-1,&x<0,\end{cases}k>0$。

3. $y=\{x\}$ 是周期为 1 的周期函数、非奇非偶函数，整体不具有单调性，在区间 $[k,k+1]$ $(k\in\mathbf{Z})$ 上单调递增，上下界分别为 1 和 0。

4. (1) 奇函数；   (2) 非奇非偶函数。

5. $\begin{cases}2+\ln(x^2-1),&|x|>1,\\1,&|x|\leqslant1。\end{cases}$

6. $y=1-\sqrt[3]{x^2+x-2}$。

7. 当 $t \in [0, \pi]$ 时，$y = b\sqrt{1 - \dfrac{x^2}{a^2}}$；当 $t \in [\pi, 2\pi]$ 时，$y = -b\sqrt{1 - \dfrac{x^2}{a^2}}$。

8. $\begin{cases} (b-a)x, & 0 \leqslant x \leqslant 100, \\ 100(b-a) + (0.9b-a)(x-100), & 100 < x \leqslant 200, \\ 100(b-a) + 100(0.9b-a) + (0.8b-a)(x-200), & x > 200。 \end{cases}$

B 类题

1. $\begin{cases} 3x+1, & x \geqslant 2, \\ x+5, & -\dfrac{3}{2} \leqslant x < 2, \\ -3x-1, & x < -\dfrac{3}{2}。 \end{cases}$

2. $\begin{cases} 2x^2+10, & x < -1, \\ x^2+8, & -1 \leqslant x < 1, \\ 4x+2, & x \geqslant 1。 \end{cases}$

3. $\begin{cases} 1, & x > 0, \\ 0, & x = 0, \\ -1, & x < 0。 \end{cases}$

4. 提示：利用不等式的性质讨论。

5. 提示：利用 4 题的结果进行讨论。

6. $\begin{cases} \dfrac{1}{3}(x+2), & x \leqslant 1, \\ \sqrt{x}, & 1 < x \leqslant 4, \\ \log_2 x, & 4 < x \leqslant 16。 \end{cases}$

7. $y = (a^{\frac{2}{3}} - x^{\frac{2}{3}})^{\frac{3}{2}}, -a \leqslant x \leqslant a。$

8. $s_{甲}(t) = \begin{cases} 130t, & 0 \leqslant t \leqslant 3, \\ 390, & 3 < t \leqslant 4, \\ 390+120t, & 4 < t \leqslant 4.75; \end{cases}$　　$s_{乙}(t) = \begin{cases} 60t, & 0 \leqslant t \leqslant 4, \\ 240+80t, & 4 < t \leqslant 4.75。 \end{cases}$

复习题 1

1. (1) √；　(2) ×；　(3) ×；　(4) √；　(5) ×。

2. (1) $D = \{x \mid -2 \leqslant x < 1\}$；　(2) $4, D = \{x \mid x > 0$ 且 $x \neq 1\}$；　(3) $1 - x - 2x^2$；

　　(4) $x^2 - x - 2$；　(5) $y = \dfrac{1}{2} \ln \dfrac{1+x}{1-x}$，其中 $-1 < x < 1$。

3. (1) C；　(2) A；　(3) C；　(4) B；　(5) C。

4. (1) $D = \{x \mid -1 \leqslant x \leqslant 1\}$；　　　　　(2) $D = \{x \mid 2k\pi \leqslant x \leqslant (2k+1)\pi, k \in \mathbf{Z}\}$；

　　(3) $D = \{x \mid -a \leqslant x \leqslant 1-a\}$；　　　(4) $D = \left\{x \mid a \leqslant x \leqslant 1-a, 0 < a \leqslant \dfrac{1}{2}\right\}$。

5. $\begin{cases} (x+2)^2, & x \in [-2,0), \\ x^2, & x \in [0,2), \\ (x-4)^2, & x \in [4,6)。 \end{cases}$

6. $\begin{cases} e^{x^2}, & x \leqslant 0, \\ 2\ln x + 1, & 0 < x < 1, \\ x, & x \geqslant 1. \end{cases}$

7. ～8. 略。

9. $x = 1$。

10. (1) 1；(2)和(3)证明略。

11. $l(n) = 2nR\sin\dfrac{\pi}{n}, D = \{n \mid n \in \mathbf{Z}_+, n \geqslant 3\}$。

第 2 章

习题 2.1

A 类题

1. (1) 收敛数列,0,无穷小数列； (2) 收敛数列,1； (3) 收敛数列,$\dfrac{3}{4}$；

    (4) 收敛数列,0,无穷小数列； (5) 发散数列,无穷大数列；

    (6) 收敛数列,0,无穷小数列； (7) 收敛数列,0,无穷小数列； (8) 收敛数列,2；

    (9) 发散数列,无穷大数列； (10) 收敛数列,0,无穷小数列。

2. 略。

3. 提示：利用二项式展开公式证明。

4. (1) 1； (2) $\dfrac{1}{2}$。

5. 提示：利用不等式 $||x_n| - |a|| \leqslant |x_n - a|$ 证明；反例 $x_n = (-1)^{n-1}$。

B 类题

1. ～4. 略。

习题 2.2

A 类题

1. (1) 0； (2) $\dfrac{4}{3}$； (3) $\dfrac{1}{2}$； (4) -2； (5) 0；

    (6) $\dfrac{3}{2}$； (7) $\dfrac{1}{2}$； (8) $\dfrac{1-b}{1-a}$； (9) e； (10) e。

2. ～4. 略。

5. 提示：利用单调有界原理证明。$\lim\limits_{n \to \infty} x_n = 3$。

B 类题

1. (1) 1； (2) $\dfrac{2}{3}$； (3) 3； (4) -5； (5) e； (6) 1。

2. (1) $\dfrac{1}{2}$； (2) 1。

3. 提示：利用单调有界原理证明。(1) 2； (2) $\dfrac{1+\sqrt{1+4a}}{2}$。

4. 证明略，$\lim\limits_{n \to \infty} x_n = 0$。

5. 提示：利用单调有界原理证明。

复习题 2

1. (1) ×；　(2) ×；　(3) ×；　(4) ×；　(5) √。

2. (1) 唯一的；　(2) a；　(3) 2；　(4) e^4；　(5) 0。

3. (1) C；　(2) C；　(3) A；　(4) C；　(5) D。

4. (1) $\dfrac{2}{3}$；　(2) 0；　(3) $\dfrac{1}{2}$；　(4) e^3；　(5) 1；

(6) $\dfrac{1}{2}$；　(7) $\begin{cases} -1, & x>1, \\ 0, & x=1, \\ 1, & 0<x<1; \end{cases}$　(8) 1。

5. 提示：利用数列和子列极限的定义证明。

6. 提示：应用反证法和数列极限的保号性证明。

7. 提示：利用数列单调有界原理证明。

8.～9. 提示：利用数学归纳法证明数列单调有界,利用数列单调有界必有极限证明。

10. (1) 1；　(2) 0；　(3) 0；　(4) 2；　(5) 1。

第 3 章

习题 3.1

A 类题

1. 提示：解不等式之前,根据表达式特点适当将其放大,然后再求解不等式求 X 或 δ。

2. $\delta = \dfrac{0.001}{3}$。

3. $a = 2$。

4.～5. 略。

B 类题

1. 提示：解不等式之前,根据表达式特点适当将其放大,然后再求解不等式求 X 或 δ。

2. (1) -5；　(2) $-\dfrac{1}{3}$；　(3) -5；　(4) $-\dfrac{1}{3}$。

3. (1) 1；　(2) $-\infty$；　(3) -1；　(4) -1。

4. 提示：利用极限的定义证明；当且仅当 $A \geqslant 0$ 时反之成立。

5. (1) $\lim\limits_{x \to 0^+} [x] = 0$, $\lim\limits_{x \to 0^-} [x] = -1$；　　(2) $\lim\limits_{x \to 0^+} (x - [x]) = 0$, $\lim\limits_{x \to 0^-} (x - [x]) = 1$；

(3) $\lim\limits_{x \to 0^+} e^{\frac{1}{x}} \to +\infty$, $\lim\limits_{x \to 0^-} e^{\frac{1}{x}} = 0$。

6. 略。

习题 3.2

A 类题

1. (1) 1；　(2) 3；　(3) $\dfrac{5^{20}}{3^{30} 2^5}$；　(4) $\dfrac{9}{2}$；　(5) $\dfrac{2}{3}$；

(6) 1；　(7) $\dfrac{\sqrt[3]{2}}{\sqrt{3}}$；　(8) $\dfrac{1}{3}$；　(9) $-\dfrac{1}{2}$；　(10) $\dfrac{3}{2}$。

2. $a=-10, b=-11$。

3. $f(x)=2x^3-3x+2$。

4. 略。

5. 提示：根据题目特点，利用两个重要极限求解。

(1) 1； (2) 1； (3) $\sin(2a)$； (4) 6； (5) e^{-3}； (6) e^{-3}； (7) e^{-2}； (8) e^2。

6. 略。

B 类题

1. (1) ∞； (2) $\dfrac{n}{m}$； (3) -1； (4) 1； (5) 0；

(6) 0； (7) 0； (8) $\dfrac{1}{4}$； (9) $e^{-\frac{3}{2}}$； (10) 0。

2. 提示：利用极限的运算法则和待定系数法求解。$a=1, b=3$。

3. 当 $a=1$ 时，$\lim\limits_{x\to 0} f(x)=0$；当 $0<a<1$ 时，$\lim\limits_{x\to 0} f(x)$ 不存在；当 $a>1$ 时，$\lim\limits_{x\to 0} f(x)$ 不存在。

4. 提示：利用第二重要极限及配项方法求解。$a=-3$。

5. 提示：利用夹逼准则求解。 (1) 1； (2) -1； (3) 1。

习题 3.3

A 类题

1. 当 $x\to 0$ 时：

(1) x 比 $\sqrt{x}+\sin x$ 是高阶无穷小； (2) $x^2+\arcsin x$ 是 x 的等价无穷小；

(3) $x-\sin x$ 比 x 是高阶无穷小； (4) x 比 $\sqrt[3]{x}-3x^3+x^5$ 是高阶无穷小；

(5) $\arctan(2x)$ 是 $\sin(3x)$ 的同阶无穷小； (6) $(1-\cos x)^2$ 比 $\sin^2 x$ 是高阶的无穷小。

2. 提示：利用等价无穷小替换等方法。

(1) $\dfrac{5}{3}$； (2) $\begin{cases} 1, & n=m, \\ 0, & n<m, \\ \infty, & n>m; \end{cases}$ (3) $\dfrac{1}{2}$； (4) $\dfrac{1}{5}$； (5) -2； (6) $\dfrac{1}{2}$； (7) $\dfrac{3}{2}$；

(8) $\ln a$； (9) $-\dfrac{1}{a^2}$； (10) $\dfrac{1}{2}$。

B 类题

1. 提示：利用变量替换和等价无穷小替换等方法。

(1) 1； (2) 0； (3) $\dfrac{2}{\pi}$； (4) $\dfrac{2}{3}$； (5) $\dfrac{1}{2}$；

(6) 2； (7) 2； (8) $-\dfrac{5}{4}$； (9) $\dfrac{1}{4}$； (10) 1。

2. 提示：利用等价无穷小替换计算。$\lim\limits_{x\to 0} f(x)=6$。

习题 3.4

A 类题

1. (1) 连续； (2) 连续。

2. $a=-1, b=e^2-2$。

3. （1）$x=-1$ 为第一类间断点，并且是可去间断点。

   （2）$x=0$ 为第一类间断点，并且是跳跃间断点；$x=-1$ 为第二类间断点，并且是无穷间断点；$x=1$ 为第一类间断点，并且是可去间断点。

   （3）$x=0$ 为第一类间断点，并且是跳跃间断点；$x=1$ 为第二类间断点，并且是无穷间断点。

4. $k=\dfrac{3}{2}$。

5. $C=\dfrac{1}{3}$。

B 类题

1. （1）$x=1$ 为第一类间断点，并且是跳跃间断点。

   （2）$x=0$ 为第一类间断点，并且是可去间断点。补充定义 $f(0)=0$。

   （3）$x=0$ 为第一类间断点，并且是可去间断点。补充定义 $f(0)=1$。

   （4）$x=0$ 为第二类间断点，并且是无穷间断点；$x=1$ 为第一类间断点，并且是可去间断点。补充定义 $f(1)=-1$；$x=2$ 为第二类间断点，并且是无穷间断点。

2. $a=0,b=\mathrm{e}$。

3. $a=-2$。

4. 提示：先写出 $f(x)$ 的表达式，利用连续和间断点定义讨论。

$x=1$ 为第一类间断点，并且是跳跃间断点；$x=-1$ 为第一类间断点，并且是跳跃间断点。

5. 略。

习题 3.5

A 类题

1. （1）$\dfrac{\mathrm{e}^2}{5}$； （2）$\tan(\ln 4)$； （3）$\ln 9$； （4）$\dfrac{\pi}{4}$。

2. 提示：考虑函数 $f(x)=x^2+2x-6$ 在区间 $[1,3]$ 上应用零点定理。

3. 提示：考虑函数 $f(x)=a\sin x+b-x$ 在区间 $[0,a+b]$ 上应用零点定理。

4. 提示：构造辅助函数 $F(x)=x-f(x)$，并在区间 $[0,1]$ 上应用零点定理。

5. 提示：利用极限定义及闭区间上连续函数的有界性定理。

6. 提示：利用函数极限的保号性及零点定理。

B 类题

1. （1）0； （2）-1； （3）e^{-2}； （4）e^{-2}。

2. 略。

3. 提示：构造辅助函数 $F(x)=f(x)-f(x+a)$，并在区间 $[0,a]$ 上应用零点定理。

4. 提示：利用零点定理证明。

5. 提示：利用介值定理证明。

6. 提示：利用闭区间上连续函数的最值定理和介值定理证明。

复习题 3

1. （1）×； （2）√； （3）×； （4）×； （5）√。

2. (1) 必要,充分; (2) $\alpha \sim \alpha, \alpha \sim \beta \Rightarrow \beta \sim \alpha, \left.\begin{matrix} \alpha \sim \beta \\ \beta \sim \gamma \end{matrix}\right\} \Rightarrow \alpha \sim \gamma$;

   (3) $a=4, b=-12, c \geqslant 9$; (4) -1; (5) 第一类间断点。

3. (1) C; (2) B; (3) A; (4) C; (5) D。

4. (1) $\dfrac{4}{\pi} \mathrm{e}^2$; (2) $\dfrac{2\sqrt{2}}{3}$; (3) 2^{10}; (4) $\sin \dfrac{3}{2}$; (5) e^6; (6) e; (7) $\dfrac{1}{2\sqrt[3]{2}}$;

   (8) $\dfrac{1}{2}$。

5. (1) 不存在; (2) 1。

6. 在 $(-\infty, +\infty)$ 上连续。

7. 提示:先找到间断点,再根据各类间断点的定义讨论。

   (1) $x=-1$ 为第二类间断点,并且是无穷间断点。

   (2) $x=k (k \in \mathbf{Z})$ 为第一类间断点,并且是跳跃间断点。

   (3) $x=0$ 为第一类间断点,并且是跳跃间断点;$x=1$ 为第二类间断点,并且是无穷间断点;$x=-1$ 为第一类间断点,并且是可去间断点。

   (4) $x=0$ 为第一类间断点,并且是可去间断点;$x=-2$ 为第一类间断点,并且是跳跃间断点;$x=2$ 为第一类间断点,并且是跳跃间断点。

8. $x=0$ 是第一类间断点,并且是可去间断点;$x=k\pi (k \in \mathbf{Z}, \text{且} k \neq 0)$ 为第二类间断点,并且是无穷间断点。

9. (1) $a=1$; (2) $a>0, a \neq 1$; (3) $(-2, 0]$ 和 $(0, 2]$。

10. $\alpha>0, \beta=-1$。

11. 提示:根据已知条件构造辅助函数 $F(x)=f(x)-g(x)$,利用零点定理证明。

12. 提示:根据结论构造辅助函数 $g(x)=\mathrm{e}^x-2-x$,利用零点定理证明。

第 4 章

习题 4.1

A 类题

1. (1) $f'(a)=(a-b)(a-c)^2, f'(b)=(b-a)(b-c)^2, f'(c)=0$;

   (2) $f'(1)=-1, f'(2)=1$; (3) $f'(x)=-2\sin x$; (4) $f'(x)=\dfrac{4}{3}x^{-\frac{1}{3}}$。

2. (1) $-f'(x_0)$; (2) $2f'(x_0)$; (3) $\dfrac{5}{2}f'(x_0)$; (4) $f'(0)$。

3. 2。

4. 提示:利用函数奇偶性、周期性及导数的定义证明。

5. (1) 连续,不可导; (2) 连续,不可导; (3) 连续,不可导; (4) 连续,可导。

6. $a=0, b=1$。

7. 切线方程为 $y=3x+3$;法线方程为 $y=-\dfrac{1}{3}x+3$。

8. 提示:利用导数的几何意义证明。

B 类题

1. (1) $\dfrac{\pi}{2}$； (2) -2； (3) $e^x(x+1)$； (4) $\begin{cases} \dfrac{1}{1+x}, & x \geqslant 0, \\ \cos x, & x < 0. \end{cases}$

2. $2f(x_0)f'(x_0)$。

3. $\dfrac{1}{2}$。

4. (1) 连续，可导；(2) 连续，不可导；(3) 连续，不可导；(4) 连续，可导。

5. $(2,3)$，$y = -\dfrac{1}{2}x + 4$。

6. $a = 1, b = 1$。

7. $m > 1$。

8. 略。

习题 4.2

A 类题

1. (1) $3x^2 - \dfrac{4}{x^3} + \dfrac{1}{\sqrt{x^3}}$；

   (2) $10x^{\frac{3}{2}} - 3^x \ln 3 + 2e^x$；

   (3) $2x\cos x - x^2 \sin x$；

   (4) $\dfrac{1}{2\sqrt{x}}\ln x + \dfrac{\sqrt{x}}{x} - 2x + \sec^2 x$。

2. (1) $y'\big|_{x=\frac{\pi}{6}} = \dfrac{7}{3}$，$y'\big|_{x=\frac{\pi}{4}} = 2 + \dfrac{\sqrt{2}}{2}$；

   (2) $y'\big|_{x=\frac{\pi}{4}} = \sqrt{2}\left(1 + \dfrac{\pi}{8}\right)$。

3. (1) $9(3x+2)^2$；

   (2) $-4(3-2x)$；

   (3) $-2x\,e^{-x^2}$；

   (4) $\dfrac{2x}{1+x^2}$；

   (5) $3\sin^2 x \cos x$；

   (6) $\dfrac{2}{\sqrt{1-(2x+1)^2}}$；

   (7) $\dfrac{-e^x}{1+(2-e^x)^2}$；

   (8) $\dfrac{2x}{\sqrt{(1-2x^2)^3}}$；

   (9) $e^x \cos(2x) - 2e^x \sin(2x)$；

   (10) $-\dfrac{1}{\sqrt{x^2-a^2}}$ $(a \neq 0)$；

   (11) $e^{\sin x} \cos x$；

   (12) $\dfrac{\cos(\ln x)}{x}$；

   (13) $e^{\arctan\sqrt{x}} + \dfrac{\sqrt{x}\,e^{\arctan\sqrt{x}}}{2(1+x)}$；

   (14) $\dfrac{1}{x\ln x \ln(\ln x)}$；

   (15) $\sin(2x)\sin x^2 + 2x\sin^2 x \cos x^2$；

   (16) $1 + \dfrac{2\sqrt{x}+1}{4\sqrt{x}\sqrt{x+\sqrt{x}}}$。

4. $a = 0, b = 2, c = -2, d = 0$。

B 类题

1. (1) $-\csc x \cot x - 2\cos x$;

   (2) $\dfrac{\cos x}{2\sqrt{x}} - \sqrt{x}\sin x + 2^x\ln 2$;

   (3) $-\dfrac{3x\sin x + 1 + \cos x}{3\sqrt[3]{x^4}}$;

   (4) $(2x+1)\sin x + x(x+1)\cos x$;

   (5) $\dfrac{\arctan x}{\sqrt{1-x^2}} + \dfrac{\arcsin x}{1+x^2}$;

   (6) $\dfrac{1}{\sin x \cos x} + e^{\tan x}\sec x^2$;

   (7) $\sec x$;

   (8) $\csc x$;

   (9) $-\dfrac{1}{1+x^2} + 2^{\sin x}\cos x\ln 2$;

   (10) $-\dfrac{1}{\sqrt{(x-1)^3(x+1)}}$ 。

2. 2。

3. (1) $-f'(e^{-x})e^{-x}$;

   (2) $\sin(2x)(f'(\sin^2 x) - f'(\cos^2 x))$;

   (3) $\dfrac{1}{x}f(x^2)f'(\ln x) + 2xf(\ln x)f'(x^2)$;

   (4) $f'(x)\left(\cos f(x) + \dfrac{1}{2\sqrt{1+f(x)}}\right)$ 。

4. $3(x-1) + y + 7 = 0$ 或 $3x + y + 4 = 0$ 。

习题 4.3

A 类题

1. (1) $-\sin x + 4e^{2x}$;

   (2) $e^{ax}\left[(a^2-b^2)\sin(bx) + 2ab\cos(bx)\right]$;

   (3) $2\cos(2x) - 4x^2\cos(2x) - 8x\sin(2x)$; (4) $-\csc^2 x$ 。

2. (1) $f''(\sin x)\cos^2 x - f'(\sin x)\sin x$;

   (2) $e^{f(x)}f'^2(x) + e^{f(x)}f''(x)$;

   (3) $\dfrac{f''(x)f(x) - f'^2(x)}{f^2(x)}$;

   (4) $\dfrac{f''(x)[1+f^2(x)] - 2f(x)f'^2(x)}{[1+f^2(x)]^2}$ 。

3. (1) $(-1)^n \dfrac{(n-2)!}{x^{n-1}}, n \geqslant 2$;

   (2) $a^{n-2}e^{ax}(a^2x^2 + 2nax + n(n-1))$ 。

4. (1) $-x^3\sin x + 150x^2\cos x + 7350x\sin x - 117600\cos x$;

   (2) $e^x\left[-11\cos(2x) + 2\sin(2x)\right]$ 。

5. 略。

B 类题

1. (1) $-\dfrac{1}{\sqrt{(1-x^2)^3}}\arcsin x - \dfrac{x}{1-x^2}$;

   (2) $8\arctan(2x) + \dfrac{16x}{1+4x^2}$;

   (3) $-\dfrac{x}{\sqrt{(x^2-1)^3}}$;

   (4) $(-x^2+2x+4)\sin x + 4(x-1)\cos x$ 。

2. (1) $2^{n-1}\sin\left(2x + (n-1)\dfrac{\pi}{2}\right)$;

   (2) $\dfrac{(-1)^n}{5}\left[\dfrac{n!}{(x-1)^{n+1}} - \dfrac{n!}{(x+4)^{n+1}}\right]$ 。

3. $6\varphi(a)$ 。

4. $a = \dfrac{1}{2}f''(0), b = f'(0), c = f(0)$ 。

5. 略。

习题 4.4

A 类题

1. (1) $\dfrac{dy}{dx}=-\dfrac{2x+y-9}{x+2y}$，$\dfrac{d^2y}{dx^2}=-6\,\dfrac{x^2+xy+y^2-9x+27}{(2y+x)^3}$；

   (2) $\dfrac{dy}{dx}=\dfrac{y-x^2}{y^2-x}$，$\dfrac{d^2y}{dx^2}=-2\,\dfrac{xy^4-3x^2y^2+xy+x^4y}{(y^2-x)^3}$；

   (3) $\dfrac{dy}{dx}=\dfrac{y-x-xy}{1+xy}$，$\dfrac{d^2y}{dx^2}=\dfrac{1-x+y-3xy+x^2-y^2-xy^2+2x^2y-x^3-y^3}{(1+xy)^3}$

   (4) $\dfrac{dy}{dx}=\dfrac{e^y-1}{1-xe^y}$，$\dfrac{d^2y}{dx^2}=\dfrac{e^y(e^y-1)(2-x-xe^y)}{(1-xe^y)^3}$。

2. (1) $(1+x^2)^{\sin x}\left(\cos x\ln(1+x^2)+\dfrac{2x\sin x}{1+x^2}\right)$；   (2) $\dfrac{2\ln x}{x}x^{\ln x}$；

   (3) $\left(\dfrac{2x}{1-x^2}\right)^x\left(\ln\dfrac{2x}{1-x^2}+1+\dfrac{2x^2}{1-x^2}\right)$；

   (4) $(1-x^2)\sqrt[3]{(x+2)(1-x)(x+1)^{-2}}\left[\dfrac{-2x}{1-x^2}+\dfrac{1}{3}\left(\dfrac{1}{x+2}-\dfrac{1}{1-x}-\dfrac{2}{x+1}\right)\right]$。

3. (1) $\dfrac{dy}{dx}=t^2+3t$，$\dfrac{d^2y}{dx^2}=\dfrac{1}{2}+\dfrac{3}{4t}$；   (2) $\dfrac{dy}{dx}=-4\sin t$，$\dfrac{d^2y}{dx^2}=-4$；

   (3) $\dfrac{dy}{dx}=\dfrac{1}{2}(e^t-e^{-t})$，$\dfrac{d^2y}{dx^2}=\dfrac{e^t+e^{-t}}{4}$；   (4) $\dfrac{dy}{dx}=e^{-t}$，$\dfrac{d^2y}{dx^2}=-\dfrac{1}{2e^{2t}(t+1)}$。

4. 切线方程为 $y=-2x$，法线方程为 $y=\dfrac{1}{2}x$。

B 类题

1. (1) $\dfrac{3x^2-\sec^2(x+y)}{3y^2+\sec^2(x+y)}$；   (2) $\dfrac{x+y}{x-y}$；

   (3) $\dfrac{ye^{xy}-\sec^2(x+y)}{-xe^{xy}+\sec^2(x+y)}$；   (4) $\dfrac{e^y-\sec^2x}{\cos y-e^y-(x+y)e^y}$。

2. (1) $u(x)^{v(x)}\left(v'(x)\ln u(x)+\dfrac{v(x)u'(x)}{u(x)}\right)$；

   (2) $(\sin x)^{\cos x}(\cos x\cot x-\sin x\ln\sin x)+(\cos x)^{\sin x}(\cos x\ln\cos x-\sin x\tan x)$；

   (3) $\dfrac{(x-1)^2\sqrt{x-3}}{(x+2)^3}\left(\dfrac{1}{2(x-3)}+\dfrac{2}{x-1}-\dfrac{3}{x+2}\right)$；

   (4) $\sqrt{x\tan x\sqrt{1+e^{2x}}}\left(\dfrac{1}{2x}+\dfrac{1}{\sin(2x)}+\dfrac{e^{2x}}{2(1+e^{2x})}\right)$。

3. $y'\big|_{x=0,y=1}=\dfrac{y^2}{1-xy}\bigg|_{x=0,y=1}=1$，$y''\big|_{x=0,y=1}=3$。

4. (1) $2t$；   (2) $\dfrac{\sin t+\cos t}{\cos t-\sin t}$；   (3) $\dfrac{2[1-\sin(2t)]}{1+\cos t}$；   (4) $-\cot t$。

习题 4.5

A 类题

1. $\Delta y = f(1.02) - f(1) = 0.081208$，$dy = f'(1)\Delta x = 0.08$。

2. (1) $\left(\dfrac{2}{2x+1} + 2x\right)dx$；

   (2) $[2e^{2x}\cos(3x) - 3e^{2x}\sin(3x)]dx$；

   (3) $\left(\dfrac{2}{\sqrt{1-4x^2}} - \dfrac{1}{2\sqrt{x-x^2}}\right)dx$；

   (4) $\dfrac{x\cos x - \sin x}{x^2}dx$。

3. (1) $d\left(\dfrac{x^3}{3} + 2e^x + C\right) = (x^2 + 2e^x)dx$；

   (2) $d\left(\tan x + \dfrac{1}{2}\sin(2x) + C\right) = (\sec^2 x + \cos(2x))dx$；

   (3) $d(2\arcsin x + C) = \dfrac{2}{\sqrt{1-x^2}}dx$；

   (4) $d\left(\dfrac{1}{2}\ln|1+2x| + \arctan x + C\right) = \left(\dfrac{1}{1+2x} + \dfrac{1}{1+x^2}\right)dx$。

4. 略。

5. $\Delta S \approx dS = S'dR = 2\pi R\,dR$。

B 类题

1. $-\dfrac{2x - 2y + e^{x+y}}{1 - 2x + e^{x+y}}dx$。

2. $\sqrt[4]{3} + \dfrac{x}{4\sqrt[4]{27}}$。

3. $\tan 29° \approx 0.55408$，$\quad \sqrt[3]{28} \approx 3.037037$。

4. $dy < 0, \Delta y < 0, dy - \Delta y > 0$。

复习题 4

1. (1) ×；　(2) √；　(3) ×；　(4) √；　(5) ×。

2. (1) $27(1 + \ln 3)$；　(2) $b \pm 2a^3 = 0$；　(3) -2；　(4) $\dfrac{1}{2}$；

   (5) $-2\sin(2x)f'(\cos(2x))dx$。

3. (1) A；　(2) D；　(3) D；　(4) C；　(5) C。

4. (1) $y' = e^{\tan x}(2x + x^2\sec^2 x)$，$y'' = e^{\tan x}(2 + 4x\sec^2 x + x^2\sec^4 x + 2x^2\sec^2 x\tan x)$；

   (2) $y' = \dfrac{-\sin x}{1 + \cos^2 x} + \cot x$，$y'' = -\dfrac{\cos x(1 + \cos^2 x) + 2\sin^2 x\cos x}{(1 + \cos^2 x)^2} - \csc^2 x$；

   (3) $y' = 3x^2 + 2 + 3e^{3x}$，$y'' = 6x + 3^2 e^{3x}$，$y^{(100)} = 3^{100}e^{3x}$；

   (4) $dy = \dfrac{2x - y - 4ye^{xy}}{x - 2y + 4xe^{xy}}dx$；　(5) $dy = -\dfrac{\cos(x+y) - 2\sin(2x+y)}{\cos(x+y) - \sin(2x+y)}dx$。

5. (1) 1；　(2) $\dfrac{4}{3}$。

6. (1) $f'_-(0) = 1, f'_+(0) = 0$。导数不存在。(2) $f'_-(0) = 2, f'_+(0) = 2$。$f'(0) = 2$。

7. 切线方程为 $y-1=-7x$，法线方程为 $y-1=\dfrac{1}{7}x$。

8. $\dfrac{1}{3a\cos^4 t\sin t}$。

9. ～10. 略。

第 5 章

习题 5.1

A 类题

1. $\dfrac{1}{2}$。

2. $\operatorname{arccot}\left(\dfrac{\ln 4}{\pi}\right)$。

3. (1) $\dfrac{1}{4}$；　　　　(2) $\dfrac{\pi}{2}$。

4. 提示：构造辅助函数 $f(x)=x\cos x$，利用罗尔定理证明。

5. 提示：构造辅助函数 $F(x)=xf(x)$，利用罗尔定理证明。

6. 提示：构造辅助函数，应用拉格朗日中值定理证明。

7. 提示：证明等式左端的函数的导函数恒为零。

8. 提示：利用柯西中值定理进行证明。

B 类题

1. 提示：利用拉格朗日中值定理证明。

2. 提示：构造辅助函数 $F(x)=\dfrac{f(x)}{g(x)}$，然后利用罗尔定理证明。

3. 略。

4.～5. 提示：利用罗尔定理证明。

6. 提示：利用拉格朗日中值定理证明。

7. 提示：利用罗尔定理证明。

8. 提示：构造辅助函数为 $F(x)=\dfrac{f(x)}{x}$，利用拉格朗日中值定理证明。

习题 5.2

A 类题

1. (1) $-\dfrac{3}{5}$；　(2) $\dfrac{2}{3}$；　(3) 3；　(4) $-\dfrac{1}{8}$；　(5) $-\dfrac{1}{4}$；

(6) $\dfrac{m}{n}a^{m-n}$；　(7) $\dfrac{3}{2}$；　(8) 2；　(9) 0；　(10) 0。

2. $f''(x)$。

3. $m=3,n=-4$。

4. $\lim\limits_{x\to+\infty}\dfrac{e^x+e^{-x}}{e^x-e^{-x}}=1$；$\lim\limits_{x\to+\infty}\dfrac{x^2-\cos x}{x^2+x+1}=1$。

B 类题

1. 提示：先对极限表达式进行适当的变形，然后利用洛必达法则计算。

    (1) 1； (2) $-\dfrac{1}{6}$； (3) e； (4) $e^{-\frac{2}{\pi}}$； (5) e^{-1}； (6) $+\infty$。

2. $m=10, n=4$。

3. 存在，且 $g'(x)=\dfrac{1}{2}f''(0)$。

4. $a=\dfrac{9}{2}$。

习题 5.3

A 类题

1. $f(x)=-1-(x+1)-(x+1)^2-(x+1)^3+\dfrac{1}{\xi^5}(x+1)^4$，其中 ξ 在 -1 与 x 之间。

2. (1) $\ln(1+(-x))=-x-\dfrac{x^2}{2}-\dfrac{x^3}{3}-\cdots-\dfrac{x^n}{n}+o(x^n)$；

    (2) $\ln\dfrac{1+x}{1-x}=\ln(1+x)-\ln(1-x)=2x+\dfrac{2x^3}{3}+\cdots+\dfrac{2x^{2n+1}}{2n+1}+o(x^{2n+1})$；

    (3) $\dfrac{1}{\sqrt{1-x^2}}=(1+(-x^2))^{-\frac{1}{2}}=1+\dfrac{x^2}{2}+\dfrac{1\cdot3}{2^2\cdot2!}x^4+\cdots+\dfrac{1\cdot3\cdot\cdots\cdot(2n-1)}{2^n\cdot n!}x^{2n}+o(x^{2n})$。

3. $a_0=1, a_1=-1, a_2=-1, R_2(x)=-\dfrac{1}{(\xi+2)^4}(x+1)^3$。

B 类题

1. (1) $\dfrac{1}{6}$； (2) $\dfrac{1}{2}$； (3) $-\dfrac{1}{12}$； (4) $-\dfrac{1}{6}$； (5) $\dfrac{1}{3}$。

2. 略。

3. 提示：将函数展开成麦克劳林多项式，利用函数的 3 阶导数连续证明。

习题 5.4

A 类题

1. (1) 单调递减区间是 $(-1,1)$，单调递增的区间是 $(-\infty,-1)\bigcup(1,+\infty)$；

    (2) 单调递减区间是 $(0,1)$，单调递增区间是 $(1,+\infty)$；

    (3) 单调递减区间是 $(-2-\sqrt{3},-2+\sqrt{3})$，单调递增区间是 $(-\infty,-2-\sqrt{3})\bigcup(-2+\sqrt{3},+\infty)$；

    (4) 单调递减区间是 $(-\infty,-1)\bigcup(1,+\infty)$，单调递增区间是 $(-1,1)$。

2. 提示：利用作差法，将不等式两端的函数相减，再利用函数的单调性证明。

3. (1) 在区间 $\left(\dfrac{1}{3},+\infty\right)$ 内为严格上凸的，在区间 $\left(-\infty,\dfrac{1}{3}\right)$ 内为严格下凸的；

    (2) 在区间 $(-1,1)$ 内为严格下凸的，在 $(-\infty,-1)\bigcup(1,+\infty)$ 为严格上凸的；

    (3) 在区间 $(-\infty,-2)$ 内为严格上凸的，在区间 $(-2,+\infty)$ 内为严格下凸的；

    (4) 在区间 $(-\infty,+\infty)$ 上为严格下凸的；

(5) 在区间 $(-\infty,6)$ 内为严格上凸的,曲线在区间 $(6,+\infty)$ 内为严格下凸的;

(6) 在区间 $\left(-\infty,\dfrac{1}{2}\right)$ 内为严格下凸的,在区间 $\left(\dfrac{1}{2},+\infty\right)$ 内为严格上凸的。

4. $a=-\dfrac{3}{2},b=\dfrac{9}{2}$。

B 类题

1. (1) 函数在 $(-\infty,1)\bigcup(2,+\infty)$ 内单调递增;在区间 $(1,2)$ 内单调递减。在区间 $\left(-\infty,\dfrac{3}{2}\right)$ 内为严格上凸的,在区间 $\left(\dfrac{3}{2},+\infty\right)$ 为严格下凸的。由拐点的定义知,点 $\left(\dfrac{3}{2},\dfrac{3}{2}\right)$ 是拐点;

(2) 函数在 $(-\infty,-1)\bigcup(1,+\infty)$ 单调递增,在 $(-1,0)\bigcup(0,1)$ 单调递减。在区间 $(-\infty,0)$ 内为严格上凸的,在区间 $(0,+\infty)$ 内为严格下凸的。点 $(0,8)$ 是拐点。

2. 提示:利用作差法,将不等式两端的函数相减,再利用函数的单调性证明。

3. 曲线 $y=y(x)$ 在点 $(0,1)$ 附近是严格下凸的。

4. 提示:利用凸性定义证明。

习题 5.5

A 类题

1. (1) 函数在 $x=\dfrac{\pi}{6},\dfrac{5\pi}{6}$ 处分别取得极大值,且极大值均为 $\dfrac{3}{2}$;在 $x=\dfrac{\pi}{2},\dfrac{3\pi}{2}$ 处分别取得极小值,且极小值分别为 1 和 -3。

(2) 函数在点 $x=1$ 处取得极大值 $f(1)=5$。

(3) 函数在点 $x=1$ 处取得极小值 $f(1)=\mathrm{e}$。

(4) 函数在 $x=0$ 处取得极大值 $f(0)=-5$,在 $x=1,-1$ 均取得极小值 $f(-1)=f(1)=-6$。

2. (1) 函数的最大值为 $f(2)=6$,最小值为 $f(-1)=-21$;

(2) 函数的最大值为 $f(3)=11$,最小值为 $f(2)=-14$。

3. $a=2$。函数在点 $x=\dfrac{\pi}{3}$ 处取得极大值,极大值为 $f\left(\dfrac{\pi}{3}\right)=\sqrt{3}$。

4. $2r=h$ 时,表面积最小。

5. 当长方形小屋的长为 10m,宽为 5m 时,小屋的面积最大,$S_{\max}=50\mathrm{m}^2$。

6. 当截掉的小正方形边长为 $x=\dfrac{a}{6}$ 时,所得方盒的容积最大。

B 类题

1. (1) 最大值为 $f\left(\dfrac{1}{3}\right)=\dfrac{10}{3}$,最小值为 $f(1)=2$;

(2) 最大值为 $f\left(\dfrac{3\pi}{4}\right)=\dfrac{\sqrt{2}}{2}\mathrm{e}^{\frac{3\pi}{4}}$,最小值为 $f\left(\dfrac{7\pi}{4}\right)=-\dfrac{\sqrt{2}}{2}\mathrm{e}^{\frac{7\pi}{4}}$;

(3) 最大值为 $f(2)=7$,最小值为 $f\left(-\dfrac{3}{2}\right)=-\dfrac{21}{4}$。

2. $a = -\dfrac{2}{3}$，$b = -\dfrac{1}{6}$。$f(x)$ 在点 $x = 1$ 处取得极小值，在点 $x = 2$ 处取得极大值。

3. 略。

4. 2h。

5. 剪去的圆心角为 $\alpha = 2\pi - \dfrac{2\sqrt{6}}{3}\pi$ 时，漏斗容积最大。

6. $t_0 = \operatorname{arccot}\sqrt[3]{2/3} \approx 41°8'$ 时，能通过的原木的最大的长度是 7.02m。

习题 5.6

A 类题

略。

B 类题

略。

习题 5.7

A 类题

1. 点 $(2,2)$ 处 $K = \dfrac{\sqrt{5}}{25}$ 和 $R = 5\sqrt{5}$；在点 (x_0, y_0) 处 $K = \dfrac{1}{(1+x_0^2)^{3/2}}$，$\rho = \dfrac{1}{K} = (1+x_0^2)^{3/2}$。

2. $K = \dfrac{|\sec^2 x|}{(1+\tan^2 x)^{3/2}} = |\cos x|$，$\rho = |\sec x|$。

3. $K = \dfrac{b}{a^2}$，$\rho = \dfrac{a^2}{b}$。

4. 在点 $\left(\dfrac{\sqrt{2}}{2}, -\dfrac{\ln 2}{2}\right)$ 处的曲率最大，曲率半径最小，值为 $\rho = \dfrac{1}{K} = \dfrac{3\sqrt{3}}{2}$。

5. 利用直角坐标与极坐标之间的关系证明，具体略。

复习题 5

1. (1) ×；　(2) ×；　(3) ×；　(4) √；　(5) ×。

2. (1) $e^{g(\xi)} g'(\xi)(b-a)$；　(2) 极小值；　(3) $(0,n), (n,+\infty)$；　(4) $\dfrac{1}{3}, 2$；

(5) $y = 1$，$x = -1$。

3. (1) B；(2) A；(3) B；(4) B；(5) D。

4. (1) $2\ln a - \ln b$；　(2) $e^{\frac{\ln 6}{3}}$；　(3) 1；　(4) 1。

5. (1) 不正确。因为 $\lim\limits_{x \to 0} \dfrac{\cos x}{e^x}$ 已经不是未定式，不能再继续使用洛必达法则计算。而

是 $\lim\limits_{x \to 0} \dfrac{\sin x}{e^x - 1} = \lim\limits_{x \to 0} \dfrac{\cos x}{e^x} = 1$。

(2) 不正确，因为此极限不满足洛必达法则的第三个条件，所以它不能用洛必达法则

计算。但是可以用分项的方法计算，即 $\lim\limits_{x \to \infty} \dfrac{x + \sin x}{x} = \lim\limits_{x \to \infty} \left(1 + \dfrac{\sin x}{x}\right) = 1$。

(3) 正确。

(4) 不正确。错在第二步，因为当 $x \to -\infty$ 时，$\dfrac{e^{2x}-1}{e^{2x}+1}$ 不是未定式，$\lim\limits_{x \to -\infty} \dfrac{e^{2x}-1}{e^{2x}+1} =$

-1。由于 $\lim\limits_{x \to +\infty} \dfrac{e^{2x}-1}{e^{2x}+1} = 1$，所以 $\lim\limits_{x \to \infty} \dfrac{e^{x}-e^{-x}}{e^{x}+e^{-x}}$ 不存在。

6. $a_1 = a_2 = -6a_3, a_4 = 0$。

7. 提示：在不同区间上连续使用罗尔定理证明。

8. 提示：利用柯西中值定理证明。

9. 提示：利用函数的单调性证明。

10. 提示：利用泰勒公式证明。

11. 提示：函数在区间 $(0, +\infty)$ 内单调递增，且是上凸。利用单调性证明不等式。

12. 略。

13. 当 $h = \dfrac{2\sqrt{3}}{3}R$ 时，圆柱体的体积最大。

第 6 章

习题 6.1

A 类题

1. (1) $\dfrac{3}{8}x^{\frac{8}{3}} + C$；　　　　　　　　　(2) $\dfrac{1}{3}x^3 + \dfrac{1}{6}x^2 + \ln|x| - \dfrac{2}{x} + C$；

　(3) $\dfrac{3^x}{\ln 3} + e^x + \dfrac{(3e)^x}{\ln(3e)} + C$；　　(4) $2\sin x + 5\tan x + C$；

　(5) $-3\cos x + 2\ln|x| + C$；　　(6) $2\arcsin x - 3\arctan x + C$；

　(7) $-\dfrac{1}{x} + \arctan x + C$；　　(8) $\dfrac{1}{3}x^3 - x + \arctan x + C$；

　(9) $\dfrac{5}{\ln 3 - \ln 2}\left(\dfrac{3}{2}\right)^x + \dfrac{3}{\ln 5 - \ln 2}\left(\dfrac{5}{2}\right)^x + C$；　(10) $\sin x - \cos x + C$。

2. $\dfrac{x^4}{4} - x + \dfrac{7}{4}$。

3. (1) $\dfrac{4210}{3}$(m)；　(2) 6(s)。

4. 略。

B 类题

1. (1) $\dfrac{m}{n+m}x^{\frac{n+m}{m}} + C$；　　　　　(2) $\dfrac{8}{15}x^{\frac{15}{8}} + C$；

　(3) $\dfrac{1}{\ln(5e)}(5e)^x - 3\cot x + 2x + C$；　　(4) $2\sinh x + \cosh x + C$；

　(5) $\dfrac{1}{2}(e^x + e^{-x} + x) + C$；　　(6) $\dfrac{1}{4}(3e^x - e^{-x} - 3x) + C$；

　(7) $2\arcsin x + C$；　　　　　　(8) $\dfrac{1}{2}e^{2x} - e^x + x + C$；

(9) $-\cos x+\sin x+C$；

(10) $\dfrac{1}{2}\tan x+\dfrac{1}{2}\sin x+C$。

2. $-\dfrac{1}{2}x^2+3x-\dfrac{3}{2}$。

3. $\begin{cases}-\cos x+C, & x<0,\\ \dfrac{1}{3}x^3+\dfrac{1}{2}x^2-1+C, & x\geqslant 0。\end{cases}$

4. $\begin{cases}\dfrac{1}{4}x^4+x^2+x+2, & x<0,\\ e^x+1, & x\geqslant 0。\end{cases}$

习题 6.2

A 类题

1. (1) $\dfrac{1}{44}(2x+3)^{22}+C$；

(2) $\dfrac{1}{15}(x^3+2)^5+C$；

(3) $2(1+x^2)^{\frac{1}{2}}+C$；

(4) $-\dfrac{1}{2}e^{-x^2+2}+C$；

(5) $\dfrac{1}{2}(1+\ln x)^2+C$；

(6) $\dfrac{1}{3}\ln^3 x+C$；

(7) $\arctan e^x+C$；

(8) $\dfrac{1}{3}\ln(2+3e^x)+C$；

(9) $-e^{\cos x}+C$；

(10) $\dfrac{1}{4}\sin^4 x+\sin x+C$；

(11) $\dfrac{1}{4}\tan^4 x+\dfrac{1}{2}\tan^2 x+2\tan x+C$；

(12) $e^{\arcsin x}+C$；

(13) $\dfrac{1}{6}(\arctan x)^6+C$；

(14) $2\sin\sqrt{x}+C$；

(15) $2\sqrt{\sin x-\cos x}+C$；

(16) $3\arctan(1+x)+C$；

(17) $\sin x-\dfrac{2}{3}\sin^3 x+\dfrac{1}{5}\sin^5 x+C$；

(18) $\dfrac{1}{3\omega}\sin^3(\omega x+\varphi)+C$；

(19) $-\dfrac{1}{10}\cos(5x)+\dfrac{1}{6}\cos(3x)+C$；

(20) $\dfrac{1}{10}\sin(5x)+\dfrac{1}{2}\sin x+C$。

2. (1) $2\sqrt{1+e^x}+\ln(\sqrt{1+e^x}-1)-\ln(\sqrt{1+e^x}+1)+C$；

(2) $\dfrac{1}{2}\sqrt[3]{(2+3x)^2}-2\sqrt[3]{2+3x}+4\ln|\sqrt[3]{2+3x}+2|+C$；

(3) $2\arctan\sqrt{x}+C$；

(4) $2\sqrt{x-2}+\sqrt{2}\arctan\left(\dfrac{\sqrt{2}}{2}\sqrt{x-2}\right)+C$；

(5) $-\dfrac{x}{2}\sqrt{1-x^2}+\dfrac{1}{2}\arcsin x+C$；

(6) $\dfrac{1}{5}(1-x^2)^{\frac{5}{2}}-\dfrac{1}{3}(1-x^2)^{\frac{3}{2}}+C$；

(7) $\ln(x+\sqrt{x^2+4})+C$；

(8) $\dfrac{x}{\sqrt{x^2+1}}+C$；

(9) $\arccos\dfrac{1}{|x|}+C$；

(10) $\sqrt{x^2-4}-2\arccos\dfrac{2}{|x|}+C$。

B 类题

1. (1) $-\dfrac{1}{2}\cos(2x)+\dfrac{1}{3}\sin(3x)+C$；

(2) $\dfrac{1}{2}e^{x^2}+\dfrac{1}{3}\cos x^3+C$；

(3) $\dfrac{1}{2}\ln\left|\dfrac{e^x-1}{e^x+1}\right|+C$；

(4) $2e^{\sqrt{x}}-2\cos\sqrt{x}+C$；

(5) $-\dfrac{1}{2}\arctan(\cos^2 x)+C$；

(6) $\ln|x+\sin x|+C$；

(7) $\sin\sqrt{1+x^2}+C$；

(8) $-\dfrac{1}{3\ln 2}2^{3\arccos x}+C$；

(9) $\dfrac{1}{3}\sec^3 x-\sec x+C$；

(10) $(\arctan\sqrt{x})^2+C$；

(11) $\dfrac{1}{7}\sin^7 x-\dfrac{1}{9}\sin^9 x+C$；

(12) $\ln|\ln(\ln x)|+C$；

(13) $\dfrac{1}{2}(\ln\tan x)^2+C$；

(14) $-\dfrac{\sqrt{1-x^2}}{x}-\arcsin x+C$；

(15) $\dfrac{2}{3}\sqrt{(1+\ln x)^3}-2\sqrt{1+\ln x}+C$；

(16) $3\ln\left|\dfrac{\sqrt[3]{x}}{1+\sqrt[3]{x}}\right|+C$。

2. $2x^2e^{-2x^2}+C$。

3. $e^{f(\sin x)}+C$。

4. $\dfrac{1}{2}x^2+\dfrac{1}{4}x^4+C$。

习题 6.3

A 类题

1. (1) $-\dfrac{1}{2}x^2\cos(2x)+\dfrac{1}{2}x\sin(2x)+\dfrac{1}{4}\cos(2x)+C$；

(2) $\dfrac{1}{3}xe^{3x}-\dfrac{1}{9}e^{3x}+C$；

(3) $2(\sqrt{x}\sin\sqrt{x}+\cos\sqrt{x})+C$；

(4) $x^2e^x-xe^x+3e^x+C$；

(5) $-\dfrac{1}{4}x\cos(2x)+\dfrac{1}{8}\sin(2x)+C$；

(6) $\dfrac{1}{2}x^2\sin(2x)+\dfrac{1}{2}x\cos(2x)-\dfrac{1}{4}\sin(2x)+C$；

(7) $-x\cot x+\ln|\sin x|+C$；

(8) $\dfrac{e^{2x}}{13}(2\sin(3x)-3\cos(3x))+C$；

(9) $\dfrac{1}{2}x^2\ln(x+2)-\dfrac{1}{4}x^2+x-2\ln(x+2)+C$；

(10) $x\ln(x+\sqrt{1+x^2})-\sqrt{1+x^2}+C$。

2. $x(e^x\sin x+e^x\cos x)-e^x\sin x+C$。

B 类题

1. (1) $x\tan x+\ln|\cos x|-\dfrac{1}{2}x^2+C$;　(2) $\dfrac{1}{10}\mathrm{e}^x(2\sin(2x)+\cos(2x))+\dfrac{1}{2}\mathrm{e}^x+C$;

(3) $\dfrac{1}{2}x\left[\cos(\ln x)+\sin(\ln x)\right]+C$;　(4) $\ln x\ln(\ln x)-\ln x+x+x^2+C$;

(5) $x\arctan x-\dfrac{1}{2}\ln(1+x^2)-\dfrac{1}{2}(\arctan x)^2+C$;

(6) $x(\arcsin x)^2+2(\sqrt{1-x^2}\,\arcsin x-x)+C$;

(7) $x\arctan\sqrt{x}-\sqrt{x}+\arctan\sqrt{x}+C$;　(8) $\dfrac{16}{27}x^{\frac{3}{2}}\left(\dfrac{9}{8}\ln^2 x-\dfrac{3}{2}\ln x+1\right)+C$;

(9) $2x\sqrt{\mathrm{e}^x-1}-4\sqrt{\mathrm{e}^x-1}+4\arctan\sqrt{\mathrm{e}^x-1}+C$;

(10) $\dfrac{1}{2}x^2\ln\dfrac{1+x}{1-x}+x-\dfrac{1}{2}\ln\dfrac{x+1}{1-x}+C$。

2. $\cos x-\dfrac{2\sin x}{x}+C$。

习题 6.4

A 类题

1. (1) $\dfrac{1}{9}\ln|x-2|-\dfrac{1}{9}\ln|x+1|+\dfrac{1}{3}\dfrac{1}{x+1}+C$;

(2) $\dfrac{1}{2}x^2+8\ln|x|-\dfrac{5}{2}\ln|x-1|-\dfrac{9}{2}\ln|x+1|+C$;

(3) $\ln|x+1|+2\arctan x+C$;

(4) $\dfrac{2}{5}\ln|1+2x|-\dfrac{1}{5}\ln(1+x^2)+\dfrac{1}{5}\arctan x+C$;

(5) $\dfrac{1}{3}\ln\left|\dfrac{\tan\dfrac{x}{2}+3}{\tan\dfrac{x}{2}-3}\right|+C$;　　(6) $\ln\left|1+\tan\dfrac{x}{2}\right|+C$;

(7) $x-4\sqrt{x+1}+4\ln(\sqrt{x+1}+1)+C$;　(8) $\arcsin x-\sqrt{1-x^2}+C$;

(9) $\dfrac{1}{6}\sqrt{(3+2x)^3}-\dfrac{3}{2}\sqrt{3+2x}+C$;　　(10) $-\dfrac{1}{3}\dfrac{\sqrt{(1+x^2)^3}}{x^3}+\dfrac{\sqrt{1+x^2}}{x}+C$。

2. $\dfrac{x^5+4x^3-6x^2-6}{x(2+x^2)^{3/2}}-\dfrac{x^3+3}{x\sqrt{2+x^2}}+C$。

3. $x+\dfrac{1}{2}\ln(1+x^2)+C$。

B 类题

1. (1) $-\dfrac{1}{2}\ln|x+1|+2\ln|x+2|-\dfrac{3}{2}\ln|x+3|+C$;

(2) $\dfrac{1}{3}\ln|x-1|-\dfrac{1}{6}\ln(x^2+x+1)-\dfrac{\sqrt{3}}{3}\arctan\dfrac{2x+1}{\sqrt{3}}+C$;

(3) $\dfrac{1}{32}\ln\left|\dfrac{x-2}{x+2}\right|-\dfrac{1}{16}\arctan\dfrac{x}{2}+C$；

(4) $\dfrac{1}{2}\ln\dfrac{x^2+1}{x^2-x+1}+\dfrac{1}{\sqrt{3}}\arctan\dfrac{2x-1}{\sqrt{3}}+C$；

(5) $\dfrac{1}{6}\left[\ln(1-\cos x)-3\ln(1+\cos x)+2\ln(2+\cos x)\right]+C$；

(6) $\ln|\sin x|-\ln(1+\sin x)+C$；　　　(7) $-2\sqrt{\dfrac{1+x}{x}}-\ln\left|\dfrac{\sqrt{\dfrac{1+x}{x}}-1}{\sqrt{\dfrac{1+x}{x}}+1}\right|+C$；

(8) $\dfrac{1}{2}x^2-\dfrac{1}{2}x\sqrt{x^2-1}+\dfrac{1}{2}\ln|x+\sqrt{x^2-1}|+C$。

2. $-3(x+\ln|1-2x|)+C$。

3. $-\dfrac{1}{f(x)}-\arctan f(x)+C$。

复习题 6

1. (1) ×；　　(2) ×；　　(3) √；　　(4) ×；　　(5) ×。

2. (1) A；　　(2) C；　　(3) B；　　(4) B；　　(5) A。

3. (1) $\dfrac{5}{6}x^{\frac{6}{5}}+\dfrac{3}{2}x^{\frac{4}{3}}+\dfrac{2}{5}x^{\frac{5}{2}}+C$；　　　　(2) $2x+\arccos x+C$；

(3) $\mathrm{e}^{2x}-\dfrac{1}{\ln 10}10^x+C$；　　　　　(4) $\dfrac{1}{8}\ln(9+4x^2)+C$；

(5) $\dfrac{1}{2}\arcsin^2 x-\sqrt{1-x^2}+C$；　　　(6) $\mathrm{e}^{-\frac{1}{x}+1}+C$；

(7) $(\ln(\ln x)-1)\ln x+C$；　　　　　(8) $\dfrac{1}{\ln 2-\ln 3}\arctan\left(\dfrac{2}{3}\right)^x+C$；

(9) $\dfrac{1}{12}\left(\sqrt{(4+x^2)^3}+x^3\right)+C$；　　(10) $\dfrac{x}{2}\sqrt{4-x^2}+2\arcsin\dfrac{x}{2}+C$；

(11) $\dfrac{x}{2}\sqrt{1+x^2}+\dfrac{1}{2}\ln(x+\sqrt{1+x^2})+C$；

(12) $\dfrac{x}{2}\sqrt{x^2-9}-\dfrac{9}{2}\ln|x+\sqrt{x^2-9}|+C$；

(13) $-\dfrac{1}{5}\ln\left|\dfrac{1}{x^5}+1\right|+C$；　　　　(14) $-\dfrac{1}{2x^2}\ln(1+x^2)+\dfrac{1}{2}\ln\dfrac{x^2}{1+x^2}+C$；

(15) $2\arctan x+\dfrac{1}{4}\ln\left|\dfrac{x+2}{x-2}\right|+C$；　　(16) $\ln(x^2+2)-\ln|x-1|+C$；

(17) $\dfrac{6\sqrt[6]{(x+2)^7}}{7}+\dfrac{6\sqrt[6]{(x+2)^5}}{5}+2\sqrt{x+2}+6\sqrt[6]{x+2}+3\ln\left|\dfrac{\sqrt[6]{x+2}-1}{\sqrt[6]{x+2}+1}\right|+C$；

(18) $\dfrac{1}{2}x-\dfrac{1}{2}\ln|\sin x+\cos x|+C$；　　(19) $x-\ln|2\sin x+3\cos x|+C$；

(20) $-\dfrac{1}{13}e^{3x}(2\sin(2x)+3\cos(2x))+C$。

4. $f(x)=4x\cos(2x)$，$g(x)=-x\cos(2x)+\sin(2x)+C$。

5. $f(x)=x^2+x^5+C$。

6. $x+C$。

7. $a=-\dfrac{1}{4}$。

8. $\dfrac{1}{x^2}+\sin(\ln x)+C$。

9. $\ln(e^x+1)+\tan(2(e^x+1))+C$。

10. $-2(\arccos\sqrt{x})^2+C$。

11. $\dfrac{1}{2}\dfrac{f^2(x)}{f'^2(x)}+C$。

12. 提示：先拆项，然后利用分部积分法证明。

第 7 章

习题 7.1

A 类题

1. (1) $k(b-a)$；　(2) 1。

2. (1) 0；　(2) 21；　(3) 1；　(4) $\dfrac{\pi-2}{8}$。

3. 利用定积分的几何意义证明，具体略。

B 类题

1. (1) $\dfrac{1}{4}$；　(2) $e-1$。

2. (1) $\dfrac{1}{\pi}\displaystyle\int_0^\pi\sin x\,\mathrm{d}x$ 或 $\displaystyle\int_0^1\sin(\pi x)\,\mathrm{d}x$；　(2) $\displaystyle\int_0^1\ln(1+x)\,\mathrm{d}x$。

习题 7.2

A 类题

1. (1) $\displaystyle\int_0^1 x^2\,\mathrm{d}x>\int_0^1 x^3\,\mathrm{d}x$；　　(2) $\displaystyle\int_3^4(\ln x)^2\,\mathrm{d}x<\int_3^4(\ln x)^3\,\mathrm{d}x$；

(3) $\displaystyle\int_0^1 e^x\,\mathrm{d}x>\int_0^1 e^{x^2}\,\mathrm{d}x$；　　(4) $\displaystyle\int_0^{\frac{\pi}{2}}x\,\mathrm{d}x>\int_0^{\frac{\pi}{2}}\sin x\,\mathrm{d}x$。

2. (1) $6\leqslant\displaystyle\int_1^4(x^2+1)\,\mathrm{d}x\leqslant51$；　　(2) $\pi\leqslant\displaystyle\int_0^\pi(1+\sin x)\,\mathrm{d}x\leqslant2\pi$；

(3) $e^{-\frac{1}{4}}\leqslant\displaystyle\int_0^1 e^{x^2-x}\,\mathrm{d}x\leqslant1$；　　(4) $0\leqslant\displaystyle\int_0^1\sqrt{2x-x^2}\,\mathrm{d}x\leqslant1$。

3. 提示：利用夹逼准则证明。

4. 提示：利用罗尔中值定理证明。

5. 提示：分别利用连续函数和定积分的性质以及反证法证明。

B 类题

1. (1) $\dfrac{22}{5} \leqslant \displaystyle\int_0^2 \dfrac{2x^2+3}{x^2+1}\mathrm{d}x \leqslant 6$;　　　　　　(2) $0 \leqslant \displaystyle\int_{-1}^3 \ln(1+x^2)\mathrm{d}x \leqslant 4\ln10$;

　　(3) $1 \leqslant \displaystyle\int_0^{\frac{\pi}{2}} \dfrac{\sin x}{x}\mathrm{d}x \leqslant \dfrac{\pi}{2}$;　　　　　　(4) $\dfrac{\pi}{5} \leqslant \displaystyle\int_0^{\pi} \dfrac{1}{2+3\sin^3 x}\mathrm{d}x \leqslant \dfrac{\pi}{2}$。

2. $a=0, b=1$。

3. 0。

4. 提示：构造不等式，根据不等式恒成立的充要条件证明。

5. 提示：利用本节例 1 的结论证明。

习题 7.3

A 类题

1. (1) $\sin\mathrm{e}^x$;　(2) $2x\mathrm{e}^{-x^4}$;　(3) $-\sin x\cos(\pi\cos^2 x) - \cos x\cos(\pi\sin^2 x)$;

　　(4) $xf(x) + \displaystyle\int_0^x f(t)\mathrm{d}t$。

2. (1) $\dfrac{1}{2}$;　(2) $\dfrac{1}{2\mathrm{e}}$;　(3) $\dfrac{1}{2}$;　(4) $\dfrac{2}{3}$。

3. (1) $\dfrac{97}{8}$;　(2) $\dfrac{\pi}{6}$;　(3) $\dfrac{\pi}{3}$;　(4) $\dfrac{1}{2}$;

　　(5) 4;　(6) $1-\dfrac{\pi}{4}$;　(7) $1+\dfrac{\pi}{4}$;　(8) $\dfrac{7}{3}$。

4. $\dfrac{23}{6}$。

5. $1-\cos 1 + \mathrm{e}^6$。

6. 当 $x=0, I(x)$ 取极小值，且极小值为 0。

7. 只要验证 $F'(x) > 0$ 即可，具体略。

B 类题

1. $F'(0) = 1$。

2. $-\cos(x^2)\mathrm{e}^{y^2}$。

3. $\cot t^2$。

4. $3x^2 - 2$。

5. $\begin{cases} \dfrac{x^3}{3} + x^2 - 2x, & 0 \leqslant x \leqslant 1, \\[2mm] \sin(x-1) - \dfrac{2}{3}, & 1 < x \leqslant 3。 \end{cases}$

6. $F(x)$ 在 $x=0$ 处连续且可导。

习题 7.4

1. (1) $\dfrac{\pi}{2}$;　(2) $2\left(1-\dfrac{1}{\mathrm{e}}\right)$;　(3) $\dfrac{22}{3}$;　(4) $\dfrac{2}{5}$;　(5) $\arctan\mathrm{e} - \dfrac{\pi}{4}$;

(6) $\dfrac{3}{2}$；　(7) 0；　(8) $\dfrac{\pi^3}{324}$；　(9) $\pi-2$；　(10) $\dfrac{\pi}{12}+\dfrac{\sqrt{3}}{2}-1$。

2．提示：利用三角函数的积化和差公式将被积函数拆分后证明。

3．提示：根据定积分的特点，利用适当的换元积分法证明。

4．提示：根据定积分的特点，利用换元积分法证明。

5．2。

6．$\ln\dfrac{4}{3}$。

B 类题

1．(1) $2(1-\ln2)$；　(2) $\dfrac{2}{5}$；　(3) 1；　(4) $\dfrac{1}{4}(e^2+1)$；　(5) $\dfrac{1}{2}(1+e\sin1-e\cos1)$；

(6) $\dfrac{1}{2}(1+e^{\pi/2})$；　(7) $\dfrac{1}{4}(\pi-2)$；　(8) 4π；　(9) 0；　(10) $\ln3$。

2．$\dfrac{e^2-1}{2e}+\dfrac{1}{2}-\dfrac{1}{2e^4}$。

3．$\dfrac{1}{2}(\cos1-1)$。

4．提示：利用被积函数和积分限的特点，选择适当的换元法证明。

5．提示：利用被积函数和积分限的特点，选择适当的换元法证明。$\dfrac{1}{4}(\pi-1)$。

6．3。

习题 7.5

A 类题

1．(1) 收敛，$\dfrac{1}{3}$；　(2) 收敛，1；　(3) 发散；　(4) 收敛，$\ln2$；　(5) 收敛，π；

(6) 收敛，$\dfrac{1}{2}\ln2$；　(7) 收敛，$\dfrac{\pi}{4}+\dfrac{1}{2}\ln2$；　(8) 发散；　(9) 收敛，$-1$；

(10) 发散；　(11) 收敛，4；

(12) 当 $0<q<1$ 时，收敛，$\dfrac{(b-a)^{1-q}}{1-q}$；当 $q\geqslant1$ 时，发散。

2．$a=2$。

B 类题

1．(1) 发散；　(2) 收敛，$\dfrac{\pi}{2}$；　(3) 发散；　(4) 发散；　(5) 收敛，1；

(6) 发散；　(7) 发散；　(8) 收敛，$\dfrac{1}{e}$。

2．当 $\lambda>1$ 时，收敛，其值为 $\dfrac{1}{(\lambda-1)(\ln2)^{\lambda-1}}$；当 $\lambda\leqslant1$ 时，发散。

3．$n!$。

习题 7.6

A 类题

1. (1) $\dfrac{64}{3}$； (2) $\dfrac{9}{2}$； (3) $4\sqrt{2}$； (4) $\dfrac{7}{2}-\ln\dfrac{9}{2}$； (5) πab； (6) $\dfrac{3}{8}\pi a^2$；

(7) $\dfrac{16}{3}a^2\pi^3$； (8) $4\pi a^2$。

2. (1) $V_x=\dfrac{8\pi}{5}$；$V_y=4\pi$； (2) $V_x=\dfrac{48}{5}\pi$；$V_y=\dfrac{24}{5}\pi$；

(3) $V_x=4\pi(\mathrm{e}-2)$；$V_y=\pi(\mathrm{e}^2+1)$。

3. (1) $1+\dfrac{1}{2}\ln\dfrac{3}{2}$； (2) $\dfrac{\mathrm{e}^a-\mathrm{e}^{-a}}{2}$； (3) 2π； (4) $\dfrac{1}{2}a\pi^2$； (5) 8； (6) $\dfrac{\pi a}{4}$。

4. (1) $S=3\pi a^2$； (2) $V_x=5\pi a^3$，$V_y=6\pi^3 a^3$； (3) $s=8a$。

B 类题

1. $3\sqrt{6}$。

2. $\dfrac{17+\sqrt{17}}{96}$。

3. $\dfrac{7\pi}{2}$。

4. $\dfrac{2}{3}p^2$。

5. (1) $V_x=\dfrac{4}{3}\pi ab^2$；$V_y=\dfrac{4}{3}\pi a^2 b$；

(2) $V_x=\dfrac{\pi^2}{6}-\dfrac{\sqrt{3}}{8}\pi$；$V_y=\dfrac{\pi^3}{9}-\pi^2\left(\dfrac{\sqrt{3}}{3}-1\right)+2\pi\left(\dfrac{\sqrt{3}}{2}-1\right)$。

6. $\dfrac{1}{2}\pi R^2 h$。

7. (1) $1+\dfrac{\sqrt{2}}{2}\ln(\sqrt{2}+1)$； (2) 4。

习题 7.7

A 类题

1. $M=125(\mathrm{kg})$，$\bar{x}=\dfrac{43}{12}$。

2. $\dfrac{1}{4}\pi R^4 g$。

3. $\dfrac{1}{12}\rho g\pi R^2 h^2$。

4. $147(\mathrm{kN})$。

5. $1.65(\mathrm{N})$。

6. $2Gm\rho\pi\left(1-\dfrac{b}{\sqrt{a^2+b^2}}\right)$，方向指向 y 轴的正向。

7. $\dfrac{2Gm\rho}{R}\sin\dfrac{\varphi}{2}$,方向自 M 点指向圆弧中点。

复习题 7

1. (1) √; (2) ×; (3) √; (4) ×; (5) √。

2. (1) 0; (2) $\dfrac{8}{3}$; (3) $\tan(\sin^2 x)\cos x - 2x\tan x^4$; (4) $\dfrac{7\pi^3}{192}$; (5) $2a$。

3. (1) C; (2) C; (3) A; (4) B; (5) B。

4. (1) $\dfrac{1}{4}$; (2) $\dfrac{\pi}{4}$; (3) 0; (4) $-2\cos 1$。

5. (1) $\dfrac{3\pi}{2}$; (2) $\dfrac{\sqrt{2}}{2}\pi$; (3) $2\ln 2$; (4) $\dfrac{\pi^2}{4}$。

6. $\dfrac{4x\sin(2x^2)}{e^{-\sin y}\cos y}$。

7. $\dfrac{1}{2}\left(\dfrac{1}{2}+\dfrac{1}{\pi+2}-A\right)$。

8. (1) 提示：利用换元积分以及定积分的性质证明; (2) $\dfrac{\pi}{2}$。

9. $\dfrac{71}{6}$。

10. $V_x = \dfrac{64\sqrt{2}}{15}\pi$; $V_y = 2\pi$。

11. $a = \dfrac{3}{4}, b = \dfrac{2}{3}$。

12. 切线方程为 $y - \ln 2 = \dfrac{1}{2}(x-2)$。面积最小值为 $2 + 2\ln 2 - 3\ln 3$。

13. $a = \dfrac{1}{3}, b = \dfrac{\sqrt{2}}{2}$。

第 8 章

习题 8.1

A 类题

1. (1) 一阶,线性; (2) 二阶,非线性; (3) 一阶,非线性; (4) 二阶,线性;
   (5) 一阶,非线性; (6) 二阶,非线性。

2. (1) 不是方程的解;   (2) 是方程的通解;
   (3) 是方程的(隐式)通解;   (4) 不是方程的解。

3. 略。

4. (1) $y = x^2 + C$,其中 C 是任意常数;   (2) $y = x^2 + 3$;
   (3) $y = x^2 + 4$;   (4) $y = x^2 + \dfrac{5}{3}$。

习题 8.2

A 类题

1. (1) $y = Ce^{\frac{2}{3}x^3 + \frac{1}{2}x^2}$；

(2) $\arcsin y = \frac{1}{2}\arcsin(2x) + C$；

(3) $(1+x^2)(1+y^2) = Cx^2\ (C>0)$；

(4) $y + \frac{1}{3}y^3 = \arctan x + C$；

(5) $(1+y)(1-x) = C$；

(6) $-\left(y + \frac{1}{2}\sin(2y)\right) = x - \frac{1}{2}\sin(2x) + C$。

2. (1) $y^{-2} = 2\arctan x + 1$；

(2) $2e^{-3y} = -3e^{2x} + 5$；

(3) $\cos^2 y = \frac{1}{4}(1+x^2)$；

(4) $y = 2 - e^{1-\tan x}$。

3. (1) $y = (x+C)e^{-x}$；

(2) $y = (x^2+C)\sin x$；

(3) $y = \frac{1}{4}x^2 + x + 1 + Cx^{-2}$；

(4) $y = (3x+C)(x-1)$；

(5) $x = \frac{y^2}{2} + Cy^3$；

(6) $y^{-4} = -x + \frac{1}{4} + Ce^{-4x}$；

(7) $y = \dfrac{1}{-\frac{1}{3}x + Cx^{-2}}$；

(8) $y^{-3} = -3(1+x)^2 + C(1+x)^3$；

(9) $y^{-2} = \frac{2}{5}\cos x - \frac{6}{5}\sin x + Ce^{2x}$；

(10) $y^{-3} = -2x - 1 + Ce^x$。

4. (1) $y = -\frac{3}{2}x + \frac{3}{4} + \frac{1}{4}e^{-2x}$；

(2) $y = \dfrac{-\cos x + \pi - 1}{x}$；

(3) $y = \dfrac{-2e^{\cos x} + 4}{\sin x}$；

(4) $y = (\arcsin x + 1)\sqrt{1-x^2}$。

B 类题

1. (1) $y - \frac{1}{2}\sin(2y) = x - \frac{1}{2}\sin(2x) + C$；

(2) $y = Ce^{\frac{1}{3}\arctan^3 x}$；

(3) $\ln|1+2y| = \dfrac{Ce^x}{\sqrt{1+e^{2x}}}$；

(4) $\ln y = Ce^{\sin x}$；

(5) $\dfrac{\sqrt{4y^2-1}}{y} = Ce^{-\frac{1}{2x}}$；特别地，$y = \pm\frac{1}{2}$ 为该方程的两个特解。

(6) $3e^{-y^2} = -2e^{3x} + C$。

2. (1) $y = \dfrac{-e^{-x} + C}{x}$；

(2) $y = (x+C)x^2$；

(3) $-\ln|\cos y| = x - \ln|x| + C$；

(4) $x = \frac{1}{2}y + Cye^{-2y}$；

(5) $e^{-y} = \frac{1}{2}(x^2-1) + Ce^{-x^2}$；

(6) $2\sqrt{xy} = y + C$；

(7) $y^{-2} = -\frac{4}{9}x - \frac{2}{3}x\ln x + \dfrac{C}{x^2}$；

(8) $y^{-2} = -x^2 + 1 + Ce^{-x^2}$。

习题 8.3

A 类题

1. (1) $\arctan \dfrac{y}{x} = \dfrac{1}{2}\ln(x^2 + y^2) + C$;

(2) $\ln\left|\dfrac{y}{x}\right| - \dfrac{2}{3}\ln\left|1 - \dfrac{y}{x}\right| - \dfrac{2}{3}\ln\left|1 + \dfrac{y}{x} + \left(\dfrac{y}{x}\right)^2\right| = \ln|x| + C$;

(3) $\ln\left|\sqrt{1 + \left(\dfrac{y}{x}\right)^2} + \dfrac{y}{x}\right| = -\ln|x| + C$;   (4) $\ln\left|\dfrac{y}{x}\right| - 1 = Cx$;

(5) $\sin\dfrac{y}{x} = Cx^{\frac{1}{3}}$。

2. (1) $\dfrac{y}{x} + 1 = x\left[\left(\dfrac{y}{x}\right)^2 + 1\right]$;   (2) $\left(\dfrac{y}{x}\right)^2 = 2\ln|x| + 4$。

3. (1) $y = -\cos(x + C_1) + C_2$;   (2) $y = -x - \dfrac{1}{2}x^2 + C_1 e^x + C_2$;

(3) $y = -\dfrac{1}{2}x^2 - C_1 x + C_1^2 \ln|x - C_1| + C_2$;   (4) $y = C_1(x^2 + 2x) + C_2$;

(5) $4(C_1 y - 1) = C_1^2(x + C_2)^2$;   (6) $y - 1 = -\dfrac{1}{C_1 x + C_2}$;

(7) $y + 1 = C_2 e^{C_1 x}$;

(8) $y = \dfrac{1}{360}x^6 + C_1 x^4 + C_2 x^3 + C_3 x^2 + C_4 x + C_5$;

(9) $y = \dfrac{1}{8}e^{2x} - \dfrac{1}{27}\sin(3x) + \dfrac{1}{24}x^4 + C_1 x^2 + C_2 x + C_3$;

(10) $y = \dfrac{1}{2}x^2 + \dfrac{3}{2}(x\ln(1 + x^2) - 2x + 2\arctan x) + C_1 x + C_2$。

4. (1) $y = \dfrac{2}{3}\sqrt{x^3} + \dfrac{1}{3}$;   (2) $y = -\ln|1 - x|$;

(3) $\sqrt{1 - y^2} = 1 - x$;   (4) $y = \dfrac{1}{4}(x - 1)e^{2x} + \dfrac{1}{4}x + \dfrac{1}{4}$。

B 类题

1. (1) $\sqrt{1 + \left(\dfrac{y}{x}\right)^2} = \ln|x| + C$;   (2) $2e^{\frac{x}{y}} + \dfrac{x}{y} = \dfrac{C}{y}$;

(3) $\arctan\dfrac{y-1}{x-1} - \ln\left[1 + \left(\dfrac{y-1}{x-1}\right)^2\right] = 2\ln|x - 1| + C$;

(4) $4(2x + y) + 5\ln|4(2x + y) - 1| = 16x + C$;

(5) $y = (x + 1 + C_1)\ln(1 + x) - 2x + C_2$;   (6) $\sin(y + C_1) = C_2 e^x$;

(7) $2\ln|x + y + 1| - \ln[(x + y)^2 - (x + y) + 1] + \sqrt{3}\arctan\dfrac{2(x + y) - 1}{\sqrt{3}} = 6x + C$;

(8) $y = \dfrac{x^2 + Cx - 1}{x + C}$;

(9) $\csc(x+y)-\cot(x+y)=Cx\left(\text{或 }\tan\dfrac{x+y}{2}=Cx\right)$;

(10) $\dfrac{2}{3}(x+4y+1)=\tan(6x+C)$。

2. 提示：利用变量替换进行证明。

(1) $\dfrac{(xy)^2}{(xy)^2+2}=Cx^4,C\geqslant 0$;　(2) $\ln(xy)^4-(xy)^2=\ln x^8+C$。

习题 8.4

A 类题

1. (1) 线性无关；　　　(2) 线性无关；　　　(3) 线性相关；

　(4) 线性相关；　　　(5) 线性无关；　　　(6) 线性无关。

2. (1) $y=C_1\sin x+C_2\cos x$;　(2) $y=C_1x^2+C_2x^2\ln x$。

3. 略。

4. $y=C_1(2x^2)+C_2x+\mathrm{e}^{2x}$。

B 类题

1. 略。

2. (1) $y=C_1(\mathrm{e}^{3x}+\mathrm{e}^x)+C_2\mathrm{e}^x+x\mathrm{e}^{2x}+\mathrm{e}^x$;　(2) $y=-\mathrm{e}^{3x}+x\mathrm{e}^{2x}+8\mathrm{e}^x$。

习题 8.5

A 类题

1. (1) $y=C_1\mathrm{e}^{-4x}+C_2\mathrm{e}^{2x}$;　　　　　　(2) $y=(C_1+C_2x)\mathrm{e}^{-3x}$;

　(3) $y=C_1+C_2\mathrm{e}^{3x}$;　　　　　　　　(4) $y=\mathrm{e}^{-2x}(C_1\sin(2x)+C_2\cos(2x))$;

　(5) $y=C_1+C_2\mathrm{e}^{2x}+C_3\mathrm{e}^{-2x}+C_4\cos(2x)+C_5\sin(2x)$;

　(6) $y=(C_1+C_2x+C_3x^2)\mathrm{e}^x$;

　(7) $y=(C_1+C_2x)\cos x+(C_3+C_4x)\sin x$;

　(8) $y=(C_1+C_2x)\mathrm{e}^x+(C_3+C_4x)\mathrm{e}^{-x}$;　(9) $y=C_1\mathrm{e}^x+C_2\mathrm{e}^{-2x}-\dfrac{1}{2}x-\dfrac{1}{4}$;

　(10) $y=(C_1+C_2x)\mathrm{e}^x+\dfrac{1}{6}x^3\mathrm{e}^x$;　　　(11) $y=(C_1+C_2x)\mathrm{e}^{-2x}+\dfrac{1}{16}\mathrm{e}^{2x}$;

　(12) $y=C_1\mathrm{e}^x+C_2\mathrm{e}^{3x}-2x\mathrm{e}^{2x}$;　　　(13) $y=(C_1+C_2x)\mathrm{e}^{2x}+\dfrac{1}{4}\cos(2x)$;

　(14) $y=C_1\cos x+C_2\sin x-x^2\cos x+x\sin x$。

2. (1) $y=4\mathrm{e}^x+2\mathrm{e}^{3x}$;　　　(2) $y=\dfrac{1}{5}\mathrm{e}^{2x}-\dfrac{1}{5}\mathrm{e}^{-3x}$;　　　(3) $y=(2+8x)\mathrm{e}^{-4x}$。

3. (1) $y^*=\mathrm{e}^{3x}(ax+b),a,b$ 为待定常数；

　(2) $y^*=x(ax^2+bx+c),a,b,c$ 为待定常数；

　(3) $y^*=x\mathrm{e}^x(a\cos(3x)+b\sin(3x)),a,b$ 为待定常数；

　(4) $y^*=\mathrm{e}^x(a\cos x+b\sin x),a,b$ 为待定常数。

B 类题

1. (1) $y = C_1 + C_2 e^{-2x} - \dfrac{3}{2} x e^{-2x}$；

(2) $y = e^x (C_1 \cos(\sqrt{2}\, x) + C_2 \sin(\sqrt{2}\, x)) + e^{-x}\left(\dfrac{5}{41} \cos x - \dfrac{4}{41} \sin x \right)$；

(3) $y = C_1 e^{-x} + C_2 e^{-5x} + \dfrac{1}{21} e^{2x}$；　　　(4) $y = C_1 e^{-3x} + C_2 e^{3x} + x e^{3x}$；

(5) $y = C_1 e^x + C_2 e^{-2x} - \dfrac{2}{5} \cos(2x) - \dfrac{6}{5} \sin(2x)$；

(6) $y = e^x (C_1 \cos x + C_2 \sin x) + \dfrac{1}{2} x e^x \sin x$；

(7) $y = C_1 \cos x + C_2 \sin x + x + \dfrac{1}{2} e^x$；

(8) $y = C_1 e^{-x} + C_2 e^{3x} - \dfrac{1}{4} e^x + \dfrac{1}{10} \cos x - \dfrac{1}{5} \sin x$；

(9) $y = C_1 x + C_2 \dfrac{1}{x}$；　　　　　(10) $y = (C_1 + C_2 \ln |x|) x + C_3 x^{-2}$；

(11) $y = C_1 x^2 + C_2 x^{-2} + \dfrac{1}{5} x^3$；　　　(12) $y = C_1 + C_2 \dfrac{1}{x} + C_3 x^3 - \dfrac{1}{2} x^2$。

2. (1) $y = -5 e^x + \dfrac{7}{2} e^{2x} + \dfrac{5}{2}$；　(2) $y = e^{2x} + e^x (-x^2 - x + 1)$；

(3) $y = \dfrac{1}{4} \cos(2x) + \dfrac{1}{8} \sin(2x) - \dfrac{1}{4} x \cos(2x)$。

3. (1) $y^* = x e^x [(ax + b) \cos x + (cx + d) \sin x]$，$a, b, c, d$ 为待定常数；

(2) $y^* = x(a \cos x + b \sin x) + (c \cos(2x) + d \sin(2x))$，$a, b, c, d$ 为待定常数；

(3) $y^* = xa e^{2x} + b e^x + c$，$a, b, c$ 为待定常数；

(4) $y^* = a e^x + b \cos(2x) + c \sin(2x)$，$a, b, c$ 为待定常数；

(5) $y^* = ax + b + (cx + d) \cos(2x) + (ex + f) \sin(2x)$，$a, b, c, d, e, f$ 为待定常数；

(6) $y^* = a \cos(4x) + b \sin(4x) + c \cos(2x) + d \sin(2x)$，$a, b, c, d$ 为待定常数。

4. $f(x) = C_1 \cos x + C_2 \sin x + \dfrac{1}{2} e^x$。

5. $y(x) = \left[-\dfrac{1}{4} + \dfrac{1}{2} \ln(1 + x) \right] (1 + x) + \dfrac{1}{4(1 + x)}$。

复习题 8

1. (1) ×；　　(2) √；　　(3) √；　　(4) ×；　　(5) ×。

2. (1) 线性相关；

(2) $y = \dfrac{1}{16} e^{-2x} + C_1 x^3 + C_2 x^2 + C_3 x + C_4$，$C_1, C_2, C_3, C_4$ 为任意常数；

(3) $y = C e^{-\frac{1}{1+x}}$，C 为任意常数；

(4) $y = e^x (C_1 \cos(2x) + C_2 \sin(2x)) + 3 e^{-2x}$，$C_1, C_2$ 为任意常数；

(5) $y^* = x e^{2x} (ax^2 + bx + c)$，$a, b, c$ 为待定常数。

3. (1) C；　　(2) A；　　(3) C；　　(4) C；　　(5) D。

4. (1) $y\sin x=-5\mathrm{e}^{\cos x}+C$；　　　　　　(2) $\arcsin\dfrac{y}{x}=\ln|x|+C$；

$\quad$ (3) $\tan^2 y=\cot^2 x+C$；　　　　　　　　(4) $y=(\mathrm{e}^x+C)x$。

5. (1) $y=\dfrac{1}{2}x^3-\dfrac{1}{2\mathrm{e}}x^3\mathrm{e}^{\frac{1}{x^2}}$；　　　　(2) $y=x-\dfrac{\sqrt{2}}{2}\sqrt{1+x^2}$；

$\quad$ (3) $(\sec y+\tan y)(\mathrm{e}^x+1)=2(\sqrt{2}+1)$；　(4) $y^{-1}=-\dfrac{1}{2}x(\ln^2 x-2)$。

6. (1) $\arctan\dfrac{2}{\sqrt{5}}(x+2y)=2\sqrt{5}\,x+C$；　　(2) $\sin(x-y)=C\mathrm{e}^x$。

7. (1) $y=C_1+C_2\mathrm{e}^{2x}+C_3\mathrm{e}^{-2x}$；　　　　(2) $y=\mathrm{e}^{2x}(C_1\cos x+C_2\sin x)$；

$\quad$ (3) $y=C_1\mathrm{e}^x+C_2\mathrm{e}^{-2x}+\dfrac{1}{6}\mathrm{e}^x(3x^2-2x)$；

$\quad$ (4) $y=\mathrm{e}^{2x}(C_1\cos(2x)+C_2\sin(2x))-\dfrac{1}{4}x\mathrm{e}^{2x}\cos(2x)$。

8. (1) $y'=-4\mathrm{e}^{4x}+\mathrm{e}^{-x}$；　　　　　　(2) $y=2\cos(5x)+\sin(5x)$；

$\quad$ (3) $y=\dfrac{1}{3}\cos(2x)+\dfrac{1}{2}\sin(2x)-\dfrac{2}{3}\cos x$；　(4) $y=-5+\mathrm{e}^x(2x^2-4x+5)$。

9. (1) $y''-y'-2y=0$；　(2) $y=C_1\mathrm{e}^{2x}+C_2\mathrm{e}^{-x}$；　(3) $y=\dfrac{1}{2}(\mathrm{e}^{2x}+\mathrm{e}^{-x})$。

10. $y=\dfrac{2}{3}x^3+2x+1$。

11. $y(x)=x+2$。

12. $y=\dfrac{1}{8}\mathrm{e}^x(2x^2+6x+13)-\dfrac{5}{8}\mathrm{e}^{-x}$。

如何学习高等数学

期中模拟测试 1

期中模拟测试 2

期中模拟测试 3

期末模拟测试 1

期末模拟测试 2

期末模拟测试 3